TRAITÉ DE GÉOMÉTRIE

DU MÊME AUTEUR

Compléments de Géométrie. — Un vol. 22/14^{cm}, 5e édition.
(*Sous presse.*)

Traité de Mécanique, à l'usage des élèves de Mathématiques A et B et des candidats aux Écoles. — Un vol. 22/14^{cm}, 8e édition . . . . 8 fr. 75

TRAITÉ

DE

GÉOMÉTRIE

PAR

C. GUICHARD

MEMBRE CORRESPONDANT DE L'INSTITUT
PROFESSEUR A LA SORBONNE

TOME I

A L'USAGE DES CLASSES

de Seconde et Première C *et* D *et Mathématiques* A *et* B

HUITIÈME ÉDITION

PARIS
LIBRAIRIE VUIBERT
63, Boulevard Saint-Germain, 63

1923

TRAITÉ DE GÉOMÉTRIE

INTRODUCTION

NOTIONS PRÉLIMINAIRES

1. Les premières notions de la géométrie nous sont fournies par la considération des corps matériels. La portion de l'espace occupée par un corps est le *volume* de ce corps ; le volume d'un corps est limité, sa limite est la *surface* du corps.

Une portion de surface est limitée par une *ligne*.

Une portion de ligne se termine en un *point*.

2. Ces idées de *surface*, de *ligne* et de *point* peuvent être conçues en dehors des objets qui leur servent de support. On peut concevoir qu'une surface, une ligne ou un point se déplacent. Dans ce mouvement le point décrit une ligne, la ligne engendre une surface et la surface engendre un volume.

3. La plus simple de toutes les lignes est la *ligne droite*, dont la notion est familière à tout le monde ; il est impossible de définir la ligne droite ; on peut dire qu'un fil bien tendu nous en fournit une image. On admet que *par deux points passe une droite et une seule*. On peut concevoir cette droite prolongée autant qu'on veut au delà de chacun de ces deux points ; ce qui revient à dire que la ligne droite est *illimitée* dans les deux sens.

Si on limite la droite dans un sens, en la terminant en un point de cette droite, on a une *demi-droite*. La portion de ligne droite comprise entre deux points est un *segment de droite*.

4. La ligne *brisée* est composée de portions de lignes droites ; la ligne ABCD (*fig.* 1) est une ligne brisée.

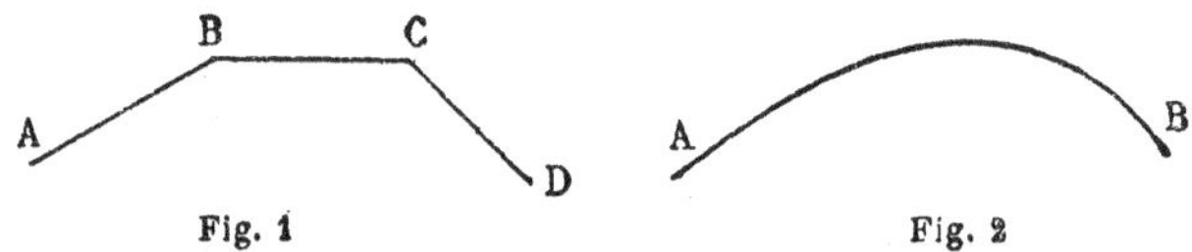

Fig. 1 Fig. 2

Une *ligne courbe* est celle qui n'est ni droite ni composée de lignes droites. (Exemple : AB, *fig.* 2.)

5. La plus simple de toutes les surfaces est le *plan*. C'est une surface telle que la droite qui joint deux points quelconques de cette surface est contenue tout entière sur la surface. Nous admettons l'existence d'une telle surface.

Une surface *brisée* est formée de portions de surfaces planes.

On appelle *surfaces courbes*, les surfaces autres que le plan et les surfaces brisées.

6. On appelle *figure*, un ensemble de points, de lignes, de surfaces ou de volumes.

Deux figures sont dites *égales* lorsqu'on peut les faire coïncider sans les déformer.

7. La Géométrie a pour but l'étude des propriétés des figures. On la divise en deux parties :

La *Géométrie plane* étudie les figures dont tous les éléments sont dans un même plan.

La *Géométrie dans l'espace* étudie les figures dont les éléments ne se trouvent pas dans un même plan.

DÉFINITION DE QUELQUES TERMES

8. Une *proposition* contient une *hypothèse* et une *conclusion*. Quand la proposition est exacte, la conclusion découle de l'hy-

pothèse soit d'une manière évidente, soit par une démonstration.

Deux propositions sont *réciproques* quand l'hypothèse de l'une est la conclusion de l'autre et *vice versa.*

Deux propositions sont *contraires* quand l'hypothèse et la conclusion de l'une sont respectivement la négation de l'hypothèse et de la conclusion de l'autre.

Exemple :

PROPOSITION DIRECTE : *Tout point de la perpendiculaire menée à une droite en son milieu est à égale distance des extrémités de la droite.*

PROPOSITION RÉCIPROQUE : *Tout point situé à égale distance des extrémités d'une droite se trouve sur la perpendiculaire menée à la droite en son milieu.*

PROPOSITION CONTRAIRE : *Tout point non situé sur la perpendiculaire menée à une droite en son milieu est à inégale distance des extrémités de la droite.*

9. Si une proposition est exacte, sa réciproque peut être fausse. Cela se produit chaque fois que la conclusion est plus générale que l'hypothèse.

Exemple :

PROPOSITION DIRECTE : *Tout polygone régulier est inscriptible dans une circonférence.* (Exact.)

PROPOSITION RÉCIPROQUE : *Tout polygone inscrit dans une circonférence est régulier.* (Faux.)

Si une proposition est exacte et si l'une des propositions réciproque ou contraire est vraie, il en est de même de l'autre.

10. Un *axiome* est une proposition évidente d'elle-même. Un *postulatum* est une proposition qu'on admet sans démonstration.

Parmi les propositions qui résultent de démonstrations, il y a lieu de distinguer les *théorèmes, lemmes, corollaires.*

Un *théorème* est une proposition importante qui tient une place nécessaire dans le développement logique de la science.

Un *lemme* est une proposition préliminaire destinée à faciliter la démonstration d'un autre théorème.

Un *corollaire* est une conséquence d'un théorème qui ne se trouve pas comprise dans l'énoncé.

Il est bien clair qu'au point de vue logique il n'y a pas de séparation absolue entre ces trois genres de propositions. Il n'y a entre elles que des différences de degré.

Un *problème* est l'énoncé d'une question à résoudre.

MESURE DES GRANDEURS

11. Pour mesurer une grandeur d'espèce quelconque, il suffit qu'on ait défini, pour cette espèce de grandeur, ce qu'on entend par *grandeurs égales* et par *somme de deux grandeurs*. La marche à suivre étant la même pour toutes les espèces de grandeurs, nous exposerons rapidement la méthode en prenant comme exemple la mesure des segments de droite.

12. Deux segments de droite AB et CD (*fig.* 3) sont dits *égaux*, lorsqu'on peut les faire coïncider : c'est-à-dire que si l'on

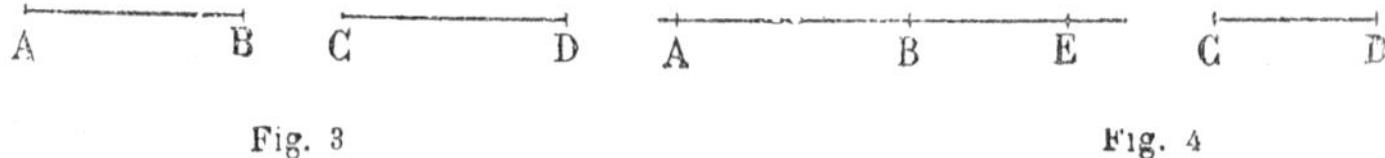

Fig. 3 Fig. 4

porte CD sur la droite AB, de façon que C vienne en A, D viendra en B.

Pour faire la *somme* de deux segments AB, CD (*fig.* 4), on prend à partir du point B, sur le prolongement de AB, un segment BE égal à CD. Le segment AE est la somme des deux segments AB et CD.

Un segment tel que AE (*fig.* 4), qui est la somme de AB et d'un autre segment, est dit *plus grand* que le segment AB ; inversement, le segment AB est dit *plus petit* que le segment AE.

Pour faire la somme d'un nombre quelconque de segments, on fait la somme des deux premiers, puis on ajoute le troisième segment à cette somme, et ainsi de suite. Le résultat obtenu est indépendant de l'ordre dans lequel on ajoute les segments.

En faisant la somme de 2, 3, ..., n segments égaux à A, on obtient un segment B qui est dit 2, 3, ..., n *fois plus grand* que A (on dit aussi que B contient n fois A); A est dit n *fois plus petit* que B (ou encore est la $n^{ième}$ partie de B). On dit encore que B est un *multiple* de A et que A est une *partie aliquote* de B.

Il est clair qu'il existe toujours un segment n fois plus petit qu'un segment donné.

13. Cela posé, prenons pour unité de longueur un segment U; voici comment on mesurera un segment quelconque A.

Si A est un multiple de U, si par conséquent A est m fois plus grand que U, la mesure de A est le nombre entier m.

Si A est m fois plus grand qu'un segment u n fois plus petit que U, la mesure de A est la fraction $\frac{m}{n}$.

Dans les deux cas que nous venons d'examiner il existe un segment qui est à la fois partie aliquote de A et de U. Cette partie aliquote est dite une *commune mesure* entre A et U; on dit encore que les segments A et U sont *commensurables*. Quand il en est ainsi, on peut mesurer exactement le segment A et cette *mesure* est un nombre entier ou fractionnaire.

Mais il peut arriver qu'il n'existe pas de commune mesure entre A et U; on dit alors que les segments A et U sont *incommensurables*. Il faut définir ici ce qu'on entend par *mesure approchée* de A.

Soit u la $n^{ième}$ partie de l'unité U; A sera compris entre deux multiples consécutifs de u, par exemple entre mu et $(m+1)u$. On dit alors que $\frac{m}{n}$ est la *mesure approchée* de A à $\frac{1}{n}$ *près* par *défaut* et $\frac{m+1}{n}$ la mesure de A à $\frac{1}{n}$ *près* par *excès*.

Deux segments qui ont mêmes mesures approchées à $\frac{1}{n}$ près, *quel que soit* n, sont égaux. En effet, d'une part ces deux segments étant tous deux compris entre mu et $(m+1)u$, leur différence est plus petite que u. D'autre part, si cette différence n'est pas nulle, en la répétant assez de fois, n fois par exemple, on obtiendra un segment plus grand que l'unité ; cette différence serait donc plus grande que la $n^{\text{ième}}$ partie de l'unité. Ce qui est absurde.

14. Quand l'unité a été choisie, on peut faire correspondre à chaque segment un *nombre*. Ce nombre sera commensurable si le segment est commensurable avec l'unité ; c'est le nombre qui sert de mesure au segment.

Si le segment A est incommensurable avec l'unité, on lui fera correspondre un *nombre*, qu'on appelle encore la *mesure* de A ; ce nombre sera plus grand que tous les nombres commensurables qui mesurent des segments plus petits que A ; il sera plus petit que tous les nombres commensurables qui mesurent des segments plus grands que A. Les *valeurs approchées* de ce nombre à $\frac{1}{n}$ près sont les mesures approchées de A à $\frac{1}{n}$ près. Si deux nombres ont mêmes valeurs approchées à $\frac{1}{n}$ près, *quel que soit n*, ils sont égaux. (Voir au sujet de cette théorie le cours d'arithmétique.)

Remarque. — La valeur approchée par défaut d'un nombre à $\frac{1}{n}$ près ne croît pas nécessairement quand n croît. Si par exemple un nombre est compris entre $\frac{9}{10}$ et $\frac{10}{11}$, les valeurs approchées à $\frac{1}{10}$ et à $\frac{1}{11}$ près sont respectivement $\frac{9}{10}$ et $\frac{9}{11}$; c'est la première qui est la plus grande.

15. Rapport de deux grandeurs. — Le *rapport* de deux grandeurs de *même espèce* est le nombre qui mesure la première quand on prend la seconde comme unité. Si A et B sont ces deux grandeurs, ce rapport est représenté par la notation $\frac{A}{B}$.

Si A, B, C sont trois grandeurs de même espèce, on a (cours d'arithmétique)

$$(1) \qquad \frac{A}{C} = \frac{A}{B} \times \frac{B}{C}.$$

De cette égalité on déduit

$$\frac{A}{B} = \frac{A}{C} : \frac{B}{C}.$$

Donc :

1° Le rapport de deux grandeurs de même espèce est égal au quotient des nombres qui les mesurent quand on prend une unité quelconque ;

2° Les deux nombres qui mesurent une même grandeur A avec deux unités différentes C et B sont entre eux dans le rapport $\frac{B}{C}$.

16. Lorsque deux grandeurs de même nature ou de nature différente varient simultanément de telle sorte que le rapport de deux valeurs quelconques de la première soit égal au rapport des deux valeurs correspondantes de la seconde, **on dit** que ces deux grandeurs sont proportionnelles.

(Voir la théorie des grandeurs proportionnelles dans le cours d'arithmétique.)

LIVRE I

LIGNE DROITE

§ I.

Angles. — Droites perpendiculaires.

17. On appelle *angle* la figure formée par deux demi-droites limitées à leur point d'intersection. Ainsi BAC (*fig.* 5) est un angle. Le point de rencontre A des deux demi-droites est le *sommet* de l'angle; les deux demi-droites AB, AC en sont les *côtés*.

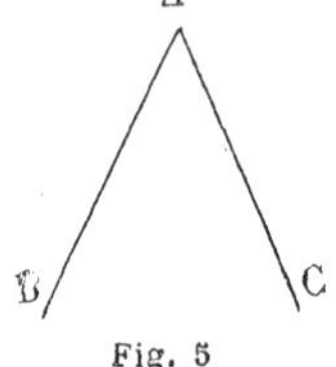

Fig. 5

On désigne un angle par trois lettres, la lettre du milieu représentant le sommet et les deux autres étant placées sur les côtés. S'il n'y a pas de confusion possible, on représente l'angle par la lettre du sommet. Ainsi on dit l'angle BAC ou l'angle A (*fig.* 5).

18. Deux angles sont *adjacents* quand ils ont même sommet, un côté commun, et qu'ils sont situés de part et d'autre du sommet commun. Tels sont les angles BAC et CAD (*fig.* 6).

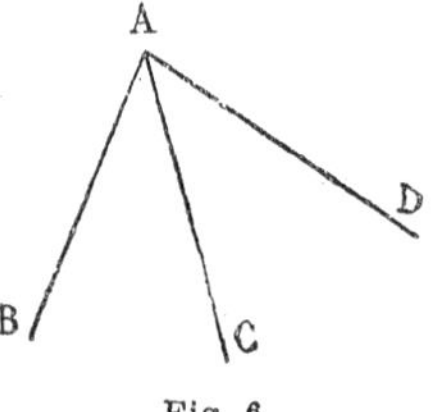

Fig. 6

19. Deux angles sont *égaux* quand ils sont superposables. Pour faire la *somme* de deux angles, on les place à côté l'un de l'autre de manière qu'ils soient adjacents; l'angle formé par les côtés non communs est la somme des deux angles. Ainsi l'angle BAD (*fig.* 6) est la somme des angles BAC, CAD.

L'égalité et la somme des angles étant définies, on pourra mesurer les angles (11) [1].

20. La *bissectrice* d'un angle est une droite qui le partage en deux parties égales. L'existence de la bissectrice résulte de ce fait qu'il existe toujours un angle qui est la moitié d'un angle donné.

21. Une demi-droite est dite *perpendiculaire* sur une droite lorsqu'elle la rencontre en formant des angles adjacents égaux.

Ainsi si les deux angles ACD, BCD (*fig.* 7) sont égaux, la demi-droite CD est perpendiculaire sur AB.

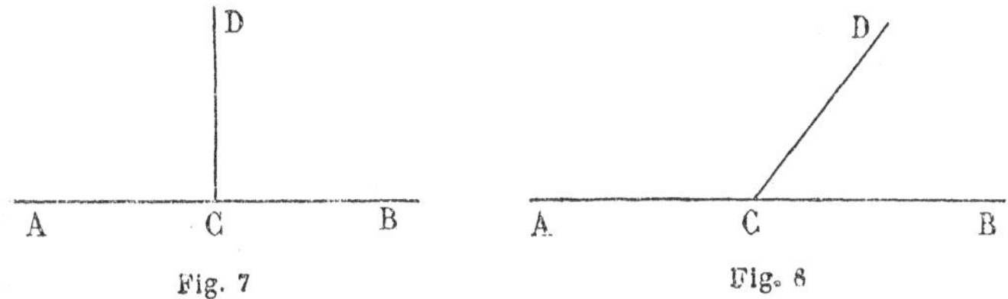

Fig. 7 Fig. 8

Si ces angles adjacents sont inégaux, la demi-droite est dite *oblique* à la droite. La demi-droite CD (*fig.* 8) est oblique à AB.

Le point de rencontre C (*fig.* 7 et 8) de la demi-droite et de la droite est le *pied* de la perpendiculaire ou de l'oblique.

Un angle est *droit* si l'un de ses côtés est perpendiculaire sur l'autre.

22. Théorème. — *Par un point d'une droite, on peut élever une perpendiculaire à cette droite et on ne peut en élever qu'une.*

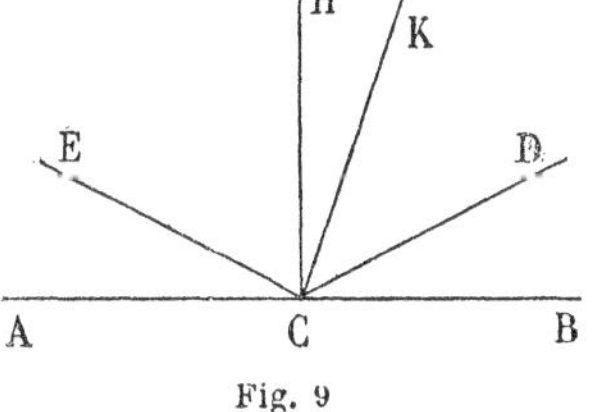

Fig. 9

1° *On peut élever une perpendiculaire.*

Par le point donné C de la droite AB (*fig.* 9) je mène une droite quelconque CD, puis la

(1) Les numéros entre parenthèses sont des renvois aux numéros de l'ouvrage.

droite CE telle que l'angle ACE soit égal à BCD; je dis que la bissectrice CH de l'angle ECD est perpendiculaire sur AB. En effet, des égalités

$$\widehat{ACE} = \widehat{BCD},$$

$$\widehat{ECH} = \widehat{DCH},$$

on déduit, en ajoutant membre à membre,

$$\widehat{ACE} + \widehat{ECH} = \widehat{BCD} + \widehat{DCH}$$

ou

$$\widehat{ACH} = \widehat{BCH};$$

donc CH est perpendiculaire sur AB.

2° *On ne peut en élever qu'une.*

Toute autre droite telle que CK (*fig.* 9) est oblique à AB; car d'une part l'angle BCK est plus petit que l'angle BCH ou que son égal ACH; mais celui-ci est lui-même plus petit que l'angle ACK; l'angle BCK est donc plus petit que ACK, et par suite CK est oblique à AB.

23. **Corollaire.** — *Tous les angles droits sont égaux.*

Soient (*fig.* 10) les deux angles droits BAC, B'A'C', dans lesquels les côtés AC et A'C' sont respectivement perpendiculaires

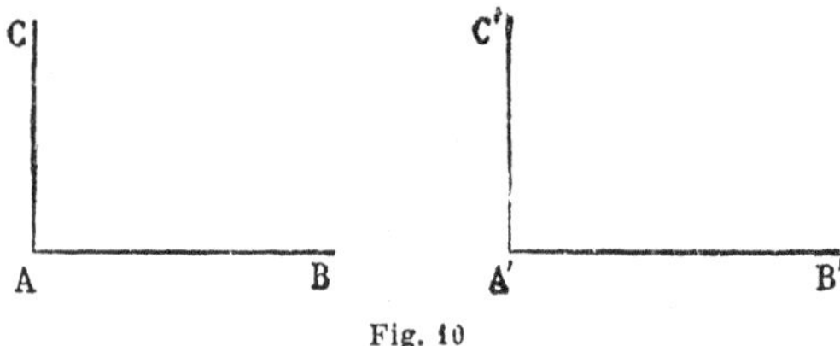

Fig. 10

aux côtés AB, A'B'; transportons la figure B'A'C' de façon que A' vienne en A, le côté A'B' sur AB; le côté A'C' deviendra perpendiculaire sur AB en A ; il coïncidera avec AC puisque par le point A on ne peut élever qu'une seule perpendiculaire sur AB.

24. **Définitions.** — Un angle est *aigu* s'il est plus petit qu'un angle droit ; *obtus* s'il est plus grand.

Deux angles sont dits *complémentaires* quand leur somme

vaut un angle droit ; *supplémentaires*, si leur somme est égale à deux angles droits.

25. Théorème. — *Deux angles adjacents qui ont leurs côtés extérieurs en ligne droite sont supplémentaires.*

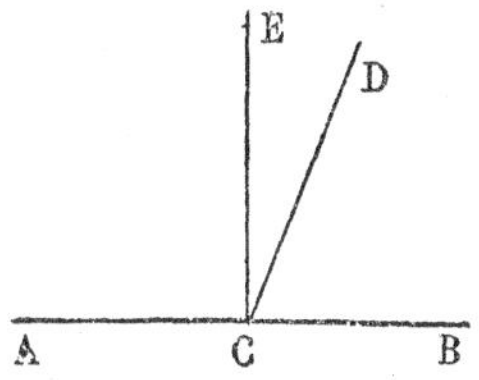

Fig. 11

Soient les deux angles adjacents ACD, BCD (*fig.* 11) dont les côtés extérieurs AC et BC sont en ligne droite ; je dis que ces angles sont supplémentaires.

Au point C, je mène la demi-droite CE perpendiculaire à AB et du même côté que CD par rapport à cette droite. On a

$$\widehat{ACD} = \widehat{ACE} + \widehat{ECD},$$

$$\widehat{BCD} = \widehat{BCE} - \widehat{ECD}.$$

Si l'on ajoute membre à membre ces deux égalités, on obtient

$$\widehat{ACD} + \widehat{BCD} = \widehat{ACE} + \widehat{BCE} = 2 \text{ droits.}$$

C.q.f.d.

26. Réciproque. — *Si deux angles adjacents sont supplémentaires, leurs côtés extérieurs sont en ligne droite.*

En effet, supposons que les angles adjacents ACD, BCD (*fig.* 11) soient supplémentaires ; le prolongement de AC forme avec CD un angle qui, d'après le théorème direct, est le supplément de l'angle ACD et qui par conséquent est égal à l'angle DCB. Le côté CB est donc sur le prolongement de AC. C.q.f.d.

27. Corollaire I. — *La somme des angles consécutifs* ABD, DBE, ..., FBC *formés autour d'un point* B (*fig.* 12) *d'une droite* AC, *d'un même côté de cette droite, est égale à deux droits.*

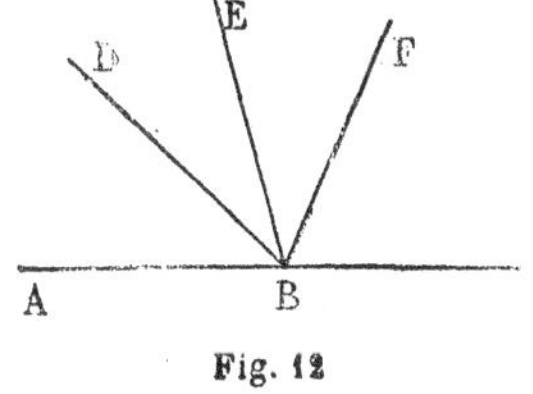

Fig. 12

En effet, la somme de ces angles est égale à la somme des angles ABF et FBC, laquelle somme vaut deux angles droits.

28. **Corollaire II.** — *La somme des angles* AOB, BOC, *etc.* (*fig.* 13) *formés autour d'un point* O *et recouvrant tout le plan est égale à quatre droits.*

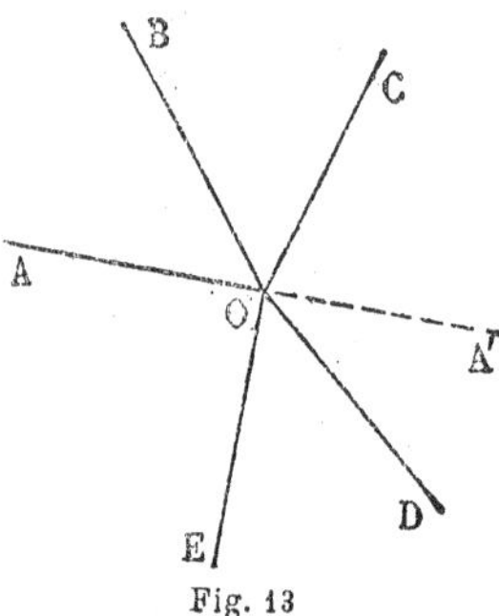

Fig. 13

En effet, prolongeons AO, suivant OA'; on voit que cette somme équivaut à la somme des angles formés autour du point O d'un même côté de AA', plus la somme des angles formés autour de ce point de l'autre côté de AA'. Chacune de ces sommes étant égale à deux droits (27), la somme totale sera égale à quatre droits.

29. **Définition.** — On appelle *angles opposés par le sommet* deux angles tels que les côtés de l'un soient les prolongements des côtés de l'autre; tels sont les angles AOB et COD (*fig.* 14).

30. **Théorème.** — *Deux angles opposés par le sommet sont égaux.*

Soient, par exemple, les angles AOB, COD (*fig.* 14) qui sont opposés par le sommet. Les deux angles AOB et AOC sont supplémentaires (25), il en est de même des deux angles COD et AOC ; les deux angles AOB et COD ayant le même angle supplémentaire AOC sont égaux.

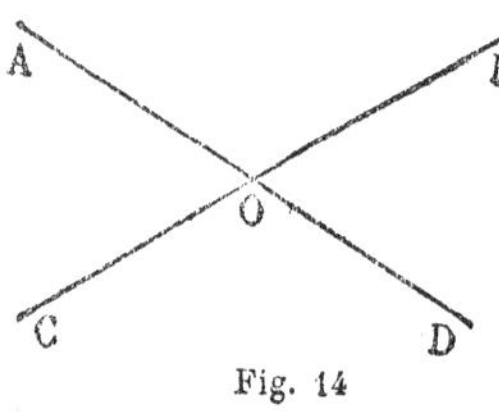

Fig. 14

31. Remarque. — Lorsque deux droites se coupent, elles forment quatre angles, qui sont deux à deux opposés par le sommet. Chacun de ces angles est égal à son opposé par le sommet et supplémentaire de chacun des deux autres. Ainsi l'angle AOB (*fig.* 14) est égal à l'angle COD et supplémentaire de AOC ou de BOD.

Si l'un de ces quatre angles est droit, il en est de même des trois autres. Si par exemple l'angle AOC (*fig.* 15) est droit, il en est de même de son opposé par le sommet BOD et de ses deux suppléments COB et AOD. Donc :

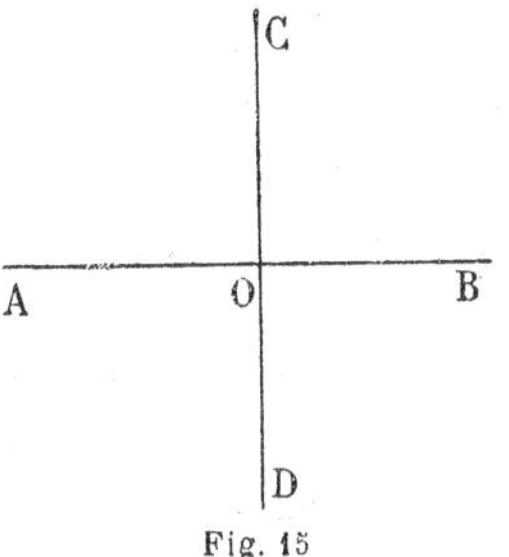

Fig. 15

Si la demi-droite OC *est perpendiculaire sur* AB, *il en est de même de son prolongement* OD.

La droite indéfinie CD dont les deux portions OC et OD sont perpendiculaires sur AB est dite *perpendiculaire à* AB.

Si une droite CD *est perpendiculaire sur une droite* AB, *réciproquement la droite* AB *est perpendiculaire sur* CD.

32. **Théorème.** — *D'un point* O, *situé en dehors d'une droite* AB, *on peut mener une perpendiculaire à cette droite, et l'on ne peut en mener qu'une seule* (*fig.* 16).

La droite AB partage le plan de la figure en deux régions : l'une où se trouve le point O que nous appellerons la région *supérieure* ; l'autre sera appelée la région *inférieure*. Cela posé, faisons tourner la région supérieure autour de AB jusqu'à ce qu'elle vienne s'appliquer sur la région inférieure ; le point O viendra en O'. Supposons maintenant la figure rétablie dans sa forme primitive ; joignons O et O' ; la droite ainsi menée coupe AB au point C. Les deux angles OCA, O'CA qui coïncidaient après la rotation sont égaux ; ces angles ayant leurs côtés extérieurs en ligne droite sont droits ; donc la droite OO' est perpendiculaire à AB.

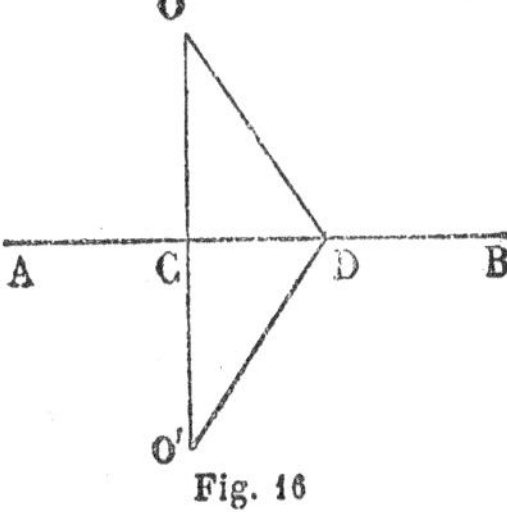

Fig. 16

D'ailleurs toute autre droite telle que OD est oblique à AB. En effet, les angles ODA, O'DA qui coïncidaient après la rotation sont égaux. Ces angles adjacents égaux n'ayant pas leurs côtés extérieurs en ligne droite ne sont pas droits ; donc OD est oblique à la droite AB.

33. *Deux angles qui ont même sommet et dont les côtés sont*

respectivement perpendiculaires sont égaux ou supplémentaires.

1° Considérons les deux angles aigus AOB, COD dans lesquels les côtés OC et OD sont respectivement perpendiculaires sur OA et OB. Ces deux angles seront égaux car ils ont tous deux pour complément l'angle BOC (*fig.* 17).

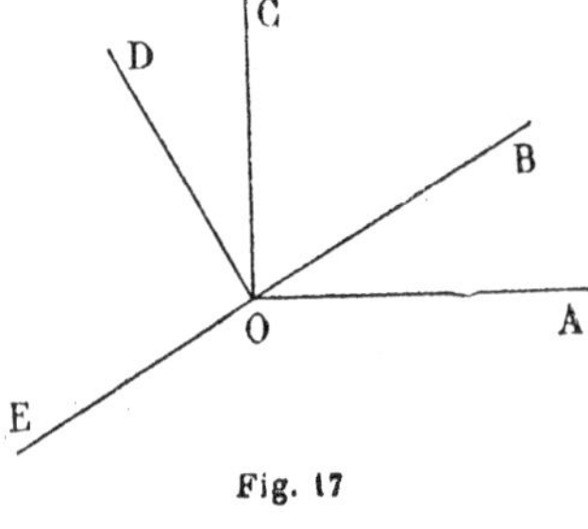

Fig. 17

2° Considérons maintenant les deux angles obtus AOD et COE (*fig.* 17) dans lesquels les côtés OC et OE sont respectivement perpendiculaires sur OA et OD; ces deux angles sont égaux comme étant tous deux formés d'un angle droit et de l'angle COD.

3° Soit un angle obtus AOD dont les côtés OA et OD sont respectivement perpendiculaires sur les côtés OC et OB de l'angle aigu BOC (*fig.* 17); on a

$$\widehat{BOC} = 1^{dr} - \widehat{COD},$$

$$\widehat{AOD} = 1^{dr} + \widehat{COD};$$

donc
$$\widehat{BOC} + \widehat{AOD} = 2^{dr}.$$

C. q. f. d.

34. *Les bissectrices de deux angles adjacents supplémentaires sont perpendiculaires l'une sur l'autre.*

En effet, soient OD et OE (*fig.* 18) les bissectrices des angles adjacents supplémentaires AOC et BOC.

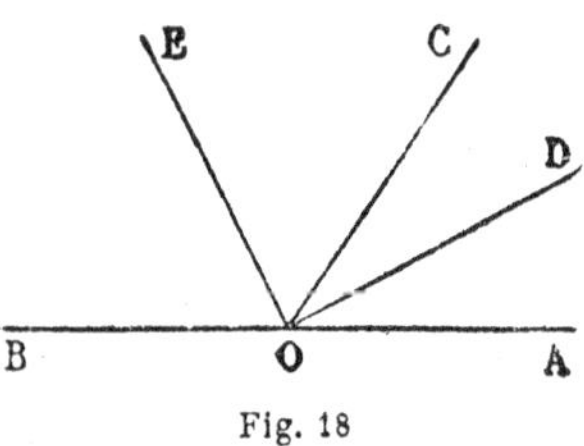

Fig. 18

La somme de ces deux angles étant égale à deux droits, celle des angles DOC, COE, qui sont respectivement la moitié des angles précédents, sera égale à un droit. Donc OE et OD sont perpendiculaires.

35. *Les bissectrices de deux angles opposés par le sommet sont dans le prolongement l'une de l'autre.*

En effet les bissectrices OE, OF des angles AOB, COD opposés par le sommet (*fig.* 19) sont toutes deux perpendiculaires (34) à la bissectrice OH de l'angle AOD qui est adjacent supplémentaire aux angles AOB et COD. Ces deux droites sont donc dans le prolongement l'une de l'autre.

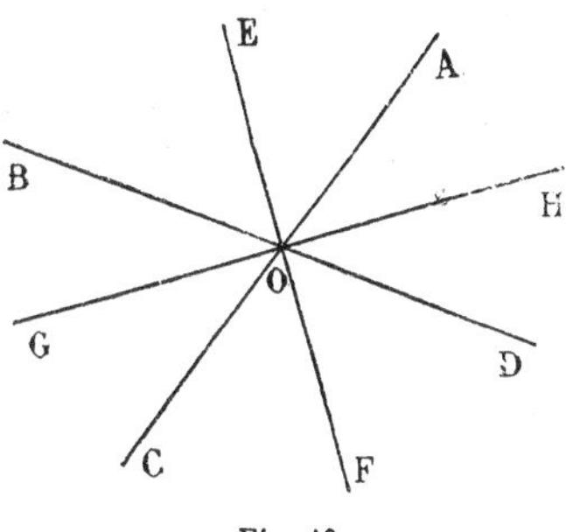

Fig. 19

Deux droites indéfinies qui se coupent forment quatre angles deux à deux opposés par le sommet ; les bissectrices de ces quatre angles se trouvent sur deux droites perpendiculaires l'une sur l'autre.

36. **Sens d'un angle.** — Je suppose qu'on ait distingué les deux côtés du plan de la figure. Appelons l'un le côté *supérieur*, l'autre le côté *inférieur*.

Cela posé, prenons un angle quelconque AOB (*fig.* 20). Imaginons un observateur placé sur le côté supérieur du plan, les

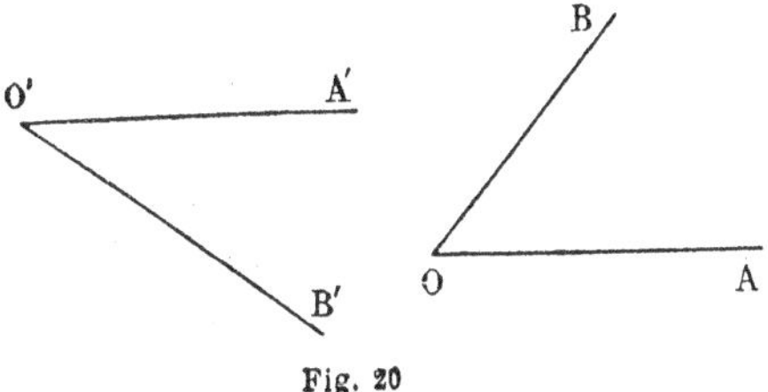

Fig. 20

pieds en O et regardant OA. Les deux régions dans lesquelles le plan est partagé par la droite indéfinie OA se trouvent l'une à gauche, l'autre à droite de l'observateur. Si la demi-droite OB se trouve dans la première région, l'angle AOB sera dit de *sens positif*; dans le cas contraire, cet angle sera de *sens négatif*.

Si l'on échange les côtés, inférieur et supérieur, c'est-à-dire si l'on *retourne* le plan, le sens d'un angle change.

Les angles AOB et BOA sont de sens contraires. Dans la définition du sens d'un angle, il faut donc préciser l'ordre dans lequel sont placés les côtés.

Si deux angles AOB, A'O'B' (*fig.* 20) sont égaux, mais de sens contraires, on ne pourra faire coïncider O'A', O'B' respectivement avec OA et OB qu'en *retournant* le plan A'O'B'.

§ II.

Triangles.

37. **Définitions.** — Un *triangle* est la figure formée par trois droites qui se coupent deux à deux, chacune de ces droites étant limitée aux points où elle est rencontrée par les deux autres.

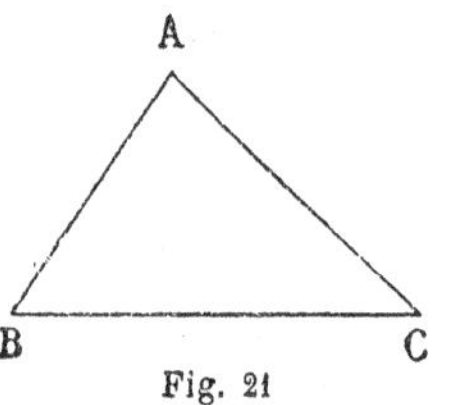

Fig. 21

Pour construire un triangle, on prend arbitrairement trois points A, B, C non en ligne droite; on mène les segments de droite AB, BC, CA (*fig.* 21).

Les points A, B, C sont appelés les *sommets* du triangle; les segments de droite AB, BC, CA sont les *côtés* du triangle. Les angles formés par la figure en A, B, C sont les *angles* du triangle. Un angle et un côté d'un triangle sont *adjacents* si le sommet de l'angle est situé sur le côté. (Ex.: l'angle A est adjacent aux côtés AB et AC; les angles A et B sont adjacents au côté AB.) Chaque angle du triangle est adjacent à deux côtés; on dit aussi que cet angle est *compris* entre les deux côtés. (Ex.: l'angle A est compris entre les côtés AB et AC.)

Un angle et un côté d'un triangle sont *opposés* si le sommet de l'angle n'est pas situé sur le côté. (Ex.: l'angle A est opposé au côté BC.)

On désigne un triangle par trois lettres, les lettres qui représentent les trois sommets. Ainsi dans le cas de la figure 21 on dira le triangle ABC. Nous représenterons toujours les sommets par des lettres majuscules, et par les lettres minuscules correspondantes les longueurs des côtés opposés. Ainsi dans le cas de la figure, les longueurs des côtés BC, CA, AB seront représentées respectivement par a, b, c.

Un triangle est dit *scalène* si ses trois côtés ont des longueurs inégales.

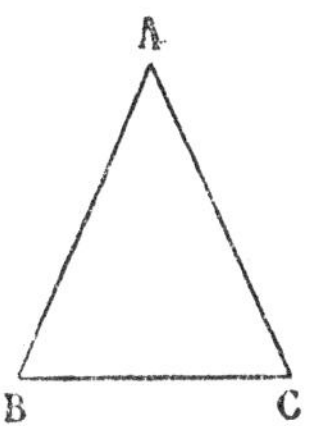

Fig. 22

Un triangle est *isocèle* si deux de ses côtés ont même longueur. Il est évident qu'il existe des triangles isocèles; il suffit pour en construire un de prendre sur les deux côtés d'un angle A deux longueurs égales AB et AC, puis de joindre par une droite les points B et C (*fig.* 22).

Dans ce cas, on appelle plus spécialement *sommet* du triangle isocèle le point de rencontre A des côtés égaux ; le côté BC opposé au sommet s'appelle la *base*; les points B et C sont les *sommets de la base*. L'angle A est aussi appelé l'*angle au sommet*; les angles B et C *angles à la base.*

Un triangle est dit *équilatéral* si ses trois côtés ont même longueur. Il n'est pas évident *a priori* qu'il existe de tels triangles; l'existence de ces triangles sera établie plus loin, n° 102.

Un triangle est *rectangle* si l'un de ses angles est droit. Le côté opposé à cet angle droit s'appelle l'*hypoténuse.*

Dans la suite nous dirons souvent, pour abréger, *côté* d'un triangle au lieu de *longueur d'un côté.* Ainsi au lieu de dire que deux côtés ont même longueur, nous dirons, plus rapidement, que deux côtés sont égaux.

On appelle *médiane* d'un triangle la droite qui joint un sommet au milieu du côté opposé.

On appelle *hauteur* d'un triangle la perpendiculaire menée d'un sommet sur le côté opposé.

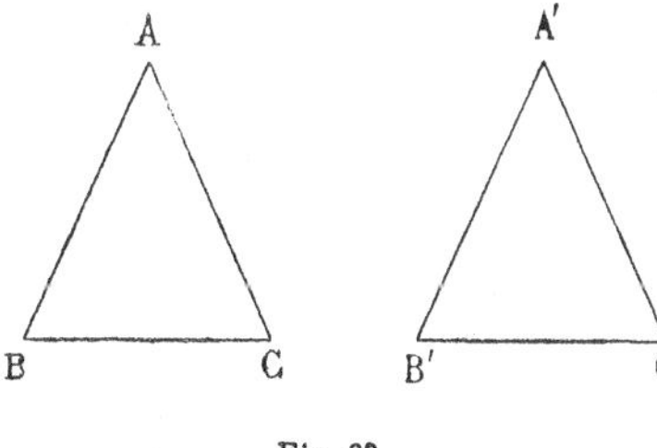

Fig. 23

38. **Théorème.** — ***Dans un triangle isocèle les angles opposés aux côtés égaux sont égaux.***

Soit le triangle isocèle ABC dans lequel AB = AC (*fig.* 23). Il faut démontrer que les angles B et C sont égaux.

En effet, soit A'B'C' un second triangle isocèle identique au premier. Retournons le plan du triangle A'B'C'; après ce retournement, l'angle C'A'B' aura le même sens que l'angle BAC. On pourra donc faire coïncider les angles A et A' de telle sorte que les côtés A'C', A'B' viennent respectivement sur AB et AC. D'autre part, les quatre lignes AB, AC, A'B', A'C' étant égales, les points C' et B' viennent respectivement en B et C; donc l'angle C' est égal à l'angle B; mais l'angle C' est égal à l'angle C; donc les angles B et C sont égaux.

39. **Réciproque.** — *Si deux angles d'un triangle sont égaux, les côtés opposés à ces angles sont égaux.*

Soit le triangle ABC (*fig.* 23) dans lequel les angles B et C sont égaux; il faut démontrer que les côtés AB et AC sont égaux.

En effet, soit A'B'C' un triangle identique au triangle ABC. Retournons le plan du triangle A'B'C', puis faisons coïncider les points C' et B' respectivement avec B et C, ce qui est possible puisque les lignes BC et B'C' sont égales. Cela posé, après le retournement l'angle C' qui est égal à l'angle B aura le même sens que cet angle, le côté C'A' prend donc la direction BA; de même B'A' prend la direction CA; le point A' devant tomber à la fois sur BA et CA tombe en A. Les points A', B', C' coïncident respectivement avec A, C, B; donc A'C' est égal à AB; mais A'C' n'est autre chose que AC, donc les côtés AB et AC sont égaux.

40. **Corollaire.** — *Un triangle équilatéral a ses trois angles égaux.*

Quand les trois angles d'un triangle sont égaux, on dit que le triangle est *équiangle*; donc :

Tout triangle équilatéral est équiangle.

Réciproquement :

Tout triangle équiangle est équilatéral.

41. **Théorème.** — *Dans un triangle isocèle, la médiane issue du sommet est bissectrice de l'angle au sommet et perpendiculaire à la base.*

Soient le triangle isocèle ABC et la médiane AI (*fig.* 24)

issue du sommet A ; prenons un triangle A'B'C' identique au triangle ABC et menons la médiane A'I' de ce triangle. Faisons coïncider A'B'C' avec ABC par retournement ; nous amènerons ainsi les points A', B', C', respectivement en A, C, B. Le point I' qui est le milieu de B'C' viendra coïncider avec le milieu I de CB.

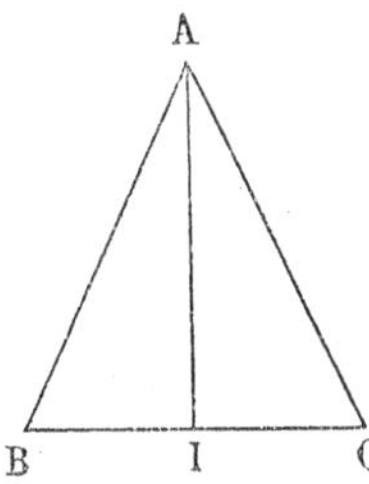

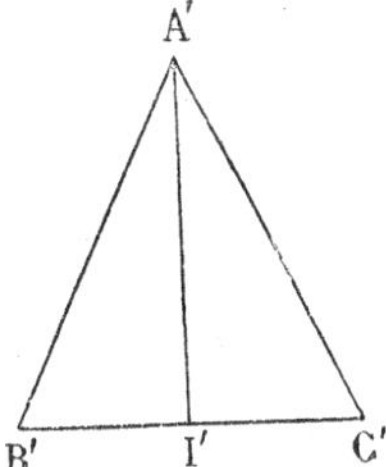

Fig. 24

Cela posé, les angles BAI et C'A'I' qui coïncident sont égaux ; mais ce dernier angle est identique à l'angle CAI ; les deux angles BAI et CAI sont donc égaux, et par suite AI est bissectrice de l'angle BAC.

De même les angles C'I'A' et BIA qui coïncident sont égaux ; mais l'angle C'I'A' est le même que l'angle CIA ; donc les angles BIA et CIA sont égaux, par suite la droite IA est perpendiculaire sur BC.

42. **Remarque.** — La droite AI possède les quatre propriétés suivantes : 1° elle est bissectrice de l'angle A ; 2° perpendiculaire au milieu de la base ; 3° perpendiculaire menée du sommet sur la base ; 4° médiane issue du sommet. Or une seule de ces propriétés définit une droite ; donc une seule de ces propriétés entraîne les trois autres. On en déduit les corollaires suivants :

Corollaire I. — *Dans un triangle isocèle la bissectrice de l'angle au sommet est perpendiculaire à la base en son milieu.*

Corollaire II. — *Dans un triangle isocèle, la perpendiculaire abaissée du sommet sur la base est bissectrice de l'angle au sommet et passe au milieu de la base.*

Corollaire III. — *Dans un triangle isocèle, la perpendiculaire menée à la base en son milieu passe par le sommet et est bissectrice de l'angle au sommet.*

43. Deux triangles ABC, A'B'C' (*fig.* 25) sont égaux s'ils sont superposables, c'est-à-dire si l'on peut transporter la figure A'B'C' de facon à amener les points A', B', C' respectivement en A, B, C.

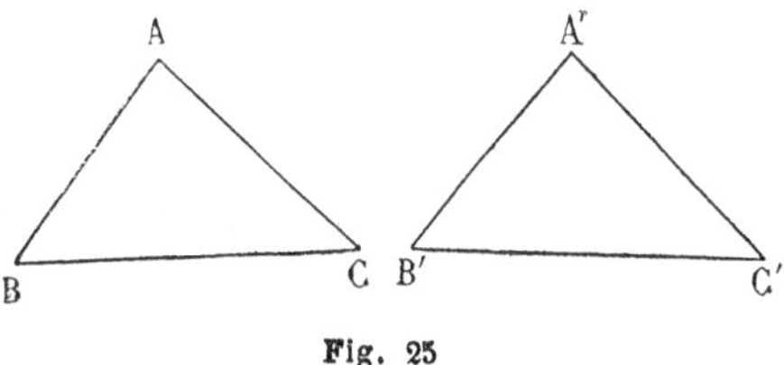

Fig. 25

Cette superposition peut se faire de deux façons différentes : 1° Après la superposition, la région supérieure du plan A'B'C' est du même côté que la région supérieure du plan ABC. On dit dans ce cas que la superposition se fait *sans retournement* du plan A'B'C'; 2° après la superposition, la région supérieure du plan A'B'C' est du même côté que la région inférieure du plan ABC. On dit dans ce cas que la superposition a lieu après *retournement* du plan A'B'C'.

On appelle *côtés homologues* dans deux triangles égaux, les côtés qui coïncident après la superposition. Ainsi AB et A'B' (*fig.* 25) sont deux côtés homologues. Il est clair que deux côtés homologues sont égaux.

On appelle *angles homologues* dans deux triangles égaux, les angles qui viennent coïncider après la superposition. Ainsi A et A' (*fig.* 25) sont deux angles homologues. Deux angles homologues sont égaux; seulement, si la superposition a lieu sans retournement, ces angles ont le même sens; si la superposition se fait avec retournement, ces angles sont de sens contraires.

44. **Remarque sur le sens des angles d'un triangle.** — On voit immédiatement que dans un triangle ABC (*fig.* 26) les angles CBA et BCA sont de sens contraires, par conséquent les angles ABC et BCA ont même sens; il en est de même des angles BCA et CAB. Donc:

Dans un triangle quelconque ABC, *les trois angles* CAB, ABC, BCA *ont le même sens.*

Il en résulte que si l'on considère deux triangles quelconques ABC, A'B'C', deux cas pourront se présenter :

1° Le sens des angles C'A'B', A'B'C', B'C'A' est le même que celui des angles CAB, ABC, BCA. Deux angles homologues quelconques des deux triangles ont le même sens. On dit, dans ce cas, que les deux triangles ont *le même sens ;*

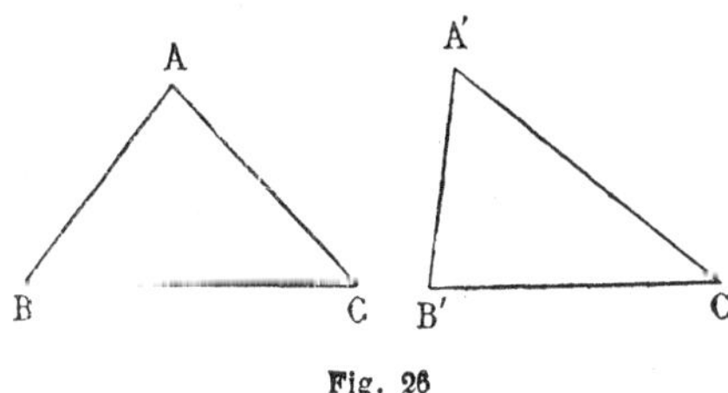

Fig. 26

2° Le sens des angles C'A'B', A'B'C', B'C'A' est contraire au sens des angles CAB, ABC, BCA ; deux angles homologues quelconques des deux triangles ont des sens contraires. On dit, dans ce cas, que les deux triangles ont *des sens contraires.*

On ramène ce second cas au premier en retournant le plan du triangle A'B'C'.

Si l'on permute deux sommets d'un triangle, on change le sens du triangle. Ainsi les deux triangles ABC et BAC sont de sens contraires car les angles homologues ABC et BAC de ces deux triangles sont de sens contraires.

45. **Théorème.** — *Deux triangles qui ont un angle égal, compris entre deux côtés égaux, chacun à chacun, sont égaux.*

Soient les deux triangles ABC, A'B'C' (*fig.* 27) dans lesquels $A = A'$, $AB = A'B'$, $AC = A'C'$; je dis que ces deux triangles sont égaux.

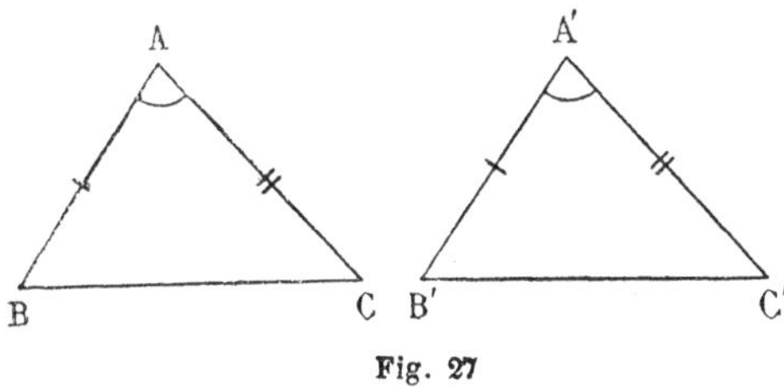

Fig. 27

D'abord on peut toujours supposer les angles BAC, B'A'C' de même sens ; s'il n'en était pas ainsi, il suffirait de retourner le plan A'B'C' pour les rendre de même sens.

Cela posé, portons le côté A'B' sur son égal AB, de façon que A' vienne en A et B' en B ; les angles A et A' étant égaux et de même sens, le côté A'C' prend la direction AC ; mais comme $A'C' = AC$, le point C' tombe en C. Les deux triangles sont superposés, donc ils sont égaux.

46. Il résulte de ce théorème que les égalités

$$A = A', \qquad AB = A'B', \qquad AC = A'C'$$

entraînent les égalités

$$BC = B'C', \qquad B = B', \qquad C = C'.$$

47. Théorème. — *Deux triangles qui ont un côté égal adjacent à deux angles égaux, chacun à chacun, sont égaux.*

Soient les deux triangles ABC, A'B'C' (*fig.* 28), dans lesquels on a $BC = B'C', \qquad B = B', \qquad C = C'.$

Je dis que ces triangles sont égaux.

D'abord on peut toujours, en retournant au besoin le plan A'B'C' (44), supposer que les angles CBA, BCA ont respectivement le même sens que les angles C'B'A', B'C'A'.

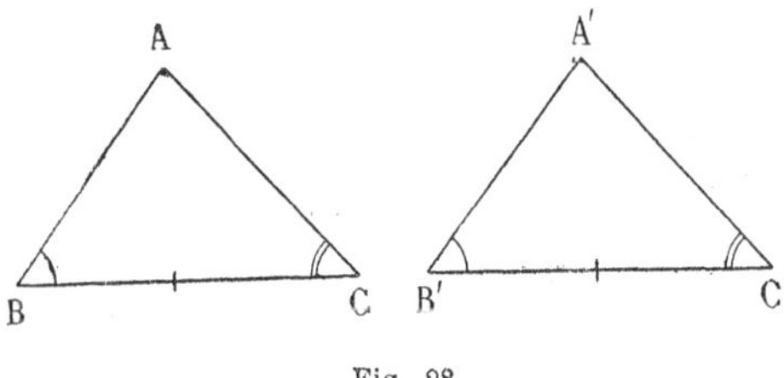

Fig. 28

Cela posé, portons le côté B'C' sur son égal BC, de façon que B' et C' viennent respectivement en B et C. Les angles en B et B' étant égaux et de même sens, le côté B'A' vient sur la direction BA ; le point A' doit donc se trouver sur BA ; on voit de même qu'il doit se trouver sur CA ; donc A' vient en A. Les deux triangles ABC et A'B'C' étant superposés, sont égaux.

48. Il résulte de ce théorème que les égalités

$$BC = B'C', \qquad B = B', \qquad C = C'$$

entraînent les égalités

$$A = A', \qquad AC = A'C', \qquad AB = A'B'.$$

49. Théorème. — *Deux triangles qui ont leurs trois côtés égaux, chacun à chacun, sont égaux.*

Soient ABC, A'B'C' (*fig.* 29) deux triangles dans lesquels

$$BC = B'C', \qquad CA = C'A', \qquad AB = A'B'.$$

Je dis que ces deux triangles sont égaux.

On peut toujours supposer, en retournant s'il le faut le plan de A'B'C', que les angles C'B'A' et CBA sont de sens contraires.

Cela posé, portons B'C' sur son égal BC, de telle sorte que B' vienne en B, C′ en C. Le point A′ viendra en A″ ; à cause de la disposition des angles, A et A″ sont placés de part et d'autre de BC. Menons la droite AA″ et joignons son milieu I aux

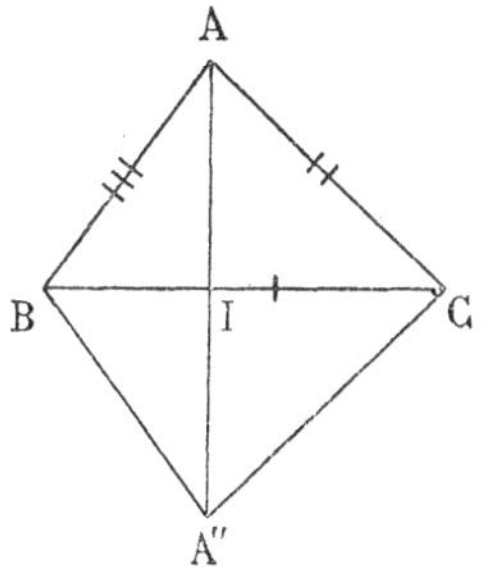

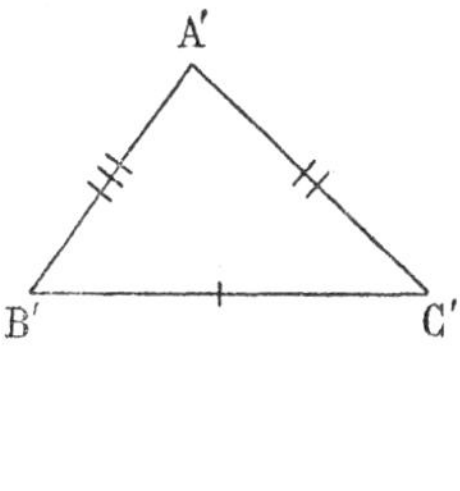

Fig. 29

points B et C. Les côtés AB, BA″ étant égaux, la droite BI est perpendiculaire sur AA″ (41) ; pour une raison analogue, CI est perpendiculaire sur AA″ ; les trois points B, I, C sont donc en ligne droite. La droite BC, qui joint le sommet B du triangle isocèle au milieu I de la base, est bissectrice de l'angle B (41) ; les angles ABC et A″BC sont égaux ; pour la même raison, les angles ACB et BCA″ sont égaux. Les deux triangles ABC, A′B′C′ sont donc tels que :

$$BC = B'C', \qquad B = B', \qquad C = C' ;$$

donc (47) ces deux triangles sont égaux.

50. Il résulte de ce théorème que les égalités

$$BC = B'C', \qquad CA = C'A', \qquad AB = A'B'$$

entraînent les égalités

$$A = A', \qquad B = B', \qquad C = C'.$$

51. Théorème. — *Le supplément d'un angle d'un triangle est plus grand que chacun des deux autres angles.*

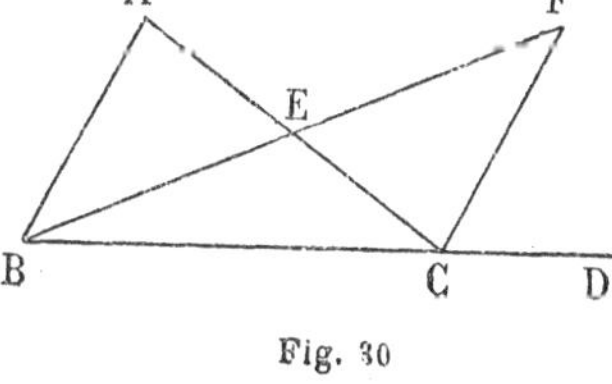

Fig. 30

Démontrons par exemple que dans le triangle ABC, l'angle ACD (*fig.* 30), supplémentaire de l'angle C du triangle, est plus grand que l'angle A.

Joignons le point B au milieu E de AC, puis prenons sur le

prolongement de cette droite une longueur EF égale à BE; menons la droite CF, qui se trouve nécessairement à l'intérieur de l'angle ACD. Les deux triangles ABE et CFE sont égaux comme ayant un angle égal compris entre deux côtés égaux chacun à chacun. On en conclut que l'angle A est égal à l'angle ECF, et, par suite, A est plus petit que l'angle ACD.

52. **Théorème.** — *Si deux côtés d'un triangle sont inégaux, l'angle opposé au plus grand côté est plus grand que l'angle opposé à l'autre côté.*

Soit le triangle ABC (*fig.* 31), dans lequel AB est plus grand que AC; je dis que l'angle C est plus grand que l'angle B.

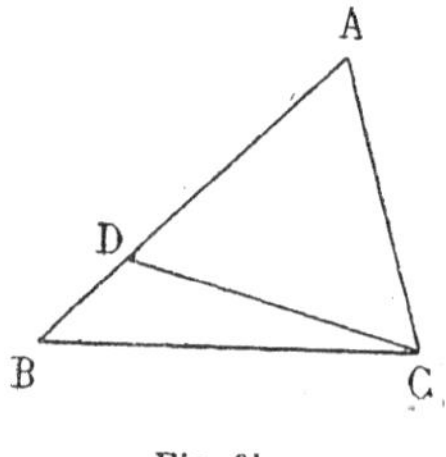

Fig. 31

En effet, prenons sur AB une longueur AD égale à AC; menons la droite CD. Le triangle ACD est isocèle; les angles ACD et ADC sont égaux; mais ce dernier est plus grand que l'angle B (51); l'angle B étant plus petit que l'angle ACD, est *a fortiori* plus petit que l'angle C du triangle ABC.

53. **Réciproque.**— *Si deux angles d'un triangle sont inégaux, le côté opposé au plus grand angle est plus grand que le côté opposé à l'autre angle.*

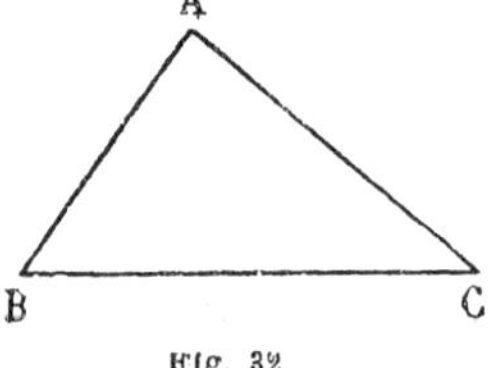

Fig. 32

Soit dans le triangle ABC (*fig.* 32) $B > C$; je dis que AC est plus grand que AB.

En effet, AC ne peut pas être plus petit que AB, car alors (52) B serait plus petit que C; de même AC ne peut pas être égal à AB, car alors B serait égal à C (38), donc AC est plus grand que AB.

54. **Théorème.** — *Dans un triangle un côté quelconque est plus petit que la somme des deux autres.*

Démontrons par exemple que dans le triangle ABC (*fig.* 33) on a

$$BC < AB + AC.$$

Prenons sur le prolongement de BA une longueur AD égale à AC, puis joignons C et D. Le triangle ADC étant isocèle, l'angle D est égal à l'angle ACD, et par suite plus petit que l'angle BCD. Dans le triangle BCD, le côté BC, opposé à l'angle D, sera plus petit que le côté BD, opposé à l'angle BCD; mais BD est la somme de AB et de AC, ce qui démontre le théorème.

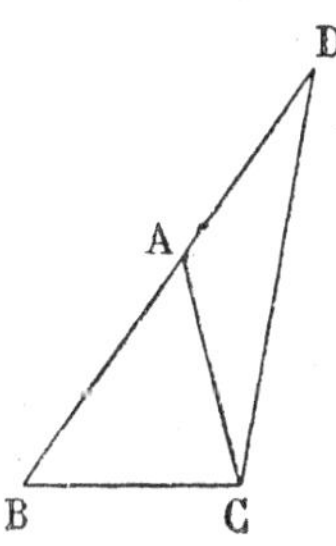

Fig. 33

55. **Corollaire.** — *Dans un triangle, un côté quelconque est plus grand que la différence des deux autres.*

Supposons AB plus grand que AC; je dis que l'on aura

$$BC > AB - AC.$$

En effet, d'après le théorème précédent on a

$$AB < AC + BC,$$

d'où l'on déduit

$$BC > AB - AC. \qquad \text{C. q. f. d.}$$

56. **Théorème.** — *Si deux triangles ont deux côtés égaux chacun à chacun et si les angles compris sont inégaux, les troisièmes côtés sont inégaux et le côté opposé au plus grand angle est le plus grand.*

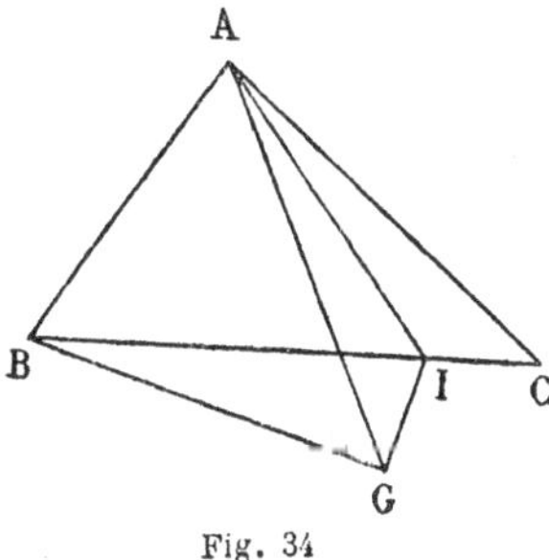

Fig. 34

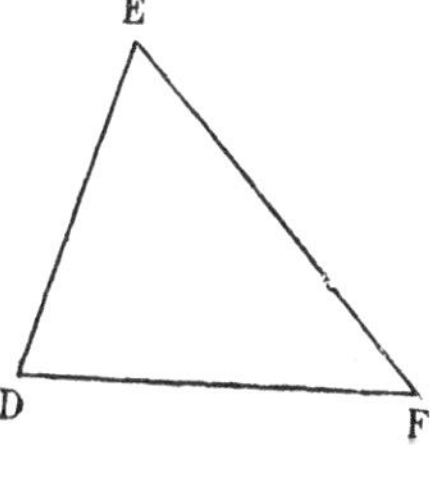

Fig. 35

Soient (*fig.* 34 et 35) les deux triangles ABC, DEF dans lesquels on a

$$AB = DE, \qquad AC = EF, \qquad A > E;$$

je dis que BC est plus grand que DF.

En effet, supposons les angles BAC et DEF de même sens; portons DE sur son égal BA, de telle sorte que D vienne en B et E en A; l'angle DEF étant plus petit que l'angle BAC, le côté EF viendra se placer à l'intérieur de l'angle BAC; le triangle DEF occupera la position BAG. Menons la bissectrice de l'angle GAC, elle rencontrera le côté BC en un point I situé à l'intérieur de l'angle GAC et placé par conséquent entre B et C. Joignons I et G. Les deux triangles AIG et AIC sont égaux comme ayant un angle égal compris entre deux côtés égaux chacun à chacun, savoir : les angles GAI, CAI sont égaux parce que AI est bissectrice de l'angle GAC; le côté AI est commun aux deux triangles; enfin les côtés AG et AC qui sont tous deux égaux à EF sont égaux. De l'égalité des deux triangles on déduit l'égalité des lignes GI et IC.

Cela posé, dans le triangle BIG, on a

$$BG < BI + IG$$

ou $BG < BI + IC$ ou $BG < BC$;

mais BG est égal à DF; donc

$$BC > DF. \qquad \text{C. q. f. d.}$$

57. **Réciproque.** — *Si deux triangles ont deux côtés égaux chacun à chacun, et si les troisièmes côtés sont inégaux, les angles opposés à ces côtés sont inégaux, et l'angle opposé au plus grand côté est le plus grand.*

Supposons que dans les triangles ABC, DEF on ait

$$AB = DE, \qquad AC = EF, \qquad BC > DF.$$

Je dis que l'on aura

$$A > E.$$

En effet, si A était plus petit que E, BC serait plus petit que DF (56), ce qui est contraire à l'hypothèse.

De même A ne peut pas être égal à E, car alors BC serait égal à DF (46), ce qui est encore contraire à l'hypothèse.

Donc A est plus grand que E.

§ III.

Polygones. — Lignes polygonales.

58. **Définitions.** — On sait que la ligne brisée, qu'on appelle aussi *ligne polygonale*, est une ligne composée de portions de droites.

Pour construire une ligne brisée plane on marque dans le plan des points qu'on place dans un ordre déterminé, puis on mène les portions de droites qui joignent le premier point au second, puis le second au troisième ; d'une manière générale on joint chaque point à celui qui le suit, jusqu'à ce que l'on arrive au dernier. — Ainsi si l'on place les cinq points A, B, C, D, E (*fig.* 36) dans l'ordre alphabétique, on obtiendra une ligne brisée composée des segments AB, BC, CD, DE.

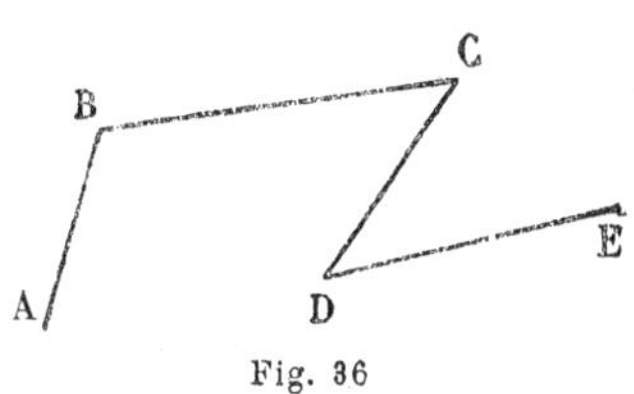

Fig. 36

Ces points A, B, C, D, E sont les *sommets* de la ligne brisée ; l'ordre des sommets est l'ordre dans lequel on a placé les points correspondants. Le premier sommet est l'*origine* de la ligne brisée ; le dernier s'appelle l'*extrémité*. Dans le cas de la figure A est l'origine, E l'extrémité de la ligne brisée.

Les sommets de rang p et de rang $p+1$ sont appelés *sommets consécutifs*. (Ex.: B qui est de rang 2 et C de rang 3 sont deux sommets consécutifs, *fig.* 36.)

Les portions de droite qui joignent deux sommets consécutifs sont les *côtés* de la ligne brisée ; le côté de rang p est celui qui joint les sommets de rang p et $p+1$. (Ex.: BC est un côté de rang 2.)

L'ensemble des côtés forme le *périmètre* de la ligne polygonale.

Les côtés de rang p et $p+1$ sont appelés *côtés consécutifs*. Deux côtés consécutifs se coupent en un sommet ; les côtés de rang p et $p+1$ ont en effet en commun le sommet de rang $p+1$. (Ex.: BC et CD, qui sont respectivement des côtés de rang 2 et 3, sont consécutifs ; ils ont en commun le sommet C qui est de rang 3.)

Les portions de droites qui joignent deux sommets non consécutifs sont les *diagonales* de la ligne polygonale. (Ex.: BD, BE, *fig*. 36.)

L'angle que forment deux côtés consécutifs est un *angle* de la ligne brisée. (Ex.: BCD, CDE sont des angles de la ligne brisée.)

Si une ligne brisée a n sommets, elle aura $n-1$ côtés et $n-2$ angles.)

59. Deux lignes brisées sont *égales* si elles sont superposables. Si deux lignes brisées sont superposables, on peut toujours supposer que l'origine de la seconde vienne coïncider avec l'origine de la première ; car s'il en était autrement, c'est-à-dire si l'extrémité de la seconde venait à l'origine de la première, il suffirait de placer les points de la seconde dans l'ordre inverse pour être ramené au premier cas.

Cela posé, dans deux lignes brisées qui ont le même nombre de sommets, nous appellerons: *sommets homologues*, les sommets qui occupent le même rang ; *côtés homologues*, les côtés qui ont le même rang ; *angles homologues*, les angles dont les sommets sont homologues.

Si deux lignes brisées sont égales, les côtés homologues sont égaux et les angles homologues sont aussi égaux. Si la superposition se fait sans retournement du plan de la seconde figure, deux angles homologues ont le même sens; s'il y a retournement, deux angles homologues sont de sens contraires.

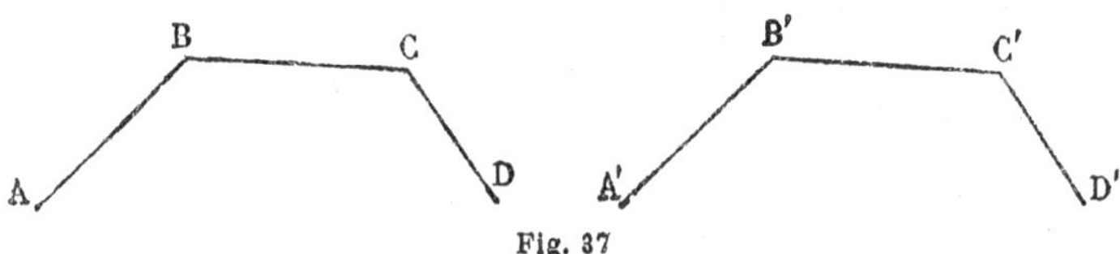

Fig. 37

Réciproquement, si ces conditions sont remplies, les deux lignes brisées sont égales.

En retournant, au besoin, le plan de la seconde ligne, on peut supposer que les angles homologues ont même sens. Soient alors ABCD, A'B'C'D' (*fig*. 37) les deux lignes brisées. Portons

A'B' sur son égal AB de façon que A' vienne en A et B' en B; les angles A'B'C', ABC étant égaux et de même sens, B'C' prendra la direction BC; ces deux lignes étant égales, C' vient en C; on voit de même que D' vient en D; donc les deux lignes coïncident.

Une ligne brisée de n sommets, ayant $n-1$ côtés et $n-2$ angles, de plus ces côtés et ces angles pouvant tous être choisis arbitrairement, on voit qu'il faut $2n-3$ conditions pour déterminer une ligne brisée de n sommets.

60. Une ligne polygonale est *convexe*, si la droite qui joint deux sommets consécutifs quelconques est telle que tous les autres sommets se trouvent dans la même région du plan par rapport à cette droite. Dans le cas contraire, la ligne est *non*

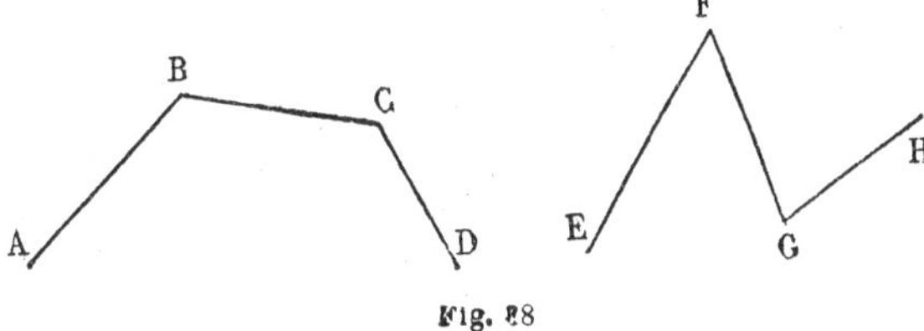

Fig. 38

convexe. (Ex. : La ligne brisée ABCD, *fig*. 38, est convexe; au contraire la ligne EFGH, *fig*. 38, est non convexe parce que les sommets E, H sont de part et d'autre de FG.)

La condition imposée aux sommets d'une ligne polygonale convexe entraîne (3) la propriété suivante :

La droite qui joint deux sommets consécutifs quelconques d'une ligne brisée convexe est telle que tous les points du périmètre situés hors de la droite sont dans une même région du plan par rapport à cette droite.

61. **Théorème.** — *Une droite ne peut rencontrer une ligne brisée convexe en plus de deux points.*

Supposons, en effet, qu'une ligne brisée ABCDE (*fig*. 39) soit rencontrée par une droite $x'x$ en plus de deux points. L'un au moins de ces points d'intersection Q est placé entre deux autres P et R; soit BC le côté de la ligne qui passe par Q; les deux points P et R du périmètre de la ligne brisée étant placés de part et d'autre de la droite BC, la ligne brisée donnée (60) n'est pas convexe.

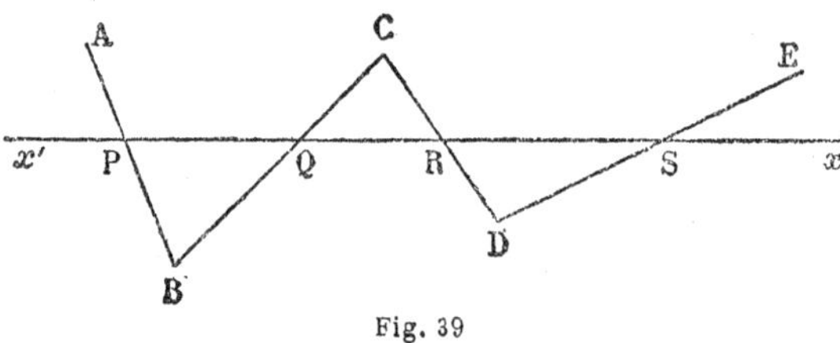

Fig. 39

62. **Corollaire.** — *La droite qui joint l'origine à l'extrémité d'une ligne brisée convexe laisse tous les autres sommets d'un même côté de cette droite.*

En effet, s'il y avait de chaque côté de la droite indéfinie AE qui joint l'origine A à l'extrémité E d'une ligne brisée (*fig.* 40) des sommets de cette ligne, il se trouverait au moins deux sommets consécutifs C et D qui seraient de part et d'autre de cette ligne. La droite CD couperait AE en un point F ; la droite AE couperait donc la ligne brisée en trois points au moins, savoir : A, E, F ; donc (61) la ligne ne serait pas convexe.

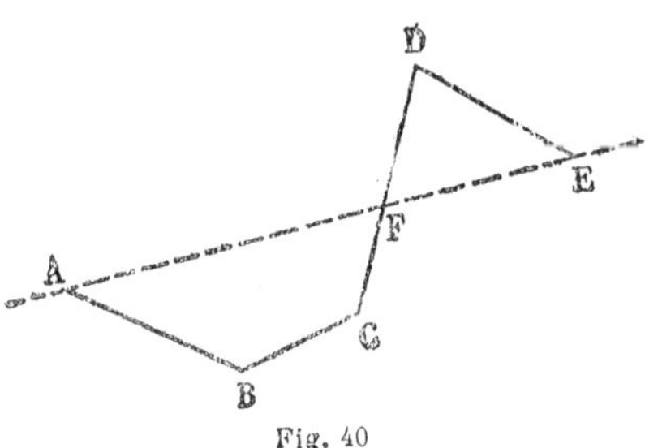

Fig. 40

63. Un *polygone* est une ligne brisée dont l'extrémité coïncide avec l'origine. Pour construire un polygone on se donne arbitrairement n points A, B, C, ..., K ; on joint le premier au second, d'une manière générale chaque point au suivant ; puis le dernier au premier, comme si l'on voulait construire la ligne brisée A, B, C, ..., K, A.

Les côtés de la ligne brisée sont les *côtés du polygone ;* le rang d'un côté dans le polygone est le même que dans la ligne brisée ; deux côtés *consécutifs* du polygone sont deux côtés consécutifs de la ligne brisée ou encore les côtés AB et AK.

Le rang des sommets A, B, C, ..., K du polygone est le même que dans la ligne brisée.

L'angle formé par deux côtés consécutifs est un *angle du polygone*. Le rang d'un angle est le même que celui de son sommet.

Une diagonale de la ligne brisée est une *diagonale du polygone*.

Si deux polygones ont le même nombre de sommets, on appelle *sommets homologues* des deux polygones les sommets qui occupent le même rang dans les deux polygones ; les *angles homologues* sont ceux dont les sommets sont homologues ; deux côtés, deux diagonales des deux polygones sont *homologues* si leurs extrémités sont des sommets homologues. Le plus simple de tous les polygones est le *triangle*, qui est un polygone de trois côtés. On appelle : *quadrilatère*, *pentagone*, *hexagone*, etc. les polygones qui ont respectivement 4, 5, 6, etc. côtés.

64. Deux polygones sont *égaux* s'ils sont superposables. On peut toujours supposer que les sommets du second polygone sont placés dans un ordre tel que le premier et le deuxième sommet de ce polygone viennent coïncider respectivement avec le premier et le deuxième sommet de l'autre polygone ; alors les sommets qui viendront coïncider occupent le même rang ; donc si deux polygones sont égaux :

1° *Les côtés homologues sont égaux ;*

2° *Les diagonales homologues sont égales ;*

3° *Les angles homologues sont égaux.*

Si la superposition se fait sans retournement, les angles homologues sont de même sens ; ils sont de sens contraires si la superposition se fait avec retournement.

Pour que deux polygones de n côtés ABC...K, A'B'C'...K' soient égaux, il faut et il suffit que les lignes brisées ABC...K, A'B'C'...K' soient égales. Donc pour que deux polygones de n côtés soient égaux, il faut $2n - 3$ conditions.

65. **Théorème.** — *Si une droite rencontre le périmètre d'un polygone, sans contenir aucun des sommets, le nombre des points de rencontre est pair.*

En effet, si deux sommets consécutifs sont de part et d'autre de la droite, le côté qui les joint rencontre la droite, et inversement. Si donc on écrit à la suite l'un de l'autre tous les sommets que l'on trouve, dans l'ordre où ils se présentent quand on décrit le périmètre du polygone, on aura autant de points d'intersection qu'il y aura de changements de région ; le premier et le dernier sommet qui sont identiques étant dans la même région, le nombre de ces changements est pair.

66. Un polygone est dit *convexe* si la ligne brisée qui forme son périmètre est convexe.

Le polygone obtenu en joignant l'origine à l'extrémité d'une ligne polygonale convexe est convexe. Cela résulte immédiatement du corollaire 62. Nous admettons qu'il existe des polygones convexes d'un nombre quelconque de côtés.

67. **Remarque.** — *Tous les sommets d'un polygone convexe sont à l'intérieur de chacun des angles du polygone.*

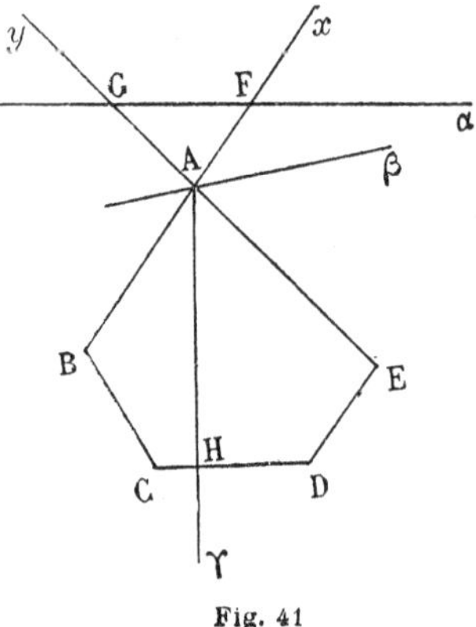

Fig. 41

Soit le polygone ABCDE (*fig.* 41), A l'un de ses angles ; Ax, Ay les prolongements de BA, EA ; les sommets du polygone étant du même côté que B par rapport à la droite AE ne peuvent être que dans les angles BAE, BAy ; on démontre de même qu'ils ne peuvent être que dans les angles BAE et EAx ; donc ils sont dans l'angle BAE.

68. **Position relative d'une droite et d'un polygone convexe.** — Trois cas peuvent se présenter :

1° La droite ne coupe pas le polygone.

Tous les sommets et par suite tous les points du périmètre sont d'un même côté par rapport à la droite. La droite est dite *extérieure* au polygone. Il est facile de montrer qu'il existe de telles droites ; prenons, en effet, sur Ax, Ay (*fig.* 41) des points F et G ; la droite α qui joint ces points ne pénétrant pas dans l'angle BAE ne peut rencontrer le polygone.

2° La droite passe par un sommet.

Soit A ce sommet ; si la droite β est dans l'angle xAE (*fig.* 41), tous les sommets et par suite tous les points du périmètre, sauf A, sont du même côté de β ; il n'y a pas d'autre point d'intersection que A.

Si au contraire la droite γ menée par A est à l'intérieur de l'angle BAE, il y a des sommets de part et d'autre de cette droite ; il existera donc deux sommets consécutifs C et D qui seront de part et d'autre de γ ; le côté CD coupera γ en un point H. Il ne peut pas y avoir d'autres points d'intersection (61).

3° La droite rencontre le polygone et ne passe par aucun sommet.

Il résulte des théorèmes 61 et 65 qu'il y a deux points d'intersection.

69. **Théorème.** — *Un segment de droite est plus petit que le périmètre d'une ligne brisée ayant mêmes extrémités.*

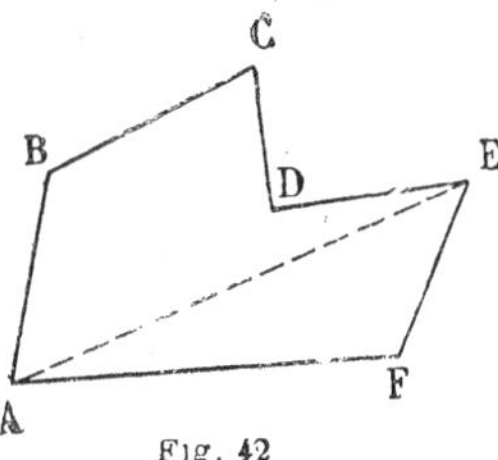

Fig. 42

Le théorème est vrai si la ligne brisée n'a que deux côtés (54). Il suffit donc de démontrer que s'il est vrai pour toutes les lignes brisées qui ont le même nombre de côtés, il est encore vrai pour celles qui ont un côté de plus.

Admettons par exemple le théorème pour les lignes brisées qui ont quatre côtés; nous démontrerons qu'il est vrai pour celles qui en ont cinq. Soit la ligne brisée ABCDEF (*fig.* 42), qui a cinq côtés. Par hypothèse on a

(1) $$AE < AB + BC + CD + DE.$$

D'autre part on a (54)

(2) $$AF < AE + EF.$$

Ajoutons les inégalités (1) et (2), membre à membre, puis supprimons dans les deux membres le terme commun AE ; on aura

$$AF < AB + BC + CD + DE + EF.$$

C. q. f. d.

70. **Définition.** — Si deux lignes brisées convexes ont les mêmes extrémités et si tous les sommets de la première, sauf les extrémités, sont à l'intérieur du polygone convexe formé par la seconde et la droite qui joint ses deux extrémités, nous dirons que la première ligne est *enveloppée* par la seconde. Ainsi la ligne brisée ACDB (*fig.* 43) est enveloppée par la ligne brisée AEFGB.

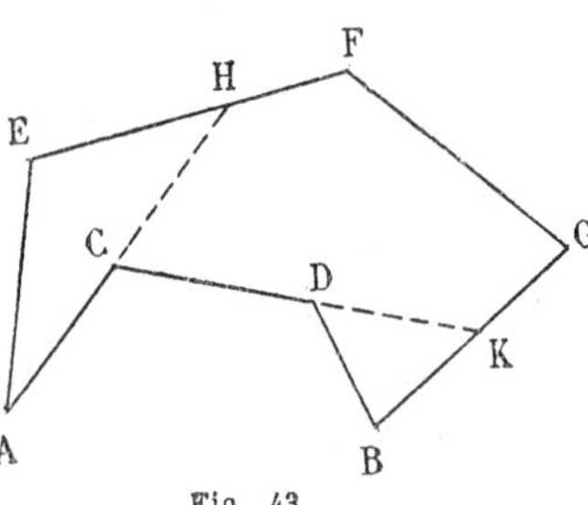

Fig. 43

71. **Théorème.** — *Le périmètre de la ligne enveloppée est plus petit que celui de la ligne qui l'enveloppe.*

Soient ACDB et AEFGB (*fig.* 43) les lignes enveloppées et enveloppantes. Prolongeons AC et CD; elles rencontrent respectivement la ligne enveloppante en H et K. D'après le théorème précédent on a :

$$AC + CH < AE + EH,$$
$$CD + DK < CH + HF + FG + GK,$$
$$DB < DK + KB.$$

Ajoutons ces inégalités membre à membre et supprimons les termes communs aux deux membres. On aura

$$AC + CD + DB < AE + EH + HF + FG + GK + KB,$$

ou bien, en ajoutant ensemble les portions d'une même droite qui sont au second membre,

$$AC + CD + DB < AE + EF + FG + GB.$$

C. q. f. d.

72. Remarque. — Le théorème reste vrai si la ligne enveloppante n'est pas convexe. Nous avons laissé ce cas de côté parce qu'il serait long de définir, d'une façon précise, une ligne enveloppante non convexe.

73. **Définition.** — Si les sommets d'un polygone convexe sont à l'intérieur d'un autre polygone convexe, nous dirons que le premier est *enveloppé* par le second. Ainsi le polygone ABCD (*fig.* 44) est enveloppé par le polygone EFGHK.

74. **Théorème.** — *Le périmètre du polygone enveloppé est plus petit que celui du polygone qui l'enveloppe.*

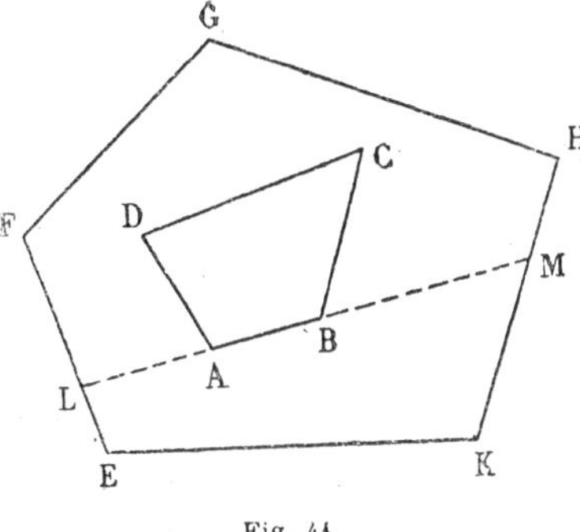

Fig. 44

En effet, soit le polygone ABCD (*fig.* 44) enveloppé par le polygone EFGHK. La droite AB prolongée rencontre le polygone enveloppant en deux points L, M situés de part et d'autre du segment AB. D'après les théorèmes précédents, on a :

(1) $AD + DC + CB < AL + LF + FG + GH + HM + MB,$

(2) $LA + AB + BM < LE + EK + KM.$

Ajoutons membre à membre, supprimons les parties communes et additionnons les portions d'une même droite ; on aura

$$AB + BC + CD + DA < EF + FG + GH + HK + KE.$$

C. q. f. d.

§ IV.

Perpendiculaires et obliques.
Cas d'égalité des triangles rectangles.

75. **Théorème.** — *Si d'un point on mène à une droite une perpendiculaire et des obliques :*

1° *La perpendiculaire est plus courte que toute oblique ;*

2° *Deux obliques dont les pieds sont équidistants du pied de la perpendiculaire sont égales ;*

3° *La longueur d'une oblique est d'autant plus grande que son pied est plus éloigné de celui de la perpendiculaire.*

1° Soient OA la perpendiculaire et OB une oblique menée de O à la droite $x'x$ (*fig.* 45) ; prolongeons OA d'une longueur AO′ égale à OA ; menons la droite BO′. Les deux triangles OAB, O′AB sont égaux comme ayant un angle égal compris entre deux côtés égaux chacun à chacun, savoir : les angles en A égaux comme droits ; le côté AB commun aux deux triangles, les côtés OA, O′A égaux par construction ; donc OB est égal à O′B. La ligne droite OO′ est moindre que la ligne brisée OBO′ ; donc OA, moitié de OO′, est plus petit que OB, moitié de OBO′.

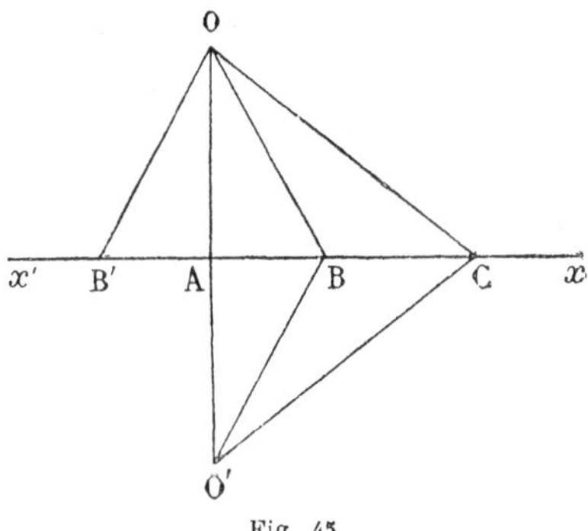

Fig. 45

2° Soient OB, OB′ deux obliques dont les pieds B et B′ sont équidistants du pied A de la perpendiculaire OA (*fig.* 45) ; je dis que ces obliques sont égales.

En effet, les deux triangles OAB, OAB′ sont égaux comme ayant un angle égal compris entre deux côtés égaux chacun à chacun, savoir : les angles en A qui sont droits, le côté OA commun aux deux triangles, les côtés AB, AB′ égaux par hypothèse ; donc OB est égal à OB′.

3° Soient les deux obliques OB et OC dont les pieds B et C sont à inégale distance du pied A de la perpendiculaire OA, et soit AC plus grand que AB ; je dis que OC est plus grand que OB.

Supposons d'abord que les points B et C (*fig.* 45) sont d'un même côté par rapport au point A ; prolongeons OA d'une longueur AO′ égale à OA, puis menons les droites O′B, O′C. Les deux droites BO et BO′ sont égales comme obliques dont les pieds O et O′ sont à égale distance du pied A de la perpendiculaire BA à OO′ ; pour la même raison les deux droites CO et CO′

sont égales. La ligne brisée OBO′ étant enveloppée par la ligne brisée OCO′, on aura (71)

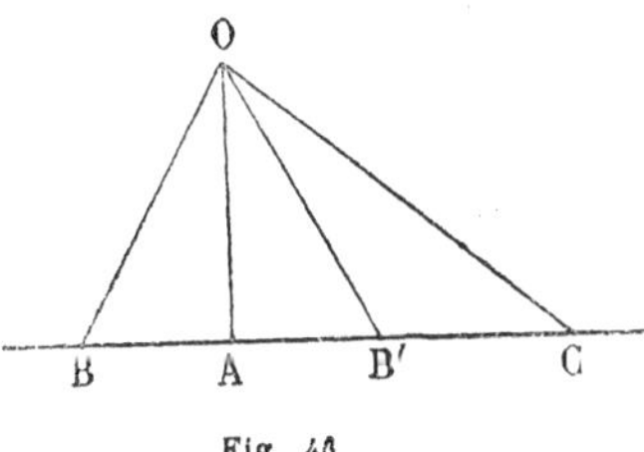

Fig. 46

$$OC + O'C > OB + O'B,$$

d'où, en prenant les moitiés,

$$OC > OB.$$

Supposons maintenant les points B et C de part et d'autre de A (*fig.* 46); prenons entre A et C une longueur AB′ égale à AB; OB étant égal à OB′ sera plus petit que OC.

76. De ces propositions on conclut que, réciproquement :

1° *La droite la plus courte qu'on puisse mener d'un point à une droite est la perpendiculaire menée du point sur la droite;*

2° *Si deux obliques menées d'un point à une droite sont égales, leurs pieds sont à égale distance du pied de la perpendiculaire menée du point à la droite ;*

3° *Si deux obliques menées d'un point à une droite sont inégales, leurs pieds sont à inégale distance du pied de la perpendiculaire menée du point à la droite; le pied de la plus grande oblique est le plus éloigné du pied de la perpendiculaire.*

77. Corollaire I. — *Dans un triangle rectangle, chaque côté de l'angle droit est moindre que l'hypoténuse.*

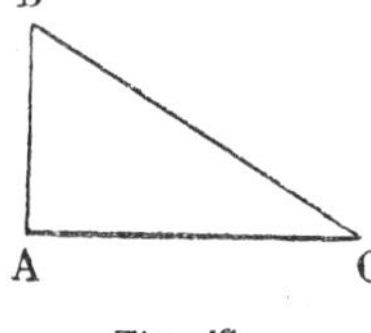

Fig. 47

Dans le triangle BAC rectangle en A (*fig.* 47), BA est la perpendiculaire et BC une oblique, menées de B à la droite AC ; donc BA est plus petit que BC.

78. Corollaire II. — *Dans un triangle rectangle chacun des angles adjacents à l'hypoténuse est aigu.*

En effet, BA étant plus petit que BC, l'angle C sera plus petit que l'angle A (52).

79. Définition. — On appelle *distance* d'un point à une droite la longueur de la perpendiculaire menée du point sur la droite ;

cette longueur est plus petite que celle de toute autre droite allant du point à un point de la droite.

80. **Remarque.** — Menons d'un point O (*fig.* 48) la perpendiculaire OA à $x'x$; supposons qu'un mobile M parte de A en se déplaçant toujours dans le même sens sur la demi-droite Ax ; l'oblique OM ira constamment en croissant. Elle est d'ailleurs plus grande que AM, elle peut donc devenir plus grande que toute ligne donnée. Il y aura donc une seule position du point M pour laquelle OM sera égale à une ligne donnée plus grande que OA ; il y aura ensuite une seconde oblique égale dont le pied est sur Ax' ; donc :

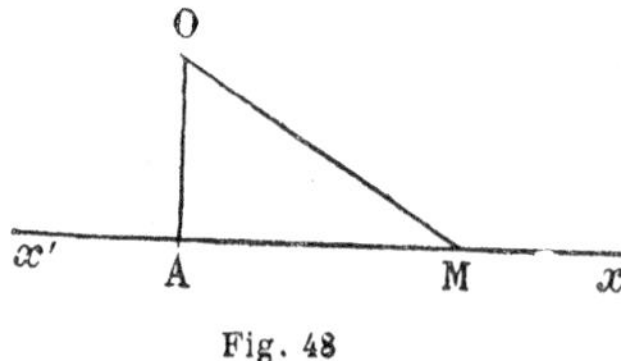

Fig. 48

D'un point on peut mener à une droite deux obliques ayant une longueur donnée, pourvu que la longueur donnée soit plus grande que la distance du point à la droite ; et on ne peut en mener que deux.

81. **Théorème.** — *Deux triangles rectangles qui ont l'hypoténuse égale et un angle aigu égal sont égaux.*

Soient les deux triangles ABC, A'B'C' (*fig.* 49), rectangles en A et A', dans lesquels BC = B'C' et B = B'. Je dis que ces deux triangles sont égaux.

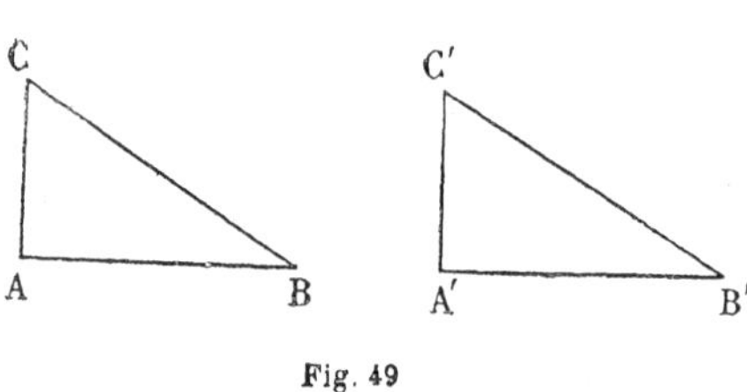

Fig. 49

En retournant, s'il le faut, le plan de la seconde figure, on peut toujours supposer que les angles CBA, C'B'A' sont de même sens. Cela posé, portons C'B' sur son égal CB de façon que C' et B' viennent respectivement en C et B ; le côté B'A' viendra prendre la direction BA ; puisque les angles en B et B' sont égaux et de même sens ; le côté C'A', perpendiculaire à B'A', viendra se placer sur la perpendiculaire menée de C sur BA ; C'A' prend donc la direction CA. Le point A' se trouvant à la fois sur BA et CA, vient en A. Les deux triangles sont alors superposés, donc ils sont égaux.

82. **Théorème.** — *Deux triangles rectangles qui ont l'hypoténuse égale et un côté de l'angle droit égal sont égaux.*

Soient les deux triangles ABC, A'B'C' rectangles en A et en A' et dans lesquels on a BC = B'C', AB = A'B'; je dis que ces deux triangles sont égaux.

Supposons les angles BAC, B'A'C' de même sens; portons A'B' sur son égal AB, A' en A et B' en B; le côté A'C' prend la direction AC parce que les angles en A et A' sont égaux et de même sens; C' viendra donc sur la demi-droite AC; mais les obliques B'C', BC étant égales, il faudra que C' vienne en C; les deux triangles coïncident, donc ils sont égaux.

§ V.

Droites parallèles.

83. **Définition.** — Deux droites sont dites *parallèles* lorsque, étant situées dans un même plan, elles ne peuvent se rencontrer si loin qu'on les prolonge.

Deux demi-droites parallèles sont de *même sens* lorsqu'elles sont d'un même côté par rapport à la droite qui joint leurs origines; elles sont de *sens contraire* si elles se trouvent de part et d'autre de la droite qui joint leurs origines.

84. **Théorème.** — *Deux droites perpendiculaires à une troisième sont parallèles.*

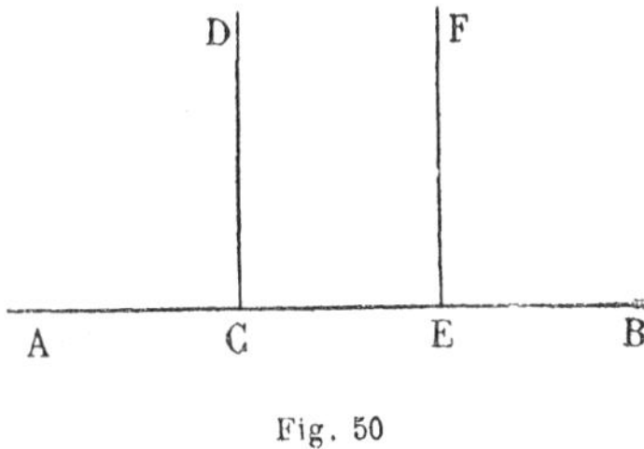

Fig. 50

En effet, les deux droites CD, EF perpendiculaires à AB (*fig.* 50) ne peuvent pas se rencontrer, puisque d'un point on ne peut mener qu'une perpendiculaire à une droite; donc elles sont parallèles.

85. **Corollaire.** — *Par un point pris hors d'une droite, on peut mener une parallèle à cette droite.*

Soit (*fig.* 50) le point C et la droite EF ; abaissons de C la perpendiculaire CE sur la droite EF, puis en C menons la droite CD perpendiculaire à CE. Les droites CD et EF étant toutes deux perpendiculaires à CE sont parallèles.

86. **Postulatum d'Euclide :** *Par un point pris hors d'une droite on ne peut mener qu'une parallèle à cette droite.*

Cette proposition, qu'il est impossible de démontrer, est équivalente à celle admise par Euclide ; c'est pourquoi nous l'appelons le postulatum d'Euclide.

87. **Corollaire.** — *Si deux droites sont parallèles, toute droite qui coupe l'une coupe l'autre.*

En effet, soient A et B deux droites parallèles ; C une droite qui coupe A en un point P. Si C ne coupait pas B, C et B seraient parallèles, par P on pourrait mener deux droites A et C parallèles à B, ce qui est impossible.

88. **Théorème.** — *Deux droites parallèles à une troisième sont parallèles.*

Soient A et B deux droites parallèles à la droite C ; A et B ne peuvent pas se rencontrer, car s'il en était autrement on pourrait par leur point de rencontre mener deux parallèles à C, donc A et B sont parallèles.

89. **Théorème.** — *Si deux droites sont parallèles, toute droite perpendiculaire à l'une est perpendiculaire à l'autre.*

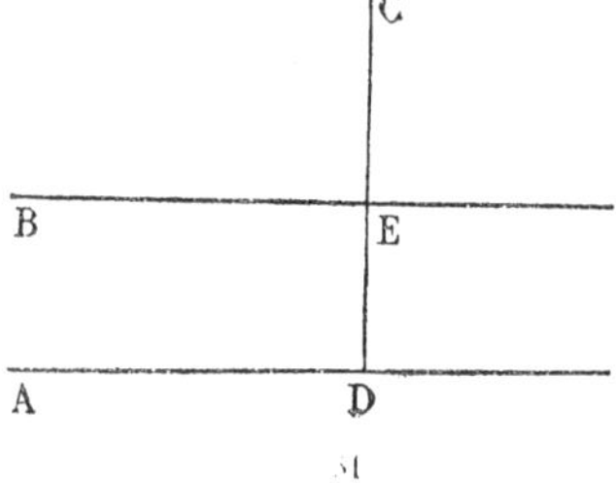

En effet, soient A et B deux droites parallèles, C une perpendiculaire à A au point D. D'abord C rencontre B (87), soit E ce point de rencontre. Si par E on menait une perpendiculaire à C, elle serait parallèle à A (84), elle coïnciderait avec B (86) ; donc B et C sont perpendiculaires.

90. **Définitions.** — Une sécante EF qui rencontre deux droites AB et CD, respectivement en G et H (*fig.* 52), forme avec

ces droites huit angles, savoir quatre qui ont leurs sommets en G et quatre qui ont leurs sommets en H.

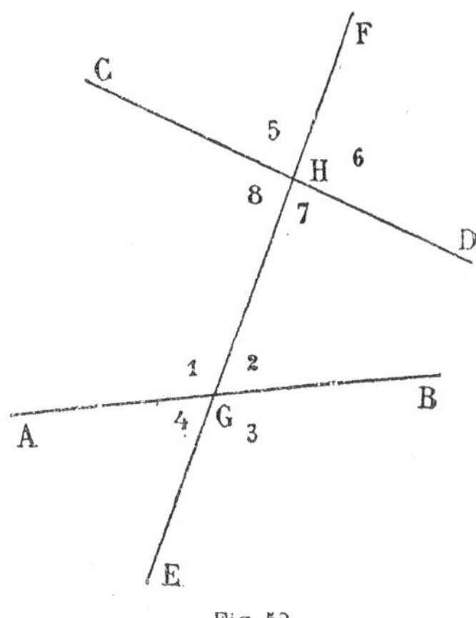

Fig. 52

On a donné des noms à ces différents angles :

On appelle *angles internes*, ceux dont l'un des côtés est la portion GH de sécante comprise entre les deux droites. (Ex. : les angles 1, 2, 7, 8 sont des angles internes.)

On appelle *angles externes*, ceux dont l'un des côtés est le prolongement de GH. (Ex. : les angles 3, 4, 5, 6.)

Deux angles internes de sommets différents, situés de part et d'autre de la sécante, sont dits *alternes-internes*. (Ex. : 1 et 7 ou 2 et 8.)

Deux angles externes de sommets différents, situés de part et d'autre de la sécante, sont dits *alternes-externes*. (Ex. : 3 et 5 ou 4 et 6.)

Deux angles de sommets différents, l'un interne, l'autre externe, situés d'un même côté de la sécante, sont dits *correspondants*. (Ex. : 1 et 5 ; 2 et 6 ; 3 et 7 ; 4 et 8.)

Deux angles internes, de sommets différents, situés d'un même côté de la sécante, sont dits *intérieurs d'un même côté*. (Ex. : 1 et 8 ; 2 et 7.)

Deux angles externes, de sommets différents, situés d'un même côté de la sécante, sont dits *extérieurs d'un même côté*. (Ex. : 3 et 6 ; 4 et 5.)

Si dans tous ces angles on prend pour premier côté la sécante, on voit que :

Deux angles alternes-internes, deux angles alternes-externes, deux angles correspondants sont de même sens.

Au contraire, deux angles intérieurs d'un même côté ou deux angles extérieurs d'un même côté sont de sens contraire.

91. **Théorème.** — *Si deux parallèles sont coupées par une sécante, les angles aigus formés par la sécante avec les parallèles sont égaux. — Il en est de même des angles obtus.*

Soient les deux parallèles AB, CD coupées respectivement en G et H par la sécante EF (*fig.* 53). Par le milieu K de GH, je mène une perpendiculaire à AB, elle sera aussi perpendiculaire à CD (89). Cette perpendiculaire rencontre respectivement AB et CD en L et M. Les deux triangles rectangles LKG et MKH ont leurs hypoténuses KG et KH égales par construction; les angles aigus GKL et HKM sont égaux comme opposés par le sommet. Ces deux triangles sont égaux (81). On en déduit l'égalité des angles CHG et BGH.

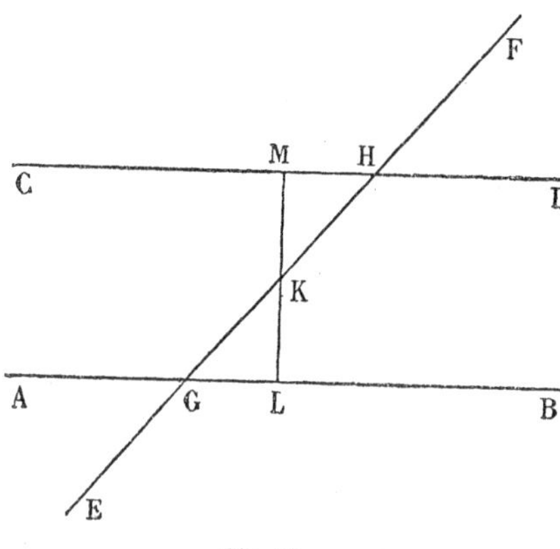

Fig. 53

Cela posé, les angles aigus FHD, AGE étant respectivement égaux aux précédents seront égaux; tous les angles aigus sont donc égaux. Les angles obtus qui sont les suppléments de ces angles aigus seront aussi égaux.

92. Du théorème précédent, on déduit que *si deux droites parallèles sont coupées par une sécante :*

Les angles alternes-internes sont égaux;

Les angles alternes-externes sont égaux;

Les angles correspondants sont égaux;

Les angles intérieurs d'un même côté sont supplémentaires;

Les angles extérieurs d'un même côté sont supplémentaires.

93. — Réciproquement, *deux droites coupées par une sécante sont parallèles :*

Si deux angles alternes-internes sont égaux,

ou *Si deux angles alternes-externes sont égaux,*

ou *Si deux angles correspondants sont égaux,*
ou *Si deux angles intérieurs d'un même côté sont supplémentaires,*
ou *Si deux angles extérieurs d'un même côté sont supplémentaires.*

Toutes ces réciproques se démontrent de la même manière; démontrons par exemple la première.

Supposons que les angles alternes-internes HGB, CHG formés par les deux droites AB, CD et la sécante EF soient égaux (*fig.* 54). Je dis que AB et CD sont parallèles. Menons en effet par H la parallèle LM à AB. D'après la proposition directe, l'angle GHL sera égal à HGB. Les deux angles GHL, GHC sont donc égaux, ils ont d'ailleurs tous deux le même sens que l'angle HGB; donc HL coïncide avec HC et les deux droites AB et CD sont parallèles.

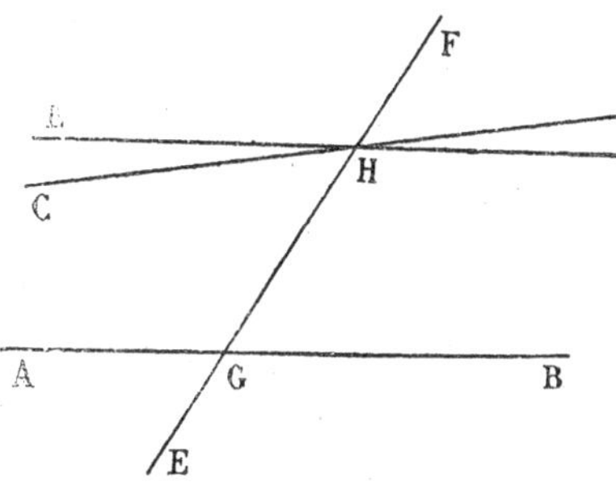

Fig. 54

94. **Théorème.** — *Deux angles qui ont leurs côtés parallèles sont égaux ou supplémentaires.*

Ils sont égaux si les côtés parallèles ont même sens ou sont de sens contraire.

Ils sont supplémentaires si deux côtés parallèles ont même sens, et les deux autres un sens contraire.

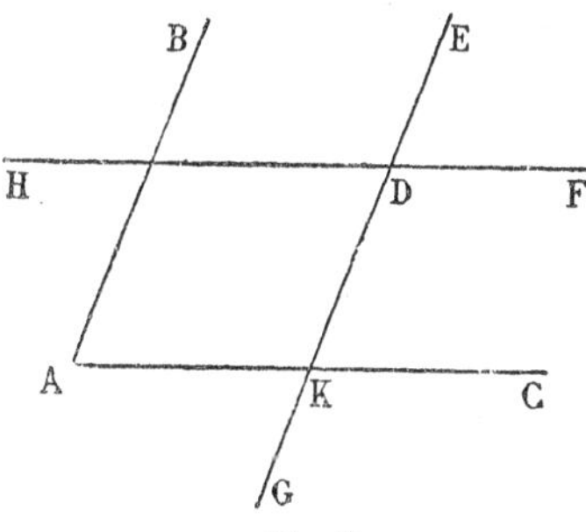

Fig. 55

1° Soient EDF et BAC (*fig.* 55) deux angles qui ont leurs côtés parallèles et de même sens; soit K le point de rencontre des deux droites DE et AC. Les angles BAC et DKC sont deux angles correspondants formés par les parallèles AB, DE et la sécante AC. Ces angles sont donc égaux; les angles EDF, DKC sont égaux pour la même raison ; donc les angles EDF et BAC sont égaux.

2° Soient BAC et HDG (*fig.* 55) deux angles qui ont leurs côtés parallèles et de sens contraire ; prenons l'angle EDF opposé par le sommet à l'angle HDG. Les angles EDF, BAC ayant leurs côtés parallèles et de même sens sont égaux, et par suite les angles BAC et HDG sont égaux.

3° Soient BAC et EDH deux angles dont les côtés parallèles AB et DE ont même sens, tandis que les côtés AC et DH sont parallèles et de sens contraire. Soit DF le prolongement de DH. Les angles EDF et BAC ayant leurs côtés parallèles et de même sens, sont égaux; mais l'angle EDF est le supplément de l'angle HDE ; donc les angles HDE et BAC sont supplémentaires.

95. **Théorème.** — *Deux angles qui ont leurs côtés respectivement perpendiculaires sont égaux ou supplémentaires.*

Soient les deux angles BAC et EDF (*fig.* 56) tels que les côtés

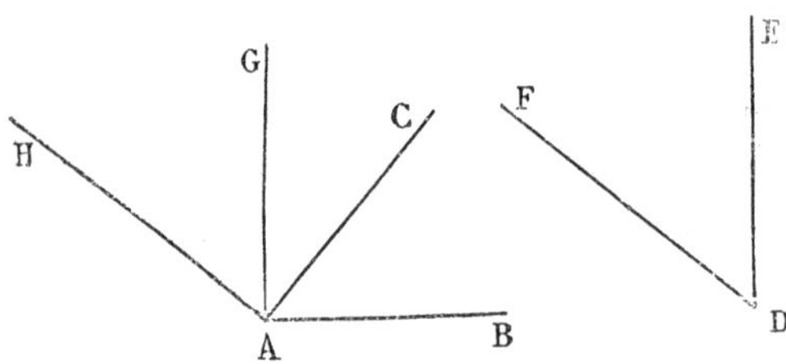

Fig. 56

DE, DF soient respectivement perpendiculaires aux côtés AB, AC. Menons par le point A des demi-droites AG, AH respectivement parallèles à DE et DF et dirigées respectivement dans le même sens. Les angles HAG et EDF sont égaux (94) ; d'autre part AG et AH étant parallèles à DE et DF seront perpendiculaires respectivement (89) à AB et AC. Les angles HAG et BAC ayant même sommet et leurs côtés étant respectivement perpendiculaires sont égaux ou supplémentaires (33). Il en est de même des angles BAC et EDF.

§ VI.

Somme des angles d'un triangle, d'un polygone convexe.

96. **Théorème.** — *La somme des angles d'un triangle est égale à deux angles droits.*

Soit le triangle ABC (*fig.* 57); prolongeons le côté AB suivant BD; par le point B menons une demi-droite BE parallèle à AC et dirigée dans le même sens que AC. Cette demi-droite sera à l'intérieur de l'angle CBD, car si elle était située dans l'angle CBA, elle rencontrerait sa parallèle AC.

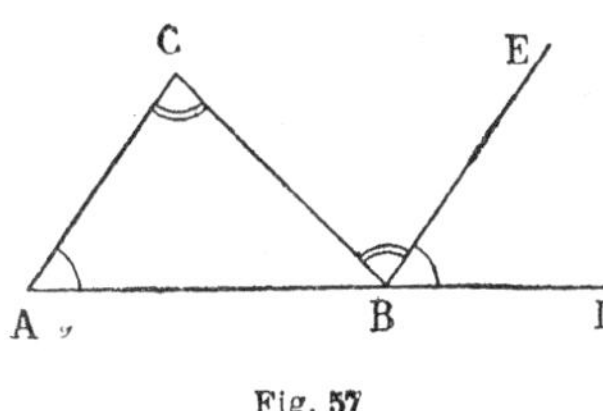

Fig. 57

L'angle A du triangle est égal à l'angle EBD, comme angles correspondants formés par les parallèles AC, BE et la sécante AB.

L'angle C du triangle est égal à l'angle CBE, comme angles alternes-internes formés par les parallèles AC, BE et la sécante BC.

L'angle CBA est l'angle B du triangle. La somme des angles du triangle est donc égale à la somme des trois angles DBE, EBC, CBA. Ces trois angles, étant trois angles consécutifs formés autour du point B d'un même côté de la droite ABD, leur somme vaut deux angles droits; donc la somme des angles d'un triangle est égale à deux angles droits.

97. L'angle formé par un côté d'un triangle et le prolongement d'un autre côté s'appelle un angle *extérieur* au triangle. Ainsi l'angle CBD est un angle extérieur au triangle. Nous avons vu qu'il est la somme des angles A et C; donc :

Un angle extérieur à un triangle est égal à la somme des deux angles du triangle qui ne lui sont pas adjacents.

98. Chaque angle d'un triangle est le supplément de la somme des deux autres; donc:

Si deux triangles ont deux angles égaux chacun à chacun, les troisièmes angles sont aussi égaux.

99. *Un triangle ne peut avoir plus d'un angle droit ou plus d'un angle obtus.*

100. *Les deux angles aigus d'un triangle rectangle sont complémentaires.*

101. La somme de deux angles quelconques d'un triangle est moindre que deux angles droits ; donc :

Si deux demi-droites se coupent, la somme des angles qu'elles forment avec la droite qui joint leurs origines est plus petite que deux angles droits.

Si les angles intérieurs d'un même côté formés par deux droites et une sécante ne sont pas supplémentaires, les deux droites ne sont pas parallèles (92) ; *elles se coupent du côté de la sécante où la somme de ces angles est plus petite que deux angles droits.*

102. **Existence du triangle équilatéral.** — Sur les côtés d'un angle A égal à $\frac{2}{3}$ d'angle droit prenons des longueurs égales AB et AC (*fig.* 58). Je dis que le triangle ABC est équilatéral ; il est déjà isocèle puisque AB et AC sont égaux ; les angles B et C sont donc égaux. Or on a

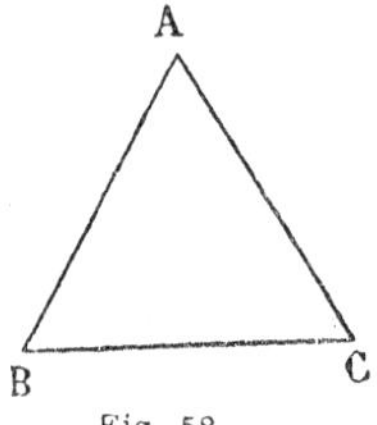

Fig. 58

$$2B = B + C = 2^{dr} - A = \frac{4}{3}^{dr};$$

donc B et C valent aussi $\frac{2}{3}$ d'angle droit. Le triangle est équiangle et par suite équilatéral.

Inversement, tout triangle équilatéral étant équiangle, chacun de ses angles sera égal à $\frac{2}{3}$ d'angle droit.

103. **Théorème.** — *La somme des angles d'un polygone convexe est égale à autant de fois deux angles droits qu'il a de côtés moins deux.*

Soit le polygone convexe ABCDEF (*fig.* 59) ; menons les diagonales issues de A ; elles sont tout entières à l'intérieur du polygone. On décompose ainsi le polygone en autant de triangles qu'il a de côtés moins deux, car chacun de ces triangles contient un seul côté du polygone, sauf les deux triangles extrêmes ABC, AFE qui en contiennent deux. La somme des angles du polygone est la même que la somme des angles des triangles ; elle est donc égale à autant de fois deux droits qu'il y a de triangles ; c'est-à-dire autant de fois deux droits que le polygone a de côtés moins deux.

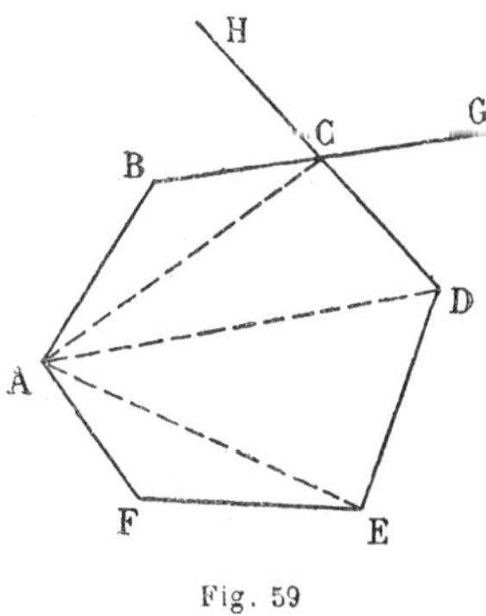

Fig. 59

Si n est le nombre des côtés du polygone, la somme de ses angles est $2(n-2)$ ou $2n-4$ angles droits. En particulier, la somme des angles d'un quadrilatère convexe est égale à quatre angles droits.

104. **Définition.** — On appelle *angle extérieur* d'un polygone l'angle formé par un côté et le prolongement d'un côté consécutif. A chaque sommet du polygone il y a deux angles extérieurs égaux ; le premier formé par un côté et le prolongement du côté précédent ; le second formé par un côté et le prolongement du côté suivant. (Ex. : Au point C il y a les deux angles extérieurs DCG et BCH.) Ces deux angles sont de sens contraire.

105. **Corollaire.** — *La somme des angles extérieurs de même sens d'un polygone convexe est égale à quatre angles droits.*

En effet, à chaque sommet il y a un angle extérieur du sens choisi ; si l'on ajoute à cet angle l'angle du polygone, on a une somme égale à deux angles droits. La somme cherchée, augmentée de la somme des angles du polygone, est $2n$ droits, si n est le nombre des côtés. La somme des angles du polygone étant $2n-4$ droits, la somme des angles extérieurs sera égale à quatre angles droits.

§ VII.

Parallélogrammes.

106. **Définitions.** — Dans un quadrilatère on appelle *côtés opposés* deux côtés qui ne sont pas consécutifs ; *angles opposés* deux angles qui ne sont pas consécutifs.

Un *trapèze* est un quadrilatère convexe dont deux côtés opposés sont parallèles.

On peut construire un trapèze de la façon suivante : Prenons deux parallèles L et L′ (*fig.* 60); coupons-les par une sécante AD ; puis prenons d'un même côté de cette sécante, sur les parallèles L et L′, des points B et C. La figure ABCD sera un trapèze. Les côtés parallèles AB, CD sont les bases du trapèze ; les autres côtés conservent le nom de *côtés* du trapèze.

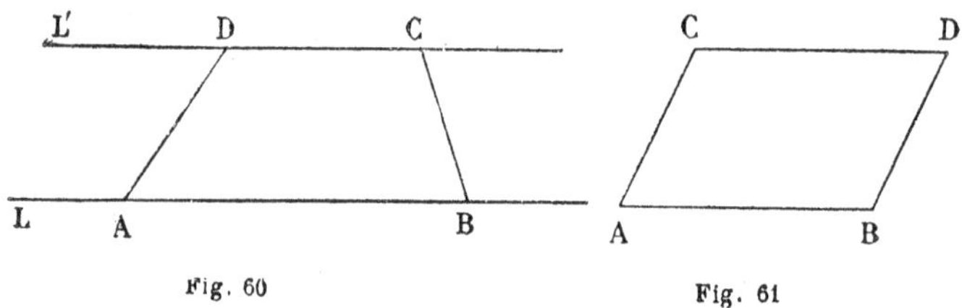

Fig. 60 Fig. 61

Un trapèze est *rectangle* si l'un de ses côtés est perpendiculaire aux bases.

Un *parallélogramme* est un quadrilatère dans lequel les côtés opposés sont parallèles.

On peut construire un parallélogramme de la façon suivante : Prenons deux segments AB et AC (*fig.* 61) qui ont même origine A ; par les points B et C menons des droites respectivement parallèles à AC et à AB ; ces droites se coupent en un point D. La figure ABDC est un parallélogramme.

Un parallélogramme est donc défini quand on se donne deux côtés consécutifs et l'angle compris.

Un *losange* est un parallélogramme dans lequel deux côtés consécutifs sont égaux.

Un *rectangle* est un parallélogramme dans lequel un angle est droit.

Un *carré* est un parallélogramme dans lequel deux côtés consécutifs sont égaux et se coupent à angle droit.

107. **Théorème.** — *Dans un parallélogramme deux angles opposés sont égaux, deux angles consécutifs sont supplémentaires.*

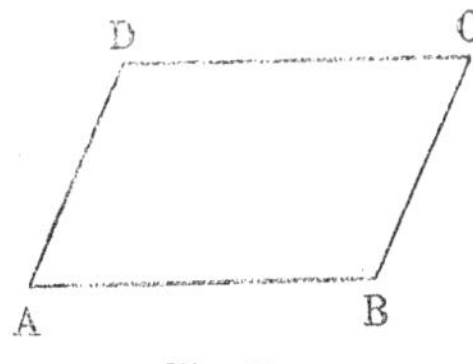

Fig. 62

En effet, deux angles opposés A et C, par exemple (*fig.* 62), ont leurs côtés parallèles et dirigés en sens contraire ; donc ils sont égaux.

Deux angles consécutifs A et B, par exemple, sont des angles intérieurs d'un même côté formés par les parallèles AD, BC et la sécante AB ; donc ils sont supplémentaires.

108. **Corollaire.** — *Si un angle d'un parallélogramme est droit, tous les autres sont droits. — Dans un rectangle tous les angles sont droits.*

109. **Réciproque.** — *Si dans un quadrilatère convexe les angles opposés sont égaux, le quadrilatère est un parallélogramme.*

Supposons que dans le quadrilatère ABCD (*fig.* 62) on ait $A = C$, $B = D$; comme la somme $A + B + C + D$ est égale à quatre angles droits, la somme $A + B$ sera égale à deux angles droits. Les angles supplémentaires A et B étant des angles intérieurs d'un même côté formés par les deux droites AD et BC et la sécante AB, on en conclut (93) que AD et BC sont parallèles. On démontre de même que AB et CD sont parallèles; donc ABCD est un parallélogramme.

110. **Corollaire.** — *Si tous les angles d'un quadrilatère sont droits, le quadrilatère est un rectangle.*

111. **Théorème.** — *Dans un parallélogramme les côtés opposés sont égaux.*

Soit le parallélogramme ABCD (*fig.* 63) ; menons la diagonale BD. Les deux triangles BDA et BDC sont égaux comme ayant un côté égal adjacent à deux angles égaux chacun à chacun, savoir: le côté BD commun aux deux triangles; les angles BDC et DBA égaux comme angles alternes-internes formés par les deux parallèles DC, BA et la sécante BD; les angles ADB et DBC sont égaux pour la même raison. Les triangles étant égaux, AB est égal à DC et AD à BC.

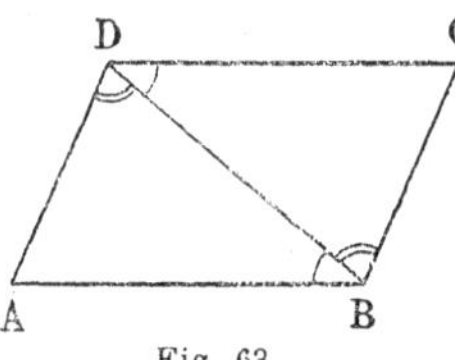

Fig. 63

112. Première réciproque. — *Si dans un quadrilatère convexe deux côtés opposés sont égaux et parallèles, le quadrilatère est un parallélogramme.*

Supposons que dans le quadrilatère convexe ABCD, les côtés opposés AB et DC soient égaux et parallèles (*fig.* 63). Je dis que ce quadrilatère est un parallélogramme. En effet, menons la diagonale BD; les deux triangles BDA et BDC sont égaux comme ayant un angle égal compris entre deux côtés égaux chacun à chacun, savoir: les angles DBA et BDC, comme angles alternes-internes formés par les deux parallèles AB, CD et la sécante BD; le côté BD commun aux deux triangles; les côtés BA et DC égaux par hypothèse. Donc les angles ADB et DBC sont égaux; le quadrilatère étant supposé convexe, ces angles sont des angles alternes-internes formés par les droites AD, BC et la sécante BD.

On en conclut (93) que AD et BC sont parallèles; donc la figure ABCD est un parallélogramme.

113. Deuxième réciproque. — *Si dans un quadrilatère convexe les côtés opposés sont égaux, le quadrilatère est un parallélogramme.*

Supposons que dans le quadrilatère convexe ABCD (*fig.* 63) AB soit égal à CD et AD à BC. Je dis que ce quadrilatère est un parallélogramme. En effet, menons la diagonale BD; les deux triangles BDA et BDC sont égaux, comme ayant leurs trois côtés égaux chacun à chacun, savoir: le côté BD commun aux deux triangles; les côtés BA et DC, égaux par hypothèse; les côtés BC et DA pour la même raison. Les deux triangles étant égaux, les angles ADB et DBC seront égaux. On en déduit comme au numéro précédent que les droites BC et AD sont parallèles ; on démontre de même que BA et CD sont parallèles ; donc la figure est un parallélogramme.

114. **Corollaire I.** — *Si dans un parallélogramme deux côtés consécutifs sont égaux, tous les côtés sont égaux. — Les quatre côtés d'un losange sont égaux.*

Si les quatre côtés d'un quadrilatère convexe sont égaux, ce quadrilatère est un losange.

115. **Corollaire II.** — *Les portions de parallèles comprises entre deux droites parallèles sont égales.*

Soient AB et CD (*fig.* 64) deux segments situés sur des droites parallèles et compris entre les parallèles BD et AC ; la figure

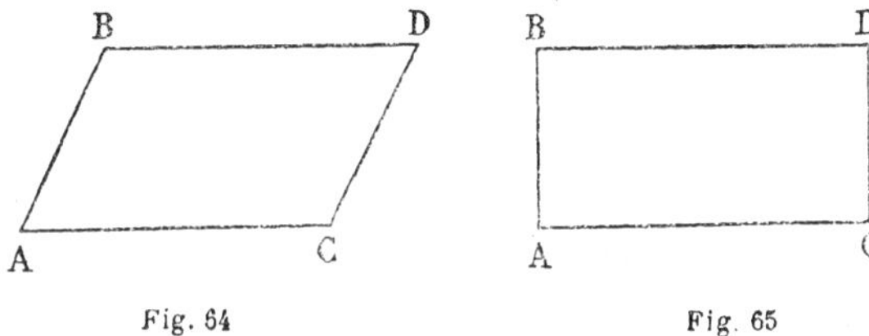

Fig. 64 Fig. 65

ABCD étant un parallélogramme, les segments AB et CD sont égaux.

Si AB et CD (*fig.* 65) étaient perpendiculaires sur les parallèles, elles mesureraient les distances des points B et D à la droite AC. Ces distances étant égales, on voit que *deux parallèles sont partout également distantes.*

116. **Théorème.** — *Les diagonales d'un parallélogramme se coupent en leur milieu.*

Soit le parallélogramme ABCD (*fig.* 66); menons les diagonales AC etBD, qui se coupent au point O. Les deux triangles AOB et DOC sont égaux comme ayant un côté égal adjacent à deux angles égaux chacun à chacun, savoir : les côtés AB et CD égaux, comme côtés opposés d'un parallélogramme, les angles OBA et ODC comme angles alternes-internes formés par

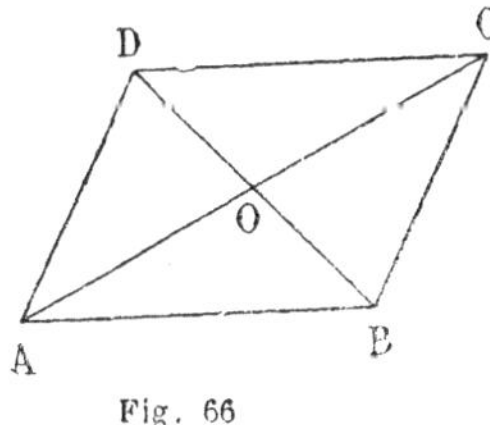

Fig. 66

les parallèles AB, CD et la sécante BD; les angles OAB et OCD sont égaux pour la même raison. Donc OB est égal à OD et OC à OA.

117. **Réciproque.** — *Si les diagonales d'un quadrilatère se coupent en leur milieu, le quadrilatère est un parallélogramme.*

Soit le quadrilatère ABCD (*fig.* 66) dont les diagonales AC et BD se coupent en leur milieu O. Les deux triangles AOB, COD sont égaux comme ayant un angle égal compris entre deux côtés égaux, chacun à chacun, savoir : les angles AOB et COD qui sont opposés par le sommet; les côtés OA, OB du premier triangle respectivement égaux aux côtés OC, OD du second par hypothèse; donc les angles OAB et OCD sont égaux; or ces angles sont des angles alternes-internes formés par les droites AB, CD et la sécante AC; donc AB et CD sont parallèles; on démontre de même que BC et AD sont parallèles; donc le quadrilatère ABCD est un parallélogramme.

118. **Théorème.** — *Dans un rectangle les diagonales sont égales.*

Soit le rectangle ABCD (*fig.* 67); menons les diagonales AC et BD. Les deux triangles ABC et ABD sont égaux comme ayant un angle égal compris entre deux côtés égaux chacun à chacun, savoir : les angles ABC et BAD égaux comme droits, le côté AB commun aux deux triangles, les côtés BC et AD égaux comme côtés opposés d'un rectangle; donc les diagonales AC et BD sont égales.

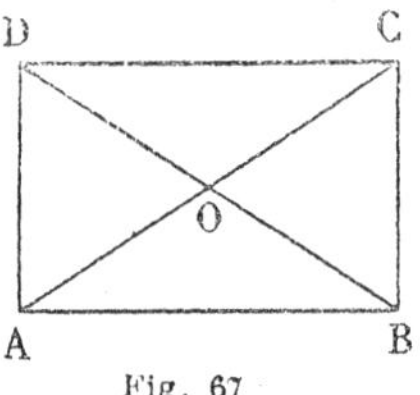

Fig. 67

119. **Réciproque.** — *Tout parallélogramme dont les diagonales sont égales est un rectangle.*

Soit le parallélogramme ABCD (*fig.* 67) dans lequel les diagonales AC et BD sont égales. Les triangles ABC, ABD sont égaux comme ayant leurs trois côtés égaux, chacun à chacun, savoir : le côté AB commun aux deux triangles; les côtés BC et AD égaux comme côtés opposés d'un parallélogramme; les côtés AC et BD égaux par hypothèse; donc les angles ABC et BAD sont égaux. Ces angles sont d'ailleurs supplémentaires, donc ils sont droits; le parallélogramme est donc un rectangle.

120. **Corollaire.** — *Dans un triangle rectangle, la médiane issue du sommet de l'angle droit est la moitié de l'hypoténuse.*

Soit le triangle rectangle ABC (*fig.* 67); construisons le parallélogramme ABCD dont deux côtés consécutifs sont AB et BC; ce parallélogramme sera un rectangle puisque l'angle B est droit; menons la diagonale BD, elle coupe AC en son milieu O; la droite BO qui est médiane du triangle ABC, étant la moitié de BD, est aussi la moitié de son égale AC; donc la médiane issue du sommet de l'angle droit est la moitié de l'hypoténuse.

121. **Réciproque.** — *Si une médiane d'un triangle est la moitié du côté opposé, l'angle opposé à ce côté est droit.*

Soit le triangle ABC (*fig.* 67) dans lequel la médiane BO est la moitié du côté opposé AC; je dis que l'angle B du triangle est droit. Construisons le parallélogramme ABCD dont deux côtés consécutifs sont AB et BC; la diagonale BD de ce parallélogramme passera par O et sera le double de BO; par conséquent BD est égal à AC; le parallélogramme sera un rectangle, donc l'angle ABC est droit.

122. **Théorème.** — *Les diagonales d'un losange sont perpendiculaires.*

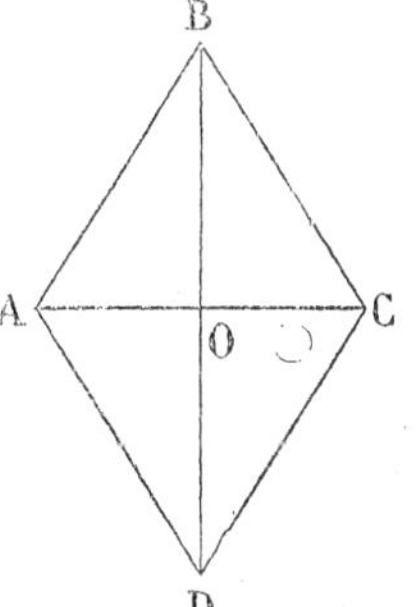

Fig. 68

Soit le losange ABCD (*fig.* 68) ; menons les diagonales AC et BD qui se coupent en leur milieu O. Le triangle ABC étant isocèle, la droite BO qui joint le sommet B au milieu O de la base est perpendiculaire à la base, donc AC et BD sont perpendiculaires.

123. **Réciproque.** — *Tout parallélogramme dont les diagonales sont perpendiculaires est un losange.*

Soit le parallélogramme ABCD (*fig.* 68) dans lequel les diagonales AC et BD sont perpendiculaires ; le point de rencontre O des diagonales étant le milieu de AC, les droites BA et BC sont égales comme obliques dont les pieds sont à égale distance du pied de la perpendiculaire. Le parallélogramme ayant deux côtés consécutifs égaux est un losange.

124. **Théorème.** — *Dans un carré les diagonales sont égales et perpendiculaires.*

Un carré étant à la fois un rectangle et un losange, ses diagonales sont égales (118) et perpendiculaires (122).

125. **Réciproque.** — *Tout parallélogramme dont les diagonales sont égales et perpendiculaires est un carré.*

En effet, les diagonales étant égales, le parallélogramme est un rectangle (**119**) ; puisqu'elles sont perpendiculaires, le parallélogramme est aussi un losange (123) ; donc ce parallélogramme est un carré.

§ VIII.

Lieux géométriques.

126. **Définitions.** — Un *lieu géométrique* est la figure formée par tous les points qui jouissent d'une propriété commune.

Relativement à cette figure on peut énoncer les quatre propriétés suivantes :

1° Tout point possédant la propriété indiquée fait partie de la figure ;

2° Tout point de la figure possède la propriété ;

3° Tout point pris hors de la figure ne possède pas la propriété ;

4° Tout point ne possédant pas la propriété n'appartient pas à la figure.

L'existence des conditions 1 et 2 entraîne les deux autres ; il en est de même des conditions 1 et 4 ; ou des conditions 2 et 3. Donc pour démontrer qu'une figure est un lieu géométrique, on vérifie l'existence des conditions 1 et 2, ou celle des conditions 1 et 4, ou enfin celle des conditions 2 et 3.

127. **Théorème.** — *Le lieu géométrique des points équidistants*

des extrémités d'une droite est la perpendiculaire à la droite en son milieu.

Soit la droite AB, et la perpendiculaire LL′ à cette droite en son milieu C (*fig.* 69).

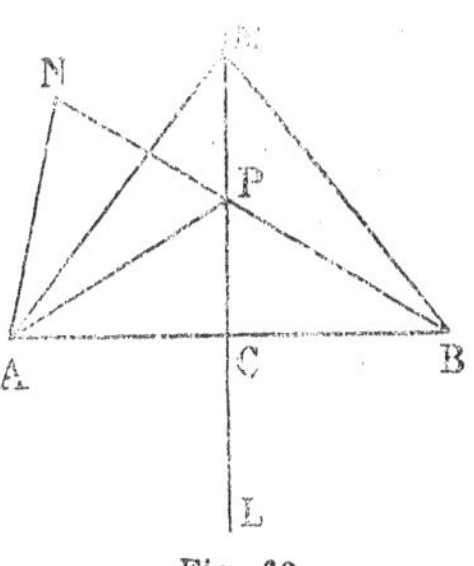

Fig. 69.

1° Soit M un point équidistant des points A et B; menons les droites MA, MB, MC. Le triangle MAB étant isocèle, la droite MC qui joint le sommet au milieu de la base est perpendiculaire à la base; donc le point M est situé sur la droite LL′.

2° Soit M un point situé sur la droite LL′; menons les droites MA, MB. Ces droites sont des obliques à la droite AB, dont les pieds A et B sont équidistants du pied C de la perpendiculaire; donc les droites MA et MB sont égales.

Donc la droite LL′ est le lieu des points équidistants des points A et B.

128. **Remarque.** — Il résulte de ce qui précède que tout point N situé hors de la droite LL′ est à inégale distance des points A et B. Il est facile de démontrer cette propriété directement et de montrer que si N est dans la même région que A par rapport à la droite LL′, le point N est plus près de A que de B.

En effet, menons les droites NA, NB; la droite NB coupe la droite LL′ au point P. Joignons A et P. Dans le triangle ANP on a

$$AN < AP + PN;$$

en remplaçant AP par son égal BP, on aura

$$AN < BP + PN$$

ou

$$AN < BN.$$

129. **Théorème.** — *Le lieu géométrique des points équidistants de deux droites qui se coupent se compose des bissectrices des angles formés par ces droites.*

Soient les deux droites AA′, BB′ qui se coupent en O et les

bissectrices CC′, DD′ des angles formés par ces droites (*fig.* 70).

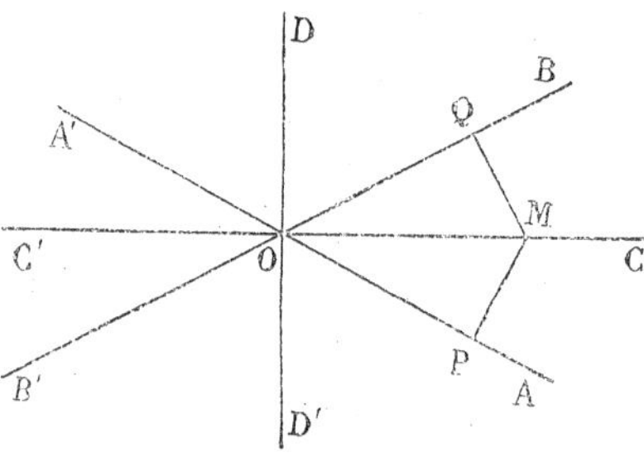

Fig. 70

1° Soit M un point équidistant des droites AA′, BB′; menons du point M les perpendiculaires MP, MQ à ces droites ; par hypothèse les droites MP et MQ sont égales. Les triangles rectangles MOP et MOQ sont égaux comme ayant la même hypoténuse MO et les côtés de l'angle droit MP et MQ égaux ; donc les angles MOP, MOQ sont égaux et le point M est sur l'une des droites CC′, DD′.

2° Soit M un point de l'une des bissectrices; menons de M les perpendiculaires MP, MQ aux droites AA′, BB′. Les triangles rectangles MOP, MOQ sont égaux comme ayant la même hypoténuse MO et les angles aigus MOP, MOQ égaux. Donc MP est égal à MQ.

130. **Théorème.** — *Le lieu des points situés à une distance donnée d'une droite se compose de deux parallèles à cette droite situées de part et d'autre de cette droite.*

Soit la droite A (*fig.* 71); en un point O de cette droite je mène une perpendiculaire à cette droite. Sur cette perpendiculaire je prends de part et d'autre du point O, deux longueurs OB, OC égales à la distance donnée; par les points B et C je mène les droites L et L′ parallèles à A. Je dis que le lieu demandé se compose des droites L et L′.

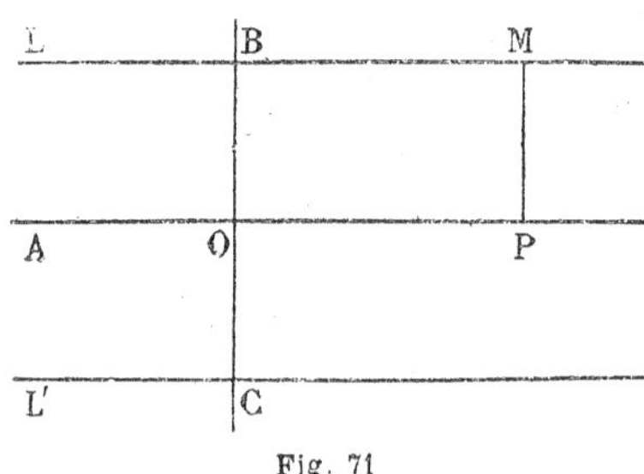

Fig. 71

En effet :

1° Soit M un point du lieu, placé par exemple dans la même

région que le point B par rapport à la droite A ; menons la perpendiculaire MP à la droite A ; par hypothèse MP est égal à OB ; MP et OB étant perpendiculaires à A sont parallèles, la figure OBMP est un rectangle ; BM est parallèle à OP, donc M est sur la droite L.

2° Soit M un point de la droite L ; menons la perpendiculaire MP à la droite A ; les deux droites MP et OB sont égales, parce que deux parallèles sont partout équidistantes ; donc le point M fait partie du lieu.

§ IX.

Propriétés diverses du triangle.

131. **Théorème.** — *Si, par les milieux des côtés d'un triangle, on mène des perpendiculaires à ces côtés, les droites ainsi menées concourent en un même point.*

Soient DD′ la perpendiculaire à AB en son milieu, EE′ la perpendiculaire à AC en son milieu (*fig.* 72). Ces deux droites ne sont pas parallèles, car si elles l'étaient les droites AB et AC qui leur sont respectivement perpendiculaires seraient dans le prolongement l'une de l'autre. Les droites DD′ et EE′ se coupent en un point O. Ce point O étant sur DD′ est équidistant des points A et B ; de même, puisqu'il appartient à la droite EE′ il est équidistant des points A et C ; donc le point O est équidistant des points B et C, par conséquent il se trouve sur la droite FF′ perpendiculaire à BC en son milieu.

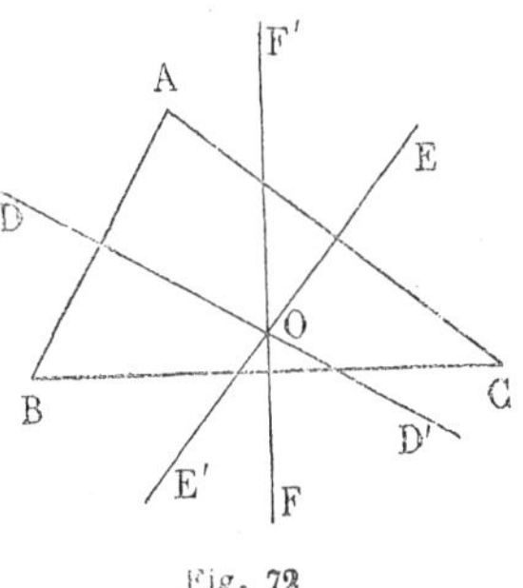

Fig. 72

132. Remarque. — Le point O est le seul point du plan équidistant des trois points A, B, C ; car tout point équidistant des trois sommets doit se trouver sur les droites DD′, EE′.

133. **Théorème.** — *Les trois hauteurs d'un triangle passent par un même point.*

Soient AD, BE, CF les hauteurs du triangle ABC (*fig.* 73). Par chaque sommet du triangle ABC menons une parallèle au côté opposé ; nous formons ainsi un nouveau triangle A'B'C'. Les deux figures ACBC' et ABCB' sont, par construction, des parallélogrammes ; AC' et AB' seront tous deux égaux à BC, donc A est le milieu de B'C'; la droite AD étant perpendiculaire au côté BC est perpendiculaire à sa parallèle B'C'. Donc la droite AD est la perpendiculaire à B'C' en son milieu ; on démontre de même que CF et BE sont respectivement perpendiculaires à A'B', A'C' en leurs milieux ; donc les trois droites AD, BE, CF passent par un même point H.

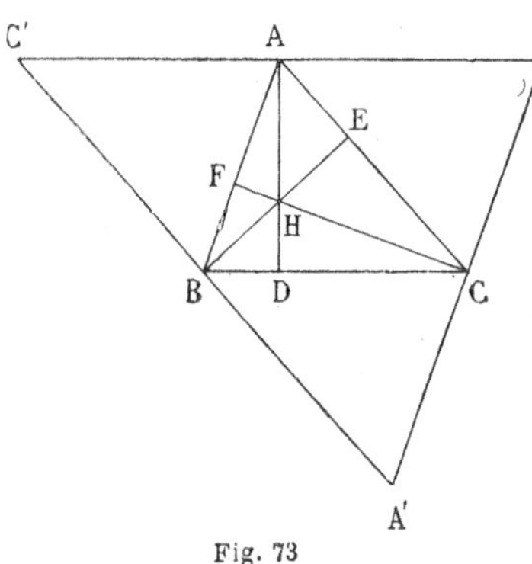

Fig. 73

Ce point H s'appelle le point de concours des hauteurs du triangle.

134. Remarque. — Les trois sommets A, B, C d'un triangle et le point de concours H des hauteurs forment un système de quatre points tels que chacun d'eux est le point de concours des hauteurs du triangle formé par les trois autres ; par exemple A est le point de rencontre des hauteurs du triangle BCH.

135. **Théorème.** — *Les bissectrices des angles d'un triangle se coupent en un même point.*

Soient AD, BE, CF les bissectrices des angles du triangle ABC (*fig.* 74). Les droites BE et CF étant à l'intérieur des angles B et C, se coupent en un point O qui est à l'intérieur du triangle ABC. Ce point O étant sur BE, est équidistant des côtés AB et BC ; de même, il se trouve sur CF, il est équidistant des côtés BC et AC ; par conséquent O est à

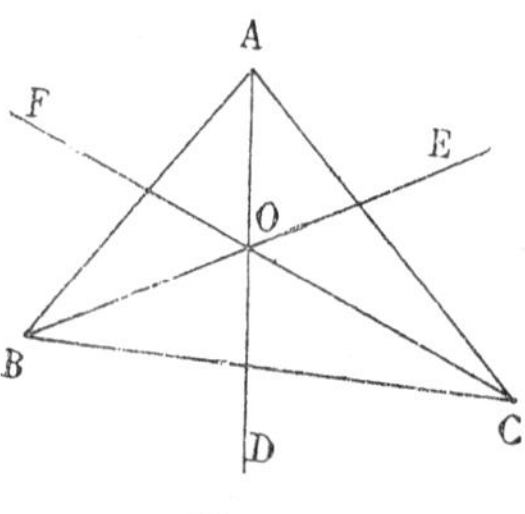

Fig. 74.

égale distance des côtés AB et AC, et comme il est à l'intérieur de l'angle A, il se trouvera sur la bissectrice AD; donc les bissectrices des angles d'un triangle passent par un même point.

136. Théorème. — *La bissectrice d'un angle d'un triangle et les bissectrices des angles extérieurs au triangle, non adjacents à cet angle, se coupent en un même point.*

Soit le triangle ABC, AD la bissectrice de l'angle A, BE_1, CF_1 les bissectrices des angles extérieurs de sommets B et C (*fig.* 75). Les droites AD et BE_1 forment avec AB, du même côté que C par rapport à AB, des angles intérieurs d'un même côté dont la somme est $\frac{1}{2}(A+B)+1$ droit. Cette somme étant moindre que 2 droits, ces droites se coupent en un point O' qui est du même côté que C par rapport à AB. Ce point O' est à la fois à l'intérieur de l'angle A du triangle et à l'intérieur de l'angle formé par BC et le prolongement de AB. Ce point O', étant sur la bissectrice AD, est équidistant des côtés AB, AC; étant placé sur la bissectrice BE_1, il est équidistant des côtés BC et AB; il est donc équidistant des côtés BC et AC; comme d'ailleurs il est à l'intérieur de l'angle formé par BC et le prolongement de AC, il sera sur la bissectrice CF_1; donc les trois bissectrices AD, BE_1, CF_1 concourent au même point.

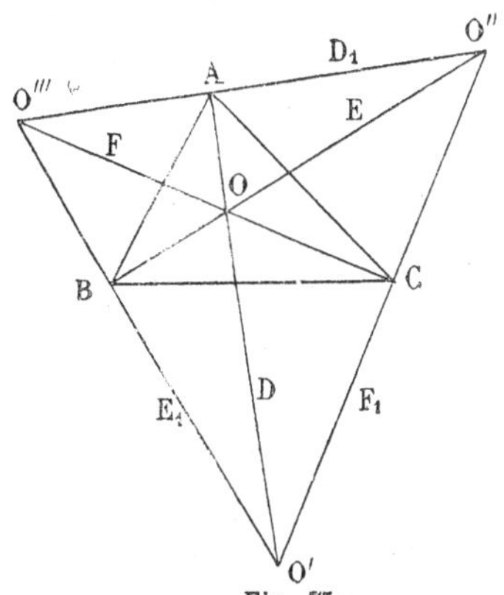

Fig. 75

137. Remarque. — Les bissectrices BE, AD_1, CF_1 se couperont aussi en un point O''; les bissectrices CF, AD_1, BE_1 en un point O'''. Ces quatre points O, O', O'', O''' sont équidistants des trois côtés du triangle. Ce sont d'ailleurs les seuls qui possèdent cette propriété; car tout point équidistant des trois côtés du triangle doit se trouver sur l'une des droites AD, AD_1 et sur l'une des droites BE, BE_1.

Ces quatre points O, O', O'', O''' forment les sommets d'un triangle et le point de concours de ses hauteurs.

138. **Théorème.** — *La droite qui joint les milieux de deux côtés d'un triangle est parallèle au troisième côté et égale à sa moitié.*

Par le milieu D du côté AB (*fig.* 76), menons la parallèle DE au côté BC; par le point E menons EF parallèle à AB. La figure BDEF est un parallélogramme; EF sera égal à BD et par suite à son égal AD. Les deux triangles ADE, EFC sont égaux, comme ayant un côté égal adjacent à deux angles égaux, chacun à chacun, savoir : les côtés AD et EF égaux par démonstration, les angles DAE, FEC égaux comme angles correspondants; les angles ADE, EFC égaux comme ayant leurs côtés parallèles et de même sens; donc

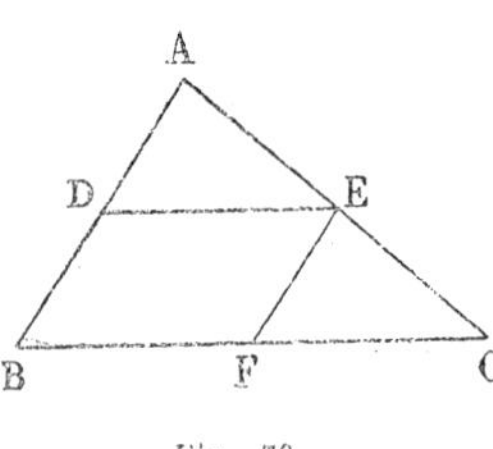

Fig. 76

$$AE = EC, \qquad \text{et} \qquad DE = FC.$$

Puisque AE = EC, le point E est le milieu de AC; la droite DE est celle qui joint les milieux des côtés AB, AC; elle est donc parallèle à BC.

DE est égal à BF comme côtés opposés d'un parallélogramme, il est égal à FC par démonstration, donc DE est la moitié de BC.

139. **Théorème.** — *Les médianes d'un triangle se coupent en un même point, situé au tiers de chacune d'elles à partir de la base.*

Menons les médianes AD et BE, qui se coupent en un point G (*fig.* 77); par le sommet C menons la parallèle à BE; elle coupera la droite AD (87) en un point H situé sur le prolongement de AD. Les deux triangles BDG et CDH sont égaux comme ayant un côté égal adjacent à deux angles égaux chacun à chacun, savoir : les côtés BD et DC égaux par hypothèse; les angles BDG

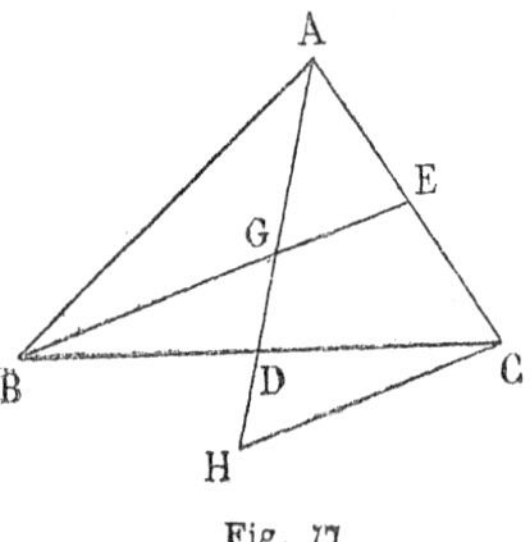

Fig. 77

et CDH opposés par le sommet; les angles DBG et DCH comme angles alternes-internes formés par les parallèles BE, CH et la sécante BC; donc DH = DG.

Mais la droite EG, dans le triangle ACH, passe par le milieu E de AC et est menée parallèlement au côté CH; donc G est le milieu de AH; GD, qui est la moitié de GH, est aussi la moitié de son égal AG; donc DG est le tiers de AD.

On démontrerait de même que la médiane issue du point C coupe le segment AD en un point dont la distance au point D est le tiers de AD, c'est-à-dire au point G; donc les trois médianes passent par un même point.

140. **Théorème.** — *La droite qui joint les milieux des côtés d'un trapèze est parallèle aux bases et égale à leur demi-somme.*

Dans le trapèze ABCD (*fig.* 78), menons la droite EF qui joint les milieux des côtés AD et BC; menons la droite DF qui rencontre le prolongement de AB au point G. Les deux triangles CFD et BFG sont égaux comme ayant un côté égal adjacent à des angles égaux, chacun à chacun, savoir : les côtés BF et CF égaux parce que F est le milieu de BC; les angles DFC et BFG qui sont opposés par le sommet; les angles FCD et FBG qui sont des angles alternes-internes formés par les parallèles CD, BG et la sécante BC; donc DF = FG et DC = BG.

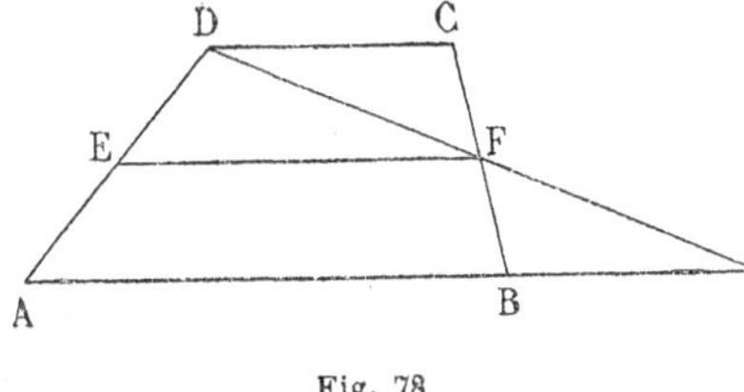

Fig. 78

Dans le triangle DAG la droite EF joint les milieux des côtés DA et DG; donc EF est parallèle aux bases.

En outre EF est la moitié de AG; donc EF est la moitié de AB + CD.

EXERCICES SUR LE LIVRE I

1. m et n étant des nombres entiers, la mesure d'un segment à $\frac{1}{mn}$ près par défaut n'est jamais inférieure à sa mesure à $\frac{1}{n}$ près par défaut. La mesure du segment à $\frac{1}{mn}$ près par excès n'est jamais supérieure à sa mesure à $\frac{1}{n}$ près par excès.

2. Dans un triangle isocèle, les hauteurs correspondant aux côtés égaux sont égales. — Réciproquement, si deux hauteurs d'un triangle sont égales, les côtés correspondants sont égaux.

3. Dans un triangle isocèle, les médianes correspondant aux côtés égaux sont égales. — Réciproquement, si deux médianes d'un triangle sont égales, les côtés correspondants sont égaux.

4. Une médiane quelconque d'un triangle est moindre que la demi-somme des deux côtés qui la comprennent, et plus grande que la moitié de l'excès de cette somme sur le troisième côté.

5. Le périmètre d'un triangle est plus grand que la somme des droites qui joignent un point intérieur quelconque aux trois sommets, et plus petit que le double de cette somme.

6. La somme des distances d'un point de la base d'un triangle isocèle aux deux côtés égaux est constante. — Comment faut-il modifier l'énoncé du théorème si le point est pris sur le prolongement de la base ?

7. La somme des distances d'un point intérieur à un triangle équilatéral aux trois côtés est constante.— Comment faut-il modifier l'énoncé du théorème si le point est extérieur au triangle ?

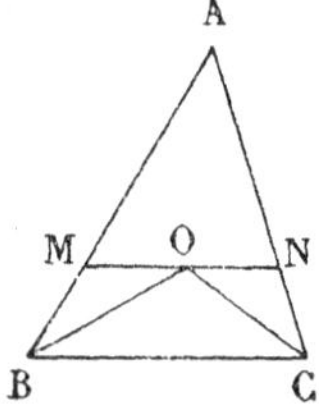

Fig. 79

8. Si par le point de rencontre O des bissectrices des angles d'un triangle on mène une parallèle MN à l'un des côtés BC (*fig.* 79), on a

$$MN = BM + CN.$$

Examiner ce qui arrive quand la parallèle est menée par un point de rencontre des bissectrices des angles extérieurs. — Réciproque.

9. La médiane d'un triangle est plus petite ou plus grande que la moitié du côté correspondant suivant qu'elle est issue d'un angle obtus ou aigu.

10. Si l'un des angles aigus d'un triangle rectangle est le double de l'autre, l'hypoténuse est le double du plus petit côté. — Réciproque.

11. Les milieux des côtés d'un quadrilatère sont les sommets d'un parallélogramme; indiquer dans quels cas ce parallélogramme sera un rectangle, un losange, un carré.

12. Dans un quadrilatère les droites qui joignent les milieux de deux côtés opposés et la droite qui joint les milieux des diagonales se coupent en leurs milieux.

13. Les bissectrices des angles d'un parallélogramme forment un rectangle dont les diagonales sont parallèles aux côtés du parallélogramme. Dans quel cas ce rectangle devient-il un carré?

14. Connaissant les angles A, B, C d'un triangle ABC, calculer l'angle formé par deux quelconques des neuf droites suivantes : les trois hauteurs, les trois bissectrices, les trois bissectrices des angles extérieurs. Dans le cas où les deux droites choisies partent de deux sommets différents, B et C par exemple, on calculera l'angle qui contient BC à l'intérieur.

15. Soient G le point de concours des médianes d'un triangle et $x'Gx$ une droite quelconque passant par G ; démontrer que la somme des distances à cette droite des deux sommets qui sont d'un même côté de la droite est égale à la distance de l'autre sommet à cette droite.

16. Soit $x'x$ une droite quelconque extérieure à un triangle. Démontrer que la somme des distances des trois sommets à la droite est le triple de la distance du point de concours des médianes à la même droite. Comment faut-il modifier l'énoncé quand la droite $x'x$ rencontre le périmètre du triangle ?

17. Lieu géométrique des points dont la somme des distances à deux droites est constante.

18. Lieu géométrique des points dont la différence des distances à deux droites est constante.

19. Parmi les droites qui joignent deux points du périmètre d'un polygone quelconque, la plus longue est une diagonale du polygone.

20. Deux points A et B étant d'un même côté d'une droite L, trouver sur cette droite un point tel que la somme de ses distances aux deux points A et B soit la plus petite possible.

21. Deux points A et B étant de part et d'autre d'une droite L, trouver sur cette droite un point tel que la différence de ses distances aux deux points A et B soit la plus grande possible.

22. Deux points A et B étant situés de part et d'autre d'une droite L, on mène la droite D perpendiculaire à AB en son milieu; tout point M de la droite D est plus éloigné du point A que de la droite L. Où faut-il placer ce point M sur la droite D pour que la différence de ses distances au point A et à la droite L soit la plus petite possible?

23. Étant donnés un angle xOy et deux points A et B situés à l'intérieur de l'angle, trouver sur les demi-droites Ox, Oy deux points P et Q tels que la somme

$$AP + PQ + QB$$

soit la plus petite possible. — Discussion.

LIVRE II

LA CIRCONFÉRENCE DE CERCLE

---

§ I.

Définitions. — Intersection d'une droite et d'un cercle. Tangente au cercle.

141. Définitions. — La *circonférence de cercle* est la figure formée par tous les points du plan qui sont à une même distance d'un point de ce plan, appelé *centre* de la circonférence.

On peut encore dire : La circonférence de cercle est le lieu géométrique des points du plan situés à une même distance du centre.

Chaque demi-droite issue du centre coupe la circonférence en un seul point.

On appelle *rayon* la portion de cette demi-droite comprise entre le centre et le point d'intersection avec la circonférence. Par définition, tous les rayons sont égaux.

Chaque droite menée par le centre coupe la circonférence en deux points situés de part et d'autre du centre.

On appelle *diamètre* la portion de cette droite comprise entre les deux points d'intersection. Chaque diamètre est le double du rayon. Tous les diamètres sont égaux.

Un point est dit *intérieur* à la circonférence si sa distance au centre est plus petite que le rayon.

Un point est dit *extérieur* à la circonférence si sa distance au centre est plus grande que le rayon.

On appelle *cercle* l'ensemble des points intérieurs à la circonférence.

142. *Tout diamètre divise la circonférence et le cercle en deux parties égales.*

Soit AB un diamètre d'un cercle (*fig.* 80); la droite indéfinie AB partage le plan en deux régions; désignons par AMB la portion de circonférence située dans la première région ; par ANB celle qui se trouve dans la deuxième ; soit C un point quelconque de AMB, menons le rayon OC; formons l'angle BOC′ égal à l'angle BOC, mais de sens contraire ; la demi-droite OC′, située dans la deuxième région, coupe ANB en un point C′.

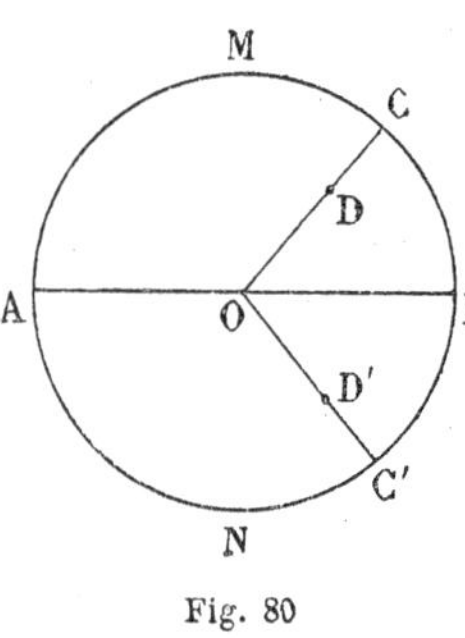

Fig. 80

Cela posé, retournons le plan de la figure AMB en laissant fixes A et B ; la droite OC prendra la direction OC′ ; les longueurs OC et OC′ étant égales, C viendra en C′ ; donc la figure AMB coïncidera avec la figure ANB.

Chaque point D du cercle de la première région viendra coïncider avec un point D′ du cercle dans la deuxième région; donc les deux portions de cercle sont aussi égales.

Chacune de ces portions de circonférence est appelée une *demi-circonférence* ; chacune de ces portions de cercle est appelée un *demi-cercle.*

143. *Deux cercles de même rayon sont égaux.*

En effet, si on fait coïncider leurs centres, l'égalité des rayons entraînera la superposition de leurs circonférences.

144. **Intersection d'une droite et d'une circonférence de cercle.** — Soit un cercle de centre O, de rayon R, et une droite D. Menons de O la perpendiculaire OH à la droite D. Nous distinguerons trois cas :

1° $OH > R$ (*fig.* 81).

Le point H est extérieur au cercle ; il en est de même de tout autre point M de la droite D; car l'oblique OM, étant plus grande que la perpendiculaire OH, sera *a fortiori* plus grande que le rayon ; donc tous les points de la droite sont extérieurs au cercle. La droite ne coupe pas la circonférence.

2° OH = R (*fig.* 82).

Le point H est sur la circonférence; tout autre point M de

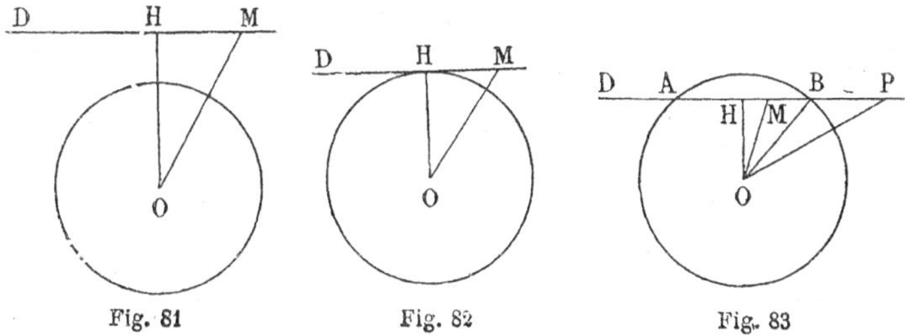

Fig. 81 Fig. 82 Fig. 83

la droite est extérieur au cercle, car l'oblique OM est plus grande que le rayon OH.

3° OH < R (*fig.* 83).

Dans ce cas, on peut (80) mener du point O à la droite D deux obliques et deux seulement égales au rayon. La droite coupe donc la circonférence en deux points. Soient A et B ces deux points; si un point M est situé entre A et B, l'oblique OM étant plus petite que l'oblique OB qui est un rayon, le point M est intérieur à la circonférence; si, au contraire, on prend sur la droite D un point P, situé en dehors du segment AB, l'oblique OP sera plus grande que l'oblique OB; donc P sera extérieur à la circonférence.

145. Définitions. — Il résulte de la discussion du numéro précédent qu'une droite peut occuper trois positions relativement à un cercle :

1° Elle ne rencontre pas la circonférence du cercle. On dit alors que la droite est *extérieure* au cercle.

2° Elle rencontre la circonférence en un seul point. On dit alors que la droite est *tangente* à la circonférence; le point commun à la droite et à la circonférence est le *point de contact.*

3° Elle rencontre la circonférence en deux points. On dit alors que la droite est *sécante* au cercle.

146. **Théorèmes.** — Les définitions qui précèdent permettent d'énoncer ainsi les résultats du n° 144 :

1° *Si la distance du centre à une droite est supérieure au rayon, la droite est extérieure au cercle ;*

2° *Si la distance du centre à une droite est égale au rayon, la droite est tangente au cercle ;*

3° *Si la distance du centre à une droite est plus petite que le rayon, la droite est sécante au cercle.*

147. **Réciproques.** — Les réciproques de ces trois théorèmes sont vraies, c'est-à-dire que :

1° *Si une droite est extérieure à un cercle, sa distance au centre est plus grande que le rayon ;*

2° *Si une droite est tangente à un cercle, sa distance au centre est égale au rayon ;*

3° *Si une droite est sécante à un cercle, sa distance au centre est plus petite que le rayon.*

Démontrons par exemple la première réciproque : soit D une droite extérieure au cercle ; sa distance au centre ne peut pas être plus petite que le rayon, car alors la droite D serait sécante au cercle ; elle ne peut pas être égale au rayon, car alors la droite D serait tangente au cercle ; donc la distance du centre à la droite D est plus grande que le rayon.

148. **Théorème.** — *Toute perpendiculaire à l'extrémité d'un rayon est tangente au cercle.*

Cette proposition résulte immédiatement du théorème 2 (146).

149. **Réciproque.** — *Toute tangente au cercle est perpendiculaire au rayon qui passe par le point de contact.*

Cette proposition résulte immédiatement de la réciproque 2 (147).

150. **Nouvelle définition de la tangente.** — On appelle *tangente* à une courbe en un point M (*fig.* 84), la position limite de la droite L qui joint le point M à un autre point M' de la courbe quand M' vient en M. — L'existence de cette position limite

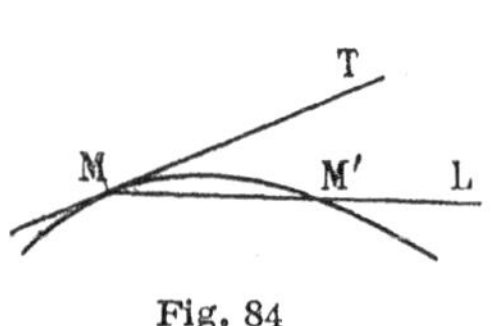

Fig. 84

n'est pas évidente; il faut la démontrer chaque fois qu'on rencontre une courbe nouvelle. Démontrons-la dans le cas du cercle (*fig.* 85).

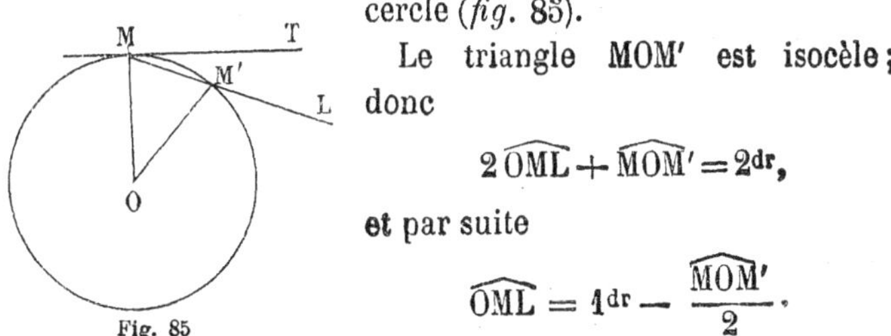

Fig. 85

Le triangle MOM' est isocèle; donc

$$2\widehat{OML} + \widehat{MOM'} = 2^{dr},$$

et par suite

$$\widehat{OML} = 1^{dr} - \frac{\widehat{MOM'}}{2}.$$

Or, lorsque M' vient en M, l'angle MOM' a pour valeur limite 0; l'angle OML a pour limite un angle droit, par suite la droite ML a pour position limite la perpendiculaire MT au rayon OM.

Cette démonstration prouve en outre que les deux définitions de la tangente au cercle conduisent au même résultat.

151. **Normale au cercle.** — On appelle *normale* à une courbe en un point M, la perpendiculaire menée en ce point à la tangente à la courbe au point M.

Ce point M s'appelle le *pied* de la normale.

La normale en un point d'un cercle est le rayon qui passe par ce point.

152. Par un point P (*fig.* 86) on peut mener deux normales à un cercle; elles sont situées sur la droite qui joint le point P

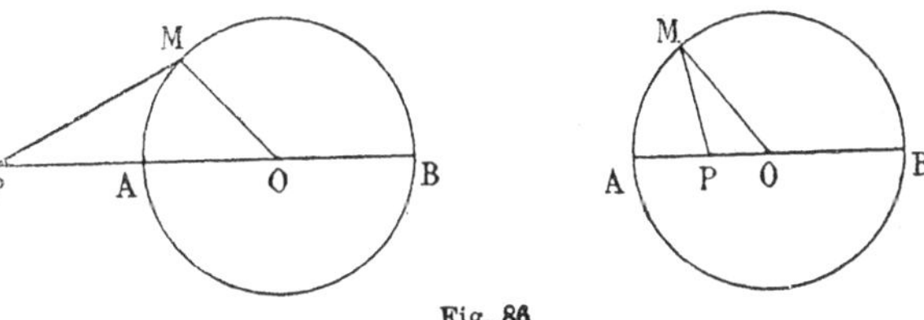

Fig. 86

au centre O du cercle; les pieds de ces normales sont les extrémités du diamètre qui passe par le point P.

153. **Théorème.** — *La distance* PM *d'un point* P *à un point* M *d'une circonférence est comprise entre les longueurs des deux normales* PA, PB *menées du point* P *à ce cercle.*

Soit PA (*fig.* 86) la plus petite des deux normales PA, PB. Dans le triangle POM on a

$$PM < PO + OM;$$

en remplaçant OM par son égal OB on aura

$$PM < PB.$$

On a aussi, selon que le point P est intérieur ou extérieur au cercle,

$$PM > OM - OP,$$

$$PM > OP - OM;$$

remplaçons encore OM par son égal OA; on aura dans les deux cas

$$PM > PA.$$

154. Remarque. — Si le point M se déplace sur la demi-circonférence en allant de A à B, la distance PM va constamment en augmentant; car dans le triangle POM, les longueurs des côtés OP et OM restent fixes et l'angle POM va constamment en croissant.

§ II.

Arcs et cordes.

155. Définitions. — On appelle *arc de cercle* une portion de la circonférence. La droite qui joint les extrémités de l'arc est une *corde*. On dit que la corde *sous-tend* l'arc; ou aussi que l'arc est *sous-tendu* par la corde. Une corde AB (*fig.* 87) sous-tend deux arcs, savoir les arcs AMB, AM'B.

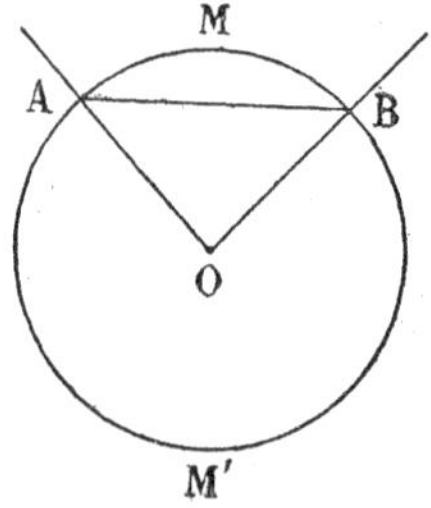

Fig. 87

On appelle *segment* la figure qui comprend l'ensemble des points intérieurs au cercle et qui sont d'un même côté par rapport à une corde. A chaque corde telle que AB (*fig.* 87) correspondent deux segments : l'un qui contient les points du cercle qui sont du même côté que M par rapport à la droite AB; l'autre, ceux qui sont du même côté que M'.

Un segment est limité par un arc et la corde qui le sous-tend.

Un *secteur* est formé par tous les points du cercle qui se trouvent à l'intérieur d'un angle ayant son sommet au centre du cercle.

Un secteur est limité par un arc et les deux rayons qui aboutissent à ses extrémités.

156. Deux arcs appartenant à un même cercle ou à des cercles de même rayon sont égaux s'ils sont superposables.

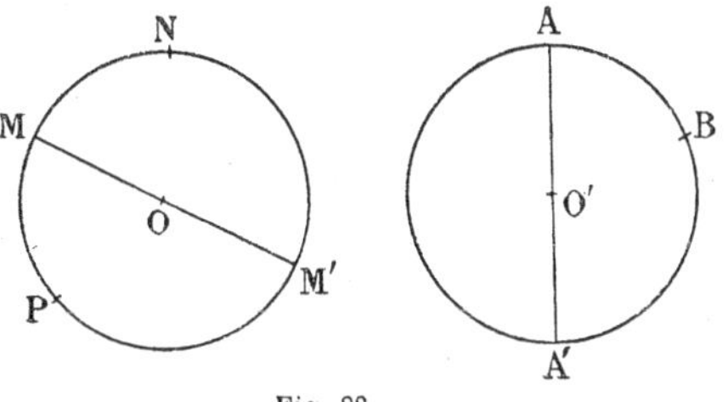

Fig. 88

Si M est un point quelconque d'une circonférence O, et si AB est un arc appartenant à une circonférence égale O' (*fig.* 88), il existe deux arcs égaux à l'arc AB et ayant une extrémité en M.

En effet, portons le rayon O'A sur son égal OM ; le point B viendra en N ; comme les deux circonférences coïncident maintenant, l'arc AB coïncidera avec l'arc MN.

On aurait pu faire la superposition des deux circonférences après avoir retourné le plan de la seconde figure ; l'arc AB serait venu occuper la position MP.

Les deux arcs MN et MP sont tous deux égaux à l'arc AB.

157. **Sens d'un arc.** — Un arc AB est de *sens positif* si l'observateur qui se trouve du côté supérieur du plan, les pieds en A, regardant AB, a les points de l'arc à sa droite. — Dans le cas contraire l'arc est de *sens négatif*. Les deux arcs soustendus par une même corde sont de sens contraire. (Ex. : l'arc AMB, *fig.* 89, est de sens négatif, l'arc AM'B de sens positif.)

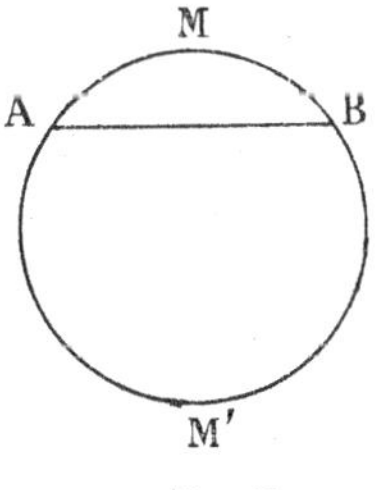

Fig. 89

Dans la définition du sens les deux extrémités de l'arc ne jouent pas le même rôle ; c'est toujours à la première extrémité qu'on place l'observateur. Ainsi, les arcs AMB et BMA sont de sens contraire.

Il résulte de cette définition que si O est le centre du cercle, l'angle AMB qui est moindre qu'une demi-circonférence a toujours le même sens (36) que l'angle AOB.

158. **Somme de deux arcs d'un même cercle.** — Pour faire la somme de deux arcs AMB, DNC (*fig.* 90), on prend un arc BPE, ayant même sens que AMB, égal à l'arc DNC ; l'arc ABE est par définition la somme des arcs AMB, DNC.

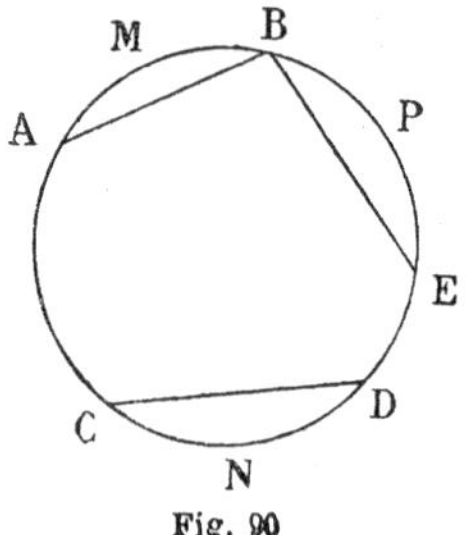

Fig. 90

159. **Mesure des arcs de cercle.** — Prenons des arcs qui appartiennent à un même cercle. Puisque nous avons défini, pour cette espèce de grandeur, l'égalité et la somme, on pourra mesurer cette grandeur. (Voir la mesure des grandeurs.)

Cela ne prouve nullement qu'il soit possible de comparer des longueurs d'arcs de cercle et des segments de droite.

160. **Théorème.** — *Toute corde qui ne passe pas par le centre est plus petite qu'un diamètre.*

Soit la corde AB (*fig.* 91) qui ne passe pas par le centre O ; menons les droites OA et OB ; le côté AB du triangle AOB est plus petit que la ligne brisée AOB ; cette ligne brisée, composée de deux rayons, est égale à un diamètre ; donc la corde AB est plus petite qu'un diamètre.

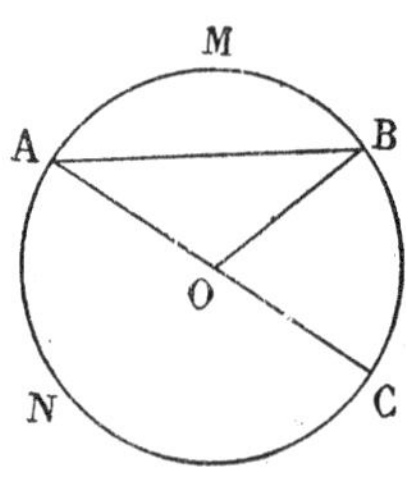

Fig. 91

161. **Remarque.** — Toute corde AB, autre qu'un diamètre, sous-tend deux arcs inégaux, l'un plus petit et l'autre plus grand qu'une demi-circonférence.

En effet, prolongeons le rayon OA jusqu'à sa rencontre en C avec la circonférence ; l'arc AMB qui ne contient pas le point C est plus petit que la demi-circonférence ABC ; l'arc ANB qui contient le point C est plus grand que la demi-circonférence ANC.

162. Théorème. — *Dans un même cercle, ou dans des cercles égaux :*

1° *deux arcs égaux sont sous-tendus par des cordes égales;*

2° *deux arcs inégaux sont sous-tendus par des cordes inégales et, si l'on ne considère que les arcs plus petits qu'une demi-circonférence, le plus grand arc est sous-tendu par la plus grande corde.*

1° Soient, sur les deux cercles égaux O et O' (*fig.* 92), les arcs égaux AMB, A'M'B' ; je dis que les cordes AB, A'B' qui les sous-tendent sont égales.

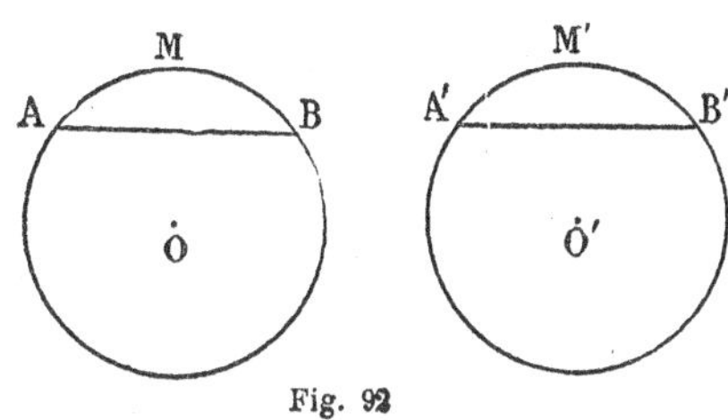

Fig. 92

En effet, les arcs AMB, A'M'B' étant égaux, on pourra, en retournant s'il est nécessaire le plan de la figure O', amener l'arc A'M'B' à coïncider avec l'arc AMB ; les cordes A'B', AB coïncideront, donc elles sont égales.

2° Soient, sur deux cercles égaux O et O' (*fig.* 93), des arcs inégaux AMB, CND moindres qu'une demi-circonférence ; si

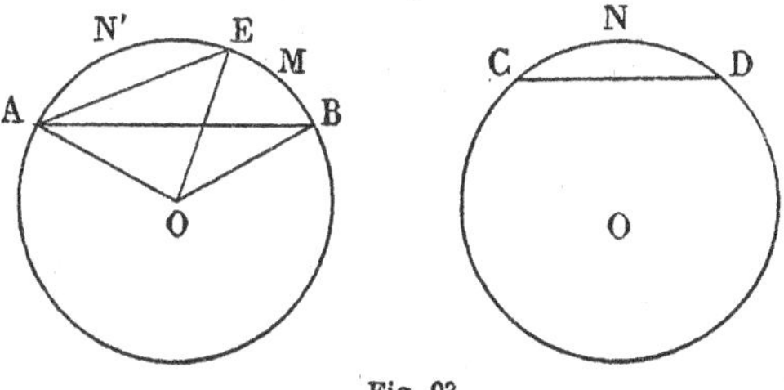

Fig. 93.

l'arc AMB est plus grand que l'arc CND, la corde AB sera plus grande que la corde CD.

En effet, prenons sur le cercle O un arc AN'E égal à l'arc CND, et ayant même sens que l'arc AMB; le point E tombera sur l'arc AMB et la corde AE sera égale à la corde CD. Joignons les points A, E, B au point O. Les deux triangles AOE, AOB ont deux côtés égaux, chacun à chacun, savoir : le côté OA commun aux deux triangles, les côtés OE et OB égaux, comme rayons d'un même cercle ; l'angle AOB est plus grand que l'angle AOE, donc le troisième côté AB du triangle AOB est plus grand que le troisième côté AE du triangle AOE, donc la corde AB est plus grande que la corde CD.

163. Remarque. — Si l'on ne considère que des arcs moindres qu'une demi-circonférence, la corde qui les sous-tend croît en même temps que l'arc, donc :

164. Réciproque. — *Dans un même cercle, ou dans des cercles égaux :*

1° *deux cordes égales sous-tendent des arcs égaux ;*

2° *deux cordes inégales sous-tendent des arcs inégaux, la plus grande corde sous-tend le plus grand arc.*

Si l'on considère, au contraire, les arcs plus grands qu'une demi-circonférence, c'est le plus petit arc qui est sous-tendu par la plus grande corde.

165. Théorème. — *Tout diamètre perpendiculaire à une corde partage cette corde et les deux arcs qu'elle sous-tend en parties égales.*

Soit (*fig.* 94) le diamètre AB, perpendiculaire au point E à la corde CD. Retournons le plan du demi-cercle ACB, en laissant fixe le diamètre AB; la demi-circonférence ACB vient s'appliquer sur la demi-circonférence ADB ; la demi-droite EC prend la direction ED ; le point C tombera donc à la fois sur la demi-droite ED et sur la demi-circonférence ADB ; donc il vient au point D; la portion de droite EC, l'arc CB, l'arc AC viendront respectivement coïncider avec la portion de droite ED, l'arc BD, l'arc AD ; donc on a

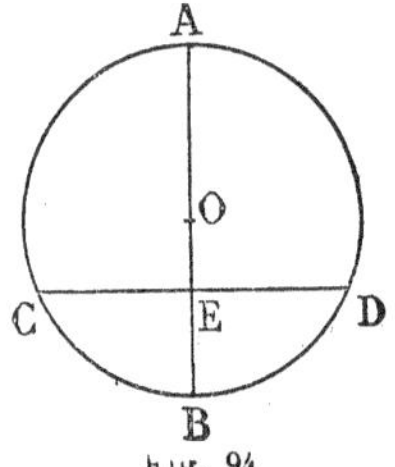

Fig. 94

$$EC = ED, \qquad \text{arc } BC = \text{arc } BD, \qquad \text{arc } AC = \text{arc } AD.$$

166. Remarque. — La droite AB satisfait aux cinq conditions suivantes : elle passe par le centre O du cercle, par le milieu E de la corde CD, par les milieux A et B des arcs sous-tendus par cette corde, enfin elle est perpendiculaire à la corde CD. Deux quelconques de ces cinq conditions déterminent la droite AB, car par deux points, on ne peut mener qu'une seule droite, et par un point, on ne peut mener qu'une perpendiculaire à une droite. Il en résulte que toute droite satisfaisant à deux des cinq conditions énoncées remplira nécessairement les trois autres conditions. De là une série de propositions réciproques, parmi lesquelles nous citerons la suivante :

La perpendiculaire à une corde, en son milieu, passe par le centre et par les milieux des deux arcs sous-tendus par la corde.

167. Théorème. — *Dans un même cercle, ou dans des cercles égaux :*

1° *deux cordes égales sont à la même distance du centre ;*

2° *de deux cordes inégales, la plus grande est la plus rapprochée du centre.*

1° Soient AB et CD (*fig.* 95) deux cordes égales ; menons du centre O les perpendiculaires OE, OF à ces cordes ; je dis que ces perpendiculaires, qui mesurent les distances du centre aux cordes AB et CD, sont égales. En effet, menons les droites OA et OC ; les deux triangles rectangles OAE, OCF sont égaux comme ayant l'hypoténuse égale et un côté de l'angle droit égal, savoir : OA = OC comme rayons d'un même cercle ; et AE = CF comme moitiés des cordes égales AB et CD ; donc les côtés OE et OF sont égaux.

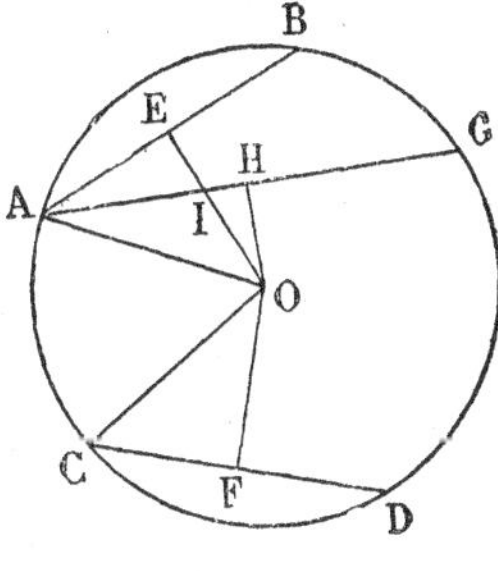

Fig. 95

2° Soient AG et CD (*fig.* 95) deux cordes inégales ; menons du centre O les perpendiculaires OH, OF à ces cordes ; je dis que si AG est plus grande que CD, la perpendiculaire OH sera plus petite que la perpendiculaire OF.

En effet, l'arc CD sera plus petit que l'arc AG ; prenons alors, à partir du point A, dans le sens de l'arc AG, un arc AB égal à l'arc CD ; le point B tombera sur l'arc AG ; la corde AB sera égale à la corde CD, et la perpendiculaire OE menée du centre sur la droite AB est égale à OF. Cette perpendiculaire OE rencontre la corde AG en un point I, situé entre O et E puisque ces points sont de part et d'autre de la droite AG. La perpendiculaire OH, étant plus petite que l'oblique OI, est *a fortiori* plus petite que OE; donc OH est plus petit que OF.

168. Réciproque. — Ces deux propositions entraînent leurs réciproques ; donc :

1° *Dans un même cercle, ou dans des cercles égaux, deux cordes également éloignées du centre sont égales ;*

2° *Dans un même cercle, ou dans des cercles égaux, deux cordes inégalement éloignées du centre sont inégales, la plus rapprochée du centre est la plus grande.*

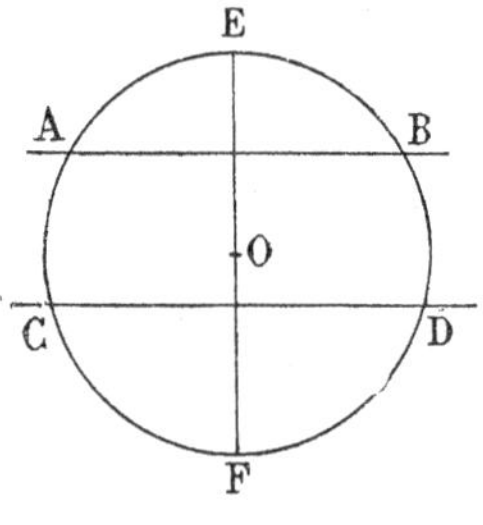

Fig. 96

169. Théorème. — *Deux droites parallèles interceptent sur une circonférence des arcs égaux.*

Nous distinguerons trois cas :

1° Les deux parallèles AB, CD sont sécantes au cercle (*fig.* 96). Je dis que les arcs interceptés AC et BD sont égaux. En effet, menons le

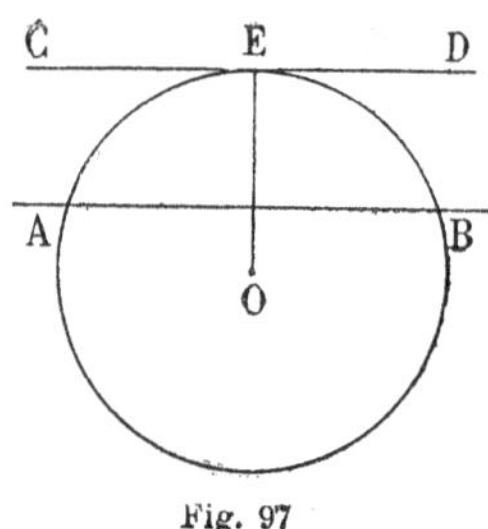

Fig. 97

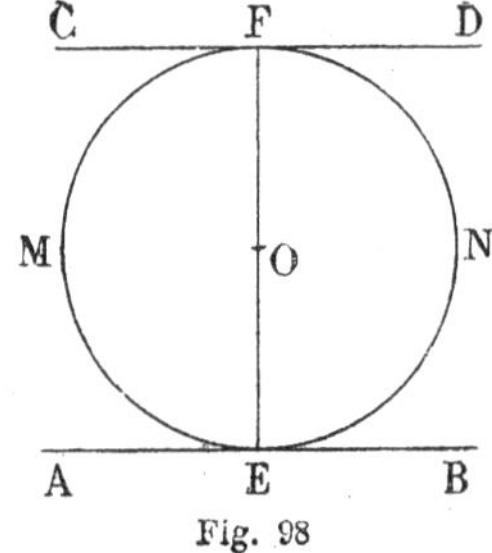

Fig. 98

diamètre EF perpendiculaire à la droite AB ; il sera aussi perpendiculaire à la droite CD. Ce diamètre partage en parties égales les arcs AEB, CED sous-tendus par ces cordes; les arcs EC et EA étant respectivement égaux aux arcs ED et EB, l'arc AC qui est la différence des deux premiers sera égal à l'arc BD qui est la différence des deux derniers.

2° L'une des parallèles AB est sécante, l'autre CD est tangente au point E (*fig.* 97) ; je dis que les arcs interceptés AE et BE sont égaux.

En effet, menons le rayon OE, il est perpendiculaire à la droite CD et par suite à la droite AB ; il partage l'arc soustendu par la corde AB en parties égales, donc les arcs AE et BE sont égaux.

3° Les deux parallèles AB et CD sont toutes deux tangentes l'une en E, l'autre en F (*fig.* 98). Je dis que les arcs interceptés FME, FNE sont égaux.

En effet, menons les rayons OE, OF ; ces droites étant respectivement perpendiculaires aux parallèles AB, CD, sont dans le prolongement l'une de l'autre ; la ligne EOF est un diamètre qui partage la circonférence en deux parties égales ; donc les arcs FME et FNE sont égaux.

170. **Corollaire.** — *Les points de contact de deux tangentes parallèles sont les extrémités d'un diamètre.*

§ III.

Positions relatives de deux cercles.

171. **Théorème.** — *Par trois points non situés en ligne droite on peut faire passer une circonférence, et l'on ne peut en faire passer qu'une.*

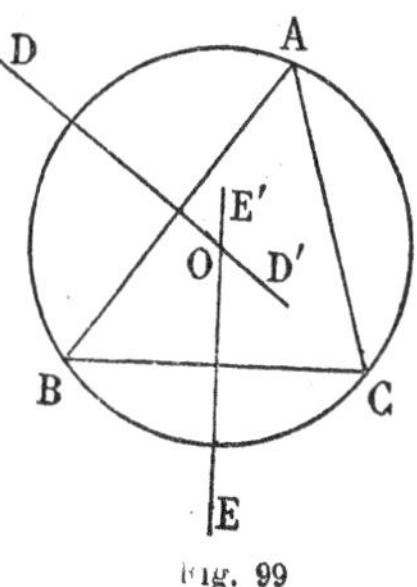

Fig. 99

Soient A, B, C (*fig.* 99) trois points non situés en ligne droite ; ces points sont les sommets d'un triangle. Nous avons vu (131) que les perpendiculaires aux côtés de ce triangle en leurs milieux se rencontrent en un point O équidistant des trois points A, B, C. Donc la circonférence de centre O, de rayon OA, passera par les points A, B, C.

Cette circonférence est d'ailleurs la seule qui passe par les trois points : car si une circonférence passe par les trois points, son centre qui est équidistant des trois points A, B, C se confond avec le point O, seul point équidistant des trois points A, B, C (132). Le centre de cette circonférence étant en O, son rayon sera égal à OA.

172. **Définitions.** — La circonférence qui passe par les sommets A, B, C d'un triangle est appelée la *circonférence circonscrite* au triangle ; on dit aussi que le triangle ABC est *inscrit* dans cette circonférence.

173. **Corollaire.** — *Deux circonférences distinctes ne peuvent avoir plus de deux points communs.*

Car si elles avaient trois points communs non situés en ligne droite, elles coïncideraient.

D'autre part elles ne peuvent pas avoir trois points communs situés en ligne droite, puisqu'une droite ne peut couper une circonférence en plus de deux points.

174. **Théorème.** — *Si une circonférence O′ a un de ses points à l'intérieur d'un cercle O et un autre de ses points à l'extérieur de ce cercle, les deux circonférences O et O′ se coupent en deux points.*

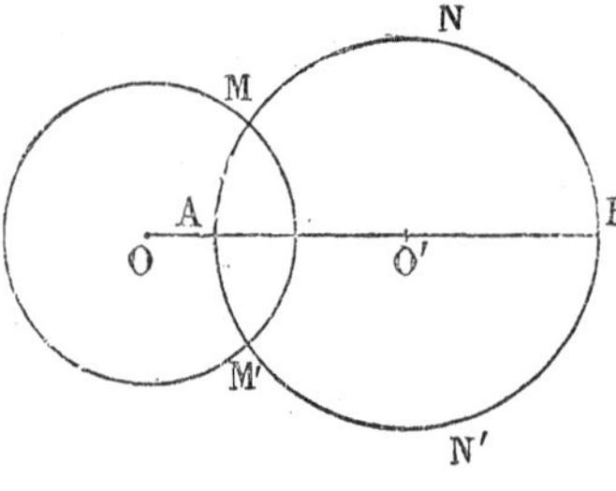

Fig. 100

Soient les deux circonférences O et O′ (*fig.* 100) ; menons la droite OO′, elle coupe la circonférence O′ en deux points ; désignons par A celui de ces points qui est du même côté que O par rapport à O′ ; par B l'autre point.

Puisqu'il existe un point de la circonférence O′ intérieur au cercle O, le point A sera intérieur à ce cercle ; parce que de tous les points de la circonférence O′, le point A est celui qui est le plus près de O ; de même s'il existe un point de la circonférence O′ extérieur au cercle O, le point B sera aussi extérieur à ce cercle, parce que de tous les points de la circonférence O′, le point B est celui qui est le plus éloigné du point O.

Cela posé, imaginons un mobile qui décrit la demi-circonférence ANB en allant de A en B. La distance de ce mobile au point O va constamment en croissant. Elle part de la valeur OA qui est plus petite que le rayon du cercle O, pour aboutir à la valeur OB plus grande que ce rayon. Il y aura donc une position du mobile, et une seule, pour laquelle la distance du mobile au point O sera égale au rayon du cercle O; donc la demi-circonférence ANB coupe la circonférence O en un point M.

On voit de même que la demi-circonférence AN'B coupe la circonférence O en un point M'; donc les deux circonférences O et O' se coupent en deux points.

175. Remarque. — Il résulte de la discussion qui précède que tous les points de l'arc MAM' sont intérieurs au cercle O; que tous les points de l'arc MBM' sont extérieurs à ce cercle. D'où le corollaire suivant :

176. **Corollaire.** — *Si les extrémités d'un arc de cercle sont l'une à l'intérieur d'un cercle O, l'autre à l'extérieur de ce cercle, l'arc coupe la circonférence O en un point.*

177. **Théorème.** — *Lorsque deux circonférences O et O' se coupent en deux points M et M', la droite OO' qui joint leurs centres O et O' est perpendiculaire à la corde commune MM' et partage cette corde en deux parties égales* (*fig.* 101).

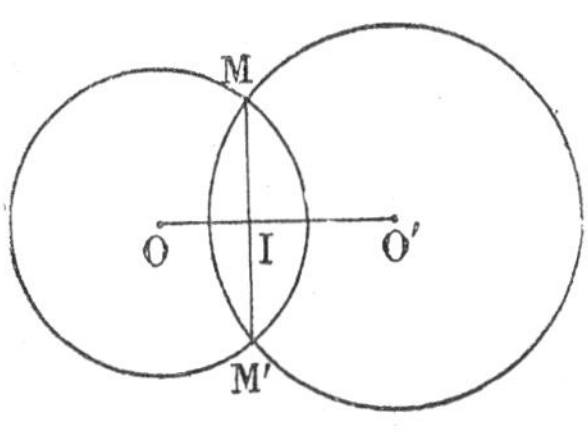

Fig. 101

En effet, la perpendiculaire à MM' en son milieu I passe par les points O et O'; donc cette perpendiculaire est la droite OO'.

178. **Position relative de deux cercles.** — Soient O et O' deux cercles ayant respectivement pour centres O et O', et des rayons R et R'; désignons par D la distance OO' des deux centres. La droite OO' coupe la circonférence O' en deux points A et B; nous désignerons par A celui de ces points qui est du même côté que le point O par rapport au point O'; enfin nous

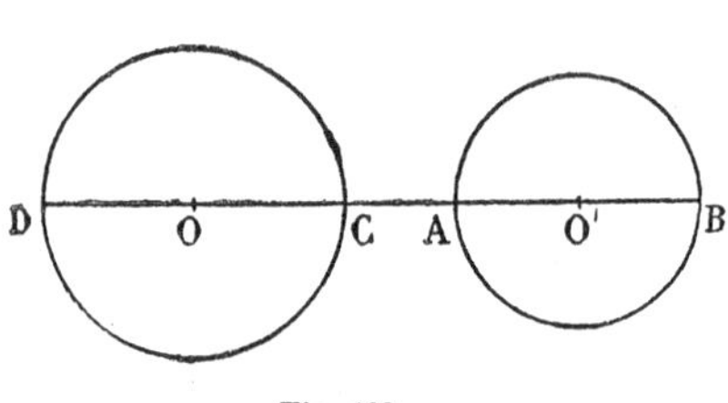

Fig. 102

supposerons que le rayon désigné par R' ne soit pas supérieur au rayon désigné par R.

Cela posé, nous distinguerons cinq cas :

1° $D > R + R'$ (*fig* 102).

On a alors $$OA = D - R' > R.$$

Le point A est extérieur au cercle O, il en est de même *a fortiori* de tous les points de la circonférence O', parce que de tous ces points, le point A est le plus rapproché du point O.

On voit de même que tous les points de la circonférence O sont extérieurs au cercle O'.

Nous disons dans ce cas que les circonférences sont *extérieures*.

2° $D = R + R'$ (*fig*. 103).

On a alors
$$OA = D - R' = R.$$

Le point A est sur la circonférence O ; tous les autres points de la circonférence O' sont extérieurs au cercle O. De même, tous les points de la circonférence O, sauf le point A, sont extérieurs au cercle O'. La perpendiculaire AT à la droite OO', au point A, est tangente aux deux cercles.

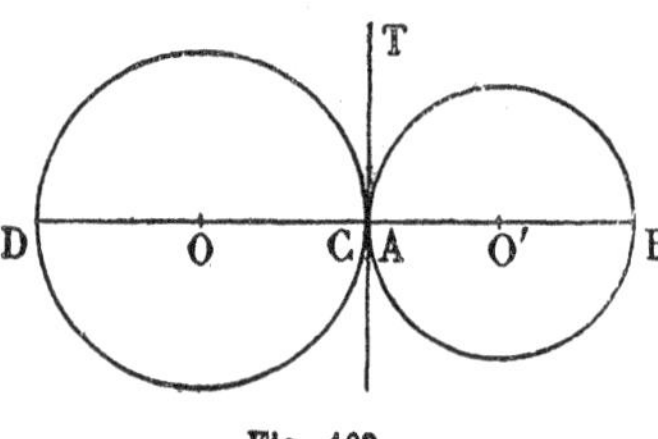

Fig. 103

Dans ce cas, nous dirons que les deux circonférences sont *tangentes extérieurement.*

3° $R - R' < D < R + R'$.

Si $D > R'$, on a (*fig*. 104)
$$OA = D - R' < R.$$

Si $D < R'$ (*fig*. 105),
$$OA = R' - D.$$

Or $R' - D$ est plus petit que R puisque R' est plus petit que R.

Dans l'un et l'autre cas le point A est intérieur au cercle O. On a aussi dans les deux cas

$$OB = D + R' > R.$$

Le point B est toujours extérieur au cercle O.

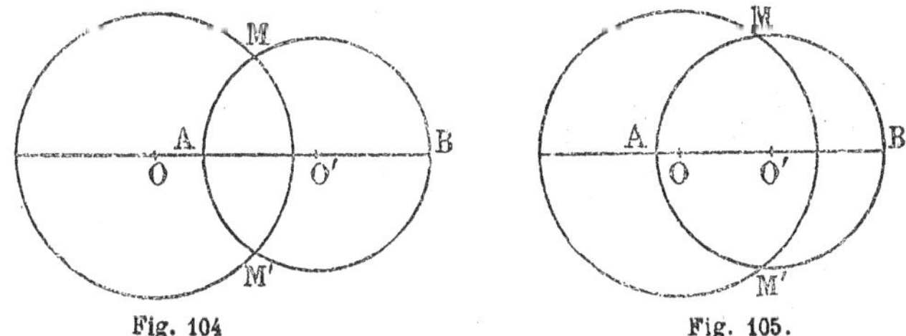

Fig. 104 Fig. 105.

Le point A étant intérieur, le point B extérieur au cercle O, les deux circonférences se coupent en deux points.

Nous dirons dans ce cas que les deux circonférences sont *sécantes*.

4° $D = R - R'$ (*fig.* 106).

On a dans ce cas

$$OB = D + R' = R.$$

Le point B est sur la circonférence O, tous les autres points de la circonférence O' sont intérieurs au cercle O, puisque parmi tous ces points, le point B est le plus éloigné du point O.

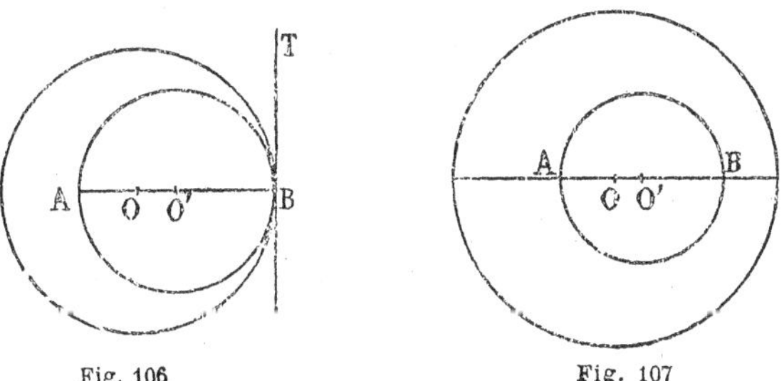

Fig. 106 Fig. 107

On voit de même que tous les points de la circonférence O sont extérieurs au cercle O'. — La droite BT menée en B, perpendiculairement à la droite OO', est tangente aux deux cercles.

Nous dirons dans ce cas que les deux circonférences sont *tangentes intérieurement.*

5° $D < R - R'$ (*fig.* 107).

Dans ce cas on a

$$OB = D + R' < R.$$

Le point B est donc à l'intérieur du cercle O ; il en est de même, à plus forte raison, de tous les points de la circonférence O'.

Nous dirons dans ce cas que la circonférence O' est *intérieure* à la circonférence O.

179. **Remarque.** — Comme nous avons pris toutes les valeurs possibles de D, il en résulte que nous avons obtenu toutes les positions possibles que peuvent prendre relativement, deux circonférences. Donc deux circonférences peuvent occuper, l'une par rapport à l'autre, les cinq positions suivantes :

1° Elles peuvent être extérieures (*fig.* 102) ;

2° Elles peuvent être tangentes extérieurement (*fig.* 103) ;

3° Elles peuvent être sécantes (*fig.* 104 et 105) ;

4° Elles peuvent être tangentes intérieurement (*fig.* 106) ;

5° Une circonférence est intérieure à l'autre (*fig.* 107).

180. **Théorèmes.** — La discussion du n° 178 est résumée dans les théorèmes suivants :

1° *Si* $D > R + R'$, *les deux circonférences sont extérieures ;*

2° *Si* $D = R + R'$, *elles sont tangentes extérieurement ;*

3° *Si* $R - R' < D < R + R'$, *elles sont sécantes ;*

4° *Si* $D = R - R'$, *elles sont tangentes intérieurement ;*

5° *Si* $D < R - R'$, *une circonférence est intérieure à l'autre.*

181. **Réciproques.** — Les réciproques des théorèmes précédents sont exactes ; donc :

1° *Si deux circonférences sont extérieures,* on a

$$D > R + R' ;$$

2° *Si deux circonférences sont tangentes extérieurement,* on a

$$D = R + R' ;$$

3° *Si deux circonférences sont sécantes,* on a

$$R - R' < D < R + R' ;$$

4° *Si deux circonférences sont tangentes intérieurement,* on a

$$D = R - R' ;$$

5° *Si une circonférence est intérieure à l'autre,* on a

$$D < R - R'.$$

Démontrons, par exemple, la première réciproque. Les hypothèses $D = R + R'$; $R - R' < D < R + R'$; $D = R - R'$; $D < R - R'$ sont impossibles, car alors les deux circonférences seraient tangentes extérieurement, ou sécantes, ou tangentes intérieurement, ou l'une intérieure à l'autre; donc on a

$$D > R + R'.$$

182. Le théorème 3 et sa réciproque peuvent s'énoncer ainsi: *Pour que deux circonférences soient sécantes, il faut et il suffit que la distance des centres soit plus petite que la somme de leurs rayons et plus grande que leur différence.*

§ IV.

Mesure des angles.

183. **Définitions.** — On appelle *angle au centre* d'une circonférence un angle ayant son sommet au centre de la circonférence.

On appelle *angle inscrit* dans une circonférence un angle dont le sommet est situé sur cette circonférence.

184. **Théorème.** — *Dans un même cercle, ou dans des cercles égaux :*

1° *deux angles au centre égaux interceptent des arcs égaux ;*

2° *deux angles au centre inégaux interceptent des arcs inégaux, le plus grand angle au centre intercepte le plus grand arc.*

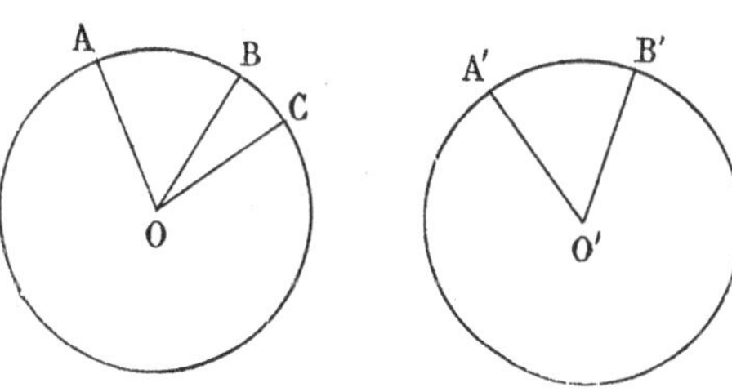

Fig. 108

1° Soient dans deux cercles égaux O et O' (*fig.* 108) les angles au centre égaux AOB, A'O'D'; je dis que les arcs AB, A'B interceptés par ces angles sont égaux.

En effet, en retournant, s'il est nécessaire, le plan du cercle O', on pourra supposer que les deux angles AOB, A'O'B' ont le même sens. Portons alors le rayon O'A' sur son égal OA, de façon que O' vienne en O et A' en A. La droite O'B' vient sur la droite OB ; et à cause de l'égalité des rayons le point B' tombe sur le point B; les arcs A'B' et AB coïncident, donc ils sont égaux.

2° Soient dans les cercles O et O' (*fig.* 108) les angles au centre inégaux AOC, A'O'B' ; je dis que si l'angle AOC est plus grand que l'angle A'O'B', l'arc AC est plus grand que l'arc A'B'.

En effet, formons un angle au centre AOB, ayant même sens que l'angle AOC, et égal à l'angle A'O'B'; les arcs AB, A'B' seront égaux ; l'angle AOB étant plus petit que l'angle AOC, la demi-droite OB est à l'intérieur de l'angle AOC et par conséquent le point B est sur l'arc AC; l'arc AC est plus grand que l'arc AB; donc l'arc AC est plus grand que l'arc A'B'.

185. **Réciproques.** — Ces deux propositions entraînent leurs réciproques ; donc :

Dans un même cercle, ou dans des cercles égaux :

1° à deux arcs égaux correspondent des angles au centre égaux ;

2° à deux arcs inégaux correspondent des angles au centre inégaux ; au plus grand arc correspond le plus grand angle au centre.

186. **Théorème.** — *Dans un même cercle, ou dans des cercles égaux, le rapport de deux angles au centre est égal au rapport des arcs qu'ils interceptent.*

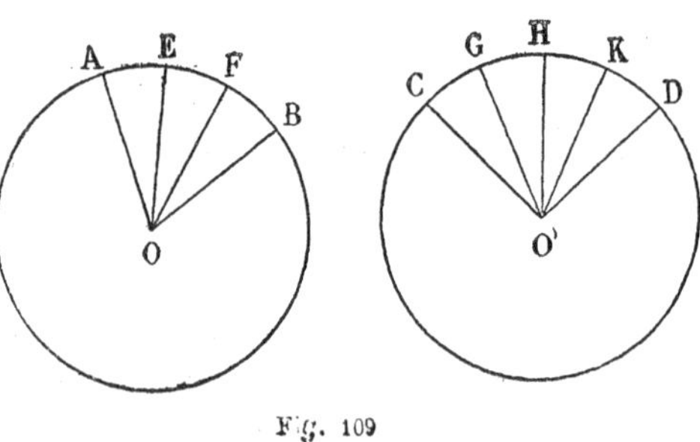

Fig. 109

Soient dans les cercles égaux O et O' (*fig.* 109) les angles au centre AOB, CO'D, qui interceptent les arcs AB et CD; je dis que l'on a

$$\frac{\text{angle AOB}}{\text{angle CO'D}} = \frac{\text{arc AB}}{\text{arc CD}}.$$

En effet, supposons d'abord que les arcs AB et CD aient

une commune mesure, l'arc CG, contenue par exemple trois fois dans l'arc AB et quatre fois dans l'arc CD Le rapport $\frac{\text{arc AB}}{\text{arc CD}}$ est égal à $\frac{3}{4}$. Menons des rayons par les points de division des arcs AB et CD; les angles AOB et CO'D se trouvent partagés en angles qui sont tous égaux à l'angle CO'G, car tous ces angles au centre interceptent des arcs égaux. Or l'angle AOB contient trois de ces angles, l'angle CO'D en contient quatre, le rapport $\frac{\text{angle AOB}}{\text{angle CO'D}}$

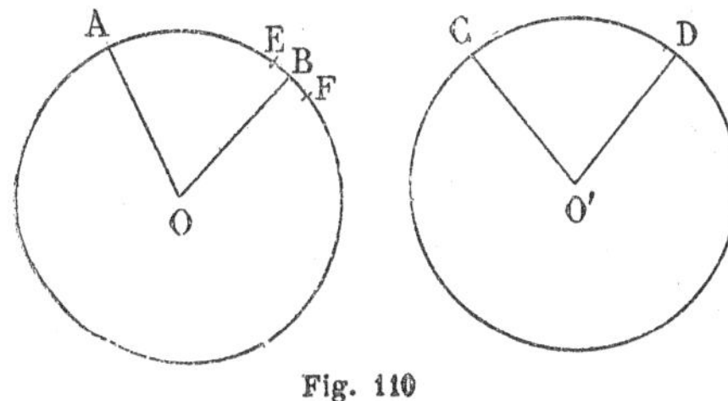

Fig. 110

est égal à $\frac{3}{4}$, donc il est égal au rapport $\frac{\text{arc AB}}{\text{arc CD}}$.

En second lieu, supposons que les arcs AB et CD (*fig.* 110) soient incommensurables ; divisons l'arc CD en n parties égales ; l'arc AB sera compris entre les arcs AE et AF qui contiennent respectivement m et $(m+1)$ divisions ; de sorte que $\frac{m}{n}$ est la valeur approchée par défaut à $\frac{1}{n}$ près du rapport $\frac{\text{arc AB}}{\text{arc CD}}$; l'angle AOB est aussi compris entre les angles AOE et AOF qui contiennent respectivement m et $(m+1)$ fois la $n^{\text{ième}}$ partie de l'angle CO'D : donc $\frac{m}{n}$ est aussi la valeur approchée par défaut à $\frac{1}{n}$ près du rapport $\frac{\text{angle AOB}}{\text{angle CO'D}}$. Les valeurs approchées des deux rapports à $\frac{1}{n}$ près sont les mêmes, quel que soit n ; donc les deux rapports sont égaux.

187. Remarque. — Le théorème précédent montre que les angles au centre d'une circonférence et les arcs interceptés correspondants sont deux *grandeurs proportionnelles.*

188. Remarque. — Le choix de l'unité qui sert à mesurer une grandeur est absolument arbitraire. On peut donc prendre arbitrairement l'angle égal à l'unité, puis l'arc de cercle égal à l'unité.

Toutefois les énoncés qui suivent supposent expressément que *l'angle unité soit l'angle au centre d'une circonférence qui intercepte un arc égal à l'arc unité.*

189. Théorème. — *Un angle au centre a même mesure que l'arc intercepté par ses côtés.*

Soit l'angle au centre AOB (*fig.* **111**) qui intercepte l'arc AB.

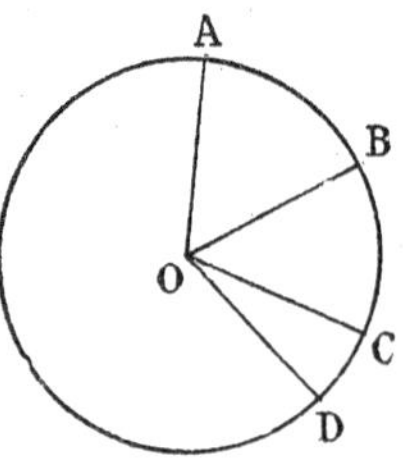

Fig. 111

Formons un angle COD égal à l'unité d'angle ; d'après la convention faite une fois pour toutes (188), l'arc CD est égal à l'arc unité. Or on a (186)

$$\frac{\text{angle AOB}}{\text{angle COD}} = \frac{\text{arc AB}}{\text{arc CD}}.$$

Le premier rapport est la mesure de l'angle AOB ; le second celle de l'arc AB ; donc l'angle au centre AOB et l'arc intercepté AB ont la même mesure.

190. **Mesure des angles.** — Le théorème qui précède ramène la mesure des angles à celle des arcs : on pourra choisir arbitrairement, soit l'angle unité, soit l'arc unité. Si l'on prend comme unité d'angle l'angle droit, il faudra prendre comme unité d'arc l'arc intercepté par un angle au centre égal à un droit; cet arc est le quart de la circonférence, car deux diamètres rectangulaires partagent la circonférence en quatre parties égales. Ce quart de circonférence est appelé *quadrant.*

Dans la pratique, on prend pour unité d'arc un arc égal à la 360ᵉ partie de la circonférence, et cet arc est appelé *arc d'un degré.*

On prendra alors comme unité d'angle l'angle au centre qui intercepte un arc d'un degré. Cet angle est appelé *angle d'un degré.*

On appelle *arc d'une minute*, un arc qui est la 60ᵉ partie de l'arc d'un degré; *arc d'une seconde*, l'arc qui est la 60ᵉ partie de l'arc d'une minute. Les angles au centre correspondants sont appelés : *angle d'une minute*, *angle d'une seconde.*

Pour écrire la valeur d'un angle évalué en degrés, minutes et secondes, on écrit d'abord le nombre de degrés, puis le nombre de minutes, enfin le nombre de secondes ; à la droite et en haut de chacun de ces nombres on met respectivement les signes °, ′, ″;

ainsi un angle de 78 degrés, 25 minutes, 42 secondes s'écrit

78° 25′ 42″.

Le quadrant étant le quart de la circonférence vaut 90° ; un angle droit vaut donc 90°. La somme des trois angles d'un triangle vaut 180° ; chaque angle d'un triangle équilatéral est égal à 60°.

Aujourd'hui on emploie fréquemment la division décimale de la circonférence ; le quadrant est divisé en 100 parties égales ; chacune de ces parties est un *grade ;* le grade est divisé en 100 *minutes,* et la minute en 100 *secondes.* On évalue donc les arcs, et par suite les angles, en grades, minutes et secondes de grades.

191. Théorème. — *Un angle inscrit dans une circonférence a même mesure que la moitié de l'arc compris entre ses côtés.*

Nous distinguerons trois cas :

1° *Le centre* O *du cercle est sur l'un des côtés* AB *de l'angle inscrit* BAC (*fig.* 112).

Menons le rayon OC ; les côtés OA, OC du triangle OAC étant égaux, les angles A et C sont égaux. Or l'angle exté-

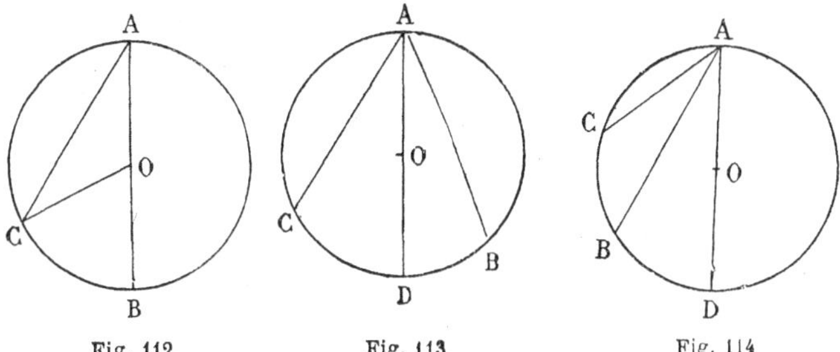

Fig. 112 Fig. 113 Fig. 114

rieur COB est la somme des angles A et C, donc l'angle A est la moitié de l'angle au centre COB. Cet angle au centre a même mesure que l'arc BC ; donc l'angle A, moitié de l'angle COB, a même mesure que la moitié de l'arc BC.

2° *Le centre* O *du cercle est à l'intérieur de l'angle inscrit* BAC (*fig.* 113).

Menons le diamètre AD ; l'angle BAC est la somme des deux angles BAD, CAD, qui ont respectivement même mesure que la moitié de l'arc BD et que la moitié de l'arc CD ; donc l'angle BAC a même mesure que la moitié de la somme des arcs BD et CD, c'est-à-dire que la moitié de l'arc BC.

3° Le centre O du cercle est à l'extérieur de l'angle inscrit BAC (*fig.* 114).

Menons le diamètre AD; l'angle BAC est la différence des angles CAD et BAD ; ces angles ont respectivement les mêmes mesures que la moitié des arcs CD et BD. Donc l'angle BAC a même mesure que la moitié de la différence des arcs CD et BD, c'est-à-dire même mesure que la moitié de l'arc BC.

192. **Corollaire.** — *L'angle* BAC *formé par une corde* BA *et une tangente* AC *à un cercle a même mesure que la moitié de l'arc sous-tendu par la corde et situé par rapport à cette corde du même côté que la tangente* AC (*fig.* 115).

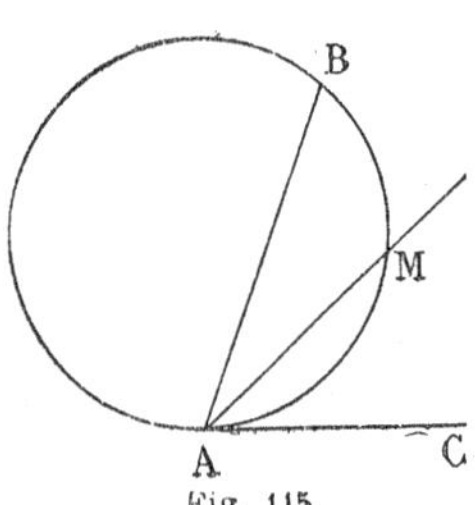

Fig. 115

Menons la sécante AM à l'intérieur de l'angle. L'angle BAM a même mesure que la moitié de l'arc BM. Déplaçons le point M sur l'arc de façon qu'il vienne en A ; l'angle BAM aura toujours même mesure que la moitié de l'arc BM. Or lorsque M vient en A, la droite AM a pour position limite la tangente AC ; l'angle BAM devient l'angle BAC, l'arc BM devient égal à l'arc BMA ; donc l'angle BAC a même mesure que la moitié de l'arc BMA.

193. **Théorème.** — *Un angle qui a son sommet à l'intérieur d'un cercle a même mesure que la demi-somme des arcs compris entre ses côtés.*

Soit BAC (*fig.* 116) un angle dont le sommet A est intérieur au cercle; prolongeons ses côtés jusqu'à leur rencontre en D et E avec la circonférence ; joignons les points B et E; l'angle BAC extérieur au triangle BAE est la somme des angles B et E de ce triangle. Ces angles ont respectivement même mesure que la moitié des arcs ED et BC, donc l'angle BAC a même mesure que la moitié de la somme des arcs BC et DE.

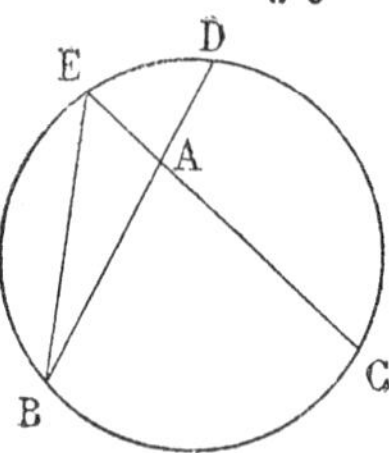

Fig. 116

194. Théorème. — *L'angle formé par deux sécantes à un cercle qui se rencontrent à l'extérieur de ce cercle a même mesure que la moitié de la différence des arcs compris entre ses côtés.*

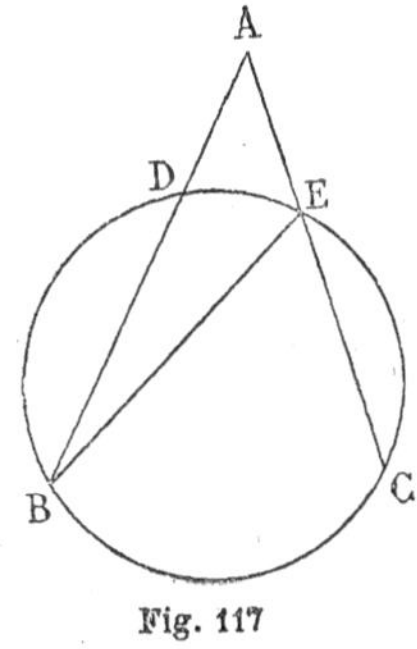

Fig. 117

Soient l'angle BAC (*fig.* 117) dont le sommet A est extérieur à un cercle ; BC et DE les arcs compris entre ses côtés. Menons la droite BE ; l'angle BEC extérieur au triangle ABE est la somme des angles A et B de ce triangle ; donc l'angle BAC est la différence des angles BEC et ABE ; ces angles ont respectivement la même mesure que la moitié des arcs BC et DE ; donc l'angle BAC a même mesure que la demi-différence des arcs BC et DE.

Si l'on fait tourner les côtés de l'angle autour du point A de manière à amener l'un des côtés ou tous les deux à être tangents au cercle, on voit que le théorème subsiste pour l'angle formé par une tangente et une sécante, ou pour l'angle formé par deux tangentes.

195. Remarque. — La démonstration qui précède montre que parmi les deux arcs BC, DE compris entre deux sécantes qui se rencontrent à l'extérieur d'un cercle, le plus petit DE est celui dont les extrémités sont le plus près du point de rencontre A.

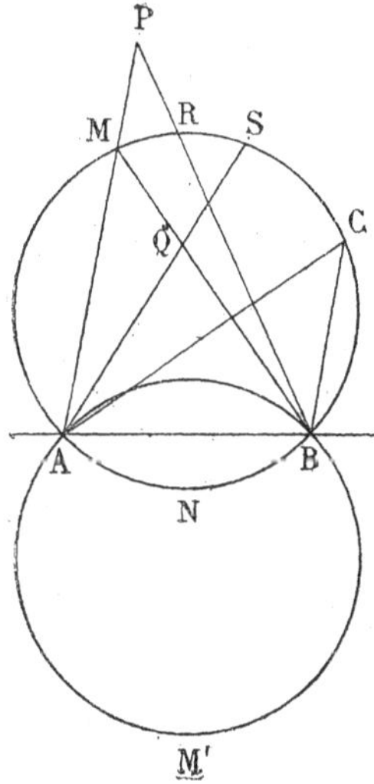

Fig. 118

196. Théorème. — *Le lieu géométrique des points d'où l'on voit un segment de droite AB sous un angle donné se compose de deux arcs de cercle égaux, sous-tendus par la corde AB, et situés de part et d'autre de cette corde* (*fig.* 118).

Remarquons d'abord que quel que soit l'angle donné il existe des points d'où l'on voit le segment AB sous cet angle. Il suffit pour en obtenir de construire des triangles ABC dans lesquels la somme $A+B$ des angles à la base AB soit le supplément de l'angle donné. Le sommet C de ce triangle est un point cherché.

Faisons passer un cercle par les trois points A, B, C ; et ne considérons, pour le moment, que les points du plan qui sont du même côté que le point C par rapport à la droite AB. Ces points peuvent occuper trois positions.

1° *Ils sont situés sur l'arc de cercle* ACB.

Soit M un tel point; l'angle AMB sera égal à l'angle donné ACB, car ils ont tous deux même mesure que la moitié de l'arc ANB.

2° *Ils sont situés à l'intérieur du segment* ACBA.

Soit Q un tel point; la mesure de l'angle AQB est la même que celle de $\frac{\text{arc ANB} + \text{arc MS}}{2}$; donc l'angle AQB est plus grand que l'angle donné ACB.

3° *Ils sont situés à l'extérieur du segment* ACBA.

Soit P un tel point ; la mesure de l'angle APB est la même que celle de $\frac{\text{arc ANB} - \text{arc MR}}{2}$; donc l'angle APB est plus petit que l'angle donné ACB.

En raisonnant de même sur les points du plan qui sont de l'autre côté du point C par rapport à la droite AB, on trouve que les points cherchés sont sur un arc AM'B égal à l'arc AMB et que tous les points de cet arc AM'B possèdent la propriété demandée.

Donc le lieu géométrique cherché se compose des deux arcs AMB, AM'B.

197. **Définitions.** — **Un angle est** *inscrit* dans un segment quand son sommet est sur l'arc du segment et que ses côtés passent par les extrémités de cet arc. Ainsi l'angle AMB (*fig.* 118) est inscrit dans le segment ACBA.

Tout angle inscrit dans un segment a même mesure que la moitié du second arc sous-tendu par la corde du segment. Ainsi l'angle AMB (*fig.* 118) a même mesure que la moitié de l'arc ANB.

Tout angle inscrit dans un segment est aigu, droit ou obtus suivant que ce segment est supérieur, égal ou inférieur à une demi-circonférence, car le second arc sous-tendu par la corde du segment sera alors inférieur, égal ou supérieur à une demi-circonférence.

On dit qu'un segment de cercle est *capable d'un angle donné* lorsque tous les angles inscrits dans ce segment sont égaux à l'angle donné.

En particulier, *le segment capable d'un angle droit est une demi-circonférence.*

198. **Définitions.** — On dit qu'un polygone est *inscrit* dans un cercle, lorsque tous ses sommets sont situés sur la circonférence de ce cercle. On dit aussi dans ce cas que la circonférence est *circonscrite* au polygone.

Un polygone est *circonscrit* à un cercle si tous ses côtés sont tangents au cercle; on dit aussi dans ce cas que le cercle est inscrit au polygone.

199. *Dans tout quadrilatère convexe, inscrit dans un cercle, les angles opposés sont supplémentaires.*

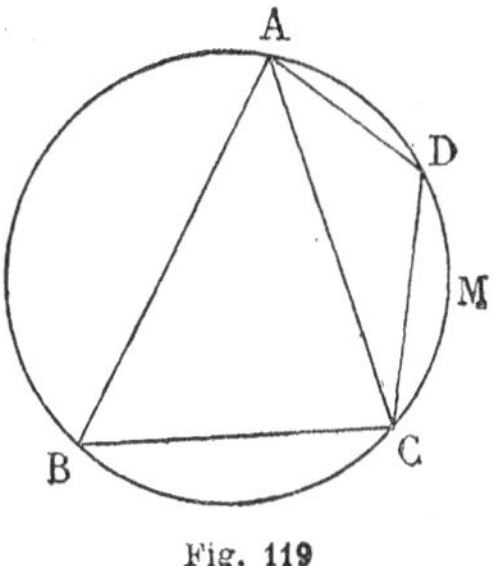

Fig. 119

Soit le quadrilatère convexe inscrit ABCD (*fig.* 119); les angles opposés B et D, par exemple, ont la même mesure, le premier que la moitié de l'arc ADC, le second que la moitié de l'arc ABC; leur somme a même mesure que la moitié de la circonférence; donc B et D sont supplémentaires.

Réciproquement, *si dans un quadrilatère convexe deux angles opposés sont supplémentaires, le quadrilatère est inscriptible.*

Supposons que les angles B et D du quadrilatère ABCD soient supplémentaires; je dis que ce quadrilatère est inscriptible. En effet, faisons passer un cercle par les trois points A, B, C. Tous les points du plan situés de l'autre côté de B par rapport à la droite AC, et tels que l'on voie le segment AC sous un angle supplémentaire de l'angle B, sont situés sur l'arc AMC ; donc le cercle qui passe par les trois points A, B, C passe par le point D.

§ V.

Construction des figures.

200. On dit qu'on *sait construire* une figure, quand on peut déterminer cette figure en ne traçant que des lignes droites et des circonférences de cercle.

Les lignes droites se tracent à l'aide d'un instrument appelé *règle*. Chacun sait comment, avec une règle, on trace une droite passant par deux points

Les circonférences de cercle se tracent à l'aide d'un instrument appelé *compas*. Tout le monde connaît le compas, et sait comment avec un compas on peut porter sur une droite un segment égal à un segment donné ; comment on peut tracer une circonférence dont on connaît le centre et le rayon.

Quand on sait construire une figure, on peut déterminer cette figure en se servant uniquement de la règle et du compas.

Il n'est pas toujours possible de construire une figure. Ainsi, par exemple, il est impossible de construire un angle de 40°.

201. **Plus grande commune mesure de deux lignes droites.** — Soient A et B deux segments commensurables entre eux ; il existe un troisième segment C qui est partie aliquote de chacun d'eux, ou une commune mesure à ces deux segments.

Quand deux segments sont commensurables, ils ont une infinité de communes mesures. En effet, si C est une commune mesure à A et à B, toute partie aliquote de C est contenue un nombre exact de fois dans A et dans B et est par conséquent une commune mesure à A et à B.

Nous allons montrer que, parmi toutes les communes mesures à A et à B, il y en a une qui est plus grande que toutes les autres et nous construirons cette *plus grande commune mesure*.

Soit B le plus petit des deux segments. Si B est une partie aliquote de A, toute commune mesure à A et à B est évidemment partie aliquote de B; inversement, toute partie aliquote de B, étant contenue un nombre exact de fois dans A, sera une commune mesure à A et à B; donc B est la plus grande commune mesure.

Si B n'est pas contenu un nombre exact de fois dans A, le segment A sera compris entre deux multiples consécutifs de B, entre mB et $(m+1)$ B par exemple. La différence entre A et mB est un segment R_1, plus petit que B et tel que l'on ait

$$A = mB + R_1.$$

Toute commune mesure à A et à B est contenue un nombre exact de fois dans A et mB, et par suite dans leur différence R_1; c'est donc une commune mesure à B et à R_1.

Réciproquement, toute commune mesure à B et à R_1 est contenue un nombre exact de fois dans R_1 et mB, et par suite dans leur somme A; c'est donc une commune mesure à A et à B.

Donc les communes mesures à A et à B sont les mêmes que les communes mesures à B et à R_1.

Si R_1 est une partie aliquote de B, les communes mesures à A et à B, qui sont les mêmes que les communes mesures à B et à R_1, seront les parties aliquotes de R_1; il y aura donc une plus grande commune mesure à A et à B, savoir le segment R_1.

Si R_1 n'est pas une partie aliquote de B, on raisonnera sur B et R_1 comme sur A et B; on ramènera la recherche des communes mesures à A et à B à celle des communes mesures à R_1 et à R_2, et ainsi de suite. Si l'on arrive ainsi à un reste R_n, partie aliquote du précédent, les parties aliquotes de R_n seront les mêmes que les communes mesures à A et à B; il y aura une plus grande commune mesure à A et à B : le segment R_n.

Si, comme nous l'avons supposé, les segments A et B sont commensurables entre eux, on arrivera nécessairement à trouver un reste R_n contenu un nombre exact de fois dans le précédent. En effet, de l'égalité

$$A = mB + R_1 \quad \text{et} \quad R_1 < B$$

on déduit

$$R_1 < \frac{A}{2}.$$

On voit de même que R_3 est plus petit que $\frac{R_1}{2}$, ainsi de suite; les restes de rang impair sont moindres que la moitié du reste de rang impair précédent ; on arrive à la même conclusion pour les restes de rang pair.

Si donc l'opération se poursuivait indéfiniment, les restes deviendraient à partir d'un certain rang plus petits que tout segment donné. Or ceci est impossible, puisque tous les restes obtenus contiennent un nombre exact de fois une commune mesure quelconque C à A et à B.

On arrivera donc à un reste R_n partie aliquote du reste précédent; toute commune mesure à A et à B sera partie aliquote de R_n, et inversement toute partie aliquote de R_n sera une commune mesure à A et à B ; donc :

Deux segments commensurables entre eux ont une plus grande commune mesure ; toutes les autres communes mesures sont des parties aliquotes de la plus grande commune mesure.

202. Il est facile d'effectuer les constructions indiquées au numéro précédent ; on porte avec un compas, successivement, sur A des segments égaux à B, jusqu'à ce que le reste obtenu soit plus petit que B. On obtient ainsi le segment R_1. On porte alors sur le segment B des segments adjacents égaux R_1, jusqu'à ce qu'on obtienne un reste R_2 plus peti que R_1, et ainsi de suite.

Si les segments sont commensurables, la construction indiquée se termine.

Si, au contraire, les segments sont incommensurables on pourra continuer indéfiniment l'opération sans arriver un reste exactement contenu dans le précédent

203. Remarque. — Au point de vue théorique la construction précédente est parfaite. Il n'en est pas de même quand on se place au point de vue pratique du dessin géométrique ; tout d'abord, les longueurs portées, quand on a ouvert le compas, ne sont pas rigoureusement égales, les branches du compas peuvent en effet se rapprocher ou s'éloigner, de quantités très petites il est vrai, pendant la durée de l'opération. Ensuite, il est impossible de reporter avec le compas des longueurs très petites. Aussi, en géométrie, la commensurabilité ou l'incommensura-

bilité de deux segments s'établit par la théorie et non par l'expérience graphique du n° 202.

204. *Mener d'un point* A *une perpendiculaire à une droite* MN.

Deux cas à distinguer :

1° Le point A est sur la droite MN (*fig.* 120).

Prenez de part et d'autre du point A sur la droite MN deux longueurs égales AB et AC ; du point B comme centre, avec un rayon quelconque mais plus grand que BA, décrivez un arc de cercle ; du point C comme centre, avec le même rayon, décrivez un autre arc de cercle ; la distance de centres BC étant plus petite que la somme des rayons et plus grande que leur différence qui est nulle,

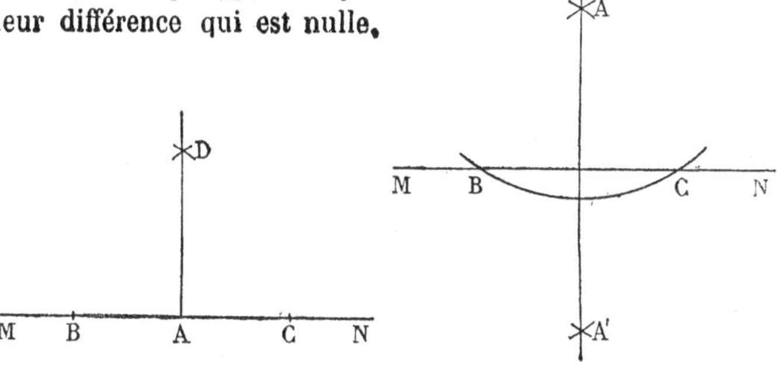

Fig. 120 Fig. 121

les deux arcs de cercle se couperont en un point D ; menez la droite AD. Cette droite est la perpendiculaire demandée ; en effet, le point D étant équidistant des points B et C, se trouve sur la perpendiculaire menée à BC en son milieu A.

2° Le point A est en dehors de la droite MN (*fig.* 121).

Prenez sur la droite MN un point quelconque B ; du point A comme centre, avec AB comme rayon, décrivez un arc de cercle qui coupe la droite MN en un autre point, C. Des points B et C comme centres, avec un rayon égal à BA, décrivez des arcs de cercle. Ces arcs de cercle se couperont en un second point, A' ; menez la droite AA' ; cette droite est la perpendiculaire demandée. En effet, les points A et A' étant équidistants des points B et C se trouvent sur la perpendiculaire menée à la droite MN au milieu de BC.

205. *Mener une perpendiculaire à une droite* AB, *en son milieu* (*fig*. 122).

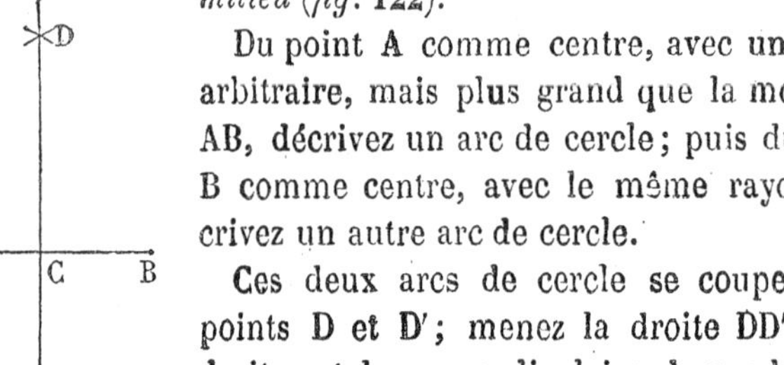

Du point A comme centre, avec un rayon arbitraire, mais plus grand que la moitié de AB, décrivez un arc de cercle; puis du point B comme centre, avec le même rayon, décrivez un autre arc de cercle.

Ces deux arcs de cercle se coupent aux points D et D′; menez la droite DD′. Cette droite est la perpendiculaire demandée, elle coupe AB en son milieu C.

En effet, les points D et D′ étant équidistants des points A et B, se trouvent sur la perpendiculaire menée à AB en son milieu C.

Fig. 122

206. Remarque. — La construction précédente permet de trouver le milieu C d'une droite AB.

207. *Mener la bissectrice d'un angle donné* BAC (*fig*. 123).

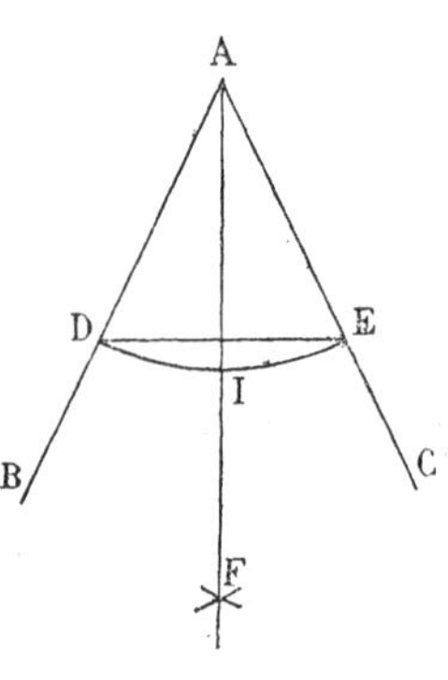

Fig. 123

Du point A comme centre, avec un rayon arbitraire, décrivez un arc de cercle qui coupe les côtés de l'angle en D et E.

Des points D et E comme centres, avec le même rayon que précédemment, décrivez des arcs de cercle, ils se coupent en A et F; menez la droite AF. Cette droite est la bissectrice demandée. En effet, les points A et F étant équidistants des points D et E, la droite AF est perpendiculaire à la corde DE en son milieu. Elle partage donc l'arc DE et par suite l'angle BAC en deux parties égales.

208. Remarque. — La construction précédente permet de partager un arc DE en deux parties égales.

209. *Mener par un point* A *une parallèle à une droite donnée* MN (*fig.* 124).

Prenez sur la droite MN un point arbitraire B. Du point B comme centre, avec un rayon égal à BA, décrivez un arc de cercle qui coupe la droite MN au point C, puis du point A comme centre, avec le même rayon, décrivez un arc de cercle BE. Prenez sur cet arc de cercle une corde BD égale à AC; menez la droite AD. Cette droite est la parallèle demandée. En effet, dans le quadrilatère ACBD les côtés opposés sont égaux, donc AD est parallèle à BC.

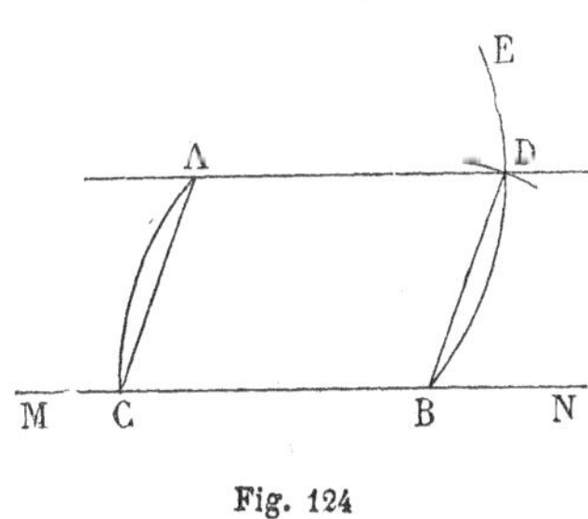

Fig. 124

210. *Mener par un point* A *d'une droite* AB *une droite* AC *faisant avec* AB *un angle égal à un angle donné* DEF (*fig.* 125).

Du point E comme centre, avec un rayon arbitraire, décrivez

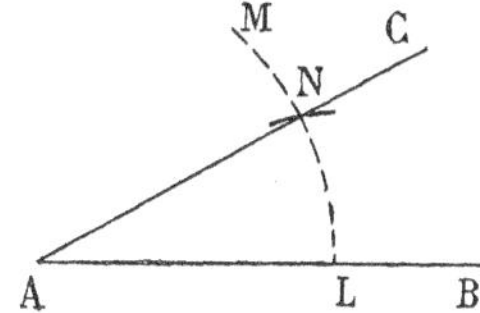

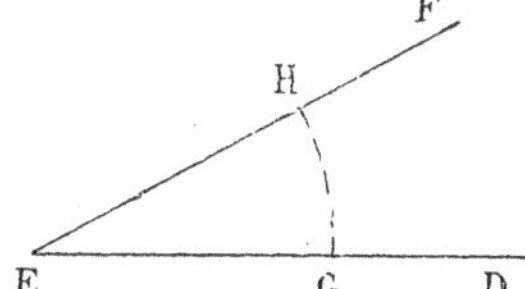

Fig. 125

un arc de cercle qui coupe en G et H les côtés DE et EF de l'angle DEF; du point A comme centre, avec le même rayon, décrivez un arc de cercle LM; prenez, à partir du point L, sur cet arc, une corde LN égale à la corde GH. Menez la droite AN. Cette droite est la droite demandée.

En effet, les arcs de même rayon LN, GH étant sous-tendus

par des cordes égales sont égaux ; donc les angles au centre correspondants GEH et LAN sont égaux.

211. *Connaissant deux angles* B *et* C *d'un triangle, construire le troisième* (*fig.* 126).

Par un point arbitraire O d'une droite MN, construisez un angle MOD égal à l'angle B ; puis un angle DOE égal à

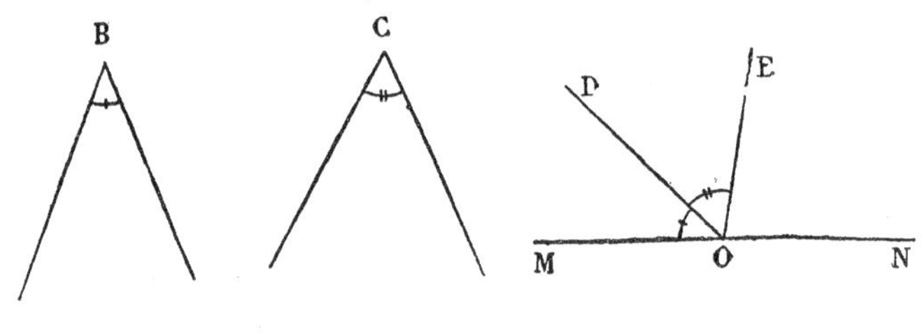

Fig. 126

l'angle C. L'angle EON est l'angle cherché. En effet, cet angle est le supplément de la somme des angles B et C.

212. *Construire un triangle connaissant un côté* a *et les deux angles adjacents* B *et* C (*fig.* 127).

Sur une droite indéfinie, prenez une longueur BC égale à *a* ;

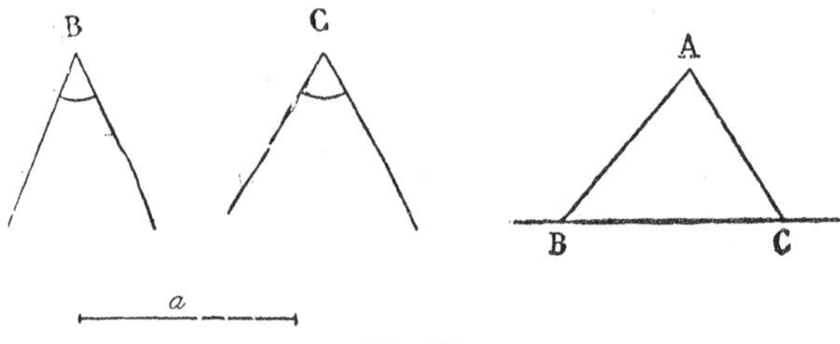

Fig. 127

au point B construisez un angle CBA égal à l'angle donné B ; au point C, un angle BCA égal à l'angle C. Le triangle ABC ainsi formé est le triangle demandé.

213. *Construire un triangle connaissant deux côtés b et c et l'angle compris* A (*fig.* 128).

Construisez un angle égal à l'angle donné; sur les côtés de cet

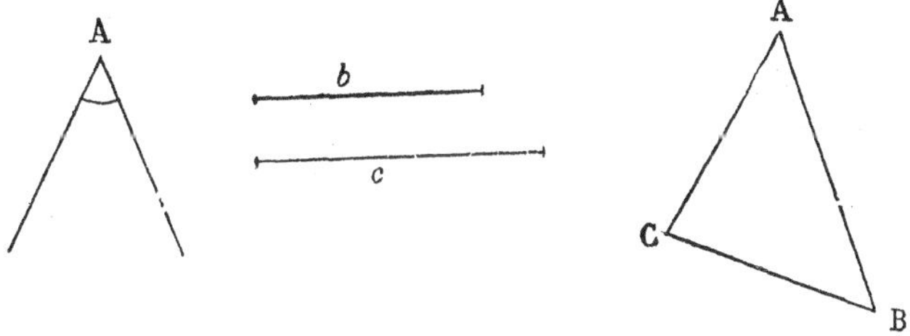

Fig. 128

angle prenez des longueurs AC, AB respectivement égales aux côtés *b* et *c*. Le triangle ABC est le triangle demandé.

214. *Construire un triangle connaissant les trois côtés a, b, c* (*fig.* 129).

Prenez sur une droite indéfinie une longueur BC égale au

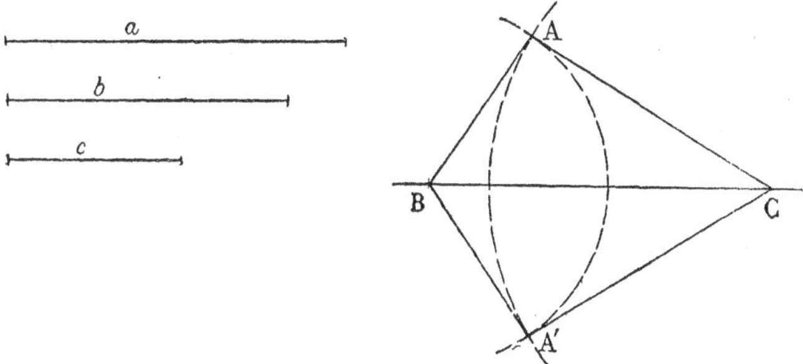

Fig. 129

côté *a*; du point B comme centre, avec un rayon égal à *c*, décrivez une circonférence; puis du point C comme centre, avec un rayon égal à *b*, décrivez une autre circonférence. Si ces deux circonférences se coupent en deux points A et A', les triangles ABC, A'BC répondent à la question. Ces deux triangles sont égaux, mais les angles homologues de ces deux triangles sont de sens contraire.

Pour que le problème soit possible, il faut et il suffit que les deux circonférences se coupent, c'est-à-dire que la distance de leurs centres a soit plus petite que la somme de leurs rayons b et c et plus grande que leur différence. Donc :

Pour qu'on puisse construire un triangle ayant trois longueurs données comme côtés, il faut et il suffit que l'une quelconque de ces longueurs soit plus petite que la somme des deux autres et plus grande que leur différence.

Le plus grand côté étant évidemment plus grand que la différence des deux autres, on peut encore dire :

Pour que trois longueurs données puissent être les côtés d'un triangle, il faut et il suffit que la plus grande soit plus petite que la somme des deux autres.

215. *Construire un triangle connaissant deux côtés* a *et* b *et l'angle* A *opposé au côté* a (*fig.* 130).

Construisez un angle xAy égal à l'angle donné A ; sur l'un

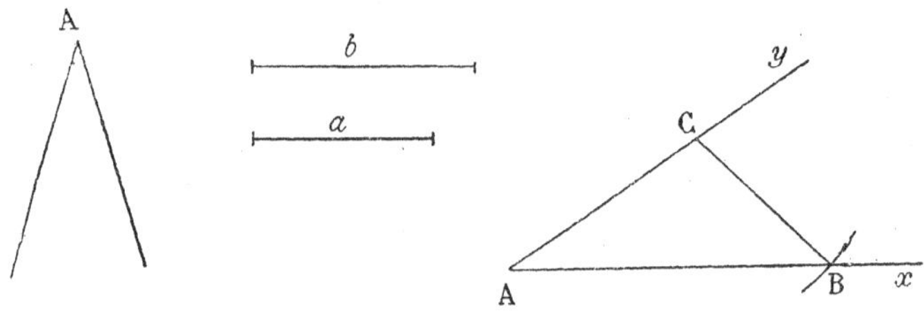

Fig. 130

des côtés, Ay par exemple, prenez une longueur AC égale au côté b; du point C comme centre, avec un rayon égal à a, décrivez une circonférence. Si B est un point de rencontre de cette circonférence avec la demi-droite Ax, le triangle ABC répondra à la question. Le problème admet donc autant de solutions qu'il y a de points communs à la circonférence tracée et à la demi-droite Ax.

Discussion. — Nous distinguerons trois cas :

1° *L'angle* A *est aigu* (*fig.* 131).

Abaissons du point C la perpendiculaire CH sur la droite Ax ; le point H est placé sur la demi-droite Ax.

Si $a < CH$, il n'y a pas de point d'intersection. Le problème est impossible.

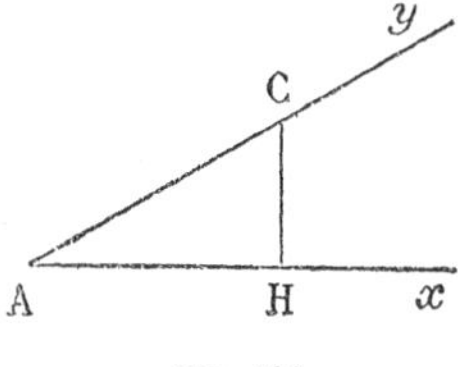

Fig. 131

Si $a = CH$, il n'y a qu'un point d'intersection, le point H. Il y a une solution, le triangle rectangle CAH.

Si $CH < a < b$, la circonférence rencontre la demi-droite en deux points, l'un placé entre A et H, l'autre sur la demi-droite Hx. Le problème admet deux solutions.

Si $a = b$, l'un des points d'intersection est en A, l'autre sur la demi-droite Hx. Il n'y a qu'un seul triangle.

Si $a > b$, le point A est intérieur à la circonférence, il n'y a qu'un seul point d'intersection, situé sur la demi-droite Hx. Le problème n'admet qu'une solution.

2° *L'angle* A *est droit* (*fig.* 132).

Si $a \leqslant b$, il n'y a pas de point d'intersection, le problème est impossible.

Si $a > b$, il y a un point d'intersection, le problème admet une solution.

3° *L'angle* A *est obtus* (*fig.* 133).

Si $a \leqslant b$, le point A est extérieur à la circonférence; il en

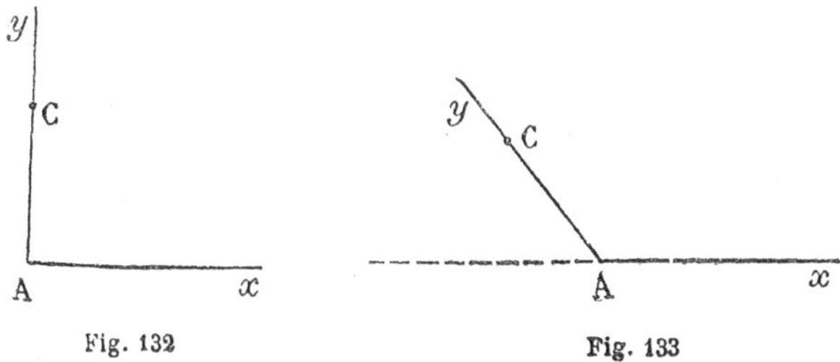

Fig. 132 Fig. 133

est de même de tous les points de la demi-droite Ax; le problème est impossible.

Si $a > b$, le point A est intérieur à la circonférence; la demi-droite Ax coupe la circonférence en un point. Il y a une solution.

Les résultats de la discussion sont résumés dans le tableau suivant :

$A < 90°$	$a < CH$	0 solution.
	$CH = a$	1 solution.
	$CH < a < b$	2 solutions.
	$b \leqslant a$	1 solution.
$A \geqslant 90°$	$a \leqslant b$	0 solution.
	$a > b$	1 solution.

216. *Mener par un point donné* A *une tangente à un cercle donné* O.

Nous distinguerons trois cas :

1° Le point A est intérieur au cercle O. Le problème est impossible, puisqu'une tangente à un cercle ne contient aucun point intérieur à ce cercle.

2° Le point A est situé sur le cercle O (*fig.* 134). Menons la perpendiculaire AT au rayon OA ; cette droite AT est la tangente demandée.

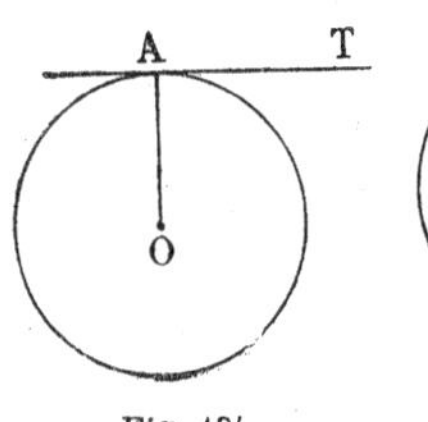

Fig. 134

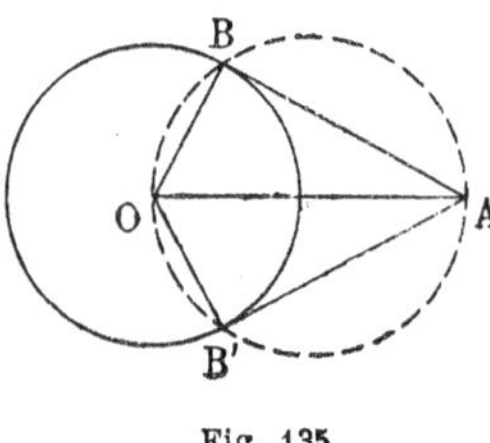

Fig. 135

3° Le point A est extérieur au cercle O (*fig.* 135).

Supposons le problème résolu, et soit AB une tangente au point B ; menons le rayon OB ; l'angle OBA est droit ; donc le point B se trouve sur la circonférence décrite sur OA comme diamètre.

Cette circonférence coupe le cercle O en deux points B et B' ; du point A on peut mener deux tangentes AB, AB' au cercle O.

217. Corollaire. — Les deux triangles rectangles AOB, AOB' sont égaux comme ayant l'hypoténuse égale et un côté de l'angle droit égal, savoir : l'hypoténuse OA commune aux deux triangles, les côtés de l'angle droit OB, OB' égaux comme rayons d'un même cercle. Donc :

Les deux tangentes AB, AB' *à un cercle* O *menées par un point* A *extérieur au cercle sont égales. La droite* AO *qui joint ce point extérieur au centre* O *est la bissectrice de l'angle formé par les deux tangentes et aussi de l'angle formé par les rayons* OB, OB′ *qui aboutissent aux points de contact.*

218. *Mener à un cercle une tangente parallèle à une droite donnée* (*fig*. 136).

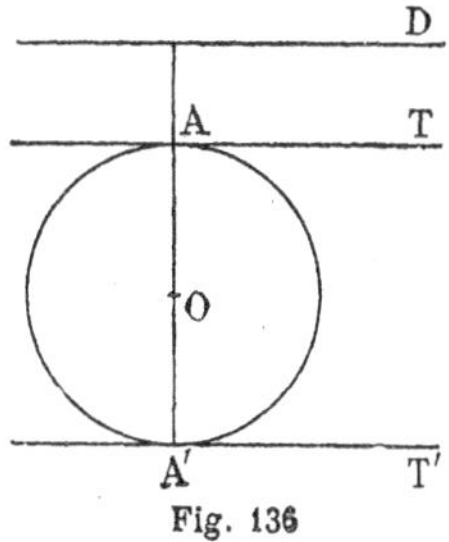

Fig. 136

Supposons le problème résolu ; soit A le point de contact d'une tangente AT parallèle à la droite D ; le rayon OA perpendiculaire à AT est aussi perpendiculaire à D. Le point A est donc à l'intersection de la circonférence et de la perpendiculaire à D menée par le centre. Cette perpendiculaire rencontre la circonférence en deux points A et A′ ; les tangentes AT, A′T′ en ces points sont parallèles à la droite D.

219. Une droite tangente à deux cercles est appelée *tangente commune* à ces deux cercles. Cette tangente commune est dite *extérieure* si les deux cercles sont d'un même côté par rapport à cette tangente ; elle est dite *intérieure* si les deux cercles sont de part et d'autre de cette tangente.

220. *Mener à deux cercles une tangente commune extérieure.*

1° Les deux cercles ont même rayon.

Supposons le problème résolu et soit AA_1 une tangente commune extérieure aux cercles égaux O et O_1 (*fig*. 137). Menons les rayons OA, O_1A_1 qui passent par les points de contact A et A_1. Ces rayons, étant tous deux perpendiculaires à la tangente commune AA_1, sont parallèles. Ils sont d'ailleurs dirigés dans le même sens, puisque les centres O et O_1 sont d'un même côté par rapport à la droite AA_1 ; de plus ces rayons sont égaux par hypothèse ; donc la figure OAA_1O_1 est un rectangle ; les rayons OA, O_1A_1 sont donc perpendiculaires à

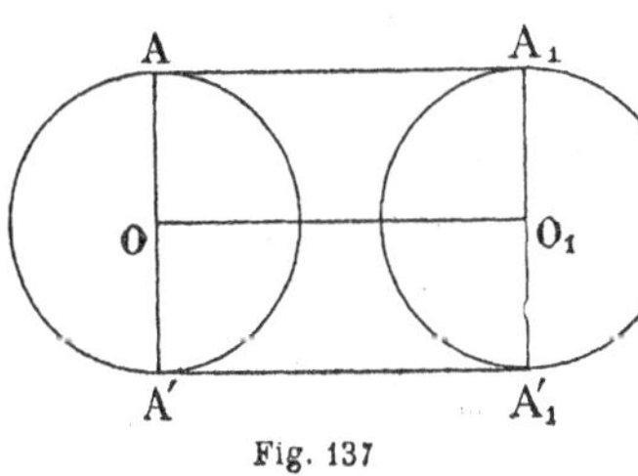

Fig. 137

la ligne des centres OO_1. De là résulte la construction suivante :

Menez les diamètres AA', $A_1A'_1$ des cercles O et O_1 qui sont perpendiculaires à la ligne des centres OO_1 ; menez les droites AA_1, $A'A'_1$ qui joignent deux extrémités de ces diamètres situées d'un même côté par rapport à la droite des centres OO_1. Ces droites AA_1, $A'A'_1$ sont les tangentes communes demandées.

Il y a donc deux tangentes communes extérieures ; elles sont parallèles à la ligne des centres et égales à la distance des centres.

2° Les cercles O et O_1 sont inégaux. Soit O_1 le cercle qui a le plus petit rayon (*fig.* 138).

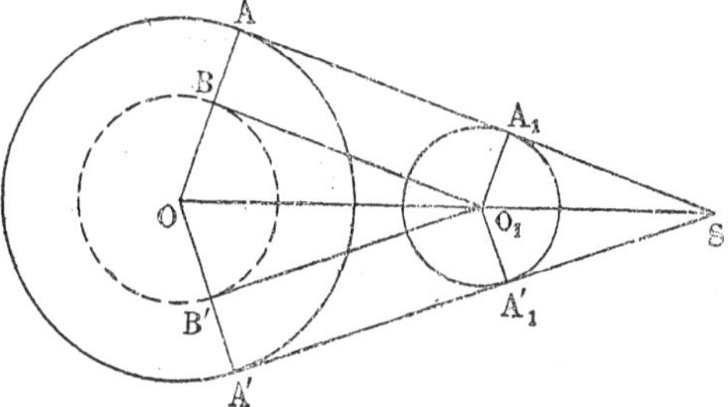

Fig. 138

Supposons le problème résolu et soit AA_1 une tangente commune extérieure aux cercles O et O_1 ; menons les rayons OA, O_1A_1 qui passent par les points de contact A et A_1 ; ces rayons étant tous deux perpendiculaires à la tangente commune AA_1 sont parallèles ; ils sont de plus dirigés dans le même sens ; menons O_1B parallèle à AA_1 ; la figure ABO_1A_1 est un rectangle ; les côtés AB, O_1A_1 étant égaux, OB est la différence des deux rayons. Si du point O comme centre, avec un rayon égal à cette différence, on décrit un cercle, il sera tangent en B à la droite O_1B, puisque l'angle OBO_1 est droit. De là résulte la construction suivante :

Du point O comme centre, avec un rayon égal à la différence des rayons des deux cercles, décrivez une circonférence ; du point O_1 menez les tangentes O_1B, O_1B' à cette circonférence ; tracez ensuite les rayons OB, OB' du cercle O ; par les extrémités A et A' de ces rayons, menez les tangentes au cercle O. Ce sont les tangentes communes demandées.

Pour que le problème soit possible, il faut que du point O_1 on puisse mener des tangentes au cercle auxiliaire O. Il faut donc que la distance des centres soit plus grande que la différence des rayons; la construction est donc applicable si les circonférences ne sont ni intérieures, ni tangentes intérieurement. Le problème admet deux solutions.

Si les circonférences sont tangentes intérieurement, le point O_1 est situé sur le cercle auxiliaire O; les points B et B′ sont confondus avec le point O_1. Il n'y a qu'une seule tangente commune extérieure, la tangente aux deux cercles en leur point de contact.

221. ***Mener à deux cercles une tangente commune intérieure.***

Supposons le problème résolu et soit AA_1 une tangente commune intérieure aux deux cercles O et O_1 (*fig.* 139). Menons les rayons OA, O_1A_1 qui passent par les points de contact A et A_1; ces rayons étant tous deux perpendiculaires à la tangente commune AA_1 sont parallèles; ils sont d'ailleurs dirigés en sens contraire puisque les points O et O_1 sont de part et d'autre de la droite AA_1; menons par le point O_1 la parallèle à la tangente commune AA_1, elle coupe le rayon OA prolongé en B. La figure ABO_1A_1 est un rectangle, les côtés opposés AB, O_1A_1 sont égaux, donc OB est égal à la somme des rayons. Si du point O comme centre, avec OB comme rayon, on décrit une circonférence, cette circonférence sera tangente à la droite O_1B, puisque l'angle OBO_1 est droit. De là la construction suivante :

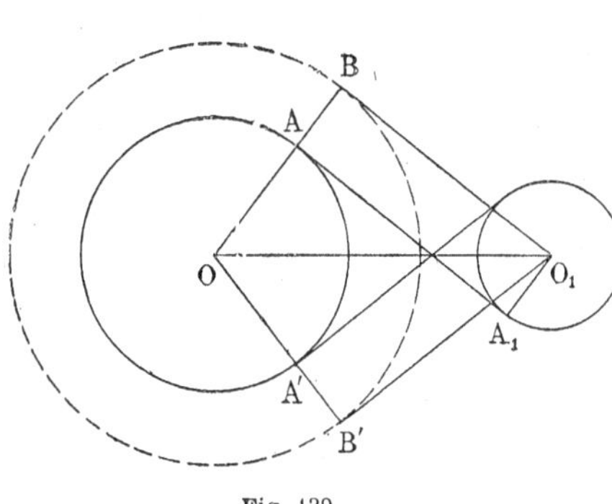

Fig. 139

D'un point O comme centre, avec un rayon égal à la somme des rayons des deux cercles, décrivez une circonférence; par le point O_1 menez les tangentes O_1B, O_1B' à cette circonférence. Par les points A et A′ où les rayons OB, OB′ rencontrent le cercle O menez les tangentes au cercle O; ce sont les tangentes communes demandées.

Pour que cette construction soit applicable, il faut que O_1 soit extérieur au cercle auxiliaire; il faut donc que la distance des centres soit plus grande que la somme des rayons, c'est-à-dire que les deux cercles soient extérieurs. Le problème admet alors deux solutions.

Si les deux cercles sont tangents extérieurement, le point O_1 est sur le cercle auxiliaire; les points B et B′ sont confondus avec le point O_1. Il n'y a qu'une seule tangente commune intérieure, la tangente aux deux cercles en leur point de contact.

Dans tous les autres cas, le point O_1 est intérieur au cercle auxiliaire, le problème est impossible.

222. En résumé :

Si les cercles sont extérieurs, ils ont deux tangentes communes intérieures et deux tangentes communes extérieures.

Si les deux cercles sont tangents extérieurement, ils ont une seule tangente commune intérieure et deux tangentes communes extérieures.

Si les deux cercles sont sécants, ils ont deux tangentes communes extérieures.

Si les deux cercles sont tangents intérieurement, ils n'ont qu'une seule tangente commune extérieure.

Si un cercle est intérieur à l'autre, ils n'ont pas de tangente commune.

223. *Mener un cercle tangent aux trois côtés d'un triangle.*

Le centre d'un cercle tangent aux trois côtés d'un triangle est un point équidistant des trois côtés du triangle. Réciproquement, si un point est équidistant des trois côtés d'un triangle, le cercle qui a pour centre ce point, et pour rayon la distance du point aux côtés du triangle, sera tangent aux trois côtés d'un triangle.

Or nous avons vu (137) qu'il existe quatre points équidistants des côtés d'un triangle; il y a donc quatre cercles tangents aux trois côtés d'un triangle.

Celui qui a pour centre le point de rencontre O des bissectrices des angles du triangle est appelé le cercle inscrit (*fig.* 140)

Celui qui a pour centre le point de rencontre O′ des bissectrices des angles extérieurs B et C est appelé le cercle *ex-inscrit situé dans l'angle* A (*fig.* 141).

Pour construire ces cercles, on détermine leurs centres en menant les bissectrices intérieures et exté-

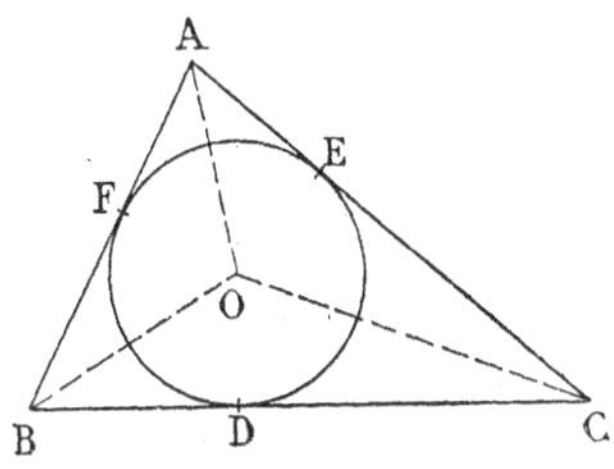

Fig. 140

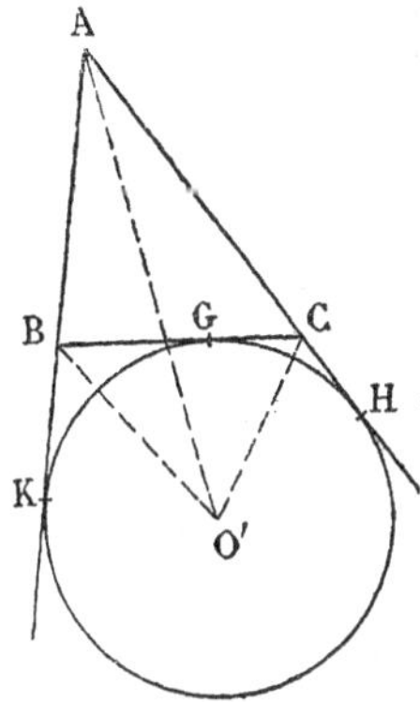

Fig. 141

rieures des angles du triangle ; puis leurs rayons en abaissant du centre une perpendiculaire sur l'un des côtés.

224. Il est facile de calculer les segments déterminés sur chaque côté par les points de contact de ces cercles. Désignons par a, b, c les côtés du triangle, par p le demi-périmètre, de sorte que

$$a + b + c = 2p.$$

Dans le cas du cercle inscrit, on aura (*fig.* 140)

$$AF = AE, \qquad BF = BD, \qquad CD = CE,$$

d'où l'on déduit

$$b + c = AE + EC + AF + BF = 2AF + BD + DC = 2AF + a,$$

$$2AF = b + c - a = 2p - 2a,$$

$$AF = p - a.$$

On aurait de même

$$BF = BD = p - b,$$

$$CE = CD = p - c.$$

Dans le cas du cercle ex-inscrit situé dans l'angle A, on aura (*fig.* 141)

$$AK = AH, \qquad BK = BG, \qquad CH = CG;$$

donc

$$2AK = AK + AH = AB + BK + AC + CH$$
$$= AB + AC + BG + CG,$$
$$2AK = AB + AC + BC = a + b + c = 2p,$$
$$AK = AH = p.$$

On aura ensuite

$$BG = BK = p - c,$$
$$CG = CH = p - b.$$

225. *Décrire sur une droite donnée* AB *un segment capable d'un angle donné.*

Supposons le problème résolu et soit AMB (*fig.* 142) le segment cherché ; menons la tangente BC à l'arc AMB ; l'angle ABC formé par la droite donnée AB et la portion BC de la tangente qui est de l'autre côté du segment par rapport à AB, a pour mesure la moitié de l'arc ANB. Il en est de même de tous les angles inscrits dans le segment AMB ; l'angle ABC est donc égal à l'angle donné. Construisons cet angle ABC ; le centre O de l'arc du segment sera à la fois sur la perpendiculaire élevée à AB en son milieu I et sur la perpendiculaire menée au point B à la droite BC. Ce point O étant déterminé par l'intersection de ces deux perpendiculaires, on décrira du point O comme centre, avec OA comme rayon, une circonférence. L'arc de cette circonférence qui est du côté opposé à la demi-droite BC par rapport à la droite AB est l'arc du segment demandé.

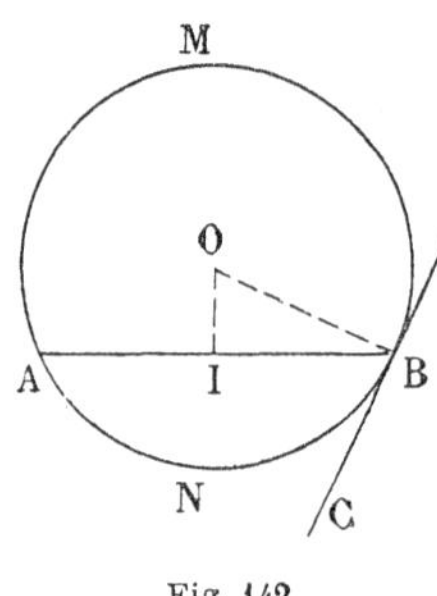

Fig. 142

226. Remarque. — Toutes les constructions qui précèdent ont été effectuées à l'aide de la règle et du compas ; il ne faut pas oublier, qu'au point de vue théorique, la construction d'une figure est dite *possible* si on peut déterminer cette figure en traçant seulement des lignes droites et des arcs de cercle ; autrement dit, théoriquement, la construction géométrique d'une figure

doit se faire à l'aide de la règle et du compas seulement. Il n'en est pas de même, au point de vue pratique du dessin géométrique; on peut obtenir souvent une précision beaucoup plus grande en employant l'*équerre* et le *rapporteur*. C'est pourquoi nous jugeons utile de donner quelques détails sur ces instruments.

227. L'*équerre* est une planchette en bois ayant la forme d'un triangle rectangle ABC (*fig.* 143) percé d'un trou circulaire qui rend l'instrument plus maniable.

Avant de faire usage d'une équerre, il est utile de la vérifier. Pour cela, à l'aide d'une bonne règle MN (*fig.* 144) on trace une

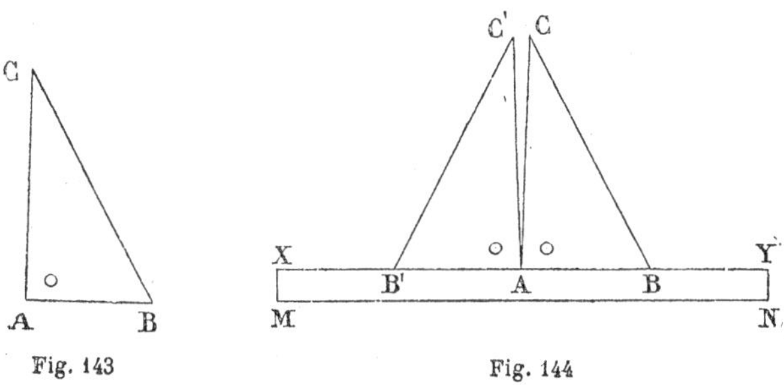

Fig. 143 Fig. 144

droite XY et on prend un point A sur cette droite; on place l'équerre de façon que le sommet A (*fig.* 143) vienne en A et que le côté AB s'applique sur la portion AY de la règle; avec une pointe à tracer on tire une ligne suivant AC; on retourne ensuite l'équerre de façon que son sommet A reste au point A, et que le côté AB de l'équerre s'applique sur la portion AX de la règle; le côté AC de l'équerre prend la position AC′; si AC′ ne coïncide pas avec AC, l'équerre doit être rejetée.

228. **Problème.** — *Mener par un point* M *une perpendiculaire à une droite donnée* XY (*fig.* 145).

La construction est la même, soit que le point M est placé sur XY, soit qu'il se trouve en dehors de cette droite. On fait affleurer contre la droite XY le bord d'une bonne règle, on applique le côté AB de l'équerre sur cette règle et on fait glisser l'équerre contre la règle jusqu'à ce que le côté AC vienne en M;

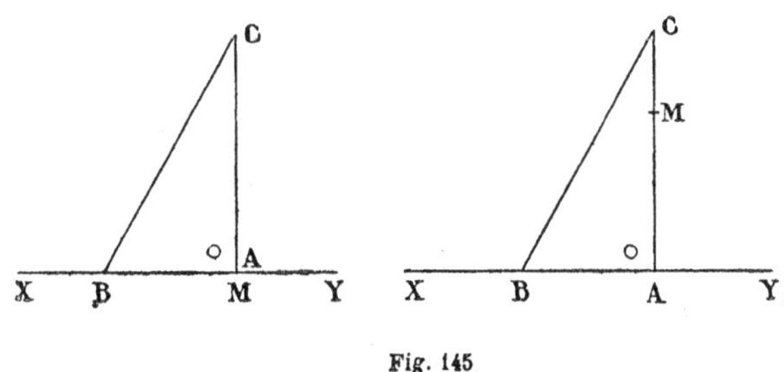

Fig. 145

avec la pointe à tracer on tire une ligne suivant AC ; on obtient la perpendiculaire demandée.

229. **Problème.** — *Mener par un point* P *une parallèle à une droite donnée* XY (*fig.* 146).

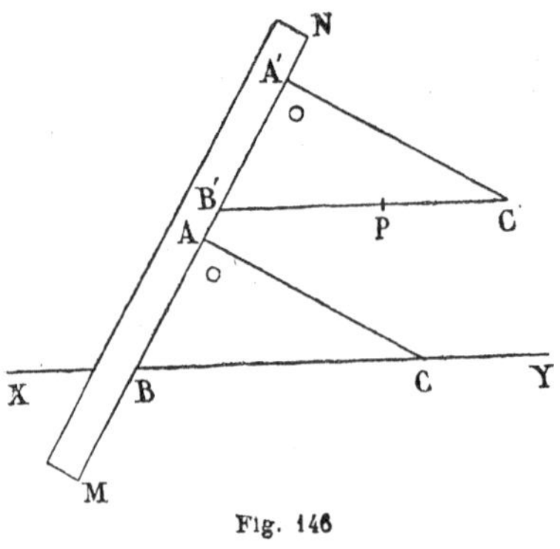

Fig. 146

On applique l'hypothénuse BC de l'équerre sur la droite donnée XY; on applique une règle MN contre le côté AB ; on fait glisser l'équerre sur la règle jusqu'à ce que son grand côté passe par P; l'équerre occupe alors la position A'B'C' ; avec la pointe à tracer on tire une ligne suivant B'C', on obtient la parallèle demandée.

En effet, les angles A'B'C' et ABC, qui ont la position d'angles correspondants par rapport à la sécante MN, étant égaux, les droites BC, B'C' sont parallèles (93).

230. — Le *rapporteur* se compose d'un demi-cercle, en corne ou en cuivre, dont la circonférence, nommée *limbe*, est divisée en degrés (*fig.* 147).

Les traits de division sont numérotés de 10 en 10, de 0 à 180 degrés ; chacun de ces intervalles est divisé par des traits plus petits en 10 parties égales ; chacune de ces parties vaut donc un degré.

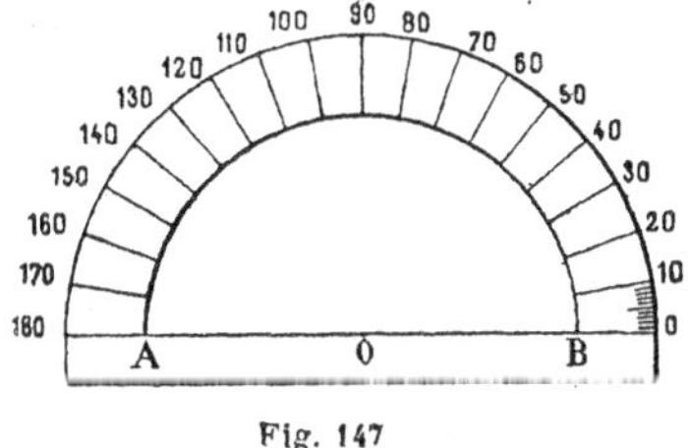

Fig. 147

231. **Problème.** — *Trouver la mesure d'un angle donné* XOY (*fig.* 148).

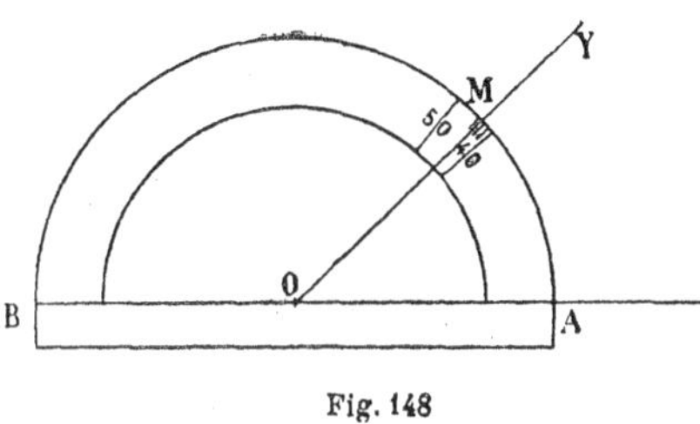

Fig. 148

On porte l'instrument de façon que son centre tombe au sommet O de l'angle à mesurer et que son diamètre AB coïncide avec le côté OX ; le côté OY coupe alors le limbe du rapporteur en un point M, et l'on note le nombre de degrés compris entre A et M ; ce nombre est la mesure de l'angle donné. Dans le cas de la figure, l'angle XOY est compris entre 42 et 43 degrés.

232. **Problème.** — *Mener par un point* O *une droite* OY, *faisant avec une droite donnée* OX, *un angle* XOY *ayant une mesure donnée* (*fig.* 148).

On place le centre de l'instrument au point O et l'on fait coïncider son rayon OA avec OX ; on cherche sur le limbe le point M qui correspond au nombre de degrés donné. La droite demandée est la droite OM.

§ VI.

Problèmes élémentaires et lieux géométriques.

233. *Lieu des milieux des cordes menées par un point* A *à un cercle* O.

Soit APQ (*fig.* 149 et 150) une corde du cercle passant par le point A, soit M son milieu; menons la droite OM, elle sera perpendiculaire à la corde ; puisque l'angle OMA est droit, le point M se trouve sur le cercle décrit sur OA comme diamètre.

Si le point A est intérieur au cercle O (*fig.* 149), le cercle décrit sur OA comme diamètre est à l'intérieur du cercle O;

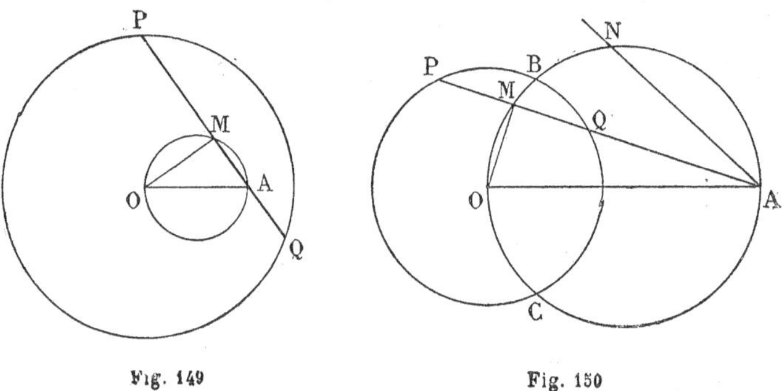

Fig. 149 Fig. 150

si au contraire A est extérieur au cercle O, le cercle décrit sur OA comme diamètre coupe le cercle O en deux points B et C; l'arc de cercle BOC est intérieur au cercle O, et l'arc BAC extérieur à ce cercle.

Soit maintenant M un point du cercle de diamètre OA ; si M est à l'intérieur du cercle O, la droite AM coupera ce cercle en deux points ; le milieu de la corde ainsi menée sera le point M, puisque la droite OM est perpendiculaire à cette corde.

Si maintenant on prend sur le cercle de diamètre OA un point N extérieur au cercle O, la droite AN ne coupe plus le cercle O, car la distance ON du centre O à cette droite est plus grande que le rayon du cercle O. Le point N n'est donc pas un point du lieu.

Donc :

Si le point A est intérieur au cercle O, le lieu cherché est le cercle de diamètre OA.

Si le point A est extérieur au cercle O, le lieu cherché est l'arc BOC, intérieur au cercle O, du cercle de diamètre OA.

234. *Lieu géométrique des points de rencontre des hauteurs des triangles* ABC *dans lesquels la base* BC *est donnée ainsi que l'angle opposé* A.

Soit H le point de rencontre des hauteurs d'un triangle ABC.

1° Si les angles B et C sont aigus, les points H et A sont d'un même côté de la droite BC et l'angle BHC est le supplément de l'angle A (*fig.* 151).

En effet, les angles B et C étant aigus, les pieds E et F des hauteurs issues des sommets B et C se trouvent du même côté que A par rapport à la droite BC; il en est de même des demi-droites BE, CF. Les angles EBC, FCB, qui sont respectivement les compléments des angles C et B du triangle, ont une somme égale à 2 droits — (B + C), c'est-à-dire égale à l'angle A. La somme des deux angles EBC, FCB étant plus petite que deux droits, les demi-droites BE, CF se coupent; donc leur point de rencontre H est du même côté que le point A par rapport à la droite BC. L'angle BHC, étant le supplément de la somme des angles EBC, FCB, sera le supplément de l'angle A.

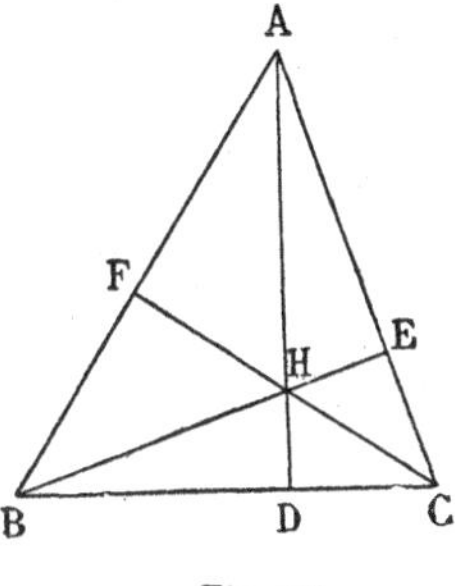

Fig. 151

2° Si l'un des angles B ou C, B par exemple, est obtus, les points H et A sont de part et d'autre de la droite BC et l'angle BHC est égal à l'angle A (*fig.* 152).

En effet, l'angle B étant obtus, le pied F de la hauteur issue de C est du côté opposé à A par rapport à la droite BC; soit BE′ le prolongement au delà de B de la hauteur BE; les deux demi-droites CF, BE′ sont du côté opposé à A par rapport à BC. Evaluons les angles que forment ces demi-droites avec le côté BC. On a

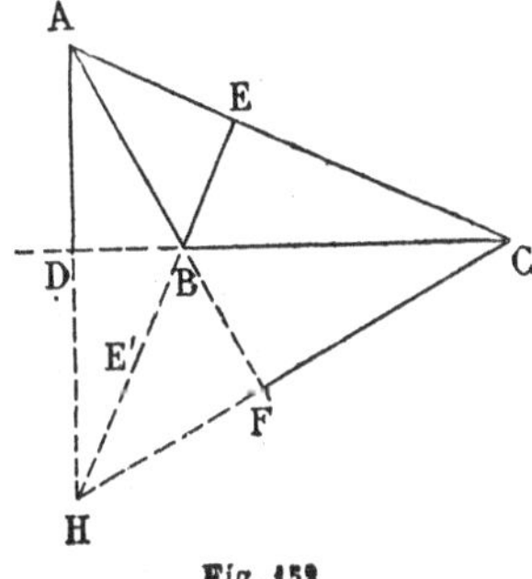

Fig. 152

$$\widehat{BCF} = 1^{dr} - \widehat{CBF} = 1^{dr} - (2^{dr} - B) = B - 1^{dr},$$

$$\widehat{CBE'} = 2^{dr} - \widehat{CBE} = 2^{dr} - (1^{dr} - C) = 1^{dr} + C;$$

donc

$$\widehat{BCF} + \widehat{CBE'} = B + C.$$

La somme de ces deux angles étant plus petite que deux angles droits, les demi-droites BE′, CF se coupent, leur point d'intersection H est donc du côté opposé au point A par rapport à la droite BC. Enfin, l'angle BHC qui est le supplément de la somme des angles BCF, CBE′ ou, ce qui est la même chose, de la somme $B + C$, est égal à l'angle A.

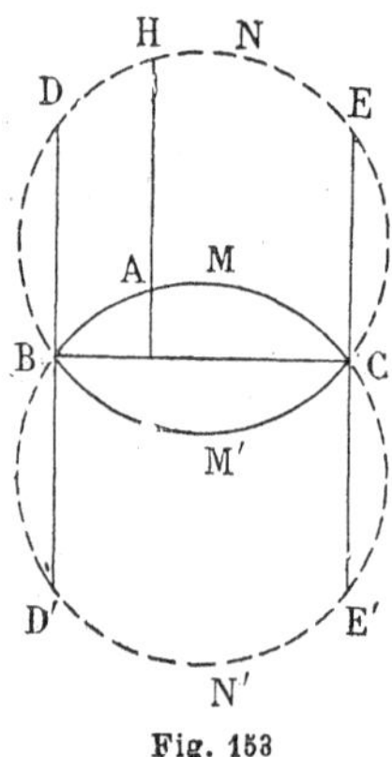

Fig. 153

Cela posé, les points B et C étant fixes et l'angle A constant, le lieu du point A se compose de deux arcs de cercle égaux, BMC, BM′C qui sont les arcs des deux segments capables de l'angle A décrits sur la corde BC; nous désignerons par BNC, BN′C les autres arcs des deux cercles sous-tendus par la corde BC.

Pour trouver le lieu du point H, nous distinguerons trois cas :

1° L'angle A est obtus (*fig.* 153).

Les arcs BMC, BM′C sont moindres qu'une demi-circonférence ; au contraire les arcs BNC, BN′C sont plus grands qu'une demi-circonférence. Les perpendiculaires à la droite BC menées en B et C coupent respectivement les arcs BNC, BN′C en D,D′,E,E′. L'angle A étant obtus, les angles B et C sont aigus ; les points A et H sont sur une même perpendiculaire à la droite BC et d'un même côté de cette droite ; l'angle BHC étant le supplément de l'angle A, le point H doit se trouver sur les arcs BNC, BN′C ; donc, quand le point A décrit l'arc BMC, le point H décrit l'arc DNE ; de même si A décrit l'arc BM′C, H décrit l'arc D′N′E′. Le lieu cherché se compose des deux arcs DNE, D′N′E′.

2° L'angle A est droit.

Dans ce cas, les points A et H coïncident, le lieu du point H est donc le cercle décrit sur BC comme diamètre.

3° L'angle A est aigu (*fig.* 154).

Les arcs BMC, BM'C sont plus grands qu'une demi-circonférence ; au contraire les arcs BNC, BN'C sont plus petits qu'une demi-circonférence. Les perpendiculaires menées aux points B et C à la droite BC rencontrent les arcs BMC, BM'C en D, E; D', E'. Si le point A est placé sur l'arc BD, l'angle B est obtus ; les points A et H sont de part et d'autre de la droite BC ; l'angle BHC est égal à l'angle A ; donc quand le point A décrit l'arc BD, le point H décrit l'arc D'B; on voit de même que si le point A décrit l'arc CE, le point H décrira l'arc E'C. Si le point A est placé sur l'arc DME, les angles B et C sont aigus, les points A et H sont d'un même côté de la droite BC, sur une même perpendiculaire à cette droite; de plus l'angle BHC est le supplément de l'angle A ; donc quand le point A décrit l'arc DME, le point H décrit l'arc BNC. Il résulte de là que si le point A décrit l'arc BMC, le point H décrit l'arc D'BNCE'; de même si le point A décrit l'arc BM'C, le point H décrit l'arc DBN'CE. Le lieu cherché se compose donc des deux arcs de cercle DN'E et D'NE'.

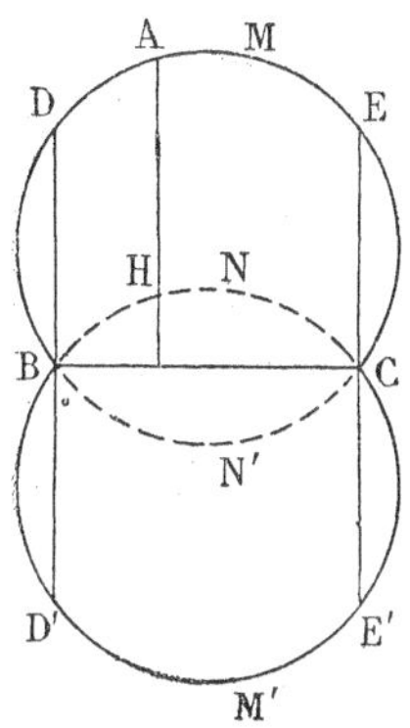

Fig. 154

235. Sur la résolution des problèmes de géométrie. — La résolution d'un problème de géométrie peut toujours se ramener à la détermination d'un point ou de plusieurs points d'une figure. Un point d'une figure plane est déterminé par deux conditions. Si on laisse de côté la seconde condition, tous les points qui satisfont à la première appartiennent à un premier lieu géométrique ; de même, les points qui satisfont à la seconde condition, en laissant la première de côté, appartiennent à un second lieu géométrique. Le point cherché est donc commun à ces deux lieux géométriques. Cette méthode de résolution des problèmes est appelée la *méthode par intersection de lieux géométriques*. Nous allons appliquer cette méthode à l'exemple suivant :

236. *Construire un triangle* ABC, *connaissant la base* BC,

l'angle opposé A *et la médiane* AD *issue du sommet* A (*fig.* 155).

Prenons sur une droite indéfinie une longueur BC égale à la base donnée. Si l'angle A seul était connu, le point A se trouverait sur deux arcs de cercles égaux BMC, BM'C, qui sont les arcs des segments capables de l'angle A décrits sur la corde BC ; c'est le premier lieu géométrique du point A.

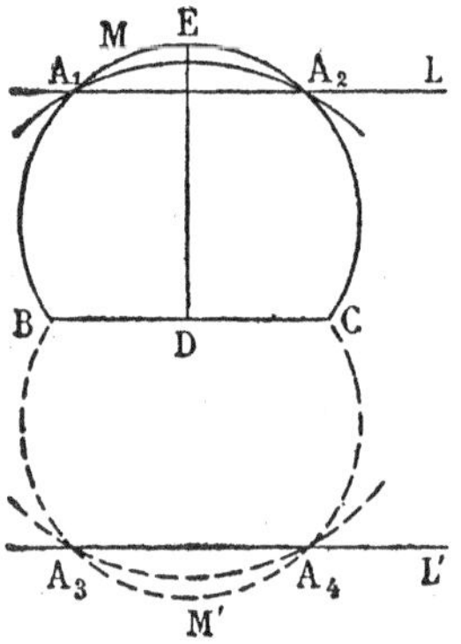

Fig. 155

Si la médiane DA seule était connue, le point A se trouverait sur le cercle décrit du point D milieu de BC comme centre, avec la médiane donnée comme rayon ; c'est le second lieu géométrique du point A.

Menons la perpendiculaire au point D à la corde BC ; elle rencontre l'arc BMC en un point E.

La distance d'un point de l'arc BEC au point D est comprise entre les deux lignes DB et DE ; si donc la longueur de la médiane donnée n'est pas comprise entre ces deux longueurs, les deux lieux géométriques ne se rencontrent pas, le problème est impossible. Si, au contraire, la longueur de la médiane est comprise entre les deux lignes DB et DE, les deux lieux géométriques se coupent en quatre points. On obtient quatre triangles répondant à la question ; mais ces quatre triangles étant égaux, le problème n'a qu'une seule solution.

§ VII.

Déplacement, dans son plan, d'une figure plane de forme invariable.

237. **Définitions.** — Considérons deux figures planes F et F', telles qu'à tout point de la figure F corresponde un point de la figure F' et que chaque point de la figure F' soit obtenu par cette correspondance. Nous appellerons *points homologues* des

deux figures les points qui se correspondent dans les deux figures.

Imaginons maintenant que l'on fasse coïncider chaque point de F avec son homologue dans F'; nous dirons que la figure F s'est déplacée de F en F'. Peu importe, d'ailleurs, qu'il existe ou qu'il n'existe pas de moyens matériels de réaliser une telle coïncidence; ce qu'il y a d'essentiel, c'est la correspondance établie entre les deux figures.

Nous poserons donc la définition suivante : *Déplacer une figure plane* F *dans son plan, c'est faire correspondre à chaque point de la figure* F *un point de son plan*; l'ensemble des points ainsi obtenus forme une figure F'; on dit alors que la nouvelle position de la figure F après ce déplacement est la figure F'; que la nouvelle position d'un point A de la figure F est son homologue A' de la figure F'.

Deux déplacements d'une figure F sont identiques si les nouvelles positions de chaque point de la figure F sont les mêmes après les deux déplacements. Dans le cas contraire, les déplacements sont distincts.

238. Exemples de déplacement.

1° Soit un arc de cercle AMB (*fig.* 156), moindre qu'une demi-circonférence ; faisons correspondre à chaque point N de cet arc le pied N' de la perpendiculaire abaissée du point N sur la corde AB. On définit ainsi un déplacement qui amène l'arc AMB dans la position AN'B.

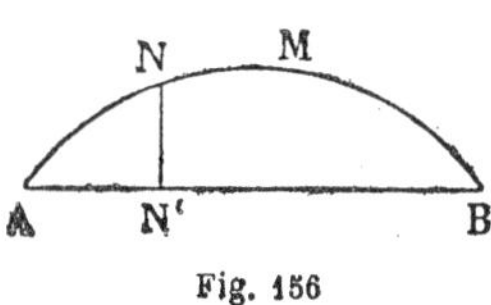

Fig. 156

2° Soient P et Q deux plans, dans lesquels on a distingué les deux côtés (36) ; soit F une figure quelconque du plan Q. Faisons coïncider de deux manières différentes le plan Q avec le plan P, de telle sorte que chaque fois le côté supérieur du plan Q soit le même que le côté supérieur du plan P. Dans la première position du plan Q, la figure F de ce plan coïncide avec une figure F_1 du plan P ; un point M de F coïncide avec un point M_1 de F_1 ; dans la deuxième position du plan Q, la figure F coïncidera avec la figure F_2 du plan P, le point M de la figure F coïncidera avec le point M_2 de la figure F_2. On définira un déplacement de la figure F_1 en faisant correspondre à chaque point M_1 de la figure F_1 le point M_2 de la figure F_2.

239. **Déplacements qui ne déforment pas une figure.** — On dit qu'un déplacement d'une figure F ne *déforme* pas cette figure, lorsqu'il est possible, en transportant le plan de la figure F, sans le retourner, de faire coïncider chaque point de F avec son homologue.

Dans le cas contraire, on dit que le déplacement *déforme* la figure F.

Ainsi dans l'exemple 1 (n° 238), il y a déformation de la figure; dans l'exemple 2 (n° 238), il n'y a pas déformation de la figure.

Dorénavant, à moins que le contraire ne soit dit expressément, nous ne considérerons que des déplacements qui ne déforment pas une figure.

Il est facile d'étendre dans ce cas la notion de points homologues aux points qui n'appartiennent pas à la figure; soit en effet M un point quelconque du plan de F; quand on transporte le plan de la figure F pour amener cette figure dans la nouvelle position F′, le point M viendra en M′; M′ sera dit l'homologue de M.

Si A est une figure du plan de F, les homologues de tous les points de A forment une figure A′; on peut, sans retourner le plan de A, superposer A et A′; ces deux figures sont égales. En particulier :

La figure homologue d'une droite est une droite ; ces deux droites sont appelées *droites homologues*. Deux segments de droites homologues ont même longueur.

La figure homologue d'un angle est un angle. Deux angles homologues sont égaux et ont même sens.

240. **Théorème.** — *Le déplacement d'une figure plane est défini quand on donne les nouvelles positions de deux de ses points.*

Soient A et B deux points de la première figure, A′ et B′ leurs homologues (*fig.* 157); les segments AB, A′B′ sont égaux. Soit M un point quelconque de la première figure, menons la droite MA ; menons en A′ une droite A′x telle que l'angle B′A′x ait même sens et même grandeur que l'angle BAM ; la demi-droite A′x est bien déterminée ; prenons sur cette demi-droite une longueur A′M′ égale à AM. On fait ainsi correspondre à chaque point M du plan un nouveau point M′. Je dis que cette correspondance ne déforme pas les figures. En effet, considérons une figure quelconque F et son homologue F′. Adjoignons à la figure F la droite AB ; transportons le plan de la première figure, sans le retourner, de façon à faire coïncider AB avec son égal A′B′ ; si M est un point quelconque de F, la droite AM viendra sur la demi-droite A′x, telle que les angles BAM et B′A′x aient même grandeur et même sens ; le point M viendra sur cette demi-droite en un point M′ tel que A′M′ soit égal à AM ; le point M vient donc coïncider avec son homologue M′. Les figures F et F′ sont donc superposables sans retournement du plan.

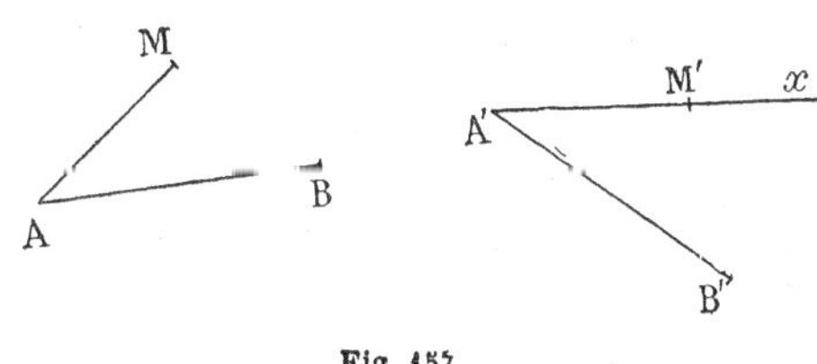

Fig. 157

241. **Corollaire.** — *Si deux points coïncident avec leurs homologues, il en est de même de tous les autres points du plan.*

On dit dans ce cas qu'il y a un déplacement nul.

242. **Composition de deux déplacements.** — Soient P et Q deux déplacements quelconques ; à chaque point M du plan, le déplacement P fait correspondre un point M′ ; au point M′ le déplacement Q fait correspondre un point M″. Quand les deux déplacements P et Q sont donnés, on peut donc faire correspondre à chaque point M du plan un point M″ ; nous allons montrer que cette correspondance ne déforme pas les figures.

En effet, supposons que le point M décrive une figure F, le point M′ décrira une figure F′ ; le point M″ une figure F″. On peut transporter le plan de la figure F, sans le retourner, de façon à superposer F et F′ ; de même, sans retourner le plan de F', on pourra superposer F' et F''; donc on pourra, sans retournement de plan, superposer F et F''.

La correspondance établie entre les points M et M'' définit donc un déplacement; ce déplacement, qu'on représente par la notation PQ, est appelé le déplacement *résultant* des deux déplacements P et Q; P et Q sont aussi appelés les déplacements *composants*.

Les déplacements PQ et QP ne sont pas en général identiques. (Voir un exemple n° 256.)

243. **Déplacements inverses.** — Soit P un déplacement, il fait correspondre à chaque point M du plan un nouveau point M'; la construction du n° 240 montre d'ailleurs que chaque point M' est le correspondant d'un point M.

On appelle *déplacement inverse* du déplacement P, celui qui fait correspondre à chaque point M' du plan, le point M dont il est le correspondant dans le déplacement P.

Il est clair que si l'on compose un déplacement avec son inverse, on obtient un déplacement nul.

244. **Composition d'un nombre quelconque de déplacements.** — Pour composer un nombre quelconque de déplacements, on compose le premier avec le second ; puis le déplacement obtenu avec le troisième, et ainsi de suite jusqu'à ce qu'on soit arrivé au dernier déplacement.

Le déplacement obtenu est le déplacement résultant des déplacements donnés ; ceux-ci sont les déplacements composants.

Le résultat obtenu dépend en général de l'ordre dans lequel sont placés les déplacements composants.

245. **Translation d'une figure.** — Soit AA' un segment de droite ; à chaque point M du plan faisons correspondre un point M', tel que le segment MM' soit égal et parallèle au segment AA' et dirigé dans le même sens que AA'. Cette correspondance définit un déplacement ; nous allons montrer que ce déplacement ne déforme pas les figures. Soient B un point déterminé de la première figure; M un point quelconque de cette figure; B' et M' leurs homologues (*fig.* 158).

Les droites AA', BB' étant parallèles et dirigées dans le même sens, la figure AA'B'B est un parallélogramme ; donc les segments AB, A'B' sont égaux, parallèles et de même sens ; pour la même raison, il en est de même des segments AM, A'M' ; les deux angles BAM, B'A'M' ayant leurs côtés parallèles et dirigés dans le même sens, sont égaux et ont même sens. Si donc (240) on transporte le plan de la première figure, sans le retourner, de façon à faire coïncider AB avec son égal A'B', le point M viendra en M' ; donc le déplacement indiqué ne déforme pas les figures.

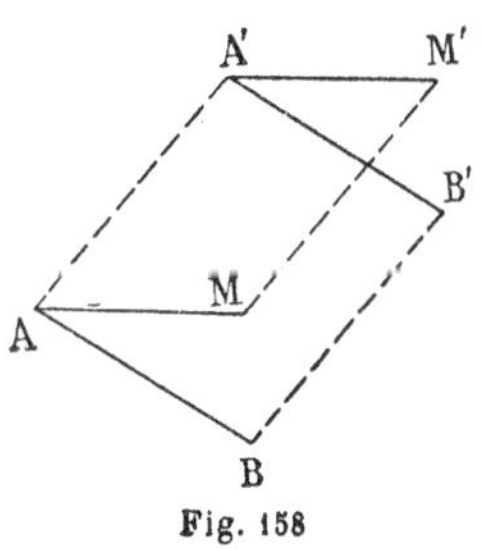

Fig. 158

Le déplacement ainsi défini est appelé une *translation*. Une translation est définie quand on donne le déplacement d'un point du plan. Une translation est donc définie par un segment de droite ; ainsi on dit la translation AA', pour indiquer que dans ce mouvement de translation le déplacement du point A est AA'. On peut choisir arbitrairement l'origine A du segment AA' qui définit la translation. Quand nous aurons à comparer plusieurs translations, nous choisirons toujours la même origine pour les segments qui définissent chaque translation.

246. **Propriétés d'une translation.** — Dans une translation, deux segments homologues quelconques sont parallèles et de même sens.

Réciproquement, si deux segments homologues AB, A'B' (*fig.* 159) sont parallèles et de même sens, le déplacement de la figure est une translation.

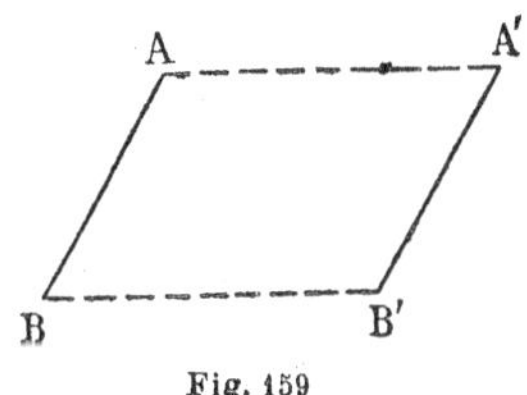

Fig. 159

En effet, les droites AB, A'B' étant égales, parallèles et dirigées dans le même sens, la figure AA'B'B est un parallélogramme ; donc les segments AA', BB' sont égaux, parallèles et de même sens ; si donc on déplace la première figure, en lui donnant une translation égale à AA', les points A et B de cette figure viennent coïncider avec leurs homologues A′, B′ de la seconde figure. Les deux figures ayant alors deux points homologues communs, coïncident (**241**) ; donc le déplacement donné est une translation.

247. Théorème. — *Le déplacement résultant d'un nombre quelconque de translations est une translation.*

Soient, par exemple, trois translations P, Q, R ; prenons un segment quelconque AB de la première figure ; la translation P donne à ce segment la position A_1B_1 ; la translation Q amène A_1B_1 en A_2B_2 ; la translation R amène A_2B_2 en A_3B_3 ; considérons les segments AB, A_1B_1, A_2B_2, A_3B_3 ; on passe de l'un de ces segments au suivant par une translation, donc deux segments consécutifs sont parallèles et de même sens ; il en est donc de même des segments AB, A_3B_3 ; le déplacement résultant qui amène AB en A_3B_3 est donc une translation (**246**).

Cette translation s'appelle la translation *résultante* des translations données ; celles-ci sont les translations *composantes.*

Pour trouver cette translation résultante, il suffira de chercher la nouvelle position A′ d'un point quelconque A après le déplacement résultant ; la translation résultante sera représentée par le segment AA′.

248. Composition de deux translations. — Soient OP la première translation, OQ la seconde. Nous distinguerons trois cas :

1° Les translations OP, OQ sont dirigées dans le même sens (*fig.* 160).

La translation OP amène le point O en P ; la translation OQ amène le point P en un point R situé sur le prolongement de

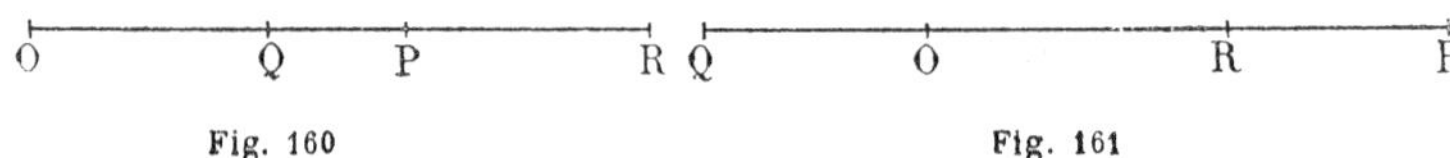

Fig. 160 Fig. 161

OP, et tel que le segment PR soit égal au segment OQ. La translation résultante OR est dirigée dans le même sens que les translations composantes OP, OQ et elle est égale à leur somme.

2° Les translations OP, OQ sont dirigées en sens contraire (*fig.* 161).

La première translation amène le point O au point P; la deuxième amène le point P en un point R, situé sur la direction PO et tel que le segment PR soit égal au segment OQ; OR est la translation résultante. Cette translation est dirigée dans le sens de la plus grande des deux translations OP, OQ et elle est égale à leur différence.

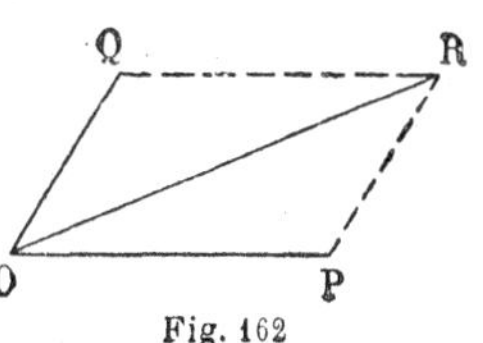

Fig. 162

3° Les deux translations OP, OQ forment un angle (*fig.* 162).

La première translation amène le point O au point P; la deuxième amène le point P en un point R, tel que les deux segments OQ, PR soient égaux, parallèles et de même sens; la translation résultante est OR.

Les segments OQ et PR étant égaux, parallèles et de même sens, la figure OPRQ est un parallélogramme; donc :

La résultante de deux translations OP, OQ *est la diagonale* OR *du parallélogramme qui a pour côtés* OP *et* OQ.

249. Remarque. — La résultante de deux translations ne dépend pas de l'ordre dans lequel on effectue ces translations.

250. **Composition d'un nombre quelconque de translations.** — Soit à composer les translations OA, OB, OC, OD (*fig.* 163). La première translation OA amène le point O en A; la deuxième translation OB amène le point A en un point B′ tel que les segments AB′ et OB soient égaux, parallèles et de même sens ; la troisième translation OC amène le point B′ en C′; la quatrième OD amène le point C′ en D′; les segments B′C′, C′D′ sont respectivement égaux et parallèles aux segments OC, OD et dirigés dans le même sens que ces segments; OD′ est la translation résultante. On est donc conduit à la construction suivante :

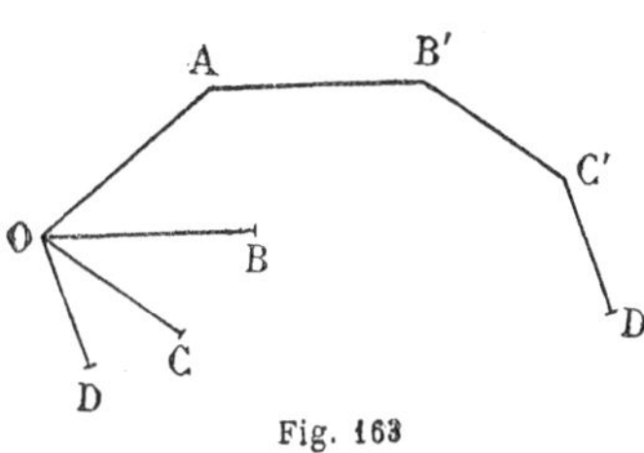

Fig. 163

Par l'extrémité de la première translation, on mène un segment égal, parallèle, au segment de la seconde translation et dirigé dans le même sens que ce segment; on opère de même à l'extrémité obtenue avec la troisième translation, et ainsi de suite, en prenant successivement toutes les translations dans l'ordre où elles sont données. La droite qui joint l'origine de la première translation au dernier point obtenu est la translation résultante.

251. Remarque. — Puisque l'on peut, sans changer le résultat, intervertir l'ordre de deux translations consécutives, il en résulte qu'on peut placer ces translations dans un ordre quelconque, sans changer leur résultante.

252. **Mouvement de rotation.** — Soit O un point, ABC un angle donné (*fig.* 164).

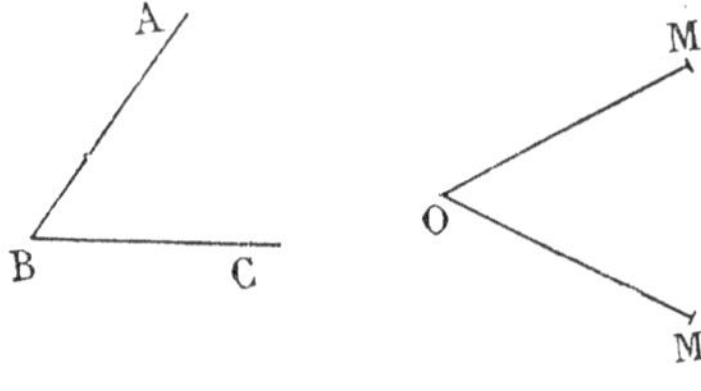

Fig. 164

A chaque point M du plan, faisons correspondre un point M' tel que les longueurs OM, OM' soient égales et que les angles MOM' et ABC soient égaux et de même sens; cette correspondance entre les points M et M' définit un déplacement. Ce déplacement est appelé une *rotation*; le point O est le *centre de rotation*; l'angle ABC, la *grandeur de la rotation*; le sens de l'angle ABC est le *sens de la rotation*. Il faut démontrer que ce déplacement ne déforme pas les figures. Pour le démontrer, nous introduirons la convention suivante :

253. **Valeur algébrique d'un angle.** — Soit un angle AOB; nous appellerons valeur algébrique de cet angle un nombre algébrique ayant pour valeur absolue le nombre qui mesure l'angle AOB; le signe de ce nombre algébrique sera le même que le sens de l'angle AOB. Nous représenterons ce nombre algébrique par la notation (A, B).

254. **Lemme.** — *Si* OA, OB, OC *sont trois droites d'un plan, la somme*

$$(A, B) + (B, C) + (C, A)$$

est nulle, ou *égale à* 4 *angles droits*, ou *à* − 4 *angles droits.*

Nous distinguerons deux cas :

1° L'une des demi-droites OA, OB, OC est à l'intérieur de l'angle formé par les deux autres.

Supposons que la demi-droite OB (*fig.* 165) soit à l'intérieur de l'angle AOC.

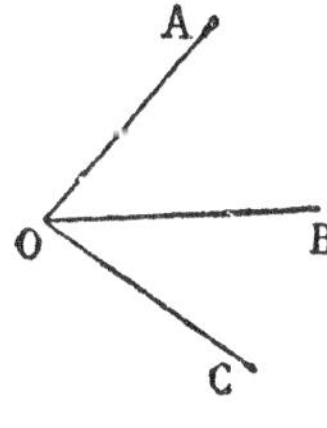

Fig. 165

Les angles (A, B), (B, C), (A, C) ont même sens; la valeur absolue du dernier est la somme des valeurs absolues des deux autres. On aura donc

$$(A, C) = (A, B) + (B, C),$$

d'où l'on déduit

$$(1) \qquad (A, B) + (B, C) + (C, A) = 0.$$

Si la demi-droite située à l'intérieur de l'angle des deux autres est OC, on aura de même

$$(A, C) + (C, B) + (B, A) = 0,$$

relation équivalente à la relation (1).

Si maintenant la demi-droite située à l'intérieur de l'angle des deux autres est OA, on aura

$$(B, A) + (A, C) + (C, B) = 0,$$

relation qui est encore équivalente à la relation (1).

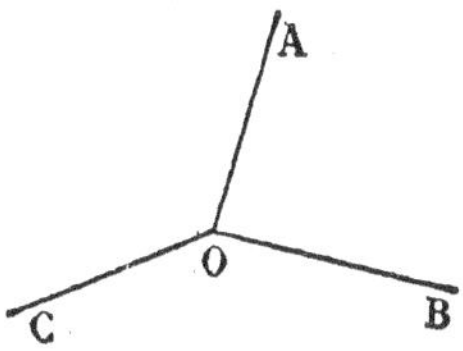

Fig. 166

2° Aucune des demi-droites OA, OB, OC n'est située à l'intérieur de l'angle des deux autres (*fig.* 166).

Les trois angles (A, B), (B, C), (C, A) sont de même sens; la somme de leurs valeurs absolues est quatre angles droits; donc

$$(2) \qquad (A, B) + (B, C) + (C, A) = \pm 4^{dr}.$$

255. Théorème. — *Le déplacement de rotation ne déforme pas les figures.*

Soient A (*fig.* 167) un point déterminé de la première figure, M un point quelconque de cette figure; A′ et M′ leurs homologues dans la seconde figure. Les deux sommes

$$(A, M) + (M, A') + (A', A),$$
$$(M, A') + (A', M') + (M', M)$$

sont égales ou diffèrent de multiples de quatre angles droits; ces deux sommes ont deux termes égaux chacun à chacun, savoir : le terme MA′ commun aux deux sommes; les termes (A′, A) et (M′, M) égaux, puisqu'ils sont égaux à l'angle de rotation changé de signe; donc les angles (A, M) et (A′, M′) doivent être égaux, ou différer de multiples de quatre angles droits; mais ces angles, étant tous deux compris entre — 2 droits et + 2 droits, ne peuvent différer de multiples de quatre angles droits; donc ils sont égaux. Les angles AOM et A′OM′ sont donc égaux et ont même sens.

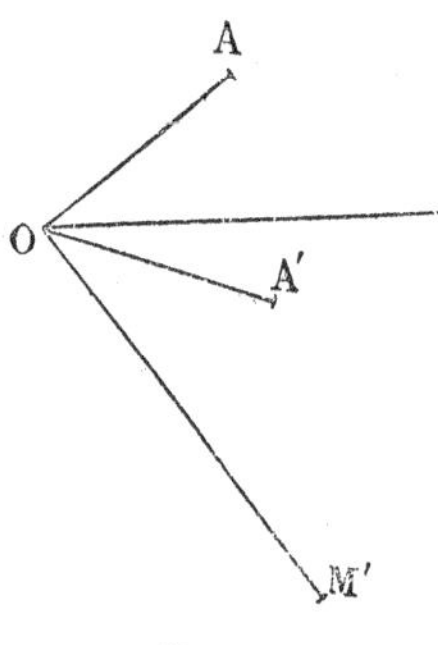

Fig. 167

Cela posé, transportons le plan de la première figure, sans le retourner, de façon que OA vienne coïncider avec son égal OA′; le point M viendra en M′ (240). Donc les deux figures sont superposables.

256. **Exemple de composition de déplacements.** — Prenons les deux déplacements suivants : le premier R est une rotation d'un angle α autour d'un point O; le second T une translation OA; nous allons montrer que les déplacements composés RT et TR sont distincts.

Prenons, en particulier, un point M sur la droite OA (*fig.* 168); la rotation R amène le point M au point M′; la translation T amène M′ en M″; la figure OAM″M′ est un parallélogramme; le déplacement RT amène donc M en M″.

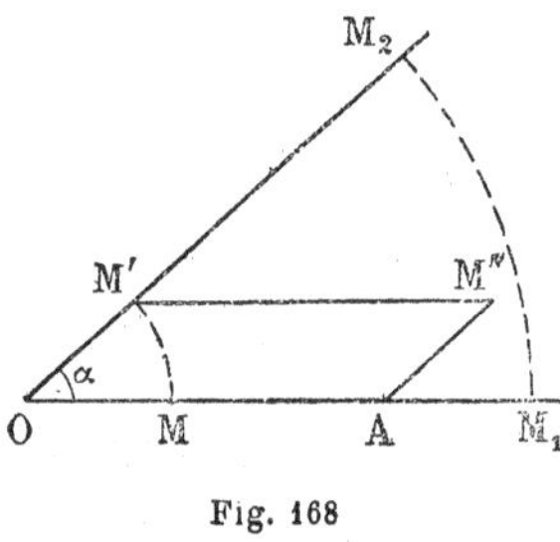

Fig. 168

Au contraire la translation T amène M en un point M_1 de la droite OA, tel que les segments MM_1 et OA soient égaux et de même sens; la rotation R amène ensuite M_1 en un point M_2 situé sur la droite OM′. Le déplacement TR amène donc le point

M en M_2; les points M″ et M_2 étant distincts, les déplacements RT et TR sont distincts.

257. **Théorème.** — *Tout déplacement d'une figure plane de forme invariable, dans son plan, se ramène à une rotation ou à une translation.*

Soient A et B deux points quelconques de la première figure; A′ et B′ leurs homologues dans la seconde; tout déplacement qui amène les points A et B respectivement en A′ et B′ fait coïncider la première figure avec la seconde. Il suffit donc de démontrer qu'on peut, par une rotation ou par une translation, amener les points A et B respectivement en A′ et B′.

Nous distinguerons trois cas :

1° Les segments AB, A′B′ sont parallèles et de même sens (*fig.* 169).

La figure ABB′A′ est un parallélogramme; les segments AA′,

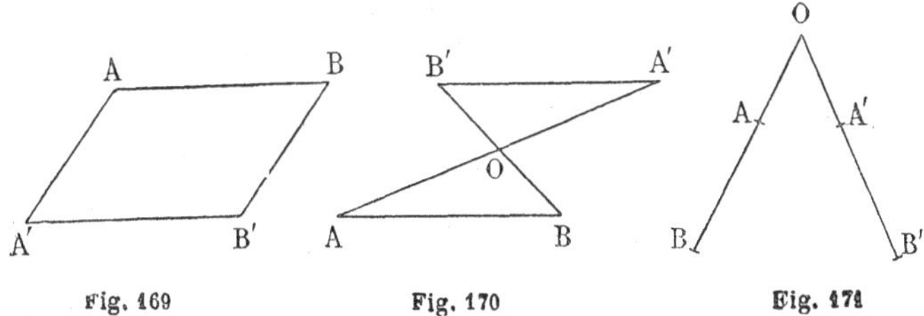

Fig. 169 Fig. 170 Fig. 171

BB′ sont égaux, parallèles et de même sens; donc la translation AA′ amènera les points A et B respectivement en A′ et B′.

2° Les segments AB, A′B′ sont parallèles et de sens contraire (*fig.* 170).

Les droites AA′, BB′ se coupent en leur milieu O; donc une rotation de deux angles droits autour du point O amènera A et B respectivement en A′ et B′.

3° Les droites AB, A′B′ se coupent en un point O.

Le point O de la première figure a son homologue situé sur la droite A′B′.

Si cet homologue est le point O lui-même (*fig.* 171), en faisant tourner la première figure, autour du point O, d'un angle AOA′ on amènera les points A et B respectivement en A′ et B′.

Supposons qu'il n'en soit pas ainsi; le point O de la première figure a pour homologue un point I de la droite A'B'; de même le point de la seconde figure qui est en O, est l'homologue d'un point K de la droite AB (*fig.* 172); de sorte que les points O et K de la première figure ont respectivement pour homologues les points I et O de la seconde. Le triangle KOI est isocèle puisque les côtés KO et OI sont deux segments homologues. Soit C le centre du cercle circonscrit à ce triangle; les deux triangles isocèles KCO, OCI sont égaux comme ayant leurs trois côtés égaux, chacun à chacun; donc les angles KCO et OCI sont égaux; ces angles sont d'ailleurs de même sens, car les points K et I sont de part et d'autre de la droite CO. Si donc on fait tourner la première figure autour du point C, d'un angle égal à l'angle KCO, les points K et O viendront respectivement en O et I. Après cette rotation, les deux figures ont deux points homologues communs, donc elles coïncident.

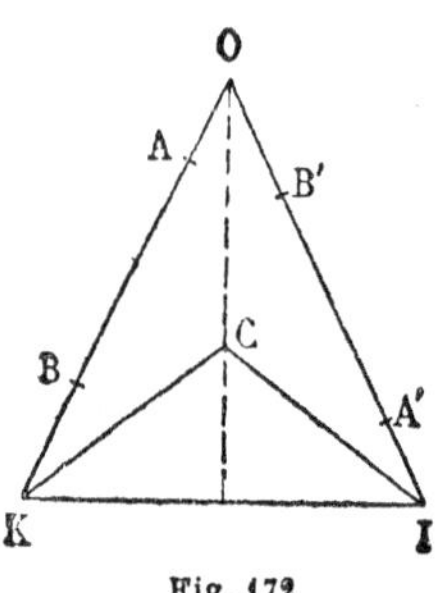

Fig. 172

§ VIII.

Symétrie.

258. **Définitions.** — Deux points M et M' sont dits *symétriques* par rapport à un point O, si le point O est le milieu de la droite MM' (*fig.* 173).

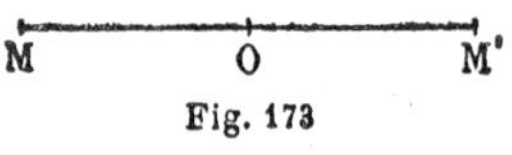

Fig. 173

Ce point O est appelé le *centre de symétrie*.

La figure F' formée par l'ensemble des symétriques des points d'une figure F par rapport à un point O est appelée la figure symétrique de la figure F par rapport au point O.

Il résulte de la définition même de la symétrie, que si la figure F' est la symétrique d'une figure F, inversement F est la symétrique de la figure F'.

259. **Théorème.** — *Deux figures symétriques sont superposables sans retournement du plan de l'une des figures.*

En effet, si l'on fait tourner la première figure de deux angles droits autour du centre de symétrie O, chaque point M de la première figure vient coïncider avec son symétrique M′ de la seconde.

En particulier :

La figure symétrique d'un segment de droite est un segment de droite égal.

Nous allons démontrer en outre que ces deux segments symétriques sont parallèles et dirigés en sens inverse.

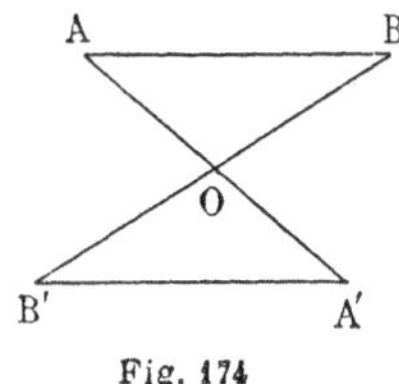

Fig. 174

En effet, soient AB, A′B′ (*fig.* 174) deux segments symétriques par rapport au point O ; la rotation autour du point O fait coïncider les triangles OAB et OA′B′; donc les angles OAB, OA′B′ sont égaux ; ces angles ayant la position d'angles alternes-internes par rapport aux deux droites AB, A′B′ et à la sécante AA′, les droites AB, A′B′ sont parallèles ; les points B et B′ étant situés de part et d'autre de la droite AA′, les segments AB, A′B′ sont dirigés en sens inverse.

260. **Théorème.** — *Deux figures* F_1, F_2 *symétriques d'une troisième* F *par rapport aux centres* O_1 *et* O_2 *sont superposables par une translation égale au double du segment* O_1O_2 (*fig.* 175).

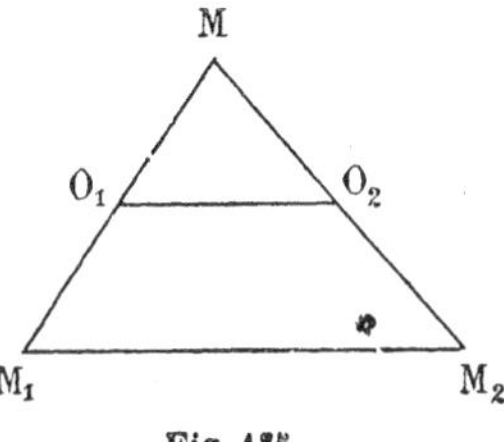

Fig. 175

En effet, soit M un point quelconque d'une figure F, M_1 et M_2 ses symétriques par rapport aux centres O_1 et O_2 ; la ligne O_1O_2 joint les milieux des côtés du triangle MM_1M_2 ; M_1M_2 est parallèle et de même sens que O_1O_2 et égale au double de cette droite ; donc la translation double du segment O_1O_2 amène le point M en M_2, elle fait donc coïncider les figures F_1 et F_2.

261. **Définitions.** — Deux points M et M′ sont dits *symétriques*

par rapport à une droite D, si cette droite D est perpendiculaire à la droite MM′ en son milieu (*fig.* 176).

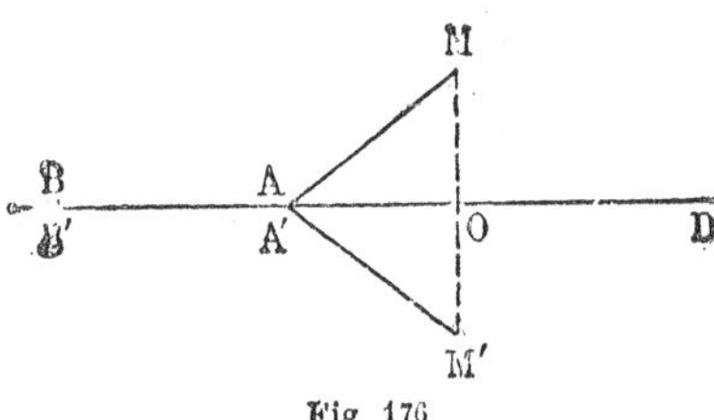

Fig 176

Cette droite D est appelée axe de symétrie.

Chaque point A de l'axe de symétrie coïncide avec son symétrique A′.

Si le point M décrit une figure F, son symétrique M′ décrit une figure F′ qui est appelée la figure symétrique de F par rapport à la droite D.

Il résulte de la définition même de la symétrie, que si la figure F′ est la symétrique de la figure F par rapport à la droite D, inversement, la figure F est la symétrique de la figure F′ par rapport à cette droite D.

262. **Théorème.** — *Deux figures symétriques par rapport à un axe sont superposables après retournement du plan de l'une des figures.*

En effet, soient F et F′ deux figures symétriques par rapport à la droite D; M un point quelconque de la figure F, M′ son symétrique; prenons un point quelconque A sur la droite D, il coïncide avec son symétrique A′; menons les droites AM, A′M′; les deux triangles MAO, M′A′O sont égaux, comme ayant un angle égal compris entre côtés égaux, savoir : les angles MOA, M′OA′ qui sont droits; le côté AO commun aux deux triangles; les côtés MO, M′O égaux par construction; donc les lignes AM et A′M′ sont égales, les angles MAO, M′A′O sont aussi égaux, mais ils sont de sens contraire. Si nous prenons un autre point B de l'axe et son symétrique B′, les angles MAB, M′A′B′ sont donc égaux et de sens contraire.

Cela posé, retournons le plan de la figure F; après ce retournement l'angle MAB a le même sens que l'angle M′A′B′; si donc on porte maintenant le segment AM sur son égal A′M′, le point M viendra en M′, donc F coïncidera avec F′.

263. **Corollaire I.** — *La figure symétrique d'un segment de droite est un autre segment de droite égal au premier.*

La figure symétrique d'un polygone est un polygone égal. — Deux polygones symétriques ont leurs côtés homologues égaux; leurs angles homologues sont égaux et de sens contraire.

264. **Corollaire II.** — *Deux figures* F_1 *et* F_2 *symétriques d'une troisième figure* F *par rapport aux axes* D_1 *et* D_2, *sont superposables sans retournement de leurs plans.*

265. **Théorème.** — *Si les axes* D_1 *et* D_2 *sont parallèles, on amènera la figure* F_1 *sur la figure* F_2 *par une translation perpendiculaire aux axes et égale au double de leur distance.*

Prenons dans le plan de la figure F deux points A et B situés sur l'axe D_1 (*fig.* 177); ils coïncident avec leurs homologues A_1,B_1 de la figure F_1; prenons les symétriques A_2, B_2 des points A et B par rapport à l'axe D_2; les droites A_1A_2, B_1B_2 sont parallèles, dirigées dans le même sens, et égales au double de la distance A_1C des deux axes. Si donc on fait subir à la figure F_1 une translation égale à A_1A_2, les points A_1 et B_1 viennent respectivement en A_2 et B_2; après cette translation les figures F_1 et F_2 ont deux points homologues communs; donc elles coïncident.

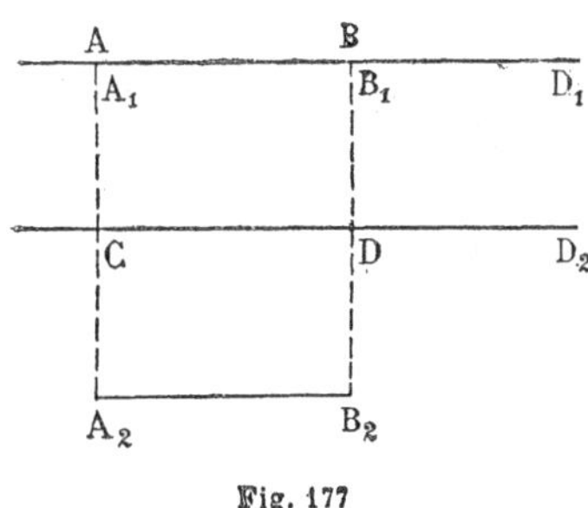

Fig. 177

266. **Théorème.** — *Si les axes* D_1, D_2 *se coupent en un point* O, *on amènera* F_1 *à coïncider avec* F_2 *par une rotation autour du point* O *égale au double de l'angle* (D_1, D_2) (*fig.* 178).

Prenons deux points du plan de F, le point O et un point A de la droite D_1; ces points coïncident avec leurs symétriques O_1, A_1, par rapport à D_1; prenons leurs symétriques O_2, A_2 par rapport à D_2; le point O_2 est en O; l'angle A_1OA_2 est le double de l'angle D_1, D_2; si donc on fait tourner la figure F_1 autour du point O,

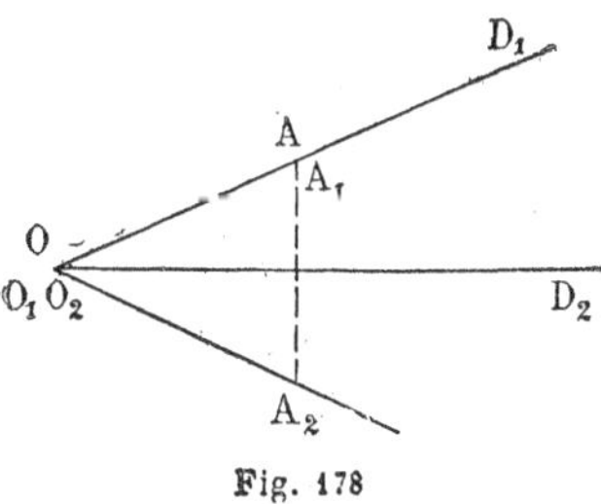

Fig. 178

d'un angle égal à l'angle A_1OA_2, les points O_1 et A_1 de cette figure viendront coïncider avec leurs homologues O_2 et A_2 de la figure F_2; donc après la rotation F_1 coïncidera avec F_2.

EXERCICES SUR LE LIVRE II

1. Sur le prolongement d'une corde AB d'un cercle O (*fig.* 179), on prend une longueur BC égale au rayon du cercle ; on mène le diamètre CDE qui passe par le point C ; démontrer que l'angle AOE est le triple de l'angle ACO.

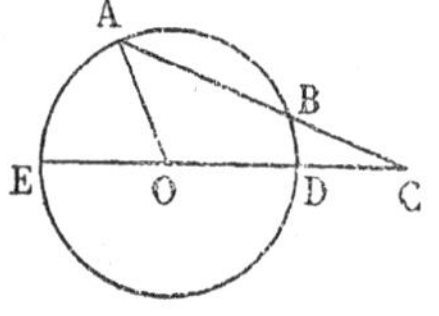

Fig. 179

2. Si deux cordes égales se coupent, les segments déterminés sur ces cordes par leur point de rencontre sont respectivement égaux.

3. Si par le point de contact de deux cercles tangents, on mène deux sécantes quelconques, les droites qui joignent les extrémités de ces sécantes sont parallèles.

4. Les hauteurs d'un triangle sont les bissectrices des angles du triangle qui a pour sommets les pieds des hauteurs.

5. Deux cercles se coupent aux points A et B ; par le point A on mène une sécante quelconque coupant respectivement les deux cercles aux points C et D ; démontrer que l'angle CBD est constant. — Démontrer qu'il en est de même de l'angle formé par les tangentes aux cercles aux points C et D.

6. Par un point A d'un cercle, on mène une sécante quelconque AP et la tangente au cercle au point P ; le diamètre perpendiculaire au rayon OA rencontre respectivement la sécante et la tangente aux points B et C ; démontrer que BC = PC.

7. Soient O le centre du cercle circonscrit à un triangle ABC, D le milieu de l'arc BC ; démontrer que l'angle ADO est la moitié de la différence des angles B et C du triangle.

8. Trouver la condition nécessaire et suffisante que doivent rem-

plir les côtés d'un quadrilatère pour que ses quatre côtés soient tangents à un même cercle. Examiner tous les cas qui peuvent se présenter. — Peut-il y avoir plusieurs cercles tangents aux quatre côtés d'un quadrilatère ?

9. Le symétrique du point de concours des hauteurs d'un triangle par rapport à un côté de ce triangle est situé sur le cercle circonscrit au triangle. Traiter en partant de cette propriété la question n° 230.

10. Si d'un point pris sur le cercle circonscrit à un triangle on abaisse des perpendiculaires sur les côtés du triangle, les pieds de ces perpendiculaires sont situés sur une ligne droite. (Droite de Simson). — Réciproque.

11. Si dans un quadrilatère ABCD on prolonge les côtés opposés AB et CD jusqu'à leur rencontre en E et les côtés AD et BC jusqu'à leur rencontre en F, on forme une figure appelée *quadrilatère complet*. Ce quadrilatère complet contient quatre triangles EBC, EAD, FAB, FCD. Démontrer que les cercles circonscrits à ces quatre triangles passent par un même point.

12. Soit M un point pris sur le cercle circonscrit à un triangle équilatéral ABC ; démontrer que l'une des lignes MA, MB, MC est égale à la somme des deux autres.

13. Sur les côtés d'un triangle ABC, on construit extérieurement à ce triangle les triangles équilatéraux BCA′, CAB′, ABC′ ; démontrer que les droites AA′, BB′, CC′ sont égales et concourent en un même point.

14. Deux circonférences O et O′ sont tangentes extérieurement en A ; on mène une tangente commune extérieure qui les touche en B et C ; démontrer que l'angle BAC est droit.

15. Deux circonférences O et O′ sont tangentes en A ; soit BC une corde de la circonférence O, tangente en D à la circonférence O′ ; la droite AD est bissectrice intérieure ou extérieure de l'angle BAC.

16. Les pieds des hauteurs d'un triangle, les milieux de ses côtés et les milieux des droites qui joignent le point de rencontre des hauteurs aux sommets sont neuf points situés sur un même cercle (Cercle des neuf points).

Le centre de ce cercle est le milieu de la droite qui joint le point de rencontre des hauteurs au centre du cercle circonscrit au triangle ; son rayon est la moitié de celui du cercle circonscrit au triangle.

17. Soit AB la corde d'un arc de cercle ; on prend un point quelconque C sur cet arc ; sur la droite CA, on porte de part et d'autre du point C, des longueurs CM, CM′ égales à la corde CB ; lieu des points M et M′ quand le point C parcourt l'arc de cercle.

18. Deux cercles se coupent au point A (*fig.* 180) ; on mène par ce point une sécante fixe BAC et une sécante mobile MAN ; on mène les droites BM, CN qui joignent les points de rencontre des sécantes avec chacun des cercles. Ces droites BM, CN se coupent en un point P ; lieu du point P quand la sécante mobile MAN tourne autour du point A.

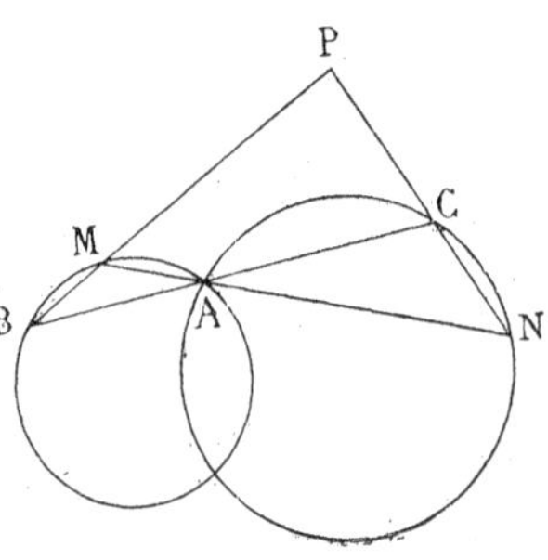

Fig. 180

19. Deux cercles se coupent aux points A et B ; par le point A on mène une sécante qui coupe les deux cercles respectivement aux points M et N. Trouver :

1° Le lieu des centres des cercles inscrits dans le triangle BMN ;

2° Le lieu des centres des cercles ex-inscrits à ce triangle et à l'intérieur de l'angle MBN.

20. Deux cercles se coupent en un point A ; par le point A on mène une sécante mobile qui rencontre respectivement les deux cercles aux points M et N ; trouver le lieu du milieu de la droite MN.

21. Trouver le lieu géométrique des sommets des angles de grandeur constante dont les côtés sont tangents à un cercle.

22. Lieu géométrique des points d'où l'on peut mener à un cercle une tangente de longueur donnée.

23. On donne l'angle d'un triangle en grandeur et en position, ainsi que la somme ou la différence des deux côtés qui comprennent cet angle ; trouver :

1° Le lieu géométrique des centres des cercles circonscrits au triangle ;

2° Le lieu des points de rencontre des hauteurs du triangle.

24. On considère le déplacement résultant des trois déplacements suivants : 1° une translation OA ; 2° une rotation d'angle α autour d'un point I ; 3° une translation AO. Ce déplacement résultant est une rotation ; trouver le centre et la grandeur de cette rotation.

25. On considère le déplacement résultant des deux déplacements suivants : 1° une rotation α autour d'un point A ; 2° une rotation β autour d'un point B. Ce déplacement résultant est en général une rotation ; trouver le centre et la grandeur de cette rotation. Dans quel cas le déplacement résultant est-il une translation ? Trouver la grandeur de cette translation.

26. Etant donné un triangle ABC, on considère le déplacement résultant des trois déplacements suivants :

1° Une rotation autour du point A égale à l'angle BAC ;

2° Une rotation autour du point B égale à l'angle CBA ;

3° Une rotation autour du point C égale à l'angle ACB.

Démontrer que le déplacement résultant est une symétrie ; trouver le centre de symétrie.

27. Deux figures planes F et F′ sont superposables après retournement du plan de l'une des figures. Montrer qu'on peut, d'une infinité de manières, amener par une translation la figure F dans une position F_1, telle que les figures F_1 et F′ soient symétriques par rapport à un axe; montrer que tous les axes de symétrie ainsi obtenus sont parallèles.

28. Etant donnés une figure F et trois points A, B, C, on prend la figure symétrique F_1 de la figure F par rapport au point A; puis la symétrique F_2 de F_1 par rapport à B; enfin la symétrique F_3 de F_2 par rapport à C; démontrer que les figures F et F_3 sont symétriques par rapport à un point; trouver le centre de symétrie.

29. Soient A un point d'une figure F, A′ l'homologue de A après un déplacement de la figure F; par le point A on mène une droite quelconque D; soit D′ la droite homologue de D; trouver le lieu des points de rencontre des droites D et D′ quand la droite D tourne autour du point A.

30. Soient D une droite d'une figure F, D′ la position homologue de D après un déplacement de la figure; on mène les droites MM′ qui joignent un point M de la droite D à son homologue M′. Démontrer que le lieu des milieux de MM′ est une droite.

31. Appliquer la théorie du déplacement d'une figure plane à la recherche du lieu géométrique suivant :

Soient AB la corde d'un arc de cercle, M un point quelconque de cet arc; sur la demi-droite BM, on prend une longueur BP égale à la corde AM; trouver le lieu du point P quand le point M décrit l'arc de cercle donné.

Construire un triangle connaissant :

32. Le périmètre et les angles;

33. Deux côtés et une hauteur;

34. Un côté et deux hauteurs;

35. Deux côtés et une médiane;

36. Un côté et deux médianes;

37. Les trois médianes;

38. Un côté, un angle adjacent à ce côté, et la somme ou la différence des deux autres côtés;

39. Un côté, l'angle opposé à ce côté, et la somme ou la différence des deux autres côtés;

40. Une des hauteurs et les angles;

41. Une des bissectrices et les angles;

42. Le rayon du cercle circonscrit, un côté et une hauteur;

43. La hauteur, la bissectrice et la médiane issues d'un même sommet.

44. Construire un triangle rectangle connaissant la hauteur abaissée du sommet de l'angle droit sur l'hypoténuse et la différence des angles aigus.

Avec un rayon donné tracer une circonférence :

45. Passant par un point donné et tangente à une droite donnée;

46. Passant par un point donné et tangente à un cercle donné;

47. Tangente à deux droites données;

48. Tangente à une droite donnée et à un cercle donné;

49. Tangente à deux cercles donnés.

50. Par un point donné P, mener à un cercle donné une sécante PAB dont la partie extérieure au cercle PA ait une longueur donnée. — Discussion.

51. Construire un trapèze connaissant les longueurs des bases et des côtés.

52. Construire un trapèze connaissant les longueurs des bases et des diagonales.

LIVRE III

FIGURES SEMBLABLES

§ I.

Longueurs proportionnelles. — Segments de droite.

267. **Théorème.** — *Sur une droite, il existe deux points, et deux seulement, tels que le rapport des distances de chacun d'eux à deux points* A *et* B *de cette droite ait une valeur donnée. L'un de ces points est situé sur le segment* AB, *l'autre en dehors du segment.*

Étudions les variations du rapport $\frac{MA}{MB}$ quand le point M décrit la droite AB. Nous distinguerons trois cas :

M A B

Fig. 181

1° Le point M est du côté opposé à B par rapport au point A (*fig.* 181).

On a alors

$$MA = MB - AB,$$

d'où

$$\frac{MA}{MB} = 1 - \frac{AB}{MB}.$$

Quand le point M est en A, le rapport $\frac{MA}{MB}$ est nul; quand M s'éloigne de A, MB augmente, le rapport $\frac{AB}{MB}$ diminue, donc le rapport $\frac{MA}{MB}$ va en croissant. Quand MB croît indéfiniment, $\frac{AB}{MB}$ tend vers zéro, donc $\frac{MA}{MB}$ tend vers 1; c'est ce qu'on exprime d'une façon abrégée en disant que lorsque le point M est à l'infini, le rapport $\frac{MA}{MB}$ est égal à 1. Ce rapport $\frac{MA}{MB}$ part de la valeur 0, va constamment en croissant et a pour limite 1; donc il prend une fois, et une fois seulement, une valeur quelconque, plus petite que 1; il n'est jamais plus grand que 1.

2° Le point M est entre A et B (*fig.* 182).

Quand le point M s'éloigne de A, MA croît, MB décroît, donc

Fig. 182 Fig. 183

$\frac{MA}{MB}$ va en croissant; au point A ce rapport est nul. Quand le point M est au milieu O de AB, le rapport est égal à l'unité; enfin on peut prendre M assez près du point B pour que le rapport $\frac{MA}{MB}$ surpasse un nombre donné quelconque. On exprime ce fait en disant que la valeur du rapport est infinie au point B. Le rapport $\frac{MA}{MB}$ prend une fois, et une seule, une valeur quelconque; entre A et O il est plus petit que 1; entre O et B il est plus grand que 1.

3° Le point M est du côté opposé à A par rapport au point B (*fig.* 183).

On a alors

$$MA = MB + AB,$$

d'où

$$\frac{MA}{MB} = 1 + \frac{AB}{MB}.$$

Si le point M s'éloigne de B, le rapport $\frac{AB}{MB}$ diminue, donc

$\frac{MA}{MB}$ va en décroissant; au point B ce rapport est infini; quand M s'éloigne indéfiniment, $\frac{AB}{MB}$ tend vers 0, donc $\frac{MA}{MB}$ tend vers 1. Quand le point M est à l'infini, le rapport $\frac{MA}{MB}$ est égal à 1; donc le rapport $\frac{MA}{MB}$ prend, une fois, et une fois seulement, une valeur quelconque plus grande que 1; il ne peut pas être plus petit que 1.

Il résulte de cette étude que sur la droite indéfinie RABS (*fig.* 184), il existe deux points M tels que le rapport $\frac{MA}{MB}$ ait une valeur donnée λ. Si λ est plus petit que 1, l'un de ces points est sur la demi-droite AR, l'autre entre le point A et le milieu O de AB; si λ est plus grand que 1, l'un de ces points est sur la demi-droite BS, l'autre entre les points O et B; enfin si λ est égal à 1, l'un des points est en O, l'autre est rejeté à l'infini. On voit que ces deux points sont toujours d'un même côté par rapport au milieu O de AB.

R A O B S

Fig. 184

268. Remarque. — Si l'on donne au rapport $\frac{MA}{MB}$ le signe + quand les segments MA et MB ont le même sens, et le signe — si les segments MA et MB sont de sens contraire, il n'y aura sur la droite AB qu'un seul point M tel que le rapport $\frac{MA}{MB}$ ait une valeur donnée en grandeur et en signe.

269. **Définitions.** — Un *segment* est défini par deux points qu'on distingue l'un de l'autre; l'un de ces points est l'*origine* du segment, l'autre en est l'*extrémité*.

On représente ordinairement un segment par deux lettres : la première est la lettre de l'origine, la seconde celle de l'extrémité.

Ainsi le segment AB a pour origine le point A et pour extrémité le point B.

Le *sens* d'un segment est le sens de déplacement d'un mobile qui va de l'origine à l'extrémité.

Une droite X'X peut être parcourue dans deux sens différents ; on choisit arbitrairement un de ces deux sens et on lui donne le nom de *sens positif*. Un segment AB de la droite X'X sera *positif* si son sens est le sens positif de la droite X'X ; il sera *négatif* dans le cas contraire.

A chaque segment on fait correspondre un nombre algébrique, qui est la mesure du segment. La valeur absolue de ce nombre algébrique est la longueur du segment ; ce nombre est positif si le segment est positif, négatif si le segment est négatif.

Pour éviter toute confusion, nous représenterons par AB la mesure du segment AB et par (AB) la longueur de ce segment.

Il résulte de ces conventions que l'on a les égalités

$$(AB) = (BA), \qquad AB = -BA.$$

270. Relation de Chasles. — Entre trois points A, B, C d'une même droite (*fig.* 185) existe toujours la relation

$$AC = AB + BC.$$

Pour démontrer cette relation nous supposerons d'abord que le segment AB est positif. Il y a alors trois cas à distinguer :

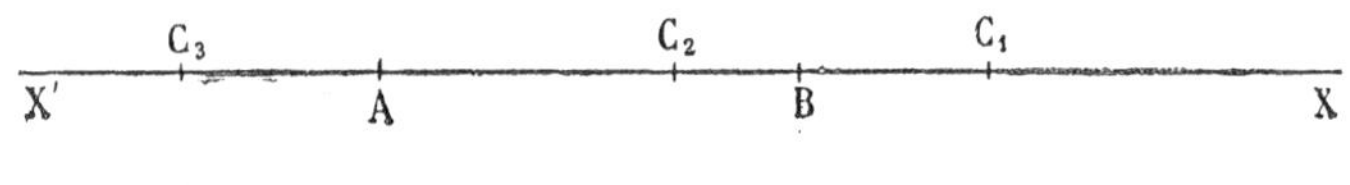

Fig. 185

1° Le point C est sur la demi-droite BX, soit en C_1. On a

$$(AC_1) = (AB) + (BC_1).$$

Or dans ce cas

$$AC_1 = (AC_1), \qquad AB = (AB), \qquad BC_1 = (BC_1);$$

donc

$$AC_1 = AB + BC_1.$$

2° Le point C est placé entre A et B, soit en C_2. On a

$$(AC_2) = (AB) - (BC_2).$$

Or dans ce cas

$$AC_2 = (AC_2), \qquad AB = (AB), \qquad BC_2 = -(BC_2);$$

donc
$$AC_2 = AB + BC_2.$$

3° Le point C est sur la demi-droite AX′, soit en C_3. On a

$$(AC_3) = (BC_3) - (AB).$$

Or dans ce cas

$$AC_3 = -(AC_3), \qquad BC_3 = -(BC_3), \qquad AB = (AB);$$

donc
$$AC_3 = AB + BC_3.$$

Supposons maintenant que le segment AB est négatif. Si MN est un segment quelconque de la droite AB, nous désignerons par MN′ la mesure de ce segment quand on prend comme sens positif le sens du segment AB. On a alors

$$MN = -MN'.$$

D'après ce qui précède, on a toujours

$$AC' = AB' + B'C';$$

mais

$$AC = -AC', \qquad AB = -AB', \qquad BC = -BC';$$

donc

$$AC = AB + BC.$$

Plus généralement, si A, B, C, ..., H, K sont n points d'une même droite, on a (relation de Chasles)

$$AK = AB + BC + \cdots + HK.$$

Cette relation a été établie dans le cas de trois points; pour prouver qu'elle est générale, il suffit de montrer que si on la suppose vraie pour n points, elle existe pour $(n+1)$ points.

Soient donc $(n+1)$ points A, B, C, ..., H, K, L. La relation étant supposée vraie pour n points A, B, C, ..., H, K, on a

(1) $$AK = AB + BC + \cdots + HK.$$

D'autre part, on sait que

(2) $$AL = AK + KL.$$

Des relations (1) et (2), on déduit

$$AL = AB + BC + \cdots + HK + KL.$$

C'est la relation de Chasles pour les $(n+1)$ points A, B, C, ..., H, K, L.

271. Abscisse d'un point. — Sur une droite X'X, fixons un sens positif et choisissons arbitrairement, sur cette droite, un point O que nous appellerons l'*origine*. Un point quelconque A de la droite sera défini sans ambiguité si l'on connaît le nombre algébrique OA. Ce nombre est l'*abscisse* du point A.

Soient A et B deux points de la droite, a et b leurs abscisses; la relation

$$OB = OA + AB$$

donne

$$AB = OB - OA = b - a.$$

La mesure d'un segment est donc égale à la différence entre l'abscisse de son extrémité et celle de son origine.

272. Division harmonique. Définition. — On dit que deux points C et D *divisent harmoniquement* un segment AB (*fig.* 186) si l'on a la relation

$$(1) \qquad \frac{CA}{CB} = -\frac{DA}{DB}.$$

Les points C et D sont dits *conjugués harmoniques* par rapport aux points A et B.

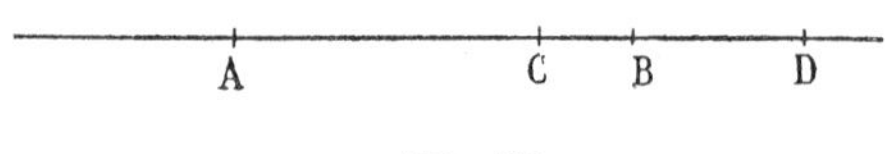

Fig. 186

La relation (1) peut encore s'écrire

$$\frac{CA}{DA} = -\frac{CB}{DB},$$

ou encore

$$(2) \qquad \frac{AC}{AD} = -\frac{BC}{BD}.$$

Sous cette forme, la relation montre que les points A et B sont conjugués harmoniques par rapport aux points C et D.

273. Prenons sur la droite une origine O et désignons par a, b, c, d les abscisses des points A, B, C, D. On voit que l'on a (271).

$$CA = a - c, \qquad CB = b - c,$$
$$DA = a - d, \qquad DB = b - d.$$

En portant ces valeurs dans la relation (1), on aura

$$\frac{a - c}{b - c} = -\frac{a - d}{b - d},$$

ou

$$(a - c)(b - d) + (b - c)(a - d) = 0,$$

et en développant,

$$(3) \qquad 2ab + 2cd - (a + b)(c + d) = 0.$$

La relation (3) est la condition nécessaire et suffisante pour que les points C et D, dont les abscisses sont c et d, soient conjugués harmoniques par rapport aux points A et B, dont les abscisses sont a et b.

274. Application I. — Plaçons l'origine O au milieu I de AB (*fig.* 187).

Dans ce cas, $b = -a$, et la relation (3) devient

$$2cd - 2a^2 = 0,$$

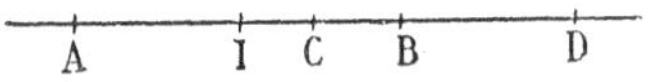

A I C B D

Fig. 187

ou

$$(4) \qquad \overline{IA}^2 = IC.ID.$$

Le produit IC.ID étant positif, les points C et D sont d'un même côté par rapport au milieu I de AB. Ce produit étant constant, si IC diminue, ID augmente, et quand C se rapproche du point I, le point D s'éloigne indéfiniment. De la relation (4) on déduit que si le point C vient se confondre avec le point B, il en est de même du point D.

275. Application II. — Plaçons l'origine O au point A ; il faut supposer $a = 0$.

La relation (3) devient

$$2cd = bc + bd,$$

ou, en divisant les deux membres par bcd,

$$\frac{2}{b} = \frac{1}{c} + \frac{1}{d},$$

ou bien

$$\frac{2}{AB} = \frac{1}{AC} + \frac{1}{AD}.$$

§ II.

Propriétés de la parallèle à un côté d'un triangle.

276. **Théorème.** — *Toute parallèle à la base d'un triangle détermine sur les deux autres côtés deux segments ; le rapport des deux segments de l'un des côtés est égal, en grandeur et en signe, au rapport des segments correspondants de l'autre côté.*

Soit DE une parallèle à la base BC d'un triangle ABC; je dis que l'on a, en grandeur et en signe,

$$\frac{DA}{DB} = \frac{EA}{EC}.$$

La droite DE peut occuper trois positions:

1° Le point D est situé entre A et B (*fig.* 188); le point E sera aussi placé entre A et C.

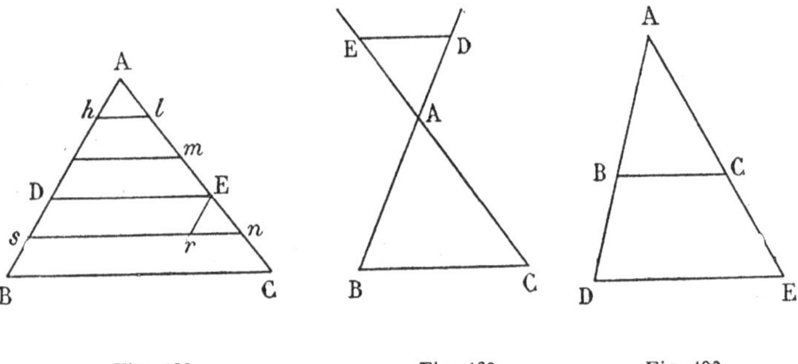

Fig. 188 Fig. 189 Fig. 190

2° Le point D est sur le prolongement de BA (*fig.* 189); le point E sera aussi sur le prolongement de CA.

3° Le point D est sur le prolongement de AB (*fig.* 190); le point E sera aussi sur le prolongement de AC.

Dans le premier cas, les rapports $\frac{DA}{DB}$, $\frac{EA}{EC}$ sont négatifs; dans les deux autres cas ils sont positifs; donc les rapports $\frac{DA}{DB}$, $\frac{EA}{EC}$ ont toujours le même signe; il reste à montrer qu'ils ont même grandeur; la démonstration étant la même dans les trois cas, nous raisonnerons sur le premier cas.

Supposons d'abord que AD et BD aient une commune mesure Ah, contenue, par exemple, trois fois dans AD et deux fois dans BD; le rapport $\frac{DA}{DB}$ est égal à $\frac{3}{2}$.

Les droites AD et DB étant divisées respectivement en trois et deux parties égales, menons par les points de division des parallèles au côté BC; je dis que ces lignes déterminent sur AC des segments égaux entre eux; comparons en effet un segment quelconque En au segment Al. Menons par le point E une parallèle au côté AB; la droite ainsi menée rencontre au point r la parallèle ns au côté BC. Les deux triangles Ahl et Ern sont égaux comme ayant un côté égal adjacent à des angles égaux chacun à chacun, savoir: les côtés Ah et Er qui sont tous deux égaux à Ds, le premier par hypothèse, le second parce que Er et Ds sont des côtés opposés d'un parallélogramme; les angles hAl et rEn égaux comme angles correspondants formés par une sécante et deux parallèles; enfin les angles Ahl et Ern égaux comme ayant leurs côtés parallèles et de même sens; les deux triangles Ahl, Ern étant égaux, Al est égal à En; donc tous les segments déterminés sur AC sont égaux; or AE contient trois de ces segments, EC en contient deux, le rapport $\frac{EA}{EC}$ est égal à $\frac{3}{2}$; donc

$$\frac{DA}{DB} = \frac{EA}{EC}.$$

Supposons maintenant que les segments AD et BD soient incommensurables (*fig.* 191). Divisons BD en n parties égales;

le segment AD sera compris entre les segments AH, AH′ qui contiennent respectivement m et $m+1$ de ces parties.

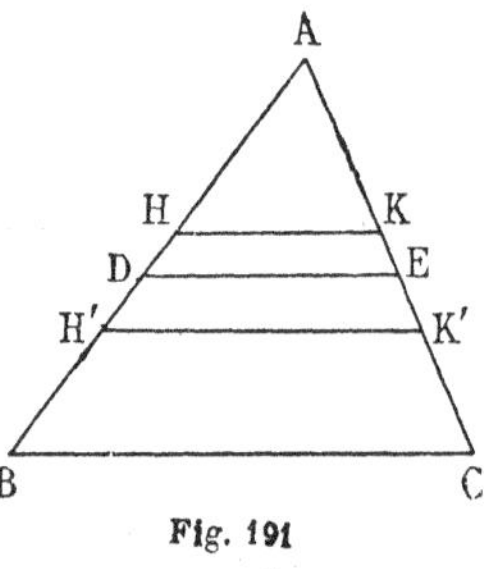

Fig. 191

Menons par les points H et H′ les parallèles HK, H′K′ au côté BC; le point E sera placé entre les points K et K′, et les segments AK et AK′ contiennent respectivement m fois et $(m+1)$ fois la $n^{ième}$ partie de EC. Les valeurs approchées par défaut à $\frac{1}{n}$ près des rapports $\frac{DA}{DB}$, $\frac{EA}{EC}$ sont donc $\frac{m}{n}$; ces valeurs étant les mêmes quel que soit n, les rapports $\frac{DA}{DB}$, $\frac{EA}{EC}$ sont égaux.

277. **Remarque.** — De l'égalité

$$\frac{DA}{DB} = \frac{EA}{EC}$$

on déduit

$$(1) \qquad \frac{DA}{EA} = \frac{DB}{EC}.$$

D'autre part, le triangle ADE et la parallèle BC au côté DE donnent la proportion

$$\frac{BA}{BD} = \frac{CA}{CE},$$

ou bien

$$(2) \qquad \frac{AB}{AC} = \frac{DB}{EC}.$$

Des égalités (1) et (2) on déduit

$$\frac{DA}{EA} = \frac{DB}{EC} = \frac{AB}{AC}.$$

Donc : *Les segments déterminés sur les côtés* AB, AC *d'un triangle par une parallèle* DE *au côté* BC *sont dans le même rapport que les côtés du triangle.*

278. **Corollaire.** — *Trois droites parallèles déterminent sur deux droites quelconques des segments proportionnels.*

Soient A, B, C ; A′, B′, C′ les points d'intersection des droites RS, R′S′ avec les trois droites parallèles AA′, BB′, CC′ (*fig.* 192) ; menons par le point A une parallèle à la droite R′S′ ; la droite ainsi menée rencontre les droites BB′, CC′ respectivement aux points D et E. D'après le théorème précédent, on a

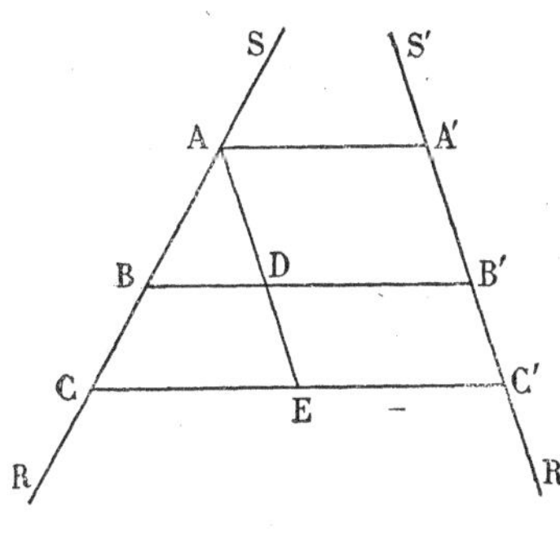

Fig. 192

$$\frac{AB}{BC} = \frac{AD}{DE};$$

mais AD et DE sont respectivement égaux à A′B′ et B′C′ ; donc

$$\frac{AB}{BC} = \frac{A'B'}{B'C'}.$$

279. **Réciproque.** — *Toute droite qui divise deux côtés d'un triangle en segments dont les rapports sont égaux et ont même signe est parallèle au troisième côté du triangle.*

Soit la droite DE (*fig.* 193) qui coupe les côtés AB, AC du triangle ABC en des points D et E tels que les rapports $\frac{DA}{DB}$, $\frac{EA}{EC}$ soient égaux et de même signe ; menons par le point D la parallèle DE′ au côté BC ; les rapports $\frac{DA}{DB}$, $\frac{E'A}{E'C}$ sont aussi égaux et de même signe ; les rapports $\frac{EA}{EC}$, $\frac{E'A}{E'C}$ étant égaux et de même signe, les points E et E′ coïncident (267) ; donc la droite DE est parallèle au côté BC.

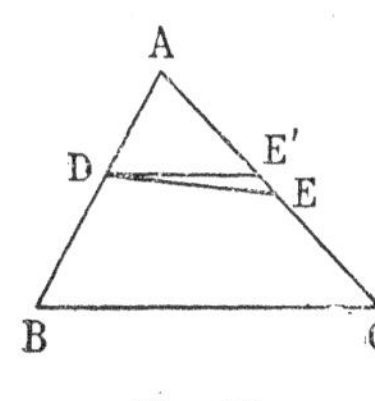

Fig. 193

§ III.

Propriétés des bissectrices d'un triangle.

280. **Théorème.** — 1° *La bissectrice de l'angle d'un triangle divise le côté opposé en deux segments, de sens contraire, et proportionnels aux côtés adjacents.*

2° *La bissectrice de l'angle extérieur à un triangle divise le côté opposé en deux segments, de même sens, et proportionnels aux côtés adjacents.*

La démonstration est la même dans les deux cas. Soit AD (*fig.* 194 et 195) une bissectrice de l'angle A du triangle BAC ;

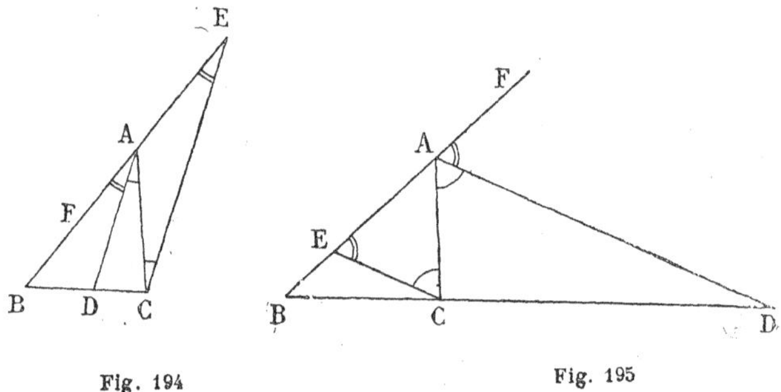

Fig. 194 Fig. 195

par le sommet C du triangle menons une parallèle à la bissectrice AD, et soit E le point où cette parallèle rencontre la droite AB ; la droite AD étant parallèle au côté CE du triangle BCE, on a la proportion

$$(1) \qquad \frac{DB}{DC} = \frac{AB}{AE}.$$

Cela posé, les angles ACE et CAD sont égaux comme angles alternes-internes formés par deux parallèles et une sécante ; les angles AEC et DAF sont égaux comme angles correspondants formés par deux parallèles et une sécante ; d'ailleurs les angles CAD, DAF sont égaux, puisque AD est bissectrice de l'angle CAF ; donc les angles ACE et AEC sont égaux, et par suite, dans le triangle ACE les côtés AC et AE sont égaux.

Remplaçons dans la proportion (1) AE par son égal AC; on aura

$$\frac{DB}{DC} = \frac{AB}{AC}. \tag{2}$$

281. Remarque. — Si les côtés AB et AC sont égaux, le pied de la bissectrice intérieure est le milieu de BC; la bissectrice extérieure est parallèle au côté BC; le pied de la bissectrice extérieure est rejeté à l'infini.

282. **Réciproque.** — *Si une droite issue du sommet d'un triangle divise le côté opposé en parties proportionnelles aux côtés adjacents, cette droite est une bissectrice du triangle; elle sera bissectrice de l'angle du triangle, ou de l'angle extérieur au triangle, selon que les segments déterminés sur le côté seront de sens contraire ou de même sens.*

En effet, il n'existe que deux points qui divisent le côté BC en segments proportionnels aux côtés AB, AC; donc, d'après le théorème direct, ces points sont les pieds des bissectrices de l'angle A.

283. **Corollaire.** — Les pieds des deux bissectrices de l'angle en A divisent harmoniquement le côté BC.

284. **Application.** — *Calcul des segments déterminés par les bissectrices de l'angle* A *sur le côté* BC.

Dans le cas de la bissectrice de l'angle A on peut écrire la relation (2):

$$\frac{DB}{AB} = \frac{DC}{AC} = \frac{DB + DC}{AB + AC},$$

ou

$$\frac{DB}{c} = \frac{DC}{b} = \frac{a}{b + c};$$

donc

$$DB = \frac{ac}{b + c}, \quad DC = \frac{ab}{b + c}.$$

Dans le cas de la bissectrice de l'angle extérieur, on aura

$$\frac{DB}{AB} = \frac{DC}{AC} = \frac{DB - DC}{AB - AC},$$

ou
$$\frac{DB}{c} = \frac{DC}{b} = \frac{a}{c-b};$$

donc
$$DB = \frac{ac}{c-b}, \qquad DC = \frac{ab}{c-b}.$$

285. **Théorème.** — *Le lieu géométrique des points dont le rapport des distances à deux points* A et B *est égal à un rapport donné est un cercle dont le centre est sur la droite* AB.

Soit λ le rapport donné ; il existe sur la droite AB deux points C et C′ qui divisent le segment AB dans ce rapport (*fig.* 196); soit M un point quelconque du lieu en dehors de la droite AB. On aura

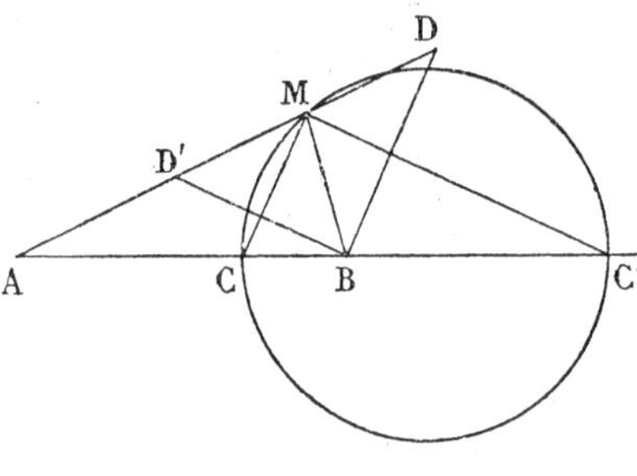

Fig. 196

$$\lambda = \frac{MA}{MB} = \frac{CA}{CB} = \frac{C'A}{C'B};$$

donc les droites MC, MC′ sont les bissectrices du triangle AMB issues du sommet M ; or ces bissectrices sont rectangulaires ; donc le point M est sur le cercle décrit sur CC′ comme diamètre.

Réciproquement, tout point M de ce cercle appartient au lieu. En effet, menons par le point B des parallèles aux droites MC, MC′ ; ces parallèles rencontrent respectivement la droite AM aux points D et D′.

Les droites MC et BD étant parallèles, on a l'égalité

(1) $$\frac{MD}{MA} = \frac{CB}{CA}.$$

De même, les droites parallèles BD′, MC′ donnent l'égalité

(2) $$\frac{MD'}{MA} = \frac{C'B}{C'A}.$$

Mais par hypothèse les rapports $\frac{CB}{CA}$, $\frac{C'B}{C'A}$ sont égaux ; donc

$$\frac{MD}{MA} = \frac{MD'}{MA},$$

et par suite MD = MD′; le point M est le milieu de DD′. Or l'angle D′BD, dont les côtés sont respectivement parallèles aux côtés de l'angle droit C′MC, est lui-même un angle droit. Dans le triangle rectangle D′BD, la droite BM qui passe par le milieu de l'hypoténuse, est égale à la moitié de l'hypoténuse; donc MB = MD = MD′.

Remplaçons MD par son égal MB dans l'égalité (1) ; on aura

$$\frac{MA}{MB} = \frac{CA}{CB} = \lambda;$$

donc le point M appartient au lieu.

286. Si le rapport λ est égal à l'unité, le point C est le milieu de AB, le point C′ est rejeté à l'infini. On sait que dans ce cas le lieu est la perpendiculaire élevée à la droite AB en son milieu.

§ IV.

Triangles semblables.

287. Nous avons indiqué (63) ce qu'il faut entendre par sommets homologues, côtés homologues, angles homologues de deux polygones d'un même nombre de côtés et aussi de deux lignes brisées qui ont le même nombre de côtés.

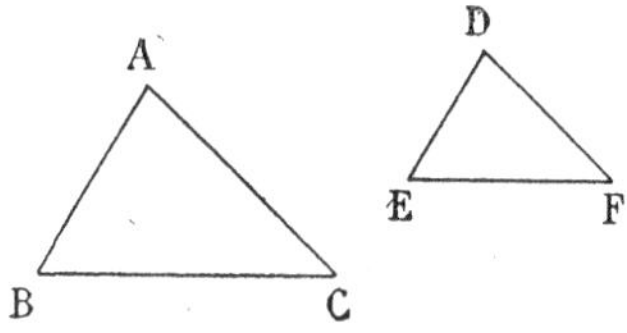

Fig. 197

Cela posé, nous dirons que :

Deux triangles sont *semblables* quand leurs angles homologues sont égaux et leurs côtés homologues proportionnels. Le rapport de deux côtés homologues des deux triangles est appelé *rapport de similitude* des deux triangles.

Ainsi si deux triangles ABC, DEF sont semblables (*fig.* 197), on aura

$$A = D, \quad B = E, \quad C = F,$$

$$\frac{AB}{DE} = \frac{BC}{EF} = \frac{CA}{FD}.$$

Il faut remarquer que si le triangle ABC est semblable au triangle DEF, il n'est pas en général semblable au triangle EFD Les deux triangles DEF, EFD doivent être considérés comme distincts, ils ne sont pas égaux, en ce sens qu'il est impossible, sans déformer la figure, de faire coïncider les points E, F, D respectivement avec les points D, E, F.

Il n'est pas évident *a priori* qu'il existe des triangles semblables à un triangle donné ; le théorème suivant démontre leur existence.

288. **Théorème.** — *Toute parallèle à un côté d'un triangle détermine avec les deux autres côtés un nouveau triangle semblable au premier.*

Soit DE une parallèle au côté BC du triangle ABC (*fig.* 198,

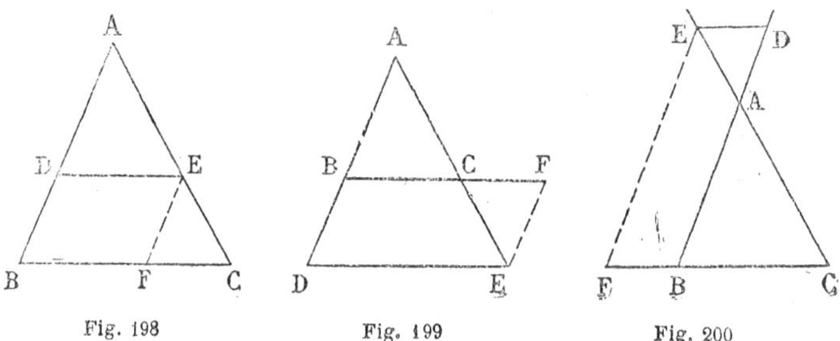

Fig. 198 Fig. 199 Fig. 200

199, 200); je dis que les deux triangles ADE, ABC sont semblables.

En effet :

D'abord les angles homologues des deux triangles sont égaux, car l'angle A est commun aux deux triangles, les angles ADE, AED sont respectivement égaux aux angles ABC, ACB, comme angles correspondants (*fig.* 198, 199) ou comme angles alternes-internes (*fig.* 200).

Je dis de plus que les côtés homologues sont proportionnels. En effet, du parallélisme des droites DE et BC résulte l'égalité

$$(1) \qquad \frac{AD}{AB} = \frac{AE}{AC}.$$

Menons par le point E une parallèle au côté AB ; cette parallèle rencontre en F le côté BC. Le parallélisme des droites AB, EF donne l'égalité

$$(2) \qquad \frac{AE}{AC} = \frac{BF}{BC}.$$

Mais la figure DEFB étant un parallélogramme, les côtés opposés BF et DE sont égaux; donc l'égalité (2) donne la suivante :

$$(3) \qquad \frac{AE}{AC} = \frac{DE}{BC}.$$

Les proportions (1) et (3) ayant un rapport commun $\frac{AE}{AC}$, on a les trois rapports égaux

$$\frac{AD}{AB} = \frac{AE}{AC} = \frac{DE}{BC}.$$

Donc les triangles ADE, ABC, qui ont leurs angles homologues égaux et leurs côtés homologues proportionnels, sont semblables.

289. Théorème. — *Deux triangles qui ont deux angles égaux, chacun à chacun, sont semblables.*

Soient les deux triangles ABC, A'B'C' (*fig.* 201), dans lesquels $A = A'$, $B = B'$; les troisièmes angles C et C' des deux triangles sont aussi égaux; je dis que ces deux triangles sont semblables. En effet, prenons sur le côté AB une longueur AD égale à A'B'; menons par le point D la parallèle DE au côté BC. Le triangle ADE ainsi formé est semblable au triangle ABC; il suffit donc de démontrer que les triangles ADE, A'B'C' sont égaux. Or ces deux triangles sont égaux comme ayant un côté égal adjacent à deux angles égaux, chacun à chacun, savoir : les côtés AD et A'B' égaux par construction; les angles A et A' égaux par hypo-

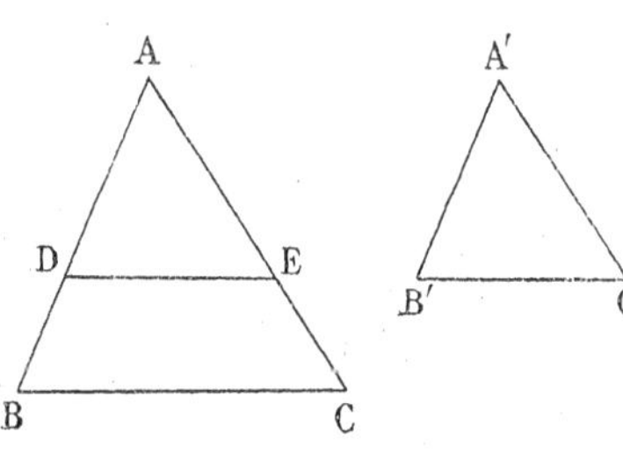

Fig. 201

thèse ; enfin les angles D et B′ sont égaux parce qu'ils sont tous deux égaux à l'angle B.

290. **Corollaire I.** — Les égalités

$$A = A', \qquad B = B'$$

entraînent les suivantes :

$$C = C', \qquad \frac{AB}{A'B'} = \frac{BC}{B'C'} = \frac{CA}{C'A'}.$$

291. **Corollaire II.** — *Deux triangles rectangles qui ont un angle aigu égal sont semblables.*

292. **Théorème.** — *Deux triangles qui ont un angle égal compris entre deux côtés proportionnels sont semblables.*

Soient les deux triangles ABC, A′B′C′ (*fig.* 202), dans lesquels

$$(1) \qquad A = A', \qquad \frac{AB}{A'B'} = \frac{AC}{A'C'};$$

je dis que ces deux triangles sont semblables. En effet, prenons sur le côté AB une longueur AD égale à A′B′ ; par le point D menons la parallèle DE au côté BC. Le triangle ADE ainsi formé est semblable au triangle ABC. Il suffit donc de démontrer que les triangles ADE et A′B′C′ sont égaux.

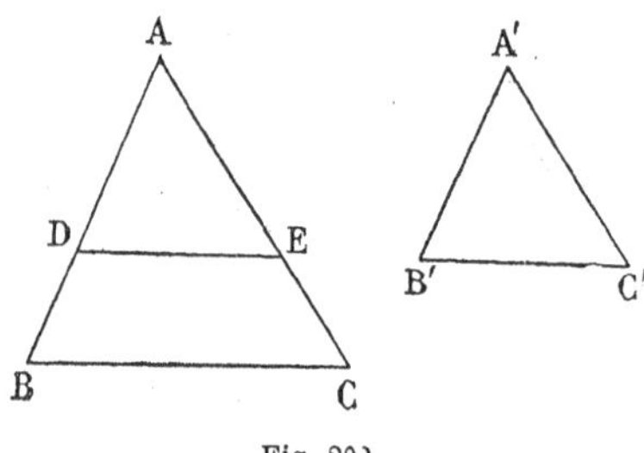

Fig. 202

Or, les triangles ABC, ADE étant semblables, on a

$$(2) \qquad \frac{AB}{AD} = \frac{AC}{AE}.$$

Dans les proportions (1) et (2) les rapports $\frac{AB}{A'B'}$ et $\frac{AB}{AD}$ sont les mêmes, puisque AD est par construction égal à A′B′ ; donc les seconds rapports de ces proportions, $\frac{AC}{A'C'}$ et $\frac{AC}{AE}$, sont égaux ; donc A′C′ est égal à AE.

Dans les deux triangles ADE, A'B'C' on a

$$A = A', \qquad AD = A'B', \qquad AE = A'C'.$$

Ces deux triangles sont donc égaux, comme ayant un angle égal compris entre côtés égaux, chacun à chacun.

293. **Corollaire.** — Des égalités

$$A = A', \qquad \frac{AB}{A'B'} = \frac{AC}{A'C'},$$

on déduit

$$B = B', \qquad C = C', \qquad \frac{BC}{B'C'} = \frac{AB}{A'B'}.$$

294. **Théorème.** — *Deux triangles qui ont leurs côtés homologues proportionnels sont semblables.*

Soient les deux triangles ABC, A'B'C', dans lesquels

$$(1) \qquad \frac{AB}{A'B'} = \frac{AC}{A'C'} = \frac{BC}{B'C'};$$

je dis que ces deux triangles sont semblables. En effet, prenons sur le côté AB une longueur AD égale à A'B' ; par le point D, menons la parallèle DE au côté BC ; le triangle ADE ainsi formé est semblable au triangle ABC. Il suffit donc de démontrer que les deux triangles ADE et A'B'C' sont égaux.

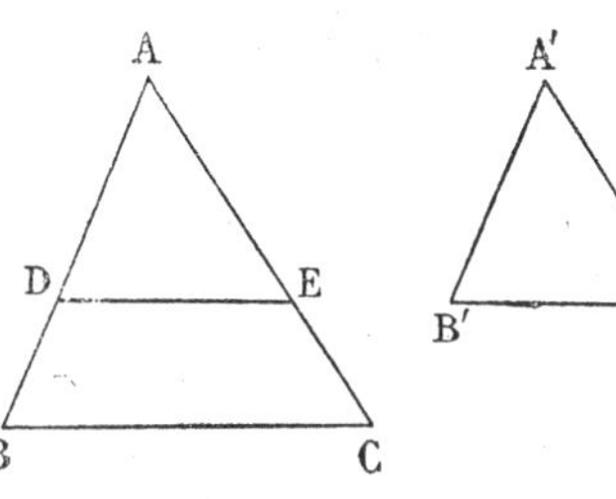

Fig. 203

Or, les deux triangles ABC, ADE étant semblables, on a

$$(2) \qquad \frac{AB}{AD} = \frac{AC}{AE} = \frac{BC}{DE}.$$

Comme, par construction, AD est égal à A'B', les premiers rapports des suites (1) et (2) sont les mêmes ; donc tous les rapports de ces deux suites sont égaux ; en particulier, on aura

$$\frac{AC}{A'C'} = \frac{AC}{AE} \qquad \text{et} \qquad \frac{BC}{B'C'} = \frac{BC}{DE};$$

d'où l'on déduit

$$A'C' = AE, \qquad B'C' = DE.$$

Les deux triangles ADE, A'B'C' sont donc égaux, comme ayant leurs trois côtés égaux, chacun à chacun.

295. **Corollaire.** — Des égalités

$$\frac{AB}{A'B'} = \frac{AC}{A'C'} = \frac{BC}{B'C'},$$

on déduit

$$A = A', \qquad B = B', \qquad C = C'.$$

296. **Théorème.** — *Deux triangles qui ont leurs côtés homologues respectivement parallèles, ou perpendiculaires, sont semblables.*

En effet, deux angles homologues de ces triangles seront égaux ou supplémentaires. Or, les trois angles du second triangle ne peuvent pas être supplémentaires de leurs homologues dans le premier, car alors la somme des angles de ces deux triangles serait égale à six angles droits ; ensuite deux angles du second triangle ne peuvent pas être les suppléments de leurs homologues dans le premier, car la somme de ces deux angles et de leurs homologues serait égale à quatre angles droits ; la somme des angles des deux triangles serait supérieure à quatre angles droits, ce qui est impossible ; donc deux angles au moins du second triangle sont égaux à leurs homologues; les troisièmes angles des deux triangles sont nécessairement égaux ; les deux triangles ayant leurs angles homologues égaux sont semblables.

§ V.

Faisceaux harmoniques. — Polaire d'un point par rapport à deux droites.

297. **Définition.** — On appelle *faisceau harmonique* l'ensemble

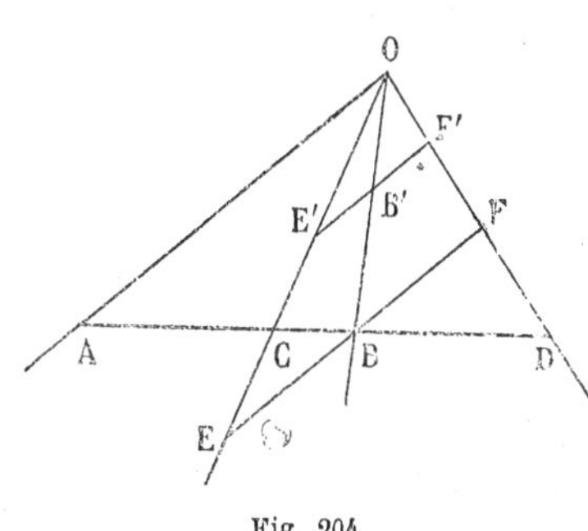

Fig. 204

des quatre droites obtenues en joignant un point quelconque O du plan aux sommets A, B, C, D d'une division harmonique (*fig.* 204).

Au couple de points C et D qui divisent harmoniquement le segment AB (272) correspondent deux rayons OC et OD qui sont dits *conjugués* par rapport aux rayons OA et OB; les rayons OA et OB sont aussi conjugués par rapport aux rayons OC et OD.

298. Lemme. — *Si une transversale est parallèle à un rayon d'un faisceau harmonique, le point où la transversale coupe le rayon conjugué est le milieu du segment déterminé sur la transversale par les deux autres rayons.*

Coupons le faisceau harmonique (O.ABCD) (*fig.* 204) par une parallèle à OA. Supposons d'abord que cette parallèle passe par le point B; cette parallèle coupe les rayons OC et OD respectivement en E et F.

Les triangles semblables DBF, DAO donnent la proportion

$$\frac{BF}{AO} = \frac{DB}{DA}.$$

Les triangles semblables CBE et CAO donnent

$$\frac{BE}{AO} = \frac{CB}{CA}.$$

Mais on a, en valeur absolue,

$$\frac{DB}{DA} = \frac{CB}{CA};$$

donc

$$\frac{BF}{AO} = \frac{BE}{AO},$$

et par suite

$$BF = BE.$$

Supposons maintenant que la parallèle à OA soit quelconque,

elle coupe les rayons OB, OC, OD respectivement en B', E', F'. On a évidemment

$$\frac{B'E'}{BE} = \frac{B'F'}{BF};$$

donc $$B'E' = B'F'.$$

299. Théorème. — *Le segment déterminé sur une transversale quelconque par deux rayons conjugués d'un faisceau harmonique est divisé harmoniquement par celui qui est déterminé sur la même transversale par les deux autres rayons.*

Coupons le faisceau harmonique (O.ABCD) (*fig.* 205) par une sécante quelconque; cette sécante rencontre les rayons OA, OB, OC, OD respectivement en A', B', C', D'; menons par B' une parallèle à OA', cette parallèle rencontre OC et OD en E' et F' : le point B' sera le milieux de E'F' (298).

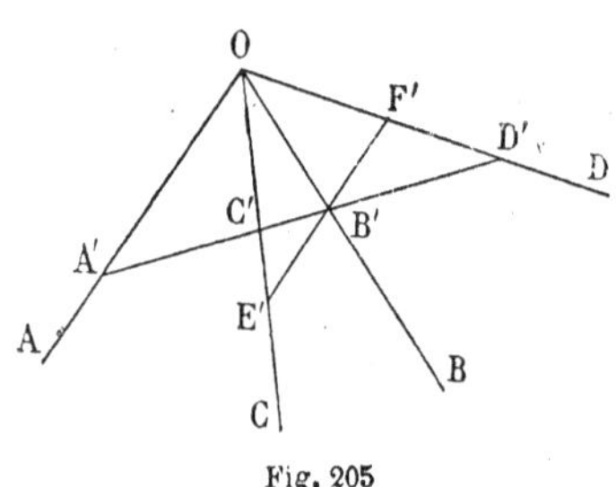

Fig. 205

Cela posé, les triangles semblables B'D'F' et A'D'O donnent la relation

$$\frac{D'B'}{D'A'} = \frac{B'F'}{A'O}.$$

Des triangles semblables C'B'E' et C'A'O, on déduit

$$\frac{C'B'}{C'A'} = \frac{B'E'}{A'O}.$$

B'E' étant égal à B'F', il en résulte que les deux rapports $\frac{D'B'}{D'A'}$ et $\frac{C'B'}{C'A'}$ ont même valeur absolue; donc C' et D' divisent harmoniquement A'B'.

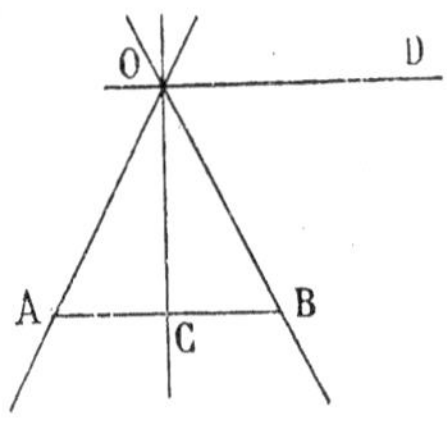

Fig. 206

300. Remarque I. — Il résulte de la démonstration qui précède que, dans un triangle quelconque OE'F' (*fig.* 205), la médiane OB' et la parallèle OA' menée par le sommet O à la base forment un faisceau harmonique avec les côtés OE', OF' du triangle.

301. Remarque II. — Les bissectrices des angles formés par deux droites qui se coupent forment avec ces droites un faisceau harmonique. En effet, si l'on coupe les deux droites OA et OB (*fig.* 206) par une parallèle AB à la bissectrice OD, l'autre bissectrice OC est la médiane du triangle OAB.

302. Réciproquement, *si deux rayons rectangulaires* OC, OD *sont conjugués par rapport aux rayons* OA, OB (*fig.* 206), OC *et* OD *sont les bissectrices de l'angle* AOB.

Menons une sécante parallèle à OD; elle coupe les rayons OA, OB, OC en A, B, C; le point C est le milieu de AB (298); de plus OC est perpendiculaire à AB; donc OC est bissectrice de l'angle AOB.

303. **Théorème.** — *Le lieu du conjugué harmonique d'un point* P *par rapport aux points de rencontre d'une sécante quelconque issue de* P *avec deux droites fixes* OR, OS (*fig.* **207**) *est une droite* OQ *passant par leur intersection.*

Menons par le point P une sécante qui rencontre les droites OR, OS en A et B; soient C le conjugué harmonique du point P par rapport aux points A et B et OQ la droite joignant O à C. Les quatre droites OR, OS, OQ, OP forment un faisceau harmonique (297). Donc toute transversale est divisée harmoniquement par ces quatre droites; en particulier, sur chaque sécante issue de P, le conjugué harmonique du point P, par rapport aux points de rencontre de la sécante avec OR et OS, se trouve sur la droite OQ.

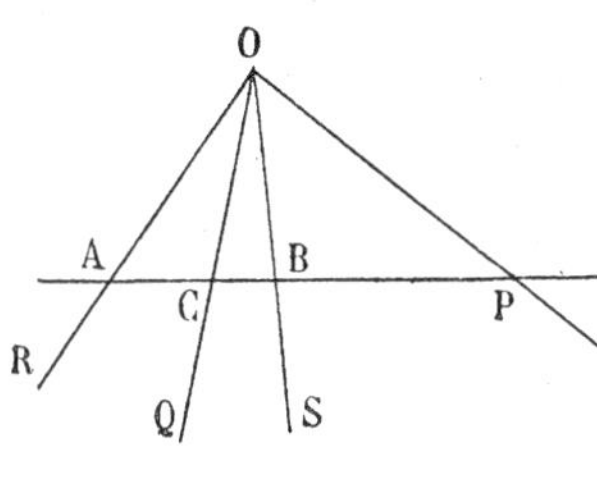

Fig. 207

304. La droite OQ, lieu du conjugué harmonique du point P par rapport aux points de rencontre d'une sécante issue de P avec les deux droites OR et OS, est la *polaire* du point P par

rapport à ces deux droites. On dit aussi que le point P est un *pôle* de la droite OQ par rapport aux deux droites OR et OS.

Tous les points de la droite OP ont pour polaire la droite OQ; inversement, tous les points de la droite OQ ont pour polaire la droite OP.

305. **Quadrilatère complet.** — On appelle *quadrilatère complet* la figure formée par quatre droites ; ces droites sont les *côtés* du quadrilatère. Le point d'intersection de deux côtés quelconques est un *sommet* ; il y a donc six sommets. Deux sommets sont dits *opposés* quand ils ne sont pas situés sur un même côté ; chaque sommet est opposé à un seul sommet. La droite qui joint deux sommets opposés est une *diagonale* ; il y a par conséquent trois diagonales.

La figure 208 représente un quadrilatère complet ; les droites ABC, CDE, AEF, BDF en sont les côtés ; (A, D), (B, E), (C, F) sont les trois couples de sommets opposés ; les droites AD, BE, CF sont les diagonales.

306. **Théorème de Pappus.** — *Dans tout quadrilatère complet, chaque diagonale est divisée harmoniquement par les deux autres.*

Démontrons, par exemple, que la diagonale AD (*fig.* 208) est divisée harmoniquement par les points O et P où elle rencontre les deux autres diagonales EB et CF. Soient R et S les conjugués harmoniques du point C par rapport aux segments AB et ED. La polaire du point C par rapport aux deux droites FEA, FDB passe par R et S ; la droite RS passe donc par le point F ; cette droite RS est aussi la polaire du point C par rapport aux deux droites AOD, BOE, donc RS passe par O ; la droite RS est confondue avec la droite FO. Les quatre droites FA, FB, FO, FC forment un faisceau harmonique ; donc les quatre points A, D, O, P forment une division harmonique.

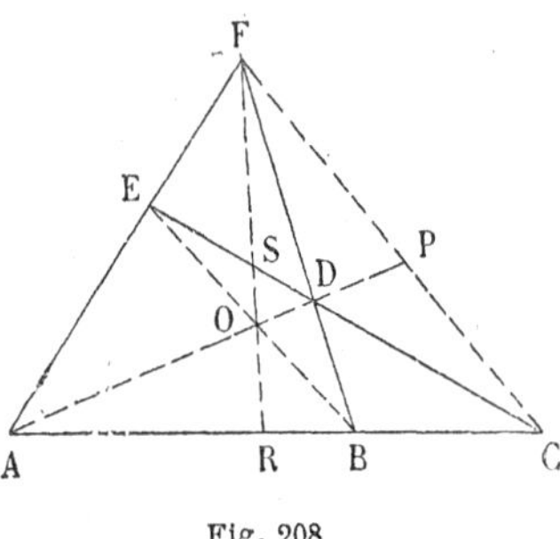

Fig. 208

307. **Corollaire.** — *Étant donnés deux droites* Ox, Oy *et un point* P (*fig.* 209), *si par le point* P *on mène arbitrairement deux sécantes quelconques* PAB, PA′B′, *le point de rencontre* M *des diagonales du quadrilatère* ABB′A′ *est situé sur la polaire du point* P *par rapport aux deux droites* Ox, Oy.

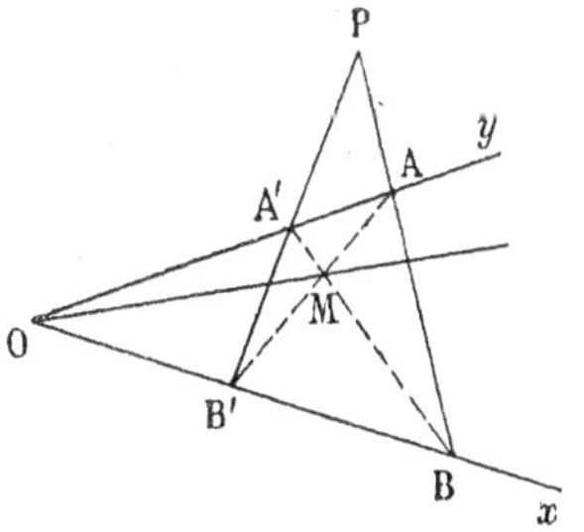

Fig. 209

En effet, les quatre droites Ox, Oy, PAB, PA′B′ forment un quadrilatère complet ; donc la droite OM est la polaire du point P par rapport aux deux droites Ox, Oy (306)

Ce corollaire permet de construire la polaire d'un point par rapport à deux droites.

§ VI.

Homothétie.

308. **Définition.** — Soient S un point donné, k un rapport donné, positif ou négatif ; à chaque point M du plan faisons correspondre un point M′ (*fig.* 210 et 211) situé sur la droite SM et tel que

$$\frac{SM'}{SM} = k.$$

Le point M′ est dit l'*homothétique* du point M ; le point S est appelé *centre d'homothétie* ou encore *centre de similitude* ; le rapport k s'appelle le *rapport d'homothétie* ou le *rapport de similitude.*

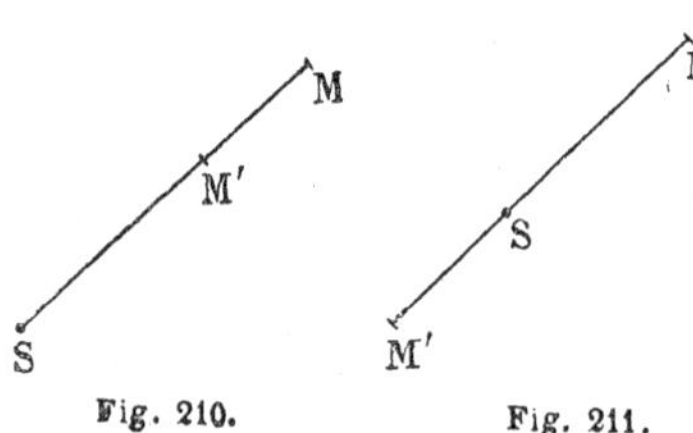

Fig. 210. Fig. 211.

Si k est positif, les points M et M' sont situés d'un même côté du point S ; l'homothétie est dite *directe* (*fig.* 210) ; si au contraire k est négatif, les points M et M' sont de part et d'autre du point S, l'homothétie est dite *inverse* (*fig.* 211). Si $k = -1$, l'homothétie est une symétrie par rapport au point S.

La figure F' formée par l'ensemble des homothétiques des points d'une figure F est appelée la figure homothétique de la figure F.

309. **Théorème.** — *Le segment de droite* A'B' *qui joint les homothétiques de deux points quelconques* A *et* B *est parallèle au segment* AB ; *le rapport* $\frac{A'B'}{AB}$ *est égal au rapport de similitude.*

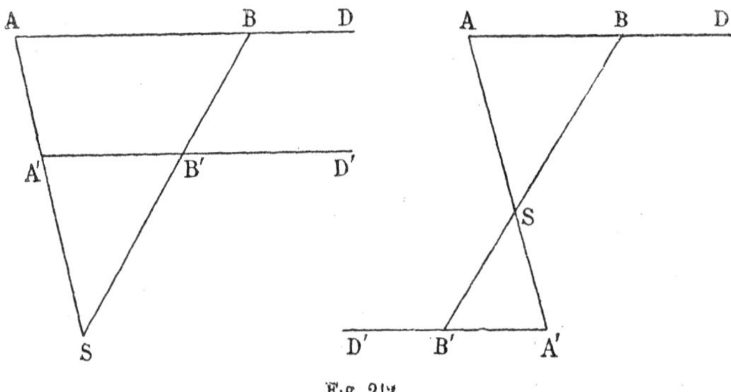

Fig. 212

Les deux segments AB, A'B' *sont de même sens ou de sens contraire selon que l'homothétie est directe ou inverse* (*fig.* 212).

En effet, l'égalité

$$\frac{SA'}{SA} = \frac{SB'}{SB} = k$$

prouve que les deux droites AB, A'B' sont parallèles (279) ; de plus les triangles SAB, SA'B' sont semblables, comme ayant un angle égal compris entre côtés proportionnels ; donc

$$\frac{A'B'}{AB} = \frac{S'A'}{SA} = k.$$

310. Corollaire I. — *La figure homothétique d'une droite est une droite parallèle.*

En effet, si un point B (*fig.* 212) décrit une droite AD, son homothétique B' décrira la droite A'D' menée par l'homothétique A' de A parallèlement à la droite AD.

311. Corollaire II. — *La figure homothétique d'un segment de droite est un segment de droite.*

Deux segments de droites homothétiques sont parallèles, de même sens ou de sens contraire selon que l'homothétie est directe ou inverse ; le rapport des deux segments est égal au rapport de similitude.

312. Corollaire III. — *La figure homothétique d'un angle est un angle.*

Deux angles homothétiques, ayant leurs côtés correspondants parallèles, dirigés tous deux dans le même sens, ou tous deux en sens inverse, sont des angles égaux et de même sens.

313. Corollaire IV. — *La figure homothétique d'un polygone est un polygone.*

Dans deux polygones homothétiques, deux côtés homologues sont des segments homothétiques ; deux angles homologues sont des angles homothétiques.

Donc : *Deux polygones homothétiques ont leurs côtés homologues proportionnels et leurs angles homologues égaux et de même sens.*

314. Théorème. — *Les tangentes à deux courbes homothétiques, en deux points homothétiques, sont parallèles.*

En effet, soient M et M' deux points homologues de deux courbes homothétiques C et C' (*fig.* 213). Prenons un point N sur la courbe C et son homologue N' sur la courbe C' ; les sécantes MN et M'N' sont parallèles; si le point N se meut sur la courbe C de façon à venir se confondre avec le point M, son homothétique N' se meut sur C' et vient se confondre avec le point M'; les sécantes MN, M'N' ont pour positions limites les tangentes MT, M'T' aux courbes C et C'; donc ces tangentes sont parallèles.

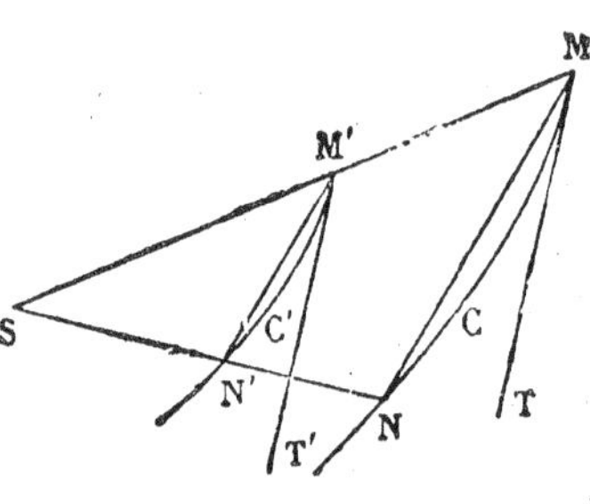

Fig. 213

315. Corollaire. — *L'angle que forment deux courbes en un point est égal à l'angle de leurs courbes homothétiques au point homologue.*

On exprime cette propriété en disant que l'homothétie est une transformation qui conserve les angles.

316. Théorème. — *Deux systèmes correspondants de points sont homothétiques s'il existe dans leur plan deux points* O *et* O' *tels, que la droite qui joint le point* O *à un point quelconque du premier système et la droite qui joint le point* O' *au point homologue du second système soient parallèles (toujours de même sens, ou toujours de sens contraire) et dans un rapport donné* k.

Supposons d'abord que k ne soit pas égal à l'unité. Soient M et M' deux points homologues quelconques (*fig.* 214). Les droites parallèles OM, O'M' n'étant pas égales, la droite MM' coupera la droite OO' en un point S (extérieurement au segment OO' si les droites OM, O'M' sont de même sens, intérieurement dans le cas contraire). Les triangles semblables SOM, SO'M' donnent les égalités

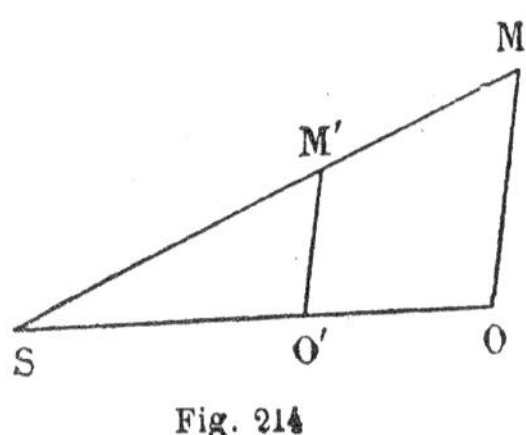

Fig. 214

$$\frac{SO'}{SO} = \frac{SM'}{SM} = \frac{O'M'}{OM} = k.$$

Puisque $\frac{SO'}{SO} = k$, le point S est le même quel que soit le

couple de points homologues choisi ; enfin l'égalité

$$\frac{SM'}{SM} = k$$

montre que les deux systèmes sont homothétiques ; le point S est le centre d'homothétie, k est la valeur absolue du rapport de similitude ; l'homothétie est directe si les segments OM, O'M' sont de même sens, inverse dans le cas contraire.

Supposons maintenant $k = 1$. Si les segments OM, O'M' sont de sens contraire, les droites MM' et OO' se coupent en leur milieu I (*fig.* 215). Les deux systèmes sont symétriques par rapport au point I.

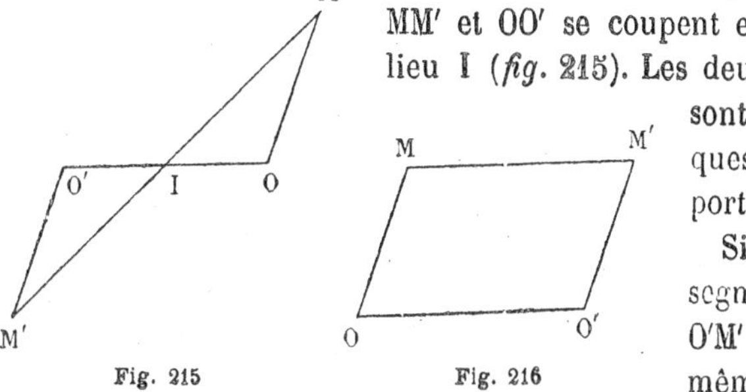

Fig. 215 Fig. 216

Si les deux segments OM, O'M' sont de même sens, la figure OMM'O' est un parallélogramme (*fig.* 216) ; la droite MM' est égale à OO' et dirigée dans le même sens ; on passe donc de la première figure à la seconde par une translation égale à OO'.

317. **Théorème.** — *Deux figures homothétiques à une troisième sont homothétiques, et les trois centres d'homothétie sont en ligne droite.*

En effet, soient F' et F'' deux figures homothétiques à une figure F. Prenons un point O dans le plan de la figure F, et soient O' et O'' les homologues de ce point dans les figures F' et F'' ; soit maintenant M un point quelconque de la figure F (*fig.* 217), M' et M'' les homologues du point M dans les figures F' et F'' ; les droites O'M', O''M'' sont parallèles comme étant toutes deux parallèles à la droite OM ; si les deux homo-

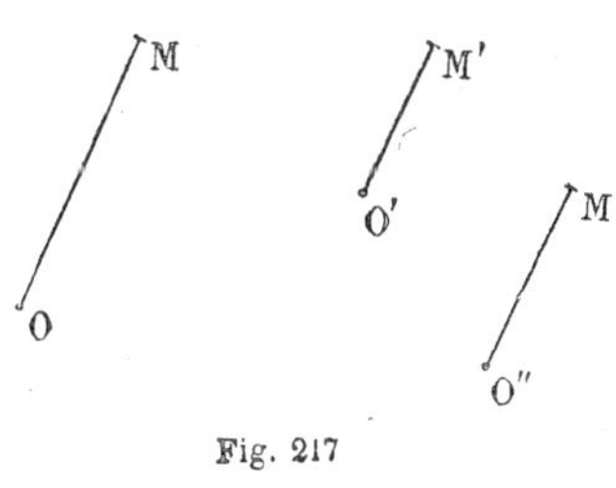

Fig. 217

théties données sont toutes deux directes, ou toutes deux inverses, les droites O′M′, O″M″ sont de même sens, parce qu'elles sont toutes deux de même sens que OM, ou toutes deux de sens contraire à OM; si, au contraire, l'une des homothéties données est directe et l'autre inverse, les droites O′M′, O″M″ seront de sens contraire, car l'une d'elles est dirigée dans le sens de OM et l'autre en sens contraire. Enfin des égalités

$$\frac{O'M'}{OM} = k', \qquad \frac{O''M''}{OM} = k'',$$

on déduit

$$\frac{O''M''}{O'M'} = \frac{k''}{k'}.$$

Les droites O″M″ et O′M′ sont donc dans un rapport constant; donc (316) les figures F′ et F″ sont homothétiques.

Soient maintenant S, S′, S″ les centres de similitude des homothéties (F′, F″), (F″, F), (F, F′).

La droite S′S″ de la figure F, passant par le centre de similitude S′, est à elle-même son homologue dans la figure F″; pour la même raison, elle est aussi son homologue dans la figure F′. Dans l'homothétie (F′, F″) la droite S′S″ coïncidant avec son homologue passe par le centre d'homothétie S; donc les trois points S, S′, S″ sont en ligne droite.

318. Remarque I. — Si les homothéties (F′, F), (F″, F) sont toutes deux directes ou toutes deux inverses, l'homothétie (F′, F″) est directe; si les homothéties (F′, F), (F″, F) sont de noms contraires, l'homothétie (F′, F″) est inverse.

319. Remarque II. — Si les rapports de similitude k' et k'' sont égaux, les droites O′M′, O″M″ sont égales. Si les homothéties données sont de même nom, ces droites ont même sens; donc une translation égale à O′O″ amènera la figure F′ en coïncidence avec la figure F″; si les homothéties primitives sont de noms contraires, les droites O′M′, O″M″ sont de sens contraires; les figures F′ et F″ sont symétriques par rapport au milieu de O′O″.

320. Théorème. — *La figure homothétique d'un cercle est un cercle.*

En effet, soit un cercle de centre O, M un point quelconque de ce cercle (*fig.* 218); O′ et M′ les homothétiques des points O et M; OM étant constant ainsi que le rapport $\frac{O'M'}{OM}$, la

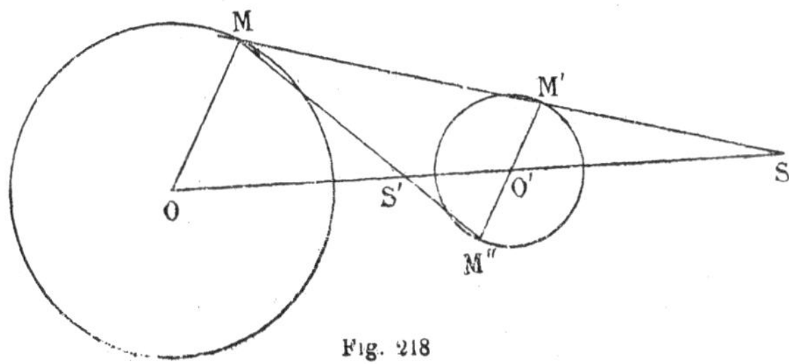

Fig. 218

longueur O′M′ restera fixe; donc le lieu du point M′ est un cercle ayant pour centre le point O′.

321. Théorème. — *Deux circonférences quelconques sont à la fois directement et inversement homothétiques.*

Soient les deux circonférences O et O′ (*fig.* 218); à chaque point M de la circonférence O, faisons correspondre le point M′ de la circonférence O′ tel que les rayons OM, O′M′ soient parallèles et de même sens; le rapport $\frac{O'M'}{OM}$ étant constant, cette correspondance définit une homothétie directe (316).

Si, au contraire, au point M de la circonférence O on fait correspondre le point M″ de la circonférence O′, tel que les rayons OM, OM″ soient de sens contraire, le rapport $\frac{O'M''}{OM}$ sera encore constant; la correspondance ainsi établie est une homothétie inverse.

Deux circonférences quelconques ont donc deux centres de similitude, l'un direct, l'autre inverse. Ces deux points S et S′ (*fig.* 218) partagent la ligne des centres dans un rapport égal à celui des rayons.

322. Remarque I. — Si les deux circonférences données ont même rayon, l'homothétie directe est remplacée par une translation égale à la ligne des centres et l'homothétie inverse par une symétrie par rapport au milieu de la ligne des centres.

323. Remarque II. — Les points de contact d'une tangente commune extérieure aux deux cercles sont des points directement homothétiques, puisque les rayons qui y aboutissent sont parallèles et de même sens ; de même les points de contact d'une tangente commune intérieure sont homothétiques inverses; donc:

Toute tangente commune extérieure à deux cercles passe par leur centre de similitude direct;

Toute tangente commune intérieure à deux cercles passe par leur centre de similitude inverse.

324. Théorème. — *Trois circonférences prises deux à deux ont six centres de similitude : trois directs et trois inverses ; les trois centres de similitude directs sont en ligne droite ; deux centres de similitude inverses et le centre de similitude direct qui correspond au troisième centre de similitude inverse sont en ligne droite.*

Soient les trois cercles dont les centres sont O, O′, O″ (*fig.* 219) ; I et D les centres de similitude inverse et direct des cercles O′, O″; I′ et D′ ceux des cercles O, O″; enfin I″ et D″ ceux des cercles O, O′.

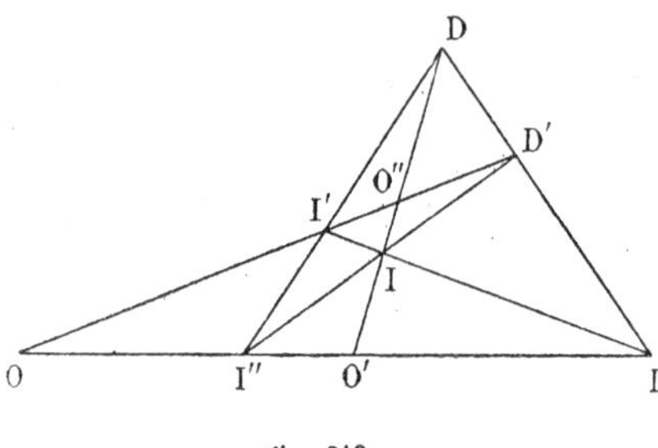

Fig. 219

Les cercles O′ et O″ étant tous deux directement homothétiques au cercle O, sont directement homothétiques et les trois centres d'homothétie D″, D′, D sont en ligne droite (317).

Les cercles O′ et O″ étant tous deux inversement homothétiques au cercle O, sont directement homothétiques et les trois centres d'homothétie I″, I′, D sont en ligne droite (317).

La droite DD′D″ qui contient les trois centres de similitude directs est l'*axe de similitude direct* des trois cercles.

Les trois droites DI′I″, D′I″I, D″II′ qui contiennent deux centres de similitude inverses et un centre direct sont les *axes de similitude inverses* des trois cercles.

§ VII.

Polygones semblables.

325. Définition. — Rappelons que nous avons indiqué (63) ce qu'il faut entendre par angles homologues, côtés homologues de deux polygones d'un même nombre de côtés. Cela posé, nous dirons :

Deux polygones sont semblables si leurs angles homologues sont égaux (deux angles homologues étant toujours de même sens ou toujours de sens contraire) *et si leurs côtés homologues sont proportionnels.*

Si les angles homologues sont toujours de même sens, on dit que les deux polygones sont *directement semblables ;* dans le cas contraire, on dit qu'ils sont *inversement semblables.*

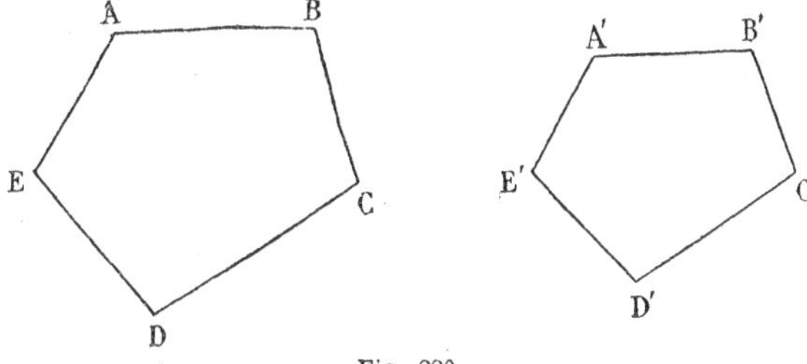

Fig. 220

Le rapport de deux côtés homologues est le rapport de similitude.

Ainsi, si les deux polygones ABCDE, A'B'C'D'E' (*fig.* 220) sont semblables, on aura

$$A = A', \qquad B = B', \qquad C = C', \qquad D = D', \qquad E = E';$$

$$\frac{AB}{A'B'} = \frac{BC}{B'C'} = \frac{CD}{C'D'} = \frac{DE}{D'E'} = \frac{EA}{E'A'},$$

les angles égaux étant toujours de même sens, ou toujours de sens contraire.

Si les polygones ABCDE, A'B'C'D'E' sont semblables, il n'en est pas de même, en général, des polygones ABCDE et B'C'D'E'A' ; les deux polygones A'B'C'D'E' et B'C'D'E'A' doivent être considérés comme distincts, en ce sens qu'il n'est pas possible, en général, sans déformer la figure, de faire coïncider les points

A', B', C', D', E' respectivement avec les points B', C', D', E', A'.

Il n'est pas évident *a priori* qu'il existe des polygones semblables à un polygone quelconque; le théorème suivant démontre leur existence.

326. **Théorème.** — *Deux polygones homothétiques sont semblables.*

En effet, dans deux polygones homothétiques les côtés homologues sont proportionnels, puisque le rapport de deux côtés homologues quelconques est égal au rapport de similitude ; les angles homologues sont égaux et de même sens (312) ; donc ces polygones sont directement semblables.

327. **Théorème.** — *Tout polygone* P', *semblable à un polygone* P, *est égal à un polygone homothétique du polygone* P.

En effet, prenons un centre d'homothétie quelconque S' et un rapport d'homothétie égal au rapport de similitude de P' et de P. Soit P'' le polygone homothétique du polygone P. Les côtés des polygones P' et P'' qui correspondent à un même côté du polygone P sont égaux, parce que le rapport de ces côtés au côté correspondant du polygone P est le même ; les angles des polygones P' et P'' qui correspondent à un même angle du polygone P sont égaux, comme étant tous deux égaux à cet angle ; ils seront de même sens si les polygones semblables P' et P ont leurs angles homologues de même sens ; ils seront de sens inverse dans le cas contraire. Les polygones P' et P'' ayant leurs côtés homologues égaux et leurs angles homologues égaux (toujours de même sens ou toujours de sens inverse), sont égaux (64).

328. **Remarque I.** — Le théorème précédent permet d'étendre la notion de points homologues, de droites homologues, d'angles homologues relativement à deux polygones semblables. Soient en effet P et P' deux polygones semblables ; le polygone P' sera égal à un polygone P'' homothétique du polygone P ; traçons une figure quelconque F dans le plan de P ; soit F'' la figure homothétique de F dans l'homothétie (P, P'') ; si l'on transporte le plan du polygone P'', en le retournant si cela est nécessaire.

de façon à faire coïncider les polygones P″ et P′, la figure F″ vient occuper une position F′ ; nous dirons alors que :

La figure F′ est, relativement au polygone P′, l'homologue de la figure F relativement au polygone P.

La figure F′ étant égale à une figure homothétique de la figure F, le rapport d'homothétie étant le même que le rapport de similitude des polygones P′ et P″, on en déduit les conclusions suivantes :

Deux droites homologues relativement à deux polygones semblables sont entre elles dans un rapport égal au rapport de similitude de ces polygones.

Deux angles homologues relativement à deux polygones semblables sont égaux.

En particulier, dans deux triangles semblables :

Deux hauteurs homologues, deux bissectrices homologues, deux médianes homologues, sont entre elles dans un rapport égal au rapport de similitude des triangles.

329. **Remarque II.** — Parmi les polygones semblables à un polygone P de n côtés, il en existe toujours un, P′, dont un côté A′B′, homologue du côté AB du polygone P, a une longueur donnée à l'avance ; tous ces polygones P′ seront égaux. Pour achever la détermination de ce polygone, il faudra connaître, outre le côté A′B′, $2n-4$ quantités (64) ; donc :

La similitude de deux polygones de n côtés exige $2n-4$ conditions.

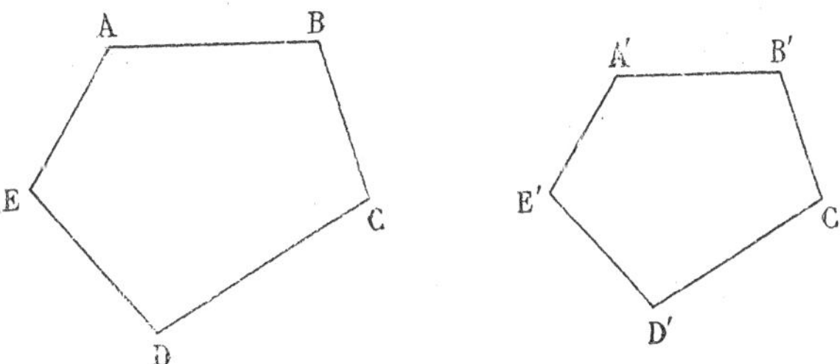

Fig. 221

330. **Théorème.** — *Le rapport des périmètres de deux polygones semblables est égal à leur rapport de similitude.*

Soient les deux polygones semblables ABCDE, A'B'C'D'E' (*fig.* 221). On aura

$$\frac{A'B'}{AB} = \frac{B'C'}{BC} = \frac{C'D'}{CD} = \frac{D'E'}{DE} = \frac{E'A'}{EA},$$

d'où l'on déduit (voir le cours d'arithmétique de M. Humbert)

$$\frac{A'B' + B'C' + C'D' + D'E' + E'A'}{AB + BC + CD + DE + EA} = \frac{A'B'}{AB}.$$

C. q. f. d.

331. **Théorème.** — *Deux polygones semblables sont décomposables en un même nombre de triangles semblables et semblablement placés.*

Il suffit (327) de démontrer le théorème pour deux polygones homothétiques. Soient alors P et P' deux polygones homothétiques; supposons le polygone P décomposé en n triangles $T_1, T_2, \ldots T_n$. Désignons par $T'_1, T'_2, \ldots T'_n$ les triangles homothétiques des triangles $T_1, T_2, \ldots T_n$; le polygone P' se composera des triangles $T'_1, T'_2, \ldots T'_n$ qui sont semblables aux triangles $T_1, T_2, \ldots T_n$ et semblablement placés.

332. Réciproquement, *deux polygones composés d'un même nombre de triangles semblables et semblablement placés sont semblables.*

Soient P un polygone composé des triangles $T_1, T_2, \ldots T_n$ et P' un autre polygone composé des triangles $T'_1, T'_2, \ldots T'_n$ qui sont respectivement semblables aux précédents et semblablement placés. En retournant, au besoin, le plan de la figure P' et en lui imprimant ensuite un certain déplacement, on amènera le polygone P' dans une position P'' et le triangle T'_1 dans une position T''_1, telle que les deux triangles T_1 et T''_1 soient homothétiques; les triangles $T'_2, T'_3, \ldots T'_n$ viendront occuper les positions $T''_2, T''_3, \ldots T''_n$; ces nouveaux triangles seront les homothétiques de $T_2, T_3, \ldots T_n$ et par conséquent P'' est le polygone homothétique de P ; donc (327) P et P' sont semblables.

§ VIII.

Relations métriques entre les éléments d'un triangle.

333. **Définitions.** — Une *relation métrique* entre plusieurs longueurs est une relation entre les nombres qui mesurent ces longueurs, en prenant une même longueur pour unité.

Pour abréger le discours, nous dirons *côté* d'un polygone au lieu de dire *nombre* qui mesure ce côté ; *produit de deux lignes* ou *carré d'une ligne* au lieu de dire produit des nombres qui mesurent ces lignes ou carré du nombre qui mesure cette ligne.

Un nombre a est dit moyen proportionnel entre deux nombres b et c quand on a la proportion

$$\frac{b}{a} = \frac{a}{c},$$

d'où l'on déduit

$$a^2 = bc.$$

Une ligne est moyenne proportionnelle entre deux autres lorsque le nombre qui mesure la première ligne est moyen proportionnel entre ceux qui mesurent les deux autres lignes. Quand une ligne est moyenne proportionnelle entre deux autres lignes, son carré est égal au produit des deux autres lignes.

334. **Définitions.** — On appelle projection d'un point sur une droite le pied de la perpendiculaire abaissée de ce point sur la droite. La projection d'un segment AB sur une droite est le segment A'B' qui a pour extrémités les projections A' et B' des points A et B sur la droite.

335. **Théorème.** — *Si du sommet de l'angle droit d'un triangle rectangle on abaisse une perpendiculaire sur l'hypoténuse :*

1° *On détermine deux triangles rectangles semblables entre eux et semblables au triangle primitif ;*

2° *Chaque côté de l'angle droit est moyen proportionnel entre l'hypoténuse entière et sa projection sur l'hypoténuse ;*

3° *La perpendiculaire abaissée du sommet de l'angle droit sur l'hypoténuse est moyenne proportionnelle entre les deux segments de l'hypoténuse ;*

4° *Le carré de l'hypoténuse est égal à la somme des carrés des côtés de l'angle droit.*

En effet, soit le triangle rectangle ABC (*fig.* 222); du sommet A de l'angle droit menons la perpendiculaire AD sur l'hypoténuse.

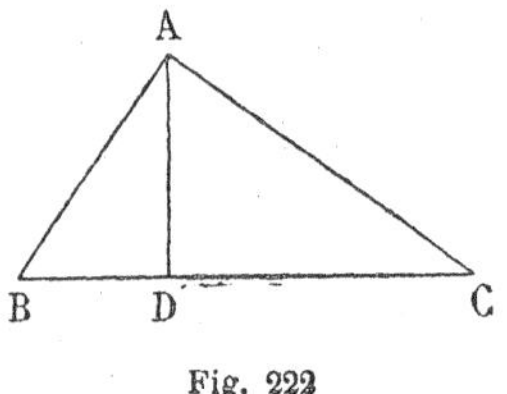

Fig. 222

1° Les triangles BDA et BAC sont semblables, car ils sont rectangles, le premier en D, le second en A, et ils ont l'angle aigu B commun. On voit de même que les triangles ADC et BAC sont semblables; les deux triangles BDA, ADC, tous deux semblables au triangle BAC, sont semblables.

2° De la similitude des triangles BDA, BAC on déduit la proportion

$$\frac{BD}{BA} = \frac{BA}{BC},$$

ou

$$\overline{BA}^2 = BC \times BD,$$

et le côté de l'angle droit BA est moyen proportionnel entre l'hypoténuse entière BC et sa projection BD sur l'hypoténuse.

La similitude des triangles ADC et BAC donnerait de même la proportion

$$\frac{AC}{DC} = \frac{BC}{AC} \quad \text{ou} \quad \overline{AC}^2 = BC \times DC;$$

donc AC est moyen proportionnel entre BC et CD.

3° De la similitude des deux triangles BDA et ADC on déduit la proportion

$$\frac{BD}{AD} = \frac{AD}{DC} \quad \text{ou} \quad \overline{AD}^2 = BD \times DC;$$

donc la perpendiculaire AD est moyenne proportionnelle entre les deux segments BD et DC de l'hypoténuse.

4° Des égalités établies dans la deuxième partie du théorème :

$$(1) \qquad \overline{AB}^2 = BC \times BD,$$

$$(2) \qquad \overline{AC}^2 = BC \times CD,$$

on déduit, en ajoutant ces égalités membre à membre,

$$\overline{AB}^2 + \overline{AC}^2 = BC \times (BD + CD) = \overline{BC}^2.$$

336. **Corollaire I.** — *Le rapport des carrés des côtés de l'angle droit d'un triangle rectangle est égal au rapport de leurs projections sur l'hypoténuse.*

En effet, en divisant membre à membre les égalités (1) et (2) (n° 335), on a

$$\frac{\overline{AB}^2}{\overline{AC}^2} = \frac{BD}{CD}.$$

337. **Corollaire II.** — En joignant un point d'une circonférence aux extrémités d'un diamètre on forme un triangle rectangle dont le diamètre est l'hypoténuse; donc :

Toute corde d'un cercle est moyenne proportionnelle entre le diamètre et la projection de cette corde sur le diamètre qui passe par l'une de ses extrémités.

La perpendiculaire abaissée d'un point d'une circonférence sur un diamètre de cette circonférence est moyenne proportionnelle entre les deux segments qu'elle détermine sur ce diamètre.

338. **Remarque.** — Désignons par a l'hypoténuse d'un triangle rectangle, par b et c les côtés de l'angle droit; par b' et c' leurs projections sur l'hypoténuse, enfin par h la hauteur (*fig.* 223). Le théorème précédent donne les relations suivantes entre ces lignes :

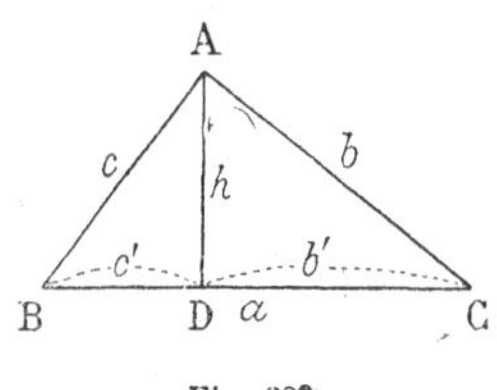

Fig. 223

$$a^2 = b^2 + c^2,$$
$$b^2 = ab', \qquad c^2 = ac',$$
$$h^2 = b'c'.$$

Ces relations servent à calculer quatre de ces lignes quand on connaît les deux autres.

339. **Théorème.** — *Dans un triangle, le carré d'un côté opposé à un angle aigu est égal à la somme des carrés des deux autres côtés, moins deux fois le produit de l'un de ces côtés par la projection de l'autre sur lui.*

Soit A un angle aigu du triangle ABC ; du sommet B menons la perpendiculaire BH sur le côté AC. Le point H est

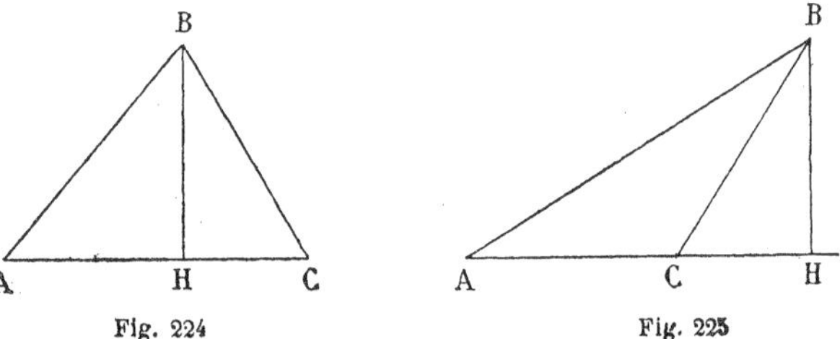

Fig. 224 Fig. 225

situé entre A et C si l'angle C est aigu (*fig.* 224) et sur le prolongement de AC si l'angle C est obtus (*fig.* 225).

Dans l'un et l'autre cas on aura

$$\overline{BC}^2 = \overline{BH}^2 + \overline{HC}^2. \tag{1}$$

Mais dans le premier cas on a

$$CH = AC - AH ;$$

dans le second,

$$CH = AH - AC.$$

Dans les deux cas on aura donc

$$\overline{CH}^2 = \overline{AC}^2 + \overline{AH}^2 - 2AC \times AH. \tag{2}$$

Remplaçons dans la formule (1) $\overline{CH}^2$ par cette valeur ; on aura

$$\overline{BC}^2 = \overline{BH}^2 + \overline{AC}^2 + \overline{AH}^2 - 2AC \times AH.$$

Mais $$\overline{BH}^2 + \overline{AH}^2 = \overline{AB}^2 ;$$

donc $$\overline{BC}^2 = \overline{AB}^2 + \overline{AC}^2 - 2AC \times AH.$$

C. q. f. d.

340. **Théorème.** — *Dans un triangle, le carré d'un côté opposé à un angle obtus est égal à la somme des carrés des deux autres côtés, plus deux fois le produit de l'un de ces côtés par la projection de l'autre sur lui.*

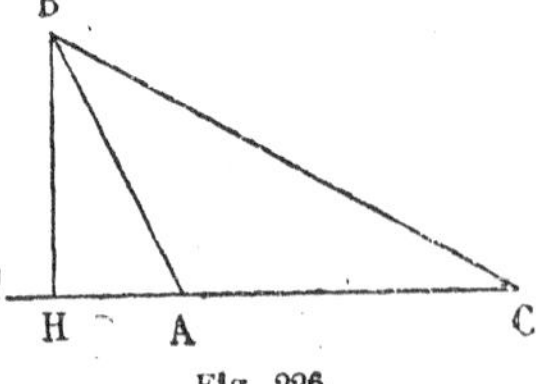

Fig. 226

Soit A un angle obtus dans le triangle ABC ; du sommet B menons la perpendiculaire BH sur le côté AC ; le pied H de cette perpendiculaire est sur le prolongement de CA (*fig.* 226).

Dans le triangle rectangle BHC on a

(1) $$\overline{BC}^2 = \overline{BH}^2 + \overline{HC}^2.$$

Mais $$HC = AC + AH;$$

donc

(2) $$\overline{HC}^2 = \overline{AC}^2 + \overline{AH}^2 + 2AC \times AH.$$

Remplaçons dans la formule (1) $\overline{HC}^2$ par cette valeur; on aura

$$\overline{BC}^2 = \overline{BH}^2 + \overline{AC}^2 + \overline{AH}^2 + 2AC \times AH.$$

Mais $$\overline{BH}^2 + \overline{AH}^2 = \overline{AB}^2;$$

donc $$\overline{BC}^2 = \overline{AB}^2 + \overline{AC}^2 + 2AC \times AH.$$

C. q. f. d.

341. Corollaire. — *Un angle d'un triangle est aigu, droit ou obtus suivant que le carré du côté opposé à cet angle est inférieur, égal ou supérieur à la somme des carrés des deux autres côtés.*

342. Application. — *Calculer les hauteurs d'un triangle dont on connaît les côtés.*

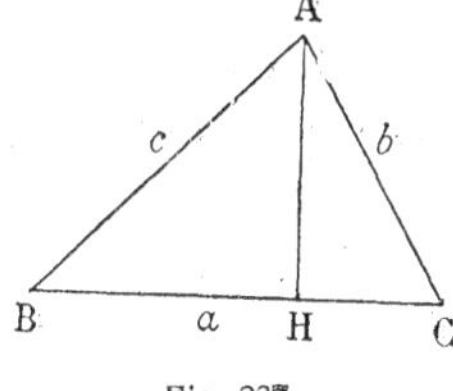

Fig. 227

Proposons-nous, par exemple, de calculer la hauteur AH qui correspond au côté a (*fig.* 227). L'un, au moins, des angles B ou C est aigu ; supposons par exemple B aigu. On aura (339)

$$b^2 = a^2 + c^2 - 2a \times BH,$$

d'où l'on tire

$$BH = \frac{a^2 + c^2 - b^2}{2a}.$$

Or dans le triangle rectangle ABH on a

$$\overline{AH}^2 = c^2 - \overline{BH}^2;$$

donc

$$\overline{AH}^2 = c^2 - \frac{(a^2 + c^2 - b^2)^2}{4a^2} = \frac{4a^2c^2 - (a^2 + c^2 - b^2)^2}{4a^2}.$$

En remarquant que la différence des carrés de deux nombres est égale au produit de leur somme par leur différence, on aura

$$\overline{AH}^2 = \frac{(2ac + a^2 + c^2 - b^2)(2ac - a^2 - c^2 + b^2)}{4a^2}$$

$$= \frac{[(a+c)^2 - b^2][b^2 - (a-c)^2]}{4a^2}$$

$$\overline{AH}^2 = \frac{(a+b+c)(b+c-a)(c+a-b)(a+b-c)}{4a^2}.$$

Si donc on pose

$$2p = a + b + c,$$

on aura

$$b + c - a = 2(p - a),$$

$$c + a - b = 2(p - b),$$

$$a + b - c = 2(p - c);$$

donc

$$\overline{AH}^2 = \frac{4p(p-a)(p-b)(p-c)}{a^2}$$

ou

$$AH = \frac{2}{a}\sqrt{p(p-a)(p-b)(p-c)}.$$

343. **Théorème.** — *La somme des carrés de deux côtés d'un triangle est égale à deux fois le carré de la moitié du troisième côté plus deux fois le carré de la médiane correspondant à ce troisième côté.*

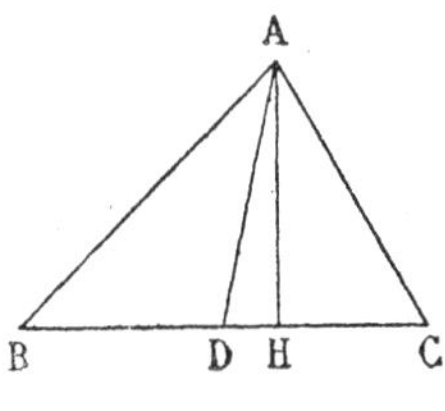

Fig. 228

Dans le triangle ABC (*fig.* 228) menons la hauteur AH et la médiane AD issues du sommet A; l'un des deux angles supplémentaires ADB, ADC est en général obtus; supposons que ADB soit obtus; appliquons les théorèmes précédents aux côtés AB et AC des triangles ADB, ADC. On aura

(1) $$\overline{AB}^2 = \overline{AD}^2 + \overline{BD}^2 + 2BD \times DH,$$

(2) $$\overline{AC}^2 = \overline{AD}^2 + \overline{DC}^2 - 2DC \times DH.$$

Ajoutons ces égalités, membre à membre, et remarquons que BD est égal à DC. On aura

(3) $$\overline{AB}^2 + \overline{AC}^2 = 2\overline{AD}^2 + 2\overline{DB}^2.$$

C. q. f. d.

344. Corollaire. — *La somme des carrés des côtés d'un quadrilatère est égale à la somme des carrés des diagonales, plus quatre fois le carré de la droite qui joint le milieu des diagonales.*

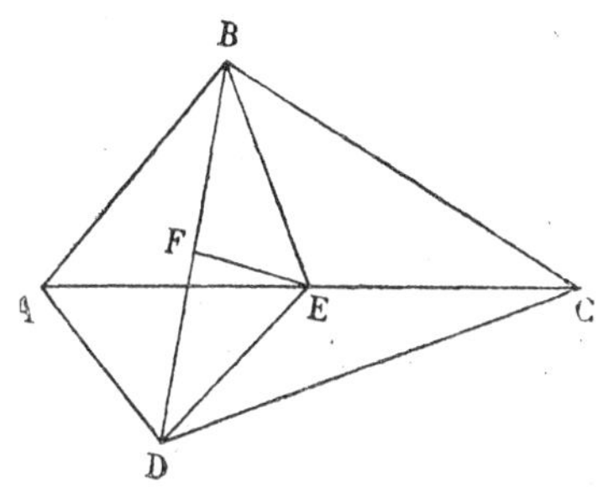

Fig. 229

Soit le quadrilatère ABCD (*fig.* 229), E et F les milieux des diagonales AC et BD.

En appliquant le théorème précédent aux triangles ABC, ADC, on aura

$$\overline{AB}^2 + \overline{BC}^2 = 2\overline{BE}^2 + 2\overline{AE}^2,$$
$$\overline{AD}^2 + \overline{DC}^2 = 2\overline{DE}^2 + 2\overline{AE}^2.$$

Ajoutons membre à membre :

$$\overline{AB}^2 + \overline{BC}^2 + \overline{CD}^2 + \overline{AD}^2 = 2(\overline{BE}^2 + \overline{DE}^2) + 4\overline{AE}^2.$$

Le même théorème appliqué au triangle BED donne la relation

$$\overline{BE}^2 + \overline{DE}^2 = 2\overline{BF}^2 + 2\overline{EF}^2;$$

donc

$$\overline{AB}^2 + \overline{BC}^2 + \overline{CD}^2 + \overline{AD}^2 = 4\overline{BF}^2 + 4\overline{EF}^2 + 4\overline{AE}^2.$$

Mais $\quad 4\overline{BF}^2 = \overline{BD}^2 \quad$ et $\quad 4\overline{AE}^2 = \overline{AC}^2;$

donc $\quad \overline{AB}^2 + \overline{BC}^2 + \overline{CD}^2 + \overline{AD}^2 = \overline{AC}^2 + \overline{BD}^2 + 4\overline{EF}^2.$

345. Remarque. — Pour que le quadrilatère ABCD soit un parallélogramme, il faut et il suffit que les points E et F soient confondus; donc :

Pour qu'un quadrilatère soit un parallélogramme, il faut et il suffit que la somme des carrés de ses côtés soit égale à la somme des carrés de ses diagonales.

346. Application. — *Connaissant les côtés d'un triangle, calculer les longueurs des médianes.*

Calculons, par exemple, la médiane AD qui correspond au côté a du triangle ABC. La formule (3) (nº 343) donne

$$b^2 + c^2 = 2\overline{AD}^2 + 2\left(\frac{a}{2}\right)^2;$$

d'où

$$\overline{AD}^2 = \frac{b^2 + c^2}{2} - \frac{a^2}{4}.$$

347. Théorème. — *Le lieu géométrique des points tels que la somme des carrés des distances de chacun d'eux à deux points fixes A et B soit constante est une circonférence dont le centre est le milieu de AB (fig. 230).*

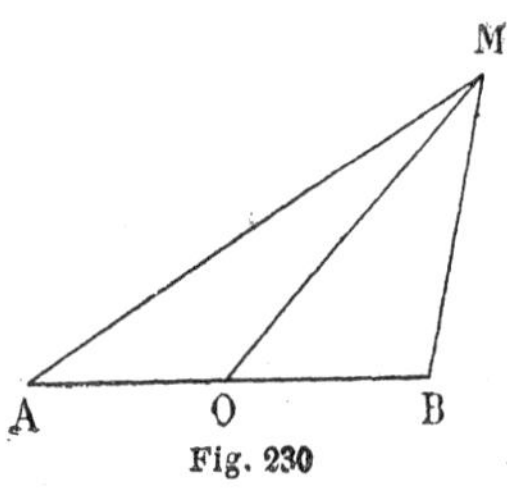

Fig. 230

Soit k^2 la constante donnée ; il faut trouver le lieu des points M tels que

$$(1) \qquad \overline{MA}^2 + \overline{MB}^2 = k^2.$$

Soit O le milieu de AB. On a (343)

$$\overline{MA}^2 + \overline{MB}^2 = 2\overline{MO}^2 + 2\overline{AO}^2.$$

Pour que la relation (1) soit satisfaite, il faut et il suffit que

$$2\overline{MO}^2 + 2\overline{AO}^2 = k^2,$$

d'où

$$\overline{MO}^2 = \frac{k^2 - 2\overline{AO}^2}{2}.$$

Si k^2 est plus petit que $2\overline{AO}^2$, il n'y a pas de points satisfaisant à la condition donnée; si $k^2 = 2\overline{AO}^2$, le point O est le seul point répondant à la question; si k^2 est plus grand que $2\overline{AO}^2$, les points demandés sont les points du cercle qui a pour centre le point O et pour rayon

$$MO = \sqrt{\frac{k^2 - 2\overline{AO}^2}{2}}.$$

348. Théorème. — *La différence des carrés de deux côtés d'un triangle est égale à deux fois le produit du troisième côté par la projection sur ce côté de la médiane qui lui correspond.*

Soit le triangle ABC; menons la médiane AD et la hauteur AH issues du sommet A (*fig.* 228). Si l'on suppose l'angle ADC aigu, le côté AC est plus petit que le côté AB et les points C et

H sont d'un même côté du point D. Nous aurons alors (339 et 340)

$$(1) \qquad \overline{AB}^2 = \overline{AD}^2 + \overline{BD}^2 + 2BD \times DH,$$

$$(2) \qquad \overline{AC}^2 = \overline{AD}^2 + \overline{DC}^2 - 2DC \times DH;$$

retranchons membre à membre et remarquons que DC = DB. On aura

$$\overline{AB}^2 - \overline{AC}^2 = 4BD \times DH = 2BC \times DH.$$

C. q. f. d.

349. **Théorème.** — *Le lieu des points du plan tels que la différence des carrés des distances de chacun d'eux à deux points fixes* B *et* C *soit constante est une droite perpendiculaire à la droite* BC (*fig.* 231).

Soit k^2 la constante donnée ; il faut trouver le lieu des points M tels que

$$\overline{MB}^2 - \overline{MC}^2 = k^2.$$

Menons la médiane MD et la hauteur MH du triangle BMC ; MB devant être plus grand que MC, les points H et C seront d'un même côté du point D. On aura, d'après le théorème précédent,

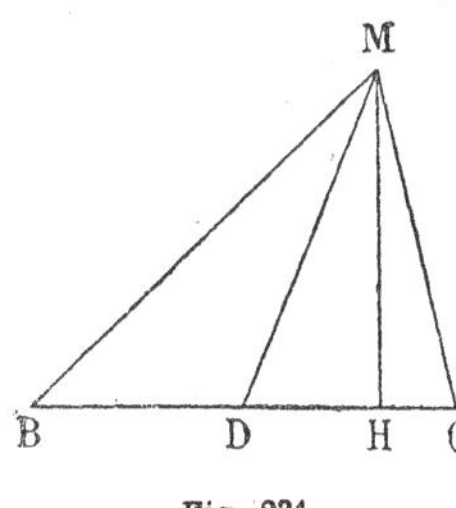

Fig. 231

$$\overline{MB}^2 - \overline{MC}^2 = 2BC \times DH.$$

Pour tout point du lieu on aura donc

$$2BC \times DH = k^2.$$

$$DH = \frac{k^2}{2BC};$$

donc le point H est fixe, et le point M se trouve sur la perpendiculaire menée en H à la droite BC.

Réciproquement, tout point de cette droite est un point du lieu ; car si M est un point quelconque de cette droite, on aura

$$\overline{MB}^2 - \overline{MC}^2 = 2BC \times DH = 2BC \times \frac{k^2}{2BC} = k^2.$$

350. **Théorème de Stewart.** — C *étant un point situé sur le segment* AB, M *un point quelconque du plan* (*fig.* 232), *on a la relation*

(1) $BC \times \overline{MA}^2 + AC \times \overline{MB}^2 = AB \times \overline{MC}^2 + AC \times BC \times AB.$

En effet, soit H la projection du point M sur la droite AB ; l'un des angles MCA, MCB est aigu et l'autre obtus ; supposons, par exemple que l'angle MCA soit obtus. Dans le triangle MCA, on a (340) la relation

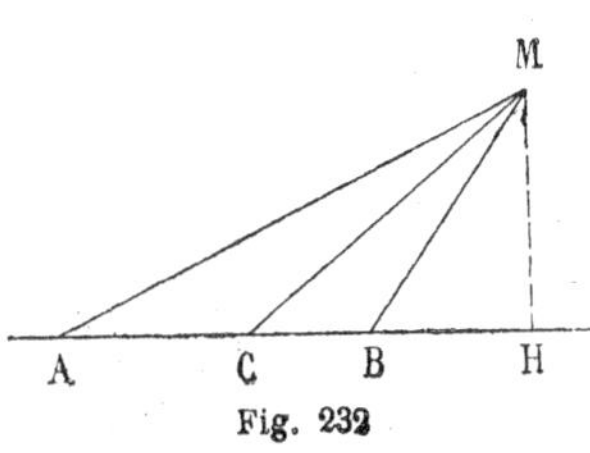

Fig. 232

(1) $\overline{MA}^2 = \overline{MC}^2 + \overline{AC}^2 + 2AC \times CH;$

de même, le triangle MCB fournit (339) la relation

(2) $$\overline{MB}^2 = \overline{MC}^2 + \overline{CB}^2 - 2BC \times CH.$$

Multiplions les deux membres de l'égalité (1) par BC et les deux membres de l'égalité (2) par AC, puis ajoutons membre à membre les produits obtenus.

Au premier membre, on aura

$$BC \times \overline{MA}^2 + AC \times \overline{MB}^2;$$

au second membre, le coefficient de $\overline{MC}^2$ est $BC + AC$, c'est-à-dire AB ; la somme

$$\overline{AC}^2 \times BC + \overline{BC}^2 \times AC$$

est égale à

$$AC \times BC \times (AC + BC),$$

c'est-à-dire à

$$AC \times BC \times AB;$$

enfin l'expression

$$2AC \times CH \times BC - 2BC \times CH \times AC$$

est nulle, ce qui démontre le théorème.

Ce théorème est un cas particulier du théorème de Leibnitz (Voir compléments, *théorie des vecteurs*).

351. Remarque. — Dans la relation fournie par le théorème de Stewart, AB, AC, BC représentent les longueurs des segments AB, AC, BC. On obtient une relation qui a une forme plus symétrique en introduisant les valeurs algébriques de ces segments.

Prenons comme sens positif le sens de A vers B; alors les longueurs AB, BC, AC sont respectivement égales aux segments AB, — BC, — CA. En introduisant les segments, la relation (1) (350) devient :

$$(2)\quad BC.\overline{MA}^2 + CA.\overline{MB}^2 + AB.\overline{MC}^2 + AB.BC.CA = 0.$$

Cette relation subsiste si l'on change le sens positif sur AB, puisque ce changement de sens revient à changer le signe de tous les termes de l'équation (2).

De plus, cette relation étant symétrique par rapport à A, B, C subsiste, même quand C est placé en dehors du segment AB.

352. **Application.** — *Calculer les longueurs des bissectrices d'un triangle connaissant les côtés.*

Menons les bissectrices AD et AD′ de l'angle A du triangle ABC. En appliquant le théorème de Stewart sous la forme (2) (351), on aura :

$$(1)\quad BC.\overline{AD}^2 + CD.\overline{AB}^2 + DB.\overline{AC}^2 + BC.CD.DB = 0,$$

$$(2)\quad BC.\overline{AD'}^2 + CD'.\overline{AB}^2 + D'B.\overline{AC}^2 + BC.CD'.D'B = 0.$$

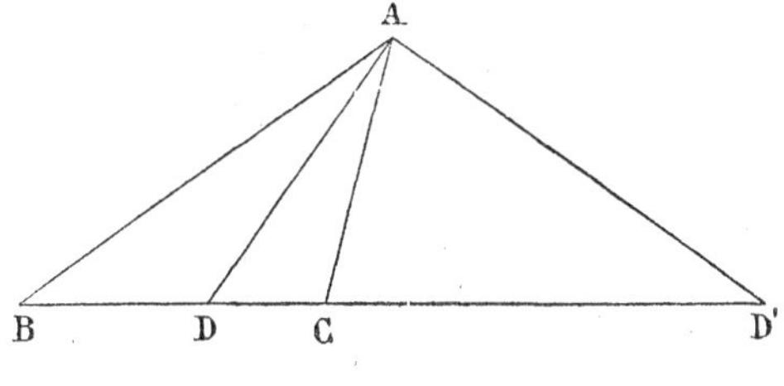

Fig. 233

Or, on a (284), en prenant le sens de B vers C comme sens positif :

$$CD = -\frac{ab}{b+c},\quad DB = -\frac{ac}{b+c},\quad (BC = a,\ AB = c,\ AC = b)$$

$$CD' = \frac{ab}{c-b}, \qquad D'B = -\frac{ac}{c-b}.$$

En portant ces valeurs dans les relations (1) et (2), on trouve

$$a\overline{AD}^2 - \frac{abc^2}{b+c} - \frac{acb^2}{b+c} + \frac{a^3bc}{(b+c)^2} = 0,$$

$$a\overline{AD'}^2 + \frac{abc^2}{c-b} - \frac{acb^2}{c-b} - \frac{a^3bc}{(c-b)^2} = 0,$$

d'où l'on tire

$$\overline{AD}^2 = bc - \frac{a^2bc}{(b+c)^2},$$

$$\overline{AD'}^2 = \frac{a^2bc}{(c-b)^2} - bc.$$

353. **Théorème.** — *Le produit de deux côtés d'un triangle est égal au produit du diamètre du cercle circonscrit à ce triangle par la hauteur qui correspond au troisième côté.*

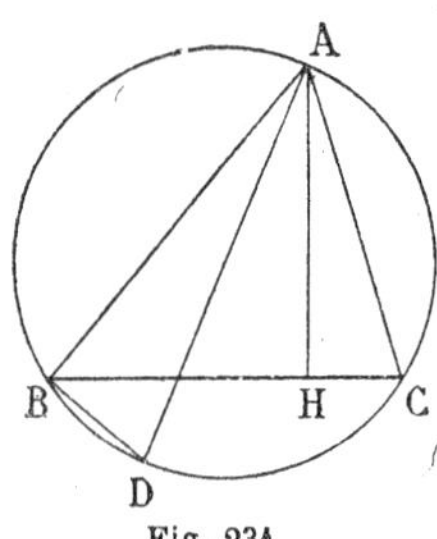

Fig. 234

Soit le triangle ABC (*fig.* 234) ; AD le diamètre du cercle circonscrit qui passe par A, AH la hauteur issue du point A. Les triangles AHC et ABD sont rectangles, l'un en H et l'autre en B; les angles C et D de ces triangles sont égaux, car ils ont tous deux pour mesure la moitié de l'arc AB ; donc les triangles AHC et ABD sont semblables. On aura alors

$$\frac{AH}{AB} = \frac{AC}{AD},$$

ou

$$AB \times AC = AH \times AD.$$

354. **Remarque.** — Ce théorème permet de calculer le rayon du cercle circonscrit à un triangle quand on connaît les côtés de

ce triangle. Soit R le rayon du cercle circonscrit; on aura

$$bc = AH \times 2R.$$

Remplaçons AH par sa valeur (342). On aura

$$R = \frac{abc}{4\sqrt{p(p-a)(p-b)(p-c)}}.$$

355. **Théorème.** — *Pour qu'un quadrilatère convexe soit inscriptible, il faut et il suffit que le produit des diagonales soit égal à la somme des produits des côtés opposés.*

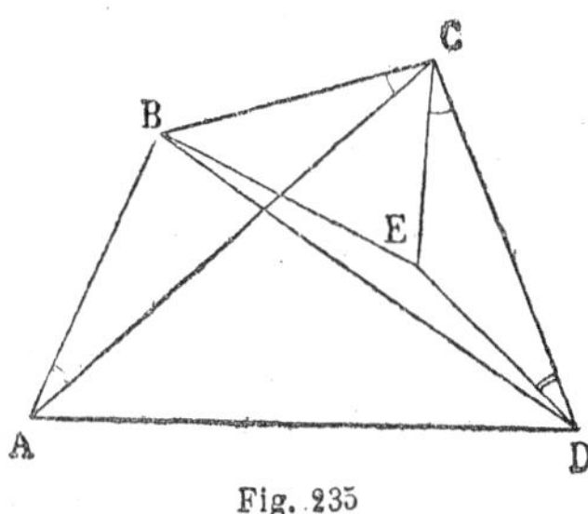

Fig. 235

Soit un quadrilatère convexe ABCD (*fig.* 235).

Sur CD comme côté, construisons un triangle CDE, situé du même côté que le quadrilatère par rapport à CD et tel que les angles C et D de ce triangle soient respectivement égaux aux angles C et A du triangle CAB. Les deux triangles CDE et CAB sont semblables et on a

$$(1) \qquad \frac{AB}{DE} = \frac{AC}{CD} = \frac{BC}{CE}.$$

On en déduit

$$(2) \qquad AB \times CD = AC \times DE.$$

D'autre part, l'égalité des angles BCA, ECD entraîne celle des angles BCE, ACD, et comme des égalités (1) on déduit

$$\frac{BC}{AC} = \frac{CE}{CD},$$

on en conclut que les deux triangles BCE, ACD sont semblables ; donc

$$\frac{BC}{AC} = \frac{BE}{AD};$$

d'où

$$(3) \qquad BC \times AD = AC \times BE.$$

En ajoutant, membre à membre, les égalités (2) et (3), on

aura

$$AB \times CD + BC \times AD = AC(BE + DE).$$

L'angle CDE, qui est égal à l'angle CAB, n'est pas en général égal à l'angle CDB ; le point E est en dehors de la droite BD et la somme $BE + DE$ est plus grande que BD ; donc, en général, dans un quadrilatère convexe, la somme des produits des côtés opposés surpasse le produit des diagonales. Pour qu'il en soit autrement, il faut et il suffit que les angles CAB et CDB soient égaux, c'est-à-dire que le quadrilatère ABCD soit inscriptible.

336. **Corollaire.** — *Le rapport des diagonales d'un quadrilatère inscriptible convexe est égal au rapport des sommes des produits des côtés qui aboutissent à leurs extrémités.*

Soit ABCD un quadrilatère convexe inscrit dans le cercle O (*fig.* 236). Je dis que l'on a

$$\frac{AC}{DB} = \frac{AB \times AD + BC \times CD}{AB \times BC + AD \times CD}$$

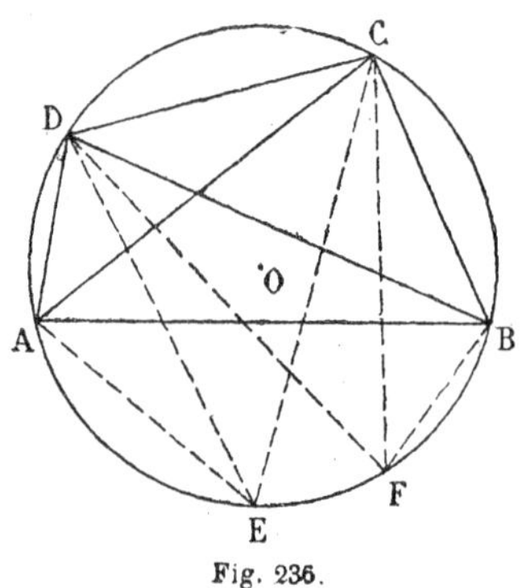

Fig. 236.

En effet, supposons que l'arc AB soit le plus grand des quatre arcs AB, BC, CD, DA ; prenons sur cet arc des arcs AE et BF respectivement égaux aux arcs BC et AD.

Le théorème précédent, appliqué aux quadrilatères EADC, FBCD, donne les relations

$$(1) \qquad AC \times DE = AD \times CE + AE \times CD,$$

$$(2) \qquad BD \times CF = BC \times DF + CD \times BF.$$

En remarquant que des arcs égaux sont sous-tendus par des cordes égales, on aura

$$(3) \qquad AE = BC, \quad BF = AD, \quad DE = CF, \quad CE = DF = AB.$$

Divisons, membre à membre, les égalités (1) et (2), et tenons compte des égalités (3); on aura la relation qu'il fallait établir :

$$\frac{AC}{BD} = \frac{AB \times AD + BC \times CD}{AB \times BC + AD \times CD}.$$

357. **Remarque.** — Le théorème précédent et son corollaire permettent de calculer les diagonales d'un quadrilatère inscriptible quand on connaît ses côtés. Désignons par a, b, c, d les côtés AB, BC, CD, DA du quadrilatère inscriptible ABCD (*fig.* 237); par x et y les diagonales AC et BD. On aura

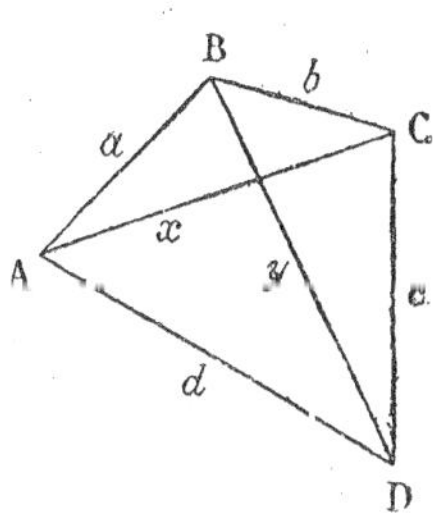

Fig. 237

$$xy = ac + bd,$$

$$\frac{x}{y} = \frac{ad + bc}{ab + cd},$$

d'où

$$x^2 = \frac{(ac + bd)(ad + bc)}{ab + cd},$$

$$y^2 = \frac{(ac + bd)(ab + cd)}{ad + bc}.$$

358. **Lignes trigonométriques d'un angle.** — Soit un angle xOy (*fig.* 238 et 239); prenons sur le côté Oy une longueur OM égale à l'unité, abaissons du point M la perpendiculaire Mm sur la droite Ox.

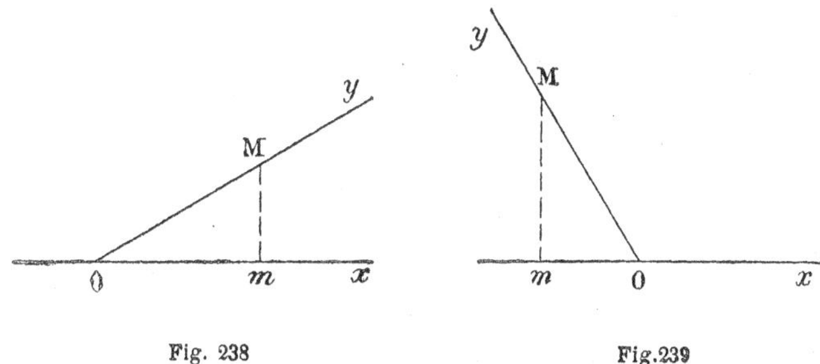

Fig. 238 Fig. 239

Cela posé, par définition :

Le *sinus* de l'angle xOy est égal à la longueur de Mm; par conséquent le sinus est toujours *positif* ;

Le *cosinus* de l'angle xOy est égal à la valeur algébrique du segment Om compté positivement suivant la direction Ox; par conséquent le cosinus est positif si l'angle xOy est aigu (*fig.* 238) et négatif si l'angle xOy est obtus (*fig.* 239);

La *tangente* de l'angle xOy est égale au quotient de son sinus par son cosinus; par conséquent la tangente est positive si l'angle xOy est aigu et négative si l'angle xOy est obtus;

La *cotangente* de l'angle xOy est égale au quotient de son cosinus par son sinus; par conséquent la cotangente est positive si l'angle xOy est aigu et négative si l'angle xOy est obtus. Dans tous les cas, la cotangente est égale à l'inverse de la tangente.

359. Remarque. — Pour justifier la définition précédente, il faut montrer que deux angles égaux ont les mêmes lignes trigonométriques. Soient alors xOy et $x'O'y'$ deux angles égaux; prenons sur Oy une longueur OM égale à l'unité et menons la perpendiculaire Mm à Ox; de même prenons sur $O'y'$ une longueur $O'M'$ égale à l'unité et menons la perpendiculaire $M'm'$ à $O'x'$ (*fig.* 240).

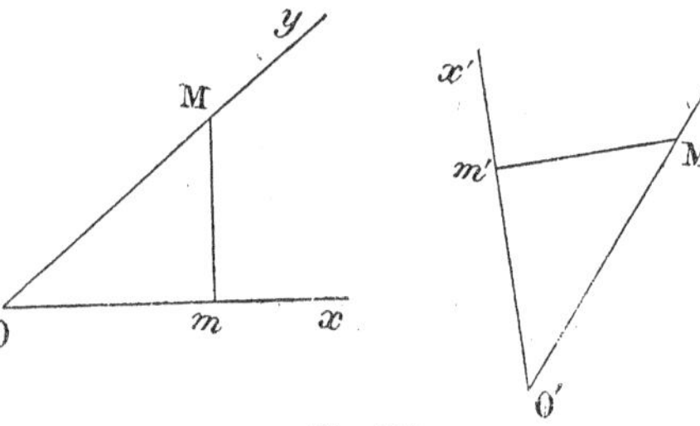

Fig. 240

Les deux triangles rectangles OMm et $O'M'm'$ sont égaux, comme ayant leurs hypoténuses égales $OM = O'M'$ et les angles aigus O et O' égaux; donc

$$Om = O'm' \qquad \text{et} \qquad mM = m'M',$$

donc les lignes trigonométriques de ces angles sont égales.

360. **Théorème.** — *Si deux angles aigus sont complémentaires, le sinus de l'un est égal au cosinus de l'autre.*

Soient α et β deux angles xOy et yOz qui sont complémentaires (*fig.* 241). Prenons sur Oy une longueur OM égale à l'unité; puis abaissons du point M les perpendiculaires Mm, Mm' sur Ox et Oz.

Par définition on a

$$\cos\alpha = Om, \qquad \cos\beta = Om',$$
$$\sin\alpha = Mm, \qquad \sin\beta = m'M.$$

Mais la figure $OmMm'$ est un rectangle, donc

$$Om = m'M \qquad \text{et} \qquad mM = Om'$$

et par conséquent

$$\cos\alpha = \sin\beta \qquad \text{et} \qquad \sin\alpha = \cos\beta.$$

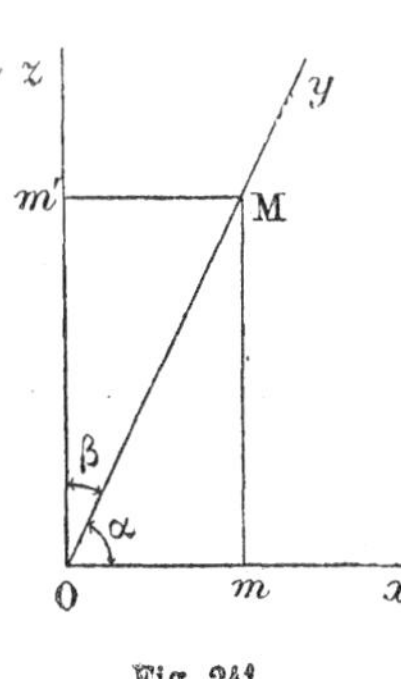

Fig. 241

361. Corollaire. — *Si deux angles aigus sont complémentaires, la tangente de l'un est égale à la cotangente de l'autre.*

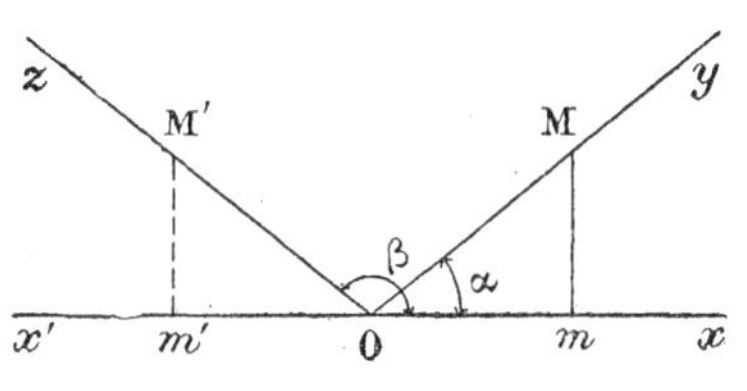

Fig. 242

En effet, par définition (358) on a

$$\operatorname{tg}\alpha = \frac{\sin\alpha}{\cos\alpha}.$$

En tenant compte des égalités du numéro précédent, on aura

$$\operatorname{tg}\alpha = \frac{\cos\beta}{\sin\beta}\, t = \cot.\beta.$$

362. Théorème. — *Si deux angles sont supplémentaires leurs sinus sont égaux et leurs cosinus sont égaux et de signes contraires.*

Soient α et β deux angles xOy et xOz qui sont supplémentaires (*fig.* 242) ; soit Ox' le prolongement de Ox ; les angles α et β étant supplémentaires, les angles xOy et $x'Oz$ sont égaux ; si donc on marque les triangles OMm, $OM'm'$ qui servent à définir les lignes trigonométriques des angles α et β, ces triangles sont égaux, et par conséquent on a

$$mM = m'M' \qquad \text{et} \qquad Om = Om'.$$

Les segments Om et Om' sont de sens contraires, donc

$$\sin\alpha = \sin\beta \qquad \text{et} \qquad \cos\alpha = -\cos\beta.$$

363. **Corollaire.** — *Si deux angles sont supplémentaires, leurs tangentes sont égales et de signes contraires ; il en est de même de leurs cotangentes.*

En effet, on a (358)

$$\operatorname{tg} \alpha = \frac{\sin \alpha}{\cos \alpha}, \qquad \cot \alpha = \frac{\cos \alpha}{\sin \alpha}.$$

En tenant compte des propriétés du numéro précédent, on aura

$$\operatorname{tg} \alpha = -\frac{\sin \beta}{\cos \beta} = -\operatorname{tg} \beta,$$

$$\cot \alpha = -\frac{\cos \beta}{\sin \beta} = -\cot \beta.$$

364. **Théorème.** — *Dans un triangle rectangle, chaque côté de l'angle droit est égal à l'hypoténuse multipliée par le sinus de l'angle opposé ou par le cosinus de l'angle aigu adjacent.*

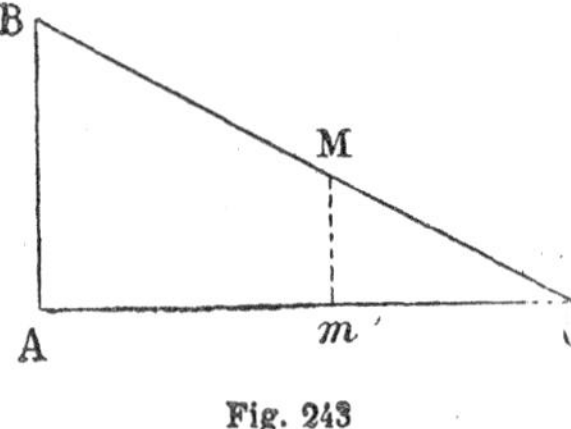

Fig. 243

Soit ABC un triangle rectangle en A (*fig.* 243) ; prenons sur l'hypoténuse CB une longueur CM égale à l'unité, et menons la perpendiculaire Mm au côté AC ; les deux triangles rectangles BAC et MmC sont semblables, donc

$$(1) \qquad \frac{AB}{Mm} = \frac{AC}{Cm} = \frac{BC}{CM}.$$

Mais, par construction, CM est égal à l'unité, Cm est, par définition, le cosinus de l'angle C, Mm, le sinus du même angle ; or de l'équation (1) on déduit

$$AB = BC \times \frac{Mm}{CM} \qquad \text{et} \qquad AC = BC \times \frac{Cm}{CM},$$

et par conséquent

$$AB = BC \times \sin C \qquad \text{et} \qquad AC = BC \times \cos C.$$

Si donc on emploie les notations du n° 338, on aura

(2) $c = a \sin C$ et $b = a \cos C$;

on trouve de même

(3) $b = a \sin B$ et $c = a \cos B$.

365. **Corollaire.** — *Dans un triangle rectangle, chaque côté de l'angle droit est égal à l'autre côté de l'angle droit multiplié par la tangente de l'angle opposé au premier côté ou la cotangente de l'angle aigu adjacent à ce premier côté.*

En effet, des formules (2) et (3) du numéro précédent, on déduit

$$\frac{b}{c} = \frac{a \sin B}{a \cos B} \quad \text{et} \quad \frac{b}{c} = \frac{a \cos C}{b \sin C},$$

ou

$$b = c \operatorname{tg} B \quad \text{et} \quad b = c \cot C.$$

366. **Théorème.** — *Dans un triangle quelconque, chaque côté est proportionnel au sinus de l'angle opposé.*

Soit ABC un triangle quelconque, AH la hauteur issue du sommet A (*fig.* 244 et 245) ; deux cas peuvent se présenter :

1° Les deux angles B et C sont aigus (*fig.* 245);

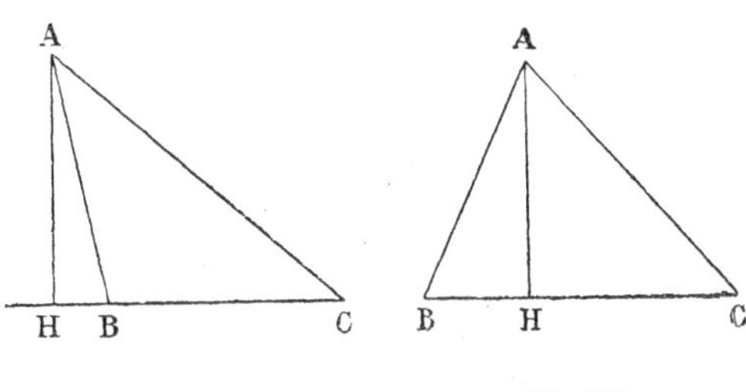

Fig. 244 Fig. 245

2° L'un des angles B ou C, par exemple B est obtus (*fig.* 244).

Dans l'un et l'autre cas on a (364) :

$$AH = AB \sin B = AC.\sin C,$$

ou, en employant les notations habituelles (n° 37),

(1) $$AH = c \sin B = b \sin C.$$

De l'équation (1) on déduit

(2) $$\frac{b}{\sin B} = \frac{c}{\sin c}.$$

On montre, de même, que chacun des rapports (2) est égal à $\frac{a}{\sin A}$, de sorte que l'on a, en définitive

(3) $$\frac{a}{\sin A} = \frac{b}{\sin B} = \frac{c}{\sin C}.$$

§ IX.

Lignes proportionnelles dans le cercle.
Axes radicaux.

367. **Théorème.** — *Si par un point du plan d'un cercle on mène des sécantes à ce cercle, le produit des distances du point aux deux points d'intersection de la sécante avec le cercle est le même pour toutes les sécantes.*

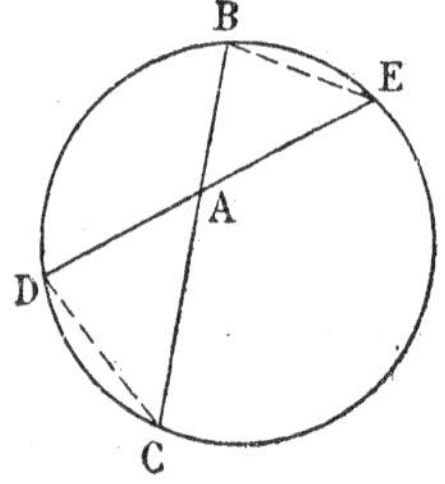

Fig 246

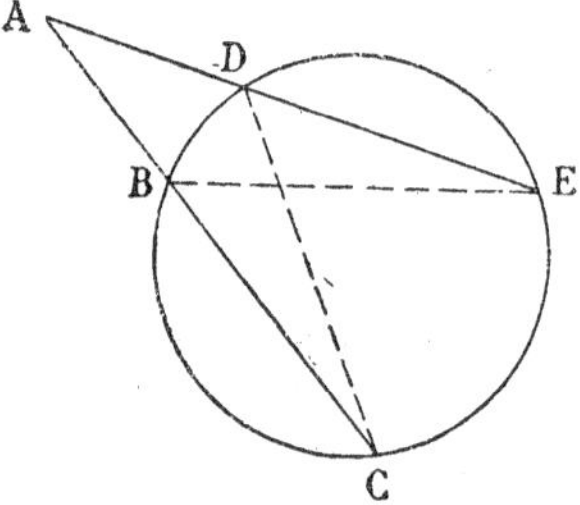

Fig. 247

Soient A le point donné, ABC, ADE (*fig.* 246 et 247) deux sécantes quelconques issues du point A. Je dis que l'on a

$$AB \times AC = AD \times AE.$$

En effet, menons les droites BE et CD; les deux triangles ABE et ADC sont semblables comme ayant deux angles égaux, chacun à chacun, savoir : les angles en A communs (*fig.* 247) ou opposés par le sommet (*fig.* 246); les angles E et C, comme ayant tous deux pour mesure la moitié de l'arc BD; donc on aura

$$\frac{AB}{AD} = \frac{AE}{AC},$$

d'où $$AB \times AC = AD \times AE.$$

368. Remarque. — Si le point A est intérieur au cercle (*fig.* 246), il est situé sur les segments BC et DE; si, au contraire, le point A est extérieur au cercle, il est situé sur le prolongement des segments BC et DE.

369. **Réciproque.** — *Si sur deux sécantes issues d'un point* A, *on prend des points* B, C ; D, E *tels que*

(1) $$AB \times AC = AD \times AE,$$

le point A *étant intérieur aux deux segments* BC, DE *ou extérieur à ces deux segments, les quatre points* B, C, D, E *sont sur un même cercle.*

En effet, par les trois points B, C, D faisons passer un cercle; il coupera la droite AD en un point E' et l'on aura

(2) $$AB \times AC = AD \times AE'.$$

Des égalités (1) et (2) on déduit

$$AE = AE'.$$

Ces deux segments AE, AE' sont d'ailleurs de même sens (368); le point E' coïncide avec le point E; donc les quatre points B, C, D, E sont sur un même cercle.

370. **Théorème.** — *Si d'un point extérieur à un cercle, on mène une tangente et une sécante, la tangente est moyenne proportionnelle entre la sécante entière et sa partie extérieure.*

Soient AT une tangente et ABC (*fig.* 248) une sécante à un cercle ; menons une autre sécante ADE. On aura

(1) $$AB \times AC = AD \times AE.$$

Faisons tourner cette sécante autour du point A de façon qu'elle vienne coïncider avec AT; la relation (1) subsiste constamment, les points D et E ont pour position limite le point T, AD et AE ont pour valeur limite AT; donc on aura

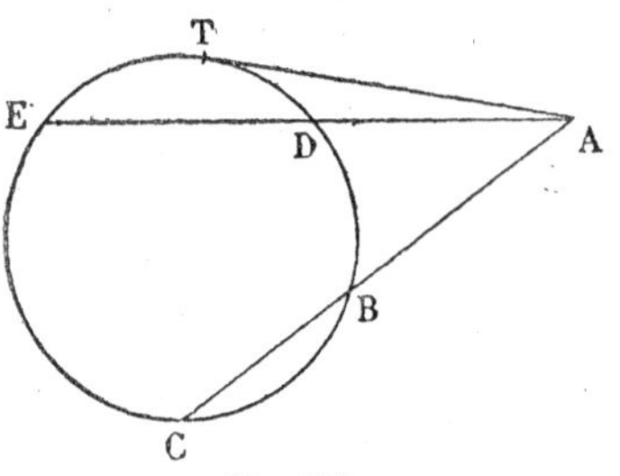

Fig. 248

$$AB \times AC = \overline{AT}^2.$$

371. **Réciproque.** — *Si une droite* AT *est moyenne proportionnelle entre les deux segments, de même sens,* AB, AC, *le cercle qui passe par les trois points* B, C, T *est tangent au point* T *à la droite* AT (*fig.* 249).

En effet, si ce cercle coupait la droite AT en un autre point T', on aurait

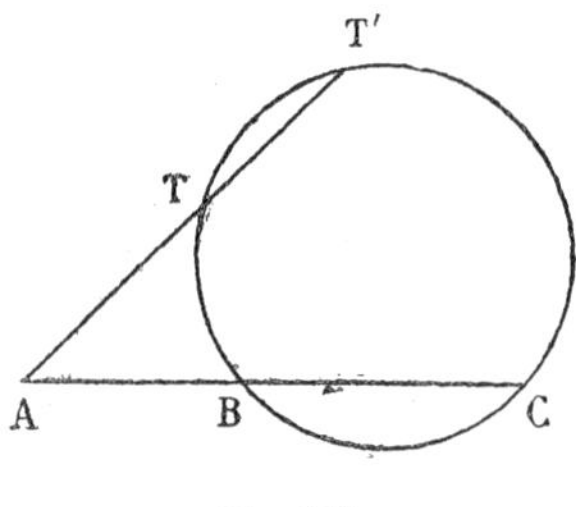

Fig. 249

$$AB \times AC = AT.AT',$$

mais par hypothèse on a

$$AB \times AC = \overline{AT}^2;$$

de ces deux égalités en déduit que AT et AT' sont égaux; ces segments AT, AT' ont même sens, parce que AB et AC sont supposés de même sens (368); le point T' coïncide donc avec le point T. La droite AT n'ayant qu'un seul point commun avec le cercle, est tangente à ce cercle.

372. **Définition.** — La *puissance* d'un point A, par rapport à un cercle O, est le produit constant $AB \times AC$ des distances du point A aux deux points d'intersection B et C du cercle avec une sécante issue du point A, ce produit étant précédé du signe + si les segments AB, AC ont même sens, c'est-à-dire si le point A est extérieur au cercle, et du signe — si les segments AB, AC sont de sens contraire, c'est-à-dire si le point A est intérieur au cercle.

Si le point A est extérieur au cercle, la puissance du point A par rapport à ce cercle est égale au carré de la tangente issue du point au cercle.

Soient d la distance du point A au centre O du cercle, R le rayon

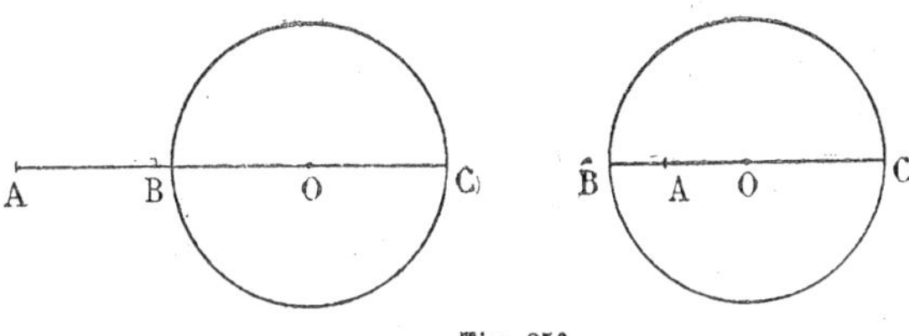

Fig. 250

du cercle ; menons le diamètre qui passe par le point A ; soient B et C les extrémités de ce diamètre (*fig.* 250).

Si le point A est extérieur au cercle, sa puissance est

$$AB \times AC = (d - R)(d + R) = d^2 - R^2.$$

Si le point A est intérieur au cercle, sa puissance est

$$-(AB \times AC) = -(R - d)(R + d) = d^2 - R^2.$$

Dans tous les cas la puissance est égale à $d^2 - R^2$.

373. **Théorème.** — *Le lieu des points qui ont même puissance par rapport à deux cercles est une droite perpendiculaire à la ligne de leurs cent es. Cette droite est appelée l'axe radical des deux cercles.*

En effet, soient deux cercles O et O′ (*fig.* 251) ; R et R′ leurs rayons ; M un point du lieu ; d et d' les distances du point M aux centres O et O′.

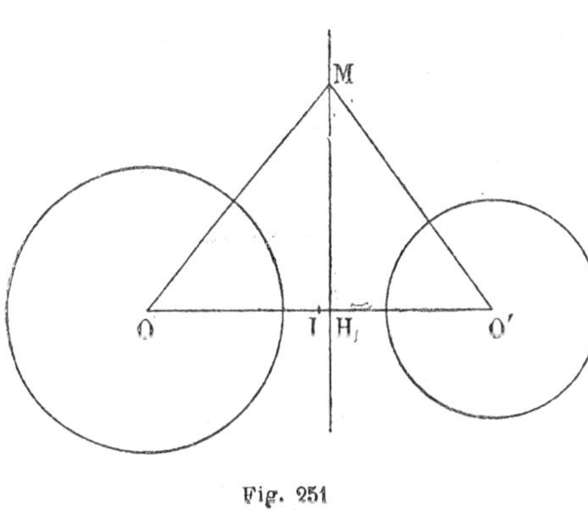

Fig. 251

Puisque le point M a même puissance par rapport aux deux cercles, on aura

$$d^2 - R^2 = d'^2 - R'^2$$

ou

$$d^2 - d'^2 = R^2 - R'^2;$$

donc : le lieu des points qui ont même puissance par rapport à deux cercles est le même que le lieu des points tels que la différence des carrés des distances de chacun d'eux aux centres des deux cercles est égale à la différence des carrés des rayons; donc le lieu cherché est une droite perpendiculaire à la ligne des centres (349).

Soient H le pied de l'axe radical, I le milieu de OO', R le plus grand rayon; le point H sera sur le prolongement de OI et tel (349) que

$$IH = \frac{R^2 - R'^2}{2OO'}.$$

374. **Remarque I.** — Si les deux cercles sont concentriques, il n'existe pas de points ayant même puissance par rapport à ces deux cercles. Il n'y a pas d'axe radical.

375. **Remarque II.** — Si les deux cercles se coupent, l'axe radical est leur corde commune, car les points d'intersection des deux cercles, ayant une puissance nulle par rapport à chacun d'eux, doivent se trouver sur l'axe radical.

Si deux cercles sont tangents, leur axe radical est la tangente commune.

376. **Remarque III.** — Le lieu des points d'où l'on peut mener à deux cercles des tangentes égales est la portion de l'axe radical extérieure à ces deux cercles.

En particulier, toute tangente commune à deux cercles est partagée en deux parties égales par l'axe radical de ces deux cercles.

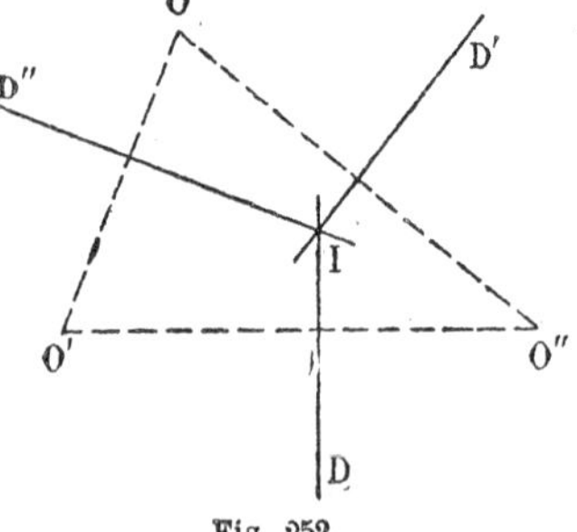

Fig. 252

377. **Théorème.** — *Si les centres de trois cercles ne sont pas sur une même droite, les axes radicaux de ces cercles, pris deux à deux, concourent en un même point. Ce point est appelé le centre radical des trois cercles.*

Soient O, O′, O″ trois cercles dont les centres ne sont pas en ligne droite; D l'axe radical des cercles O′ et O″; D′ celui des cercles O″ et O; D″ celui des cercles O et O′ (*fig.* 252). Les lignes des centres OO′, OO″ n'étant pas sur la même droite, les droites D″, D′ qui leur sont respectivement perpendiculaires se coupent en un point I. Ce point I, étant situé sur la droite D′, a même puissance par rapport aux cercles O et O″; ce même point, appartenant à la droite D″, a même puissance par rapport aux cercles O et O′; le point I a donc même puissance par rapport aux cercles O, O′, O″; donc il est situé sur la droite D, axe radical des cercles O′ et O″.

378. **Remarque.** — Si les trois centres O, O′, O″ sont en ligne droite, les axes radicaux D′ et D″ sont parallèles ou confondus; si les droites D′ et D″ coïncident, tous les points de cette droite ont même puissance par rapport aux trois cercles O, O′, O″. L'axe radical D coïncide avec D′ et D″; donc :

Si trois cercles ont leurs centres en ligne droite, les axes radicaux de ces cercles pris deux à deux sont parallèles. Si deux de ces axes radicaux sont les mêmes, le troisième coïncide avec les deux premiers.

Si les trois axes radicaux coïncident, on dit que les trois cercles ont *même axe radical.*

379. **Remarque.** — Il résulte de ce qui précède qui si deux points ont même puissance par rapport à trois cercles, ces trois cercles ont même axe radical; donc leurs centres sont situés sur une même droite.

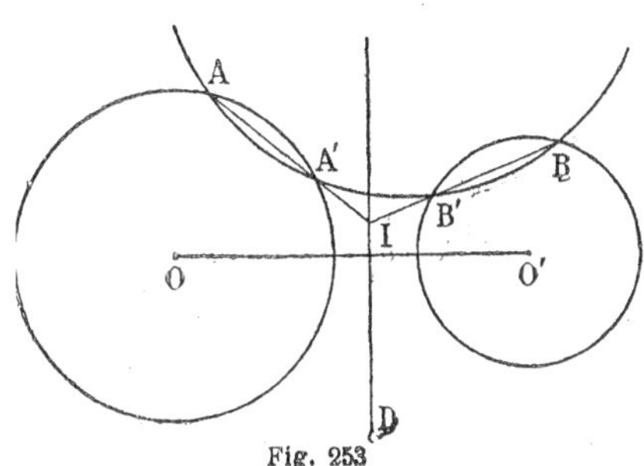

Fig. 253

380. **Application.** — *Construire l'axe radical de deux cercles qui ne se coupent pas.*

Soient O et O′ deux cercles qui ne se coupent pas; sur ces cercles O et O′ des points A et B (*fig.* 253).

Par ces points A et B faisons passer un cercle quelconque O″.

Le point de rencontre I des sécantes communes AA′, BB′ aux cercles O et O″, O′ et O″ est un point de l'axe radical des cercles O, O′ (377); en menant par le point I une droite D perpendiculaire à la ligne des centres OO′, on aura l'axe radical des cercles O et O′.

381. **Théorème.** — *Le produit de deux côtés d'un triangle est égal au produit des deux segments déterminés par la bissectrice de leur angle sur le troisième côté, augmenté du carré de cette bissectrice.*

En effet, menons la bissectrice de l'angle A du triangle ABC; elle coupe le côté opposé BC au point D et le cercle circonscrit au triangle au point E; menons la droite EB (*fig.* 254). Les deux triangles ADC et ABE sont semblables, comme ayant deux angles égaux, chacun à chacun, savoir : les angles en A sont égaux, puisque AD est bissectrice de l'angle BAC; les angles C et E de ces triangles, égaux, comme ayant tous deux pour mesure la moitié de l'arc AB. La similitude de ces triangles donne la proportion

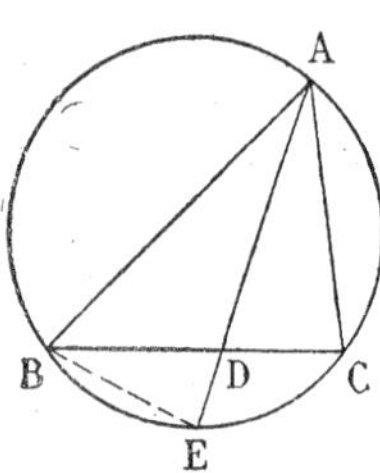

Fig. 254

$$\frac{AD}{AB} = \frac{AC}{AE},$$

d'où

$$AB \times AC = AD \times AE = AD(AD + DE) = \overline{AD}^2 + AD \times DE.$$

Mais le produit $AD \times DE$ est égal au produit $DB \times DC$; donc

$$AB \times AC = \overline{AD}^2 + DB \times DC.$$

382. **Théorème.** — *Le produit de deux côtés d'un triangle est égal au produit des segments déterminés par la bissectrice de leur angle extérieur sur le troisième côté, diminué du carré de cette bissectrice.*

En effet, menons la bissectrice de l'angle extérieur A du triangle ABC; elle coupe le côté opposé BC au point D′ et le cercle circonscrit au triangle au point E′ (*fig.* 255) ; menons la droite EB′. Les deux triangles AD′C et ABE′ sont semblables comme ayant deux angles égaux, chacun à chacun, savoir : les angles en A de ces triangles sont égaux parce que AD′ est bissectrice extérieure de l'angle A du triangle ABC ; les angles C et E′ égaux, comme ayant tous deux pour mesure la moitié de l'arc ACB. Ces triangles étant semblables, on aura

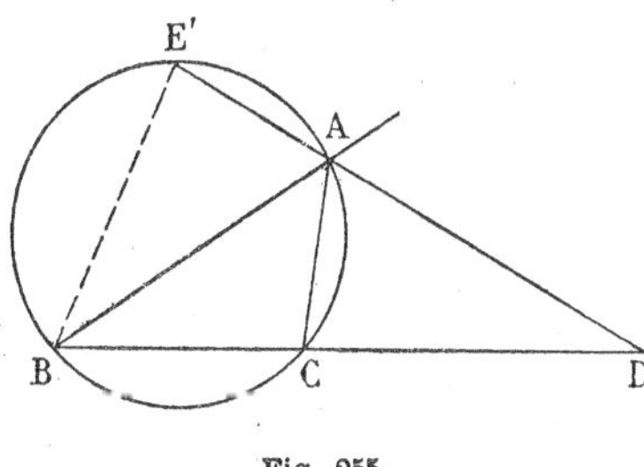

Fig. 255

$$\frac{AD'}{AB} = \frac{AC}{AE'},$$

d'où

$$AB \times AC = AD' \times AE' = AD' \times (D'E' - D'A)$$
$$= AD' \times D'E' - \overline{AD'}^2.$$

Mais le produit $D'A \times D'E'$ est égal au produit $D'B \times D'C$; donc

$$AB \times AC = D'B \times D'C - \overline{AD'}^2.$$

383. **Application.** — *Calculer les bissectrices d'un triangle connaissant les côtés.*

Les théorèmes précédents permettent de calculer les bissectrices des angles intérieurs et extérieurs d'un triangle quand on connaît les côtés du triangle.

Dans le cas de la bissectrice de l'angle intérieur, on a (381)

$$\overline{AD}^2 = AB \times AC - DB \times DC.$$

Remplaçons DB et DC par leurs valeurs (284) ; on aura

$$\overline{AD}^2 = bc - \frac{a^2bc}{(b+c)^2}.$$

Dans le cas de la bissectrice d'un angle extérieur, on a (382)

$$\overline{AD'}^2 = D'B \times D'C - AB \times AC.$$

Remplaçons D′B, D′C par leurs valeurs (284) ; on aura

$$\overline{AD'}^2 = \frac{a^2bc}{(b-c)^2} - bc.$$

Ce calcul a déjà été effectué par une autre méthode (n° 352).

§ X.

Constructions de lignes. — Problèmes.

384. *Partager une longueur donnée en parties proportionnelles à des longueurs données.*

Soit à partager une ligne donnée AB en parties proportionnelles aux longueurs M, N, P (*fig.* 256).

Par le point A, je mène une demi-droite quelconque Ax, sur

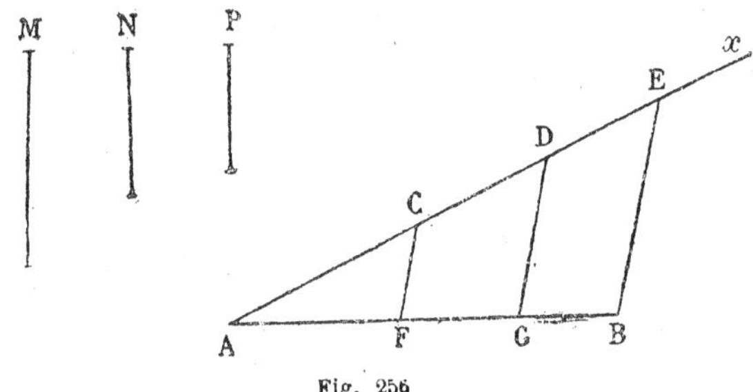

Fig. 256

laquelle je porte des longueurs AC, CD, DE respectivement égales aux lignes données M, N, P; je mène la droite BE; puis par les points C et D, je mène des parallèles à la droite BE; ces parallèles rencontrent la droite AB aux points F et G. La droite AB est partagée par les points F et G en parties proportionnelles aux lignes M, N, P.

En effet, CF étant parallèle au côté DG du triangle ADG et DG étant aussi parallèle au côté BE du triangle ABE, on a

$$\frac{AF}{AC} = \frac{FG}{CD} = \frac{AG}{AD},$$

et

$$\frac{AG}{AD} = \frac{GB}{DE};$$

donc

$$\frac{AF}{AC} = \frac{FG}{CD} = \frac{GB}{DE},$$

ou

$$\frac{AF}{M} = \frac{FG}{N} = \frac{GB}{P}.$$

385. Remarque. — Si les longueurs données M, N, P sont égales, la droite AB sera partagée en parties égales par les points F et G. De là un moyen de partager une longueur donnée en un nombre quelconque de parties égales.

386. *Construire une quatrième proportionnelle à trois longueurs données* M, N, P.

Une ligne X est dite *quatrième proportionnelle* aux trois lignes M, N, P, quand on a

$$\frac{M}{N} = \frac{P}{X}.$$

Pour construire cette quatrième proportionnelle, je trace un angle xOy (*fig.* 257).

Sur le côté Ox, je porte des longueurs OA, AB respective-

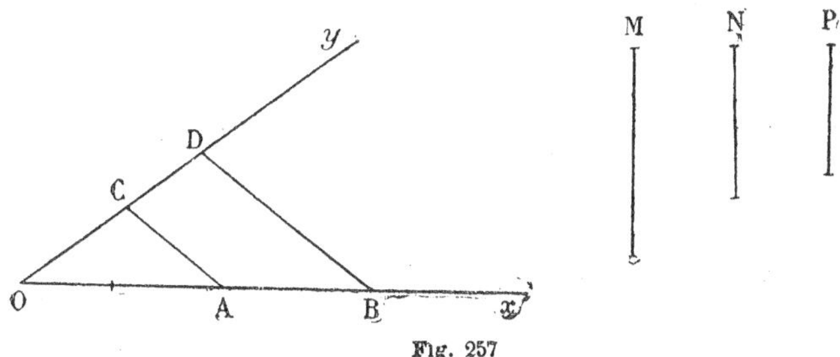

Fig. 257

ment égales aux lignes M et N; sur le côté Oy je prends OC = P; je joins les points A et C; par le point B je mène une parallèle BD à AC; la ligne CD est la ligne demandée, car les deux parallèles AC et BD donnent la proportion

$$\frac{OA}{AB} = \frac{OC}{CD} \quad \text{ou} \quad \frac{M}{N} = \frac{P}{CD}.$$

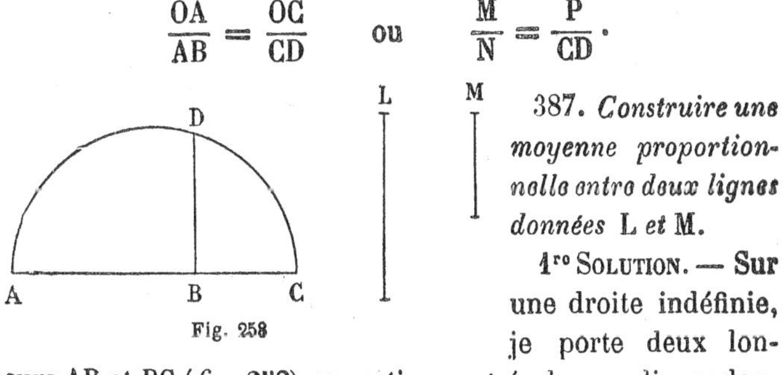

Fig. 258

387. *Construire une moyenne proportionnelle entre deux lignes données* L *et* M.

1re Solution. — Sur une droite indéfinie, je porte deux longueurs AB et BC (*fig.* 258) respectivement égales aux lignes données L et M ; sur AC comme diamètre je décris une demi-circonférence; au point B j'élève une perpendiculaire à la droite AC; cette perpendiculaire rencontre la demi-circonférence au point D; la ligne BD est la ligne demandée (337).

2° Solution. — Sur une droite indéfinie je porte une longueur AB égale à la plus grande, L, des lignes données, et dans le même sens une longueur AC égale à la plus petite, M (*fig.* 259).

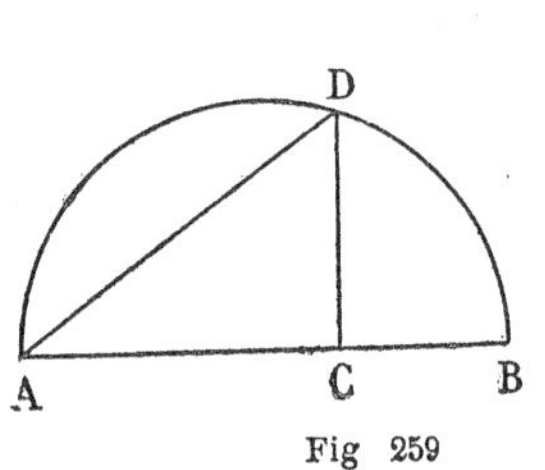

Fig 259

Sur AB comme diamètre je décris une demi-circonférence; j'élève au point C une perpendiculaire à la droite AB; soit D le point où cette perpendiculaire rencontre la demi-circonférence. AD est la ligne demandée (337).

3° Solution. — Sur une droite indéfinie je porte une longueur AB égale à la plus grande, L, des deux lignes données, et dans le même sens une longueur AC égale à la plus petite, M (*fig.* 260). Par les points C et B je fais passer une circonférence quelconque ; par le point A je mène une tangente AD à cette circonférence. AD est la ligne demandée.

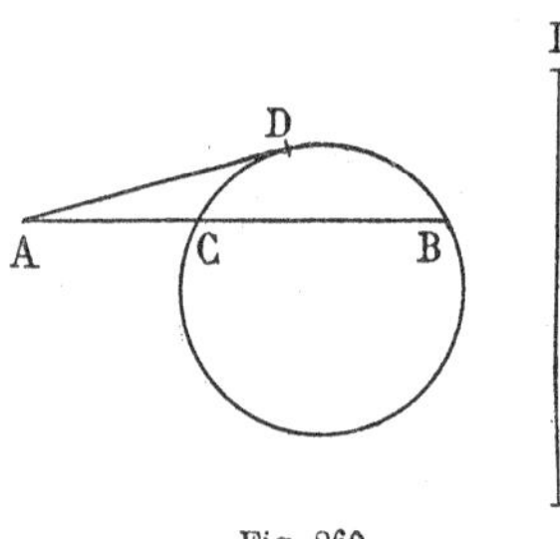

Fig. 260

En effet, la tangente AD est moyenne proportionnelle entre la sécante entière AB et sa partie extérieure AC.

388. *Construire deux lignes connaissant leur somme et leur moyenne proportionnelle.*

Sur une droite indéfinie, je prends une longueur AB égale à la somme donnée a; sur AB comme diamètre je décris une demi-circonférence; au point A je mène la perpendiculaire à AB, sur laquelle je prends une longueur AC égale à la moyenne proportionnelle b (*fig.* 261). Par le point C, je mène une parallèle à AB, soit D l'un des deux points où cette droite rencontre la demi-circonférence; je mène DE perpendiculaire à AB. AE et EB sont les deux lignes demandées. En effet, on a

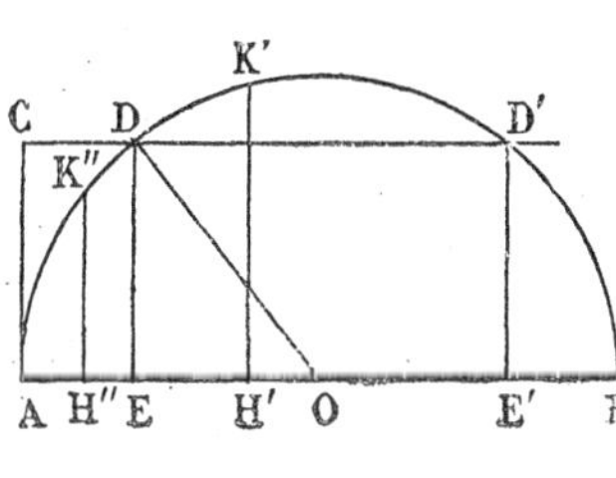

Fig. 261

$$AE + EB = AB = a,$$

$$AE \times EB = \overline{DE}^2 = \overline{AC}^2 = b^2.$$

La droite CD rencontre la demi-circonférence en un second point, D'; menons D'E' perpendiculaire à AB. Les droites AE et E'B ont leur somme égale à a et leur moyenne proportionnelle égale à b; mais cette solution n'est pas distincte de la précédente, car AE' = BE et BE' = AE.

Il faut montrer que le problème n'admet pas d'autres solutions. En effet, deux lignes dont la somme est a pourront être représentées par HA et HB, le point H étant situé entre A et B. Si le point H est entre E et E', en H', la moyenne proportionnelle H'K' des deux lignes H'A, H'B est plus grande que b (*fig.* 261); si au contraire le point H est placé entre A et E ou entre B et E', par exemple en H'' (*fig.* 261), la moyenne proportionnelle H''K'' de deux lignes H''A et H''B est plus petite que b.

Pour que le problème soit possible, il faut et il suffit que la parallèle à AB menée par le point C rencontre la circonférence, c'est-à-dire que la moyenne proportionnelle b soit inférieure ou égale à la demi-somme $\frac{a}{2}$.

Il est facile de calculer les longueurs cherchées AE et EB. En effet, dans le triangle rectangle ODE on a

$$OE = \sqrt{\overline{OD}^2 - \overline{DE}^2} = \sqrt{\frac{a^2}{4} - b^2};$$

or

$$AE = OA - OE, \qquad BE = OB + OE;$$

mais

$$OA = OB = \frac{a}{2};$$

donc

$$AE = \frac{a}{2} - \sqrt{\frac{a^2}{4} - b^2}, \qquad BE = \frac{a}{2} + \sqrt{\frac{a^2}{4} - b^2}.$$

389. *Construire deux lignes connaissant leur différence et leur moyenne proportionnelle.*

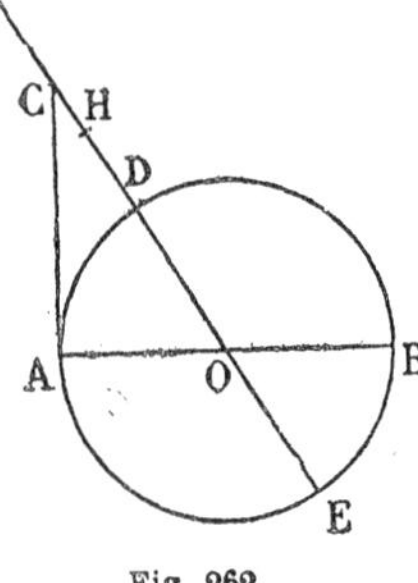

Fig. 262

Sur une droite indéfinie je prends une longueur AB égale à la différence donnée a; sur AB comme diamètre je décris une circonférence; au point A je mène une perpendiculaire à la droite AB et je prends sur cette perpendiculaire une longueur AC égale à la moyenne proportionnelle b (*fig.* 262); je mène le diamètre de la circonférence qui passe par le point C; soient D et E les extrémités de ce diamètre. CE et CD sont les lignes demandées. En effet, on a

$$CE - CD = DE = AB = a,$$

$$CE \times CD = \overline{CA}^2 = b^2.$$

On voit que le problème est toujours possible.

Je dis de plus qu'il n'admet pas d'autre solution. En effet, deux lignes dont la différence est a peuvent être représentées par HD et HC, le point H étant situé sur le prolongement de ED. Si le point H est situé entre C et D, les lignes HD, HE sont respectivement plus petites que les lignes CD et CE, leur moyenne proportionnelle est donc plus petite que b; si au contraire le point H est situé au delà du point C, les lignes HD, HE seront respectivement plus grandes que les lignes CD, CE; leur moyenne proportionnelle sera donc plus grande que b.

Il est facile de calculer les longueurs des deux lignes demandées CE et CD. On a en effet

$$CE = CO + OE, \qquad CD = CO - OD.$$

Mais, dans le triangle rectangle CAO, on a

$$CO = \sqrt{\overline{AO}^2 + \overline{AC}^2} = \sqrt{\frac{a^2}{4} + b^2}$$

et $$OE = OD = \frac{a}{2};$$

donc

$$CE = \sqrt{\frac{a^2}{4} + b^2} + \frac{a}{2}, \qquad CD = \sqrt{\frac{a^2}{4} + b^2} - \frac{a}{2}.$$

390. *Diviser un segment de droite en moyenne et extrême raison.*

On dit qu'un segment de droite AB est divisé en moyenne et extrême raison par un point M de la droite AB, lorsque la distance du point M à l'origine A du segment est moyenne proportionnelle entre la longueur AB et la distance du point M à l'extrémité B du segment, c'est-à-dire lorsque

$$\frac{AB}{MA} = \frac{MA}{MB}.$$

Nous allons montrer qu'il existe deux points qui divisent le segment AB en moyenne et extrême raison. En effet, sur la droite indéfinie AB, nous pouvons considérer trois régions :

x' M' A M B x

Fig. 263

1° le segment de droite AB; 2° la demi-droite Ax'; 3° la demi-droite Bx (*fig.* 263).

Déplaçons un point M dans la première région, de A en B; le rapport $\frac{AB}{MA}$ va constamment en décroissant depuis l'infini jusqu'à la valeur 1; le rapport $\frac{MA}{MB}$ croît de zéro à l'infini. Il y aura donc, dans cette région, une position particulière du point M, et une seule, pour laquelle les deux rapports seront égaux.

Déplaçons-nous dans la seconde région, en partant du point A; le rapport $\frac{AB}{MA}$ décroît de l'infini à zéro; le rapport $\frac{MA}{MB}$ croît de 0 à 1; donc il existera, dans cette région, une position particulière M', du point M pour laquelle ces deux rapports seront égaux.

Plaçons-nous enfin dans la troisième région. AB est plus petit que MA, MA est plus grand que MB ; donc le rapport $\frac{AB}{MA}$ est plus petit que le rapport $\frac{MA}{MB}$. Les deux rapports ne peuvent donc pas être égaux dans cette région.

Soient M et M′ les deux points qui divisent AB en moyenne et extrême raison, le point M étant supposé placé entre A et B et le point M′ sur la demi-droite Ax'. On a

$$\frac{AB}{MA} = \frac{MA}{MB} \quad \text{et} \quad \frac{AB}{M'A} = \frac{M'A}{M'B},$$

ou

$$\overline{MA}^2 = AB \times MB,$$
$$\overline{M'A}^2 = AB \times M'B,$$

et, en retranchant membre à membre,

$$(M'A - MA)(M'A + MA) = AB(M'B - MB).$$

Mais

$$M'A + MA = M'B - MB = MM';$$

donc

$$(1) \qquad M'A - MA = AB.$$

D'autre part, de la relation

$$\frac{AB}{MA} = \frac{MA}{MB},$$

on déduit (voir le cours d'arithmétique de M. Humbert)

$$\frac{AB}{MA + AB} = \frac{MA}{MA + MB};$$

mais $MA + AB = M'A$, à cause de la relation (1), et $MA + MB = AB$; donc

$$\frac{AB}{M'A} = \frac{MA}{AB},$$

ou

$$(2) \qquad MA \times M'A = \overline{AB}^2.$$

Les relations (1) et (2) montrent que pour obtenir M′A et MA, il faut construire deux lignes dont la différence et la moyenne proportionnelle soient toutes deux égales à AB. On est ramené au problème précédent et on en déduit la construction suivante :

Au point B, j'élève une perpendiculaire à AB, sur laquelle je prends une longueur $BC = AB$ (*fig.* 264); sur BC comme diamètre je décris une circonférence; je mène la droite AO qui

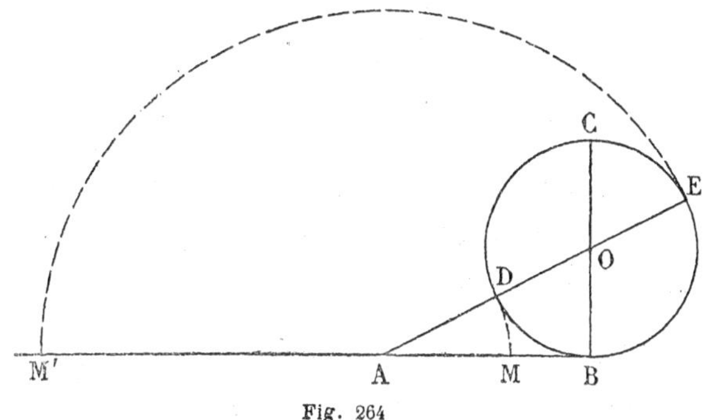

Fig. 264

joint le point A au centre O de la circonférence; cette droite rencontre la circonférence aux points D et E; AD et AE sont respectivement égaux à AM et AM'.

Si l'on désigne le segment AB par a, on aura (389)

$$AM = \sqrt{\frac{a^2}{4} + a^2} - \frac{a}{2} = \frac{a}{2}(\sqrt{5} - 1),$$

$$AM' = \sqrt{\frac{a^2}{4} + a^2} + \frac{a}{2} = \frac{a}{2}(\sqrt{5} + 1);$$

on en déduit

$$MB = AB - AM = a - \frac{a}{2}(\sqrt{5} - 1) = \frac{a}{2}(3 - \sqrt{5}),$$

$$M'B = AB + AM' = a + \frac{a}{2}(\sqrt{5} + 1) = \frac{a}{2}(3 + \sqrt{5}).$$

391. **Remarque sur les problèmes de géométrie.** — Un problème de géométrie plane peut toujours se ramener à la détermination d'une ligne inconnue X quand on connaît des lignes données A, B, C, ... Pour cela on peut traiter d'abord la question algébriquement. On choisira une unité quelconque U; on désignera par x, a, b, c, ... les nombres qui mesurent les lignes X, A, B, C, ... On cherchera alors, d'après les données du problème, la relation qui existe entre les nombres x, a, b, c, ...

Cette relation fournit, au point de vue algébrique, l'équation du problème.

Si l'unité U n'est pas une ligne de la figure, la relation entre les nombres $x, a, b, c, \ldots$ est homogène, car elle doit subsister quand on fait un changement d'unité, ce qui revient (15) à multiplier tous les nombres $x, a, b, c, \ldots$ par un même facteur. Nous supposerons toujours que l'unité est arbitraire, et par conséquent que l'équation du problème est homogène.

On peut alors se proposer de construire géométriquement la ligne X. Nous allons indiquer un certain nombre de cas où cette construction est possible.

392. 1er Cas. — $x = \frac{A}{B}$, A et B étant des monomes, le premier de degré n; le second sera de degré $n-1$, puisque la formule est supposée homogène.

1° Si $n = 2$, on aura

$$x = \frac{a_1 a_2}{b_1},$$

d'où

$$\frac{b_1}{a_1} = \frac{a_2}{x};$$

la ligne X est donc une quatrième proportionnelle aux lignes B_1, A_1, A_2. On sait la construire (386).

2° n est quelconque. On a

$$(1) \qquad x = \frac{a_1 a_2 \ldots a_n}{b_1 b_2 \ldots b_{n-1}}.$$

Construisons une ligne Y_1 donnée par la formule

$$y_1 = \frac{a_1 a_2}{b_1}.$$

On aura alors

$$(2) \qquad x = \frac{y_1 a_3 a_4 \ldots a_n}{b_4 b_3 \ldots b_{n-1}}.$$

La formule (2) a la même forme que la formule (1), seulement le degré du numérateur est moindre d'une unité.

En continuant ainsi, on ramènera le numérateur à être de degré 2. On peut donc construire la ligne X par une suite de quatrièmes proportionnelles.

Remarque I. — Si B est un monome de degré n, P une ligne quelconque, dont la mesure est le nombre p, on pourra construire une ligne A dont la mesure a est donnée par la formule

$$B = p^{n-1}a.$$

Remarque II. — Soient B un polynome homogène de degré n, P une ligne quelconque, dont la mesure est le nombre p; on pourra construire une ligne A dont la mesure a est donnée par la formule

$$B = p^{n-1}a.$$

En effet, décomposons B en monomes. Soit, pour fixer les idées,

$$B = B_1 - B_2 + B_3.$$

Construisons des lignes A_1, A_2, A_3 ayant pour mesure respectivement a_1, a_2, a_3 tels que

$$B_1 = p^{n-1}a_1, \qquad B_2 = p^{n-1}a_2, \qquad B_3 = p^{n-1}a_3.$$

On aura

$$B = p^{n-1}(a_1 - a_2 + a_3).$$

On construit facilement une ligne A dont la mesure a est

$$a = a_1 - a_2 + a_3;$$

on aura bien

$$B = p^{n-1}a.$$

393. 2e Cas. — x est le quotient de deux polynomes.

Soit $x = \frac{R}{S}$, R étant de degré n et S de degré $n - 1$; prenons une ligne arbitraire P, construisons deux lignes A et B telles que les mesures de ces lignes soient données par les équations

$$R = p^{n-1}a, \qquad S = p^{n-2}b.$$

On aura
$$x = \frac{pa}{b}.$$

On est ramené à construire une quatrième proportionnelle.

394. 3e Cas. — x est la racine carrée d'une fraction rationnelle, soit

$$x = \sqrt{\frac{R}{S}}.$$

Si le polynome R est de degré n, S sera, à cause de l'homogénéité, de degré $n-2$; prenons encore une ligne arbitraire P, et construisons des lignes A et B telles que l'on ait

$$R = p^{n-1}a, \qquad S = p^{n-3}b.$$

On aura
$$x = \sqrt{\frac{p^2a}{b}}.$$

Construisons une ligne Y telle que sa mesure y soit

$$y = \frac{pa}{b}.$$

On aura
$$x = \sqrt{py}.$$

La ligne inconnue X est moyenne proportionnelle entre les lignes P et Y.

395. 4ᵉ Cas. — x est racine d'une fraction rationnelle, l'indice de la racine étant une puissance de 2.

On ramène le problème au cas où l'indice est moitié moindre; en continuant ainsi on ramènera l'indice à être égal à 2, on sera ramené au cas précédent. Voici comment se fait cette réduction.

Soit par exemple

$$x = \sqrt[16]{\frac{R}{S}},$$

R étant de degré $n+16$ et S de degré n. Prenons une ligne arbitraire P; construisons des lignes A et B telles que l'on ait

$$R = p^{n+15}a, \qquad S = p^{n-1}b.$$

On aura
$$x = \sqrt[16]{\frac{p^{16}a}{b}}.$$

Construisons une ligne Y dont la mesure y est

$$y = \sqrt{\frac{p^2a}{b}}.$$

On aura
$$x = \sqrt[16]{p^{14}y^2} = \sqrt[8]{p^7y}.$$

Remarque. — Si A est une fraction rationnelle dont le degré (le degré d'une fraction rationnelle est la différence entre les degrés du numérateur et du dénominateur) n est une puissance de 2, on pourra toujours construire une ligne X dont la mesure x est donnée par la formule

$$x^n = A.$$

396. 5ᵉ Cas. — L'expression de x contient des radicaux superposés, l'indice de tous les radicaux étant une puissance de 2.

Soit par exemple l'expression

$$x = \sqrt{A - \sqrt[4]{B + \sqrt{C}}}.$$

Pour que l'expression donnée soit homogène, les expressions A, B, C doivent être respectivement de degrés 2, 8, 16. Prenons le dernier radical de cette expression algébrique et construisons une ligne dont la mesure γ est telle que

$$\gamma^{16} = C.$$

On aura alors

$$B + \sqrt{C} = B + \gamma^8.$$

Cette expression $B + \gamma^8$ est de degré 8; on pourra donc construire une ligne dont la mesure β est telle que

$$\beta^8 = B + \gamma^8;$$

alors $$\sqrt[4]{B + \sqrt{C}} = \beta^2.$$

L'expression donnée est donc

$$x = \sqrt{A - \beta^2};$$

$A - \beta^2$ est du second degré; on pourra construire la ligne X (394).

397. *Construire les racines d'une équation du second degré.*

Soit l'équation du second degré

$$x^2 + px + q = 0,$$

où p et q sont des fonctions algébriques de lignes connues. Pour que l'équation soit homogène, il faut que p soit du premier degré et q du second; supposons qu'on sache construire une ligne dont la mesure a est égale à la valeur absolue de p, et une autre ligne dont le carré b^2 soit égal à la valeur absolue de q. L'équation proposée devient

$$x^2 \pm ax \pm b^2 = 0.$$

Si nous faisons toutes les combinaisons possibles de signes, nous aurons les quatre types suivants :

(1) $$x^2 - ax + b^2 = 0,$$

(2) $$x^2 - ax - b^2 = 0,$$

(3) $$x^2 + ax + b^2 = 0,$$

(4) $$x^2 + ax - b^2 = 0.$$

Les équations (3) et (4) se déduisent respectivement des équations (1) et (2) par le changement de x en $-x$, ce qui revient à changer les signes des racines. Il suffit donc de considérer les équations (1) et (2).

1° Prenons d'abord l'équation

$$x^2 - ax + b^2 = 0.$$

Pour que les racines soient réelles, il faut que

$$a^2 - 4b^2 > 0$$

ou

$$a > 2b.$$

Supposons cette condition remplie, les racines sont positives, désignons-les par x' et x''. On aura

$$x' + x'' = a,$$

$$x'x'' = b^2.$$

On est donc ramené à construire deux lignes, connaissant leur somme a et leur moyenne proportionnelle b (388).

2° Prenons l'équation

$$x^2 - ax - b^2 = 0;$$

les racines sont de signe contraire; soit x' la racine positive et $-x''$ la racine négative. On aura

$$x' - x'' = a,$$

$$x'x'' = b^2.$$

On est donc ramené à construire deux lignes, connaissant leur différence a et leur moyenne proportionnelle b (389).

398. *Mener, par deux points donnés, un cercle tangent à une droite donnée.*

Quand un cercle est tangent à une droite, tous les points de la circonférence du cercle sont d'un même côté par rapport à cette droite. Si donc les deux points donnés A et B sont de part et d'autre de la droite donnée, le problème est impossible. Supposons donc qu'il n'en soit pas ainsi ; nous distinguerons trois cas :

1° L'un des points donnés A est sur la droite, l'autre B en dehors (*fig.* 265).

Le centre du cercle cherché doit se trouver sur la perpendiculaire menée en A à la droite donnée L'L et sur la perpendiculaire menée à la droite AB en son milieu I. Il y a une solution.

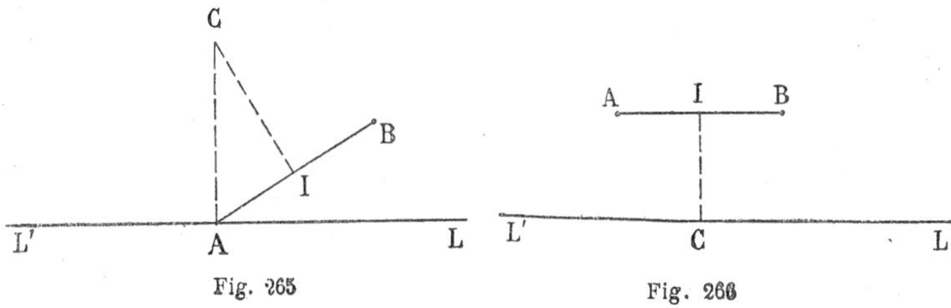

Fig. 265 Fig. 266

2° La droite AB qui joint les deux points donnés est parallèle à la droite donnée L'L (*fig.* 266).

Soit C le point où la perpendiculaire menée à AB en son milieu I rencontre la droite L'L ; le cercle passant par les trois points A, B, C répond à la question ; il n'y a pas d'autres solutions.

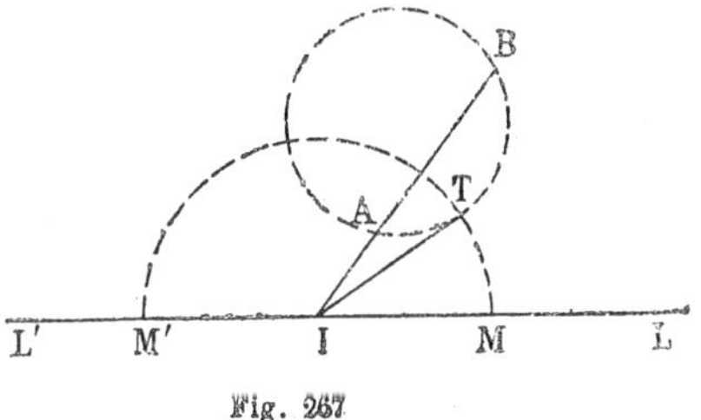

Fig. 267

3° La droite AB est quelconque (*fig.* 267).

Soient I le point de rencontre de AB avec la droite L'L, M le point de contact inconnu d'un cercle cherché. IM sera moyenne proportionnelle entre IA et IB ; réciproquement, si on prend sur la droite LL' une longueur IM moyenne proportionnelle entre IA et IB, le cercle qui passe par les trois points A, B, M est tangent à la droite L'L (371).

On est donc conduit à la construction suivante : par les points

A et B on fait passer un cercle quelconque ; du point I on mène une tangente IT à ce cercle ; on prend de part et d'autre du point I, sur la droite L'L, des longueurs IM, IM' égales à IT ; M et M' sont les points de contact des cercles cherchés. Le problème admet donc deux solutions.

399. *Mener par un point donné* A *un cercle tangent à deux droites données* L *et* L'.

I. — Les deux droites données sont parallèles.

Tous les points d'une circonférence tangente à deux droites parallèles sont situés dans la région du plan comprise entre les deux parallèles ; si donc le point donné A est en dehors de cette région, le problème est impossible. Supposons qu'il n'en soit pas ainsi ; nous distinguerons deux cas :

1° Le point donné A est sur l'une des droites données L (*fig.* 268).

Menons la perpendiculaire commune AA' aux deux parallèles ; le cercle demandé est le cercle qui a AA' pour diamètre. Il n'y a qu'une solution.

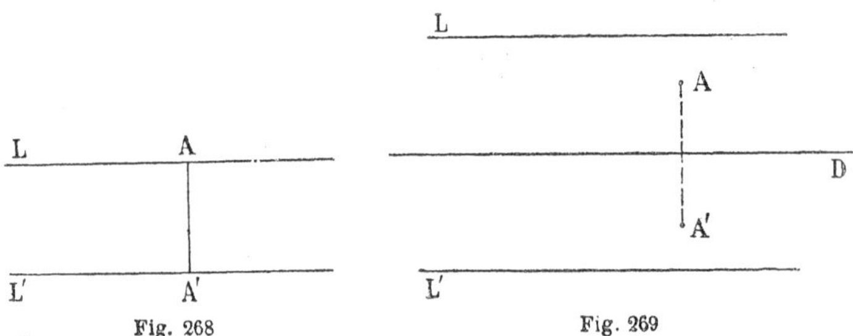

Fig. 268 Fig. 269

2° Le point A est dans la région du plan comprise entre les deux parallèles (*fig.* 269).

Le centre du cercle cherché doit être sur la droite D, qui est équidistante des deux parallèles ; le cercle devant passer par A, passera aussi par son symétrique A' par rapport à la droite D ; réciproquement, tout cercle passant par les points A et A' et tangent à la droite L sera aussi tangent à la droite L'. On est ramené au problème précédent. Il y aura deux solutions.

II. — Les droites L et L′ se coupent en un point O.

1° Le point A est sur l'une des droites, L par exemple (*fig.* 270).

Prenons à partir du point O, de part et d'autre de ce point, sur la droite L′ des longueurs OB, OB′ égales à OA. Le point de contact du cercle cherché avec la droite L′ doit se trouver en B ou en B′. Il y aura donc deux solutions.

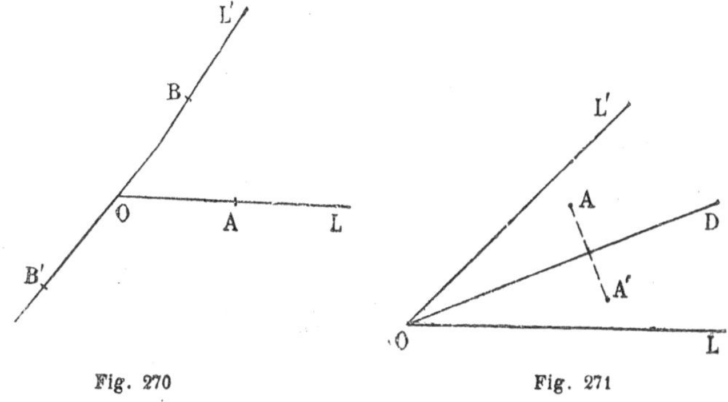

Fig. 270 Fig. 271

2° Le point A est en dehors des deux droites (*fig.* 271).

Soient LOL′ celui des quatre angles formés par les deux droites qui contient le point A; D la bissectrice de cet angle. Le cercle cherché est situé dans l'angle LOL′ et son centre est sur la droite D; prenons le symétrique A′ du point A par rapport à D; le cercle passera par A′ puisque D est un diamètre du cercle. Réciproquement, tout cercle passant par A et A′ et tangent à la droite L sera aussi tangent à la droite L′. On est donc ramené au problème précédent. On voit qu'il y a deux solutions.

400. *Par deux points donnés* A *et* B *mener un cercle tangent à un cercle donné* O.

Nous nous appuierons sur le lemme suivant :

Lemme. — *Les axes radicaux d'un cercle donné* O *et d'un cercle variable passant par deux points fixes* A *et* B *rencontrent la droite* AB *en un même point ou sont parallèles à cette droite.*

Soient O′ un cercle passant par les points A et B ; O″ un autre cercle quelconque passant par ces deux points ; D′ l'axe radical des cercles O et O′ ; D″ celui des cercles O et O″ ; l'axe radical des cercles O′ et O″ est évidemment la droite AB. Cela posé, si D′ est parallèle à AB, il en sera de même de D″ (378) ; si D′ rencontre AB en un point I, la droite D″ passera par ce point I (378).

Les axes radicaux sont parallèles à la droite AB si les points A et B sont équidistants du centre du cercle donné O, car la ligne des centres OO′ est perpendiculaire à la droite AB.

Dans le cas contraire, tous les axes radicaux rencontrent la droite AB en un point I, tel que le produit $IA \times IB$ soit égal à la puissance du point I par rapport au cercle O. Pour voir quelle est la position de ce point I, nous distinguerons plusieurs cas :

1° La droite AB ne rencontre pas le cercle.

Tous les points de la droite AB sont extérieurs au cercle O ; leur puissance par rapport à ce cercle est positive, donc le point I est en dehors du segment AB.

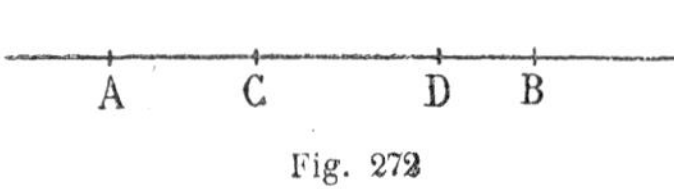

Fig. 272

2° La droite AB coupe le cercle en deux points C et D situés sur le segment AB (*fig.* 272).

Le point I ne peut pas être placé entre A et C ou entre B et D, car alors le produit IC.ID serait positif et le produit IA.IB négatif ; il ne peut pas être placé entre C et D, car le produit IC.ID aurait une valeur absolue plus petite que celle du produit IA.IB. Le point I est en dehors du segment AB, et aussi par conséquent extérieur au cercle O.

Cette conclusion subsisterait si les points C et D étaient confondus, c'est-à-dire si la droite AB était tangente au cercle O.

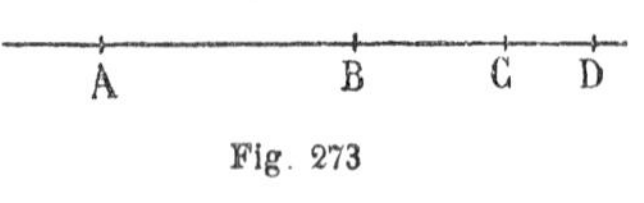

Fig. 273

3° La droite AB coupe le cercle en deux points C et D situés sur le prolongement de AB ou de BA (*fig.* 273).

Le point I ne peut pas être placé entre A et B ou entre C et D, car les produits IA.IB et IC.ID seraient de signe contraire ; il ne peut pas être placé à gauche du point A, car le produit IA.IB serait plus petit que le produit IC.ID ; on voit de même qu'il ne peut pas être à droite du point D. Il est donc placé entre B et C; il est extérieur au cercle O.

4° La droite AB coupe le cercle en deux points C et D, tels que les points A et B appartiennent au segment CD (*fig.* 274).

Le raisonnement déjà fait (2°) montre que le point I est en dehors du segment CD.

Fig. 274 Fig. 275

5° La droite AB coupe le cercle en deux points, l'un situé entre A et B, l'autre en dehors de AB (*fig.* 275).

Le point I ne peut être placé ni entre A et C, ni entre B et D, car les produits IA.IB et IC.ID seraient de signe contraire. Il ne peut pas être à gauche de A, car le produit IA.IB serait plus petit que le produit IC.ID. On voit de même qu'il ne peut pas être à la droite de D. Le point I est donc entre B et C, il est intérieur au cercle O.

Dans les cas 1, 2, 3 les points A et B sont tous deux extérieurs au cercle O; dans le cas 4, ils sont tous deux intérieurs; enfin dans le cas 5, l'un est à l'intérieur et l'autre à l'extérieur. Donc:

Le point I est extérieur au cercle O si les points donnés A et B sont tous deux intérieurs ou tous deux extérieurs au cercle O. Dans le cas contraire, le point I est intérieur au cercle O.

Revenons au problème posé.

Les points d'un cercle tangent au cercle O sont tous intérieurs à ce cercle ou tous extérieurs (sauf le point de contact). Si donc l'un des points donnés est intérieur au cercle O et l'autre extérieur à ce cercle, le problème sera impossible. Supposons qu'il n'en soit pas ainsi; nous distinguerons deux cas:

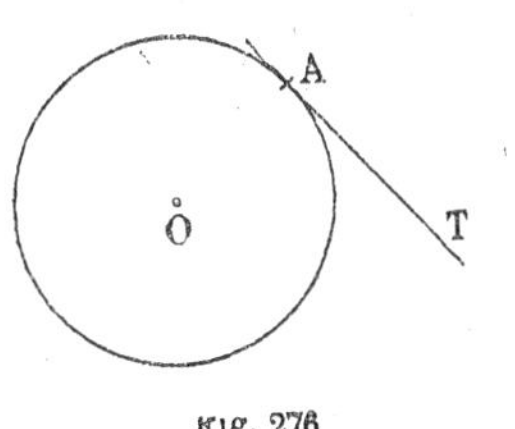

Fig. 276

1° L'un des points donnés A est sur le cercle O (*fig.* 276).

Soit AT la tangente en A au cercle O. Le cercle cherché doit passer par A et B et être tangent à la droite AT. Il y aura une solution (398).

2° Les points A et B sont tous deux intérieurs ou tous deux extérieurs au cercle O (*fig.* 277).

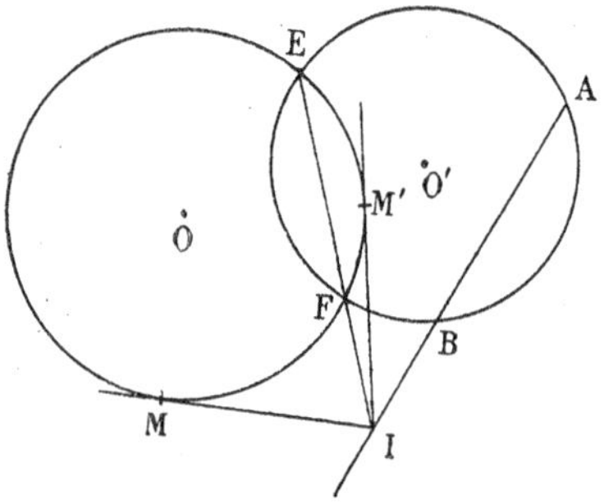

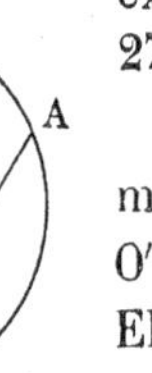

Fig. 277

Par les points A et B je mène un cercle quelconque O′ sécant au cercle O; soit EF la corde commune aux cercles O et O′. La droite EF rencontre en général la droite AB en un point I extérieur au cercle O (lemme). Par le point I je mène les tangentes IM, IM′ au cercle O. IM et IM′ sont moyennes proportionnelles entre IA et IB. Le cercle qui passe par les trois points A, B, M est tangent à IM et par suite au cercle O. Il y a une seconde solution : le cercle qui passe par les points A, B, M′.

Je dis qu'il n'y en a pas d'autres. En effet, soit C un cercle passant par A et B et tangent au point μ au cercle O; l'axe radical des cercles C et O est la tangente en μ; cet axe radical doit passer par le point I, donc le point μ est l'un des points M ou M′.

Remarque I. — Si la droite EF est parallèle à AB, les points de contact M et M′ sont sur le diamètre du cercle O perpendiculaire à AB.

Remarque II. — Si la droite AB est tangente au cercle O, l'un des points M et M′ est sur la droite AB. Il n'y a plus qu'une seule solution.

§ XI.

Pôle et polaire par rapport à un cercle. — Inversion.

401. **Définitions.** — Soient O le centre d'un cercle (*fig.* 278), R son rayon, P un point quelconque de son plan.

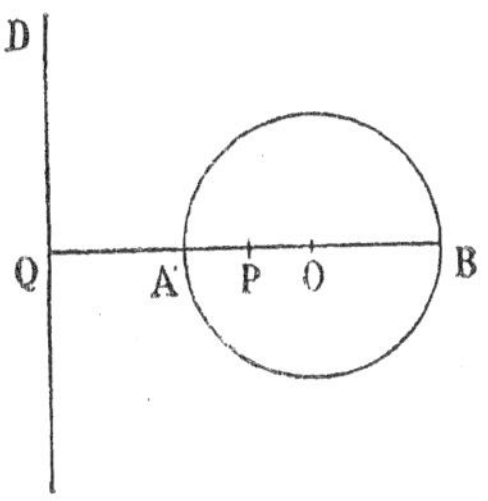

Sur la droite OP, prenons un point Q tel que le produit OP.OQ soit égal à R^2. Par le point Q menons une droite D perpendiculaire à la droite OP : la droite D ainsi construite est la *polaire* du point P par rapport au cercle.

Fig. 278

Inversement, si D est une droite quelconque du plan du cercle, abaissons du centre O la perpendiculaire OQ sur la droite; prenons sur OQ un point P tel que $OP.OQ = R^2$: le point P ainsi déterminé est le *pôle* de la droite D par rapport au cercle.

Les points P et Q divisent harmoniquement le diamètre AB qui passe par le point P (274).

Si le point P est extérieur au cercle, le point Q est à l'intérieur; la polaire coupe le cercle. Si le point P est sur le cercle, il en est de même du point Q; la polaire est tangente au cercle au point P. Si le point P est intérieur au cercle, le point Q est à l'extérieur; la polaire ne coupe pas le cercle; quand le point P se rapproche de O, le point Q s'en éloigne, et si P tend vers O, Q s'éloigne indéfiniment. On dit que la polaire du point O est rejetée à l'infini.

402. **Théorème.** — *Le conjugué harmonique d'un point* P (*fig.* 279 *et* 280) *par rapport aux deux points où une sécante quelconque issue de* P *coupe un cercle est situé sur la polaire du point* P *par rapport à ce cercle.*

Menons par le point P une sécante rencontrant le cercle en

E et F, et la polaire du point P en H. Le diamètre AB étant divisé harmoniquement par les points P et Q, le faisceau (F.ABPQ) est harmonique ; les droites conjuguées FA et FB étant rectangulaires, ces droites sont les bissectrices de l'angle PFQ (302) ; il en résulte que la droite FQ passe par le symétrique E' du point E par rapport au diamètre AB. La droite QA est

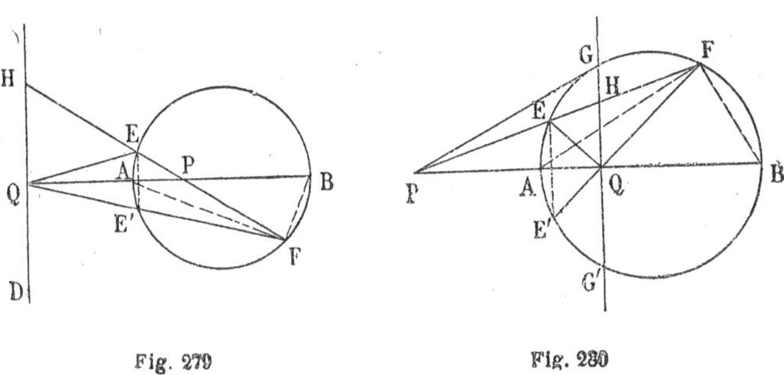

Fig. 279 Fig. 280

donc bissectrice de l'angle EQE' ; par conséquent le faisceau (Q.AHEE') est un faisceau harmonique (301), et en coupant ce faisceau par la sécante PEF, on en conclut que H est le conjugué harmonique de P par rapport au segment EF.

403. Remarque. — Supposons le point P extérieur au cercle ; imaginons que la sécante PEF tourne autour du point P en se rapprochant constamment de la tangente PG ; les points E et F viennent à la limite se confondre avec le point G ; il en est de même du point H qui est situé sur le segment EF ; la polaire du point P passe par G. Donc :

La polaire d'un point extérieur au cercle est la droite qui joint les points de contact des tangentes au cercle issues de ce point.

404. Théorème. — *Les polaires de tous les points d'une droite passent par le pôle de cette droite ; inversement, les pôles de toutes les droites qui passent par un point sont situés sur la polaire de ce point.*

Soit XY une droite quelconque (*fig.* 281), A un point quelconque de cette droite. Du point C pôle de XY abaissons la perpendiculaire CB sur le diamètre OA. Les angles B et D du quadrilatère ABCD étant droits, ce quadrilatère est inscriptible, et l'on a

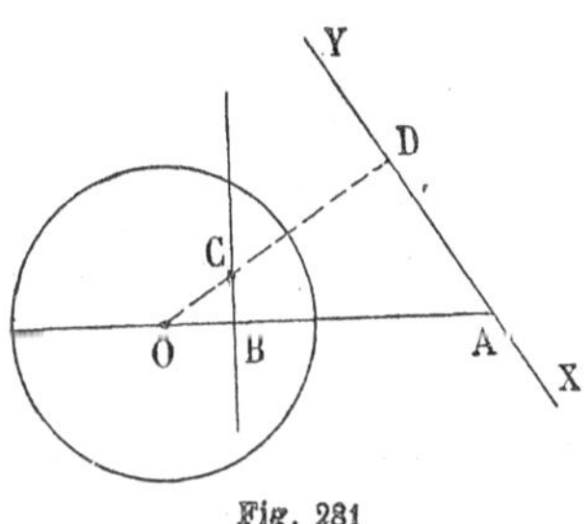

Fig. 281

$$OB.OA = OC.OD.$$

Mais, puisque C est le pôle de XY,

$$OC.OD = R^2;$$

donc

$$OB.OA = R^2,$$

et par conséquent la droite BC est la polaire du point A.

Il résulte de là : 1° que la polaire de tout point A de la droite XY passe par le pôle C de cette droite; 2° que le pôle C de toute droite XY passant par A est situé sur la polaire BC de ce point.

405. Le théorème précédent peut encore s'énoncer ainsi :

1° *Si un point* C *est situé sur la polaire du point* A, *inversement le point* A *est situé sur la polaire du point* C. Deux points tels que l'un soit situé sur la polaire de l'autre sont dits *conjugués* par rapport au cercle.

2° *Si une droite* β *passe par le pôle d'une droite* α, *inversement la droite* α *passe par le pôle de la droite* β. Deux droites qui sont telles que le pôle de chacune d'elles est situé sur l'autre sont dites *conjuguées* par rapport au cercle.

406. **Corollaire I.** — *Toute droite a pour pôle l'intersection des polaires de deux de ses points.*

Tout point a pour polaire la droite qui joint les pôles de deux droites issues du point.

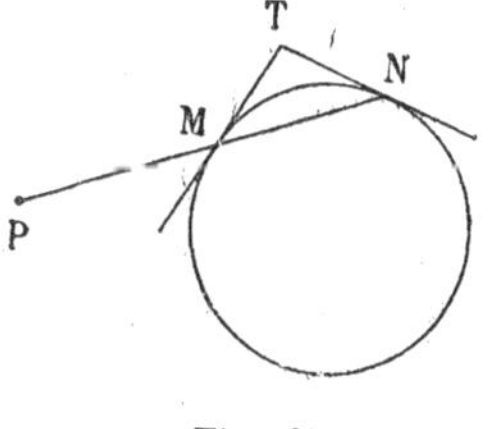

Fig. 282

407. **Corollaire II.** — *Si d'un point* T (*fig.* 282) *on mène les tangentes* TM, TN *à un cercle, la droite* MN *qui joint les points de contact est la polaire du point* T. (Résultat établi d'une autre manière n° 403).

En effet, M est le pôle de la tangente TM, N celui de TN; donc (406) MN est la polaire de T.

408. **Corollaire III.** — *Si par un point* P (*fig.* 282) *on mène une sécante quelconque* PMN *au cercle, le point de rencontre* T *des tangentes au cercle en* M *et* N *est situé sur la polaire du point* P.

En effet, T est le pôle de la droite PMN (407); par conséquent T est situé sur la polaire du point P (406).

409. **Définitions.** — Etant donnés un point S et un nombre λ, à chaque point M du plan faisons correspondre un point M′ situé sur la droite SM et tel que le produit SM.SM′ soit égal à λ. Le point M′ est dit *l'inverse* du point M, de même que M est l'inverse de M′.

Si λ est positif, les points M et M′ sont situés d'un même côté du point S; si λ est négatif, les points M et M′ sont de part et d'autre du point S.

Si le point M décrit une figure F, le point M′ décrira une figure F′. Ces figures F et F′ sont dites *inverses* ou encore *transformées par rayons vecteurs réciproques*.

Le point S est l'*origine* de l'inversion; le nombre λ en est la *puissance*.

410. **Théorème.** — *Les tangentes à deux figures inverses en des points correspondants sont également inclinées sur le rayon vecteur.*

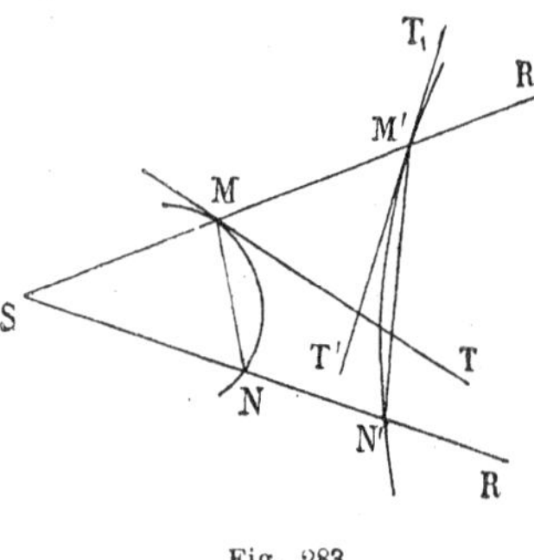

Fig. 283

En effet, soient M et N deux points d'une figure, M′ et N′ leurs inverses (*fig.* 283). On a par hypothèse

$$SM.SM' = SN.SN';$$

par conséquent les quatre points M, N, M′, N′ sont situés sur un même cercle; il en résulte que les angles M′MN et M′N′R sont égaux. Si le rayon SNN′ se rapproche indéfiniment du rayon SMM′, les droites MN,

$M'N'$ ont pour positions limites les tangentes aux courbes en M et M'; l'angle $M'MN$ a pour valeur limite l'angle $M'MT$; la position limite de l'angle $RN'M'$ est l'angle $R_1M'T_1$, opposé à l'angle $MM'T'$; donc les angles $M'MT$ et $MM'T'$ sont égaux.

411. Corollaire. — *L'angle de deux lignes qui se coupent en un point* A *est égal à l'angle de leurs inverses au point* A', *inverse de* A.

En effet, soient AT, AR (*fig.* 284) les tangentes aux deux courbes en A, A'T et A'R les tangentes aux courbes inverses. Les angles A'AT, A'AR étant respectivement égaux aux angles AA'T, AA'R, on en conclut l'égalité des angles TAR et TA'R; donc les courbes se coupent sous le même angle que leurs inverses.

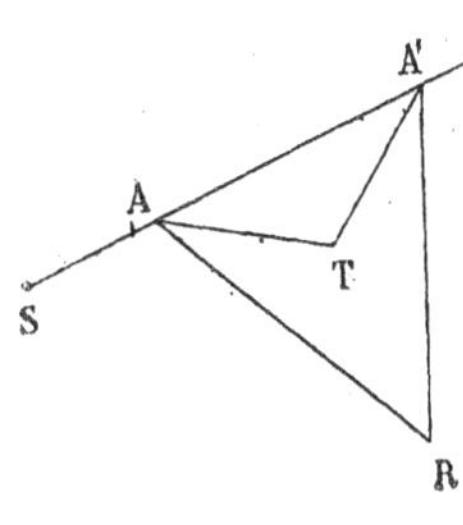

Fig. 284

On exprime encore cette propriété très importante en disant que *l'inversion conserve les angles.*

En particulier, deux courbes tangentes se transforment en deux courbes tangentes.

412. Théorème. — *Si* M', N' (*fig.* 285) *sont les inverses des points* M, N *par rapport à l'origine* O *et à la puissance d'inversion* λ, *on a entre les segments* M'N' *et* MN *la relation*

Fig. 285

$$M'N' = MN \times \frac{\lambda}{OM.ON}.$$

En effet, la relation

$$OM \times OM' = ON \times ON'$$

peut s'écrire

$$\frac{OM}{ON'} = \frac{ON}{OM'}.$$

Les triangles OMN et ON'M' sont semblables comme ayant un angle égal compris entre côtés proportionnels. On aura donc

$$\frac{MN}{M'N'} = \frac{OM}{ON'} = \frac{OM \times ON}{ON' \times ON} = \frac{OM \times ON}{\lambda};$$

donc

$$M'N' = MN \times \frac{\lambda}{OM \times ON}.$$

413. Théorème. — *Deux figures F′, F″, inverses d'une figure F par rapport à une même origine O, sont homothétiques. Le centre de similitude est le point O, le rapport d'homothétie de F′ à F″ est* $\frac{\lambda'}{\lambda''}$, *λ′ et λ″ étant les puissances d'inversion qui correspondent aux figures F′, F″.*

En effet, soient M un point quelconque de la figure F, M′, M″ les points correspondants dans les figures F′ et F″.

Ces points M′, M″ sont sur la droite OM et l'on a

$$OM \times OM' = \lambda',$$
$$OM \times OM'' = \lambda'';$$

donc

$$\frac{OM'}{OM''} = \frac{\lambda'}{\lambda''},$$

ce qui démontre le théorème.

414. Théorème. — *La figure inverse d'une droite est un cercle passant par l'origine.*

Nous laissons de côté le cas où la droite passe par l'origine ; dans ce cas, l'inverse est évidemment la droite elle-même.

Menons de l'origine O la perpendiculaire OP et une oblique quelconque OM à la droite D (*fig.* 286); soient P′ et M′ les inverses des points P et M. Les quatre points P, P′, M, M′ étant sur un même cercle, l'angle OM′P′ est égal à l'angle OPM ; donc l'angle en M′ est droit; et par conséquent le lieu du point M′ est le cercle qui a pour diamètre OP′.

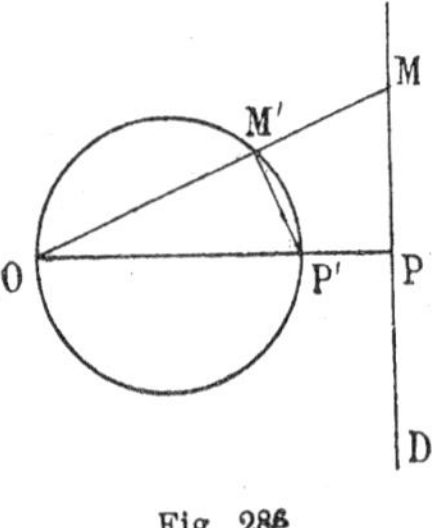

Fig. 286

415. Réciproque. — *La figure inverse d'un cercle passant par* *l'origine est une droite perpendiculaire au diamètre mené par l'origine.*

Soient OP′ le diamètre qui passe par l'origine, P l'inverse du point P′ (*fig.* 286), M′ un point quelconque du cercle, M son inverse. Les angles OM′P′ et OPM sont égaux (411) ; mais le premier est droit, donc le point M est sur la perpendiculaire menée au point P au diamètre OP′.

416. Remarque. — *Un cercle et une droite peuvent être considérés de deux manières différentes comme des figures inverses.*

Menons le diamètre OP′ perpendiculaire à la droite donnée D (*fig.* 286); OP′ coupe la droite D en P. Si l'on prend pour origine O et pour puissance d'inversion le produit OP′.OP, le cercle et la droite seront deux figures inverses ; il en sera de même si l'on prend pour origine P′ et pour puissance le produit P′P × P′O.

Il résulte d'ailleurs de ce qui précède qu'il n'y a pas d'autres manières de faire du cercle et de la droite deux figures inverses.

Dans le cas particulier où la droite est tangente au cercle, il n'y a en réalité qu'une seule façon de faire du cercle et de la droite deux figures inverses. Il faut éliminer l'origine qui coïncide avec le point de contact.

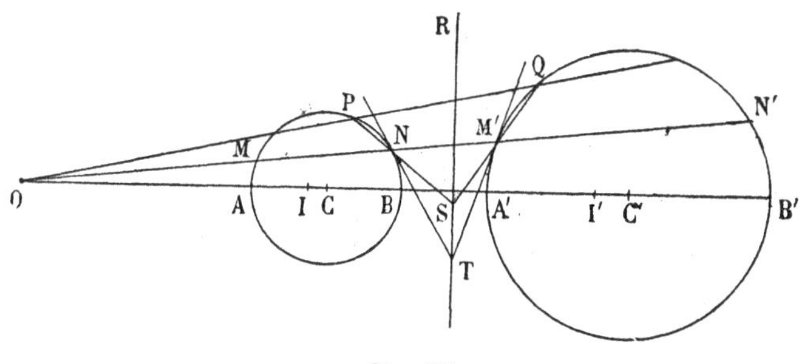

Fig 287

417. Théorème. — *La figure inverse d'un cercle qui ne passe pas par l'origine est un cercle.*

Soient O l'origine (*fig.* 287), C le cercle donné, ρ la puissance du point O par rapport au cercle. La figure inverse du cercle C, quand l'origine est O et la puissance d'inversion ρ, est le cercle C lui-même, car si OMN est une sécante au cercle issue de O, on a

$$OM \times ON = \rho.$$

La figure inverse, quand la puissance d'inversion est λ, est une figure homothétique du cercle C (413); ce sera un cercle C′ (320). Le centre d'homothétie est l'origine O, le rapport d'homothétie de C′ à C est égal, en grandeur et en signe, à $\frac{\lambda}{\rho}$ (413).

418. **Réciproque.** — *Deux cercles quelconques peuvent, en général, être considérés de deux manières différentes comme des figures inverses.*

En effet, soient C et C′ les deux cercles donnés (*fig.*287), O un de leurs centres de similitude, ρ la puissance du point O par rapport au cercle C, k le rapport de similitude de C′ à C quand on prend pour centre d'homothétie le point O. Si l'on prend pour origine le point O, pour puissance d'inversion le nombre $\lambda = k\rho$, la figure inverse du cercle C sera le cercle C′ (417).

On peut raisonner de même sur le second centre de similitude des cercles C et C′.

Il résulte d'ailleurs du théorème direct qu'il n'existe pas d'autre manière de transformer le cercle C dans le cercle C′ par une inversion.

Soit alors ρ' la puissance de O par rapport au cercle C′. Le rapport d'homothétie de C à C′ étant $\frac{1}{k}$, on aura

$$\lambda = \frac{1}{k}\rho'.$$

D'autre part, on sait que

$$\lambda = k\rho;$$

donc

$$\lambda^2 = \rho\rho'.$$

419. Remarque. — La réciproque que nous venons d'établir est en défaut dans les deux cas suivants :

1° *Les deux cercles sont tangents.* — Le point de contact O est un centre de similitude, on a ici $\rho = 0$ et par suite $\lambda = 0$; il faut rejeter la solution correspondant à ce point O.

2° *Les deux cercles sont égaux.* — Le centre de similitude externe est rejeté à l'infini ; on ne peut plus le choisir comme centre d'inversion.

Dans ces deux cas, il n'y a, en réalité, qu'une seule façon de considérer les cercles comme des figures inverses.

420. **Points antihomologues de deux cercles.** — Soit O un centre de similitude de deux cercles C et C' ; les deux cercles peuvent être considérés comme deux figures homothétiques, le centre d'homothétie étant O, ou encore comme deux figures inverses, l'origine d'inversion étant le point O.

A un point M du cercle C correspond dans l'homothétie un point M' (*fig.* 287) ; M et M' sont appelés *points homologues.*

A un point M du cercle C correspond dans l'inversion un point N' du cercle C' ; les points M et N' sont appelés *points antihomologues.*

Une sécante aux deux cercles passant par O coupe le cercle C en M et N, le cercle C' en M' et N' (*fig.* 287). Ces quatre points forment deux couples de points homologues, savoir : les couples (M, M') et (N, N'), et deux couples de points antihomologues, savoir : les couples (M, N') et (N, M').

Une corde du cercle C et une corde du cercle C' sont dites *antihomologues* quand les extrémités de l'une sont antihomologues des extrémités de l'autre. (Ex. : les cordes PN et QM', *fig.* 287.)

Les extrémités de deux cordes antihomologues sont sur un même cercle.

Prenons les deux cordes antihomologues PN et QM', on a

$$OP.OQ = ON.OM' = \lambda ;$$

donc les quatre points P, Q, N, M' sont situés sur un même cercle.

Deux cordes antihomologues se coupent sur l'axe radical.

En effet, le point de rencontre de PN et de QM' est le centre radical des trois cercles C, C' et (PNQM'); il est donc situé sur l'axe radical des cercles C et C'.

Si l'on suppose que la droite OPQ tourne autour du point O en se rapprochant indéfiniment de ONM', les cordes PN et QM' ont pour positions limites les tangentes NT, M'T aux cercles C et C' aux points N et M'; donc :

Les tangentes à deux cercles en deux points antihomologues se coupent sur l'axe radical de ces deux cercles.

421. Les centres C et C' de deux cercles inverses ne sont pas des points inverses; il est facile de trouver l'inverse I' du point C (*fig.* **287**). Le diamètre commun CC' coupe le cercle aux points A et B et le cercle C' aux points antihomologues B' et A'. On a évidemment

$$2\,OC = OA + OB,$$

$$2\frac{\lambda}{OI'} = \frac{\lambda}{OB'} + \frac{\lambda}{OA'},$$

et par conséquent,

$$\frac{2}{OI'} = \frac{1}{OB'} + \frac{1}{OA'};$$

donc (**275**) le point I' est le conjugué harmonique du point O par rapport au segment A'B'; ou bien encore, *l'inverse du centre de l'un des deux cercles est le pied de la polaire de l'origine par rapport à l'autre cercle.*

Donc : *Pour que deux cercles se transforment par inversion en deux cercles concentriques, il faut et il suffit que l'origine ait même polaire par rapport à ces deux cercles.*

422. **Méthode de transformation par rayons vecteurs réciproques.** — La considération de la figure inverse d'une figure donnée ou d'une figure à déterminer permet quelquefois de simplifier la démonstration des théorèmes ou la résolution des problèmes. Il y a là une méthode de recherche très féconde à laquelle on a donné le nom de *méthode de transformation par rayons vecteurs réciproques.*

Nous appliquerons cette méthode aux exemples suivants :

423. **Théorème de Ptolémée** (355). — Soit un quadrilatère convexe OABC (*fig.* 288), inscrit dans un cercle ; faisons une inversion en prenant comme origine le point O et une puissance d'inversion quelconque λ. Les trois points A, B, C ont pour inverses trois points A', B', C', situés en ligne droite ; on aura évidemment

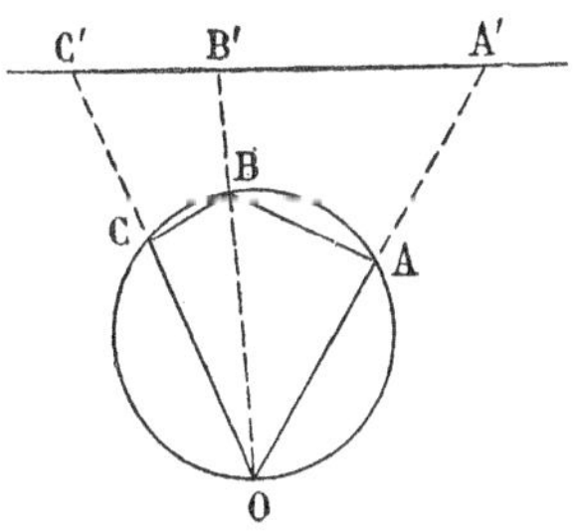

Fig. 288

$$A'C' = A'B' + B'C'.$$

En remplaçant les segments par leur valeur, il vient

$$AC \cdot \frac{\lambda}{OA . OC} = AB \cdot \frac{\lambda}{OA . OB} + BC \cdot \frac{\lambda}{OB . OC},$$

ou, en simplifiant,

$$(1) \qquad OB \times AC = OC \times AB + OA \times BC.$$

C'est le théorème de Ptolémée.

Réciproquement, si la relation (1) est satisfaite, le quadrilatère OABC est inscriptible. En effet, faisons une inversion en prenant comme origine le point O et une puissance quelconque λ. Les points A, B, C ont pour inverses les points A', B', C', et l'on déduit de (1) :

$$\frac{\lambda}{OB'} \times \frac{\lambda}{OA'.OC'} \cdot A'C'$$

$$= \frac{\lambda}{OC'} \times \frac{\lambda}{OA'.OB'} \cdot A'B' + \frac{\lambda}{OA'} \times \frac{\lambda}{OB'.OC'} \cdot B'C',$$

et en simplifiant,

$$A'C' = A'B' + B'C' ;$$

donc les trois points A', B', C' sont en ligne droite, et par conséquent les points A, B, C sont sur un cercle passant par O.

424. **Problème.** — *Par deux points donnés* A et B *mener un cercle tangent à un cercle donné* O.

Soit C (*fig.* 289) un cercle passant par les points A et B et tangent au cercle O. Faisons l'inversion de la figure en prenant comme origine le point A et comme puissance la puissance du point A par rapport au cercle O. Le cercle O se transforme en lui-même, le cercle C en une droite D tangente au cercle O (411) et passant par le point B', inverse de B.

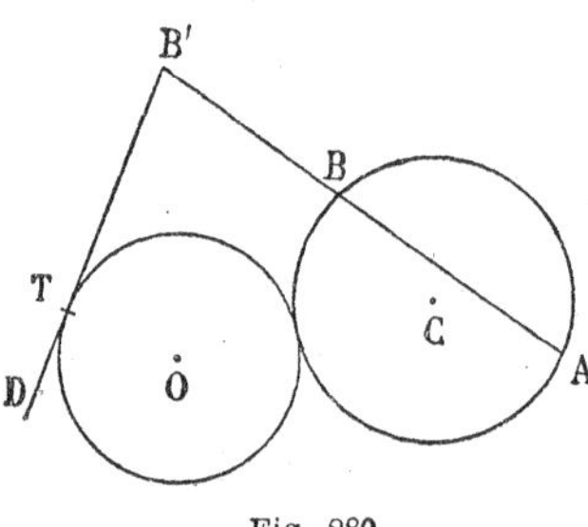

Fig. 289

De là la solution suivante : par le point B', inverse de B, on mène les tangentes au cercle O ; les figures inverses de ces tangentes sont les cercles cherchés.

Nous laisserons au lecteur le soin de discuter le problème et de retrouver les résultats établis au n° 400.

425. Inverseur de Peaucellier. — Un inverseur est un appareil formé de tiges articulées qui permet de tracer une figure

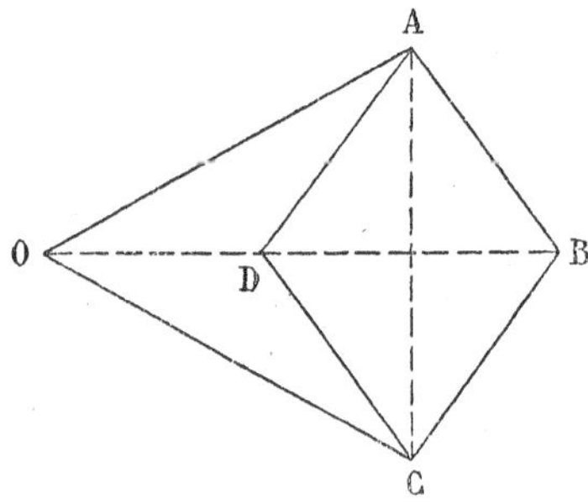

Fig. 290

inverse d'une figure donnée. Nous décrirons l'inverseur de Peaucellier.

Il se compose de quatre tiges articulées formant un losange ABCD (*fig.* 290); deux autres tiges égales OA et OC relient les points A et C à un point fixe O; les trois points O, D, B se trouvent sur la perpendiculaire élevée au milieu de AC; donc, quand l'appareil se déforme, ces trois points restent en ligne droite.

De plus, le produit $OD \times OB$ est la puissance du point O par rapport au cercle qui a pour centre A et pour rayon AD ou AB; on a donc

$$OD \times OB = \overline{AO}^2 - \overline{AD}^2;$$

il en résulte que le produit $OD \times OB$ reste constant quand on déforme l'appareil; si donc on oblige le point B à observer une figure quelconque, le point D décrira une figure inverse.

En particulier, si le point B décrit une droite, le point D décrira un cercle passant par O.

Cet appareil permet donc de transformer un mouvement rectiligne en un mouvement circulaire.

§ XII.

Polygones réguliers.

426. **Définitions.** — Un polygone convexe est dit *régulier* lorsqu'il a tous ses côtés égaux et tous ses angles égaux.

Une ligne brisée est dite *régulière* lorsqu'elle possède les trois propriétés suivantes: 1° tous ses côtés sont égaux; 2° tous ses angles sont égaux; 3° de trois côtés consécutifs, le premier et le troisième sont d'un même côté par rapport au second. Cette dernière condition est toujours remplie si la ligne brisée est convexe.

Si la ligne brisée est fermée, elle forme un polygone régulier. Un polygone régulier non convexe est dit *étoilé*.

Il n'est pas évident *a priori* qu'il existe des polygones réguliers convexes d'un nombre quelconque de côtés; le théorème suivant démontre leur existence.

427. **Théorème.** — *Si une circonférence est divisée en n parties égales :*

1° *Les cordes qui joignent les points de division consécutifs sont les côtés d'un polygone régulier convexe ;*

2° *Les points de rencontre des tangentes en deux points de division consécutifs sont les sommets d'un polygone régulier convexe.*

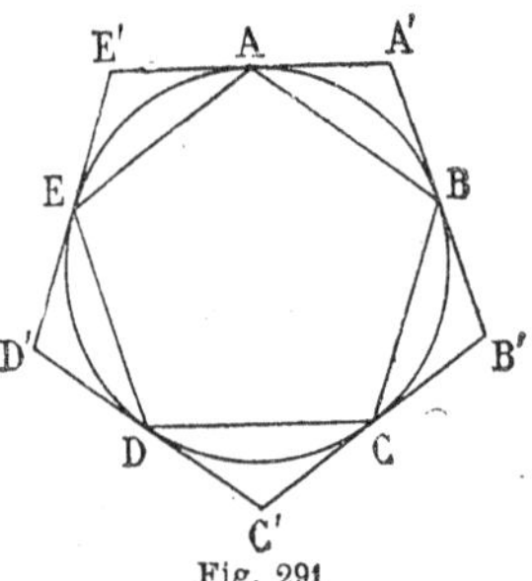

Fig. 291

1° Soient A, B, C, ... les points de division. Le polygone ABC... (*fig.* 291) est convexe, car un côté quelconque laisse tous les autres sommets dans une même région par rapport à ce côté; les côtés de ce polygone sont égaux, comme cordes sous-tendant des arcs égaux; enfin tous les angles de ce polygone ont pour mesure la moitié de $n-2$ divisions de la circonférence.

2° Soient A'B'C'... le polygone qui a pour sommets les points de rencontre des tangentes aux points de division consécutifs. Ce polygone est convexe, car toutes les tangentes sont d'un même côté de l'une quelconque d'entre elles. Chaque côté du polygone inscrit, tel que AB, forme avec les deux tangentes à ses extrémités un triangle isocèle ABA', car les angles à la base A et B ont pour mesure la moitié d'une division. Tous les triangles isocèles ainsi formés sont égaux, comme ayant leurs bases égales et leurs angles à la base égaux. Les angles du polygone A'B'C'... sont les angles aux sommets de ces triangles isocèles, donc ils sont égaux ; enfin chacun des côtés du polygone est le double des côtés des triangles isocèles ; les côtés du polygone sont donc égaux ; donc le polygone A'B'C'... est régulier.

428. **Remarque.** — On démontre, absolument de la même façon que dans le numéro précédent, que si sur une circonférence on porte toujours dans le même sens des cordes égales :

1° *Ces cordes sont les côtés d'une ligne brisée régulière ;*

2° *Les points de rencontre des tangentes aux extrémités de chaque corde sont les sommets d'une ligne brisée régulière.*

429. **Théorème.** — *Etant donnée une ligne brisée régulière, il existe deux cercles concentriques, l'un circonscrit à la ligne brisée, l'autre inscrit dans cette ligne.*

Soit une ligne brisée régulière ABCDE... (*fig.* 292). Par les trois points A, B, C faisons passer un cercle, soit O le centre de ce cercle; menons du point O une perpendiculaire OH sur BC; le point H est le milieu de BC. Cela posé, si l'on fait tourner la figure OHBA autour de OH comme charnière, le point B viendra en C; les angles HBA et HCD étant égaux et de sens contraire, le côté BA prendra la direction CD, et comme BA est égal à CD, le point A viendra en D; donc OA = OD; le cercle qui passe par les trois sommets consécutifs A, B, C passe donc par le quatrième sommet, D; ce cercle passant par les sommets consécutifs B, C, D, passera par le sommet suivant, E, et ainsi de suite; donc il passe par tous les sommets de la ligne brisée ; il est donc circonscrit à cette ligne.

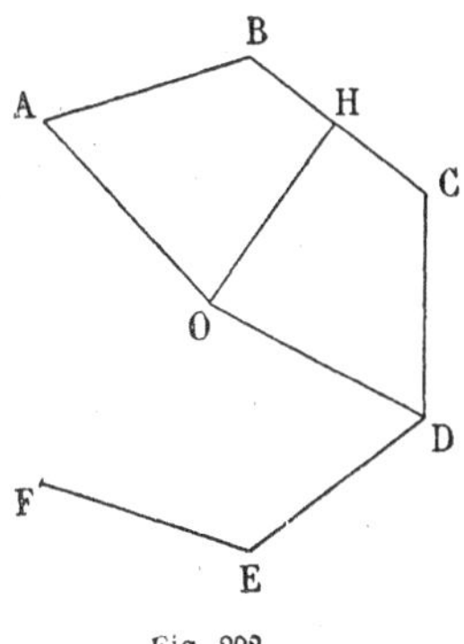

Fig. 292

Les côtés de la ligne brisée sont des cordes égales du cercle circonscrit, donc elles sont toutes à la même distance du centre. Si donc du point O comme centre, avec un rayon égal à OH, on décrit un cercle, ce cercle est tangent à tous les côtés de la ligne brisée; c'est le cercle inscrit dans cette ligne.

430. **Polygones étoilés.** — Supposons une circonférence divisée en n parties égales. Partons d'un point de division A et traçons, toujours dans le même sens, les cordes qui sous-tendent p divisions. On forme ainsi une ligne brisée régulière inscrite dans le cercle (428). Cette ligne est fermée, car le nombre des points de division est limité ; je dis de plus qu'elle se ferme au point de départ A. Il est impossible, en effet, qu'elle se ferme d'abord à un autre sommet B, car si l'on remontait le contour en sens inverse en partant de B on arriverait au point A ; le second passage au point A a donc lieu avant le second passage au point B.

Cherchons quel est le nombre de côtés du polygone ainsi formé ; soit k ce nombre. Quand on parcourt le polygone pour revenir au point de départ, on a parcouru kp divisions. D'autre part, on a fait un nombre exact h de tours de la circonférence et par conséquent parcouru hn divisions. On a donc

$$(1) \qquad kp = hn.$$

Soit alors d le plus grand commun diviseur des nombres p et n. Posons

$$p = dp', \qquad n = dn'.$$

Les nombres p' et n' sont premiers entre eux. L'égalité (1) devient, après avoir divisé les deux membres par d,

$$kp' = hn'.$$

p' et n' étant premiers entre eux, k est un multiple de n' (voir le cours d'arithmétique de M. Humbert) ; donc on arrivera pour la première fois au point de départ après avoir inscrit n' cordes. Le nombre des côtés du polygone régulier est donc égal à $\frac{n}{d}$, d étant le plus grand commun diviseur entre n et p.

Si n et p sont premiers entre eux, le nombre des côtés du polygone régulier est égal à n.

Remarquons maintenant que toute corde qui sous-tend d'un côté p divisions, sous-tend de l'autre côté $n-p$ divisions. On obtient le même polygone, soit qu'on joigne les points de division de p en p, soit qu'on les joigne de $n-p$ en $n-p$. On peut donc supposer $p < \frac{n}{2}$; donc :

Le nombre des polygones réguliers de n côtés obtenus par cette méthode est égal au nombre des entiers premiers avec n et plus petits que $\frac{n}{2}$.

431. Réciproque. — *Tout polygone régulier de n côtés peut être obtenu par la méthode précédente.*

Considérons un polygone régulier de n côtés. Il est inscrit dans un cercle (429). Les côtés de ce polygone étant égaux, sous-tendent des arcs de cercles égaux ; soit l la longueur de l'arc sous-tendu, l'unité de longueur d'arc étant la circonférence. Quand on parcourt le polygone pour revenir au point de départ, la somme des arcs sous-tendus est ln ; d'autre part on a parcouru un nombre exact de fois p la circonférence. On a donc

$$ln = p$$

ou

$$l = \frac{p}{n}.$$

Ainsi, chaque côté du polygone sous-tend p divisions de la circonférence divisée en n parties égales ; de plus p est forcément premier avec n, car, dans le cas contraire, le nombre des côtés serait plus petit que n (430).

De la proposition directe et de sa réciproque on déduit :

Il y a autant d'espèces de polygones réguliers de n côtés qu'il y a de nombres premiers avec n et plus petits que $\frac{n}{2}$.

Ainsi il n'y a qu'une seule espèce de polygones réguliers de 3, 4, 6 côtés ; ce sont les polygones convexes.

Il y a deux espèces de pentagones réguliers; le pentagone convexe dont le côté sous-tend $^1/_5$ de la circonférence et le pentagone étoilé dont le côté sous-tend $^2/_5$ de la circonférence.

Il y a deux espèces de décagones réguliers : le décagone convexe dont le côté sous-tend $^1/_{10}$ de la circonférence et le décagone étoilé dont le côté sous-tend $^3/_{10}$ de la circonférence.

Il y a quatre espèces de pentédécagones réguliers : le pentédécagone convexe dont le côté sous-tend $^1/_{15}$ de la circonférence et trois pentédécagones étoilés dont les côtés sous-tendent respectivement $^2/_{15}$, $^4/_{15}$, $^7/_{15}$ de la circonférence.

432. Définitions. — Le *centre* d'une ligne brisée régulière est le centre commun aux cercles inscrit et circonscrit à cette ligne. Le rayon du cercle circonscrit est le *rayon* de la ligne brisée régulière ; le rayon du cercle inscrit est l'*apothème* de cette ligne.

Tous les côtés d'une ligne brisée régulière sont vus du centre sous des angles égaux. L'angle sous lequel un côté est vu du centre s'appelle l'*angle au centre* de la ligne brisée régulière.

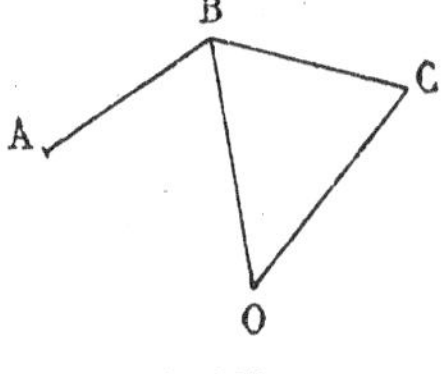

Fig. 293

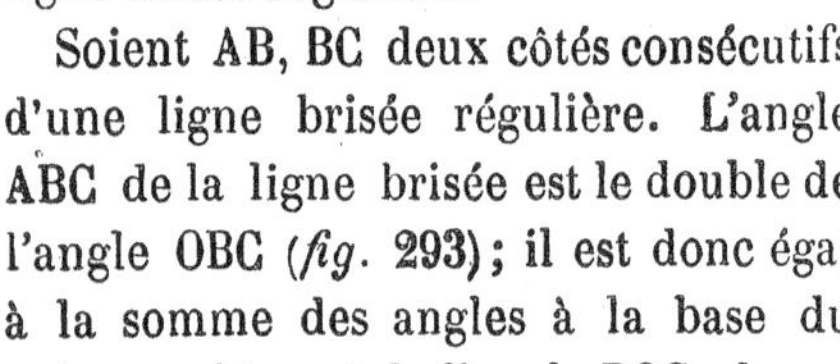

Soient AB, BC deux côtés consécutifs d'une ligne brisée régulière. L'angle ABC de la ligne brisée est le double de l'angle OBC (*fig.* 293) ; il est donc égal à la somme des angles à la base du triangle isocèle OBC ; c'est le supplément de l'angle BOC ; donc :

L'angle au centre d'une ligne brisée régulière et l'angle de cette ligne sont supplémentaires.

Tout ce qui précède s'applique aux polygones réguliers convexes ou étoilés.

Soit d'abord un polygone régulier convexe de n côtés ; la somme de ses angles au centre vaut 4 angles droits, donc l'angle au centre vaut

$$\frac{4^{dr}}{n};$$

l'angle du polygone est

$$2^{dr} - \frac{4^{dr}}{n}.$$

Prenons maintenant un polygone étoilé de n côtés, obtenu en joignant de p en p les points de division d'une circonférence ; l'angle au centre de ce polygone ayant pour mesure p divisions, vaut

$$\frac{4p^{dr}}{n}.$$

L'angle du polygone est donc

$$2^{dr} - \frac{4p^{dr}}{n}.$$

433. **Théorème.** — *Deux lignes brisées régulières d'un même nombre de côtés et ayant même angle au centre sont semblables. Le rapport de similitude est égal au rapport des rayons et au rapport des apothèmes.*

En effet, les côtés homologues de ces lignes sont évidemment proportionnels; les angles homologues sont égaux, puisqu'ils sont le supplément de l'angle au centre; donc les deux figures sont semblables.

Un rayon et un apothème de la première figure ont évidemment pour homologues dans la seconde un rayon et un apothème; donc (328) le rapport des rayons et le rapport des apothèmes est égal au rapport de similitude.

En particulier :

Deux polygones réguliers convexes d'un même nombre de côtés sont semblables. Le rapport de similitude est égal au rapport des rayons ou des apothèmes.

Donc (330):

Le rapport de leurs périmètres est égal au rapport de leurs rayons ou de leurs apothèmes.

434. *Inscrire un carré dans un cercle.*

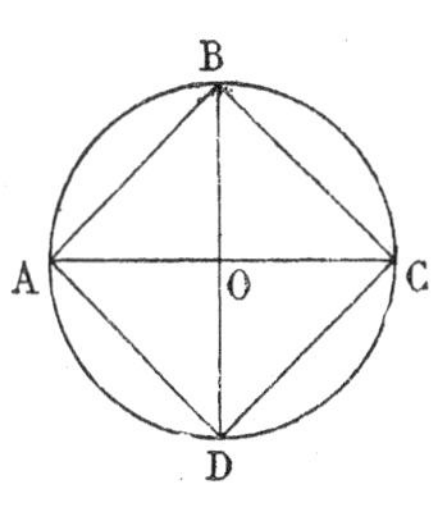

Fig. 294

Je mène deux diamètres rectangulaires AC et BD (*fig.* 294); les extrémités de ces diamètres partagent la circonférence en quatre portions égales; donc ABCD est le carré inscrit.

Soit R le rayon du cercle. Dans le triangle AOB on a

$$\overline{AB}^2 = \overline{AO}^2 + \overline{OB}^2 = 2R^2,$$
$$AB = R\sqrt{2}.$$

435. Remarque. — Comme on sait partager un arc de cercle en deux parties égales, on pourra, en partant du carré inscrit, partager successivement la circonférence en 8, 16,..., 2^n parties égales. On sait donc inscrire dans un cercle les polygones réguliers de 2^n côtés.

436. *Inscrire un hexagone régulier dans un cercle.*

Soit AB le côté de l'hexagone régulier inscrit dans le cercle O (*fig.* 295) ; joignons le point O aux points A et B; l'angle au centre AOB de l'hexagone régulier est égal à $\frac{360^\circ}{6} = 60^\circ$;

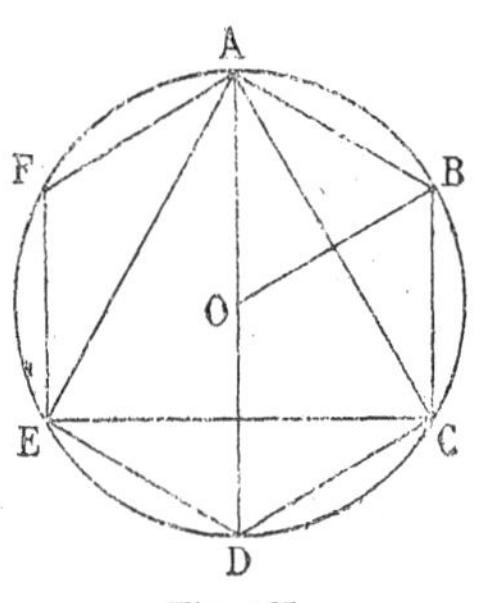

Fig. 295

l'angle de l'hexagone vaut donc 120° ; les angles en A et B du triangle AOB, étant la moitié de l'angle de l'hexagone régulier, vaudront chacun 60° ; le triangle AOB est donc équiangle et par suite équilatéral ; donc :

Le côté de l'hexagone régulier est égal à son rayon.

Pour inscrire l'hexagone régulier, il suffira de prendre sur la circonférence six cordes consécutives égales au rayon.

437. *Inscrire un triangle équilatéral dans un cercle.*

Supposons la circonférence divisée en six parties égales par les points A, B, C, D, E, F (*fig.* 295) ; joignons les points de division de deux en deux; on obtient le triangle équilatéral inscrit ACE.

Menons le diamètre AD qui passe par le point A ; le triangle ACD est rectangle ; le côté CD est égal au rayon puisque c'est le côté de l'hexagone inscrit. On aura donc

$$\overline{AC}^2 = \overline{AD}^2 - \overline{CD}^2 = 4R^2 - R^2 = 3R^2,$$

$$AC = R\sqrt{3}.$$

438. Après avoir partagé la circonférence en trois parties égales, on pourra la partager successivement en 6, 12, 24, ..., 3×2^n parties égales. On sait donc inscrire les polygones réguliers de 3×2^n côtés.

439. *Inscrire un décagone régulier dans un cercle.*

Les nombres plus petits que 5 et premiers avec 10 sont 1 et 3. Il y aura donc deux décagones réguliers : le décagone convexe dont le côté sous-tend $^1/_{10}$ de la circonférence, et le décagone étoilé dont le côté sous tend $^3/_{10}$ de la circonférence.

Supposons donc la circonférence divisée en 10 parties égales par les points A, B, C, D, E, F, G, H, K, L (*fig.* 296) ; AB sera le côté du décagone convexe et AD le côté du décagone étoilé ; menons les rayons OA, OB, OD; soit I le point de rencontre de OB et AD.

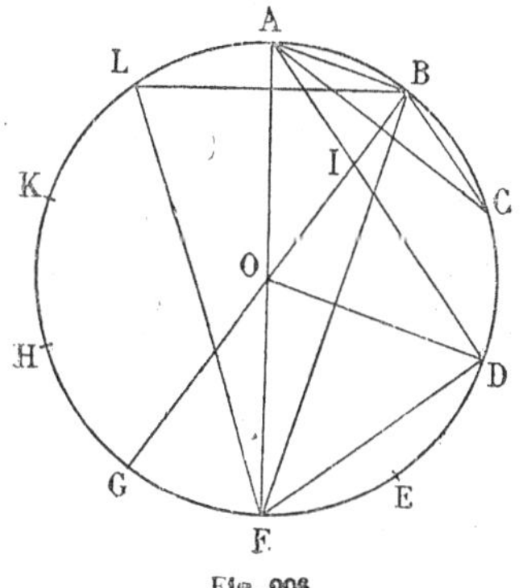

Fig. 296

Le rayon OB prolongé passe par le point G ; donc les angles ABI, AIB, BOD ont pour mesure $^2/_{10}$ de la circonférence; les triangles ABI et OID sont donc isocèles, et l'on a

$$AB = AI,$$
$$OD = ID;$$

donc

$$AD - AB = AD - AI = DI = OD = R.$$

Les angles OAD, AOB, ADO ont tous pour mesure $^1/_{10}$ de la circonférence. Les deux triangles isocèles IAO et OAD sont semblables, et l'on a

$$\frac{AI}{OA} = \frac{OA}{AD};$$

mais AI est égal à AB ; donc

$$AB \times AD = R^2.$$

Les deux lignes AD et AB sont telles que leur différence et leur moyenne proportionnelle soient égales au rayon. On construit donc ces lignes en divisant le rayon en moyenne et extrême raison (390).

Le côté AB étant construit, on partagera la circonférence en dix parties égales en portant successivement dix cordes égales à AB.

Les longueurs des côtés des décagones sont données (390) par les formules

$$AB = \frac{R}{2}(\sqrt{5} - 1),$$

$$AD = \frac{R}{2}(\sqrt{5} + 1).$$

440. *Inscrire un pentagone régulier dans un cercle.*

Les nombres premiers avec 5 et plus petits que $^5/_2$ sont 1 et 2; il y a donc deux pentagones réguliers : le pentagone convexe dont le côté sous-tend $^1/_5$ ou $^2/_{10}$ de la circonférence, et le pentagone étoilé dont le côté sous-tend $^2/_5$ ou $^4/_{10}$ de la circonférence. Si la circonférence est divisée en dix parties égales, on obtient le premier en joignant les points de division de deux en deux, et le second en les joignant de quatre en quatre. Ainsi FD et FB (*fig.* 296) sont les côtés des deux pentagones. Il est facile de calculer ces côtés. Le triangle ADF (*fig.* 296) est rectangle en D. On a

$$\overline{FD}^2 = \overline{AF}^2 - \overline{AD}^2;$$

mais $$AF = 2R, \qquad AD = \frac{R}{2}(\sqrt{5}+1);$$

donc

$$\overline{FD}^2 = 4R^2 - \frac{R^2}{4}(\sqrt{5}+1)^2 = \frac{R^2}{4}[16-(5+2\sqrt{5}+1)]$$

$$\overline{FD}^2 = \frac{R^2}{4}(10-2\sqrt{5})$$

$$FD = \frac{R}{2}\sqrt{10-2\sqrt{5}}.$$

Le triangle ABF, rectangle en B, donne

$$\overline{BF}^2 = \overline{AF}^2 - \overline{AB}^2;$$

mais $$AF = 2R, \qquad AB = \frac{R}{2}(\sqrt{5}-1);$$

donc

$$\overline{FB}^2 = 4R^2 - \frac{R^2}{4}(\sqrt{5}-1)^2 = 4R^2 - \frac{R^2}{4}(5-2\sqrt{5}+1)$$

$$\overline{BF}^2 = \frac{R^2}{4}(10+2\sqrt{5})$$

$$BF = \frac{R}{2}\sqrt{10+2\sqrt{5}}.$$

441. Remarque I. — Désignons d'une manière générale par C_n^p la corde du cercle de rayon R qui sous-tend p divisions de la circonférence divisée en n parties égales. On aura, d'après ce qui

précède :

$$C_{10}^1 = \frac{R}{2}(\sqrt{5}-1),$$

$$C_{10}^3 = \frac{R}{2}(\sqrt{5}+1),$$

$$C_5^1 = C_{10}^5 = \frac{R}{2}\sqrt{10-2\sqrt{5}},$$

$$C_5^2 = C_{10}^4 = \frac{R}{2}\sqrt{10+2\sqrt{5}}.$$

On en déduit les égalités

$$(C_5^1)^2 = (C_{10}^1)^2 + R^2,$$
$$(C_5^2)^2 = (C_{10}^3)^2 + R^2;$$

donc :

Le côté du pentagone régulier convexe inscrit dans un cercle est l'hypoténuse d'un triangle rectangle dont les côtés de l'angle droit sont le rayon et le côté du décagone régulier convexe inscrit dans le même cercle.

Le côté du pentagone régulier étoilé inscrit dans un cercle est l'hypoténuse d'un triangle rectangle dont les côtés de l'angle droit sont le rayon et le côté du décagone étoilé inscrit dans le même cercle.

442. Remarque II. — Dans le triangle isocèle FBL (*fig.* 296) les côtés BF et FL sont égaux au côté du pentagone étoilé ; le côté BL est le côté du pentagone convexe ; l'angle BFL, qui a pour mesure $^1/_{10}$ de la circonférence, est égal à l'angle au centre du décagone convexe ; BL est donc égal au côté du décagone convexe inscrit dans un cercle de rayon BF. On a donc

$$\frac{C_5^1}{C_5^2} = \frac{BL}{BF} = \frac{1}{2}(\sqrt{5}-1).$$

Un raisonnement analogue, appliqué au triangle ABC (*fig.* 296), montre que l'on a

$$\frac{C_5^1}{C_{10}^1} = \frac{AC}{AB} = \frac{1}{2}\sqrt{10+2\sqrt{5}}.$$

On vérifie algébriquement ces résultats en se servant des formules du numéro précédent.

443. Remarque III. — Après avoir divisé la circonférence en cinq parties égales, on pourra la diviser successivement en 10, 20, ..., 5×2^n parties égales. On sait donc inscrire les polygones réguliers dont le nombre de côtés est égal à 5×2^n.

444. *Calcul des apothèmes.* — Soient AB un diamètre d'un cercle O (*fig.* 297), AC un arc quelconque du cercle ; menons les droites AC, BC et les perpendiculaires OE, OF à ces droites. On a évidemment

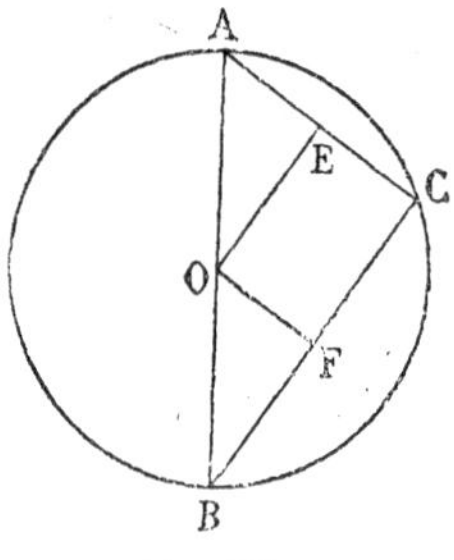

Fig. 297

$$OE = \frac{1}{2} BC, \qquad OF = \frac{1}{2} AC.$$

Cela posé, si AC est le côté du carré inscrit dans le cercle, BC sera aussi le côté du carré inscrit dans le même cercle.

Si AC est le côté de l'hexagone, BC sera celui du triangle équilatéral.

Si AC est le côté du décagone convexe, BC sera le côté du pentagone étoilé.

Si enfin AC est le côté du décagone étoilé, BC sera le côté du pentagone convexe.

Donc, si l'on désigne par a_n^p l'apothème d'un polygone régulier obtenu en joignant de p en p les points de division d'une circonférence de rayon R divisée en n parties égales, on aura les formules :

$$a_4^1 = \frac{1}{2} C_4^1 = \frac{R}{2}\sqrt{2},$$

$$a_3^1 = \frac{1}{2} C_6^1 = \frac{R}{2},$$

$$a_6^1 = \frac{1}{2} C_3^1 = \frac{R}{2}\sqrt{3},$$

$$a_{10}^1 = \frac{1}{2} C_5^2 = \frac{R}{4}\sqrt{10 + 2\sqrt{5}},$$

$$a_{10}^{3} = \frac{1}{2}C_{5}^{1} = \frac{R}{4}\sqrt{10 - 2\sqrt{5}},$$

$$a_{5}^{1} = \frac{1}{2}C_{10}^{3} = \frac{R}{4}(\sqrt{5} + 1),$$

$$a_{5}^{2} = \frac{1}{2}C_{10}^{1} = \frac{R}{4}(\sqrt{5} - 1).$$

445. *Inscrire dans un cercle un pentédécagone régulier.*

Pour diviser une circonférence en 15 parties égales, on part de l'égalité

$$\frac{1}{15} = \frac{1}{6} - \frac{1}{10}.$$

Prenons alors sur la circonférence une corde AB égale au côté de l'hexagone régulier, puis en sens inverse une corde BC égale au côté du décagone régulier ; l'arc AC sera le quinzième de la circonférence (*fig.* 298).

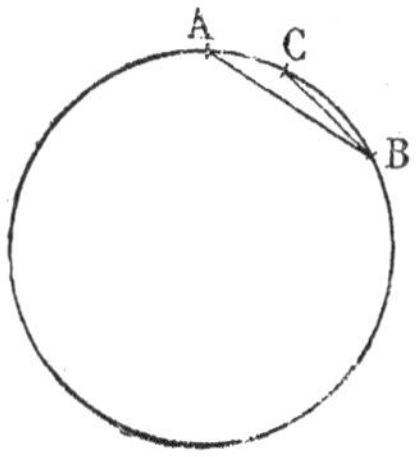

Fig. 298

La circonférence étant divisée en 15 parties égales, on aura les côtés des quatre pentédécagones en menant les cordes qui sous-tendent 1, 2, 4, 7 divisions.

Calcul de C_{15}^{1} *et de* C_{15}^{4}.

On a

$$\frac{1}{15} = \frac{1}{6} - \frac{1}{10},$$

$$\frac{4}{15} = \frac{1}{6} + \frac{1}{10}.$$

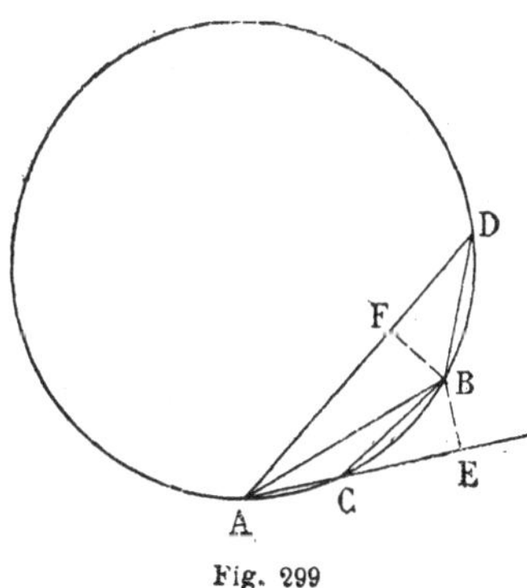

Fig. 299

Prenons sur un cercle une corde AB égale au côté de l'hexagone régulier, puis de part et d'autre du point B des cordes BC et BD égales au côté du décagone (*fig.* 299). On aura

$$C_{15}^{1} = AC, \qquad C_{15}^{4} = AD.$$

Menons du point B les perpendiculaires BE, BF aux droites

AC, AD. Les triangles BAE et BAF sont égaux, ainsi que les triangles BCE et BDF; donc AF et FD sont respectivement égaux à AE et CE. On aura alors

$$AC = AE - CE, \qquad AD = AE + CE.$$

Tout revient à calculer AE et CE. Or l'angle BAE ayant pour mesure la moitié de l'arc BC, qui est le dixième de la circonférence, est la moitié de l'angle au centre du décagone convexe. AE est donc l'apothème d'un décagone convexe dont le rayon est AB; de même l'angle BCE a pour mesure la moitié de l'arc AB, cet angle est donc la moitié de l'angle au centre de l'hexagone régulier; CE est donc l'apothème d'un hexagone régulier dont le côté est BC. On a donc

$$AE = \frac{AB}{4}\sqrt{10+2\sqrt{5}}, \qquad CE = \frac{BC}{2}\sqrt{3}.$$

Mais $$AB = R, \qquad BC = \frac{R}{2}(\sqrt{5}-1);$$

donc

$$AE = \frac{R}{4}\sqrt{10+2\sqrt{5}}, \qquad CE = \frac{R}{4}\sqrt{3}(\sqrt{5}-1).$$

et par suite

$$C_{15}^{1} = \frac{R}{4}\left[\sqrt{10+2\sqrt{5}} - \sqrt{3}(\sqrt{5}-1)\right],$$

$$C_{15}^{4} = \frac{R}{4}\left[\sqrt{10+2\sqrt{5}} + \sqrt{3}(\sqrt{5}-1)\right].$$

Calcul de C_{15}^{2} *et de* C_{15}^{7}.

On a

$$\frac{2}{15} = \frac{3}{10} - \frac{1}{6},$$

$$\frac{7}{15} = \frac{3}{10} + \frac{1}{6}.$$

Prenons alors sur le cercle une corde AB égale au côté du décagone étoilé; puis de part et d'autre du point B des cordes BC et BD égales au côté de l'hexagone régulier (*fig.* 300). On aura

$$C_{15}^{2} = AC, \qquad C_{15}^{7} = AD.$$

Menons du point B les perpendiculaires BE et BF aux droites AC et AD. On a encore

$$AE = AF \quad \text{et} \quad CE = DF;$$

donc

$$AC = AE - CE,$$
$$AD = AE + CE.$$

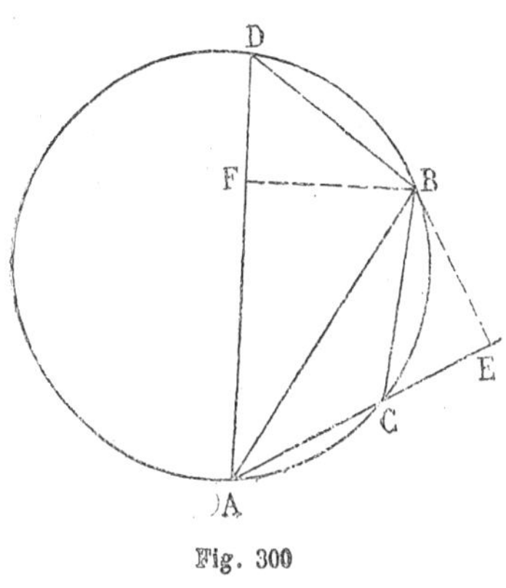

Fig. 300

Mais AE est l'apothème d'un hexagone régulier dont le rayon est AB; CE l'apothème du décagone étoilé dont le rayon est BC; donc

$$AE = \frac{AB}{2}\sqrt{3},$$

$$CE = \frac{BC}{4}\sqrt{10 - 2\sqrt{5}}.$$

Mais

$$AB = \frac{R}{2}(\sqrt{5}+1), \qquad BC = R;$$

donc

$$AE = \frac{R}{4}\sqrt{3}(\sqrt{5}+1), \qquad CE = \frac{R}{4}\sqrt{10-2\sqrt{5}},$$

d'où

$$C_{15}^{2} = \frac{R}{4}\left[\sqrt{3}(\sqrt{5}+1) - \sqrt{10-2\sqrt{5}}\right],$$

$$C_{15}^{7} = \frac{R}{4}\left[\sqrt{3}(\sqrt{5}+1) + \sqrt{10+2\sqrt{5}}\right].$$

446. Remarque sur l'inscription des polygones réguliers. — On dit qu'on sait inscrire un polygone régulier dans un cercle, lorsqu'on peut construire le côté de ce polygone régulier connaissant le rayon du cercle.

Si l'on sait inscrire un quelconque des polygones réguliers de n côtés, on sait inscrire tous les autres. En effet, si l'on porte successivement sur la circonférence n cordes égales au côté de ce polygone régulier, on passe par tous les points de division de la circonférence supposée divisée en n parties égales.

Si maintenant p et q sont deux nombres premiers entre eux, on saura inscrire les polygones de pq côtés si l'on sait inscrire ceux de p côtés et de q côtés. En effet, prenons sur la circonférence, dans le même sens, des cordes AB, BC respectivement égales aux côtés des polygones réguliers convexes de p côtés et de q côtés. On aura

$$\text{arc AB} = \frac{1}{p}, \qquad \text{arc BC} = \frac{1}{q};$$

donc

$$\text{arc AC} = \frac{1}{p} + \frac{1}{q} = \frac{p+q}{pq}.$$

La corde AC joint donc $p+q$ divisions de la circonférence divisée en pq parties égales. Mais $p+q$ et pq sont premiers entre eux (Voir cours d'arithmétique de M. Humbert) ; AC est donc le côté d'un polygone régulier de pq côtés.

Gauss a démontré que si p est un nombre premier égal à une puissance de 2 augmentée de l'unité, on sait inscrire les polygones réguliers de p côtés ; on sait aussi inscrire les polygones réguliers dont le nombre de côtés est 2^n. On peut donc inscrire tous les polygones réguliers dont le nombre des côtés est

$$2^n p_1 p_2 \ldots\ldots p_m,$$

$p_1, p_2, \ldots p_m$ étant des nombres premiers distincts, ayant la forme trouvée par Gauss.

Ce sont d'ailleurs les seuls polygones réguliers que l'on sait inscrire.

447. **Lignes trigonométriques des angles des polygones réguliers.** — Considérons une circonférence O divisé en n parties égales, et soit AB une corde qui sous-tend p divisions (*fig.* 301) ; l'angle AOB a pour mesure $\frac{4p}{n}$ droits ; menons la perpendiculaire OI à la droite AB ; l'angle AOI vaut $\frac{2p}{n}$ droits ; or dans le triangle AOI on a

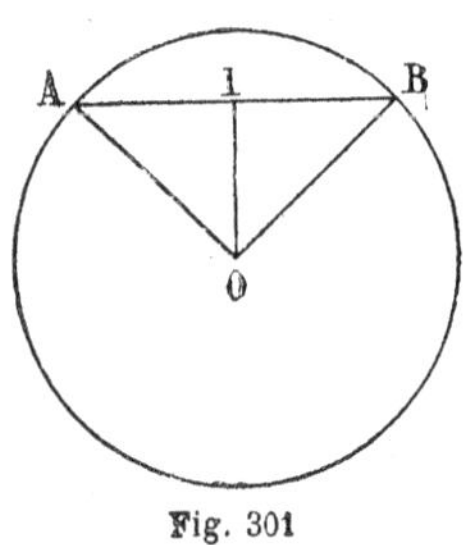

Fig. 301

$$\text{AI} = \text{R} \sin \text{AOI}, \qquad \text{OI} = \text{R} \cos \text{AOI}$$

et, par conséquent, en employant les notations des nos 441 et 444, on aura

$$C_n^p = 2R \sin \frac{2p}{n} \mathrm{dr}, \qquad a_n^p = R \cos \frac{2p}{n} \mathrm{dr},$$

d'où

$$\sin \frac{2p}{n} \mathrm{dr} = \frac{C_n^p}{2R} \qquad \text{et} \qquad \cos \frac{2p}{n} \mathrm{dr} = \frac{a_n^p}{R}.$$

En tenant compte des valeurs obtenues pour C_n^p et a_n^p, on trouve

$$\sin \frac{1}{2} \mathrm{dr} = \frac{\sqrt{2}}{2}, \qquad \cos \frac{1}{2} \mathrm{dr} = \frac{\sqrt{2}}{2},$$

$$\sin \frac{2}{3} \mathrm{dr} = \frac{\sqrt{3}}{2}, \qquad \cos \frac{2}{3} \mathrm{dr} = \frac{1}{2},$$

$$\sin \frac{1}{3} \mathrm{dr} = \frac{1}{2}, \qquad \cos \frac{1}{3} \mathrm{dr} = \frac{\sqrt{3}}{2},$$

$$\sin \frac{2}{5} \mathrm{dr} = \frac{1}{4} \sqrt{10 - 2\sqrt{5}}, \qquad \cos \frac{2}{5} \mathrm{dr} = \frac{1}{4} (\sqrt{5} + 1),$$

$$\sin \frac{1}{5} \mathrm{dr} = \frac{1}{4} (\sqrt{5} - 1), \qquad \cos \frac{1}{5} \mathrm{dr} = \frac{1}{4} \sqrt{10 + 2\sqrt{5}},$$

$$\sin \frac{3}{5} \mathrm{dr} = \frac{1}{4} (\sqrt{5} + 1), \qquad \cos \frac{3}{5} \mathrm{dr} = \frac{1}{4} \sqrt{10 - 2\sqrt{5}},$$

$$\sin \frac{4}{5} \mathrm{dr} = \frac{1}{4} \sqrt{10 + 2\sqrt{5}}, \qquad \cos \frac{4}{5} \mathrm{dr} = \frac{1}{4} (\sqrt{5} - 1).$$

§ XIII.

Longueur de la circonférence. — Calcul de π.

448. **Définition.** — On dit qu'une suite illimitée de nombres

$$a_1, a_2, \ldots, a_n, \ldots$$

a pour *limite* le nombre a, lorsque étant donné un nombre positif ε, *arbitrairement choisi*, on peut trouver un nombre m, tel que pour toutes les valeurs de n supérieures à m, la différence entre a et a_n soit en valeur absolue moindre que ε.

Le nombre ε peut être choisi arbitrairement, c'est-à-dire que la propriété indiquée doit subsister quelle que soit la valeur donnée à ε ; c'est ce qu'on exprime d'une autre façon en remplaçant dans la définition de la limite les mots *arbitrairement choisi* par *aussi petit que l'on veut*. Il est bien entendu que si l'on change la valeur de ε, on change aussi la valeur du nombre m qui entre dans la définition de la limite.

Marquons sur une droite Ox des points A_1, A_2, ..., A_n, ... tels que $OA_1 = a_1$, $OA_2 = a_2, \ldots$, $OA_n = a_n$, ... (*fig.* 302) et le

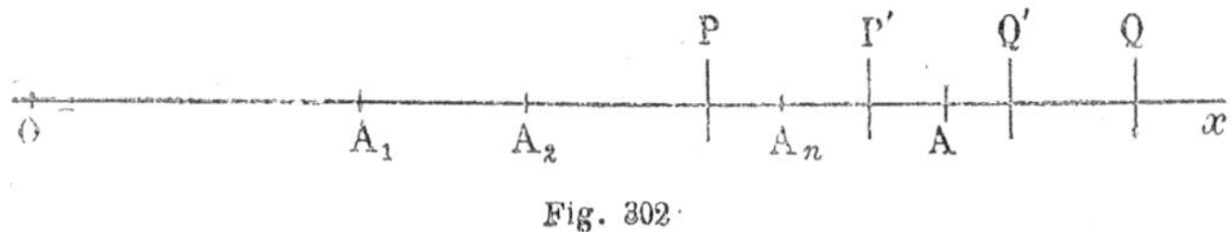

Fig. 302

point A tel que $OA = a$. Prenons de part et d'autre du point A des longueurs AP et AQ égales à ε. D'après l'hypothèse faite, à partir du rang m, tous les points A_n seront situés entre les points P et Q.

Prenons encore de part et d'autre du point A des longueurs égales AP', AQ' moindres que ε. A partir d'un certain rang, qui sera en général plus élevé que dans le cas précédent, tous les points A_n se trouveront encore entre P' et Q'.

Si donc on prend sur Ox un segment quelconque comprenant le point A, à partir d'un certain rang, tous les points de la suite A_n se trouveront sur ce segment.

Pour définir une suite illimitée de nombres

$$a_1, a_2, \ldots, a_n, \ldots,$$

il faut pouvoir calculer un terme de cette suite, connaissant son rang; c'est-à-dire calculer a_n quand on connaît n.

Exemple. — Soit la suite dans laquelle

$$a_n = 1 - \frac{1}{n};$$

cette suite a pour limite 1, car si ε est un nombre positif quelconque, m un entier plus grand que $\frac{1}{\varepsilon}$, pour toutes les valeurs de n supérieures à m on aura bien

$$1 - a_n = \frac{1}{n} < \varepsilon.$$

Marquons alors sur une droite Ox des points A_1, A_2, ..., A_n, ...

tels que

$$OA_1 = 1 - \frac{1}{1} = 0, \qquad OA_2 = 1 - \frac{1}{2} = \frac{1}{2},$$

$$\ldots, \qquad OA_n = 1 - \frac{1}{n},$$

et le point A tel que $OA = 1$ (*fig.* 303).

Si l'on prend un segment $AP = \frac{1}{1000}$, à partir du rang 1 000 tous les points A_n sont entre A et P.

Si l'on prenait $AP = \frac{1}{1000000}$, à partir du rang 1000000

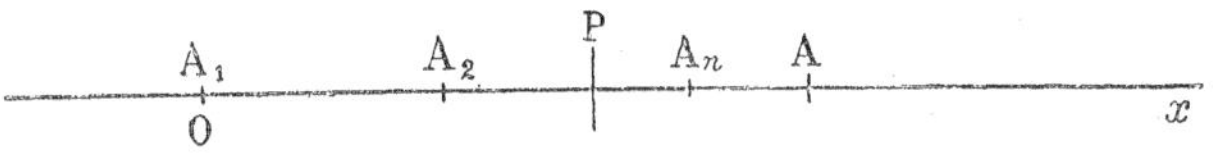

Fig. 303

tous les points A_n seraient encore entre A et P, etc.

Nous admettrons les axiomes suivants de la théorie des limites:

1° *Si les nombres d'une suite illimitée vont constamment en croissant en restant plus petits qu'un nombre* A, *cette suite a une limite égale ou inférieure à* A.

2° *Si les nombres d'une suite illimitée vont constamment en décroissant en restant supérieurs à un nombre* A, *cette suite a une limite égale ou supérieure à* A.

449. **Longueur de la circonférence.** — La définition de la longueur de la circonférence repose sur les remarques suivantes:

REMARQUE I. — *Le périmètre d'un polygone régulier convexe inscrit dans un cercle est plus petit que celui d'un polygone régulier convexe d'un nombre quelconque de côtés circonscrit au même cercle.*

En effet, le polygone inscrit est enveloppé par le polygone circonscrit (74).

REMARQUE II. — *Le périmètre d'un polygone régulier convexe de 2n côtés inscrit dans un cercle est plus grand que le périmètre du polygone régulier convexe de n côtés inscrit dans le même cercle.*

En effet, soient AB le côté du polygone de n côtés, C le milieu de l'arc AB (*fig.* 304). Le périmètre du polygone de $2n$ côtés contient n fois la ligne brisée ACB ; celui du polygone de n côtés, n fois la droite AB ; donc le premier périmètre est plus grand que le second.

Remarque III. — *Le périmètre d'un polygone régulier convexe de 2n côtés circonscrit à un cercle est plus petit que celui du polygone régulier convexe de n côtés circonscrit au même cercle.*

Menons les tangentes AA′ et BA′ (*fig.* 304) au cercle O ; puis la tangente B′C′ au point C. Le périmètre du polygone de $2n$ côtés contient n fois la ligne brisée AB′C′B ; celui de n côtés, n fois la ligne AA′B ; donc le premier périmètre est plus petit que le second.

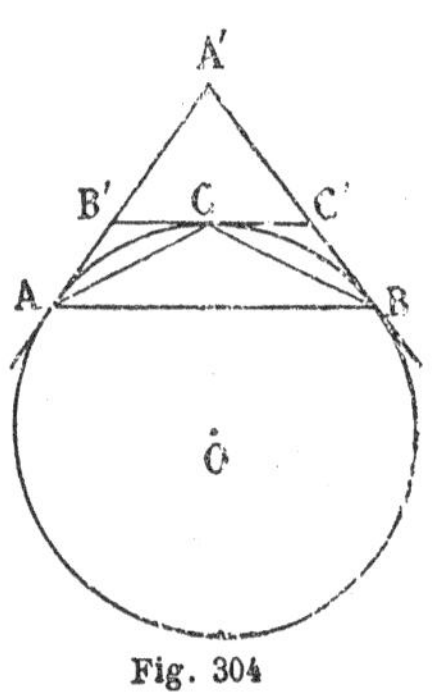

Fig. 304

Cela posé, soit O une circonférence quelconque ; inscrivons dans cette circonférence un polygone régulier convexe de n côtés, puis circonscrivons à cette circonférence un polygone régulier convexe de n côtés ; soient p_1 et P_1 les périmètres respectifs de ces polygones. Faisons la même opération pour les polygones de $2n$ côtés, soient p_2 et P_2 les périmètres de ces polygones ; puis pour les polygones de $4n$ côtés, et ainsi de suite, en doublant toujours le nombre des côtés. Nous obtenons ainsi deux suites illimitées de nombres :

(1) $p_1, p_2, \ldots, p_m, \ldots,$

(2) $P_1, P_2, \ldots, P_m, \ldots.$

Les nombres de la première suite, qui sont les périmètres de polygones inscrits dans le cercle, vont constamment en croissant (Remarque II) et restent plus petits que P_1 (Remarque I) ; donc cette première suite a une limite L.

Les nombres de la seconde suite, qui sont les périmètres de polygones circonscrits au cercle, vont constamment en diminuant (Remarque III) en restant supérieurs à p_1 (Remarque I) ; donc cette seconde suite a aussi une limite L′.

Je dis que ces deux limites sont les mêmes. En effet, soient AB (*fig.* 305) le côté du polygone de périmètre p_m, OI son apothème; OA sera l'apothème du polygone circonscrit correspondant. On aura donc

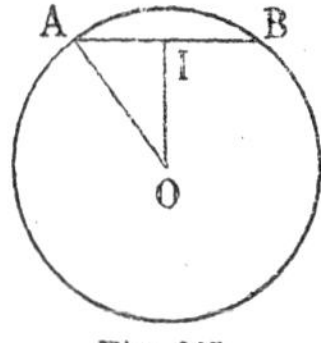

Fig. 305

$$\frac{p_m}{P_m} = \frac{OI}{OA},$$

d'où $$P_m - p_m = \frac{P_m[OA - OI]}{OA},$$

et par conséquent

$$P_m - p_m < \frac{P_1 \times AI}{OA},$$

car P_m est plus petit que P_1 et $OA - OI < AI$.

Or quand le nombre des côtés augmente indéfiniment, AI a pour limite zéro, P_m et p_m tendent vers la même limite, donc $L' = L$.

Il reste à montrer que la limite ainsi obtenue est la même, quel que soit le polygone régulier qui sert de point de départ.

Si, en effet, on part d'un autre polygone régulier, on formera deux suites de nombres,

(3) $$q_1, q_2, \ldots, q_m, \ldots,$$

(4) $$Q_1, Q_2, \ldots, Q_m, \ldots,$$

analogues aux suites (1) et (2) et qui ont une limite commune λ. Je dis que $\lambda = L$. En effet, λ ne peut pas être plus grand que L, car s'il en était ainsi on pourrait poser

$$\lambda - L = \alpha,$$

α étant un nombre positif. A partir d'un certain rang tous les terme de la suite (2) sont plus petits que $L + \frac{\alpha}{2}$. On aurait donc

(5) $$P_m < L + \frac{\alpha}{2};$$

de même, à partir d'un certain rang, tous les termes de la suite (3) sont plus grands que $\lambda - \frac{\alpha}{2}$ ou $L + \frac{\alpha}{2}$. On aurait donc

(6) $$q_{m'} > L + \frac{\alpha}{2}.$$

Des inégalités (5) et (6) on déduirait

$$q_{m'} > P_m,$$

ce qui est absurde (Remarque I).

On démontrerait de même que λ ne peut pas être plus petit que L; donc $\lambda = L$.

Cela posé, nous dirons :

La longueur d'une circonférence est la limite vers laquelle tendent les périmètres des polygones réguliers convexes inscrits et circonscrits à la circonférence, quand on double indéfiniment le nombre des côtés de ces polygones.

La circonférence est plus grande que le périmètre d'un polygone régulier convexe inscrit et plus petite que le périmètre d'un polygone régulier convexe circonscrit.

450. Théorème. — *Le rapport de deux circonférences est égal au rapport de leurs rayons.*

Soient C et C' les circonférences qui ont pour rayons R et R'; inscrivons dans ces circonférences des polygones réguliers convexes d'un même nombre de côtés; soient P et P' les périmètres de ces polygones. On aura

$$\frac{P}{P'} = \frac{R}{R'}.$$

Si l'on double indéfiniment le nombre des côtés, P et P' ont respectivement pour limites C et C'; donc

$$\frac{C}{C'} = \frac{R}{R'}.$$

451. Corollaire. — *Le rapport de la circonférence au diamètre est le même pour toutes les circonférences.*

En effet, si C et C' sont les longueurs de deux circonférences quelconques de rayons R et R', on a

$$\frac{C}{C'} = \frac{R}{R'} = \frac{2R}{2R'},$$

ou

$$\frac{C}{2R} = \frac{C'}{2R'}.$$

On désigne ce rapport par la lettre grecque π. La longueur C d'une circonférence de rayon R est donnée par la formule

$$C = 2\pi R.$$

452. **Longueur d'un arc de cercle.** — La longueur d'un arc de cercle est la limite vers laquelle tend le périmètre d'une ligne brisée régulière convexe inscrite dans l'arc, les extrémités de la ligne brisée étant celles de l'arc.

L'existence de cette limite se démontre de la même façon que pour la circonférence entière.

Deux arcs d'une même circonférence qui correspondent à des angles au centre égaux ont des longueurs égales, car on peut superposer ces arcs, et par suite les lignes brisées inscrites dans ces arcs.

La longueur de la circonférence entière étant $2\pi R$, l'arc de 1° aura pour longueur $\frac{2\pi R}{360} = \frac{\pi R}{180}$; la longueur l de l'arc de n degrés sera

$$l = \frac{\pi R n}{180}.$$

453. **Calcul de π.** — Nous allons montrer comment on peut, par des méthodes élémentaires, calculer π avec une approximation donnée.

Dans la formule

$$C = 2\pi R$$

on peut se donner R et calculer une valeur approchée de C : c'est la *méthode des périmètres.*

454. **Méthode des périmètres.** — Si l'on suppose $R = \frac{1}{2}$, on a $\pi = C$; tout revient à calculer la longueur d'une circonférence de rayon $\frac{1}{2}$.

Pour cela on inscrit à la circonférence un polygone régulier convexe et on circonscrit un polygone régulier convexe d'un même nombre de côtés ; on calcule les périmètres de ces polygones, puis de ceux d'un nombre double de côtés, et ainsi de suite. Les périmètres des polygones inscrits sont des valeurs approchées de π par défaut ; les périmètres des polygones circonscrits, des valeurs approchées de π par excès. Si l'on veut avoir π avec cinq décimales exactes, on poussera l'opération jusqu'à ce que les deux valeurs approchées l'une par défaut, l'autre par excès aient cinq décimales communes.

Pour appliquer cette méthode, il faut pouvoir résoudre les deux problèmes suivants :

455. *Connaissant le côté d'un polygone régulier inscrit dans un cercle, calculer le côté du polygone régulier inscrit d'un nombre de côtés double.*

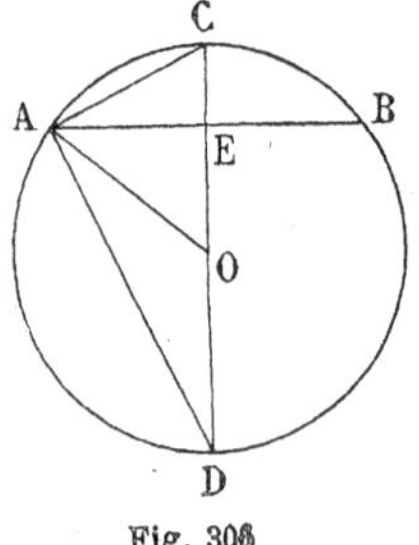

Fig. 306

Soient $AB = a$ le côté donné, R le rayon du cercle, C le milieu du plus petit arc sous-tendu par la corde AB; AC est le côté cherché (*fig.* 306). Menons le diamètre CD qui passe par le point C ; ce diamètre coupe AB en son milieu E. Dans le triangle rectangle CAD on a

$$\overline{AC}^2 = CD \times CE = 2R \times CE.$$

Mais

$$CE = R - OE = R - \sqrt{\overline{OA}^2 - \overline{AE}^2}$$

$$CE = R - \sqrt{R^2 - \frac{a^2}{4}};$$

donc

$$\overline{AC}^2 = 2R\left[R - \sqrt{R^2 - \frac{a^2}{4}}\right]$$

$$AC = \sqrt{2R\left[R - \sqrt{R^2 - \frac{a^2}{4}}\right]}.$$

456. Si AB est le côté du polygone régulier de n côtés, le périmètre P_n de ce polygone est

$$P_n = na;$$

le périmètre P_{2n} du polygone de $2n$ côtés sera

$$P_{2n} = 2n\sqrt{2R\left[R - \sqrt{R^2 - \frac{a^2}{4}}\right]}$$

$$P_{2n} = \sqrt{4nR[2nR - \sqrt{4n^2R^2 - n^2a^2}]} = \sqrt{4nR[2nR - \sqrt{4n^2R^2 - P_n^2}]}.$$

Si l'on suppose $2R = 1$, on aura

$$P_{2n} = \sqrt{2n[n - \sqrt{n^2 - P_n^2}]}.$$

457. *Étant donné le côté d'un polygone régulier inscrit dans un cercle, calculer le côté du polygone régulier circonscrit d'un même nombre de côtés.*

Soient $AB = a$ le côté d'un polygone régulier inscrit dans un cercle de rayon R, $A'B' = a'$ le côté du polygone régulier circonscrit d'un même nombre de côtés (*fig.* 307). Les côtés de ces polygones sont entre eux comme leurs apothèmes. On a donc

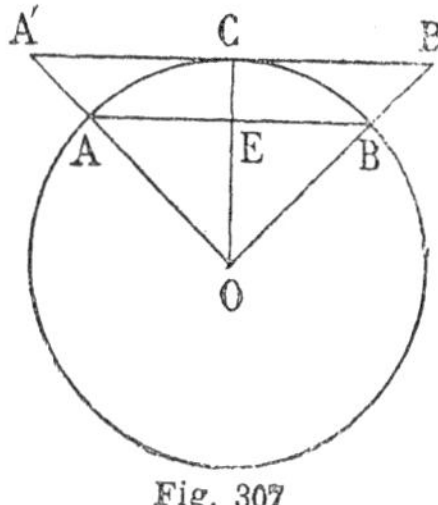

Fig. 307

$$\frac{A'B'}{AB} = \frac{OC}{OE} = \frac{R}{\sqrt{R^2 - \frac{a^2}{4}}}$$

$$a' = \frac{aR}{\sqrt{R^2 - \frac{a^2}{4}}}.$$

Si P_n, P'_n désignent les périmètres des polygones réguliers inscrit et circonscrit de n côtés, on aura

$$\frac{P'_n}{P_n} = \frac{a'}{a} = \frac{R}{\sqrt{R^2 - \frac{a^2}{4}}} = \frac{R}{\sqrt{R^2 - \frac{P_n^2}{4n^2}}}$$

$$\frac{P'_n}{P_n} = \frac{2nR}{\sqrt{4n^2R^2 - P_n^2}}.$$

Si l'on suppose en particulier $2R = 1$, on aura

$$\frac{P'_n}{P_n} = \frac{n}{\sqrt{n^2 - P_n^2}}.$$

458. *Application au calcul de* π.

En supposant toujours $R = \frac{1}{2}$, on a $P_6 = 3$. Les formules

$$P_{2n} = \sqrt{2n(n - \sqrt{n^2 - P_n^2})}, \qquad P'_n = P_n \times \frac{n}{\sqrt{n^2 - P_n^2}}$$

permettront de calculer P_{12}, P_{24}, P_{48}, ... et P'_6, P'_{12}, P'_{24}, ... On trouve

$$P_6 = 3{,}0000, \qquad P'_6 = 3{,}4641,$$
$$P_{12} = 3{,}1058, \qquad P'_{12} = 3{,}2154,$$
$$P_{24} = 3{,}1326, \qquad P'_{24} = 3{,}1596,$$
$$P_{48} = 3{,}1393, \qquad P'_{48} = 3{,}1460,$$
$$P_{96} = 3{,}1410, \qquad P'_{96} = 3{,}1427,$$
$$P_{192} = 3{,}1414; \qquad P'_{192} = 3{,}1418.$$

On en conclut que la valeur de π à moins de 1/1000 est 3,141.

EXERCICES SUR LE LIVRE III

1. Lieu des points d'où l'on voit deux segments consécutifs AB, BC d'une droite sous le même angle.

2. Deux cordes issues d'un même point d'une circonférence divisent harmoniquement le diamètre perpendiculaire à la corde qui joint leurs extrémités.

3. Lieu des points dont le rapport des distances à deux droites fixes est constant.

4. Lieu des points d'où l'on voit deux cercles donnés sous le même angle.

5. Sur deux droites fixes Ox, Oy on prend, à partir de deux points fixes A et B situés respectivement sur ces droites, des segments AM, BN qui varient proportionnellement. Lieu du milieu de la droite MN.

6. Un triangle ABC se déforme en restant semblable à lui-même; le point A reste fixe, le point B décrit une droite; lieu du point C.

7. Même problème en supposant que le point B se déplace sur une circonférence.

8. Un triangle ABC se déforme en restant semblable à lui-même; le point de rencontre des hauteurs reste fixe, le point A décrit une droite donnée; lieux décrits par les points B et C.

Construire un triangle, connaissant :

9. Les angles et une médiane;

10. Les angles et la distance du point de rencontre des hauteurs au centre du cercle circonscrit;

11. Les angles et la distance du centre du cercle inscrit au centre du cercle circonscrit.

12. Construire un triangle isocèle connaissant l'angle au sommet et la différence entre la base et la hauteur.

13. Étant donnés un triangle ABC et un point P sur le côté BC, déterminer sur les côtés AB et AC des points Q et R tels que le triangle PQR soit semblable à un triangle donné.

14. Inscrire dans un triangle donné un triangle ayant ses côtés parallèles à ceux d'un autre triangle donné.

15. Deux circonférences sont tangentes en un point A ; on mène dans l'une une corde AB, dans l'autre la corde AC perpendiculaire à AB. Démontrer que la droite BC passe par un point fixe.

16. Lieu des points de contact des tangentes menées parallèlement à une direction donnée à tous les cercles tangents à deux droites fixes.

17. Deux cercles sont tangents extérieurement : démontrer que la portion de tangente commune extérieure comprise entre ses deux points de contact est moyenne proportionnelle entre les diamètres des deux cercles.

18. L'inverse du carré de la hauteur d'un triangle rectangle est égal à la somme des inverses des carrés des côtés de l'angle droit.

19. Le produit des segments déterminés, à partir des points de contact, sur deux tangentes parallèles d'un cercle par une tangente mobile est égal au carré du rayon.

20. Vérifier algébriquement, en se servant de l'expression de la médiane en fonction des côtés, les inégalités indiquées à l'exercice 4, livre I.

21. Montrer qu'avec les médianes d'un triangle ABC, prises comme côtés, on peut construire un triangle A'B'C'. Quelles relations existent entre les médianes du triangle A'B'C' et les côtés du triangle ABC?

22. Construire un triangle connaissant ses trois médianes.

23. Construire un triangle connaissant ses trois hauteurs.

24. Etant donnés deux points A et B, trouver le lieu des points M tels que

$$\alpha\overline{MA}^2 + \beta\overline{MB}^2 = k^2,$$

α, β, k étant des constantes données.

25. Soit G le point de rencontre des médianes d'un triangle ABC. Démontrer la relation

$$\overline{AB}^2 + \overline{BC}^2 + \overline{CA}^2 = 3[\overline{AG}^2 + \overline{BG}^2 + \overline{CG}^2].$$

26. Soient G le point de rencontre des médianes d'un triangle ABC, M un point quelconque du plan du triangle. Démontrer la relation

$$\overline{MA}^2 + \overline{MB}^2 + \overline{MC}^2 = \overline{GA}^2 + \overline{GB}^2 + \overline{GC}^2 + 3\overline{MG}^2.$$

27. Calculer les diagonales d'un trapèze connaissant ses quatre côtés.

28. Etant donnés les côtés d'un triangle, calculer les distances du point de rencontre des hauteurs aux sommets.

29. Construire un cercle passant par un point donné A et ayant pour axe radical avec un cercle donné, une droite donnée D.

30. Peut-on construire un cercle ayant pour axe radical avec un cercle donné C une droite donnée D et avec un autre cercle donné C' une droite donnée D' ? — Construire le cercle lorsque le problème est possible.

31. Par un point P du plan d'un cercle on mène deux sécantes rectangulaires PAA', PBB'; démontrer que les sommes

$$\overline{AA'}^2 + \overline{BB'}^2$$

et

$$\overline{PA}^2 + \overline{PA'}^2 + \overline{PB}^2 + \overline{PB'}^2$$

restent constantes quand les sécantes tournent autour du point P.

32. Un triangle ABC, rectangle en A, a le sommet A fixe ; les points B et C se déplacent sur un cercle donné. Lieu du milieu de BC et du pied de la perpendiculaire abaissée du point A sur le côté BC.

33. Les polaires d'un centre de similitude de deux cercles, par rapport à ces cercles, sont équidistantes de leur axe radical.

34. Transformer par inversion deux cercles donnés en deux cercles de même rayon. — Lieu des centres d'inversion.

35. Lieu des points tels que le rapport des tangentes issues de ce point à deux cercles donnés ait une valeur donnée.

36. Lieu des centres des cercles qui partagent deux circonférences données en parties égales. — Lieu des points de rencontre des cordes communes à ce cercle et aux deux cercles donnés.

37. Construire un cercle partageant trois circonférences données en parties égales.

38. Dans un quadrilatère complet les milieux des diagonales sont trois points en ligne droite ; les points de rencontre des hauteurs des quatre triangles du quadrilatère sont en ligne droite ; les deux droites ainsi trouvées sont perpendiculaires.

39. Si deux bissectrices intérieures d'un triangle sont égales, le triangle est isocèle. — Qu'arrive-t-il si deux bissectrices extérieures d'un triangle sont égales ?

40. Connaissant les trois côtés d'un triangle, calculer les distances du centre du cercle inscrit aux sommets.

41. Construire un quadrilatère inscriptible connaissant ses côtés.

42. Construire les longueurs données par les formules

$$1^\circ\ x=\sqrt[2]{\frac{a^6+b^6}{a^4+b^4}};\quad 2^\circ\ x=\sqrt[4]{\frac{a^6+b^6}{a^2+b^2}};\quad 3^\circ\ x=\sqrt{\frac{a^4+\sqrt{b^8+c^8}}{a^2}}.$$

43. Mener un cercle tangent à une droite donnée A et ayant pour axe radical avec un cercle donné, une droite donnée D. — Discussion.

44. Même problème en remplaçant la droite A par un cercle.

45. On considère le cercle lieu des points M tels que le rapport de leurs distances à deux points fixes A et B ait une valeur donnée k. — Montrer que si l'on fait varier k, tous les cercles obtenus ont même axe radical.

46. Soient A et B deux points donnés, D une droite donnée. Etudier les variations du rapport $\frac{\text{MA}}{\text{MB}}$ quand le point M décrit la droite D.

47. Même problème en remplaçant la droite D par un cercle.

48. Etant donné un triangle ABC, trouver un point M tel que

$$\frac{MA}{\alpha} = \frac{MB}{\beta} = \frac{MC}{\gamma},$$

α, β, γ étant des nombres donnés. — Dans quel cas le problème est-il possible? — Si le problème est possible, il admet en général deux solutions; si M et M' sont les deux points satisfaisant à la question, la droite MM' est un diamètre du cercle circonscrit au triangle ABC.

49. Calculer les côtés et les apothèmes des octogones réguliers en fonction du rayon.

50. Même problème pour les polygones réguliers de 16, 32, et plus généralement de 2^n côtés.

51. Calculer les côtés et les apothèmes des polygones réguliers de 12 côtés en fonction du rayon.

52. Calculer les côtés et les apothèmes des polygones réguliers de 20 côtés en fonction du rayon.

53. Calculer les côtés et les rayons des polygones réguliers de 30 côtés en fonction de l'apothème.

54. Construire le rayon d'un cercle connaissant la différence entre le côté du pentagone régulier inscrit et son apothème.

55. Deux diagonales d'un pentagone régulier qui ne sont pas issues d'un même sommet se partagent en moyenne et extrême raison.

56. Etant donné un polygone régulier, convexe ou non convexe, on prend l'intersection de chaque côté avec celui qui le suit de deux rangs. Démontrer que les points ainsi obtenus sont les sommets d'un polygone régulier.

57. Calculer le côté du polygone régulier obtenu dans l'exercice précédent connaissant le côté du polygone régulier primitif, dans les cas suivants :

1° Le premier polygone est un hexagone régulier;

2° Le premier polygone est un décagone régulier.

58. Les diagonales d'un pentagone régulier convexe forment un nouveau pentagone régulier convexe. — Calculer le côté du second pentagone, connaissant le côté du premier.

59. Sur les côtés d'un hexagone régulier, on construit des carrés extérieurs à l'hexagone régulier; montrer que les sommets de ces carrés qui ne sont pas situés sur l'hexagone régulier sont les sommets d'un dodécagone régulier. — Calculer le rayon de ce dodécagone régulier connaissant le côté de l'hexagone régulier donné.

60. Une circonférence de rayon R est divisée en 10 parties égales par les points A, B, C, D, E, F, ... On mène les droites AE et FB, qui se coupent en R, et les droites AB et EF, qui se coupent en S. — Calculer les longueurs RA et SA.

61. La somme des distances des sommets d'un polygone régulier de n côtés à une droite D extérieure au polygone est égale à n fois la distance du centre à la droite D. — Comment faut-il modifier l'énoncé si la droite D traverse le polygone ?

LIVRE IV

MESURE DES AIRES

---

§ I.

Aire des polygones.

459. Unité d'aire. — Fixons une fois pour toutes l'unité de longueur; construisons un carré dont le côté est égal à l'unité de longueur; *par définition, l'aire de ce carré est* l'unité d'aire.

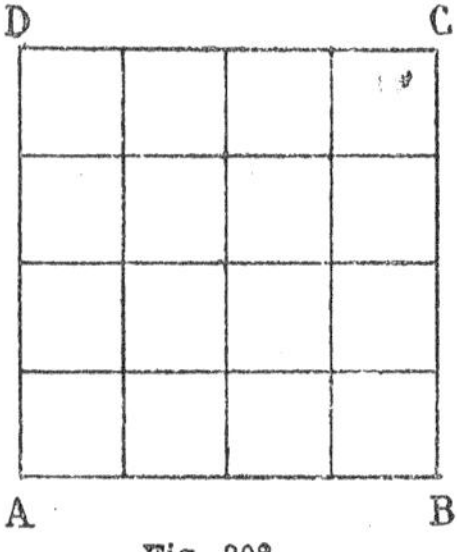

Fig. 308

Soit ABCD ce carré (*fig.* 308). Divisons le côté AB en n parties égales, puis par les points de division menons des perpendiculaires au côté AB. Ces perpendiculaires divisent le carré en n rectangles, ayant chacun pour côtés 1 et $\frac{1}{n}$. Divisons maintenant le côté AD en n parties égales, puis par les points de division menons des perpendiculaires au côté AD; ces perpendiculaires partagent chaque rectangle en n carrés ayant chacun pour côté $\frac{1}{n}$. Le carré ABCD contient n^2 carrés, ayant pour côté $\frac{1}{n}$.

Si l'on prend comme unité de longueur le mètre, l'unité d'aire sera l'aire du carré qui a un mètre de côté; cette unité est le *mètre carré*.

Si l'on prend comme unité de longueur le décimètre, l'unité d'aire est l'aire du carré qui a un décimètre de côté; cette aire est le *décimètre carré*.

Il résulte de ce qui précède, qu'un mètre carré vaut 100 décimètres carrés ; on voit de même qu'un décimètre carré vaut 100 centimètres carrés.

Pour mesurer les champs on emploie aussi comme unités l'*are* et l'*hectare*. L'are ou décamètre carré est l'aire d'un carré qui a 10 mètres de côté. Un are vaut donc 100 mètres carrés.

L'hectare ou hectomètre carré est l'aire d'un carré qui a 100 mètres de côté ; un hectare vaut 10000 mètres carrés ou 100 ares.

460. Remarque. — Nous considérons la notion d'aire comme une *notion première* ; c'est-à-dire que nous admettons que toute portion du plan a une aire. Nous dirons que deux figures sont *équivalentes* si elles ont la même aire. Deux figures égales sont nécessairement équivalentes, mais deux figures peuvent être équivalentes sans être égales.

461. **Définitions.** — Dans un rectangle on peut prendre pour *base* l'un quelconque des côtés; on appelle alors *hauteur* la longueur d'un côté perpendiculaire à la base. La base et la hauteur sont les *deux dimensions* du rectangle.

Dans un parallélogramme, on peut prendre comme *base* l'un des côtés ; la *hauteur* est la distance de la base au côté opposé.

Dans un triangle on peut choisir comme *base* un côté quelconque ; on appellera alors *hauteur* la distance du sommet opposé à la base.

Dans un trapèze les *bases* sont les côtés parallèles. On appelle *hauteur* la distance des deux bases.

462. **Remarque.** — Pour abréger le discours, nous dirons *aire d'une figure* au lieu de dire *nombre qui mesure l'aire* de cette figure ; nous dirons aussi *côté* d'une figure au lieu de dire *nombre qui mesure ce côté.*

463. **Théorème.** — *L'aire d'un rectangle est égale au produit de sa base par sa hauteur.*

Soit un rectangle ABCD ; construisons un carré EFGH (*fig.* 309) qui a pour côté l'unité de longueur. Nous distinguerons deux cas :

1° *Les côtés du rectangle sont commensurables avec l'unité de longueur.*

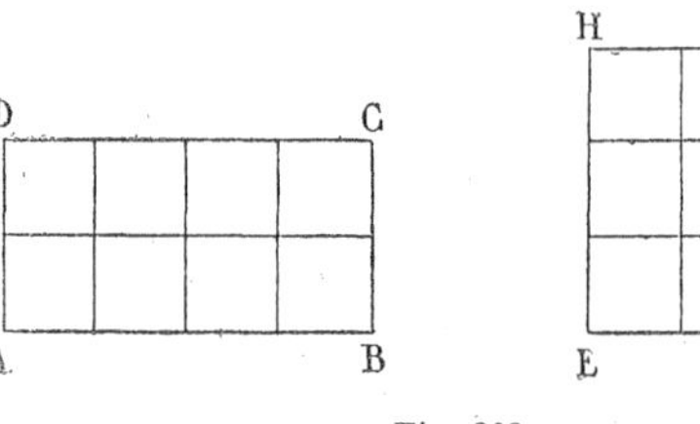

Fig. 309

Supposons, par exemple, que le tiers de l'unité de longueur soit contenu quatre fois dans le côté AB et deux fois dans le côté AD, de sorte que les nombres qui mesurent les côtés AB et AD soient

$$AB = \frac{4}{3}, \qquad AD = \frac{2}{3}.$$

Divisons le côté EF du carré en trois parties égales et par les points de division menons des perpendiculaires à EF ; opérons de même sur le côté EH, on divise ainsi le carré EFGH en neuf carrés, ayant chacun pour côté le tiers de l'unité de longueur.

Divisons le côté AB du rectangle en quatre parties égales et, par les points de division, menons des perpendiculaires à ce côté ; puis divisons le côté AD en deux parties égales et menons par le point de division la perpendiculaire à ce côté ; on divise ainsi le rectangle en huit carrés ayant chacun pour côté le tiers de l'unité de longueur.

Le rectangle ABCD contient donc huit fois la neuvième partie de l'unité, cette aire est donc $\frac{8}{9}$ et par conséquent on a

$$\text{aire ABCD} = \frac{8}{9} = AB \times AD.$$

2° *L'un au moins des côtés du rectangle est incommensurable avec l'unité.*

Divisons l'unité de longueur en n parties égales et supposons que AB contienne a de ces parties et n'en contienne pas $(a+1)$; de même, que AD contienne b parties et n'en contienne pas $(b+1)$; de sorte que

$$\frac{a}{n} < AB < \frac{a+1}{n}, \qquad \frac{b}{n} < AD < \frac{b+1}{n}.$$

Portons sur le côté AB (*fig.* 310) une longueur AB' égale à

$\frac{a}{n}$ et sur le côté AD une longueur AD′ égale à $\frac{b}{n}$ et construisons le rectangle AB′C′D′ (*fig.* 310) ; l'aire de ce rectangle est égale (1°) à $\frac{a}{n} \times \frac{b}{n}$.

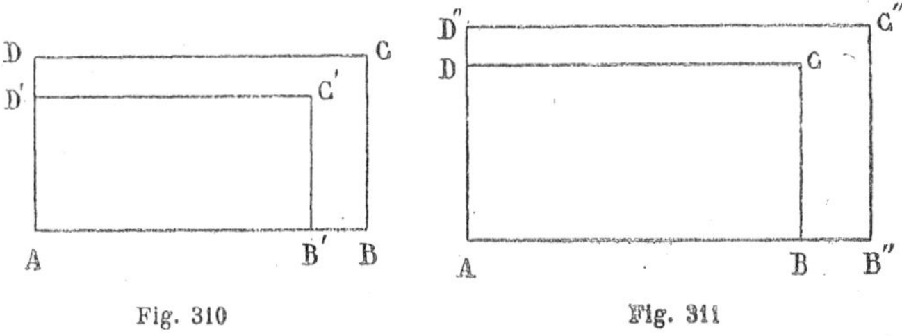

Fig. 310

Fig. 311

Portons de même sur AB une longueur AB″ égale à $\frac{a+1}{n}$ et sur AD une longueur AD″ égale à $\frac{b+1}{n}$ et construisons le rectangle AB″C″D″ (*fig.* 311) ; l'aire de ce rectangle est

$$\frac{a+1}{n} \times \frac{b+1}{n}.$$

L'aire du rectangle ABCD est évidemment comprise entre les aires des rectangles AB′C′D′ et AB″C″D″, c'est-à-dire entre les nombres

$$(1) \qquad \frac{a}{n} \times \frac{b}{n} \qquad \text{et} \qquad \frac{a+1}{n} \times \frac{b+1}{n}.$$

Le produit AB×AD est aussi compris entre les mêmes nombres ; or on peut choisir n assez grand pour que les deux nombres (1) diffèrent d'aussi peu que l'on veut (*Traité d'arithmétique* de M. Humbert) ; il en résulte que l'aire ABCD et le produit AB×AD sont égaux, puisque leur différence peut être rendue plus petite que tout nombre donné.

464. Corollaire I. — *Deux rectangles qui ont des bases égales sont entre eux comme leurs hauteurs.*

465. Corollaire II. — *Deux rectangles qui ont des hauteurs égales sont entre eux comme leurs bases.*

466. Corollaire III. — *Le rapport des aires de deux rectangles quelconques est égal au produit du rapport de leurs bases par le rapport de leurs hauteurs.*

467. **Corollaire IV.** — *L'aire d'un carré est égale au carré de son côté.*

468. **Corollaire V.** — *Le rapport des aires de deux carrés est égal au carré du rapport de leurs côtés.*

469. **Théorème.** — *L'aire d'un parallélogramme est égale au produit de sa base par sa hauteur.*

Soit le parallélogramme ABCD (*fig.* 312); des sommets C et D menons les perpendiculaires CE, DF au côté AB choisi comme base.

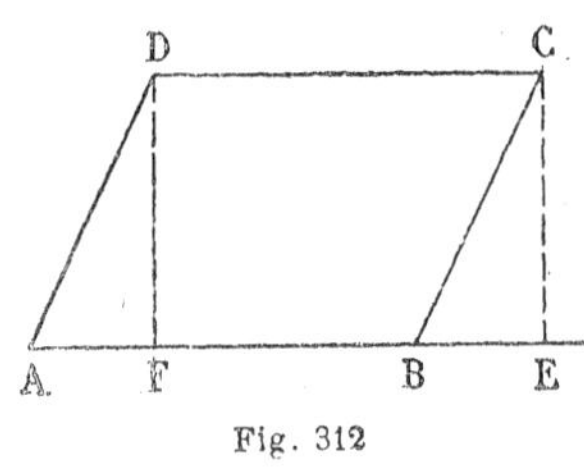

Fig. 312

Les deux triangles rectangles ADF, BCE sont égaux, car leurs hypoténuses AD et BC sont égales ainsi que les côtés de l'angle droit DF et CE.

Or, si du quadrilatère ADCE on retranche le triangle CBE, on obtient le parallélogramme; si au contraire on en retranche le triangle ADF, on obtient le rectangle DFEC. Le parallélogramme est donc équivalent au rectangle; or le rectangle a pour mesure le produit $DC \times DF$ ou $AB \times DF$; donc l'aire du parallélogramme est égale au produit de sa base par sa hauteur.

470. **Corollaires.**

I. — *Deux parallélogrammes qui ont même base et même hauteur sont équivalents.*

II. — *Les aires de deux parallélogrammes de même base sont entre elles comme leurs hauteurs.*

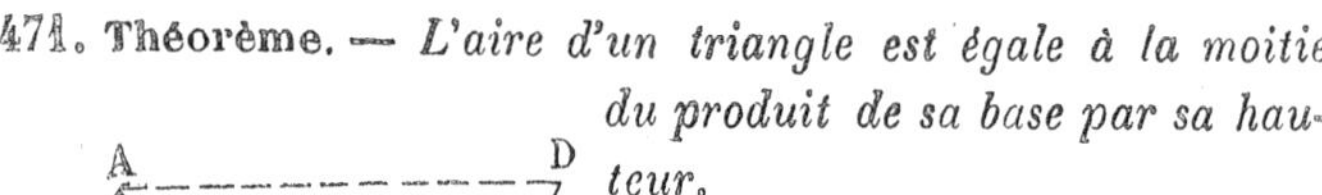

471. **Théorème.** — *L'aire d'un triangle est égale à la moitié du produit de sa base par sa hauteur.*

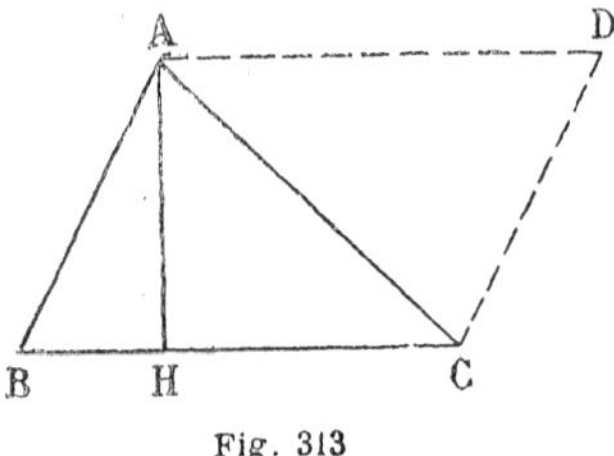

Fig. 313

Soit le triangle ABC (*fig.* 313) qui a pour base BC et pour hauteur AH; par le point A menons une parallèle au côté BC et par le point C une parallèle au côté AB. On forme ainsi le parallélogramme ABCD, qui a même base BC et même hauteur AH que le triangle. Or ce parallélogramme est divisé en deux triangles égaux par sa diagonale AC. L'aire du triangle est donc la moitié de celle du parallélogramme; donc l'aire du triangle est égale à $\frac{1}{2}\mathrm{BC}\times\mathrm{AH}$, c'est-à-dire à la moitié du produit de sa base par sa hauteur.

472. Corollaires :

I. — *Deux triangles qui ont même base et même hauteur sont équivalents.*

Donc:

Si l'on déplace le sommet d'un triangle sur une parallèle à la base on ne change pas l'aire du triangle.

II. — *Deux triangles qui ont même base sont entre eux comme leurs hauteurs.*

III. — *Deux triangles qui ont même hauteur sont entre eux comme leurs bases.*

473. **Problème.** — *Calculer l'aire d'un triangle connaissant ses côtés.*

Soit S l'aire du triangle ABC (*fig.* 313), dont les côtés sont a, b, c. On aura

$$S = \frac{1}{2}\mathrm{BC}\times\mathrm{AH} = \frac{1}{2}a\times\mathrm{AH}.$$

Mais (342)

$$\mathrm{AH} = \frac{2}{a}\sqrt{p(p-a)(p-b)(p-c)};$$

donc

$$S = \sqrt{p(p-a)(p-b)(p-c)}.$$

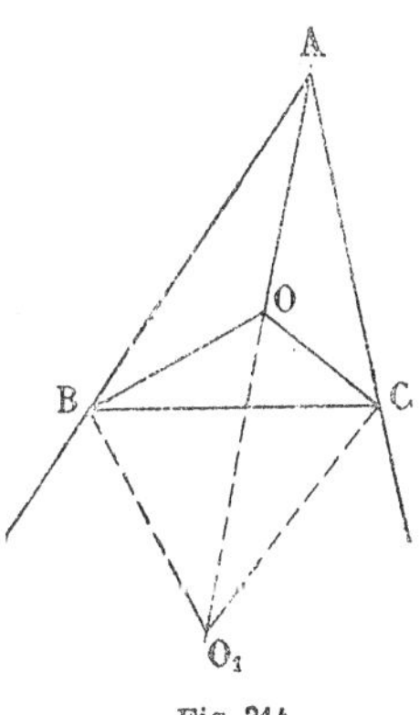

Fig. 314

474. **Problème.** — *Calculer les rayons des cercles inscrit et ex-inscrits à un triangle dont on connaît les côtés.*

Soient O le centre du cercle inscrit au triangle ABC (*fig.* 314), r son rayon. Le triangle ABC est la somme des trois triangles OBC, OCA, OAB, qui ont pour hauteur commune r; donc

$$ABC = OBC + OCA + OAB = \frac{1}{2} r(BC + CA + AB) = pr;$$

donc

$$S = pr.$$

En remplaçant S par sa valeur, on aura

$$r = \sqrt{\frac{(p-a)(p-b)(p-c)}{p}}.$$

Soit maintenant O_1 le centre du cercle ex-inscrit situé dans l'angle A. On a

$$ABC = O_1AB + O_1AC - O_1BC.$$

Les trois triangles O_1AB, O_1AC, O_1BC ont pour hauteur commune le rayon r_a du cercle O_1; donc

$$ABC = \frac{1}{2} r_a[AB + AC - BC] = (p-a)r_a;$$

donc

$$S = (p-a)r_a,$$

et par suite

$$r_a = \sqrt{\frac{p(p-b)(p-c)}{p-a}}.$$

On aurait de même les valeurs de r_b, r_c.

475. Des formules

$$(1) \qquad S = pr = (p-a)r_a = (p-b)r_b = (p-c)r_c,$$

on déduit

$$\frac{1}{r} = \frac{p}{S}, \quad \frac{1}{r_a} = \frac{p-a}{S}, \quad \frac{1}{r_b} = \frac{p-b}{S}, \quad \frac{1}{r_c} = \frac{p-c}{S},$$

et comme

$$p = (p-a) + (p-b) + (p-c),$$

on aura

$$\frac{1}{r} = \frac{1}{r_a} + \frac{1}{r_b} + \frac{1}{r_c}.$$

Des formules (1) on déduit aussi

$$S^4 = p(p-a)(p-b)(p-c)rr_ar_br_c.$$

Mais (473)

$$S^2 = p(p-a)(p-b)(p-c);$$

donc

$$S^2 = rr_ar_br_c,$$

d'où

$$S = \sqrt{rr_ar_br_c}.$$

476. **Théorème.** — *L'aire d'un trapèze est égale au produit de la demi-somme des bases par la hauteur.*

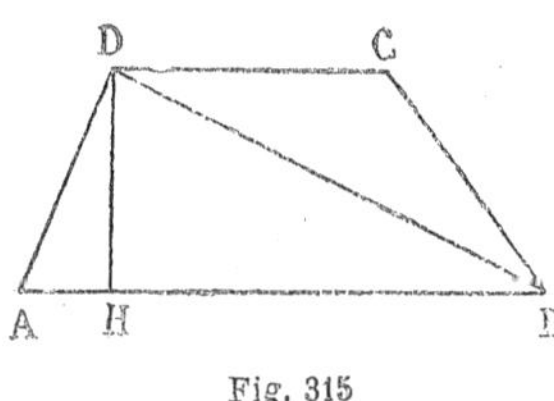

Fig. 315

Soit le trapèze ABCD (*fig.* 315) dont les bases sont AB et CD, et la hauteur DH. Menons la diagonale BD ; on décompose ainsi le trapèze en deux triangles ABD, CDB, qui ont respectivement pour bases les bases AB et CD du trapèze et pour hauteur commune la hauteur DH du trapèze.

L'aire du triangle ABD est égale à $\frac{1}{2}$ AB $\times$ DH ; celle du triangle DCB est $\frac{1}{2}$ DC $\times$ DH ; donc l'aire du trapèze est

$$\frac{1}{2}\,DH(AB + DC).$$

477. **Remarque.** — La droite qui joint les milieux des côtés non parallèles d'un trapèze est égale à la demi-somme des bases (140) ; donc :

L'aire d'un trapèze est égale au produit de sa hauteur par la droite qui joint les milieux de ses côtés.

478. **Aire d'un polygone convexe.** — Pour évaluer l'aire d'un

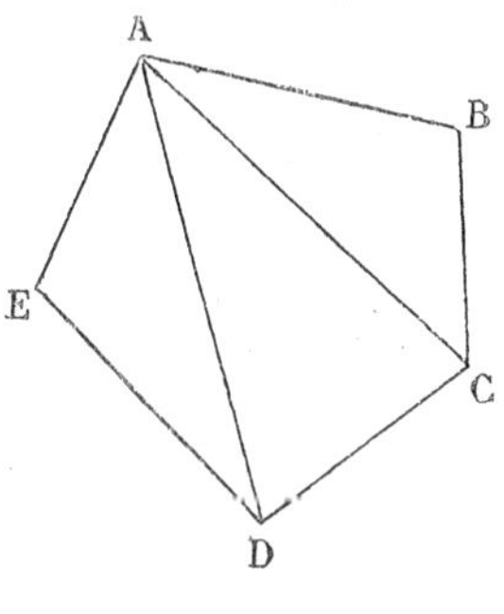

Fig. 316

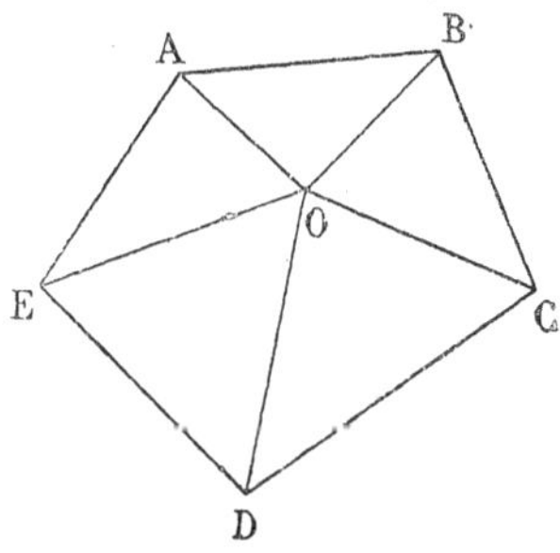

Fig. 317

polygone convexe, on peut employer deux méthodes :

1° On décompose le polygone en triangles. L'aire du polygone est égale à la somme des aires des triangles.

On peut décomposer un polygone en triangles en menant les diagonales issues d'un sommet; on obtient ainsi autant de triangles que le polygone a de côtés moins deux (*fig.* 316).

On peut encore opérer ainsi. On joint un point O intérieur au polygone à tous les sommets de ce polygone. On obtient ainsi autant de triangles que le polygone a de côtés (*fig.* 317).

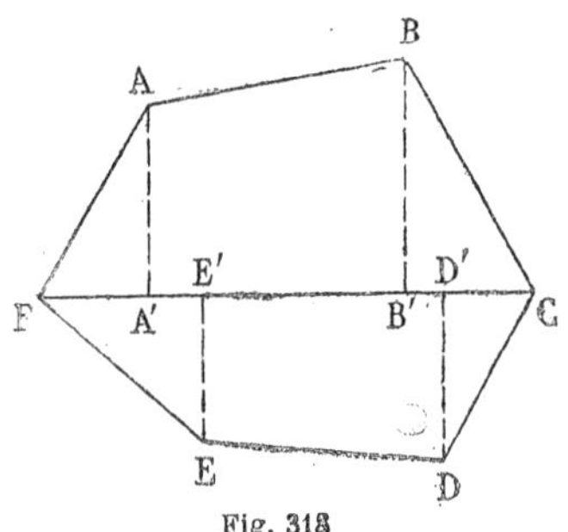

Fig. 318

2° On mène la plus grande diagonale du polygone, et de tous les sommets on abaisse des perpendiculaires sur cette diagonale. On décompose ainsi le polygone en triangles rectangles et en trapèzes.

Ainsi le polygone ABCDEF (*fig.* 318) est la somme des triangles rectangles FAA', CBB', FEE', CDD' et des trapèzes AA'BB', EE'DD'.

§ II.

Relations entre les carrés construits sur les côtés d'un triangle.

479. **Théorème.** — *Le carré construit sur l'hypoténuse d'un triangle rectangle est équivalent à la somme des carrés construits sur les côtés de l'angle droit.*

Soit ABC un triangle rectangle en A (*fig.* 319); sur les côtés de ce triangle construisons les carrés BCED, ACFG, ABKH extérieurs au triangle; l'angle A étant droit, le côté AH du carré construit sur AB est le prolongement de AC, de même le côté AG du carré construit sur AC est le prolongement du côté AB.

Cela posé, abaissons du point A une perpendiculaire AL sur l'hypoténuse BC, et prolongeons cette perpendiculaire jusqu'à sa rencontre en M avec le côté DE; menons les droites AD et KC. On forme deux triangles ABD et KBC qui sont égaux comme ayant un angle égal compris entre deux côtés égaux chacun à chacun, savoir : les angles KBC et ABD sont égaux car ils sont tous deux égaux à l'angle B du triangle ABC, augmenté d'un angle droit, les côtés KB et AB égaux comme côtés d'un carré, les côtés BC et BD égaux pour la même raison.

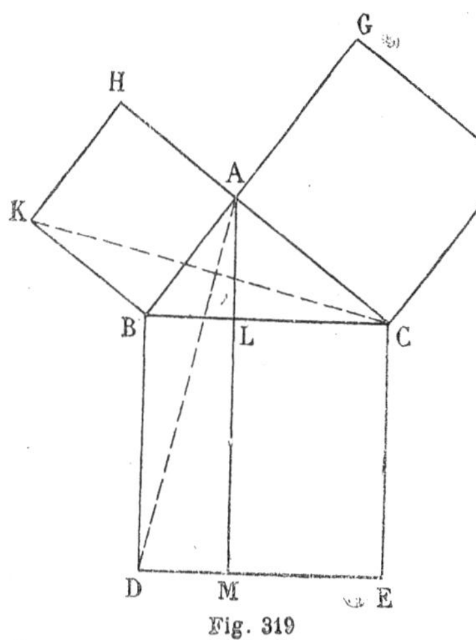

Fig. 319

Or le triangle ABD et le rectangle BDML ont même base BD et même hauteur BL ; le triangle ABD est donc équivalent à la moitié du rectangle BDML ; de même le triangle KBC et le carré KBAH ont même base KB et même hauteur AB ; le triangle KBC est donc la moitié du carré KBAH.

L'égalité des triangles ABD, KBC entraîne donc l'équivalence du rectangle BDML et du carré ABKH.

On démontre de même que le rectangle LMEC est équivalent au carré ACFG.

Le carré construit sur l'hypoténuse étant la somme de ces deux rectangles, est équivalent à la somme des deux carrés construits sur les côtés de l'angle droit.

480. **Remarque.** — L'équivalence du carré ABKH et du rectangle BDML donne le résultat suivant :

Le carré construit sur un côté de l'angle droit d'un triangle rectangle est équivalent au rectangle qui a pour dimensions l'hypoténuse et la projection de ce côté de l'angle droit sur l'hypoténuse.

Deux rectangles qui ont une dimension commune sont entre eux comme l'autre dimension ; donc :

Les carrés construits sur les côtés de l'angle droit d'un triangle rectangle sont entre eux comme les projections de ces côtés sur l'hypoténuse.

481. Théorème. — *Dans un triangle le carré construit sur un côté opposé à un angle aigu est équivalent à la somme des carrés construits sur les deux autres côtés, moins deux fois le rectangle construit sur l'un de ces côtés et la projection de l'autre sur lui.*

Soit A un angle aigu du triangle ABC. Sur les côtés du triangle, construisons extérieurement au triangle les carrés BCDE, CAFG, ABHK (*fig.* 320 et 321); menons les hauteurs AA', BB', CC' du triangle et prolongeons ces droites jusqu'à leurs points de rencontre L, M, N avec les côtés des carrés opposés aux côtés du triangle.

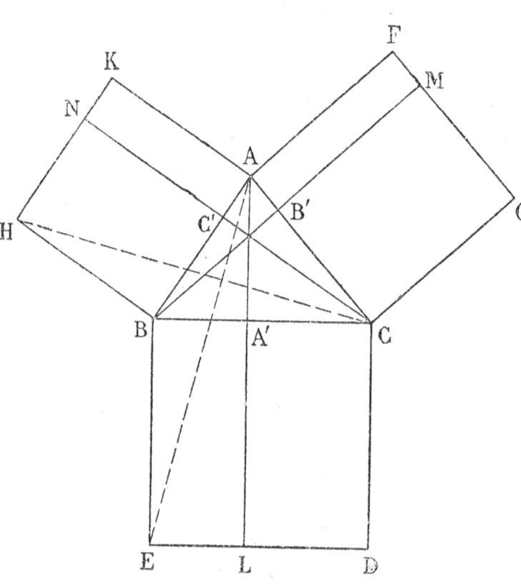

Fig. 320

L'angle A étant aigu, les angles B et C peuvent être tous deux aigus, ou l'un aigu et l'autre obtus. Supposons d'abord que les angles B et C soient aigus (*fig.* 320).

1) Les points A', B', C' sont sur les côtés du triangle. Considérons les deux rectangles BELA' et BHNC': je dis qu'ils sont équivalents. En effet, le rectangle BELA' est le double du triangle BEA, qui a même base BE et même hauteur BA'; le rectangle BHNC' est le double du triangle BHC, qui a même base BH et même hauteur BC'. Or les deux triangles ABE et HBC sont égaux comme ayant un angle égal compris entre deux côtés égaux chacun à chacun.

On démontrerait de même l'équivalence des rectangles A'LDC et B'CGM, ainsi que celle des rectangles AB'MF et AC'NK;

$$\begin{aligned} \text{BCDE} &= \text{BEA'L} + \text{CDA'L} = \text{BHNC'} + \text{CGMB'} \\ &= \text{ABHK} - \text{AC'NK} + \text{ACGF} - \text{AB'MF} \\ &= \text{ABHK} + \text{ACGF} - 2\text{AB'MF}. \end{aligned}$$

Le rectangle AB'MF a pour dimensions le côté AC et la projection du côté AB sur AC.

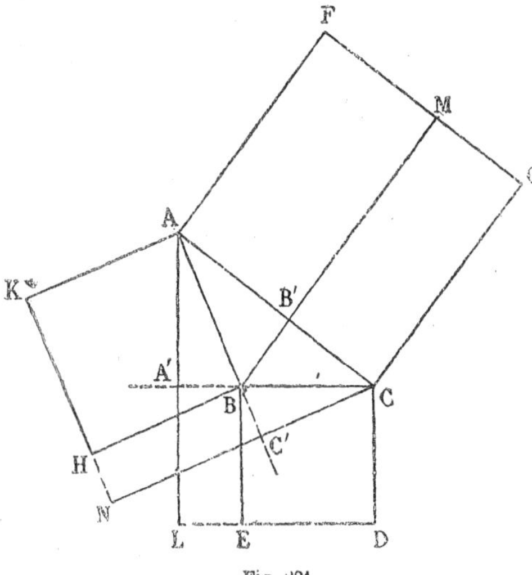

Fig. 321

Supposons maintenant l'angle B obtus (*fig.* **321**).

Les points A' et C' sont sur les prolongements des côtés BC et AB. On établit comme tout à l'heure les équivalences

$$\text{BEA'L} = \text{BHNC'},$$
$$\text{CDA'L} = \text{CGMB'},$$
$$\text{AFMB'} = \text{AKC'N}.$$

Or on a

$$\begin{aligned} \text{BCDE} &= \text{CDA'L} - \text{BEA'L} \\ &= \text{CGMB'} - \text{BHNC'} \\ &= (\text{ACFG} - \text{AFMB'}) - (\text{AKNC'} - \text{ABHK}) \\ &= \text{ACFG} + \text{ABHK} - \text{AFMB'} - \text{AKNC'} \\ &= \text{ACFG} + \text{ABHK} - 2\text{AFMB'} \\ &= \text{ACFG} + \text{ABHK} - 2\text{AKNC'}. \end{aligned}$$

Or AFMB' est le rectangle qui a pour dimensions le côté AC et la projection AB' de AB sur AC; de même le rectangle AKNC' a pour dimensions AB et la projection AC' de AC sur AB. Le théorème est donc démontré.

482. **Théorème.** — *Dans un triangle, le carré construit sur un côté opposé à un angle obtus équivaut à la somme des carrés construits sur les deux autres côtés, plus deux fois le rectangle construit sur l'un de ces côtés et la projection de l'autre sur lui.*

Soit le triangle ABC dans lequel l'angle B est obtus (*fig.* 321). Effectuons les constructions indiquées au numéro précédent.

On aura les équivalences

$$\begin{aligned} BEA'L &= BHNC', \\ CDA'L &= CGMB', \\ AFMB' &= AKNC'. \end{aligned}$$

Or on a

$$\begin{aligned} ACGF &= CGMB' + AFMB' \\ &= CDA'L + AKC'N \\ &= BCDE + BEA'L + ABHK + BHNC' \\ &= BCDE + ABHK + 2BEA'L \\ &= BCDE + ABHK + 2BHNC'. \end{aligned}$$

Le rectangle BEA'L a pour dimensions BC et la projection BA' de AB sur BC; le rectangle BHNC' a pour dimensions le côté AB et la projection BC' du côté BC sur AB. Le théorème est donc démontré.

483. Remarque. — Si l'on remarque que l'aire d'un carré a pour mesure le carré de son côté, que l'aire d'un rectangle a pour mesure le produit de ses deux dimensions, on voit immédiatement que les théorèmes de ce paragraphe sont une conséquence des relations métriques établies aux numéros 335, 339 et 340.

§ III.

Comparaison des aires.

484. **Théorème.** — *Le rapport des aires de deux triangles semblables est égal au carré de leur rapport de similitude.*

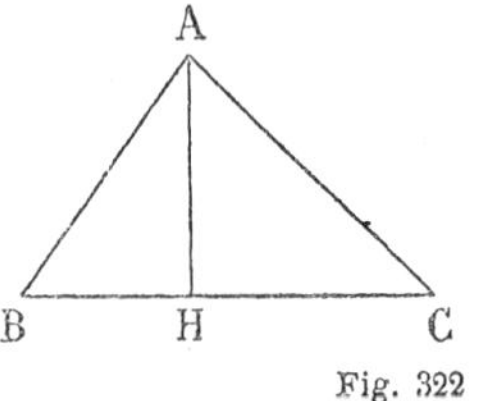

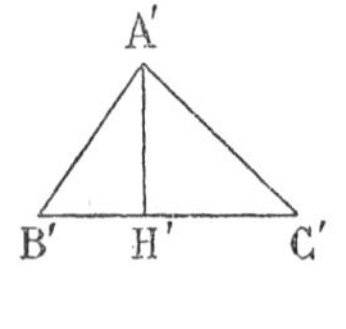

Fig. 322

Soient les deux triangles semblables ABC, A'B'C', dont le rapport de similitude est k (*fig.* 322); menons les hauteurs homologues AH, A'H'.

On aura

$$\frac{\text{aire ABC}}{\text{aire A'B'C'}} = \frac{\frac{1}{2}\text{BC}\times\text{AH}}{\frac{1}{2}\text{B'C'}\times\text{A'H'}} = \frac{\text{BC}}{\text{B'C'}}\times\frac{\text{AH}}{\text{A'H'}}.$$

Les rapports $\frac{\text{BC}}{\text{B'C'}}$, $\frac{\text{AH}}{\text{A'H'}}$ sont égaux à k; donc

$$\frac{\text{aire ABC}}{\text{aire A'B'C'}} = k^2.$$

485. **Théorème.** — *Le rapport des aires de deux polygones semblables est égal au carré de leur rapport de similitude.*

Soient P et P' les aires de deux polygones semblables dont le rapport de similitude est k. Décomposons ces polygones en un même nombre de triangles semblables et semblablement placés. Soient T_1, T_2, ... les aires des triangles du premier polygone, T'_1, T'_2, ... les aires des triangles correspondants du second. On a (484)

$$k^2 = \frac{T_1}{T'_1} = \frac{T_2}{T'_2} = \dots = \frac{T_1 + T_2 + \dots}{T'_1 + T'_2 + \dots} = \frac{P}{P'}.$$

486. **Théorème.** — *Deux triangles qui ont un angle égal ou supplémentaire sont entre eux comme les produits des côtés qui comprennent cet angle.*

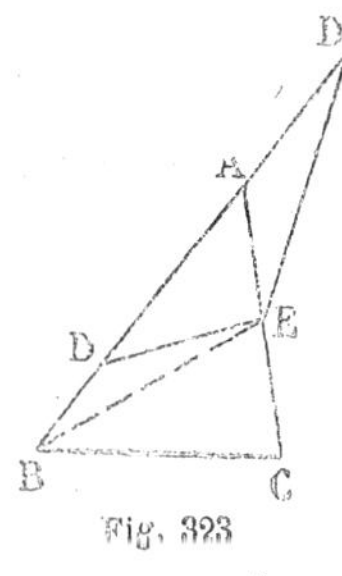

Fig. 323

Prenons d'abord deux triangles qui ont un angle égal; on pourra transporter le second triangle de façon que les angles égaux soient communs. Soient alors les deux triangles ABC, ADE (*fig.* 323) qui ont l'angle A commun; menons la droite BE. Les deux triangles ADE et ABE, qui ont pour bases AD et AB, ont même hauteur; ils sont entre eux comme leurs bases; donc

$$(1) \qquad \frac{\text{ADE}}{\text{ABE}} = \frac{\text{AD}}{\text{AB}}.$$

On démontre de même que

$$(2) \qquad \frac{\text{ABE}}{\text{ABC}} = \frac{\text{AE}}{\text{AC}}.$$

Multiplions les égalités (1) et (2) membre à membre; on aura

$$\frac{ADE}{ABC} = \frac{AD \times AE}{AB \times AC}.$$

Si les deux triangles ont un angle supplémentaire, on pourra les placer dans les positions AD'E et ABC. On répétera les raisonnements précédents en remplaçant la lettre D par la lettre D'.

§ IV.

Aire du cercle.

487. **Théorème.** — *L'aire d'un polygone régulier est égale à la moitié du produit de son périmètre par son apothème.*

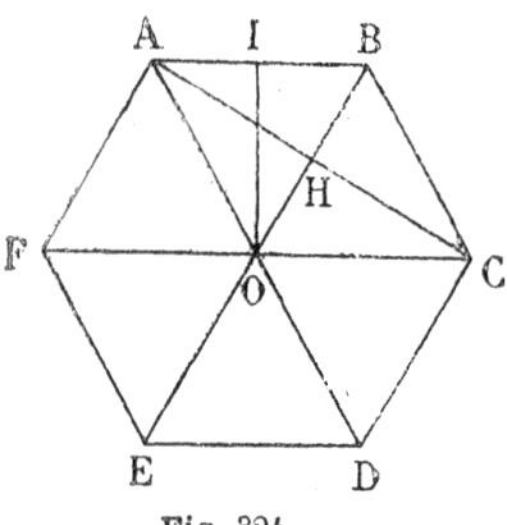

Fig. 324

Soit un polygone régulier ABCDEFA de n côtés (*fig.* 324). Menons les droites qui vont du centre O à tous les sommets. On décompose ainsi le polygone en n triangles égaux ; chacun de ces triangles a pour base le côté du polygone régulier et pour hauteur son apothème; si donc a est le côté du polygone régulier, h son apothème, l'aire de chacun de ces triangles est

$$\frac{1}{2}\, ah.$$

L'aire du polygone régulier est donc

$$\frac{1}{2}\, na \times h,$$

c'est-à-dire la moitié du produit du périmètre du polygone par son apothème.

488. **Remarque.** — On peut encore donner une autre expression de l'aire d'un polygone régulier ; menons la hauteur AH du triangle AOB. L'aire de ce triangle est

$$\frac{1}{2}\, R \times AH.$$

Mais AH est la moitié de AC, corde qui sous-tend un arc double de l'arc sous-tendu par le côté du polygone régulier.

L'aire du triangle AOB est donc

$$\frac{1}{4} R \times AC,$$

et l'aire du polygone régulier,

$$\frac{1}{2} R \times \frac{n}{2} AC.$$

Si n est pair, $\frac{n}{2}$ AC est le périmètre du polygone régulier qui a même rayon et deux fois moins de côtés; donc :

L'aire d'un polygone régulier de 2n côtés est la moitié du produit de son rayon par le périmètre du polygone régulier de n côtés qui a même rayon.

489. **Aire du cercle.** — Considérons un cercle C et un polygone régulier inscrit dans ce cercle; soient P le périmètre du polygone régulier, OI son apothème (*fig.* 325). L'aire de ce polygone est

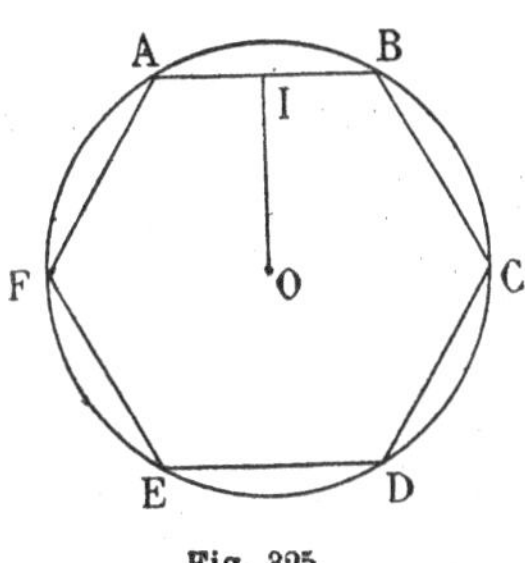

Fig. 325

$$P \times \frac{OI}{2}.$$

Supposons que l'on double indéfiniment le nombre des côtés de ce polygone, P tend vers une limite qui est par définition la longueur C de la circonférence, OI a pour limite le rayon R; les aires de ces polygones réguliers ont donc pour limite

$$C \times \frac{R}{2}.$$

On arriverait à la même limite en partant d'un polygone régulier circonscrit; donc :

Les aires des polygones réguliers inscrits ou circonscrits à un cercle tendent vers une limite quand on augmente indéfiniment le nombre de leurs côtés. Cette limite est la moitié du produit de la circonférence par son rayon.

Cette limite est l'aire du cercle ; donc :

490. **Théorème.** — *L'aire d'un cercle est égale au produit de sa circonférence par la moitié de son rayon.*

Si A est l'aire d'un cercle, C sa circonférence, R son rayon, on a

$$A = C \times \frac{R}{2}.$$

Mais $$C = 2\pi R;$$

donc $$A = \pi R^2.$$

On obtient l'aire d'un cercle en multipliant le carré de son rayon par le nombre π.

491. **Corollaire.** — *Les aires de deux cercles sont entre elles comme les carrés de leurs rayons.*

492. **Théorème.** — *L'aire d'un secteur circulaire est égale au produit de l'arc du secteur par la moitié du rayon.*

Soit le secteur circulaire OAMB (*fig.* 326); inscrivons dans l'arc du secteur la ligne polygonale régulière ACDEB. L'aire OACDEB est égale au produit du périmètre ACDEB de la ligne polygonale par la moitié de son apothème OI. Si l'on double indéfiniment le nombre des côtés de la ligne polygonale inscrite, le périmètre a pour limite l'arc AMB, l'apothème OI a pour limite le rayon; donc les aires des secteurs polygonaux ont pour limite

$$\text{arc AMB} \times \frac{R}{2}.$$

Cette limite est l'aire du secteur circulaire.

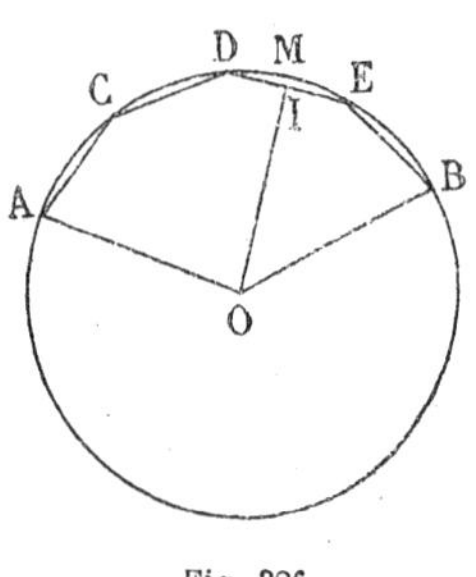

Fig. 326

493. **Remarque.** — Supposons que l'arc du secteur ait n degrés; on aura

$$\text{arc AMB} = \frac{2\pi R n}{360},$$

et par suite l'aire du secteur est

$$\pi R^2 \times \frac{n}{360}.$$

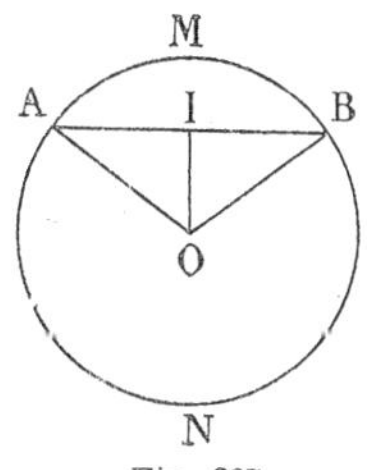

Fig. 327

494. Aire d'un segment. — Pour évaluer l'aire d'un segment AMB (*fig.* 327) moindre qu'un demi-cercle, on remarque que ce segment est la différence entre le secteur OAMB et le triangle OAB.

L'aire d'un segment ABN plus grand qu'un demi-cercle est la somme des aires du secteur OANB et du triangle OAB.

Soit α la mesure trigonométrique de l'angle AOB, la longueur de l'arc AMB est $R\alpha$ et par conséquent :

$$\text{sec. OAMB} = \frac{1}{2} R^2\alpha;$$

la hauteur OI du triangle OAB est $R \cos \frac{\alpha}{2}$, le côté AB est égal à $2R \sin \frac{\alpha}{2}$; donc le triangle $\text{OAB} = R^2 \sin \frac{\alpha}{2} \cos \frac{\alpha}{2}$ et par conséquent

$$\text{seg. AMB} = R^2\left[\frac{\alpha}{2} - \sin \frac{\alpha}{2} \cos \frac{\alpha}{2}\right].$$

§ V.

Problèmes sur les aires.

495. Définition. — Faire la *quadrature* d'une figure, c'est construire le côté du carré équivalent à cette figure. Il n'est pas toujours possible de faire la quadrature d'une figure ; ainsi, par exemple, la quadrature du cercle est impossible. Au contraire, celle d'un polygone est toujours possible ; elle résulte des deux problèmes suivants :

496. **Problème.** — *Construire un triangle équivalent à un polygone.*

Soit le polygone ABCDE (*fig.* 328); menons la diagonale BD, et, par le point C, une parallèle à BD jusqu'à sa rencontre en F avec la droite AB. Les deux triangles BDC et BDF sont équivalents comme ayant même base BD et les sommets C et F situés sur une parallèle à cette base. Il en résulte que le polygone donné ABCDE est équivalent au polygone AFDE qui a un côté de moins. En continuant ainsi, on arrivera à un triangle équivalent au polygone donné.

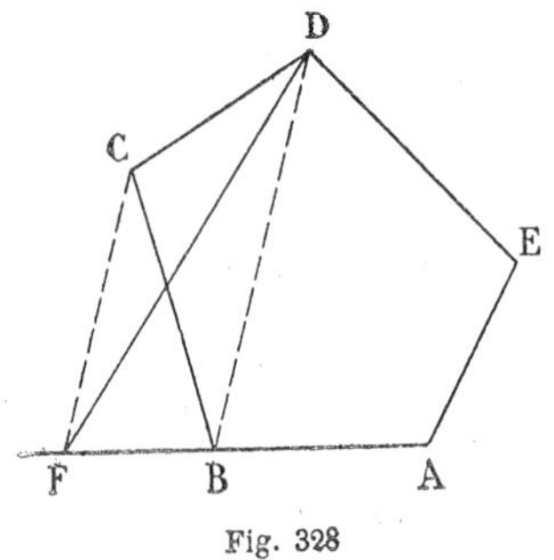

Fig. 328

497. **Problème.** — *Faire la quadrature d'un triangle.*

Soit le triangle ABC, qui a pour base BC et pour hauteur AH (*fig.* 329). L'aire de ce triangle est $BC \times \frac{AH}{2}$. Si donc x est le côté d'un carré équivalent au triangle, on aura

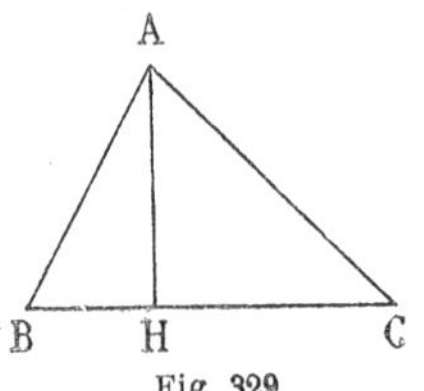

Fig. 329

$$x^2 = BC \times \frac{AH}{2}.$$

Le côté du carré cherché est donc une moyenne proportionnelle entre la base BC du triangle et la moitié de la hauteur.

§ VI.

Notions d'arpentage.

498. Pour indiquer une droite sur le terrain, on se contente de marquer les extrémités de cette droite et un certain nombre de points intermédiaires. Pour cela on se sert de *jalons*. Un

jalon est un piquet en bois surmonté d'une petite plaque peinte de deux couleurs, appelée *voyant*.

Dans beaucoup de cas le jalon présente simplement à sa partie supérieure une fente longitudinale dans laquelle on introduit un carré de papier servant de voyant.

Soient A et B les extrémités de la ligne (*fig.* 330); pour fixer la position d'un jalon intermédiaire C, l'opérateur se place en A, en arrière du jalon A, de façon que le jalon B soit caché par le jalon A. Un aide plante le jalon C à peu près sur la direction AB; si l'opérateur voit le jalon C à sa droite, il fait transporter ce jalon à sa gauche, on opère de même si le jalon C est à gauche; on continuera ainsi, par tâtonnements, jusqu'à ce que le jalon C soit caché par le jalon A.

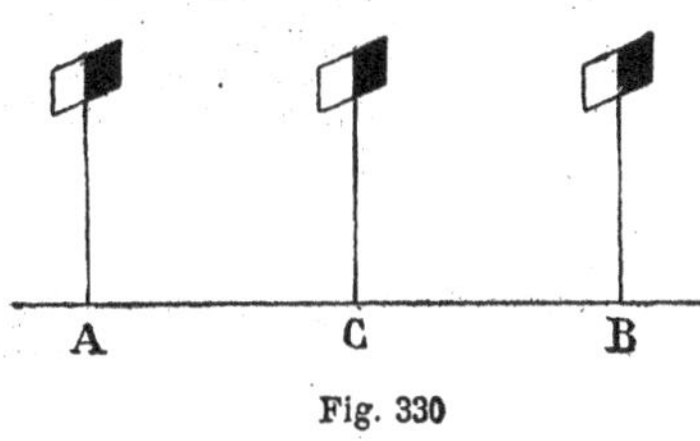

Fig. 330

499. Pour mesurer les longueurs sur le terrain, on se sert de la *chaîne d'arpenteur*. Elle se compose de 50 chaînons rectilignes ayant chacun deux décimètres de longueur; ce qui donne 10 mètres pour la longueur totale de la chaîne. Les chaînons successifs sont réunis par des anneaux; ces anneaux sont en fer, sauf le 5e, le 10e, etc., de 5 en 5, qui sont en cuivre; les anneaux de cuivre partagent la longueur de la chaîne en 10 parties égales à un mètre; les chaînons extrêmes sont terminés par des poignées prises sur la longueur de ces chaînons. A une chaîne d'arpenteur est joint un paquet de fiches. Une *fiche* est une tige en fil de fer terminée en bas par une pointe et en haut par un anneau qui permet de la tenir à la main.

Pour mesurer une ligne droite il faut deux personnes; l'une prend la première poignée A de la chaîne et la place extérieurement contre le premier jalon; la seconde personne prend la poignée B de la chaîne et tend cette chaîne dans la direction à mesurer; cette personne plante une fiche contre l'extrémité B à l'intérieur de la poignée. On transporte la chaîne de manière que la poignée A touche extérieurement la fiche qu'on vient de planter et l'on plante une nouvelle fiche contre l'extrémité B, etc. ; l'opérateur qui tient la poignée A ramasse chaque fois la fiche plantée par l'autre opérateur ; le nombre des fiches de cet opérateur indique combien de fois la chaîne a été portée sur la droite à mesurer. La longueur à mesurer contiendra, en général, un certain nombre de fois 10 mètres plus un reste. On évalue ce reste avec les divisions de la chaîne, en se rappelant que chaque anneau de cuivre indique un mètre et chaque anneau de fer 20 centimètres.

Si le terrain est en pente, il faut tendre la chaîne horizontalement.

300. Pour mener des perpendiculaires sur le terrain, on emploie l'*équerre d'arpenteur*. L'équerre d'arpenteur se compose d'une boîte ayant la forme d'un prisme octogonal régulier (*fig*. 331); chaque face est percée d'une ouverture traversée par un fil vertical AB ; le milieu du fil est au centre de la face.

Les fils placés dans les faces opposées de rang (1) et (5) définissent une direction horizontale : c'est la droite qui joint les centres de ces faces ; de même les fils placés dans les faces de

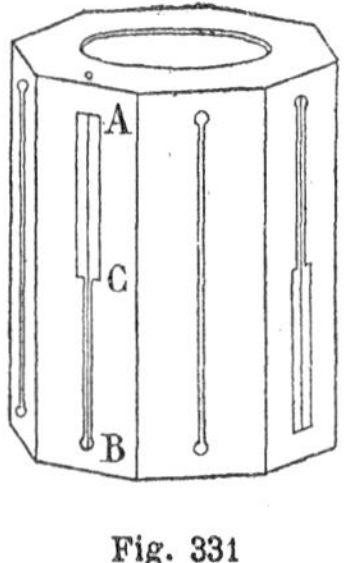

Fig. 331

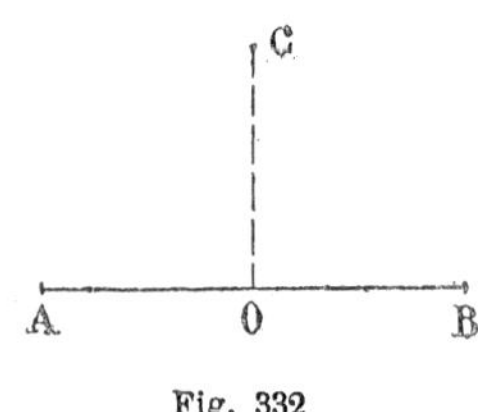

Fig. 332

rang (3) et (7) définissent une direction perpendiculaire à la précédente. Ce qu'il y a d'essentiel dans l'appareil, ce sont les quatre *pinnules* placées aux extrémités des deux droites rectangulaires (1), (5) et (3), (7); on pourrait, sans inconvénient, supprimer les fentes des faces de rang pair.

La boîte se visse sur une tige verticale, terminée par un piquet de fer.

Pour élever en un point O d'une droite AB (*fig.* 332) une perpendiculaire à cette droite, on plante l'équerre en O et on fait tourner l'équerre de façon que la direction de deux pinnules opposées soit celle de la droite AB ; la direction des deux autres pinnules est la direction perpendiculaire : il suffit de planter un jalon C dans cette direction.

Pour abaisser du point C une perpendiculaire sur la droite AB, on plante un jalon en C ; on place l'équerre sur la direction AB, de façon que deux pinnules opposées soient dans cette direction et l'on transporte l'appareil le long de AB jusqu'à ce que en regardant par les autres pinnules on voie le jalon C. Le point où se trouve l'équerre est le pied de la perpendiculaire menée de C à la droite AB.

501. Pour mesurer l'aire d'un champ polygonal ABCDE, on mène sa plus grande diagonale AD qu'on appelle une *directrice* ; des sommets B, C, E, on mène les perpendiculaires B*b*, C*c*, E*e* à cette directrice (*fig.* 333). On décompose ainsi le polygone en triangles et en trapèzes. On mesure ensuite avec la chaîne les longueurs A*b*, *be*, *ec*, *c*D, B*b*, C*c*, E*e* ; on a tous les éléments nécessaires pour évaluer séparément l'aire de chacun des triangles et de chacun des trapèzes qui composent le polygone. En faisant la somme de ces aires on aura l'aire du polygone.

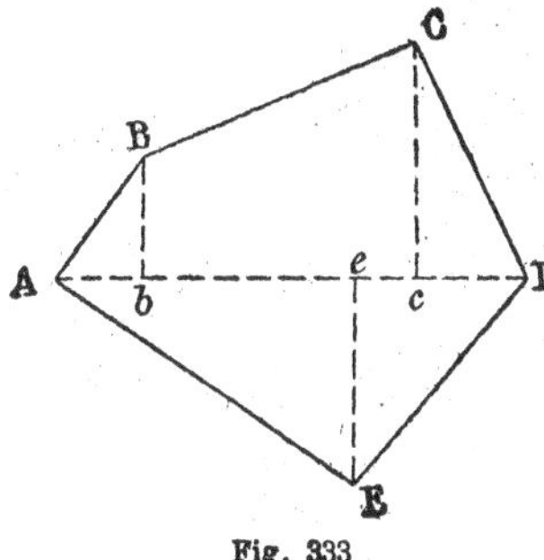

Fig. 333

EXERCICES SUR LE LIVRE IV

1. Calculer l'aire d'un triangle connaissant ses médianes.

2. Calculer l'aire d'un triangle connaissant ses hauteurs. — Construire le triangle.

3. L'aire d'un triangle rectangle est égale au produit des segments déterminés sur l'hypoténuse par le point de contact du cercle inscrit.

4. Peut-on construire un triangle ayant pour côtés les rayons des cercles ex-inscrits à un triangle donné ? — Chercher la relation d'inégalité qui doit exister entre les côtés du triangle donné pour que le problème soit possible.

5. Soient a, b, c les côtés d'un triangle, α, β, γ les distances d'un point M à ces côtés ; démontrer que si le point M se déplace à l'intérieur du triangle, la somme

$$a\alpha + b\beta + c\gamma$$

reste constante. Comment faut-il modifier l'énoncé quand le point M n'est pas intérieur au triangle ?

6. Les droites qui joignent un point O intérieur à un triangle aux sommets A, B, C du triangle coupent les côtés opposés en A', B', C'. Démontrer que

$$\frac{OA'}{AA'} + \frac{OB'}{BB'} + \frac{OC'}{CC'} = 1.$$

Comment faut-il modifier l'énoncé si le point O est extérieur au triangle ?

7. A, B, C, D étant quatre points quelconques du plan, trouver la relation qui existe entre les longueurs des six droites AB, BC, CA, DA, DB, DC.

8. Chercher l'expression de l'aire d'un trapèze, en le considérant comme la différence des deux triangles obtenus en prolongeant jusqu'à leur point de rencontre ses deux côtés non parallèles.

9. Evaluer l'aire d'un trapèze connaissant ses côtés.

10. Soient ABCD un parallélogramme, P un point qui n'est pas situé dans l'angle A ou son opposé par le sommet. Démontrer que le triangle PAC est équivalent à la somme des triangles PAB,

PAD. Comment faut-il modifier l'énoncé si le point P est dans l'angle A ou son opposé par le sommet?

11. AB et CD étant deux segments donnés, trouver le lieu des points M tels que la somme ou la différence des aires des triangles MAB, MCD ait une valeur donnée. — Discussion.

12. Etant donné un quadrilatère ABCD, trouver le lieu des points M tels que la somme des aires des triangles MAB, MCD soit la même que celle des aires des triangles MAC, MBD.

13. Deux quadrilatères qui ont leurs diagonales respectivement égales et faisant le même angle sont équivalents.

14. Evaluer l'aire d'un triangle rectangle connaissant son hypoténuse a, sachant que l'un des angles aigus est de 36°.

15. Calculer l'aire d'un octogone régulier, du dodécagone régulier en fonction de leur rayon.

16. Calculer l'aire du pentagone régulier et du décagone régulier en fonction de leur côté.

17. Sur les côtés d'un pentagone régulier on construit des triangles équilatéraux extérieurs au pentagone; évaluer l'aire du pentagone formé par les sommets de ces triangles.

18. Etant donné le côté a d'un décagone régulier ABCDEFGHKL, on mène les droites AC et BE qui se coupent au point I. On demande d'évaluer l'aire du triangle BIC.

19. Soient C un point pris sur le diamètre AB d'un cercle, CD la demi-corde du cercle perpendiculaire à AB; démontrer que l'aire comprise entre le demi-cercle de diamètre AB et les demi-cercles qui ont pour diamètres AC et BC est équivalente à l'aire du cercle qui a pour diamètre CD.

GÉOMÉTRIE DANS L'ESPACE

LIVRE V

LE PLAN

§ I.

Notions préliminaires.

502. **Définition.** — Un plan est une surface telle que toute droite qui a deux points communs avec la surface y est contenue tout entière. Nous admettons l'existence d'une telle surface.

503. **Positions relatives d'une droite et d'un plan.** — Il résulte de la définition du plan qu'une droite et un plan peuvent occuper les trois positions relatives suivantes :

1° La droite a deux points communs avec le plan ; elle est alors située tout entière dans le plan.

2° La droite n'a qu'un seul point commun avec le plan ; on dit que la droite et le plan *se coupent*. Le point commun s'appelle aussi le *pied* de la droite sur le plan. On obtient de telles droites en faisant passer une droite par un point pris dans le plan et par un point situé hors du plan.

3° La droite n'a aucun point commun avec le plan. On dit alors que la droite et le plan sont *parallèles*. Il n'est pas évident *a priori* qu'il existe des droites parallèles à un plan ; l'existence de ces droites sera établie (516).

504. Remarque. — Le plan est une surface indéfinie. Cette surface partage l'espace en deux régions. Si deux points sont dans la même région ou d'un même côté du plan, le segment de droite qui joint ces points ne rencontre pas le plan; au contraire, si deux points sont dans des régions différentes par rapport au plan, ou de part et d'autre du plan, le segment de droite qui joint ces deux points rencontre le plan.

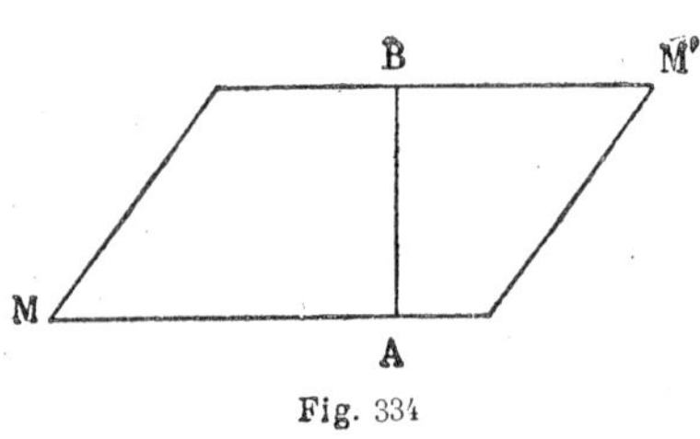

Fig. 334

Une droite AB située dans un plan MM' (*fig.* 334) partage ce plan en deux régions ABM, ABM'; chacune de ces régions forme ce que l'on appelle un *demi-plan.*

505. **Théorème.** — *Deux plans* P *et* Q *qui ont en commun une droite* AB *et un point* C *extérieur à cette droite coïncident* (*fig.* 335).

Prenons sur la droite AB deux points quelconques D et E, menons les droites indéfinies CD, CE; ces droites appartiendront aux deux plans P et Q; soit M un point quelconque du plan P; prenons un point quelconque G sur AB et menons la droite MG; elle sera située dans le plan P et rencontrera par conséquent une au moins des droites CD et CE de ce plan; supposons que MG rencontre CD au point F. Les points F et G étant situés dans le plan Q, la droite FG et par suite le point M appartiennent à ce plan. Ainsi tout point de l'un des plans appartient à l'autre; donc les deux plans coïncident.

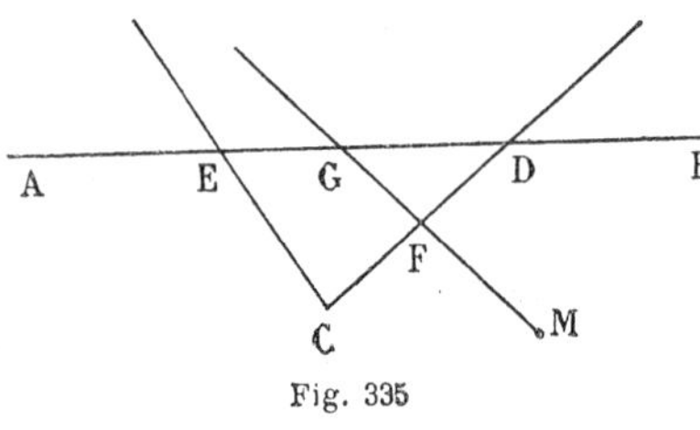

Fig. 335

506. **Théorème.** — *Par une droite et un point extérieur à cette droite on peut faire passer un plan et un seul.*

Soit une droite AB et un point C pris hors de la droite; faisons passer un plan quelconque P par la droite AB; en faisant tourner ce plan P autour de la droite, nous pourrons toujours l'amener dans une position telle qu'il contienne le point C; donc il est possible de faire passer un plan par la droite et le point.

On ne peut d'ailleurs en faire passer qu'un (505).

507. **Corollaire I.** — *Trois points non en ligne droite déterminent un plan.*

Soient les trois points A, B, C non en ligne droite; par la droite AB et le point C on peut faire passer un plan P qui contiendra les trois points A, B, C; réciproquement, tout plan qui contient les trois points A, B, C contient la droite AB et le point C; donc il coïncide avec le plan P.

508. **Corollaire II.** — *Deux droites qui se coupent déterminent un plan.*

Soient OA et OB deux droites qui se coupent (*fig.* 336).

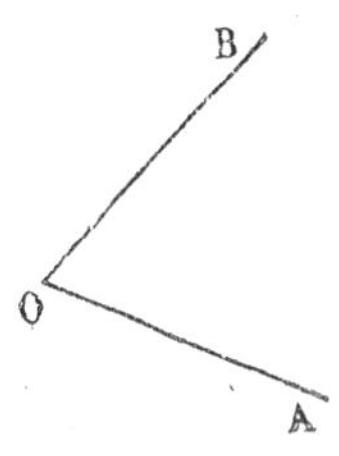

Fig. 336

Prenons sur la droite OB un point quelconque B; la droite OA et le point B déterminent un plan P; ce plan contient les deux droites OA et OB. Réciproquement, tout plan contenant les deux droites OA, OB contient la droite OA et le point B; donc il coïncide avec le plan P.

509. **Corollaire III.** — *Deux droites parallèles déterminent un plan.*

Par définition, deux droites parallèles sont situées dans un même plan P; il n'existe pas d'autre plan contenant les deux droites, car tout plan contenant les deux droites contient la première et un point pris arbitrairement sur la seconde; donc il coïncide avec le plan P.

510. **Positions relatives de deux droites.** — Soient AB, CD deux droites distinctes; par la droite AB et un point M de la droite CD faisons passer un plan P. Deux cas pourront se présenter :

1° Le plan P ne contient pas la droite CD; il n'existe pas de plan contenant les deux droites, car si un tel plan existait, il devrait contenir la droite AB et le point M; donc il coïnciderait avec P, ce qui est absurde, puisque le plan P ne contient pas la droite CD.

2° Le plan P contient la droite CD. Les deux droites AB et CD étant dans un même plan peuvent être parallèles ou se couper.

Deux droites distinctes peuvent donc offrir, dans l'espace, trois positions relatives :

1° Elles ne sont pas situées dans un même plan ;

2° Elles sont parallèles ;

3° Elles se coupent.

Dans les deux premiers cas, elles n'ont aucun point commun; par conséquent, pour établir le parallélisme de deux droites dans l'espace, il ne suffit pas de prouver qu'elles ne se rencontrent pas ; il faut, en outre, montrer qu'elles sont situées dans un même plan.

511. **Théorème.** — *Si deux plans distincts ont un point commun, le lieu des points communs à ces deux plans est une droite.*

Soient les deux plans P et Q qui ont un point commun A (*fig.* 337); démontrons d'abord que ces plans ont une droite commune passant par A ; menons par le point A dans le plan Q deux droites indéfinies $x'Ax$, $y'Ay$; si l'une de ces droites est située dans le plan P, le théorème est démontré ; supposons alors que les droites $x'Ax$, $y'Ay$ coupent le plan P ; prenons sur la droite Ax un point quelconque B ; sur la droite Ay, de l'autre côté du point B par rapport au plan P, un point quelconque C. La droite BC qui joint des points situés de part et d'autre du plan P coupe ce plan en un point D ; mais la droite BC qui a deux de ses points B et C situés dans le plan Q est tout entière dans ce plan ; le point D appartient donc au plan Q. Les plans P

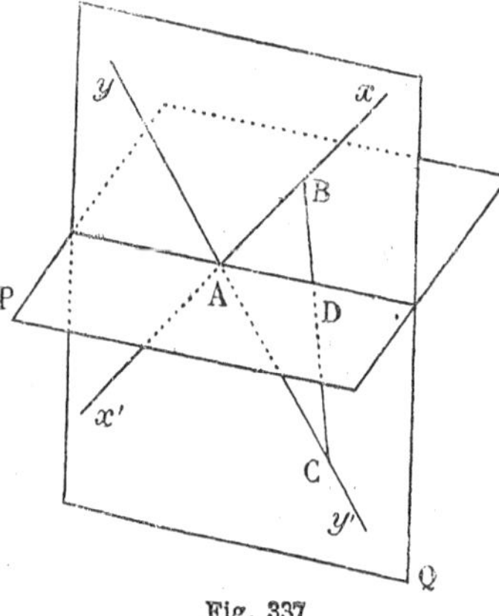

Fig. 337

et Q contenant les points A et D, contiennent tous les points de la droite AD.

Les plans P et Q ne peuvent avoir aucun point commun situé hors de la droite AD, car alors ils coïncideraient (505).

512. **Positions relatives de deux plans.** — Deux plans distincts peuvent présenter deux positions relatives :

1° Ils ont une droite commune. On dit qu'ils se *coupent*. La droite commune est l'*intersection des deux plans*.

2° Ils n'ont aucun point commun ; on dit alors qu'ils sont *parallèles*. L'existence des plans parallèles n'est pas évidente; elle sera établie plus loin (521).

§ II.

Droites et plans parallèles.

513. **Théorème.** — *Par un point on peut mener une parallèle à une droite et l'on ne peut en mener qu'une.*

Soient une droite donnée D et un point donné M. Faisons passer un plan P par la droite D et le point M (*fig.* 338). Dans ce plan P on pourra mener par le point M une droite D′ parallèle à D (85); donc on peut mener par le point M une parallèle D′ à la droite D.

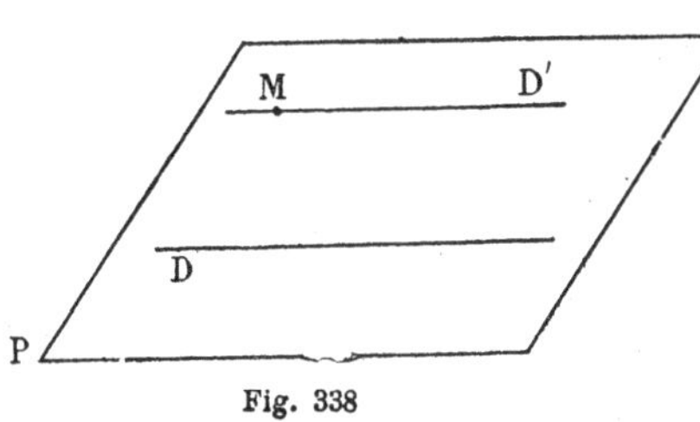

Fig. 338

Il n'en existe pas d'autre, car une parallèle demandée et la droite D déterminent un plan ; ce plan contenant la droite D et le point M coïncide avec le plan P. Or nous avons admis (Postulatum d'Euclide) que dans un plan on ne peut mener qu'une seule parallèle à une droite.

514. **Théorème.** — *Si deux droites sont parallèles, tout plan qui coupe l'une coupe l'autre.*

Soient **AB** et **CD** deux droites parallèles (*fig.* 339), P un plan qui coupe la droite AB en A. Le plan Q des deux parallèles AB, CD est distinct du plan P, puisque le plan P ne contient pas la droite AB; les plans P et Q ont un point commun A, donc ils se coupent suivant une droite AX; dans le plan Q la droite AX qui coupe la droite AB coupe sa parallèle CD; donc la droite CD a déjà un point commun avec le plan P; elle ne saurait en avoir d'autre, car alors elle coïnciderait avec la droite AX qui contient tous les points communs aux plans P et Q, elle ne serait pas parallèle à la droite AB.

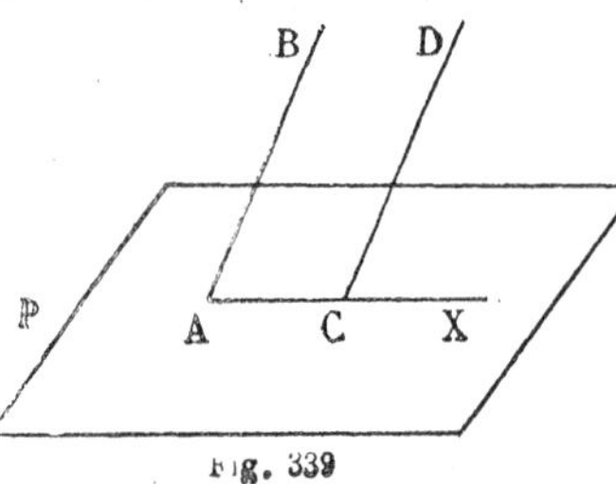

Fig. 339

515. Théorème. — *Deux droites parallèles à une troisième sont parallèles entre elles.*

Soient A et B deux droites parallèles à la droite C. Je dis que les droites A et B sont parallèles. Pour le prouver, nous allons montrer d'abord que ces droites ne se rencontrent pas. En effet, si elles se rencontraient en un point O, on pourrait par ce point mener deux parallèles à la droite C, ce qui est impossible (513).

Nous allons montrer en outre que ces droites A et B sont dans un même plan. Pour cela, faisons passer un plan par la droite A et un point quelconque M de la droite B; ce plan contient la droite B, car s'il n'en était pas ainsi, ce plan coupant la droite B, couperait sa parallèle C. Ce plan coupant la droite C devrait couper sa parallèle A, ce qui est absurde puisque ce plan contient la droite A.

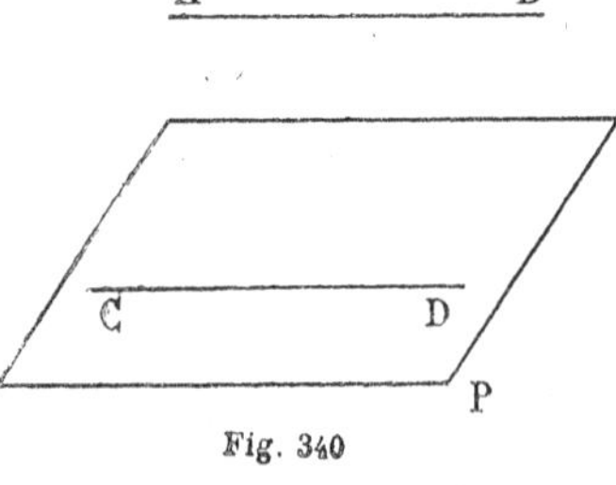

Fig. 340

516. Théorème. — *Toute droite parallèle à une droite d'un plan et non située dans ce plan, est parallèle au plan.*

Soit AB une droite non située dans le plan P et parallèle à

une droite CD de ce plan (*fig.* 340); je dis que la droite AB est parallèle au plan P. En effet, la droite AB étant située dans le plan Q qui contient les droites AB et CD, ne pourrait rencontrer le plan P qu'en un point situé dans le plan Q, c'est-à-dire en un point de la droite CD qui est l'intersection des plans P et Q. Or la droite AB étant parallèle à la droite CD, ne rencontre pas cette droite; elle ne rencontre donc pas le plan P, et par conséquent elle est parallèle à ce plan.

Ce théorème montre qu'il existe des droites parallèles à un plan quelconque.

517. **Corollaire.** — *Si deux droites sont parallèles, tout plan mené par la première droite contient la seconde ou lui est parallèle.*

En effet, soient A et B deux droites parallèles, P un plan passant par la droite A et ne contenant pas la droite B. La droite B, située hors du plan P, est parallèle à une droite A de ce plan; donc elle est parallèle au plan.

518. **Théorème.** — *Une droite* A *et un plan* P *étant parallèles, si par la droite* A *on mène un plan* Q *qui coupe le plan* P, *l'intersection* B *des plans* P *et* Q *est parallèle à* A.

En effet, d'abord les droites A et B sont dans un même plan, le plan Q; ensuite les droites A et B ne se rencontrent pas, car alors la droite A rencontrerait le plan P; donc les droites A et B sont parallèles.

519. **Théorème.** — *Une droite* A *et un plan* P *étant parallèles, si par un point* B *du plan* P *on mène une parallèle* BC *à la droite* A, *cette parallèle est située dans le plan* P.

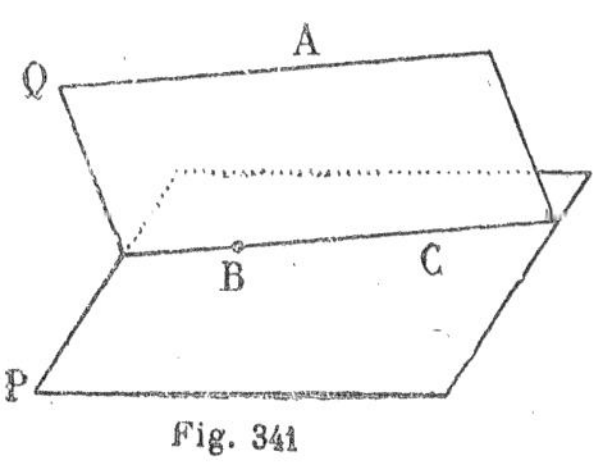

Fig. 341

En effet, si par la droite A et le point B on fait passer un plan Q (*fig.* 341), ce plan Q coupe le plan P suivant une droite parallèle à la droite A; cette parallèle se confond avec la droite BC, puisque par le point B on ne peut mener qu'une seule parallèle à la droite A; donc la droite BC est située dans le plan P.

520. Corollaire. — *Une droite parallèle à deux plans qui se coupent est parallèle à leur intersection.*

Soit une droite A, parallèle aux plans P et Q qui se coupent suivant la droite BC. Si par un point quelconque B de l'intersection des deux plans, on mène une parallèle à la droite A, cette parallèle, d'après le théorème précédent, sera située dans les plans P et Q; elle se confond avec BC; donc la droite BC est parallèle à la droite A.

521. Théorème. — *Par un point on peut mener un plan parallèle à un plan donné.*

Soient P un plan donné, A un point donné. Menons par le point A deux parallèles quelconques AB, AC au plan P; je dis que le plan Q qui contient les deux droites AB, AC est parallèle au plan P. En effet, s'il en était autrement, les plans P et Q se couperaient suivant une droite D. Dans le plan Q, la droite D rencontrerait au moins l'une des droites AB ou AC; supposons que la droite D rencontre AB; cette droite AB rencontrerait le plan P, ce qui est absurde, puisque la droite AB est supposée parallèle au plan P.

Ce théorème démontre l'existence de plans parallèles.

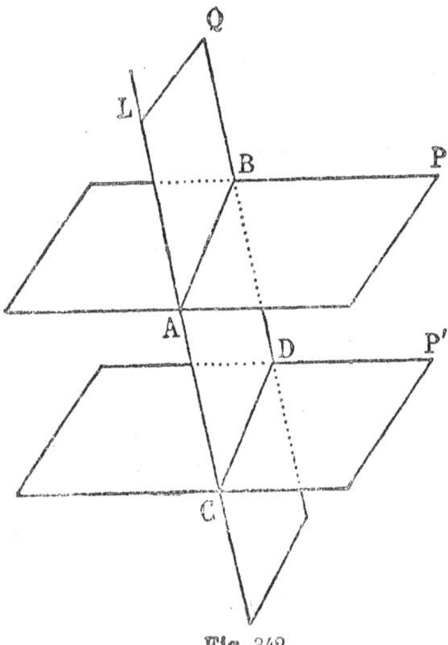

Fig. 342

522. Théorème. — *Si deux plans parallèles sont coupés par un troisième, les intersections des deux plans parallèles par le troisième sont parallèles.*

Soient P et P' deux plans parallèles coupés suivant les droites AB, CD par un plan Q (*fig.* 342). Les droites AB, CD sont situées dans un même plan, le plan Q; elles ne se rencontrent pas, car si elles avaient un point commun, ce point commun appartiendrait aux plans P et P', ce qui est impossible puisque ces plans sont parallèles; donc les droites AB et CD sont parallèles.

523. **Théorème.** — *Si deux plans sont parallèles : 1° toute droite qui coupe l'un coupe l'autre ; 2° tout plan qui coupe l'un coupe l'autre.*

1° Soient P et P′ deux plans parallèles, L une droite qui coupe le plan P en A. Par la droite L et un point quelconque D du plan P′ faisons passer un plan Q ; ce plan Q coupe les deux plans P et P′ suivant des droites parallèles AB, CD (*fig.* 342). Dans le plan Q, la droite L qui rencontre la droite AB, rencontrera sa parallèle CD ; donc la droite L rencontre le plan P′.

2° Soit Q un plan qui coupe le plan P suivant une droite AB ; je dis que le plan Q coupera aussi le plan P′ parallèle au plan P (*fig.* 342). En effet, menons dans le plan Q une droite L non parallèle à AB ; cette droite L rencontre la droite AB et par suite le plan P ; elle rencontrera aussi le plan P′ (1°), donc le plan Q coupe le plan P′.

524. **Corollaire I.** — *Si deux plans sont parallèles, toute droite parallèle au premier plan est parallèle au second ou contenue dans le second.*

En effet, la droite ne peut pas couper le second plan, car alors elle devrait couper le premier.

525. **Corollaire II.** — *Deux plans parallèles à un troisième sont parallèles entre eux.*

En effet, soient P et P′ deux plans parallèles à un plan Q ; P et P′ ne peuvent pas se couper, car si P′ coupait P, il devrait aussi couper le plan parallèle Q, ce qui est impossible parce que P′ est parallèle à Q.

526. **Corollaire III.** — *Par un point on peut mener un seul plan parallèle à un plan donné.*

Nous savons déjà que par un point donné A, on peut mener un plan P parallèle à un plan donné Q (521) ; il n'en existe pas d'autre, car tout autre plan P′ passant par A coupe le plan P, il couperait aussi le plan Q, donc il n'est pas parallèle à Q.

527. **Théorème.** — *Le lieu des droites menées par un point* A *parallèlement à un plan* P *est le plan* Q *mené par le point* A *parallèlement au plan* P.

En effet :

1° Toute droite menée par A dans le plan Q est parallèle au plan P, car une telle droite ne peut rencontrer le plan P ;

2° Une parallèle au plan P, menée par A, doit être (524) parallèle au plan Q ou située dans ce plan ; c'est ce dernier cas qui a lieu puisque la droite et le plan Q ont un point commun A.

528. **Théorème.** — *Lorsque deux angles non situés dans un même plan ont leurs côtés respectivement parallèles :*

1° *les plans de ces angles sont parallèles ;*

2° *ces angles sont égaux ou supplémentaires.*

1° Les plans de ces angles sont parallèles, car le plan du second angle contient deux droites concourantes qui sont parallèles au plan du premier angle (521).

2° Soient les deux angles AOB, A'O'B', non situés dans un même plan, et ayant les côtés respectivement parallèles et de même sens (*fig.* 343) ; prenons sur les côtés du premier angle deux points quelconques A et B, menons par ces points les parallèles à la droite OO' jusqu'à leur rencontre en A' et en B' avec les côtés du second angle ; les droites AB, A'B' sont parallèles comme intersections des deux plans parallèles avec le plan AA'BB'. Il en résulte que les deux triangles OAB, O'A'B' ont leurs côtés égaux, chacun à chacun, comme parallèles comprises entre parallèles ; ces triangles sont égaux, donc les angles AOB, A'O'B' sont égaux.

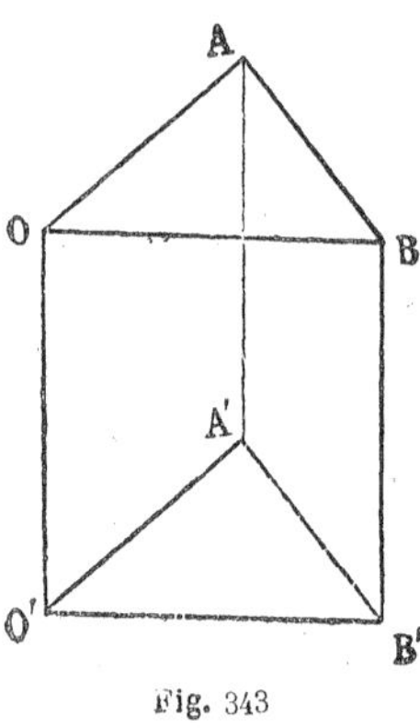

Fig. 343

On en déduit, comme en géométrie plane, que deux angles qui ont leurs côtés parallèles et de sens contraire sont égaux ; que deux angles qui ont deux côtés parallèles et de même sens et deux côtés parallèles et de sens contraire, sont supplémentaires.

529. **Définition.** — On appelle *angles de deux droites qui ne se coupent pas* les angles formés par des parallèles à ces droites menées par un point de l'espace; ces angles, d'après le théorème précédent, sont les mêmes quel que soit le point de l'espace par lequel on mène les parallèles aux droites données.

On dit que deux droites sont *perpendiculaires* lorsque les angles formés par ces droites sont droits.

Il résulte de la définition même de l'angle que : *Si deux droites sont perpendiculaires, toute parallèle à l'une est perpendiculaire à l'autre.*

530. **Théorème.** — *Les portions de parallèles comprises entre deux plans parallèles sont égales.*

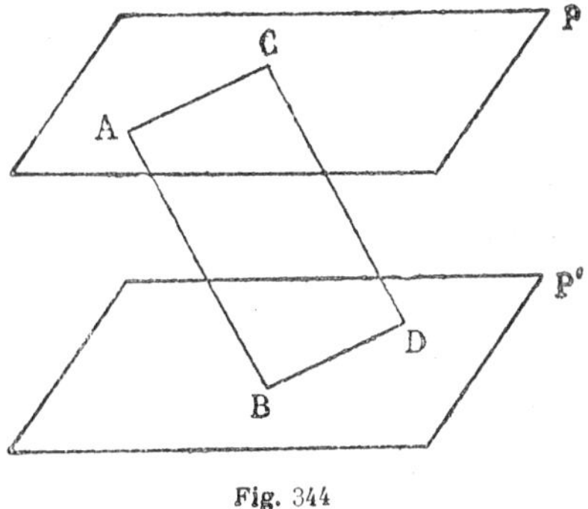

Fig. 344

Soient AB et CD les portions de parallèles comprises entre deux plans parallèles P et P' (*fig.* 344). Le plan des deux parallèles coupe les deux plans P et P' suivant des droites parallèles AC et BD; la figure ABCD est donc un parallélogramme; donc AB = CD.

531. **Théorème.** — *Trois plans parallèles interceptent sur deux droites sécantes des segments proportionnels.*

Soient AB, BC et DE, EF les segments interceptés sur les droites ABC, DEF par les plans parallèles P, Q, R (*fig.* 345); je dis que l'on a

$$\frac{AB}{BC} = \frac{DE}{EF}.$$

En effet, menons par le point A la parallèle AE'F' à la droite

DEF. Les droites BE′, CF′ sont parallèles comme intersections du plan ACF′ par les plans parallèles Q et R.

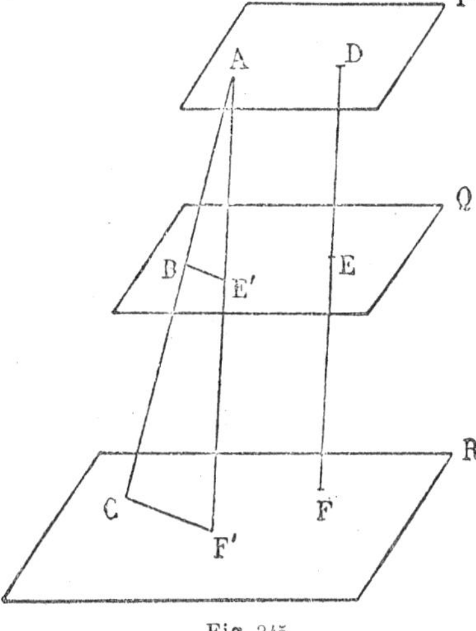

Fig. 345

On aura donc

$$\frac{AB}{BC} = \frac{AE'}{E'F'}.$$

Mais les segments AE′, E′F′ sont respectivement égaux aux segments DE, EF comme parallèles comprises entre plans parallèles ; donc

$$\frac{AB}{BC} = \frac{DE}{EF}.$$

532. Remarque. — Si les segments AB et BC sont de même sens, il en sera de même des segments DE et EF ; si, au contraire, les segments AB, BC sont de sens contraire, il en sera de même aussi des segments DE et EF ; si donc on convient de donner le signe + au rapport de deux segments de même sens et le signe — au rapport de deux segments de sens opposé, on aura l'égalité algébrique

$$\frac{AB}{BC} = \frac{DE}{EF}.$$

533. **Réciproque.** — *Si deux droites quelconques* ABC, DEF *sont telles que l'on ait l'égalité algébrique*

$$\frac{AB}{BC} = \frac{DE}{EF},$$

les trois droites AD, BE, CF *sont parallèles à un même plan.*

En effet, par la droite AD et la parallèle menée par A à la droite BE faisons passer un plan P ; puis par la droite BE et la parallèle à AD menée par B, un plan Q. Ces plans P et Q sont parallèles. Par le point C menons un plan R parallèle aux plans P et Q ; il rencontre la droite DEF en un point F′ tel que l'on ait l'égalité algébrique

$$\frac{AB}{BC} = \frac{DE}{EF'};$$

donc EF et EF' sont égaux et de même sens ; le point F' coïncide donc avec le point F ; la droite CF est dans le plan R. Les trois droites AD, BE, CF étant situées dans trois plans parallèles, sont parallèles à un plan parallèle à ceux-ci.

§ III.

Droites et plans perpendiculaires.

534. **Définition.** — On dit qu'une droite et un plan sont *perpendiculaires* lorsque la droite est perpendiculaire à toutes les droites du plan et par suite à toutes les droites parallèles au plan.

L'existence des droites et plans perpendiculaires sera établie (536).

535. **Théorème.** — *Une droite* AB, *perpendiculaire à deux droites* D *et* D', *non parallèles entre elles, situées dans un plan* P *ou parallèles à ce plan, est perpendiculaire au plan* P.

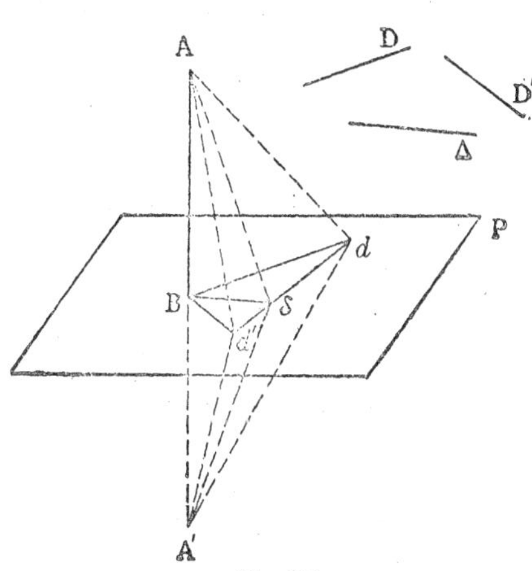

Fig. 346

D'abord la droite AB n'est pas parallèle au plan P, car s'il en était ainsi, en menant par un point du plan P des parallèles aux droites AB, D et D', on aurait dans ce plan trois droites concourantes dont la première serait perpendiculaire aux deux autres.

Soit alors B le point de rencontre de la droite AB et du plan P (*fig.* 346); menons par le point B les parallèles Bd, Bd' aux droites D et D'; ces parallèles sont perpendiculaires à AB et situées dans le plan P.

Soit alors Δ une droite parallèle au plan P ou située dans ce plan; pour établir le théorème, il faut montrer que la droite AB est perpendiculaire à Δ, ou, ce qui revient au même, à la parallèle Bδ à cette droite. La droite Bδ est dans le plan P (519).

Pour cela, je mène dans le plan P une droite coupant les trois droites Bd, Bδ, Bd' respectivement aux points d, δ, d'; puis je prolonge la droite AB d'une longueur égale BA'; je joins les points A et A' aux points d, δ, d'. La droite Bd étant perpendiculaire au milieu de AA', les droites Ad, A'd sont égales; pour la même raison les droites Ad', A'd' sont aussi égales. Les deux triangles Add', A'dd' sont égaux comme ayant leurs trois côtés égaux, chacun à chacun.

Si l'on faisait coïncider ces deux triangles, les droites A'δ et Aδ coïncideraient; donc ces droites sont égales. Le triangle AδA' étant isocèle, la droite Bδ qui joint le sommet au milieu de la base est perpendiculaire à la base; donc AB est perpendiculaire à Bδ.

536. *Par un point d'une droite on peut mener un plan perpendiculaire à cette droite, et l'on ne peut en mener qu'un.*

Soit A un point d'une droite L (*fig.* 347); faisons passer par L deux plans quelconques P et P', et dans ces plans menons les perpendiculaires AB, AC à la droite L. Les deux droites AB, AC déterminent un plan Q perpendiculaire à la droite L (535).

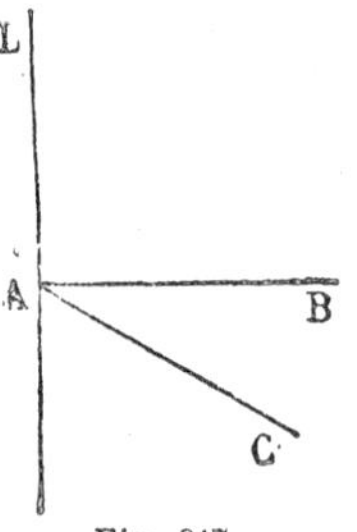

Fig. 347

Il n'existe pas d'autre plan passant par A et perpendiculaire à L; car un tel plan devrait être coupé par le plan P suivant une droite perpendiculaire à la droite L. Or dans le plan P, on ne peut mener par le point A qu'une seule perpendiculaire AB à la droite L. Le plan cherché doit donc contenir la droite AB ; on voit de même qu'il contient la droite AC; donc il coïncide avec le plan Q.

Ce théorème prouve l'existence de droites et plans perpendiculaires.

537. Remarque. — Lorsque deux droites sont parallèles, toute droite perpendiculaire à l'une est perpendiculaire à l'autre, donc :

Si deux droites sont parallèles, tout plan perpendiculaire à l'une est perpendiculaire à l'autre.

Lorsque deux plans sont parallèles, toute droite parallèle à l'un ou située dans ce plan est parallèle à l'autre ou située dans l'autre plan; donc :

Si deux plans sont parallèles, toute droite perpendiculaire à l'un est perpendiculaire à l'autre.

538. Théorème. — *Par un point pris hors d'une droite on peut mener un plan perpendiculaire à cette droite, et l'on ne peut en mener qu'un.*

Soit la droite L et un point extérieur A (*fig.* 348); par le point A menons la droite L′ parallèle à L; les plans qui sont perpendiculaires à L sont les mêmes que ceux qui sont perpendiculaires à L′. Or par le point A on peut mener un plan perpendiculaire à L′ et un seul; donc par le point A on peut mener un plan perpendiculaire à la droite L et l'on ne peut en mener qu'un.

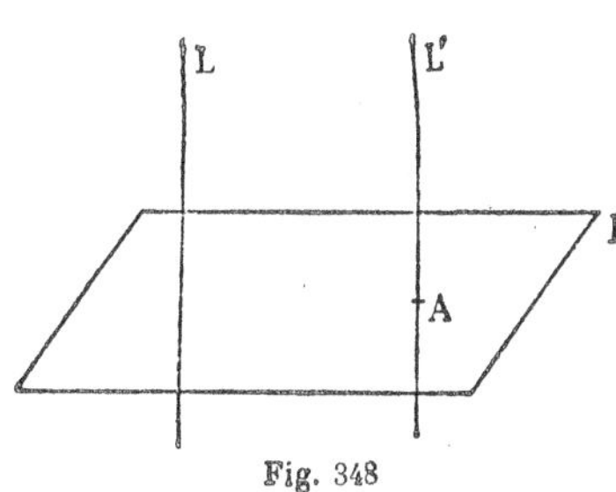

Fig. 348

539. Théorème. — *Par un point* A, *on peut mener une droite perpendiculaire à un plan* P *et l'on ne peut en mener qu'une.*

1° Le point A est situé dans le plan P (*fig.* 349).

Considérons une droite EF et un plan Q perpendiculaire à cette droite. Transportons le plan Q sur le plan P de façon que le point E vienne en A; la droite EF vient occuper la position AB; la droite AB est perpendiculaire au plan P.

Toute autre droite AC, menée par le point A, n'est pas perpendiculaire au plan P. En effet, le plan BAC coupe le plan P suivant une droite AD. Dans ce plan BAC, la droite AB étant

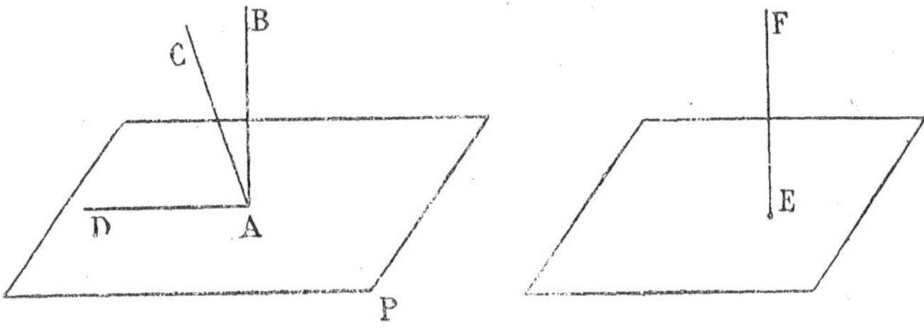

Fig. 349

perpendiculaire à AD, la droite AC ne pourra pas être perpendiculaire à AD; donc la droite AC n'est pas perpendiculaire au plan P.

2° Le point A est extérieur au plan P (*fig.* 350).

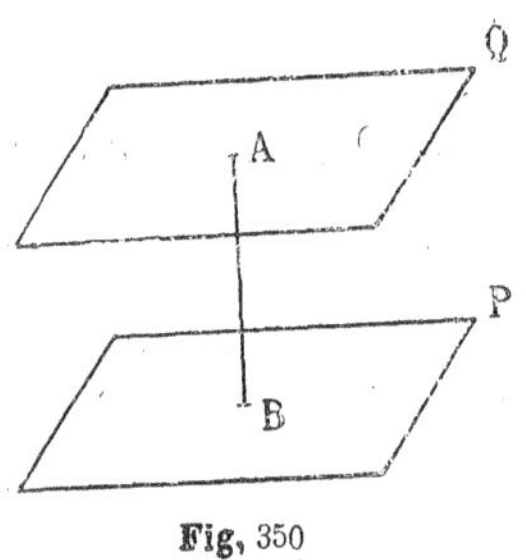

Fig. 350

Menons par A le plan Q parallèle au plan P. Les droites perpendiculaires au plan P étant les mêmes que celles qui sont perpendiculaires au plan Q, on est ramené à mener par le point A une droite perpendiculaire au plan Q; or nous venons d'établir qu'on peut en mener une et qu'on ne peut en mener qu'une.

540. **Théorème.** — *Deux droites perpendiculaires à un même plan sont parallèles.*

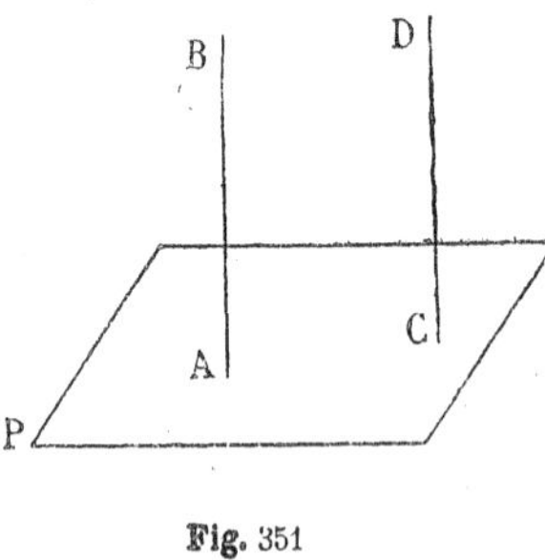

Fig. 351

Soient les deux droites AB et CD perpendiculaires au plan P (*fig.* 351). Si par un point B de la droite AB on menait une parallèle à la droite CD, elle serait perpendiculaire au plan P (537); cette parallèle se confond avec la droite AB, puisque par le point B on ne peut mener qu'une seule droite perpendiculaire au plan P; donc les droites AB et CD sont parallèles.

541. Théorème. — *Deux plans perpendiculaires à une même droite sont parallèles.*

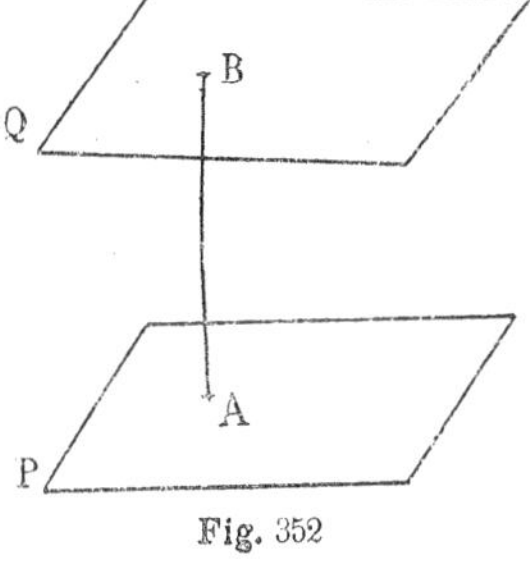

Fig. 352

Soient P et Q deux plans perpendiculaires à la droite AB (*fig.* 352). Par le point B où la droite AB rencontre le plan Q, menons un plan parallèle au plan P. Ce plan est perpendiculaire à la droite AB (537); il se confond avec le plan Q, puisque par le point B on ne peut mener qu'un seul plan perpendiculaire à la droite AB.

542. Théorème. — *Pour que deux droites soient perpendiculaires, il faut et il suffit qu'on puisse mener par l'une d'elles un plan perpendiculaire à l'autre.*

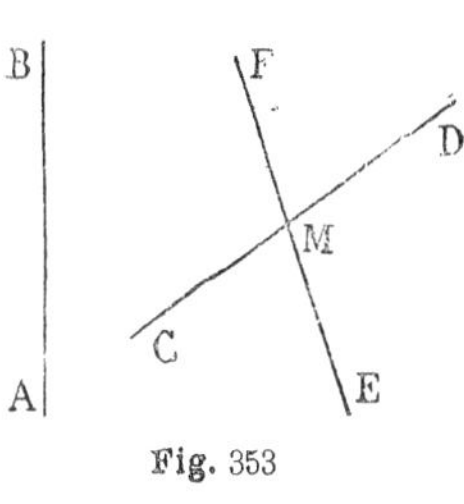

Fig. 353

1° La condition est suffisante. En effet, si la droite CD est située dans un plan P perpendiculaire à la droite AB, les droites AB et CD sont perpendiculaires.

2° La condition est nécessaire. Soient AB et CD (*fig.* 353) deux droites rectangulaires. Par un point quelconque M de la droite CD menons une droite EF, autre que CD, perpendiculaire à la droite AB. Le plan des deux droites CD, EF est perpendiculaire à la droite AB; donc on peut mener par la droite CD un plan perpendiculaire à la droite AB.

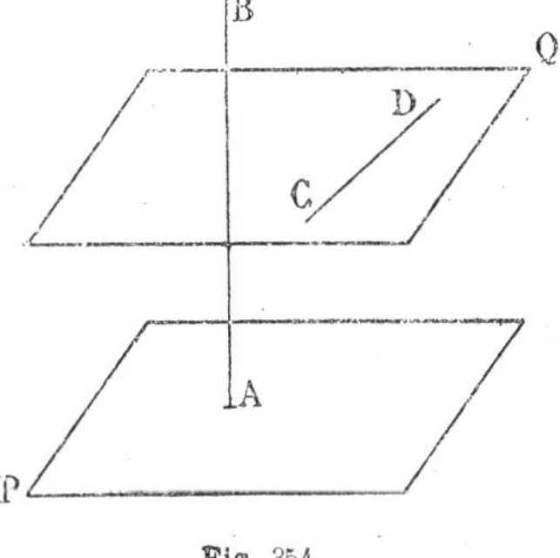

Fig. 354

543. Corollaire I. — *Lorsqu'une droite et un plan sont perpendiculaires, toute droite perpendiculaire à la droite est parallèle au plan ou contenue dans le plan.*

Soient AB une droite perpendiculaire au plan P, CD une droite perpendiculaire à AB (*fig.* 354). On pourra mener par la droite CD un plan perpendiculaire à AB. Si la droite CD n'est pas située dans le plan P, le plan ainsi mené sera parallèle au plan P (541); donc la droite CD est parallèle au plan P.

544. **Corollaire II.** — *Le lieu géométrique des perpendiculaires menées à une droite par un point est le plan mené par le point perpendiculairement à la droite.*

Soient une droite AB et un point M, P le plan mené par M perpendiculairement à AB ; toute droite menée par M dans le plan P est perpendiculaire à AB ; toute perpendiculaire à AB menée par M est parallèle au plan P ou contenue dans ce plan ; c'est ce dernier cas qui a lieu puisque la droite a déjà un point commun avec le plan P.

545. **Théorème.** — *Si par le pied* B *d'une droite* AB *perpendiculaire au plan* P, *on mène une perpendiculaire* BC *à une droite quelconque* DE *du plan* P, *la droite qui joint le point* C *à un point quelconque de la droite* AB *est perpendiculaire à la droite* DE (*fig.* 355) (théorème des trois perpendiculaires).

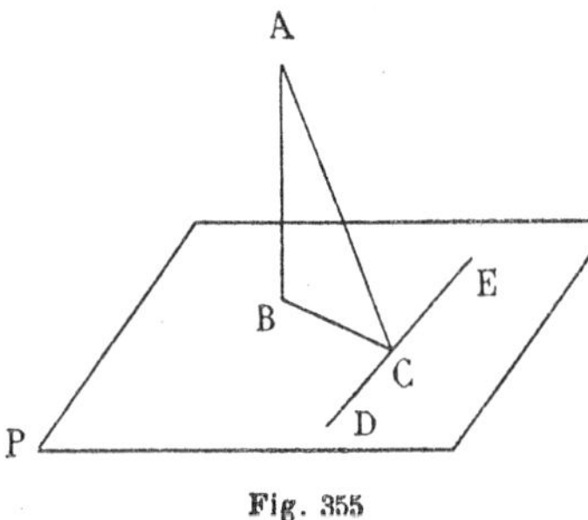

Fig. 355

En effet, la droite DE étant perpendiculaire aux deux droites non parallèles BC et BA, est perpendiculaire au plan ABC. Elle est donc perpendiculaire à toutes les droites de ce plan, et en particulier à la droite qui joint le point C à un point quelconque de la droite AB.

546. **Théorème.** — *Si d'un point on mène à un plan une perpendiculaire et diverses obliques :*

1° *La perpendiculaire est plus courte que toute oblique ;*

2° *Deux obliques dont les pieds sont à égale distance du pied de la perpendiculaire sont égales ;*

3° *De deux obliques, celle dont le pied est le plus éloigné du pied de la perpendiculaire est la plus grande.*

1° La perpendiculaire AB est plus courte que l'oblique AC (*fig.* 356), car dans le plan ABC, la droite AB est une perpendiculaire à la droite BC et la droite AC est oblique à cette droite.

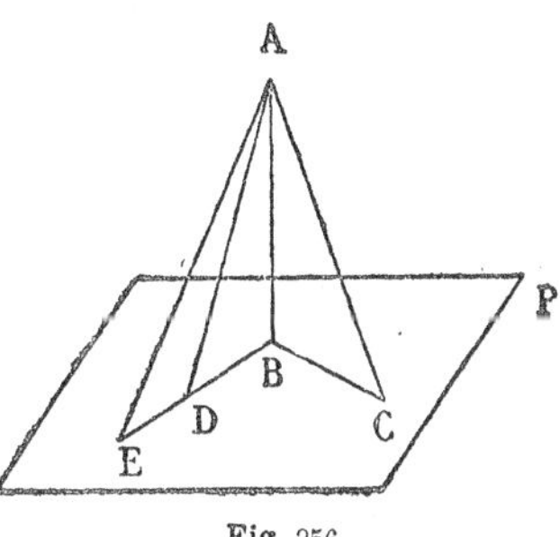

Fig. 356

2° Les deux obliques AC et AD, dont les pieds C et D sont à égale distance du pied B de la perpendiculaire AB (*fig.* 356), sont égales, car les deux triangles rectangles ABC et ABD sont égaux comme ayant les côtés de l'angle droit respectivement égaux.

3° Si BE est plus grand que BC, l'oblique AE sera plus grande que l'oblique AC. En effet, prenons sur la droite BE une longueur $BD = BC$; les obliques AC et AD sont égales.

Or, dans le plan ABE, les droites AD, AE sont des obliques à la droite BE, l'oblique AE dont le pied est le plus éloigné du pied de la perpendiculaire est la plus grande. On a donc $AE > AD$ ou $AE > AC$.

547. **Remarque.** — Les réciproques de ces propositions sont vraies. En particulier :

Si d'un point on mène deux obliques égales à un plan, les pieds de ces obliques sont à égale distance du pied de la perpendiculaire menée du point au plan.

Donc :

Le lieu géométrique des pieds de toutes les obliques égales menées d'un point A à un plan P est une circonférence qui a pour centre le pied de la perpendiculaire abaissée du point sur le plan.

548. **Définition.** — On appelle *distance* d'un point à un plan la longueur de la perpendiculaire menée du point au plan. La distance d'un point à un plan est donc la ligne la plus courte qu'on peut mener du point au plan.

549. *Si une droite est parallèle à un plan, tous les points de cette droite sont à égale distance du plan.*

Soit D une droite parallèle au plan P; prenons deux points quelconques A et B de cette droite; je dis que les distances Aa, Bb de ces points au plan P sont égales (*fig.* 357). En effet, les droites Aa, Bb sont parallèles comme étant toutes deux perpendiculaires au plan P; les droites AB et ab sont parallèles, puisque AB est parallèle au plan; les droites Aa, Bb sont donc égales, comme parallèles comprises entre parallèles.

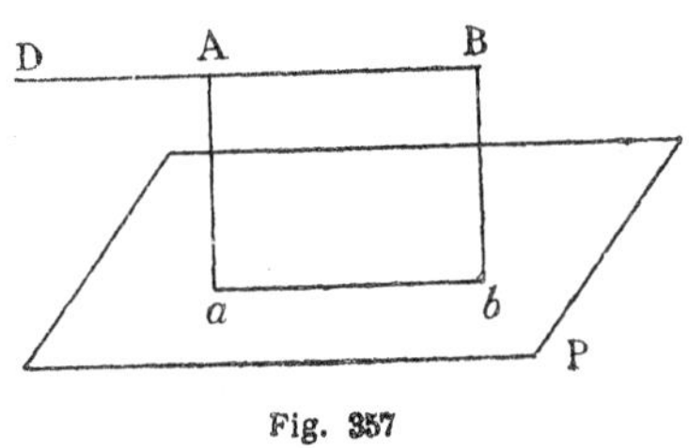

Fig. 357

Quand une droite est parallèle à un plan, on appelle *distance* de la droite au plan la distance d'un point quelconque de la droite au plan.

550. *Si deux plans sont parallèles, tous les points de l'un d'eux sont à la même distance de l'autre.*

Soient P et Q deux plans parallèles, AA′, BB′ les distances de deux points quelconques A et B du plan Q au plan P (*fig.* 358). Les droites AA′ et BB′ sont égales comme parallèles comprises entre plans parallèles.

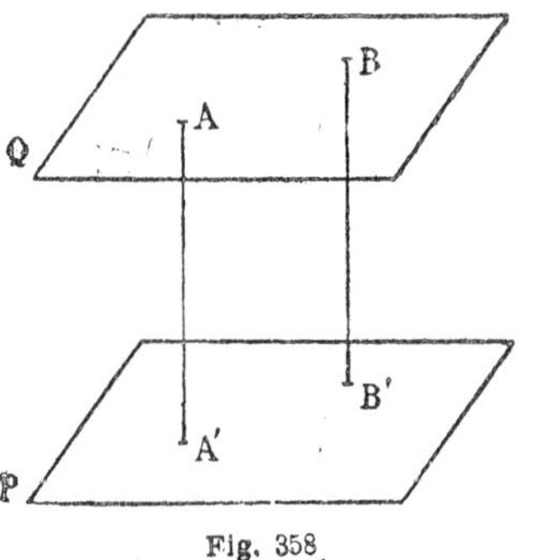

Fig. 358

On appelle *distance* de deux plans parallèles la distance d'un point de l'un d'eux à l'autre.

§ IV.

Angles dièdres.

551. **Définition.** — On appelle *angle dièdre* la figure formée par deux demi-plans qui ont une droite commune et qui sont

limités tous deux par cette droite. Cette droite commune est l'*arête* du dièdre; les demi-plans en sont les faces.

Ainsi les deux demi-plans ABP, ABQ (*fig.* 359) forment un dièdre qui a pour arête AB.

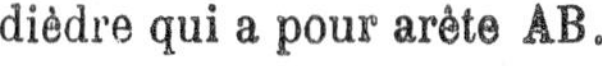

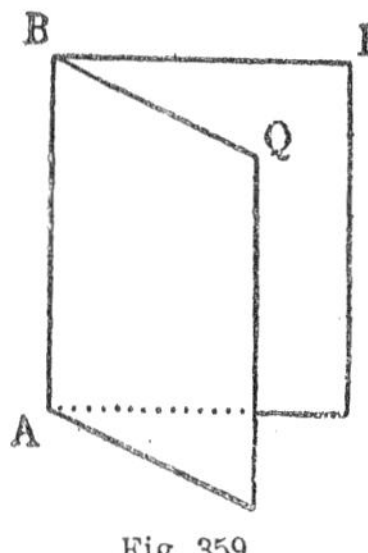

Fig. 359

On désigne un dièdre isolé par les deux lettres placées sur l'arête. Si plusieurs dièdres ont même arête, on les désigne par quatre lettres, prises deux sur l'arête et une sur chaque face; on place les deux lettres de l'arête entre les deux autres. Ainsi l'angle dièdre formé par les demi-plans ABP, ABQ est le dièdre PABQ.

552. Deux dièdres sont *égaux* s'ils sont superposables.

On dit que deux dièdres sont *adjacents*, quand ils ont même arête, une face commune et que les autres faces sont situées de part et d'autre de cette face commune.

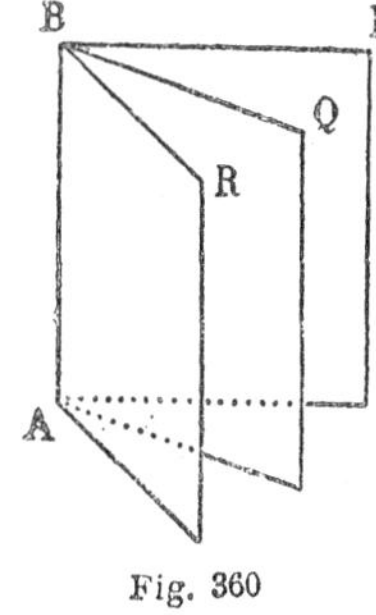

Fig. 360

Ainsi les deux dièdres PABQ et QABR (*fig.* 360) sont des dièdres adjacents.

Pour faire la somme de deux dièdres, on les place de façon qu'ils soient adjacents; on supprime la face commune; le dièdre formé par les deux autres faces est la somme des deux dièdres donnés. Ainsi le dièdre PABR est la somme des dièdres PABQ et QABR (*fig.* 360).

L'égalité et la somme des angles dièdres étant définies, on peut mesurer les angles dièdres (11).

553. On appelle *plan bissecteur* d'un angle dièdre, le plan qui mené par l'arête partage cet angle dièdre en deux angles dièdres égaux.

On appelle *dièdres opposés par l'arête* deux dièdres tels que les faces de l'un soient le prolongement des faces de l'autre.

Tels sont les angles dièdres PABQ et P'ABQ' (*fig.* 361).

554. Un demi-plan P qui coupe un plan indéfini QQ′ suivant une droite AB (*fig.* 362) forme avec ce plan deux angles dièdres QABP, Q′ABP; si ces deux angles dièdres sont inégaux, on dit que le plan P est *oblique* au plan QQ′; s'ils sont égaux, le demi-plan P est perpendiculaire au plan QQ′.

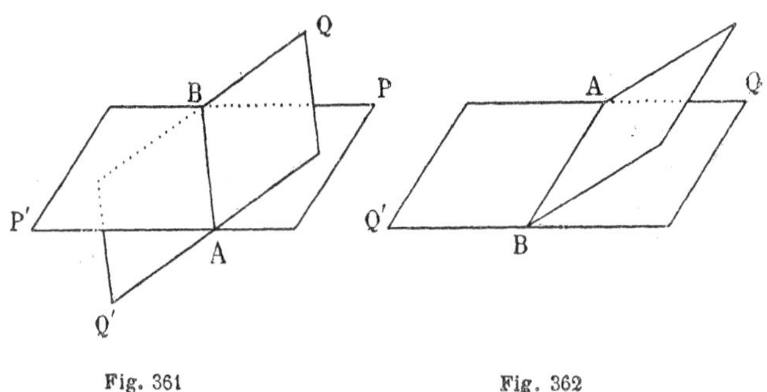

Fig. 361 Fig. 362

On dit qu'un angle dièdre est *droit* quand l'une de ses faces est perpendiculaire à l'autre.

555. Nous allons énoncer une série de propositions dont la démonstration est la même que celle des théorèmes correspondants de la géométrie plane.

Par une droite d'un plan on peut mener, d'un côté de ce plan, un demi-plan perpendiculaire à ce plan, et on n'en peut mener qu'un.

Tous les dièdres droits sont égaux.

On dit qu'un angle dièdre est *aigu* ou *obtus* selon qu'il est plus petit ou plus grand qu'un angle dièdre droit.

On dit que deux dièdres sont *complémentaires* quand leur somme est égale à un angle dièdre droit.

Deux dièdres sont *supplémentaires* si leur somme est égale à deux angles droits.

Deux angles dièdres adjacents qui ont leurs faces extérieures sur un même plan sont supplémentaires.

Réciproquement :

Si deux dièdres adjacents sont supplémentaires, leurs faces extérieures sont sur un même plan.

Deux angles dièdres opposés par l'arête sont égaux.

Deux plans indéfinis qui se coupent forment quatre angles dièdres qui sont deux à deux opposés par l'arête. Si l'un de ces angles est droit, tous les autres sont droits; on dit alors que *les deux plans sont perpendiculaires.*

556. **Définition.** — On appelle *angle plan* d'un angle dièdre, l'angle formé par les perpendiculaires menées à l'arête en un point de cette ligne dans les faces du dièdre. Ainsi l'angle COD est l'angle plan du dièdre PABQ (*fig.* 363).

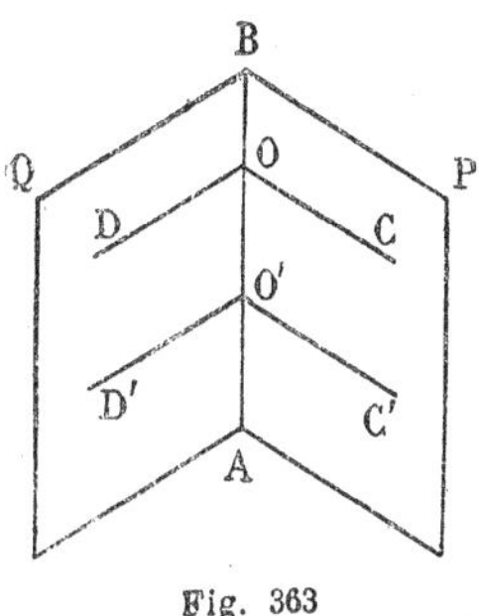

Fig. 363

La grandeur de l'angle plan d'un dièdre est la même quel que soit le point de l'arête pris pour son sommet.

En effet, les deux angles plans COD, C'O'D' (*fig.* 363) sont égaux comme ayant leurs côtés parallèles et de même sens.

557. *Les angles plans de deux dièdres égaux sont égaux.*

Il suffit de superposer les deux dièdres égaux pour le voir.

Réciproquement:

Deux angles dièdres qui ont leurs angles plans égaux sont égaux.

En effet, soient les deux dièdres CABD, C'A'B'D' (*fig.* 364) dont les angles plans CAD, C'A'D' sont égaux. Transportons le second dièdre de façon à faire coïncider les angles égaux C'A'D' et CAD. La droite A'B', perpendiculaire aux deux droites A'C', A'D', est perpendiculaire au plan C'A'D'; elle viendra donc coïncider avec la droite AB perpendiculaire au plan CAD; les deux dièdres coïncideront, donc ils sont égaux.

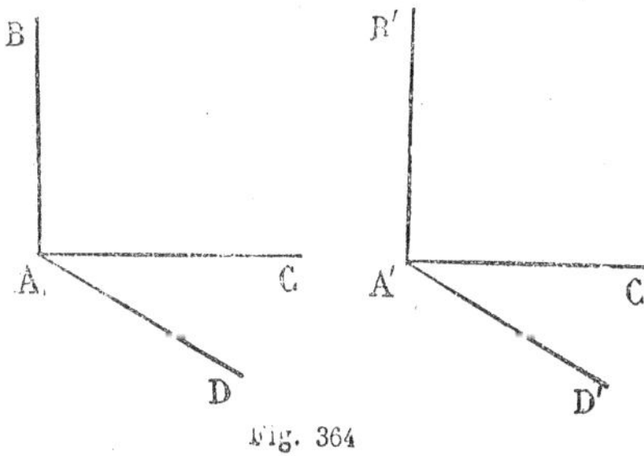

Fig. 364

558. **Théorème.** — *L'angle plan d'un dièdre droit est droit, et réciproquement.*

Soit le dièdre droit P, Q (*fig.* 365); prolongeons la face Q en Q'; nous formons un second dièdre droit P, Q' égal au premier; par un point O de l'arête CD, menons les angles plans BOA, BOA' de ces dièdres. Ces angles plans sont égaux (557); leurs côtés extérieurs OA, OA' sont en ligne droite; donc ces angles sont droits.

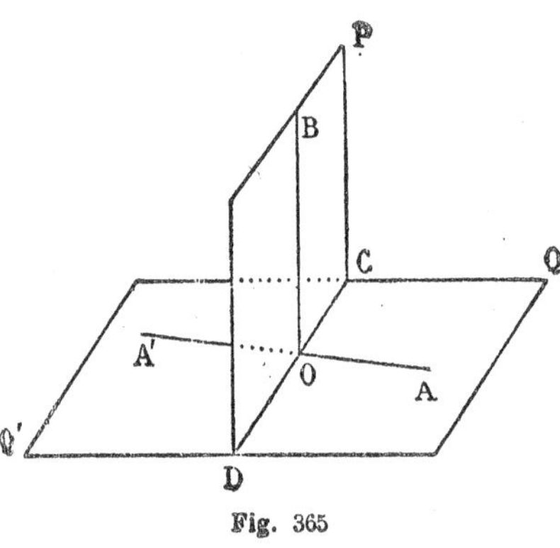

Fig. 365

Réciproquement, si l'angle plan d'un dièdre est droit, ce dièdre sera égal au dièdre P, Q qui a même angle plan; donc le dièdre est droit.

559. **Théorème.** — *Le rapport de deux angles dièdres est égal au rapport de leurs angles plans.*

Soient les deux angles dièdres CABD, GEFH dont les angles plans sont CAD et GEH (*fig.* 366). Supposons d'abord qu'il existe une commune mesure entre les angles CAD, GEH, contenue par exemple 3 fois dans l'angle CAD et 2 fois dans l'angle GEH, de telle sorte que le rapport $\frac{\text{CAD}}{\text{GEH}}$ soit égal à 3/2.

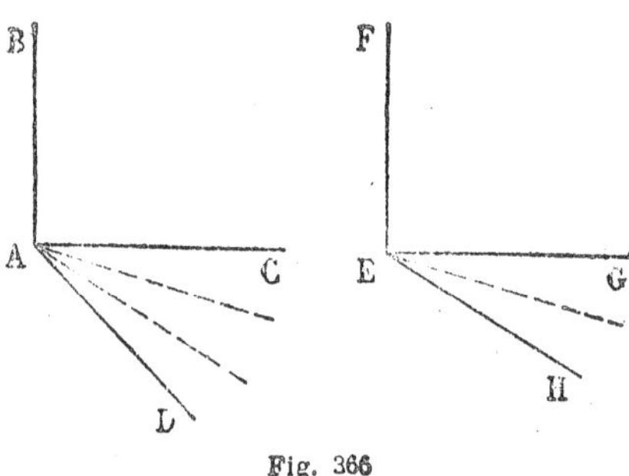

Fig. 366

Menons les droites qui partagent l'angle CAD en trois parties égales, puis par ces droites et l'arête AB faisons passer des plans. On partage ainsi l'angle dièdre CABD en trois angles dièdres qui sont égaux comme ayant leurs angles plans égaux.

En opérant de même sur le dièdre GEFH, on le partagera en deux dièdres égaux aux trois dièdres précédents puisque les angles plans de tous ces dièdres sont égaux. Le rapport $\frac{\text{CABD}}{\text{GEFH}}$ est donc aussi égal à 3/2 ; donc

$$\frac{\text{CABD}}{\text{GEFH}} = \frac{\text{CAD}}{\text{GEH}}.$$

Supposons maintenant qu'il n'existe pas de commune mesure entre les angles CAD et GEH. Partageons l'angle GEH en n parties égales et menons les droites qui le partagent en n parties égales ; menons aussi par le sommet A, à partir de la droite AD, des droites qui forment successivement entre elles des angles égaux à la $n^{ième}$ partie de GEH. Supposons que l'angle CAD contienne m de ces angles et n'en contienne pas $m+1$; le rapport $\frac{\text{CAD}}{\text{GEH}}$ a pour valeurs approchées à $\frac{1}{n}$ près, les nombres $\frac{m}{n}$ et $\frac{m+1}{n}$.

Par les droites qui divisent l'angle GEH et l'arête EF menons des plans ; de même par les droites tracées dans le plan CAD et l'arête AB menons des plans. Tous les dièdres partiels ainsi formés sont égaux, puisque leurs angles plans sont égaux. Or le dièdre GEFH contient n de ces dièdres partiels ; le dièdre CABD en contient plus de m et moins de $m+1$. Donc le rapport $\frac{\text{CABD}}{\text{GEFH}}$ a pour valeurs approchées à $\frac{1}{n}$ près, les nombres $\frac{m}{n}$ et $\frac{m+1}{n}$. Les deux rapports $\frac{\text{CABD}}{\text{GEFH}}$ et $\frac{\text{CAD}}{\text{GEH}}$ ayant mêmes valeurs approchées à $\frac{1}{n}$ près, quel que soit n, sont égaux. Donc

$$\frac{\text{CABD}}{\text{GEFH}} = \frac{\text{CAD}}{\text{GEH}}.$$

560. Mesure des angles dièdres. — *Un angle dièdre a même mesure que son angle plan, pourvu que l'angle dièdre choisi comme unité ait un angle plan égal à l'unité d'angle plan.*

Supposons que l'on prenne comme unité d'angle dièdre le dièdre GEFH et pour unité d'angle plan l'angle plan GEH de ce dièdre. Soit alors CABD un dièdre dont l'angle plan est CAD. On aura l'égalité

$$\frac{\text{CABD}}{\text{GEFH}} = \frac{\text{CAD}}{\text{GEH}}.$$

Or le premier rapport est le nombre qui mesure le dièdre CABD ; le second, le nombre qui mesure l'angle plan CAD. Le dièdre et son angle plan ont donc même mesure.

§ V.

Plans perpendiculaires.

561. **Théorème.** — *Si une droite et un plan sont perpendiculaires, tout plan mené par la droite est perpendiculaire au plan.*

Soient AB une droite perpendiculaire au plan P, Q un plan quelconque mené par la droite AB (*fig.* 367) ; les plans P et Q se coupent, soit CD leur intersection ; par le pied A de la perpendiculaire AB, menons dans le plan P la droite AF perpendiculaire à CD. La droite AB est perpendiculaire aux droites CD et AF du plan P ; l'angle BAF, dont les côtés sont les perpendiculaires à CD situées dans les plans P et Q, est l'angle plan du dièdre formé par ces deux plans. Cet angle étant droit, le dièdre est droit ; donc les deux plans sont perpendiculaires.

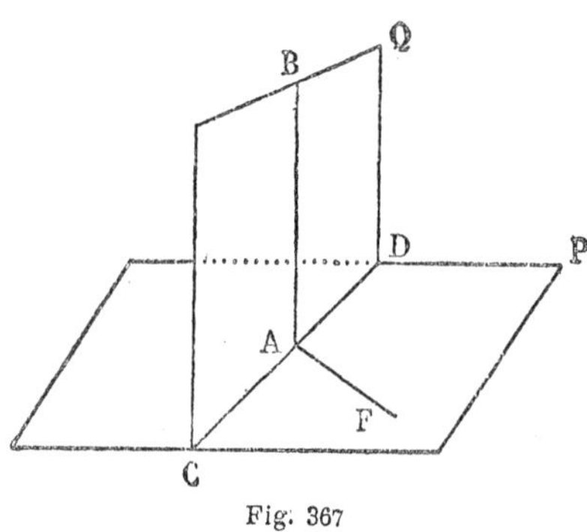

Fig. 367

562. **Théorème.** — *Lorsque deux plans sont perpendiculaires, toute droite menée dans l'un d'eux perpendiculairement à l'intersection des deux plans, est perpendiculaire à l'autre plan.*

Soient P et Q (*fig.* 367) deux plans perpendiculaires, AB une droite du plan Q perpendiculaire à l'intersection CD des deux plans; par le pied A de la droite AB, menons dans le plan P la droite AF perpendiculaire à CD. L'angle BAF est l'angle plan du dièdre formé par les plans P et Q; ces plans étant perpendiculaires, l'angle BAF est droit. La droite AB étant perpendiculaire aux droites CD et AF du plan P est perpendiculaire à ce plan.

563. **Théorème.** — *Lorsque deux plans sont perpendiculaires, si, d'un point de l'un d'eux, on mène une droite perpendiculaire à l'autre, cette droite est située dans le premier plan.*

Soient Q et P deux plans perpendiculaires (*fig.* 367), B un point du plan Q. Si du point B on mène dans le plan Q la perpendiculaire BA à l'intersection des deux plans, la droite ainsi menée est perpendiculaire au plan P (562). La perpendiculaire menée du point B au plan P se confond donc avec la droite BA, et par suite elle est située dans le plan Q.

564. **Corollaire.** — *Un plan perpendiculaire à deux plans qui se coupent est perpendiculaire à leur intersection.*

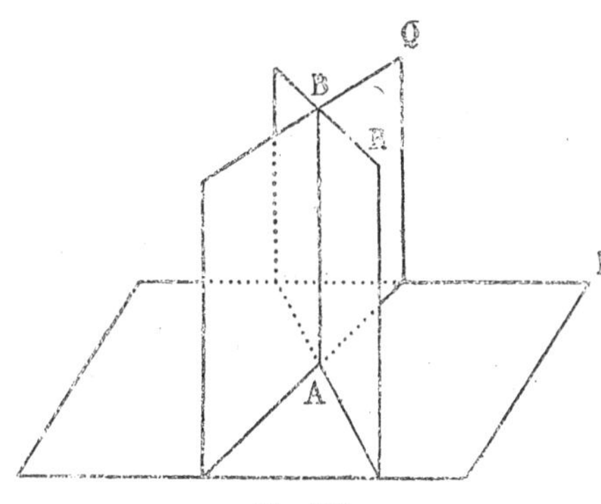

Fig. 368

Soit P un plan perpendiculaire aux plans Q et R, qui se coupent suivant la droite AB (*fig.* 368). Si d'un point quelconque B de la droite AB on mène une perpendiculaire au plan P, la droite ainsi menée doit se trouver dans chacun des plans Q et R, c'est donc la droite AB; par conséquent la droite AB est perpendiculaire au plan P.

§ VI.

Projection d'une droite sur un plan. — Angle d'une droite et d'un plan. — Plus courte distance de deux droites.— Projection d'une aire plane.

565. **Définition.** — On appelle *projection* d'un point sur un plan le pied de la perpendiculaire abaissée de ce point sur le plan.

La projection d'une ligne sur un plan est le lieu des projections des points de cette ligne sur le plan.

566. **Théorème.** — *La projection d'une ligne droite sur un plan est une ligne droite.*

Soient P le plan de projection, AB une droite oblique à ce plan (*fig.* 369). D'un point A de cette ligne, menons la perpendiculaire Aa au plan P. Les deux droites AB, Aa déterminent un plan Q perpendiculaire au plan P. Les plans P et Q se coupent suivant une droite ab. Soit alors M un point quelconque de la droite AB; la perpendiculaire menée de M au plan P est tout entière située dans le plan Q; la projection m du point M est donc située sur la droite ab; donc la projection de la droite AB est la droite ab.

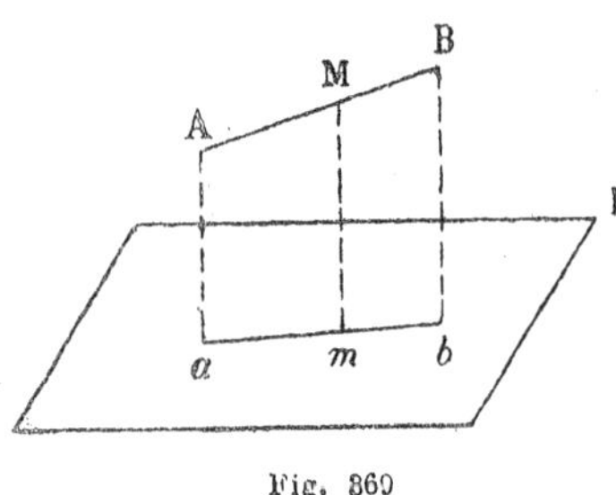

Fig. 369

567. **Remarque I.** — Le plan Q est appelé le plan projetant la droite AB sur le plan P; ce plan étant perpendiculaire au plan P, on voit que par une droite oblique à un plan, on peut mener un plan perpendiculaire au plan donné. Je dis qu'on ne peut en mener qu'un. En effet, tout plan mené par AB perpendiculairement au plan P doit contenir les perpendiculaires menées de tous les points de AB au plan P; ce plan se confond donc avec le plan Q.

568. **Remarque II.** — Si la droite AB est perpendiculaire au plan P, sa projection sur ce plan se réduit à un point, le pied de la droite AB sur le plan P.

Si la droite AB est parallèle au plan P, elle est parallèle à sa projection *ab* sur ce plan.

569. **Remarque III.** — *Les deux projections d'une même figure sur deux plans parallèles P et P' sont égales* (*fig.* 370).

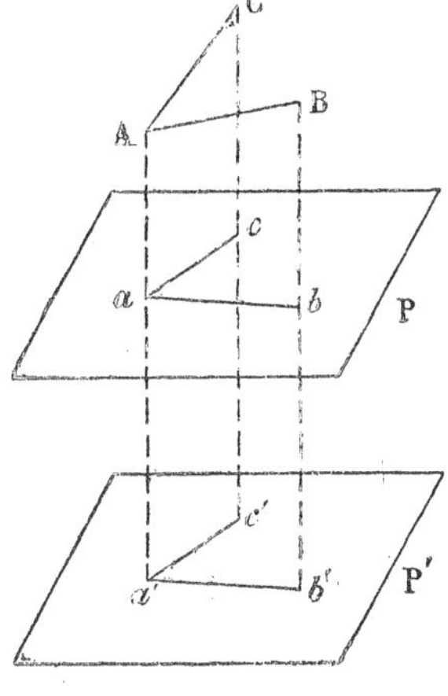

Fig. 370

En effet, soit AB un côté de la figure, ses deux projections *ab*, *a'b'* sont égales comme parallèles comprises entre parallèles, et soit BAC un angle de la figure, ses deux projections *bac*, *b'a'c'* sont des angles égaux, car leurs côtés sont parallèles et de même sens ; donc (64) les deux projections sont des figures égales.

570. **Théorème.** — *Les projections de deux droites parallèles sur un même plan sont parallèles.*

Soient AB et CD deux droites parallèles, *ab*, *cd* leurs projections sur le plan P (*fig.* 371). Les plans projetants de ces droites BA*a*, DC*c* sont parallèles (528), les intersections *ab*, *cd* de ces plans avec le plan P sont parallèles.

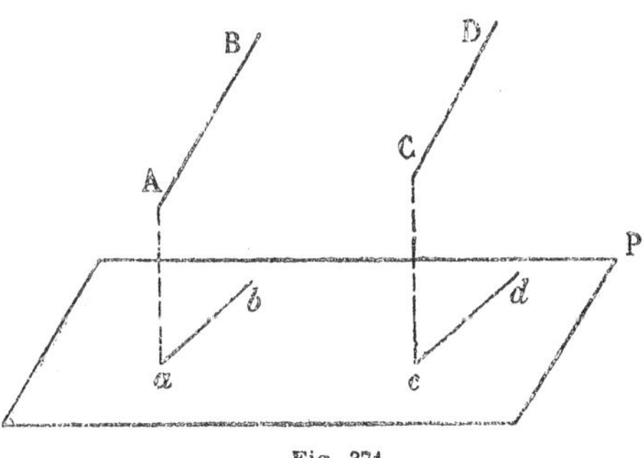

Fig. 371

571. **Théorème.** — *Un angle droit dont un côté est parallèle au plan de projection se projette suivant un angle droit.*

Soient l'angle droit BAC dont le côté BA est parallèle au plan P, *bac* la projection de cet angle sur le plan P (*fig.* 372). La droite AB étant perpendiculaire aux deux droites AC Aa et est perpendiculaire au plan projetant la droite AC ; il en est de même de la droite *ab* parallèle à AB ; la droite *ab* est par conséquent perpendiculaire à la droite *ac* du plan projetant ; donc l'angle *bac* est droit.

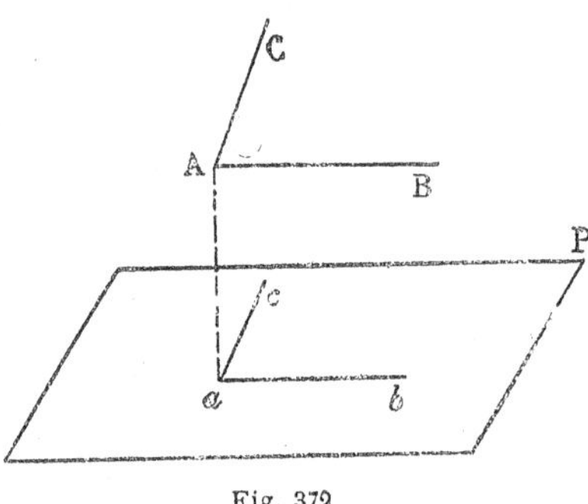

Fig. 372

572. **1re Réciproque.** — *Si un angle* BAC *a l'un de ses côtés* AB *parallèle au plan de projection* P, *et si cet angle se projette suivant un angle droit bac, l'angle* BAC *est droit* (*fig.* 372).

En effet, la droite *ab* étant perpendiculaire aux deux droites *ac* et A*a*, est perpendiculaire au plan CA*ac* ; il en est de même de la droite AB parallèle à la droite *ab*. AB étant perpendiculaire au plan CA*ac*, est perpendiculaire à la droite AC ; donc l'angle BAC est droit.

573. **2e Réciproque.** — *Si un angle droit* BAC *se projette sur un plan* P *suivant un angle droit bac, l'un au moins des côtés de l'angle* BAC *est parallèle au plan* P (*fig.* 372).

Supposons que le côté AC ne soit pas parallèle au plan P ; je vais démontrer que le côté AB est parallèle à ce plan. En effet, la droite *ac* étant perpendiculaire aux droites *ab* et A*a*, est perpendiculaire au plan *ba*AB, et par suite les droites *ac* et AB sont perpendiculaires. La droite AB étant perpendiculaire aux deux droites non parallèles AC et *ac*, est perpendiculaire au plan CA*ac*, et par suite la droite AB est perpendiculaire à la droite A*a* ; donc la droite AB est parallèle au plan P.

574. **Théorème.** — *Si une droite* AB *est oblique à un plan* P,

l'angle aigu BAb *que fait cette droite avec sa projection sur le plan est plus petit que l'angle* BAC *qu'elle forme avec une droite quelconque* AC, *menée par son pied* A *dans le plan* (*fig.* 373).

Soit b la projection du point B; Ab est la projection de AB; prenons sur la droite AC une longueur AC = Ab et menons la droite BC. Les deux triangles BAb et BAC ont deux côtés égaux chacun à chacun, savoir : le côté AB commun, les côtés Ab et AC égaux par construction; le troisième côté Bb du premier triangle est plus petit que le troisième côté BC du second, donc l'angle BAb est plus petit que l'angle BAC.

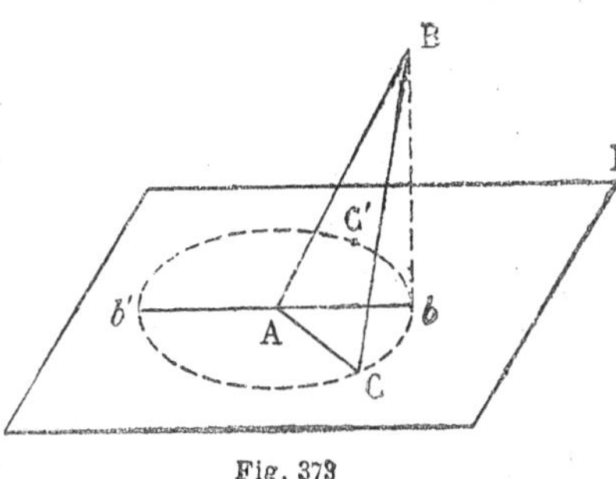

Fig. 373

575. **Remarque.** — Décrivons dans le plan P le cercle qui a pour centre A et pour rayon Ab. Quand le point C se déplace entre le point b et le point diamétralement opposé b', la distance bC croît, il en est donc de même de l'oblique BC; donc l'angle BAC croît.

Si l'on prend sur le cercle deux points C et C' symétriques par rapport au diamètre bb', les obliques BC et BC' sont égales et par suite les angles BAC et BAC' sont égaux.

576. **Définition.** — On appelle *angle d'une droite et d'un plan* l'angle que forme la droite avec sa projection sur le plan.

577. **Théorème.** — *Parmi toutes les droites menées d'un point* A *dans un plan* P, *celle qui fait le plus grand angle avec un autre plan* Q *est la perpendiculaire* AB *abaissée du point* A *sur l'intersection* MN *des plans* P *et* Q (*fig.* 374).

En effet, soient a la projection de A sur le plan P, AC une droite quelconque menée par A dans le plan P; aB et aC sont les projections de AB et de AC sur le plan Q et par suite ABa, ACa les angles des droites AB, AC avec le plan Q. Il faut démontrer que l'angle ABa est plus grand que l'angle ACa.

D'après le théorème des trois perpendiculaires, la droite aB est perpendiculaire à MN ; au contraire aC est oblique à cette droite ; aC est donc plus grand que aB ; prenons alors sur la droite aB une longueur $aD = aC$, le point D est sur le prolongement de aB. Les deux triangles rectangles AaC et AaD sont égaux, et par conséquent les angles ACa et ADa sont égaux. Or dans le triangle ADB l'angle extérieur ABa est plus grand que l'angle ADa, donc l'angle ABa est plus grand que l'angle ACa.

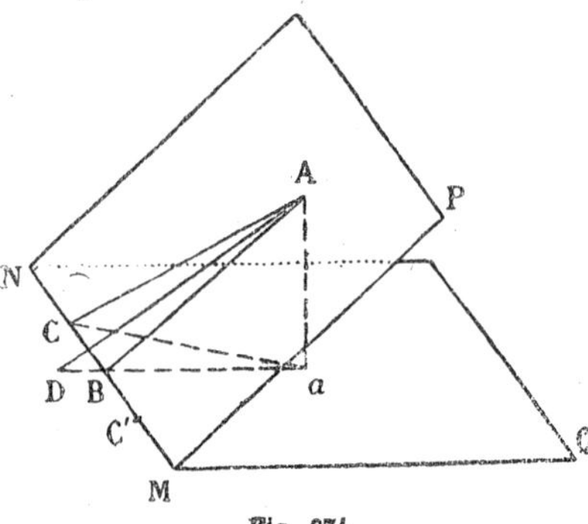

Fig. 374

Si l'on prend sur la droite MN deux points C et C' équidistants du point B, les droites aC et aC' sont égales et par suite les angles ACa et $AC'a$ sont égaux, les deux droites AC et AC' font le même angle avec le plan Q.

578. Si le plan Q est un plan horizontal, la droite AB est une *ligne de plus grande pente* du plan P.

579. Théorème. — *Lorsque deux droites ne sont pas situées dans un même plan :*

1° Il existe une droite et une seule qui rencontre ces deux droites et leur soit perpendiculaire.

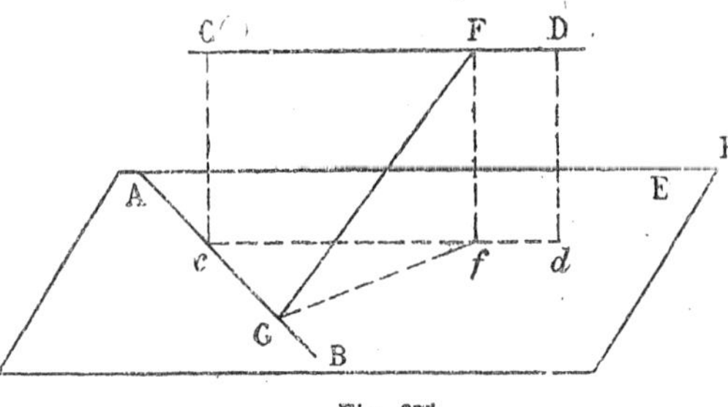

Fig. 375

2° Cette perpendiculaire commune est la plus courte distance des deux droites.

1° Soient les deux droites AB et CD (*fig.* 375), qui ne sont pas dans un même plan ; par un point quelconque A de la droite AB menons la parallèle AE à la droite CD ; les deux droites AB, AE déterminent un plan P parallèle à la droite CD; soit *cd* la projection de CD sur le plan P. Cela posé, pour qu'une droite rencontre à angle droit les deux droites AB et CD, il faut et il suffit qu'elle soit perpendiculaire au plan P et que son pied sur le plan P se trouve à la fois sur AB et sur la projection *cd* de CD sur le plan P. Les deux droites AB et *cd* se rencontrent en un point *c*, la perpendiculaire *c*C menée en ce point au plan P est la perpendiculaire commune aux deux droites; il n'existe pas d'autres droites rencontrant à angle droit les deux droites données.

2° Soient FG une sécante commune aux deux droites AB et CD, *f* la projection de F sur le plan P. La droite F*f* est une perpendiculaire au plan P, la droite FG est oblique à ce plan; donc FG est plus grand que F*f* ou que C*c*.

580. **Remarque.** — Si l'on veut obtenir la longueur de la plus courte distance de deux droites, il suffit de mener par l'une d'elles un plan parallèle à l'autre; la distance d'un point quelconque de la seconde droite à ce plan est égale à la plus courte distance des deux droites.

581. **Théorème.** — *L'aire de la projection d'un triangle sur un plan est égale au produit de l'aire du triangle par le cosinus de l'angle aigu formé par le plan du triangle et le plan de projection.*

Nous distinguerons deux cas :

1° *Un côté* AB *du triangle* (*fig.* 376) *est parallèle au plan de projection.*

Comme l'étendue de la projection ne change pas quand on déplace le plan de projection P parallèlement à lui-même (569) on peut supposer que ce plan passe par le côté AB.

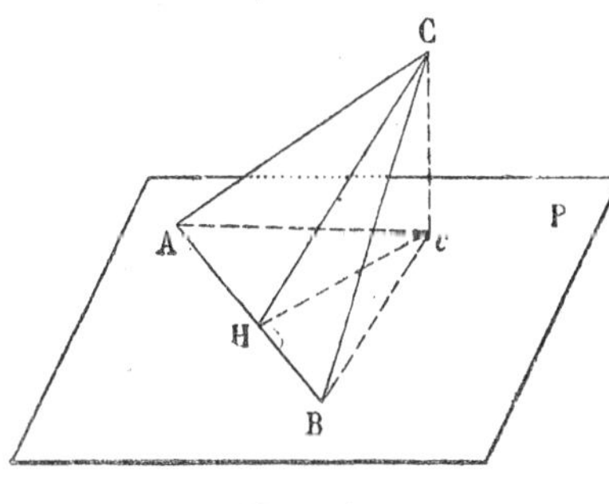

Fig. 376

Soient CH la hauteur du triangle ABC, *c* la projection de C sur le plan P; d'après le théorème des trois perpendiculaires, cH est perpendiculaire à AB. Les deux triangles ABC et ABc ayant même base AB sont entre eux comme leurs hauteurs, donc

$$\frac{ABc}{ABC} = \frac{cH}{CH} = \cos cHC.$$

L'angle cHC est l'angle plan du dièdre formé par le plan de projection et le plan du triangle, ce qui démontre le théorème.

2° *Le triangle a une position quelconque par rapport au plan de projection.*

On peut toujours supposer que le plan de projection P passe par le sommet A du triangle (*fig.* 377); le côté BC perce le plan P en un point D, la projection bc du côté BC passera par D. On aura alors (1°), en désignant par α l'angle aigu que fait le plan du triangle avec le plan de projection,

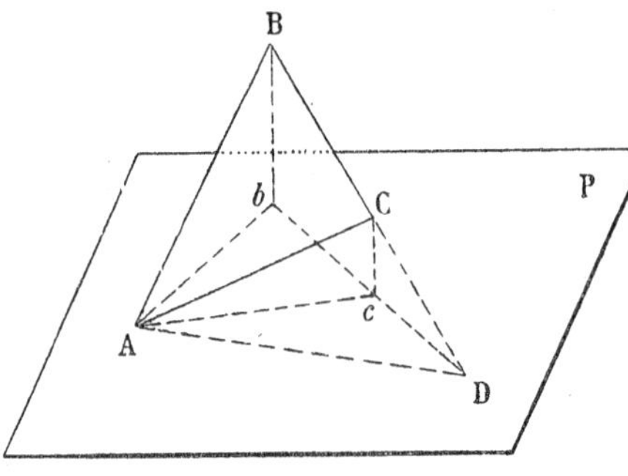

Fig. 377

$$\text{aire } ADb = \text{aire } ADB \times \cos \alpha,$$
$$\text{aire } ADc = \text{aire } ADC \times \cos \alpha,$$

et, en retranchant membre à membre,

$$\text{aire } Abc = \text{aire } ABC \times \cos \alpha.$$

582. **Théorème.** — ***Le théorème s'étend à la projection de l'aire d'un polygone plan quelconque.***

Il suffit, pour le démontrer, de décomposer le polygone donné en une somme de triangles et de remarquer que l'aire de la projection du polygone est égale à la somme des aires des projections des triangles.

583. **Théorème.** — *Le théorème s'étend à la projection d'une aire plane limitée par une courbe quelconque.*

En effet, l'aire considérée est la limite de l'aire d'un polygone inscrit dans le contour, quand les côtés du polygone tendent vers zéro; la projection de l'aire est aussi la limite de l'aire des polygones projetés. Il en résulte que le théorème établi pour un polygone s'étend à une aire quelconque.

§ VII.

Angles polyèdres.

584. **Définition.** — Considérons des demi-droites issues d'un même point S et plaçons ces droites dans un ordre quelconque; nous appellerons demi-droites consécutives deux demi-droites qui occupent des rangs successifs, ou encore la première demi-droite et la dernière; considérons les portions de plan situées à l'intérieur de l'angle de deux demi-droites consécutives. La figure ainsi formée est un *angle polyèdre*. Le point S est le sommet de l'angle; les demi-droites issues du point S en sont les *arêtes;* les portions de plans comprises à l'intérieur de l'angle de deux arêtes consécutives sont les *faces* du polyèdre. On appelle aussi *face* du polyèdre l'angle de deux arêtes consécutives.

Si l'angle polyèdre a n arêtes, il aura aussi n faces. L'angle dièdre formé par deux faces qui ont une arête commune est un *angle dièdre* de l'angle polyèdre; il y a autant d'angles dièdres qu'il y a d'arêtes.

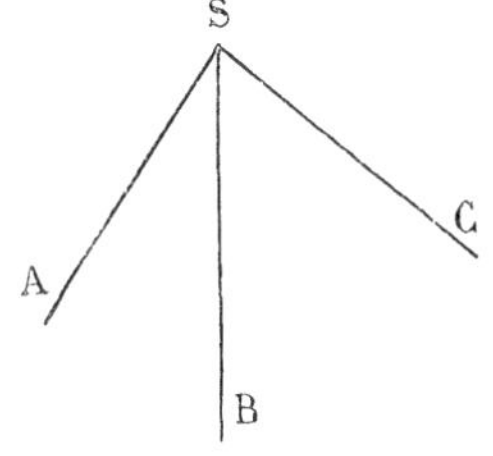

Fig. 378

Un *angle trièdre* est un angle polyèdre qui a trois arêtes. Ainsi la figure SABC (*fig.* 378) est un angle trièdre. Nous désignerons par A, B, C les angles dièdres qui ont pour arêtes SA, SB, SC, par a, b, c les angles des faces opposées; ainsi a est l'angle BSC ou encore la face BSC.

Un trièdre est dit *trirectangle* lorsque ses trois faces sont des angles droits. — Pour construire un trièdre trirectangle on prend un angle droit ASB et on mène une demi-droite SC perpendiculaire au plan ASB. On voit, tout de suite, que dans un trièdre trirectangle les trois angles dièdres sont droits.

585. On dit qu'un angle polyèdre est *convexe* quand toutes ses arêtes sont d'un même côté par rapport au plan de l'une quelconque de ses faces.

Un trièdre est par conséquent toujours convexe.

586. Quand on compare deux angles polyèdres qui ont un même nombre d'arêtes, on appelle *arêtes homologues* celles qui occupent le même rang dans les deux angles polyèdres, *dièdres homologues* ceux qui ont pour arêtes les arêtes homologues, enfin *faces homologues* celles qui sont formées par des arêtes homologues.

Deux angles polyèdres sont égaux lorsqu'on peut faire coïncider chaque arête du second avec l'arête homologue du premier. Ainsi deux trièdres SABC, S'A'B'C' sont égaux si l'on peut faire coïncider les arêtes S'A', S'B', S'C' respectivement avec les arêtes SA, SB, SC. Il faut remarquer que d'après cette définition si les trièdres SABC et S'A'B'C' sont égaux, il n'en est pas de même, en général, des trièdres SABC et S'B'A'C', car en général on ne pourra pas faire coïncider S'B', S'C', S'A' respectivement avec SA, SB, SC.

Il est clair que si deux angles polyèdres sont égaux, leurs dièdres homologues sont égaux et les faces homologues sont égales.

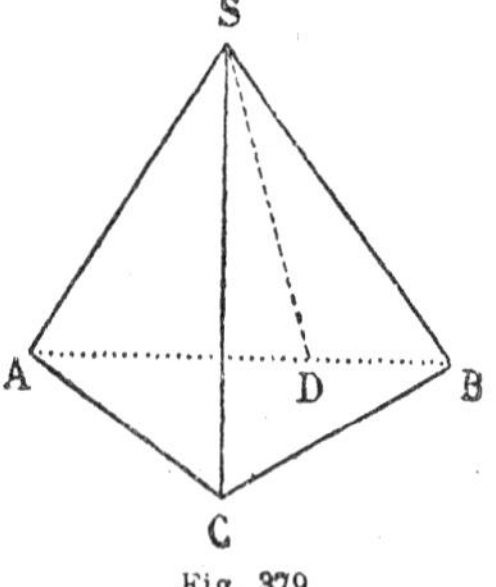

Fig. 379

587. **Théorème.** — *Dans un trièdre une face quelconque est plus petite que la somme des deux autres.*

Il suffit évidemment de montrer que la plus grande face est plus petite que la somme des deux autres.

Soit alors le trièdre SABC (*fig.* 379) dans lequel la plus grande face est la face ASB. Dans le plan ASB, menons une droite SD faisant avec SA un angle ASD égal à l'angle ASC. La droite SD est à l'intérieur de l'angle ASB. Prenons sur

SC et SD des longueurs égales SC et SD; par la droite CD menons un plan qui coupe les arêtes SA et SB en A et B. Les deux triangles SAC, SAD sont égaux, comme ayant un angle égal compris entre deux côtés égaux chacun à chacun, et par suite AD = AC. Mais dans le triangle ABC, le côté AB est plus petit que la somme AC + CB; donc DB est plus petit que CB. Les deux triangles DSB, CSB ont deux côtés égaux chacun à chacun, le troisième côté DB du premier triangle est plus petit que le troisième côté CB du second; donc l'angle DSB est plus petit que l'angle CSB. L'angle ASB, somme des angles ASD et DSB, est donc plus petit que la somme des angles ASC et CSB.

588. **Théorème.** — *La somme des faces d'un angle polyèdre convexe est plus petite que quatre droits.*

Soit SABCDE (*fig.* 380) un angle polyèdre convexe qui a n arêtes. Coupons cet angle polyèdre suivant un polygone convexe ABCDE. Appliquons le théorème précédent aux trièdres qui ont leurs sommets en A, B, C, D, E. On aura les inégalités

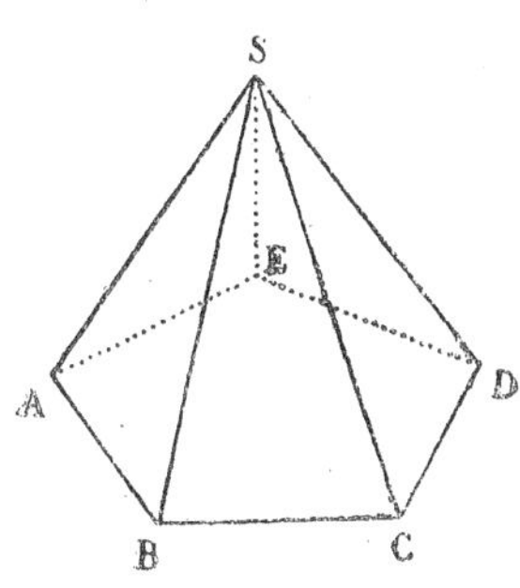

Fig. 380

$$\begin{aligned} EAB &< EAS + BAS, \\ ABC &< ABS + CBS, \\ BCD &< BCS + DCS, \\ CDE &< CDS + EDS, \\ DEA &< DES + AES. \end{aligned}$$

Ajoutons, membre à membre, ces inégalités. Nous aurons au premier membre la somme des angles du polygone convexe, c'est-à-dire $2n - 4$ droits; au second membre nous aurons la somme des angles à la base des triangles qui ont leurs sommets au point S; cette somme est $2n - S$ droits, S droits étant la somme des angles en S. On a donc

$$(2n - 4)^{dr} < (2n - S)^{dr},$$

et par conséquent $$S < 4^{dr}.$$

589. **Remarque.** — Il résulte des deux théorèmes qui précèdent que si l'on veut construire un trièdre ayant pour faces

trois angles donnés, ces angles doivent satisfaire aux deux conditions suivantes :

1° *Le plus grand angle doit être plus petit que la somme des deux autres ;*

2° *La somme des trois angles doit être plus petite que quatre droits.*

Nous allons démontrer que si ces conditions sont satisfaites on peut construire le trièdre.

En effet, soit $BSC = a$ la plus grande face (*fig.* 381) ; dans le plan de cette face, extérieurement à l'angle BSC, formons les angles $BSA_2 = c$ et $CSA_1 = b$. Du point S comme centre, avec un rayon arbitraire, décrivons une circonférence ; soit A'_2 le symétrique de A_2 par rapport à SB et A'_1 le symétrique de A_1 par rapport à SC. La plus grande face étant plus petite que la somme des deux autres, on a

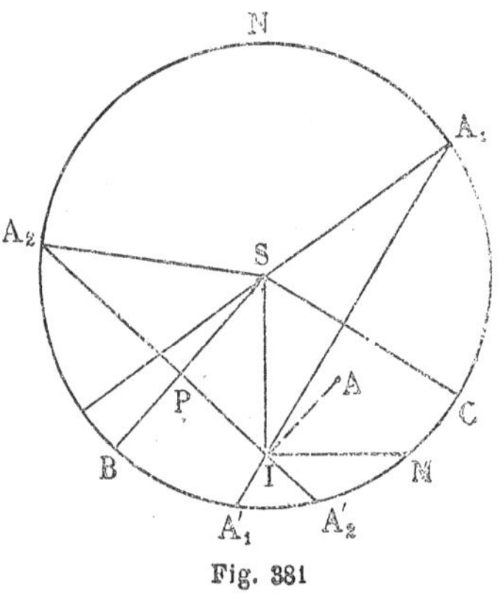

Fig. 381

$$\text{arc } BC < \text{arc } BA_2 + \text{arc } CA_1,$$

ou

$$\text{arc } BC < \text{arc } BA'_2 + \text{arc } CA'_1.$$

Le point A'_2 est donc placé sur l'arc CA'_1.

La somme des faces étant plus petite que quatre droits, le point A_2 est sur l'arc BNA_1 ; les points A_2 et A'_2 étant de part et d'autre de la droite $A_1A'_1$, les cordes $A_1A'_1$ et $A_2A'_2$ se coupent en un point I situé à l'intérieur du cercle. Menons la perpendiculaire IM à la droite SI, jusqu'à sa rencontre en M avec le cercle.

Cela posé, imaginons que sur la perpendiculaire au point I au plan de la figure on prenne une longueur IA égale à IM. La droite AP sera perpendiculaire à SP, d'après le théorème des trois perpendiculaires. Les deux triangles rectangles SAP et SA_2P ont le côté SP commun, les hypoténuses sont égales car $SA = SM = SA_2$; ces deux triangles sont égaux, donc l'angle BSA est égal à l'angle BSA_2, c'est-à-dire à l'angle donné c. On voit de même que l'angle CSA est égal à b. Le trièdre SABC a bien des faces égales aux angles donnés a, b, c.

590. **Trièdres supplémentaires. Définition.** — On appelle trièdre supplémentaire d'un trièdre SABC (*fig*. 382) le trièdre SA'B'C' obtenu de la manière suivante. Les demi-droites SA', SB', SC' sont perpendiculaires respectivement aux faces SBC, SCA, SAB, et chacune d'elles est, par rapport à la face à laquelle elle est perpendiculaire, du même côté que l'arête opposée à cette face. Ainsi SA' est perpendiculaire à la face SBC et du même côté que l'arête SA par rapport à cette face.

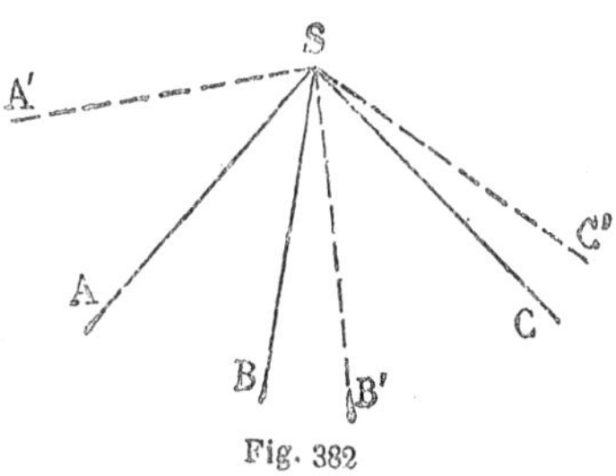

Fig. 382

Les droites SA', SB', SC' ainsi menées forment bien un véritable trièdre. En effet, d'abord elles ne peuvent pas être confondues, car alors les trois faces SAB, SBC, SCA seraient dans un même plan ; ensuite ces trois droites ne sont pas situées dans un même plan, car alors les trois faces du trièdre seraient perpendiculaires à ce plan et contiendraient la perpendiculaire au plan mené par le point S.

591. Théorème. — *Si le trièdre* SA'B'C' *est le supplémentaire du trièdre* SABC, *inversement le trièdre* SABC *est le supplémentaire du trièdre* SA'B'C'.

Pour faciliter la démonstration de ce théorème nous ferons la remarque suivante :

Si par un point d'un plan on mène deux demi-droites, une perpendiculaire et une oblique à ce plan, l'angle de ces deux demi-droites est aigu si elles sont d'un même côté du plan, obtus si elles sont de part et d'autre du plan.

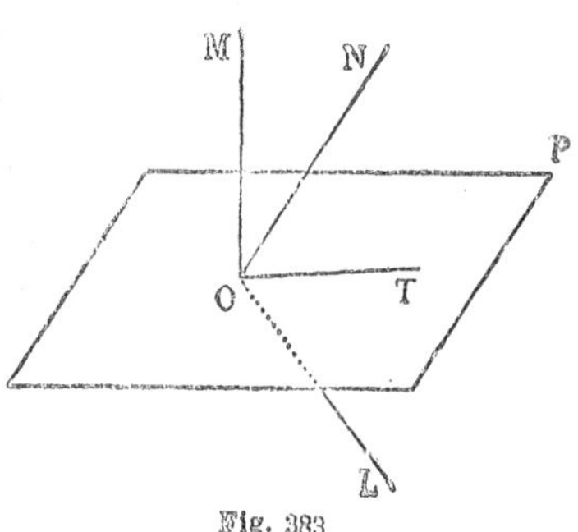

Fig. 383

En effet, soit OM une demi-droite perpendiculaire au plan P (*fig*. 383) ; menons par O une oblique à ce plan, soit OT la projection de cette oblique sur le plan ; l'angle MOT est droit. Si l'oblique ON est du même côté que OM par rapport au plan, la droite ON est à l'intérieur de l'angle MOT; donc l'angle MON est aigu. Si l'oblique OL est de l'autre côté du plan, OL est extérieur à l'angle MOT et l'angle MOL est obtus.

La proposition directe entraîne sa réciproque; donc:

Si par un point d'un plan on mène deux demi-droites, l'une perpendiculaire, l'autre oblique à ce plan, les deux demi-droites sont d'un même côté du plan si elles forment un angle aigu, de part et d'autre du plan si elles forment un angle obtus.

Cela posé, soit SA'B'C' le trièdre supplémentaire du trièdre SABC (*fig.* 382). Nous allons démontrer que SABC est le trièdre supplémentaire du trièdre SA'B'C'. En effet, SB' étant perpendiculaire au plan SAC, l'angle ASB' est droit; de même SC' étant perpendiculaire au plan ASB, l'angle ASC' est droit. La droite SA perpendiculaire aux deux droites SB', SC' est perpendiculaire à la face B'SC'. Or SA' a été mené perpendiculairement à la face BSC et du même côté que SA, donc l'angle ASA' est aigu. La perpendiculaire SA à la face B'SC' et l'oblique SA' à cette face formant un angle aigu, ces deux droites sont d'un même côté du plan B'SC'. Ainsi l'arête SA est perpendiculaire à la face B'SC' et du même côté que SA' par rapport à cette face. On démontre de même les propriétés analogues des arêtes SB et SC; donc le trièdre SABC est le supplémentaire du trièdre SA'B'C'.

592. Théorème. — *Si deux trièdres sont supplémentaires, chaque face de l'un est le supplément du dièdre correspondant de l'autre.*

Nous nous appuierons sur le lemme suivant :

Si par un point O *de l'arête* OC *d'un angle dièdre* AOCB, *on mène une demi-droite* OA' *perpendiculaire au plan* OCB *et du même côté par rapport à ce plan que la face* OCA, *et une demi-droite* OB' *perpendiculaire au plan* OCA *et du même côté que la face* OCB *par rapport à ce plan, l'angle* A'OB' *est le supplément de l'angle plan* AOB *du dièdre* (*fig.* 384).

En effet, menons le plan A'OB'; il coupe le dièdre suivant son angle plan AOB. Les angles AOB, A'OB', qui sont situés dans un même plan, ont leurs côtés respectivement perpendiculaires;

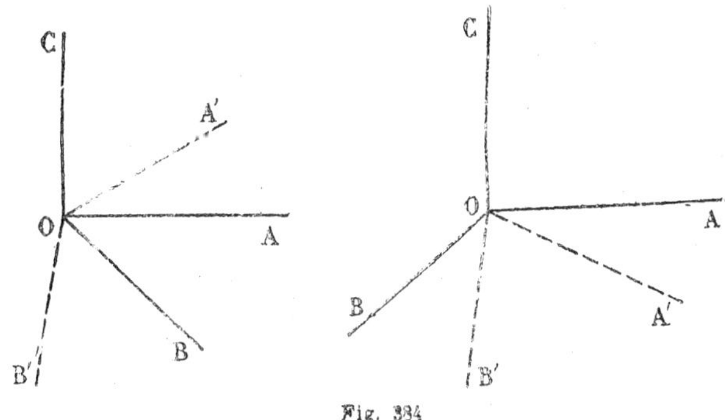

Fig. 384

ils sont donc égaux ou supplémentaires. Montrons qu'ils ne peuvent pas être égaux ; en effet, si l'angle AOB est aigu, les droites OA', OB' sont extérieures à l'angle AOB ; l'angle A'OB' est plus grand que l'angle AOB ; si au contraire l'angle AOB est obtus, les droites OA', OB' tombent à l'intérieur de l'angle AOB ; l'angle A'OB' est donc plus petit que l'angle AOB ; donc les angles AOB, A'O B' sont supplémentaires.

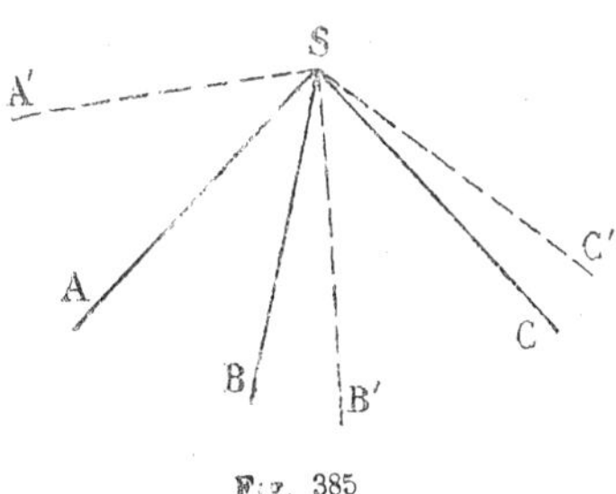

Fig. 385

Cela posé, soient SABC, SA'B'C' (*fig.* 385) deux trièdres supplémentaires. Considérons un dièdre quelconque de ces deux trièdres, par exemple le dièdre SA du premier trièdre.

La droite SB' a été menée perpendiculaire à la face SAC et du même côté que l'arête SB par rapport à cette face; SB' est donc du même côté que la face BSA par rapport au plan SAC ; de même SC' est perpendiculaire à la face SAB et du même côté que la face SAC par rapport au plan SAB ; donc, d'après le lemme précédent, le dièdre SA et la face B'SC' sont supplémentaires.

Ainsi chaque dièdre de l'un des trièdres est le supplément de la face correspondante de l'autre.

593. **Remarque.** — Représentons par a, b, c les faces, par A, B, C les angles dièdres d'un trièdre SABC; par a', b', c', A', B', C' les éléments correspondants du trièdre supplémentaire; on aura les relations suivantes :

$$A' = 2^{dr} - a, \qquad B' = 2^{dr} - b, \qquad C' = 2^{dr} - c,$$
$$a' = 2^{dr} - A, \qquad b' = 2^{dr} - B, \qquad c' = 2^{dr} - C.$$

Si l'on connaît une relation entre les éléments d'un trièdre, c'est-à-dire une relation entre les six quantités a, b, c, A, B, C, les éléments du trièdre supplémentaire satisferont à la même relation. En écrivant ce fait et en remplaçant les éléments du trièdre supplémentaire par leur valeur en fonction des éléments du premier trièdre, on obtient une nouvelle relation que doivent vérifier les éléments du premier trièdre. Cette nouvelle relation est dite *corrélative* de la première.

C'est ainsi que les deux théorèmes suivants, qui donnent des propriétés des angles dièdres d'un trièdre, sont les corrélatifs de propriétés sur les faces d'un trièdre.

594. **Théorème.** — *Dans un trièdre, la somme des dièdres est plus grande que deux angles droits*

Écrivons que la somme des faces du trièdre supplémentaire du trièdre donné est plus petite que quatre angles droits :

$$a' + b' + c' < 4^{dr},$$

ou

$$2^{dr} - A + 2^{dr} - B + 2^{dr} - C < 4^{dr},$$

d'où

$$A + B + C > 2^{dr}.$$

595. **Théorème.** — *Dans un trièdre, un dièdre quelconque augmenté de deux droits surpasse la somme des deux autres dièdres.*

Soit A un dièdre quelconque d'un trièdre; écrivons que dans le trièdre supplémentaire la face a' est plus petite que la somme des deux autres. On aura

$$a' < b' + c',$$

ou

$$2^{dr} - A < 2^{dr} - B + 2^{dr} - C,$$

d'où

$$A + 2^{dr} > B + C.$$

596. Remarque. — Soient A, B, C trois angles quelconques; si le plus petit de ces angles, augmenté de deux droits, surpasse la somme des deux autres, il est évident que l'un quelconque des angles augmenté de deux droits surpassera la somme des deux autres. Donc, pour que trois angles A, B, C soient les angles dièdres d'un trièdre, il faut qu'ils satisfassent aux deux conditions suivantes :

1° *La somme des angles est plus grande que deux angles droits ;*

2° *Le plus petit angle augmenté de deux droits surpasse la somme des deux autres.*

Je dis que ces conditions nécessaires sont aussi suffisantes. Désignons en effet par a', b', c' les suppléments des angles A, B, C. Si les deux conditions sont satisfaites, la somme $a' + b' + c'$ sera plus petite que quatre angles droits et le plus grand des angles a', b', c' sera inférieur à la somme des deux autres. On pourra donc (591) construire un trièdre S'A'B'C' ayant pour faces les angles a', b', c'. Les dièdres du trièdre supplémentaire SABC seront les angles donnés A, B, C.

597. Sens d'un angle dièdre. — Pour définir le sens d'un angle dièdre, il faut : 1° distinguer les deux faces du dièdre ; nous appellerons l'une la première face, l'autre la seconde face ; nous placerons en première ligne la lettre qui représente la première face ; 2° fixer une direction positive sur l'arête ; l'arête étant représentée par deux lettres, la direction positive sur l'arête est celle qui va du point représenté par la première lettre à l'autre. Ainsi dans le dièdre PABQ (*fig.* 386), le plan P est le plan de la première face, la direction positive sur l'arête est la direction AB.

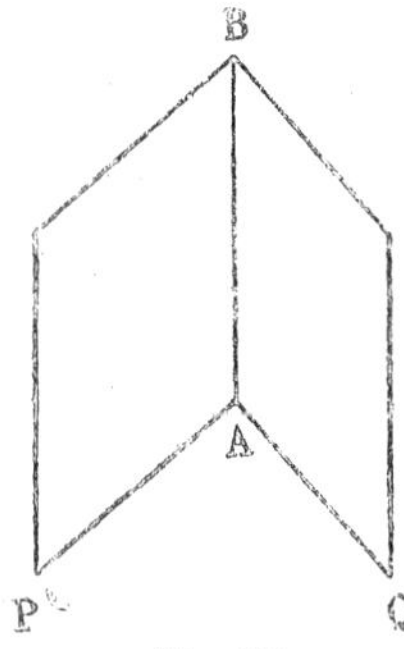

Fig. 386

Cela posé, imaginons un observateur placé sur l'arête, de telle sorte que le mobile qui irait des pieds à la tête de cet observateur se déplace dans le sens positif ; plaçons cet observateur de façon qu'il regarde le demi-plan qui forme la première face ; par rapport au plan de cette face, les points de l'espace sont partagés en deux régions, la région qui est à droite de l'observateur et celle qui est à gauche. Si la seconde face du dièdre est dans la région de droite, nous dirons que l'angle dièdre est de sens positif; dans le cas contraire, nous dirons que cet angle est de sens négatif.

Le sens d'un dièdre change si l'on change l'ordre des deux faces; il change aussi si l'on change la direction positive sur l'arête.

Si l'on coupe l'angle dièdre PABQ par un plan PAQ (*fig.* 386) et si l'on prend comme côté supérieur du plan PAQ celui qui est du côté de la direction positive de l'arête, les angles PAQ et PABQ sont de sens contraires.

Quand nous considérerons les angles dièdres d'un polyèdre, nous prendrons toujours, comme direction positive de l'arête, la direction qui va vers le sommet.

598. **Sens d'un trièdre.** — Considérons un trièdre SABC, coupons-le par un plan ABC et prenons comme côté supérieur du plan ABC celui qui est du même côté que le sommet S; les angles dièdres BSAC, CSBA, ASCB ont respectivement le même sens (597) que les angles plans BAC, CBA, ACB; or (44) ces trois angles plans ont le même sens.

Il en résulte que dans un trièdre quelconque SABC, les trois dièdres BSAC, CSBA, ASCB ont le même sens.

Cela posé, si ces dièdres sont de sens positif, le trièdre est de *sens positif* : dans le cas contraire, il est de *sens négatif*.

Le sens d'un trièdre dépend de l'ordre dans lequel on place ses arêtes; quand on écrit le trièdre SABC, SA est la première arête, SB la seconde, SC la troisième.

Imaginons un observateur ayant les pieds en S, placé sur la troisième arête SC et regardant la première arête SA; l'angle dièdre ASCB, et par suite le trièdre SABC, sera de sens positif ou de sens négatif, suivant que la demi-droite SB est à droite ou à gauche de l'observateur.

Le sens d'un trièdre change si l'on permute deux arêtes. Il change aussi si l'on remplace une arête par son prolongement.

599. **Angles polyèdres symétriques.** — Si l'on prolonge au delà du sommet les arêtes d'un angle polyèdre, on obtient un nouvel angle polyèdre que l'on appelle le *symétrique* du premier, il est clair que le premier est aussi le symétrique du second.

Dans deux polyèdres symétriques, deux faces homologues sont égales comme opposées par le sommet. Deux dièdres homologues ont même grandeur, car ils sont opposés par l'arête; mais ils ne sont pas de même sens. En effet, deux dièdres opposés par l'arête sont de même sens quand on prend la même direction positive sur l'arête commune; ici les directions positives de l'arête sont opposées dans les deux dièdres, donc ces dièdres sont de sens contraire.

Quand deux angles polyèdres sont superposables, les dièdres homologues sont évidemment de même sens; donc :

Il est impossible de faire coïncider un angle polyèdre avec son symétrique.

En particulier, deux trièdres symétriques sont de sens contraire; ces deux trièdres ne sont jamais superposables.

600. **Théorème.** — *Deux trièdres sont égaux ou symétriques :*

1° S'ils ont un dièdre égal compris entre deux faces égales chacune à chacune;

2° S'ils ont une face égale adjacente à deux dièdres égaux chacun à chacun;

3° S'ils ont leurs trois faces égales chacune à chacune;

4° S'ils ont leurs trois angles dièdres égaux chacun à chacun.

Dans tous les cas que nous venons de signaler, les trièdres sont égaux s'ils sont de même sens; ils sont symétriques, c'est-à-dire que chacun d'eux est superposable au symétrique de l'autre, s'ils sont de sens contraire. En remplaçant au besoin un trièdre par son symétrique, on peut toujours supposer que les deux trièdres ont même sens et ramener la démonstration de la symétrie à celle de l'égalité. C'est ce que nous supposerons toujours dans les démonstrations qui suivent :

1° Soient les deux trièdres SABC, S'A'B'C' (*fig.* 387), dans lesquels les dièdres SA et S'A' sont égaux et les faces ASB, ASC respectivement égales aux faces A'S'B', A'S'C'. Transportons le trièdre S'A'B'C' de façon à faire coïncider les faces égales A'S'C' et ASC. Les dièdres S'A' et SA étant égaux et de même sens, le demi-plan A'S'B' vient coïncider avec le demi-plan ASB

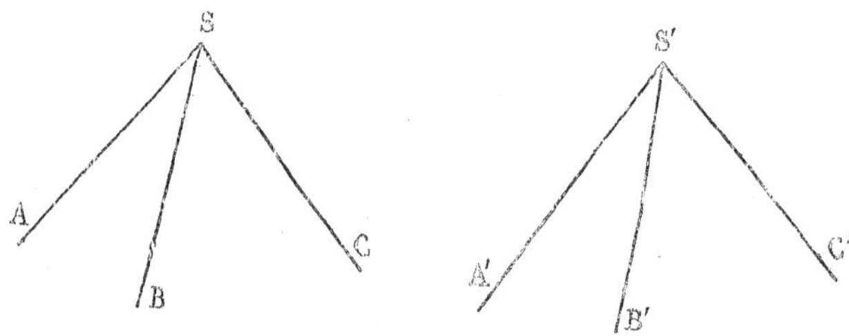

Fig. 387

comme d'ailleurs la face A'S'B' est égale à la face ASB, la droite S'B' viendra coïncider avec la droite SB. Donc les deux trièdres coïncident et par conséquent sont égaux.

2° Le second cas est corrélatif du premier, car si deux trièdres ont une face égale adjacente à deux dièdres égaux chacun à chacun, leurs trièdres supplémentaires auront un dièdre égal adjacent à deux faces égales chacune à chacune. Les trièdres supplémentaires étant égaux ou symétriques, il en est de même des trièdres donnés.

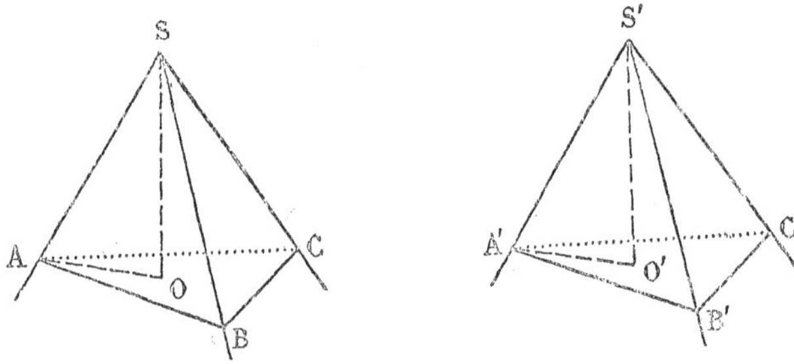

Fig. 388

On peut d'ailleurs démontrer ce deuxième cas d'égalité, en procédant, comme dans le cas précédent, par voie de superposition.

3° Soient les deux trièdres SABC, S'A'B'C', qui ont leurs faces respectivement égales (*fig.* 388). Prenons sur les arêtes des longueurs égales SA, SB, SC, SA′, S′B′, S′C′. Les deux triangles isocèles ASB, A′S′B′ sont égaux comme ayant un angle égal compris entre deux côtés égaux chacun à chacun; donc AB = A′B′. On voit de même que BC = B′C′ et CA = C′A′. Il en résulte que les deux triangles ABC, A′B′C′ sont égaux, comme ayant les trois côtés égaux chacun à chacun. Les longueurs SA, SB, SC étant égales, la projection O du point S sur le plan ABC est le centre du cercle circonscrit au triangle ABC; de même la projection O′ du point S′ sur le plan A′B′C′ est le centre du cercle circonscrit au triangle A′B′C′. Les deux triangles ABC, A′B′C′ étant égaux, les cercles circonscrits à ces triangles ont même rayon et par conséquent OA = O′A′. Les deux triangles rectangles SOA, S′O′A′ qui ont l'hypoténuse égale et un côté de l'angle droit égal sont égaux; donc SO = S′O′.

Cela posé, déplaçons le trièdre S′A′B′C′ de façon à faire coïncider le triangle A′B′C′ avec son égal ABC; le point O′ viendra en O, la droite O′S′ prendra la direction OS puisque les trièdres ont même sens, et le point S′ viendra en S puisque S′O′ = SO. Les deux trièdres coïncident, donc ils sont égaux.

4° Le quatrième cas est corrélatif du troisième; car si deux trièdres ont leurs dièdres égaux chacun à chacun, les trièdres supplémentaires auront leurs faces égales chacune à chacune. Les trièdres supplémentaires étant égaux ou symétriques, il en est de même des trièdres donnés.

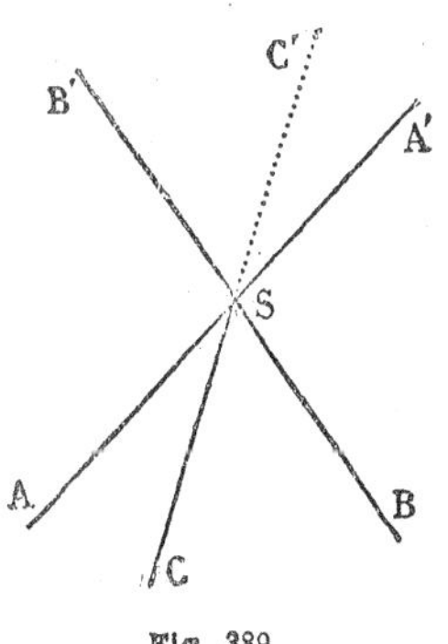

Fig. 389

601. Théorème. — *Si, dans un trièdre, deux angles dièdres sont égaux, les faces opposées à ces dièdres sont égales.*

Soit un trièdre SABC dans lequel les dièdres SA et SB sont égaux; formons le trièdre symétrique SA′B′C′ (*fig.* 389). Les deux trièdres SABC et SB′A′C′, qui sont tous deux de sens contraire au trièdre SA'B'C', sont de même sens. Dans ces deux trièdres les faces ASB, B'SA' sont égales ; les dièdres SB' et SA sont égaux comme étant tous deux égaux au dièdre SB ; les dièdres SA' et SB sont aussi égaux. Les deux trièdres SABC et SB'A'C' sont donc égaux ; donc les faces homologues ASC et B'SC' sont égales et par suite les faces ASC et BSC sont égales.

602. Remarque. — Dans l'exemple précédent le trièdre SABC est superposable au trièdre SB'A'C', mais il n'est pas superposable au trièdre SA'B'C'.

603. **Théorème.** — *Si, dans un trièdre, deux dièdres sont inégaux, les faces opposées à ces dièdres sont inégales et au plus grand dièdre est opposée la plus grande face.*

Soit le trièdre SABC (*fig.* 390), dans lequel le dièdre SA est plus grand que le dièdre SB ; menons par l'arête SA un plan ASD faisant avec la face ASB un angle dièdre égal au dièdre SB ; ce demi-plan tombe à l'intérieur du dièdre SA et coupe la face BSC suivant une droite SD comprise dans l'angle BSC. Dans le trièdre SABD les dièdres SA et SB sont égaux et par suite les faces DSB et ASD sont égales.

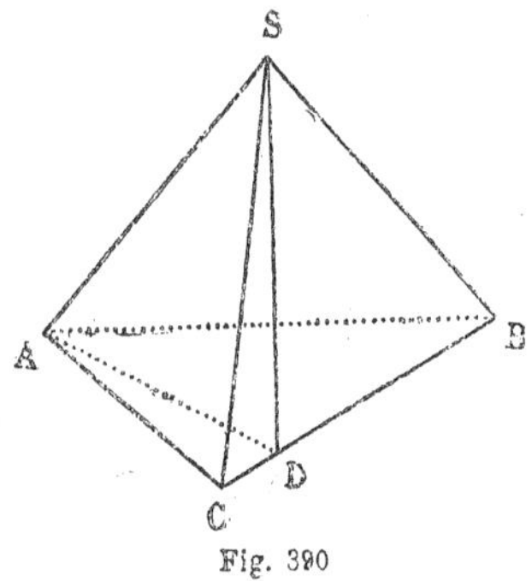

Fig. 390

Mais dans le trièdre SACD on a

$$ASC < ASD + CSD ;$$

remplaçons dans cette inégalité ASD par son égale DSB ; on aura

$$ASC < DSB + CSD$$

ou

$$ASC < CSB.$$

604. **Remarque.** — Les deux théorèmes précédents entraînent leurs réciproques ; donc :

1° *Si, dans un trièdre, deux faces sont égales, les dièdres opposés à ces faces sont égaux.*

2° *Si, dans un trièdre, deux faces sont inégales, les dièdres opposés à ces faces sont inégaux, et à la plus grande face est opposé le plus grand dièdre.*

Ces deux propositions réciproques sont d'ailleurs les corrélatives des deux propositions directes.

605. **Théorème.** — *Si deux trièdres ont deux faces égales chacune à chacune et si les dièdres compris sont inégaux, les troisièmes faces sont inégales, la plus grande de ces faces est celle qui est opposée au plus grand dièdre.*

Soient (*fig.* 391) les deux trièdres SABC et TDEF dans lesquels on a

ASB = DTE, ASC = DTF, dièdre SA > dièdre TD ;

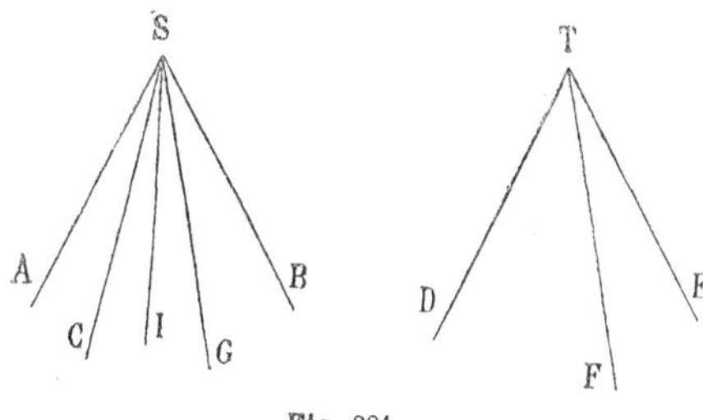

Fig. 391

je dis que la face BSC est plus grande que la face ETF.

En effet, supposons que les dièdres BSAC et ETDF soient de même sens : portons la face DTE sur son égale ASB ; le dièdre TD étant plus petit que le dièdre SA, la face DTF viendra se placer en ASG, à l'intérieur du dièdre SA. Menons le plan bissecteur du dièdre GSAC, ce plan rencontre la face BSC suivant une droite SI située à l'intérieur de l'angle BSC. Les deux trièdres SAIG et SAIC ont un dièdre égal compris entre deux faces égales chacune à chacune ; il en résulte que les faces CSI et GSI sont égales.

Cela posé, dans le trièdre SIGB, on a

$$BSG < GSI + ISB,$$

ou

$$BSG < CSI + ISB,$$

$$BSG < BSC.$$

Mais BSG est égal à ETF ; donc

$$\text{ETF} < \text{BSC}.$$

Réciproque. — *Si deux trièdres ont deux faces égales chacune à chacune, et si les troisièmes faces sont inégales, les dièdres opposés à ces faces sont inégaux, et à la plus grande face est opposé le plus grand dièdre.*

Même démonstration qu'au n° 57.

EXERCICES SUR LE LIVRE V

1. Mener, par un point donné, une droite rencontrant deux droites données non situées dans un même plan.

2. Mener une droite parallèle à une droite donnée et rencontrant deux droites données non situées dans un même plan.

3. Lieu des points de l'espace équidistants de deux points donnés.

4. Lieu des points de l'espace équidistants de trois points donnés.

5. Lieu des points de l'espace équidistants de deux droites qui se coupent.

6. Lieu des points de l'espace équidistants de deux plans.

7. Trouver le lieu des points d'un plan dont la somme des carrés des distances à deux points donnés hors du plan est constante.

8. Lieu des points dont la somme des distances à deux plans donnés est constante.

9. Mener dans un plan une droite faisant un angle donné avec une droite donnée non parallèle au plan.

10. Par une droite, mener un plan faisant avec un plan donné un angle dièdre donné.

11. Une droite se déplace en restant parallèle à un plan fixe et en s'appuyant sur deux droites non situées dans un même plan. — Lieu des points qui divisent la droite mobile dans un rapport donné.

12. Lieu du milieu d'une droite de longueur donnée dont les extrémités glissent sur deux droites rectangulaires non situées dans un même plan.

13. Mener une droite de longueur donnée, parallèle à un plan donné et dont les extrémités sont situées sur deux droites données.

14. Soit SO une demi-droite située à l'intérieur d'un trièdre SABC; démontrer que

$$\text{BSO} + \text{CSO} < \text{BSA} + \text{CSA}.$$

15. Les plans bissecteurs des angles dièdres d'un trièdre se coupent suivant une même droite.

16. Les plans menés par chaque arête d'un trièdre et la bissectrice de la face opposée se coupent suivant une même droite.

17. Les plans menés par chaque arête d'un trièdre perpendiculairement aux faces opposées se coupent suivant une même droite.

18. Les bissectrices extérieures aux faces d'un trièdre sont trois droites situées dans un même plan.

19. Si dans chaque face d'un trièdre on mène par le sommet une perpendiculaire à l'arête opposée, les trois droites ainsi menées sont situées dans un même plan.

20. Mener une droite rencontrant deux droites données et faisant avec elles des angles donnés.

21. Soient A, B, C, D quatre points quelconques ; démontrer que si les droites AB, CD sont perpendiculaires, ainsi que les droites AC, BD, il en est de même des droites AD, BC.

22. Etant donnés un angle polyèdre à quatre faces SABCD et un point O, mener par le point O un plan coupant cet angle polyèdre suivant un parallélogramme.

23. Etant donné un triangle ABC, trouver un point S tel que le trièdre SABC soit trirectangle (trièdre dont les trois faces sont des angles droits).

24. On donne un triangle ABC et une droite L non située dans le plan de ce triangle ; on prend sur cette droite L un point quelconque D, on le joint aux points B et C et on forme ainsi le quadrilatère gauche DBAC (1).

(1) Un polygone gauche est une ligne brisée fermée dont les sommets ne sont pas situés dans un même plan.

1° Démontrer que les milieux des côtés du quadrilatère DBAC sont les sommets d'un parallélogramme.

2° Suivre la variation de l'aire de ce parallélogramme quand le point D se meut sur la droite L.

3° Déterminer la position que doit occuper le point D sur la droite L pour que le parallélogramme soit un rectangle ou un losange.

4° Dans quel cas le parallélogramme peut-il être un carré ?

25. Soient A, B, C trois droites parallèles à un plan P. Toutes les droites qui rencontrent les trois droites A, B, C sont parallèles à un même plan.

LIVRE VI

POLYEDRES

§ I.

Polyèdres. — Prismes. — Parallélépipèdes.

606. **Définitions. — Polyèdre.** — Un *polyèdre* est une figure composée de polygones plans placés de telle sorte que chaque côté d'un polygone appartienne à deux de ces polygones.

Les polygones plans qui composent le polyèdre sont les *faces* du polyèdre; les côtés des polygones sont les *arêtes* du polyèdre; les sommets des polygones sont les *sommets* du polyèdre; les arêtes qui passent par un même sommet forment un angle polyèdre qui est un *angle solide* du polyèdre. L'angle dièdre formé par les plans des deux faces qui passent par une arête est un *dièdre* du polyèdre. On appelle *diagonale* du polyèdre la droite qui joint deux sommets non situés sur une même face.

Quand le nombre des faces d'un polyèdre est 4, 5, 6 etc., on dit que le polyèdre est un *tétraèdre*, un *pentaèdre*, un *hexaèdre* etc. Le plus simple de tous les polyèdres est le *tétraèdre*. On le construit en prenant quatre points A, B, C, D non situés dans un même plan; le tétraèdre est la figure formée par les quatre triangles ABC, ACD, ADB, BCD.

607. **Polyèdres homologues.** — Considérons deux polyèdres qui ont le même nombre de faces; faisons correspondre chaque face du premier à une face du second; si cette correspondance est telle que chaque fois que deux faces d'un polyèdre ont une arête commune, il en est de même des faces correspon-

dantes de l'autre, nous dirons que les deux polyèdres sont *homologues.*

Les faces qui se correspondent sont dites *faces homologues*. Deux faces homologues ont le même nombre de côtés. Deux arêtes sont *homologues* quand elles sont l'intersection de faces homologues; les sommets *homologues* sont les points de rencontre des arêtes homologues. On définit de même les *dièdres homologues*, les *angles plans homologues*, les *angles solides homologues*, etc.

Deux polyèdres homologues sont *égaux* si on peut les superposer de façon à faire coïncider les sommets homologues. Il est clair que dans deux polyèdres égaux, les arêtes homologues sont égales, les angles dièdres homologues égaux et de même sens, etc.

608. **Polyèdres convexes.** — Un polyèdre est *convexe* lorsque tous ses sommets sont d'un même côté par rapport au plan de l'une quelconque des faces. Un tétraèdre est un polyèdre convexe.

Toutes les faces d'un polyèdre convexe sont des polygones convexes.—En effet, soient ABCDE (*fig.* 392) une face P d'un polyèdre convexe, AB un côté quelconque de cette face ; par l'arête AB passe une autre face Q du polyèdre; les sommets C, D, E étant d'un même côté du plan Q, sont d'un même côté de la droite AB; donc le polygone ABCDE est convexe.

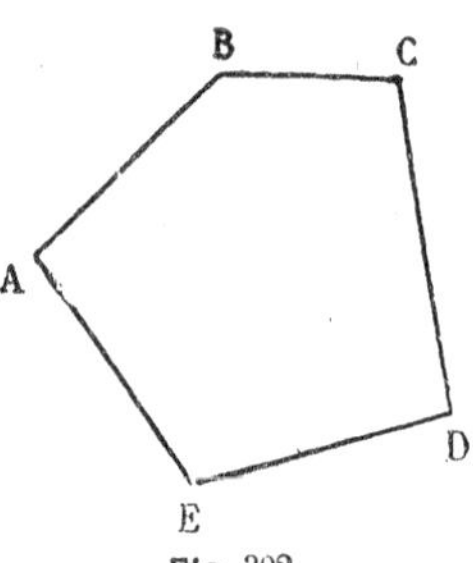

Fig. 392

Les points intérieurs aux faces d'un polyèdre convexe forment la *surface* du polyèdre.

L'intersection d'un polyèdre convexe et d'un plan est le lieu des points de la surface du polyèdre qui se trouvent dans le plan. Cette intersection est un polygone qui a pour côtés les intersections des faces avec le plan, pour sommets les intersections des arêtes avec le plan.

Ce polygone est convexe. En effet, soit AB un côté quelconque du polygone; par AB passe une face P du polyèdre. Tous les sommets du polyèdre, et par suite toutes les arêtes, sont d'un même côté du plan P, donc tous les sommets du polygone d'intersection sont d'un même côté du plan P et par suite de la droite AB.

Une droite quelconque ne peut rencontrer la surface d'un polyèdre convexe en plus de deux points ; car tout plan mené par la droite coupe le polyèdre suivant un polygone convexe, les points d'intersection de la droite avec le polyèdre sont les mêmes que ceux de la droite et du polygone.

609. **Surface prismatique.** — La surface prismatique est engendrée par une droite qui reste parallèle à une droite fixe et qui

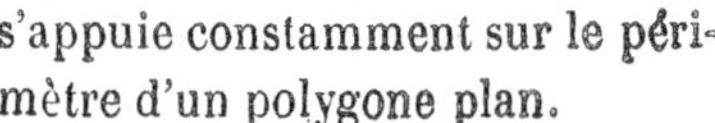

s'appuie constamment sur le périmètre d'un polygone plan.

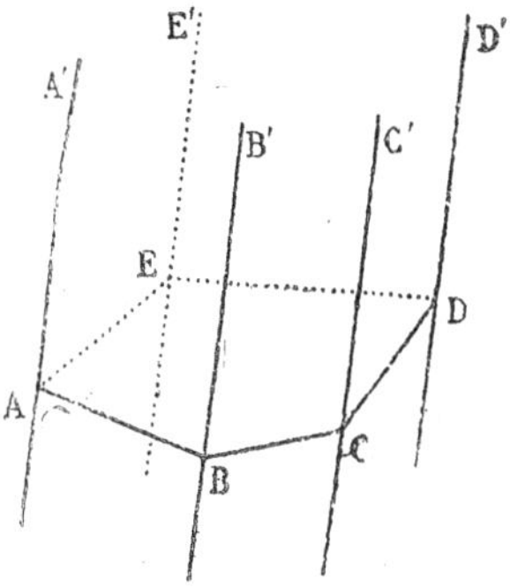

Soit ABCDE le polygone plan (*fig.* 393); menons par les sommets A, B, C, D, E de ce polygone les parallèles AA', BB', CC', DD', EE' à la droite donnée. La surface prismatique engendrée se compose de portions de plans limitées par deux droites parallèles, telles que la portion comprise entre les parallèles AA', BB'. Ces portions de plans sont les faces de la surface.

Fig. 393

610. Théorème. — *Deux plans parallèles coupent une surface prismatique suivant des polygones égaux.*

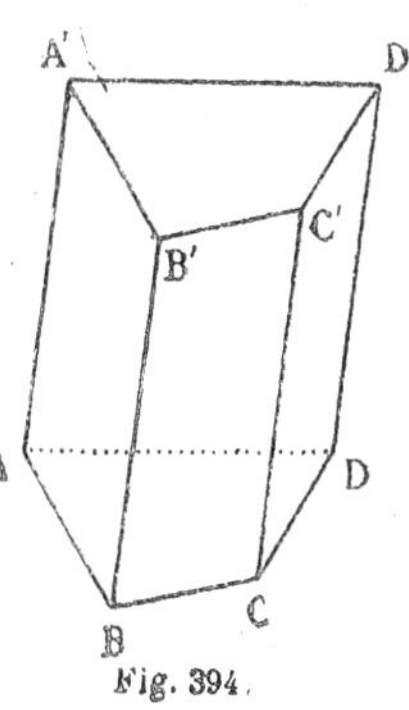

Fig. 394.

Soient ABCD, A'B'C'D' les polygones d'intersection d'une surface prismatique avec deux plans parallèles (*fig.* 394). Les côtés AB, A'B' sont parallèles, comme intersections de deux plans parallèles par un troisième; la figure AA'BB' est alors un parallélogramme; donc A'B' = AB. On démontre de même que deux côtés homologues quelconques des deux polygones sont égaux, parallèles et de même sens; les angles homologues sont donc aussi égaux; donc les polygones sont égaux.

611. **Définition.** — On appelle *section droite* d'une surface prismatique, l'intersection de cette surface avec un plan perpendiculaire aux arêtes de la surface. Il résulte du théorème précédent que toutes les sections droites sont égales.

612. **Prisme.** — On appelle *prisme* le polyèdre obtenu en coupant une surface prismatique par deux plans parallèles.

Ainsi le polyèdre ABCDA'B'C'D' (*fig.* 394) est un prisme. Les sections de la surface prismatique par les deux plans parallèles sont les *bases* du prisme. Nous savons que les bases sont des polygones égaux.

Les autres faces du prisme sont appelées les *faces latérales*; les faces latérales sont des parallélogrammes (610). Les arêtes qui ne sont pas situées dans les plans de base s'appellent les *arêtes latérales*; ainsi les droites AA', BB', CC', DD' sont les arêtes latérales. Toutes les arêtes latérales sont égales et parallèles; la longueur commune de ces arêtes est l'*arête* du prisme.

La *hauteur* du prisme est la distance de ses deux plans de base.

Un prisme est *droit* si les arêtes sont perpendiculaires aux bases; il est *oblique* dans le cas contraire.

Un prisme est dit *triangulaire*, *quadrangulaire*, etc., quand ses bases sont des triangles, des quadrilatères, etc.

La *section droite* d'un prisme est la section droite de la surface prismatique qui le forme.

Un prisme est *régulier* lorsqu'il est droit et que sa base est un polygone régulier.

613. **Parallélépipède.** — Un *parallélépipède* est un prisme dont les bases sont des parallélogrammes (*fig.* 395). Toutes les faces d'un parallélépipède sont des parallélogrammes.

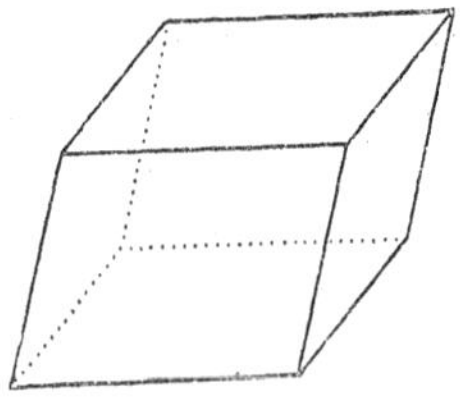

Fig. 395.

Un parallélépipède peut être *droit* ou *oblique*. Dans un parallélépipède droit les faces latérales sont des rectangles.

Parmi les parallélépipèdes droits, on distingue le *parallélépipède rectangle*, dont les bases sont des rectangles. Toutes les faces d'un parallélépipède rectangle sont des rectangles.

Un *cube* est un parallélépipède rectangle dont toutes les faces sont des carrés.

614. Construction d'un parallélépipède. — Pour construire un parallélépipède il suffit de se donner, en grandeur et en position, trois arêtes issues d'un sommet. Soient en effet OA, OB, OC trois arêtes issues du sommet O (*fig.* 396).

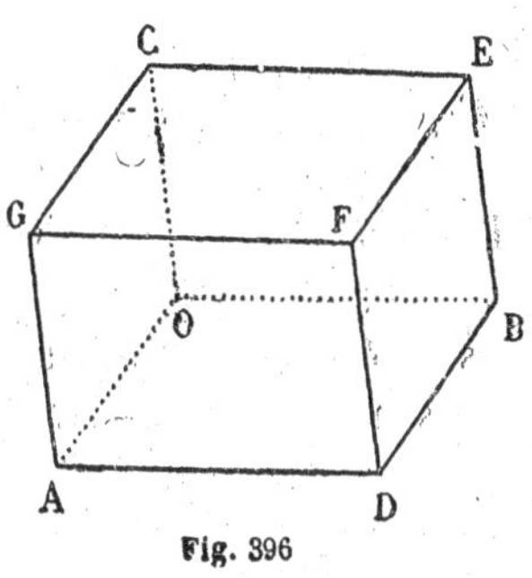

Fig. 396

Construisons sur OA et OB comme côtés le parallélogramme OADB ; puis par les points A, B, D menons les droites AG, BE, DF parallèles à OC, de même sens et de même longueur que OC. La figure OBDAGCEF est un prisme qui a pour base le parallélogramme OADB; donc ce prisme est un parallélépipède.

Si le parallélépipède est rectangle, le trièdre OABC est trirectangle. Pour déterminer un parallélépipède rectangle, il suffit donc de connaître les longueurs des trois arêtes issues d'un même sommet. Ces trois longueurs sont les *dimensions* du parallélépipède rectangle.

Dans le cas du cube, ces trois longueurs sont égales. Pour déterminer un cube, il suffit de connaître la longueur d'une de ses arêtes.

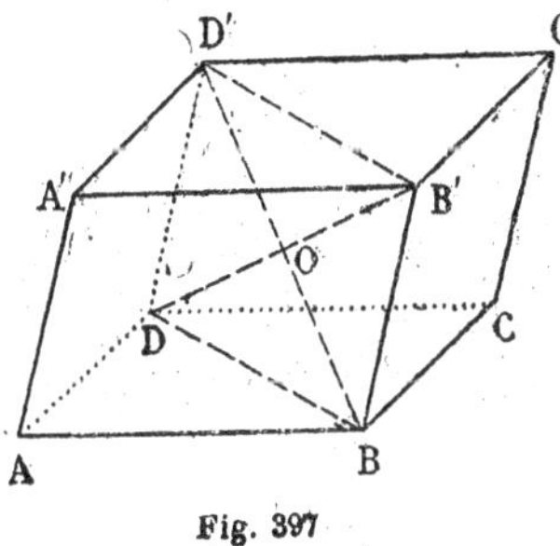

Fig. 397

615. Théorème. — *Dans un parallélépipède deux faces opposées sont des parallélogrammes ayant respectivement leurs côtés égaux et parallèles.*

Soit le parallélépipède ABCDA'B'C'D' (*fig.* 397). Les bases ABCD, A'B'C'D' possèdent la propriété énoncée. Prenons deux faces latérales opposées ADA'D',

BCB'C'. Ces faces sont des parallélogrammes, les côtés AA' et BB' sont égaux et parallèles comme côtés opposés d'un parallélogramme ; il en est de même, pour la même raison, des côtés AD et BC.

616. **Remarque.** — Il suit de là que *le parallélépipède est un prisme auquel on peut donner comme bases deux faces opposées quelconques du solide.*

617. **Théorème.** — *Dans un parallélépipède les quatre diagonales se coupent en leurs milieux.*

Soit le parallélépipède ABCDA'B'C'D' (*fig.* 397) ; menons deux diagonales quelconques BD' et DB'. La figure DBB'D' est un parallélogramme, car les côtés opposés BB' et DD' sont égaux et parallèles ; les droites DB' et BD', qui sont les diagonales de ce parallélogramme, se coupent en leurs milieux. Les autres diagonales coupent aussi BD' en son milieu.

618. **Remarque.** — Si le parallélépipède est rectangle, la figure DBB'D' est un rectangle ; les diagonales DB' et BD' sont égales ; il en est de même des autres diagonales ; donc :

Dans un parallélépipède rectangle les quatre diagonales sont égales.

Il est facile de calculer la longueur des diagonales ; on a en effet

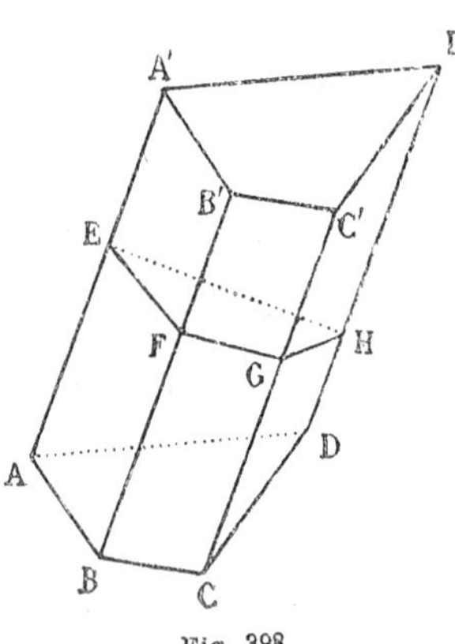

Fig. 398

$$\overline{DB'}^2 = \overline{BB'}^2 + \overline{DB}^2,$$
$$\overline{DB}^2 = \overline{DA}^2 + \overline{AB}^2 ;$$

donc

$$\overline{DB'}^2 = \overline{DA}^2 + \overline{AB}^2 + \overline{BB'}^2.$$

Si l'on désigne par a, b, c les dimensions du parallélépipède rectangle, par d la longueur d'une diagonale, on a

$$d^2 = a^2 + b^2 + c^2.$$

619. **Théorème.** — *L'aire latérale d'un prisme a pour mesure le produit de son arête par le périmètre de sa section droite.*

Soient le prisme ABCDA'B'C'D' (*fig.* 398), EFGH la section droite de ce prisme. Les faces latérales du prisme sont des parallélogrammes ayant pour base l'arête du prisme et pour hauteur les côtés de la section droite. La somme des aires de ces parallélogrammes est donc

$$AA' \times EF + BB' \times FG + CC' \times GH + DD' \times HE$$
$$= AA' \times (EF + FG + GH + HE).$$

§ II.

Volume du prisme.

620. **Unité de volume.** — Fixons une fois pour toutes l'unité de longueur ; construisons un cube dont le côté est égal à l'unité de longueur. *Par définition, le volume de ce cube est l'unité de volume.*

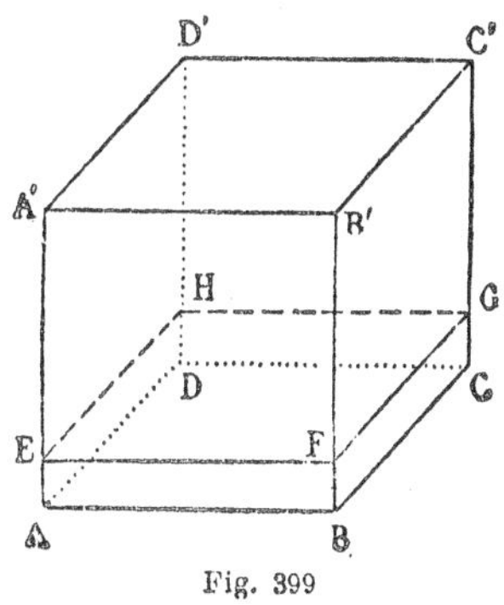

Fig. 399

Soit ABCDA'B'C'D' ce cube (*fig.* 399). Divisons le côté AA' en n parties égales, et par les points de division menons des plans parallèles au plan ABCD. On divise ainsi le cube en n parallélépipèdes dont la base est le carré construit sur l'unité de longueur et qui ont pour hauteur $\frac{1}{n}$. Nous savons que la base ABCD contient n^2 carrés dont le côté est $\frac{1}{n}$ (459) ; l'un des parallélépipèdes partiels, par exemple le parallélépipède ABCDEFGH, contiendra donc n^2 cubes de côtés $\frac{1}{n}$. Il en résulte que le cube donné contient n^3 cubes ayant pour côtés $\frac{1}{n}$.

Si l'on prend comme unité de longueur le mètre, l'unité de volume sera le volume du cube qui a un mètre de côté ; cette unité est le *mètre cube.*

Si l'on prend comme unité de longueur le décimètre, l'unité

de volume est le volume du cube qui a un décimètre de côté ; cette unité est le *décimètre cube*.

Il résulte de ce qui précède, qu'un mètre cube vaut 1 000 décimètres cubes ; on voit de même qu'un décimètre cube vaut 1 000 centimètres cubes.

621. **Remarque.** — Nous considérons la notion de volume comme une *notion première ;* c'est-à-dire que nous admettons que toute portion de l'espace a un volume. Nous dirons que deux figures sont *équivalentes* si elles ont le même volume. Deux figures égales sont évidemment équivalentes, mais deux figures peuvent être équivalentes sans être égales.

622. **Volume du parallélépipède rectangle.** — *Le volume du parallélépipède rectangle est égal au produit de ses trois dimensions.*

Soit un parallélépipède rectangle dont les dimensions sont

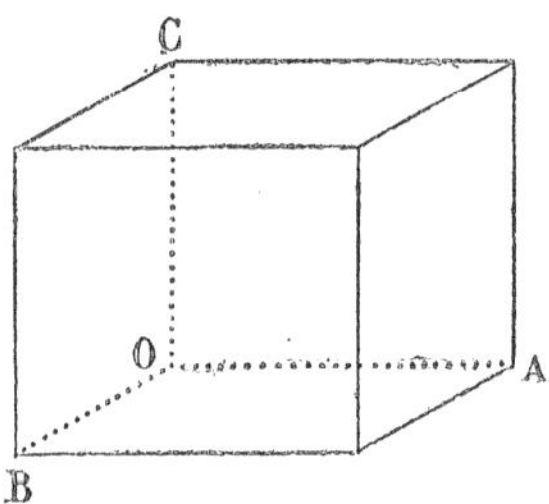

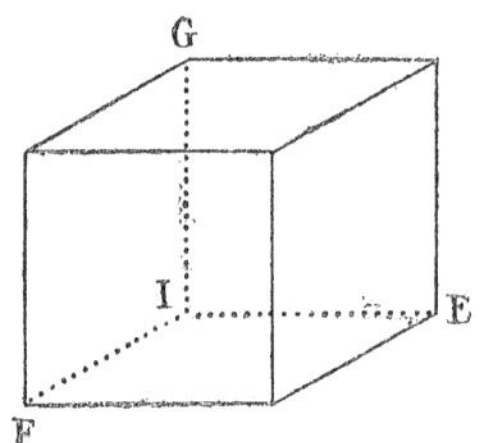

Fig. 400

les arêtes OA, OB, OC (*fig.* 400) ; construisons un cube IEFG ayant pour côté l'unité.

Nous distinguerons deux cas :

1° *Les arêtes du parallélépipède sont commensurables avec l'unité de longueur.*

Supposons, par exemple, que le 5e de l'unité de longueur soit contenu 7 fois dans l'arête OA, 4 fois dans l'arête OB, 6 fois dans l'arête OC ; de sorte que les nombres qui mesurent les longueurs des arêtes sont

$$OA = \frac{7}{5}, \qquad OB = \frac{4}{5}, \qquad OC = \frac{6}{5}.$$

Divisons chacune des arêtes IE, IF, IG du cube en 5 parties égales ; puis par les points de division sur chaque arête, menons un plan perpendiculaire à cette arête ; nous divisons ainsi le cube en :

$$5 \times 5 \times 5 = 5^3 = 125$$

cubes ayant chacun pour côtés la 5e partie de l'unité de longueur.

Divisons de même les arêtes OA, OB, OC respectivement en 7, 4, 6 parties égales ; puis, par les points de division sur chaque arête, menons un plan perpendiculaire à cette arête. Nous divisons ainsi le parallélépipède en :

$$7 \times 4 \times 6 = 168$$

cubes ayant pour côtés la 5e partie de l'unité de longueur. Il en résulte que le parallélépipède contient 168 fois la 125e partie de l'unité de volume, le volume de ce parallélépipède est donc égal à $\frac{168}{125}$ ou

$$V = \frac{168}{125} = \frac{7}{5} \times \frac{4}{5} \times \frac{6}{5} = OA \times OB \times OC.$$

2° *L'une au moins des arêtes est incommensurable avec l'unité.*

Divisons l'unité de longueur en n parties égales et supposons que OA soit compris entre a et $a+1$ de ces parties, OB entre b et $b+1$, OC entre c et $c+1$, de sorte que :

$$\frac{a}{n} < OA < \frac{a+1}{n}, \quad \frac{b}{n} < OB < \frac{b+1}{n}, \quad \frac{c}{n} < OC < \frac{c+1}{n}.$$

Sur les arêtes OA, OB, OC du cube, portons des longueurs OA′, OB′, OC′ respectivement égales à $\frac{a}{n}$, $\frac{b}{n}$, $\frac{c}{n}$ et construisons le parallélépipède qui a pour arêtes OA′, OB′, OC′. Le volume de ce parallélépipède est (1°)

$$\frac{a}{n} \times \frac{b}{n} \times \frac{c}{n}.$$

Sur les arêtes OA, OB, OC portons des longueurs OA″, OB″,

OC' respectivement égales à $\frac{a+1}{n}$, $\frac{b+1}{n}$, $\frac{c+1}{n}$ et construisons le parallélépipède qui a pour arêtes OA'', OB'', OC''; le volume de ce parallélépipède est :

$$\frac{a+1}{n}\times\frac{b+1}{n}\times\frac{c+1}{n}.$$

Le volume du parallélépipède OABC est compris entre ceux des parallélépipèdes OA'B'C' et OA''B''C'', c'est-à-dire entre les deux nombres

$$\frac{a}{n}\times\frac{b}{n}\times\frac{c}{n} \quad \text{et} \quad \frac{a+1}{n}\times\frac{b+1}{n}\times\frac{c+1}{n}.$$

Le produit $OA\times OB\times OC$ est compris entre les mêmes limites, et comme ces deux nombres se rapprochent indéfiniment quand n croît indéfiniment, on en conclut que le volume du parallélépipède est égal au produit $OA\times OB\times OC$.

Si l'on désigne par a, b, c, les longueurs des arêtes OA, OB, OC, par V le volume du parallélépipède, on aura :

$$V = abc.$$

623. **Remarque.** — L'expression du volume peut s'écrire

$$V = ab\times c.$$

Le produit ab est l'aire du rectangle OAB qu'on peut prendre comme base du parallélépipède; c est alors la hauteur; donc :

Le volume d'un parallélépipède rectangle est égal au produit de l'aire de sa base par sa hauteur.

Le rapport des volumes de deux parallélépipèdes rectangles qui ont même base est égal au rapport de leurs hauteurs.

Le rapport des volumes de deux parallélépipèdes rectangles qui ont même hauteur est égal au rapport des aires de leurs bases.

624. **Corollaire.** — *Le volume d'un cube est égal au cube de son arête.*

625. **Théorème.** — *Le volume d'un parallélépipède droit est égal au produit de l'aire de sa base par sa hauteur.*

Soit le parallélépipède droit ABCDA'B'C'D' (*fig.* 401), dont la base est le parallélogramme ABCD ; construisons le rectangle DCEF qui a pour base le côté DC et pour hauteur la hauteur DF du parallélogramme; construisons ensuite le parallélépipède rectangle DCEFD'C'E'F' qui a même hauteur que le parallélépipède donné. Les deux parallélépipèdes

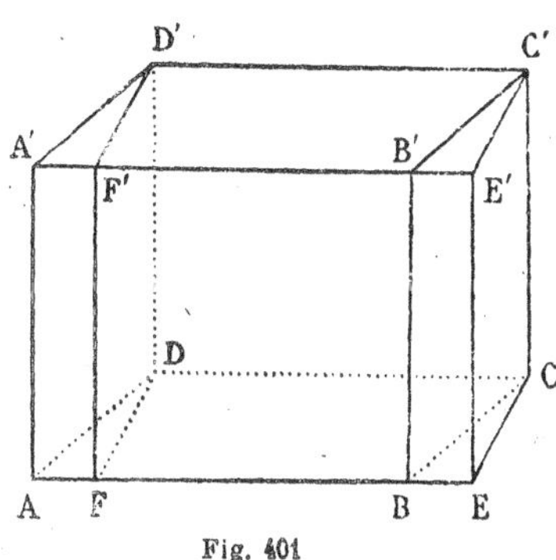

Fig. 401

ABCDA'B'C'D'
et DCEFD'C'E'F'

sont équivalents. En effet, les prismes triangulaires droits BCEB'C'E' et ADFA'D'F' sont égaux, car si l'on fait coïncider les deux triangles égaux BCE et ADF ces deux prismes coïncideront. Or, si du solide ADCEA'D'C'E' on retranche le prisme BCEB'C'E', on obtient le parallélépipède donné; si, au contraire, on retranche de ce solide le prisme ADFA'D'F', on obtient le parallélépipède rectangle ; donc les deux parallélépipèdes sont équivalents.

Cela posé, le parallélépipède rectangle a pour mesure le produit de sa base DCEF par sa hauteur DD' ; le parallélépipède droit équivalent a aussi pour mesure

$$\text{DCEF} \times \text{DD}' \quad \text{ou} \quad \text{ABCD} \times \text{AA}',$$

puisque les bases ABCD et DCEF sont équivalentes.

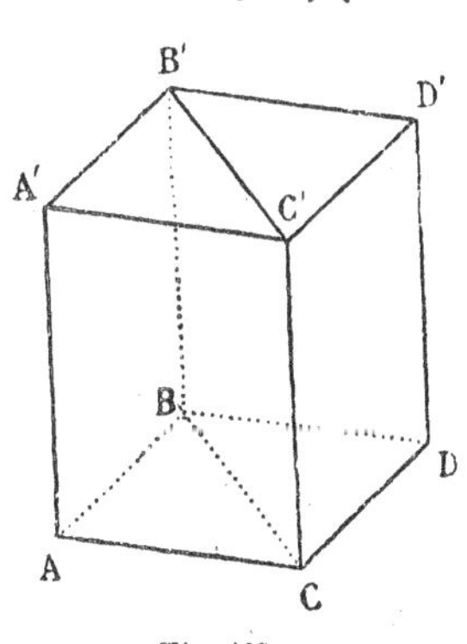

Fig. 402

626. **Théorème.** — *Le volume d'un prisme triangulaire droit est égal au produit de l'aire de sa base par sa hauteur.*

Soit le prisme triangulaire droit ABCA'B'C'. Formons le parallélépipède droit ABCDA'B'C'D' (*fig.* 402), qui a pour base le parallélogramme ABCD construit sur AB et AC comme côtés et pour hauteur la hauteur AA' du prisme. Ce parallélépipède contient les deux prismes triangulaires ABCA'B'C' et D'B'C'DBC ;

ces deux prismes sont égaux, car si l'on fait coïncider la base BDC avec son égale ACB, les sommets D', B', C' du second prisme viendront respectivement en A', C', B'. Le prisme triangulaire est donc la moitié du parallélépipède; ce prisme a donc pour mesure

$$\frac{1}{2}\text{ABCD}\times\text{AA}' = \text{ABC}\times\text{AA}'.$$

627. **Théorème.** — *Le volume d'un prisme droit est égal au produit de l'aire de sa base par sa hauteur.*

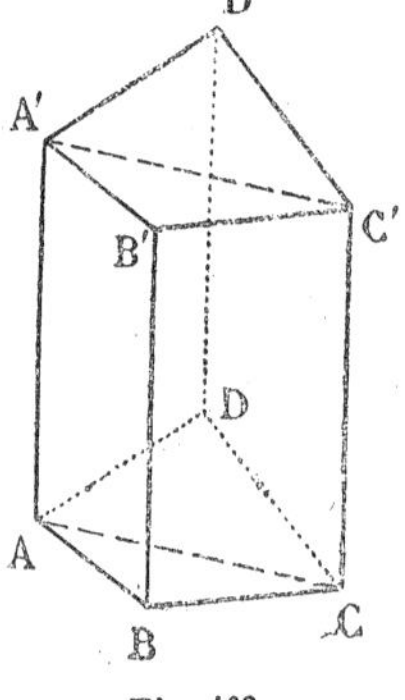

Fig. 403

Soit le prisme droit ABCDA'B'C'D' (*fig.* 403); décomposons la base de ce prisme en triangles en menant les diagonales issues du sommet A; par ces diagonales et l'arête AA' menons des plans; on décompose ainsi le prisme en prismes triangulaires droits. Le volume du prisme est la somme des volumes de ces prismes triangulaires; il est donc égal à

$$\text{AA}'\times(\text{ABC}+\text{ACD}) = \text{AA}'\times\text{ABCD}.$$

628. **Théorème.** — *Un prisme oblique est équivalent à un prisme droit qui a pour base la section droite du prisme oblique et pour hauteur une arête de ce prisme.*

Soit le prisme oblique ABCDA'B'C'D' (*fig.* 404); par un point E pris sur le prolongement de l'arête A'A menons la section droite EFGH, et supposons, ce qui est toujours possible, que le point E a été choisi de telle sorte que la section droite EFGH ne rencontre pas la base ABCD du prisme. Sur le prolongement de AE prenons une longueur EE' égale à l'arête AA' du prisme; puis par le point E' menons une seconde section droite E'F'G'H'. On forme ainsi le prisme droit EFGHE'F'G'H', qui a pour base la section droite du prisme oblique et pour hauteur l'arête de ce prisme. Je dis que le prisme droit est équivalent au prisme oblique.

En effet, considérons les deux solides

E'F'G'H'ABCD et EFGHA'B'C'D'.

Transportons le premier solide de façon que la face E'F'G'H' coïncide avec la face égale EFGH. Les droites E'A, F'B, G'C, H'D, perpendiculaires au plan E'F'G'H', se placent sur les arêtes EA', FB', GC', HD'. Les longueurs E'A et EA' sont égales, car elles ont une partie commune EA, et les autres parties E'E, AA' sont égales; le point A vient donc en A'; on voit de même que les points B, C, D viennent respectivement en B', C', D'; les deux solides coïncident, donc ils sont égaux.

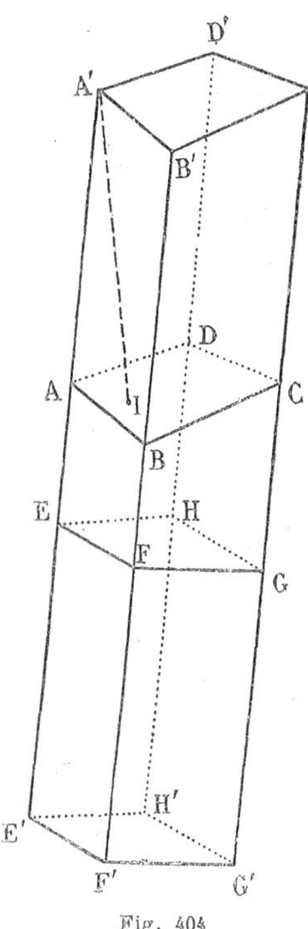

Fig. 404

Or si du solide total

E'F'G'H'A'B'C'D'

on retranche le solide

E'F'G'H'ABCD

on obtient le prisme oblique; si, au contraire, on retranche du solide total le solide EFGHA'B'C'D', on obtient le prisme droit; donc ces deux prismes sont équivalents.

629. **Corollaire.** — *Le volume d'un prisme oblique est égal au produit de l'aire de sa section droite par son arête.*

Deux prismes obliques qui ont même arête et des sections droites équivalentes sont équivalents.

630. **Théorème.** — *Le volume d'un prisme quelconque est égal au produit de l'aire de sa base par sa hauteur.*

Soit le prisme ABCD, A'B'C'D' (*fig.* 404), menons la hauteur A'I de ce prisme et une section droite EFGH. D'après le théorème précédent, le volume V du prisme est

$$V = EFGH \times AA'.$$

Or EFGH est la projection orthogonale de l'aire ABCD, donc (582)

$$EFGH = ABCD \times \cos(ABCD, EFGH).$$

Mais l'angle des deux plans ABCD, EFGH est le même que celui de leurs perpendiculaires A'I et A'A ; donc

$$EFGH = ABCD \times \cos IA'A$$

et par conséquent :

$$V = ABCD \times AA' \times \cos IA'A.$$

Or le produit AA' cos IA'A est égal à la hauteur A'I du prisme, et par conséquent

$$V = ABCD \times A'I.$$

§ III.

Propriétés générales et aire latérale de la pyramide.

631. **Définition.** — Une pyramide est le solide obtenu en coupant un angle polyèdre par un plan qui rencontre toutes les arêtes. Le sommet de l'angle polyèdre est le *sommet* de la pyramide; la face opposée est la *base*, la distance du sommet à la base est la *hauteur*. Les arêtes qui passent par le sommet sont les *arêtes latérales*. Les faces qui passent par le sommet sont les *faces latérales;* ces faces latérales sont des triangles ayant pour sommets le sommet de la pyramide et pour bases les côtés du polygone de base. La somme des aires des faces latérales est l'*aire latérale* de la pyramide.

Une pyramide est *triangulaire*, *quadrangulaire*, *pentagonale*, etc., selon que sa base est un triangle, un quadrilatère, un pentagone, etc.

Une pyramide triangulaire a ses quatre faces triangulaires; c'est un tétraèdre. Un tétraèdre peut être considéré comme une pyramide ayant pour base l'une quelconque des faces et pour sommet le sommet opposé.

Une pyramide est *régulière* lorsque sa base est un polygone régulier dont le centre coïncide avec le pied de la perpendiculaire abaissée du sommet sur la base. Dans une pyramide régulière les arêtes latérales sont égales comme obliques s'écartant également du pied de la perpendiculaire; les faces latérales sont des triangles isocèles égaux entre eux; la hauteur d'un de ces triangles est l'*apothème* de la pyramide régulière.

632. Si l'on coupe une pyramide par un plan qui rencontre toutes les arêtes latérales, le polyèdre obtenu en supprimant de la pyramide primitive celle qui a pour base la section par le plan est un *tronc de pyramide*.

Si le plan sécant est parallèle au plan de la base, le tronc de pyramide est dit à *bases parallèles*. La section par le plan sécant et la base de la pyramide sont les *bases* du tronc de pyramide; les autres faces en sont les *faces latérales*. Ces faces latérales sont des trapèzes.

La *hauteur* du tronc de pyramide à bases parallèles est la distance des plans des deux bases.

633. **Théorème.** — ***Si une pyramide est coupée par un plan parallèle à la base :***

1° ***Ses arêtes latérales et sa hauteur sont divisées en parties proportionnelles ;***

2° ***La section est un polygone semblable au polygone de base ;***

3° ***L'aire de la section et l'aire de la base sont entre elles comme les carrés de leurs distances au sommet.***

Soit la pyramide SABCDE (*fig.* 405) et un plan P qui coupe ses arêtes latérales aux points a, b, c, d, e et la hauteur SH au point h.

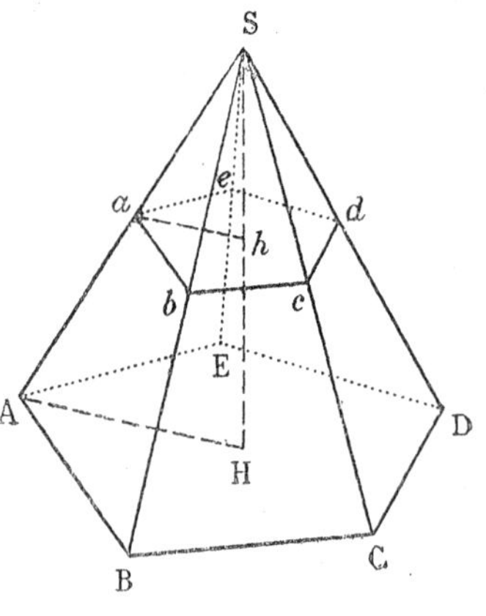

Fig. 405

1° Le plan SAH est coupé par les deux plans parallèles suivant des droites parallèles ah, AH; on a donc

$$\frac{Sh}{SH} = \frac{Sa}{SA}.$$

On aurait de même des proportions analogues pour les autres arêtes. On a donc l'égalité des rapports

$$(1) \quad \frac{Sh}{SH} = \frac{Sa}{SA} = \frac{Sb}{SB} = \frac{Sc}{SC} = \frac{Sd}{SD} = \frac{Se}{SE}.$$

2° Les polygones $abcde$, ABCDE ont leurs côtés homologues parallèles et de même sens; les angles homologues de ces polygones sont donc égaux. D'autre part le parallélisme des droites ab et AB donne la proportion

$$\frac{ab}{AB} = \frac{Sa}{SA}$$

ou

$$\frac{ab}{AB} = \frac{Sh}{SH}.$$

On aurait des propriétés analogues pour les autres côtés homologues; on a donc l'égalité des rapports

$$(2) \quad \frac{Sh}{SH} = \frac{ab}{AB} = \frac{bc}{BC} = \frac{cd}{CD} = \frac{de}{DE} = \frac{ea}{EA}.$$

Les polygones $abcde$ et ABCDE ayant leurs angles homologues égaux et leurs côtés homologues proportionnels sont semblables.

3° Les polygones $abcde$, ABCDE étant semblables, le rapport de leurs aires est égal au rapport des carrés des côtés homologues. On a donc

$$\frac{abcde}{ABCDE} = \frac{\overline{ab}^2}{\overline{AB}^2},$$

ou

$$\frac{abcde}{ABCDE} = \frac{\overline{Sh}^2}{\overline{SH}^2}.$$

634. Corollaire. — *Si deux pyramides ont même hauteur et des bases équivalentes, les sections faites dans les deux pyramides par des plans parallèles aux bases, à la même distance des sommets, sont équivalentes.*

635. Remarque. — Si l'on coupe une pyramide régulière par un plan parallèle à la base, la section obtenue étant semblable à la base est un polygone régulier. Le tronc de pyramide ainsi obtenu est un *tronc de pyramide régulier*. Les arêtes latérales d'une pyramide régulière étant égales, il en sera de même de celles du tronc de pyramide régulier; les faces latérales d'un tronc de pyramide régulier sont donc des trapèzes isocèles. La hauteur d'un de ces trapèzes est l'*apothème* du tronc de pyramide régulier.

636. Théorème. — *L'aire latérale d'une pyramide régulière est égale à la moitié du produit du périmètre de sa base par son apothème.*

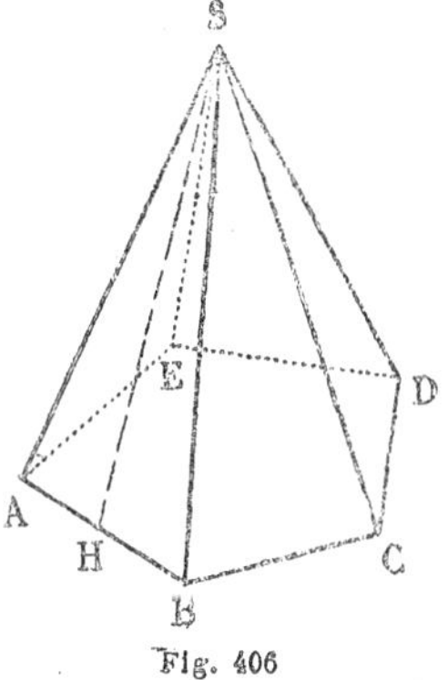

Fig. 406

Soit la pyramide régulière SABCDE (*fig.* 406). Chacune des faces latérales a pour aire le produit d'un côté du polygone de base par la moitié de l'apothème. La somme des aires des faces latérales est donc égale au produit du périmètre de base par la moitié de l'apothème.

637. Théorème. — *L'aire latérale d'un tronc de pyramide régulier est égale au produit de la demi-somme des périmètres de ses bases par son apothème.*

Soit en effet le tronc de pyramide régulier ABCDE$abcde$ (*fig.* 407).

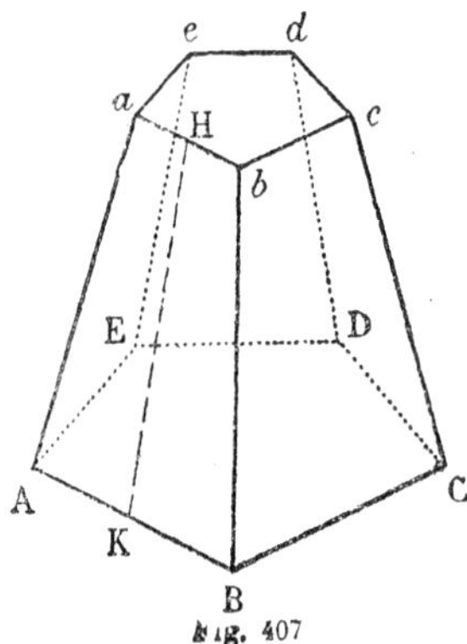

Fig. 407

L'aire d'une face latérale quelconque ABab est égale au produit de la demi-somme des côtés ab, AB par l'apothème HK. La somme des aires des faces latérales est donc égale au produit de la demi-somme des côtés ab,..., AB,... par l'apothème, c'est-à-dire au produit de la demi-somme des périmètres de ses bases par son apothème.

§ IV.

Volume de la pyramide.

638. **Théorème.** — *Deux pyramides triangulaires qui ont des bases équivalentes et même hauteur sont équivalentes.*

Soient deux pyramides triangulaires SABC, S'A'B'C' (*fig.* 408),

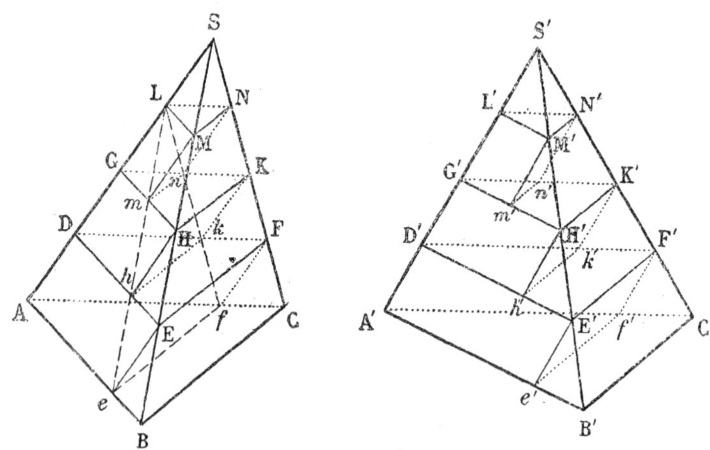

Fig. 408

qui ont des bases équivalentes et même hauteur. Plaçons les bases dans un même plan ; les sommets S et S' seront à la même distance de ce plan. Partageons l'arête SA en n parties égales et par les points de division menons des plans parallèles au plan de base. Ces plans déterminent dans les deux pyramides des sections DEF et D'E'F', GHK et G'H'K', etc., qui sont équivalentes. Construisons les prismes DEF*ef*A, GHK*hk*D, etc., qui ont pour bases les sections déterminées dans la première pyramide et pour arête une droite égale et parallèle à la $n^{ième}$ partie AD de SA. On inscrit ainsi dans la première pyramide $(n - 1)$ prismes triangulaires. Faisons la même opération pour la seconde pyramide. Chacun des prismes inscrits dans la première pyramide est équivalent au prisme correspondant inscrit dans la seconde, car ces prismes ont des bases équivalentes et même hauteur. Par conséquent la somme des prismes inscrits dans la première pyramide équivaut à la somme des prismes inscrits dans la seconde.

Nous allons montrer que si n croît indéfiniment, la somme des prismes inscrits dans une pyramide a pour limite le volume de cette pyramide.

Considérons par exemple les prismes inscrits dans la pyramide SABC; les sommets e, h, ..., L de ces prismes se trouvent sur une droite Le qu'on obtient en donnant à l'arête SB une translation égale à la $n^{ième}$ partie SL de l'arête SA; de même les sommets f, k, ..., L des prismes se trouvent sur une droite Lf qu'on obtient en imprimant à l'arête SC une translation égale à SL. La somme des prismes inscrits est donc comprise entre les volumes des tétraèdres LAef et SABC. La différence entre ces deux tétraèdres est le tronc de pyramide LefSBC; quand n croît indéfiniment, le volume de ce tronc tend vers zéro, et par conséquent la somme des prismes inscrits a pour limite le volume de la pyramide.

La somme des prismes inscrits dans les deux pyramides étant la même quel que soit n, les limites de ces sommes sont les mêmes, donc les deux pyramides sont équivalentes.

639. **Théorème.** — ***Le volume d'une pyramide triangulaire est égal au tiers du produit de l'aire de sa base par sa hauteur.***

Soit la pyramide triangulaire SABC (*fig.* 409); construisons le prisme ABCDSE qui a pour base la base ABC de la pyramide et pour arête SB; ce prisme a même base et même hauteur que la pyramide. Ce prisme contient la pyramide donnée SABC et la pyramide quadrangulaire SADEC; cette pyramide quadrangulaire est la somme des deux pyramides SADC et SDCE, qui, ayant des bases égales DEC, DAC et même hauteur, sont équivalentes; mais la pyramide SDEC peut être regardée comme ayant pour base DSE et pour sommet le point C; elle est équivalente à la pyramide SABC, car ces deux pyramides ont des bases égales et même hauteur. Le prisme est donc la somme de trois pyramides équivalentes à la pyramide SABC.

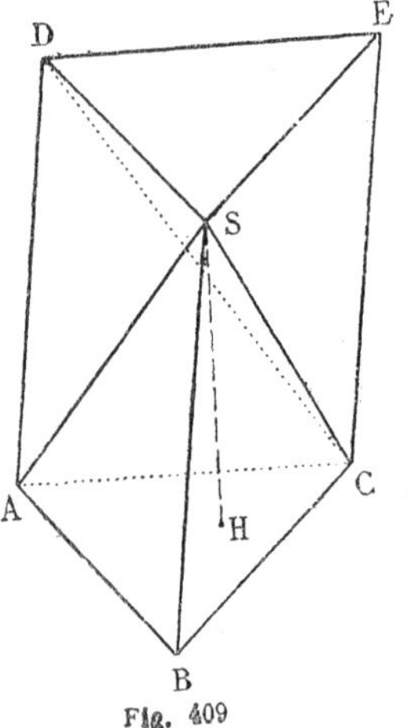

Fig. 409

Or le volume du prisme est égal au produit de l'aire de la base ABC par la hauteur SH:

aire ABC × SH.

Celui de la pyramide, qui est le tiers du prisme, sera égal à

$$\frac{1}{3} \text{ aire ABC} \times \text{SH}.$$

640. **Théorème.** — *Le volume d'une pyramide quelconque est égal au tiers du produit de l'aire de sa base par sa hauteur.*

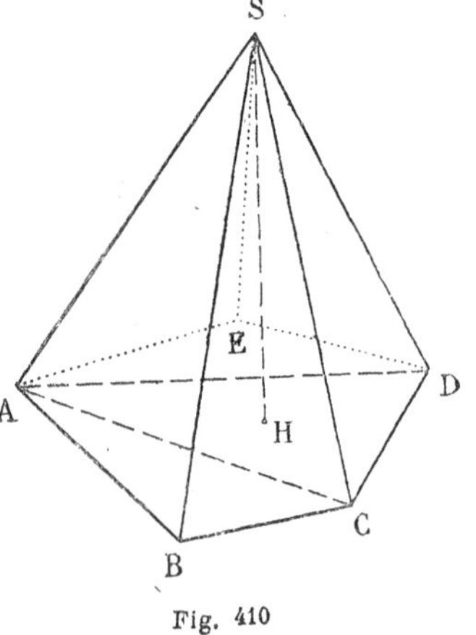

Fig. 410

Soit la pyramide polygonale SABCDE (*fig.* 410); décomposons-la en pyramides triangulaires en menant des plans par l'arête SA et les arêtes SC, SD. Ces pyramides triangulaires ont pour bases les triangles ABC, ACD, ADE dont la somme est le polygone ABCDE, et pour hauteur la hauteur SH de la pyramide donnée. La somme des mesures de ces pyramides est donc

$$\frac{1}{3}\ \text{SH} \times \text{ABC} + \frac{1}{3}\ \text{SH} \times \text{ACD} + \frac{1}{3}\ \text{SH} \times \text{ADE}$$

$$= \frac{1}{3}\ \text{SH} \times (\text{ABC} + \text{ACD} + \text{ADE}) = \frac{1}{3}\ \text{SH} \times \text{ABCDE}.$$

641. **Corollaires.**

Deux pyramides qui ont des bases équivalentes et même hauteur sont équivalentes.

Deux pyramides qui ont des bases équivalentes sont entre elles comme leurs hauteurs.

Deux pyramides qui ont même hauteur sont entre elles comme leurs bases.

642. **Théorème.** — *Un tronc de pyramide à bases parallèles équivaut à la somme de trois pyramides ayant pour hauteur commune la hauteur du tronc et pour bases respectives les deux bases du tronc et la moyenne proportionnelle entre ces deux bases.*

1° Soit le tronc de pyramide à bases triangulaires ABCDEF (*fig.* 411); menons le plan AEC; il décompose le tronc de pyramide en deux pyramides, l'une triangulaire EABC et l'autre quadrangulaire EADFC. La pyramide quadrangulaire est décomposée par le plan EDC en deux pyramides triangulaires EDFC et EDAC, de sorte que le tronc de pyramide est la somme des trois pyramides EABC, EDFC, EDAC. La première pyramide EABC a pour base la base ABC du tronc et pour hauteur la hauteur du tronc.

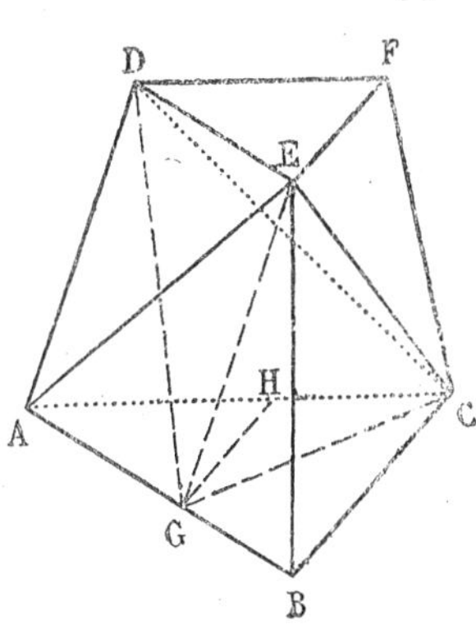

Fig. 411

La deuxième pyramide EDFC peut être considérée comme une pyramide ayant son sommet en C; elle a alors pour base la deuxième base DEF du tronc et pour hauteur la hauteur du tronc.

Il reste la troisième pyramide EADC. Menons par le point E

une parallèle à la droite AD qui rencontre le côté AB au point G. Les pyramides EADC et GADC sont équivalentes, car elles ont la même base ADC et même hauteur, puisque leurs sommets sont situés sur une droite parallèle au plan de la base. Plaçons le sommet de la pyramide GADC au point D; elle aura pour hauteur la hauteur du tronc et pour base le triangle AGC; il reste à démontrer que le triangle AGC est moyen porportionnel entre les deux bases du tronc.

Pour cela, menons par le point G la parallèle GH au côté BC. Les triangles AGH et DEF sont égaux, car leurs angles homologues sont égaux comme ayant leurs côtés parallèles et de même sens, et les côtés homologues AG, DE de ces triangles égaux comme parallèles comprises entre parallèles.

Cela posé, les deux triangles AGC et ABC, qui ont même hauteur, sont entre eux comme leurs bases AG, AB; on a donc

$$\frac{ABC}{AGC} = \frac{AB}{AG}.$$

On aurait de même, en comparant les triangles AGC, AGH,

$$\frac{AGC}{AGH} = \frac{AC}{AH}.$$

Mais la droite GH étant parallèle à BC, on a

$$\frac{AB}{AG} = \frac{AC}{AH};$$

donc

$$\frac{ABC}{AGC} = \frac{AGC}{AGH}.$$

Le triangle AGC est donc moyen proportionnel entre les triangles ABC et AGH ou entre les triangles ABC et DEF.

2° Soit le tronc de pyramide polygonal ABCDEA'B'C'D'E' (*fig.* 412), obtenu en coupant la pyramide SABCDE par un plan A'B'C'D'E' parallèle à la base. Dans le plan de la base ABCDE construisons un triangle FGH équivalent au polygone ABCDE et prenons un point T à une distance de ce plan égale à la hauteur de la pyramide SABCDE. Les deux pyramides TFGH et SABCDE sont équivalentes comme ayant des bases équivalentes et même hauteur. Le plan A'B'C'D'E' détermine dans la pyramide TFGH une section F'G'H' équivalente au polygone A'B'C'D'E', et par conséquent les deux pyramides TF'G'H' et SA'B'C'D'E' sont équivalentes. Les deux troncs de pyramides FGHF'G'H' et

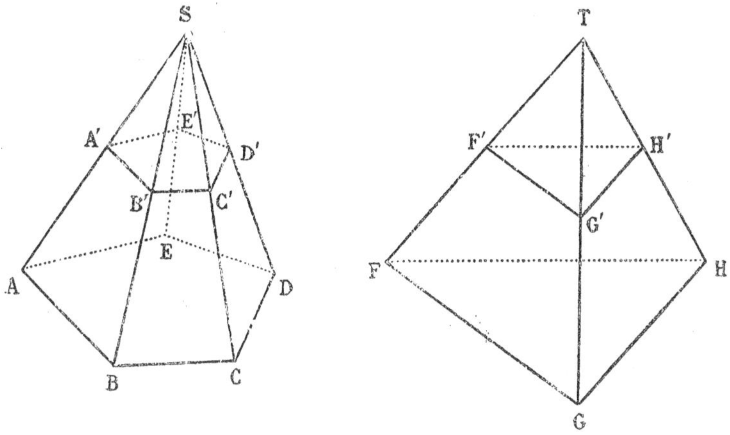

Fig. 412

ABCDEA'B'C'D'E', qui sont la différence de pyramides respectivement équivalentes, sont équivalents. Or ces deux troncs de pyramide ont même hauteur et des bases respectivement équivalentes; il en résulte que le théorème démontré pour un tronc de pyramide triangulaire s'étend au tronc de pyramide à bases polygonales.

Si l'on désigne par B et b les deux bases d'un tronc de pyramide à bases parallèles, par H sa hauteur et par V son volume, on aura

$$V = \frac{1}{3}H\left[B + b + \sqrt{Bb}\right].$$

643. **Remarque.** — On peut aussi trouver le volume d'un tronc de pyramide en le considérant comme la différence de deux pyramides. Soient en effet B et B' les deux bases du tronc, h et h' leurs distances au sommet de la pyramide, H la hauteur du tronc, V son volume. On a les équations

$$(1) \qquad V = \frac{1}{3}(Bh - B'h'),$$

(2) $$H = h - h',$$

(3) $$\frac{h^2}{B} = \frac{h'^2}{B'}.$$

Des équations (2) et (3) nous tirerons les valeurs de h et h' et nous porterons ces valeurs dans l'équation (1). On aura

$$\frac{h}{\sqrt{B}} = \frac{h'}{\sqrt{B'}} = \frac{H}{\sqrt{B}-\sqrt{B'}},$$

d'où $$h = H \cdot \frac{\sqrt{B}}{\sqrt{B}-\sqrt{B'}}, \qquad h' = H \cdot \frac{\sqrt{B'}}{\sqrt{B}-\sqrt{B'}},$$

et par suite

$$V = \frac{H}{3} \cdot \frac{B\sqrt{B} - B'\sqrt{B'}}{\sqrt{B}-\sqrt{B'}}.$$

Mais $$\frac{B\sqrt{B} - B'\sqrt{B'}}{\sqrt{B}-\sqrt{B'}} = B + B' + \sqrt{BB'};$$

donc $$V = \frac{H}{3}\left[B + B' + \sqrt{BB'}\right].$$

644. **Théorème.** — *Le volume d'un tronc de prisme triangulaire est égal à la somme des volumes de trois pyramides qui ont pour base commune une base du tronc et respectivement pour sommets les sommets de l'autre base.*

On appelle *tronc de prisme* le polyèdre obtenu en coupant une surface prismatique par deux plans non parallèles et tels que les sections n'aient aucun point commun. Ces deux sections sont les *bases* du tronc de prisme.

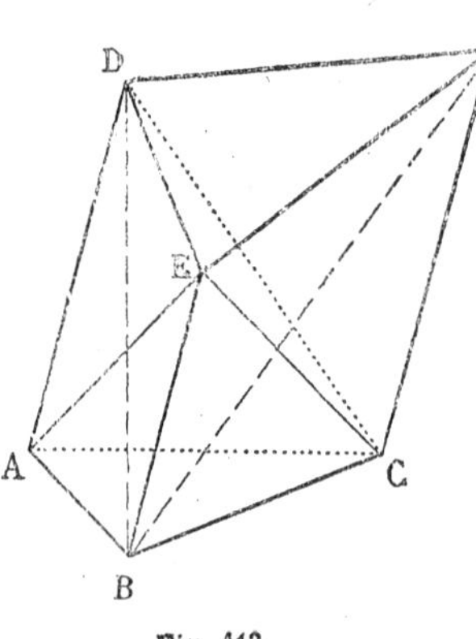

Fig. 413

Soit le tronc de prisme triangulaire ABCDEF (*fig.* 413). Menons le plan AEC; il décompose le tronc de prisme en deux pyramides, l'une triangulaire EABC, et l'autre quadrangulaire EADFC; le plan DEC décompose cette dernière pyramide en deux pyramides triangulaires EADC et EDFC; de sorte que le tronc de prisme est la somme des trois pyramides EABC, EADC et EDFC.

La première pyramide EABC a pour base la base ABC du tronc et pour sommet le sommet E de l'autre base.

La deuxième pyramide EADC est équivalente à la pyramide BADC qui a même base et même hauteur. Cette pyramide BADC peut être considérée comme une pyramide ayant pour base ABC et pour sommet D.

La troisième pyramide EDFC est équivalente à la pyramide BDFC; celle-ci peut être considérée comme ayant pour base BFC et pour sommet D; elle sera alors équivalente à la pyramide ABFC. Cette dernière pyramide peut être considérée comme une pyramide ayant pour base ABC et pour sommet F.

Donc le tronc de prisme est équivalent à la somme des trois pyramides qui ont chacune pour base ABC et respectivement pour sommets les points D, E, F.

645. Remarque. — Si la base ABC est une section droite, les arêtes AD, BE, CF sont les hauteurs des trois pyramides de l'énoncé du théorème précédent. Le volume du tronc de prisme est dans ce cas égal à

$$\frac{1}{3} \text{ABC} \times (\text{AD} + \text{BE} + \text{CF}).$$

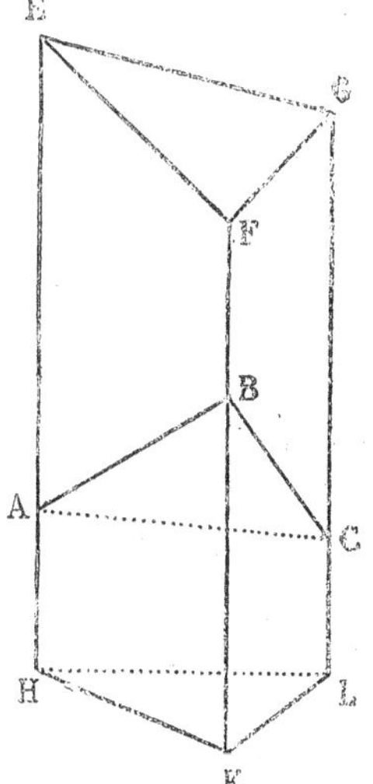

Fig. 414

646. **Corollaire.** — *Le volume d'un tronc de prisme triangulaire est égal au tiers du produit de l'aire de sa section droite par la somme de ses arêtes.*

Soit le tronc de prisme triangulaire ABCEFG (*fig.* 414) et HKL une section droite choisie de telle sorte que le tronc de prisme soit tout entier d'un même côté par rapport au plan de cette section. Le tronc de prisme donné est la différence des deux troncs de prisme HKLEFG et HKLABC. Or le volume du premier est

$$\frac{1}{3}\,\text{HKL}\times(\text{HE}+\text{KF}+\text{LG});$$

celui du second est

$$\frac{1}{3}\,\text{HKL}(\text{HA}+\text{KB}+\text{LC});$$

donc le volume du tronc de prisme donné est

$$\frac{1}{3}\,\text{HKL}(\text{AE}+\text{BF}+\text{CG}).$$

647. Théorème. — *Le volume d'un polyèdre convexe qui a pour bases deux polygones quelconques situés dans des plans parallèles et dont les autres faces sont des trapèzes ou des triangles est*

$$\frac{\text{H}}{6}(\text{B}+\text{B}'+4\text{B}''),$$

où H *désigne la distance des deux bases,* B *et* B′ *les aires de ces bases et* B″ *l'aire de la section faite dans le polyèdre par un plan équidistant des bases.*

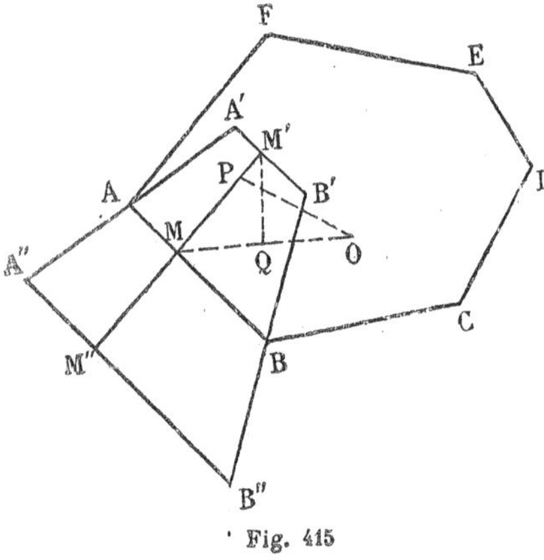

Fig. 415

Soit ABCDEF (*fig.* 415) la section faite dans le polyèdre par le plan équidistant des bases; prenons un point quelconque O à l'intérieur de cette section. Le polyèdre est la somme de pyramides qui ont pour sommets le point O et pour bases les faces du polyèdre.

Les pyramides qui ont pour bases les bases du polyèdre ont respectivement pour volumes

$$\frac{\text{H}}{6}\times\text{B} \qquad \text{et} \qquad \frac{\text{H}}{6}\times\text{B}'.$$

Considérons une pyramide qui a pour base une face latérale du polyèdre, par exemple le trapèze A′B′A″B″. Le plan équidistant des bases coupe ce trapèze suivant une droite AB, qui est un côté de la section ABCDEF du polyèdre; cette droite AB joint les milieux des côtés du trapèze A'B'A''B''.

Abaissons du point O la perpendiculaire OP sur la face A'B'A''B'' et par le point P menons la perpendiculaire M'MM'' aux bases du trapèze.

Le volume de la pyramide considérée est

$$\frac{1}{3}\ \mathrm{OP} \times \text{aire } \mathrm{A'B'A''B''};$$

or l'aire du trapèze A'B'A''B'' est

$$\mathrm{AB} \times \mathrm{M'M''}.$$

Le volume de la pyramide est donc

$$\frac{1}{3}\ \mathrm{OP} \times \mathrm{AB} \times \mathrm{M'M''} = \frac{2}{3}\ \mathrm{OP} \times \mathrm{AB} \times \mathrm{MM'}.$$

Abaissons du point M' la perpendiculaire M'Q sur OM. Les deux produits $\mathrm{OP} \times \mathrm{M'M}$ et $\mathrm{OM} \times \mathrm{M'Q}$ qui représentent le double de l'aire du triangle OMM' sont égaux; le volume de la pyramide est donc

$$\frac{2}{3}\ \mathrm{AB} \times \mathrm{OM} \times \mathrm{M'Q}.$$

Or le plan M'MO contient deux droites perpendiculaires à AB, savoir : MM' et OP ; ce plan est donc perpendiculaire à AB, et par suite au plan ABCDEF ; la droite M'Q sera perpendiculaire au plan ABCDEF, M'Q est donc égale à $\frac{\mathrm{H}}{2}$. La droite OM étant perpendiculaire à AB, le produit $\mathrm{AB} \times \mathrm{OM}$ est le double de l'aire OAB. Le volume de la pyramide considérée est donc

$$\frac{2}{3} \cdot 2 \text{ surf. OAB} \times \frac{\mathrm{H}}{2} = \frac{\mathrm{H}}{6} \cdot 4 \text{ surf. OAB}.$$

On arriverait au même résultat si la face latérale considérée était un triangle.

La somme des volumes des pyramides qui ont pour bases les faces latérales du polyèdre est donc

$$\frac{\mathrm{H}}{6} \times 4 \text{ surf. ABCDEF} = \frac{\mathrm{H}}{6} \times 4\mathrm{B''}.$$

Le volume du polyèdre est donc

$$\frac{H}{6}(B + B' + 4B'').$$

§ V.

Déplacement d'une figure de forme invariable.

648. **Définition.** — Considérons, dans l'espace, deux figures F et F' telles qu'à tout point de la figure F corresponde un point de la figure F' et que chaque point de la figure F' soit obtenu par cette correspondance. Nous appellerons points *homologues* des deux figures, les points qui se correspondent dans les deux figures. Cette correspondance définit comme en géométrie plane (237) un déplacement de la figure F'.

On dit qu'un déplacement ne *déforme* pas une figure s'il est possible de superposer la figure F à la figure F' de telle sorte que chaque point de F vienne coincïder avec son homologue de F'.

On dit encore dans ce cas que la figure F s'est déplacée en conservant une *forme invariable.*

Il est facile d'étendre dans ce cas la notion de points homologues aux points qui n'appartiennent pas à la figure F; soit en effet M un point quelconque; relions-le à la figure F en joignant le point M à différents points de cette figure ; on forme ainsi une figure F_1 ; quand on transportera la figure F pour l'amener dans la position F', la figure F_1 prendra la position F'_1, le point M viendra en M' ; M' est dit l'homologue du point M.

Si A est une figure quelconque, les homologues de tous les points de A forment une figure A'. Les figures A et A' sont superposables ; donc en particulier :

La figure homologue d'une droite est une droite. Ces deux droites sont appelées *droites homologues.* Deux segments homologues ont même longueur ;

La figure homologue d'un plan est un plan. Ces deux plans sont appelés *plans homologues.*

La figure homologue d'un angle plan est un angle plan. Deux angles homologues sont égaux.

La figure homologue d'un angle dièdre est un angle dièdre. Deux angles dièdres homologues sont égaux et ont même sens.

649. **Composition de deux déplacements.** — Soient P et Q deux déplacements qui ne déforment pas les figures; à chaque point M le déplacement P fait correspondre un point M'; au point M' le déplacement Q fait correspondre un point M''. Quand les déplacements P et Q sont donnés, on peut faire correspondre à chaque point M un point M''.

On démontre, comme en géométrie plane (242), que cette correspondance ne déforme pas les figures.

Cette correspondance définit un déplacement qu'on représente par la notation PQ. Ce déplacement PQ est le déplacement *résultant* des deux déplacements P et Q; P et Q sont aussi appelés les *déplacements composants*.

La définition des *déplacements inverses* est la même qu'en géométrie plane (243).

Enfin la composition d'un nombre quelconque de déplacements s'effectue comme en géométrie plane (244).

650. Théorème. — *Un déplacement est défini si l'on se donne les homologues de trois points non en ligne droite.*

Soient A, B, C (*fig.* 416) trois points de la première figure qui ne

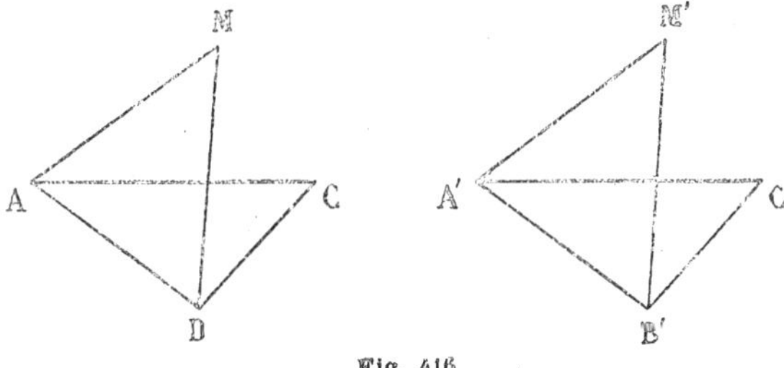

Fig. 416

sont pas en ligne droite; donnons leurs homologues A', B', C', qui doivent être tels que les deux triangles ABC, A'B'C' soient égaux; soit maintenant M un point quelconque de l'espace. Par la droite A'B' menons un demi-plan P tel que les dièdres

CABM et C'A'B'P soient égaux et de même sens. Dans le demi-plan P construisons un triangle A'B'M' égal au triangle ABM. On voit qu'à chaque point M on fait correspondre un point homologue M'. Je dis que cette correspondance ne déforme pas les figures. Considérons une figure quelconque F et son homologue F'; adjoignons à la figure F le triangle ABC et transportons la figure totale de façon que le triangle ABC coïncide avec son égal A'B'C'. Chaque point M de F viendra coïncider avec son homologue M'. Les figures F et F' sont donc superposables.

651. **Corollaire.** — *Si trois points non en ligne droite coïncident avec leurs homologues, il en est de même de tous les points.*

On dit dans ce cas qu'il y a un deplacement nul.

652. **Translation d'une figure.** — La définition d'un déplacement de translation est la même qu'en géométrie plane (245).

Il faut démontrer qu'un tel déplacement ne déforme pas les figures de l'espace. Pour cela, nous ferons les remarques suivantes :

Si A et B sont deux points de la première figure, A' et B' leurs homologues, les segments AB, A'B' sont égaux, parallèles et de même sens.

Si ABC est un triangle quelconque, A'B'C' son homologue, les deux triangles ABC, A'B'C' sont égaux et les demi-plans

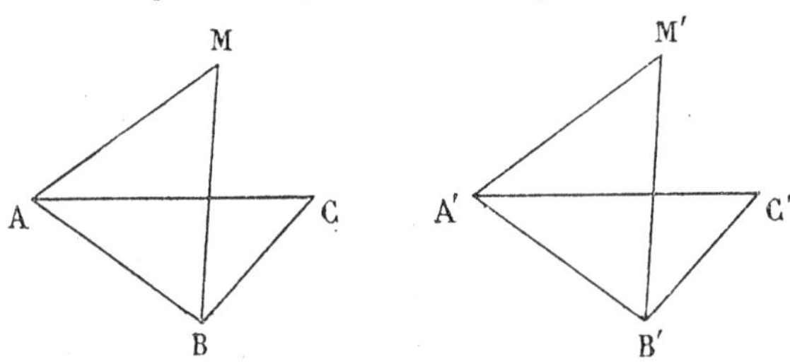

Fig. 417

ABC, A'B'C' limités respectivement aux droites AB, A'B' sont parallèles et de même sens.

Cela posé, soient ABC un triangle de la première figure, A'B'C' son homologue (*fig.* 417), M un point quelconque de la première figure, M' son homologue. Les demi-plans CAB, C'A'B' sont parallèles et de même sens; il en est de même des demi-plans MAB et M'A'B', donc les angles dièdres CABM et C'A'B'M' sont égaux et de même sens; de plus les triangles MAB, M'A'B' sont égaux, donc (650) le déplacement indiqué ne déforme pas les figures.

On représente une translation par un segment de droite; ainsi on dit la translation AA' pour indiquer que dans un mouvement de translation le point A vient en A'. On peut choisir arbitrairement l'origine A du segment qui définit la translation. Quand nous comparerons plusieurs translations, nous choisirons la même origine pour les segments qui définissent les translations.

653. **Composition des translations.** — Dans un déplacement de translation, deux segments homologues quelconques sont parallèles et de même sens. Réciproquement, si dans un déplacement deux segments homologues quelconques sont parallèles et de même sens, le déplacement est une translation. La démonstration est analogue à celle qui a été donnée au numéro 246.

On en déduit comme au numéro 247 que le déplacement résultant d'un nombre quelconque de translations est une translation.

La composition de deux ou de plusieurs translations s'effectue comme en géométrie plane (248, 250).

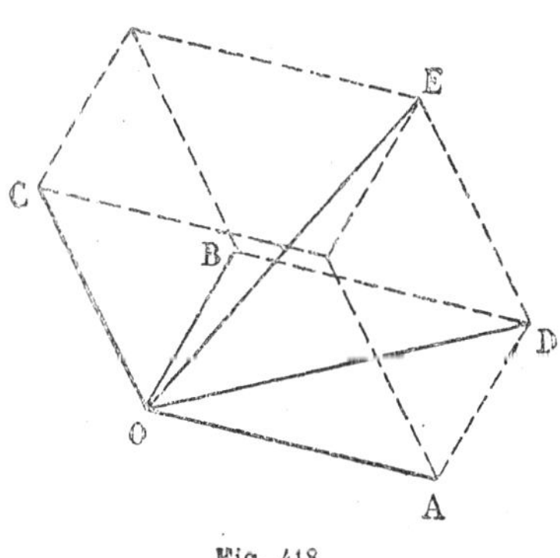

Fig. 418

Le résultat obtenu est indépendant de l'ordre dans lequel on place les translations (251).

Nous allons examiner le cas de trois translations OA, OB, OC non situées dans un même plan (*fig.* 418).

Composons d'abord les translations OA et OB; leur résultante OD est la diagonale du parallélogramme OADB qui a pour côtés OA et OB. Il faut ensuite composer OD et OC ; pour cela on mène par le point D une droite DE égale et parallèle à OC et dirigée dans le même sens que OC. OE sera la résultante cherchée. Or si l'on construit le parallélépipède qui a pour arêtes OA, OB, OC, la droite OE sera la diagonale de ce parallélépipède ; donc :

La résultante de trois translations OA, OB, OC, *non situées dans un même plan, est la diagonale* OE *du parallélépipède qui a pour arêtes* OA, OB, OC.

654. **Mouvement de rotation.** — Soient AB une droite et φ un dièdre donnés (*fig.* 419) ; à chaque point M faisons correspondre un point M' de telle sorte que : 1° l'angle dièdre MABM' soit égal au dièdre φ et ait le même sens ; 2° le triangle M'AB soit égal au triangle MAB. A chaque point M on fait correspondre un seul point M' ; les points de la droite AB coïncident avec leurs correspondants. Cette correspondance définit un déplacement auquel on donne le nom de *déplacement de rotation*. La droite AB est l'axe de rotation ; l'angle φ est l'angle de rotation. Si le dièdre φ est de sens positif, on dit que la rotation est de sens positif ; si φ est de sens négatif, la rotation est aussi de sens négatif.

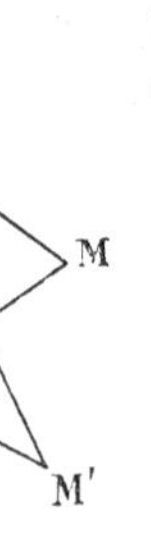

Fig. 419

Il faut montrer qu'un tel déplacement ne déforme pas les figures. En effet, les points A et B coïncident avec leurs homologues A' et B' ; soient C un point situé hors de la droite AB, C' son homologue (*fig.* 420). Soient maintenant M un point quelconque de la première figure, M' son homologue. On a, en grandeur et en signe, l'égalité des angles dièdres

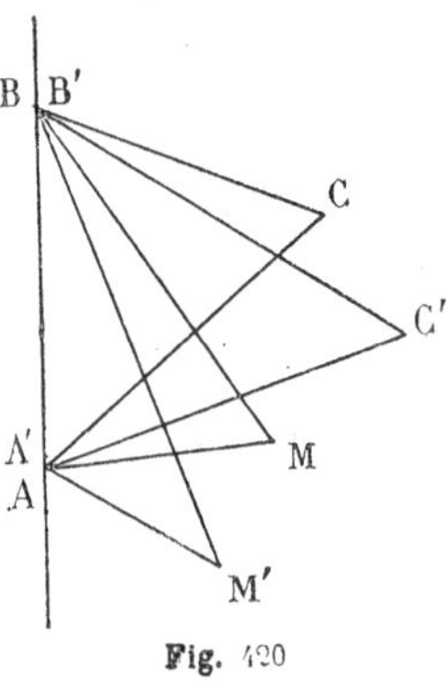

Fig. 420

$$CABC' = MABM'.$$

On en déduit comme en géométrie plane (254, 255) l'égalité

$$CABM = C'ABM' = C'A'B'M',$$

qui a lieu en valeur absolue et en signe. La correspondance établie jouit donc des deux propriétés suivantes :

1° Les dièdres CABM et C'A'B'M' ont même grandeur et même sens ;

2° Les triangles MAB, M'A'B' sont égaux.

Donc (650) ce déplacement ne déforme pas les figures.

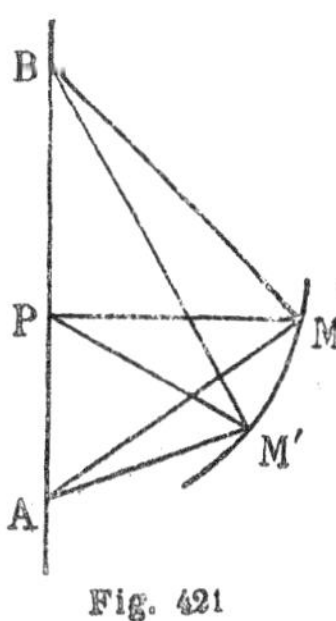

Fig. 421

655. **Remarque.** Abaissons du point M la perpendiculaire MP sur l'axe AB. Les droites PM et PM' sont homologues; donc PM' est égal à PM, en outre PM' est aussi perpendiculaire à AB. L'angle MPM' est l'angle plan du dièdre MABM' ; il est donc égal à φ. Si l'on fait varier l'angle de rotation φ, le point M' se déplace sur un cercle dont le plan est perpendiculaire à l'axe AB, dont le centre est le point P et le rayon PM.

656. **Théorème.** — *Si un point O d'une figure invariable coïncide avec son homologue, le déplacement de la figure est un déplacement de rotation autour d'un axe passant par O.*

Soient OA et OB deux demi-droites de la figure, OA' et OB' leurs homologues. Les deux plans OAB, OA'B' ayant un point commun O ont une droite commune ; sur cette droite commune prenons une demi-droite OI ; trois cas pourront se présenter :

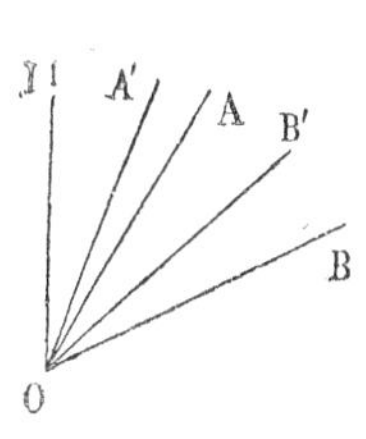

Fig. 422

1° La demi-droite OI coïncide avec son homologue (*fig.* 422).

En faisant tourner la figure autour de OI d'un angle égal au dièdre AOIA', on amènera OA et OB respectivement en OA' et OB' et par conséquent (651), la première position coïncide avec la seconde.

2° La demi-droite OI a pour homologue son prolongement OI' (*fig.* 423).

La droite OH menée dans le plan IOA perpendiculairement à

OI a pour homologue une droite OH′ perpendiculaire à OI′ dans le plan I′OA′, la bissectrice intérieure Δ de l'angle HOH′ est perpendiculaire à IOI′; donc une rotation égale à deux angles

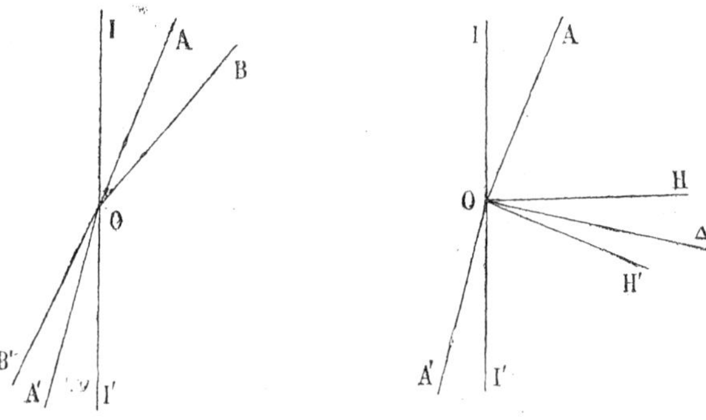

Fig. 423

droits autour de Δ amène OI et OH respectivement en OI′ et OH′ et par conséquent (651), la première figure coïncidera avec la seconde.

3° La demi-droite OI a pour homologue une droite OJ, distincte de OI et OI′ (*fig.* 424).

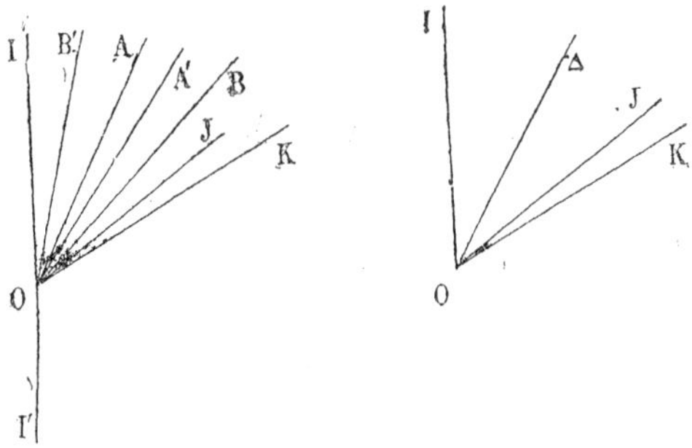

Fig. 424

Cette droite OJ est dans le plan IOA′; il y a de même une droite OK du plan IOA qui après le déplacement vient occuper la position OI, de sorte que les droites OK, OI de la première figure ont pour homologues respectivement OI et OJ; les angles KOI et IOJ sont égaux comme angles homologues, par conséquent le trièdre OKIJ est un trièdre isocèle. Les plans menés par les bissectrices intérieures des faces du trièdre perpendiculairement à ces faces se coupent suivant une droite OΔ qui fait des angles égaux avec les arêtes OK, OI, OJ. Le trièdre OKIJ étant isocèle, les angles dièdres KOΔI et IOΔJ sont égaux et de même sens ; si donc on fait tourner la première figure autour de OΔ d'un angle égal à la valeur commune de ces dièdres, on amène OK et OI respectivement en OI et OJ et par conséquent (651) on fait coïncider la première figure avec la seconde.

Remarque. — Tous les points de l'axe de rotation coïncident évidemment avec leurs homologues ; donc :

Si dans deux positions d'une figure de forme invariable, il existe un point qui coïncide avec son homologue, il existera une infinité de points possédant cette propriété. Tous ces points sont situés sur une droite, cette droite est l'axe de la rotation qui permet d'amener la première figure en coïncidence avec la seconde.

§ VI.

Figures symétriques dans l'espace.

On distingue, dans l'espace, trois modes de symétrie : symétrie par rapport à une droite, symétrie par rapport à un point, symétrie par rapport à un plan.

657. Symétrie par rapport à une droite. — Deux points M et M' sont *symétriques par rapport à une droite* D (*fig.* 425) si la droite D est perpendiculaire à la droite MM' en son milieu. La droite D est appelée *axe de symétrie.*

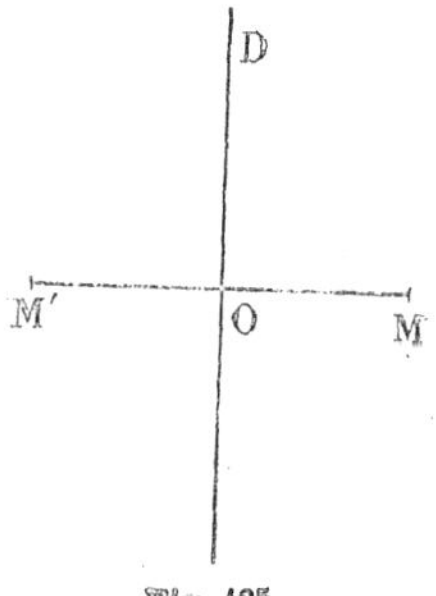

D
M' O M

Fig. 425

Si le point M décrit une figure F, son symétrique M' décrit une figure F' ; les figures F et F' sont dites *symétriques* par rapport à la droite D.

Une rotation de 180° autour de la droite D fait coïncider un point quelconque M avec son symétrique

M' par rapport à la droite D; donc une rotation de 180° autour de la droite D fera coïncider une figure quelconque F avec sa symétrique F' par rapport à la droite D.

Deux figures symétriques par rapport à une droite sont superposables.

Nous laisserons de côté, dans ce qui suit, la symétrie par rapport à une droite.

658. **Symétrie par rapport à un point.** — Deux points M et M' sont symétriques par rapport à un point O si le point O est le milieu de la droite MM' (*fig.* 426). Le point O est appelé *centre de symétrie.*

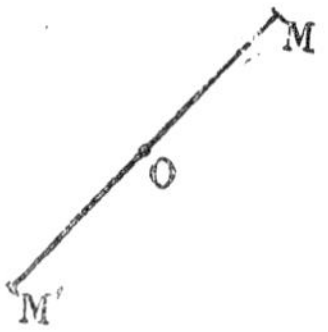

Fig. 426

Si le point M décrit une figure F, son symétrique M' décrit une figure F' ; les figures F et F' sont dites *symétriques* par rapport au point O.

659. **Symétrie par rapport à un plan.** — Deux points M et M' sont *symétriques* par rapport à un plan P, si le plan P est perpendiculaire à la droite MM' en son milieu (*fig.* 427).

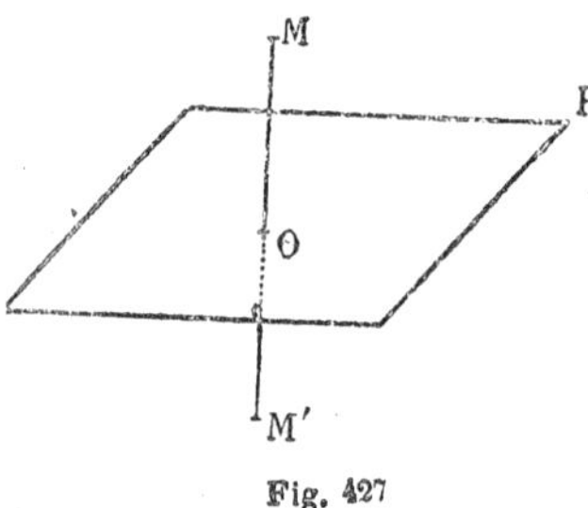

Fig. 427

Le plan P est appelé *plan de symétrie.* Si le point M décrit une figure F, son symétrique M' décrit une figure F'; les figures F et F' sont dites *symétriques* par rapport au plan P.

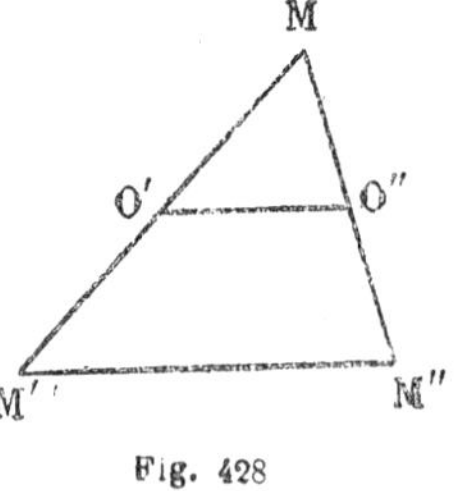

Fig. 428

660. **Théorème.** — *Deux figures symétriques d'une troisième par rapport à deux points différents sont superposables.*

En effet, soient F' et F'' deux figures symétriques d'une figure F par rapport aux deux centres O' et O'' (*fig.* 428); M un point quelconque de la figure F, M' et M'' ses symétriques par rapport aux points O' et O''. Le segment M'M'' est le double du segment

O'O", parallèle à ce segment et dirigé dans le même sens. Une translation égale au double du segment O'O" amènera le point M' en M" et par suite la figure F' en coïncidence avec la figure F"; donc les figures F' et F" sont superposables.

661. **Théorème.** — *Deux figures symétriques d'une troisième, l'une par rapport à un point, l'autre par rapport à un plan, sont superposables.*

Les figures symétriques d'une figure donnée par rapport à des points différents étant superposables, il suffit de démontrer le théorème dans le cas où le centre de symétrie est placé dans le plan de symétrie.

Soient alors P un plan de symétrie, O un centre de symétrie placé dans ce plan ; F une figure quelconque, F' sa symétrique par rapport au plan P, F" sa symétrique par rapport au point O; M un point de la figure F, M' son symétrique par rapport au plan P, M" son symétrique par rapport au point O (*fig.* 429). Menons par le point O la perpendiculaire D au plan P. Le plan

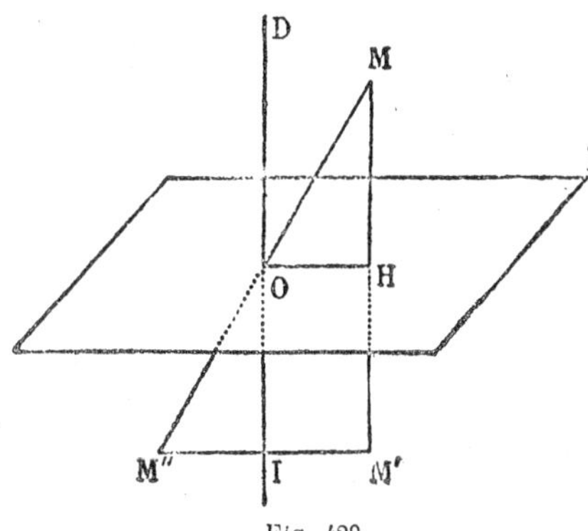

Fig. 429

MM'M" est perpendiculaire au plan P, il contient donc la droite D; cette droite D rencontre M'M" en son milieu I; donc les points M' et M" sont symétriques par rapport à la droite D; il en est de même des figures F', F"; par conséquent ces figures sont superposables.

662. **Remarque.** — Il résulte des deux théorèmes précédents que toutes les figures symétriques d'une figure donnée, par rapport à des points quelconques ou par rapport à des plans quelconques, sont des figures égales; de sorte qu'au point de vue de la forme et de la grandeur, *il n'y a qu'une figure symétrique d'une figure donnée.*

Pour démontrer une propriété de deux figures symétriques, on peut donc choisir arbitrairement le centre ou le plan de symétrie.

663. **Théorème.** — *La figure symétrique d'une figure plane est une figure plane égale à la première.*

Il suffit, pour rendre cette propriété évidente, de prendre comme plan de symétrie le plan de la figure.

En particulier :

La figure symétrique d'une droite est une droite ;

La figure symétrique d'un segment de droite est un segment de même longueur ;

La figure symétrique d'un angle est un angle égal ;

La figure symétrique d'un plan est un plan ;

La figure symétrique d'un angle dièdre est un angle dièdre.

Deux angles dièdres symétriques sont égaux et de sens contraire.

Pour mettre cette dernière propriété en évidence, il suffit de prendre pour plan de symétrie une face de l'angle dièdre.

664. **Théorème.** — *La figure symétrique d'un polyèdre est un polyèdre. Deux polyèdres symétriques ont leurs faces homologues égales, les dièdres homologues sont égaux et de sens contraire.*

Ces propriétés sont une conséquence des théorèmes précédents. Les angles dièdres homologues des deux polyèdres étant de sens contraire, on voit que *deux polyèdres symétriques ne sont jamais superposables.*

665. **Théorème.** — *Deux polyèdres symétriques sont équivalents.* Considérons d'abord deux pyramides symétriques. Si l'on prend pour plan de symétrie le plan de base, les deux pyramides auront même base et des hauteurs égales, donc elles sont équivalentes.

Deux polyèdres symétriques peuvent être décomposés en un même nombre de pyramides symétriques ; donc deux polyèdres symétriques sont équivalents.

666. **Définitions.** — On dit qu'un plan P est un *plan de symétrie* d'une figure F, lorsque le symétrique M' de tout point M de la figure F appartient à cette figure. Autrement dit,

la figure F et sa symétrique F' par rapport au plan P sont formées du même ensemble de points.

On définit de même un *centre de symétrie* et un *axe de symétrie* d'une figure.

667. Soient P et Q deux plans rectangulaires qui se coupent suivant une droite D (*fig.* 430), M un point quelconque, M' et M'' les symétriques de M par rapport aux plans P et Q ; M' et M'' sont symétriques par rapport à la droite D. En effet, menons par le point M un plan π perpendiculaire à la droite D, ce plan coupe les plans P et Q suivant deux droites rectangulaires OA et OB; les points M' et M'' sont dans ce plan; l'angle M'OM'', qui est le double de l'angle AOB, est égal à deux droits; les trois points M', O, M'' sont donc en ligne droite, de plus OM' et OM'' sont égaux à OM; donc M' et M'' sont symétriques par rapport à la droite D.

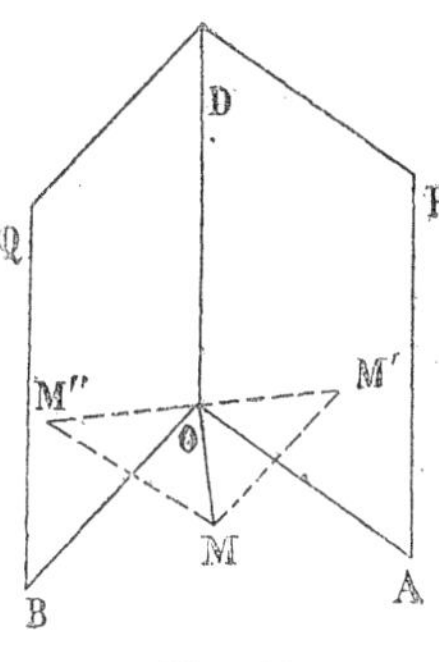

Fig. 430

De là on déduit les propriétés suivantes : 1° *Si une figure* F *a deux plans de symétrie rectangulaires* P *et* Q, *elle a pour axe de symétrie la droite d'intersection* D *de ces deux plans.*

En effet, soit M' (*fig.* 430) un point quelconque de la figure F; le symétrique M de M' par rapport au plan P appartient à cette figure ; il en est de même du symétrique M'' de M par rapport au plan Q ; or M' et M'' sont symétriques par rapport à la droite D; donc cette droite est un axe de symétrie de la figure F.

2° *Si une figure* F *a un plan de symétrie* P *et un axe de symétrie* D *situé dans ce plan, elle admet pour plan de symétrie le plan* Q *mené par la droite* D *perpendiculairement au plan* P.

En effet, soit M un point quelconque de la figure F, son symétrique M' par rapport au plan P appartient à cette figure ; il en est de même du symétrique M'' de M' par rapport à la droite D. Or les deux points M et M'' sont symétriques par rapport au plan Q; donc la figure F est symétrique par rapport au plan Q.

668. Soient P un plan quelconque, O un point de ce plan, D la perpendiculaire menée en O au plan P (*fig.* 431).

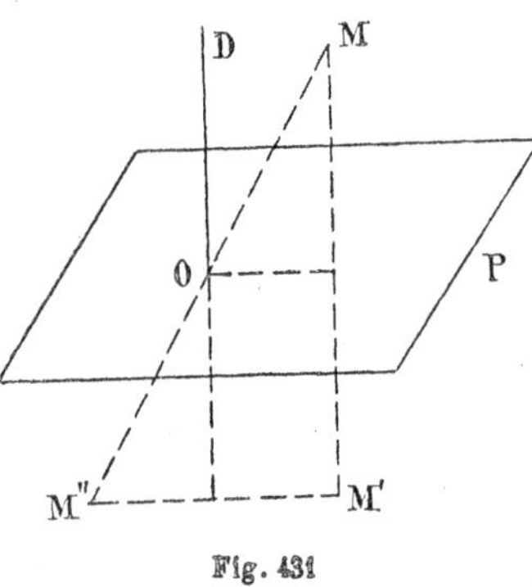

Fig. 431

Prenons un point quelconque M, puis son symétrique M' par rapport au plan P et le symétrique M'' de M' par rapport à l'axe D, M et M'' sont symétriques par rapport au point O (661). En raisonnant comme dans le paragraphe précédent, on en déduit les propriétés suivantes :

1° *Si une figure* F *est symétrique par rapport au plan* P *et au point* O, *elle est symétrique par rapport à l'axe* D ;

2° *Si une figure* F *est symétrique par rapport au plan* P *et par rapport à l'axe* D, *elle est symétrique par rapport au point* O ;

3° *Si une figure* F *est symétrique par rapport au point* O *et par rapport à l'axe* D, *elle est symétrique par rapport au plan* P.

669. Supposons qu'une figure F soit symétrique par rapport aux trois faces d'un trièdre trirectangle $Oxyz$ (*fig.* 432); étant symétrique par rapport aux plans rectangulaires xOz, yOz, elle est symétrique par rapport à Oz (667) ; étant symétrique par rapport au plan xOy et par rapport à l'axe Oz perpendiculaire à ce plan, elle est symétrique par rapport au point O (668), donc :

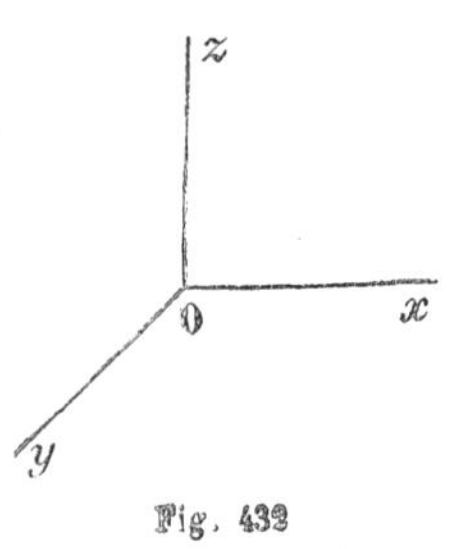

Fig. 432

Si une figure est symétrique par rapport aux trois faces d'un trièdre trirectangle, elle est symétrique par rapport aux arêtes et par rapport au sommet de ce trièdre.

670. **Remarque.** — Une figure peut être symétrique par rapport aux trois arêtes d'un trièdre trirectangle sans être symétri-

que par rapport aux faces ou par rapport au sommet de ce trièdre. Nous en donnerons un exemple (n° 673).

671. **Symétries du cube.** — Considérons un cube ABCDEFGH (*fig.* 433).

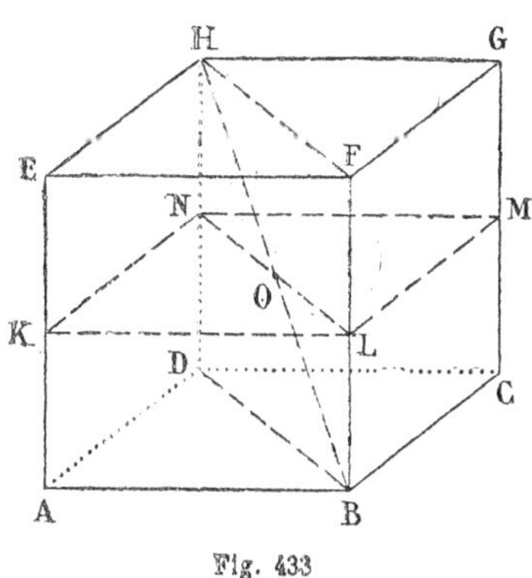

Fig. 433

Le plan KLMN qui passe par les milieux des arêtes parallèles AE, BF, CG, DH est évidemment un plan de symétrie du cube; on obtient trois plans de symétrie analogues, ce sont les plans menés par le point de rencontre O des diagonales parallèlement aux faces du cube. Ces trois plans sont les faces d'un trièdre trirectangle, donc (669) le point O est un centre de symétrie et les droites menées par O parallèlement aux arêtes sont des axes de symétrie du cube ; c'est ce qu'on peut d'ailleurs vérifier directement d'une façon très simple.

D'autre part, le plan BFDH qui contient deux arêtes parallèles opposées est aussi un plan de symétrie ; on obtient ainsi six plans de symétrie en prenant tous les couples possibles d'arêtes parallèles opposées.

Les deux plans KLMM et BFDH étant rectangulaires, leur droite d'intersection LN qui joint les milieux des arêtes BF et DH est un axe de symétrie (667). On peut d'ailleurs vérifier ce résultat directement ; en effet, la droite LN est perpendiculaire à AECG, donc les points A, E, C, G ont respectivement pour symétriques les points G, C, E, A ; d'autre part, les points B et D ont pour symétriques les points F et H ; donc LN est un axe de symétrie du cube. On a, en tout, six axes analogues à l'axe LN ; ces six axes sont respectivement perpendiculaires aux six plans de symétrie précédents ; ainsi, par exemple, l'axe LN est perpendiculaire au plan de symétrie AECG.

En résumé, on a : un centre de symétrie, neuf plans de symétrie et neuf axes de symétrie.

672. **Symétries de l'octaèdre régulier.** — L'octaèdre régulier est le polyèdre qui a pour sommets les centres des faces d'un cube; cet octaèdre a les mêmes symétries que le cube; en effet, soit S une symétrie quelconque du cube, la symétrie S transforme une face du cube en une face du cube (distincte ou non de cette face), et, par suite, le centre de cette face a pour symétrique le centre d'une face; donc, dans la symétrie S, chaque sommet de l'octaèdre a pour symétrique un sommet de l'octaèdre; cette symétrie S transforme donc l'octaèdre en lui-même.

673. **Symétries du tétraèdre régulier.** — Soit ABCD (*fig.* 434) un tétraèdre régulier. Le plan mené par une arête AB et par le milieu F de l'arête opposée est évidemment un plan de symétrie. On obtient ainsi six plans de symétrie.

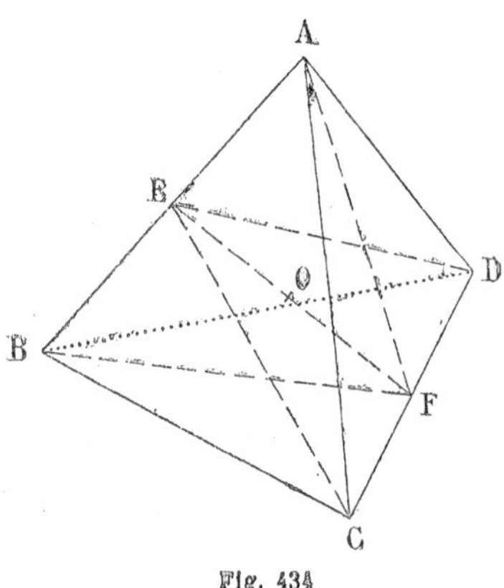

Fig. 434

Le plan ABF est perpendiculaire au plan CDE mené par l'arête CD et le milieu E de l'arête AB; donc l'intersection EF de ces deux plans (667) est un axe de symétrie. On a donc trois axes de symétrie, savoir, les droites qui joignent les milieux des arêtes opposées.

On peut voir directement que la droite EF est un axe de symétrie; en effet, A et B d'une part, C et D d'autre part, sont symétriques par rapport à la droite EF.

Les trois droites analogues à la droite EF se coupent en leur milieu O et forment les trois arêtes d'un trièdre trirectangle; on voit tout de suite que le point O n'est pas un centre de symétrie, car le symétrique du point A par rapport à O n'est pas un sommet du tétraèdre.

Il en résulte (668) que le plan de deux des axes n'est pas un plan de symétrie.

En résumé, on a ici, trois axes de symétrie et six plans de symétrie.

§ VII.

Homothétie. — Similitude.

674. **Définition.** — Soient S un point donné, k un nombre donné positif ou négatif; à chaque point M de l'espace, faisons correspondre un point M′ situé sur la droite SM ou sur son prolongement et tel que la valeur algébrique du rapport $\frac{SM'}{SM}$ soit égale à k; le point M′ est dit *l'homothétique* du point M; le point S est appelé *centre d'homothétie*; le nombre k, *rapport d'homothétie*.

Si k est positif, les points M′ et M sont d'un même côté du point S; l'homothétie est dite *directe*. Si k est négatif, les points M et M′ sont de part et d'autre du point S; l'homothétie est dite *inverse*.

Si le point M décrit une figure F, son homothétique décrit une figure F′ qui est appelée *l'homothétique* de la figure F.

675. **Théorème.** — Les théorèmes qui suivent se démontrent comme les théorèmes analogues de la géométrie plane (§ VI, liv. III).

La figure homothétique d'un segment de droite est un segment parallèle. Le rapport des deux segments est égal au rapport d'homothétie.

Les deux segments ont même sens si l'homothétie est directe; ils sont de sens contraire si l'homothétie est inverse.

La figure homothétique d'une ligne droite est une ligne droite parallèle.

L'angle de deux droites est égal à l'angle des deux droites homothétiques.

Les tangentes à deux courbes homothétiques en des points homologues sont parallèles.

Pour qu'une droite coïncide avec son homothétique, il faut et il suffit qu'elle passe par le centre d'homothétie. (Nous laissons de côté le cas où le rapport d'homothétie est égal à 1).

676. **Théorème.** — *La figure homothétique d'un plan est un plan parallèle.*

Soient en effet P un plan, A un point de ce plan, A′ son homologue; par le point A′ menons un plan P′ parallèle au plan P. Soient alors M un point quelconque du plan P, M′ son homo-

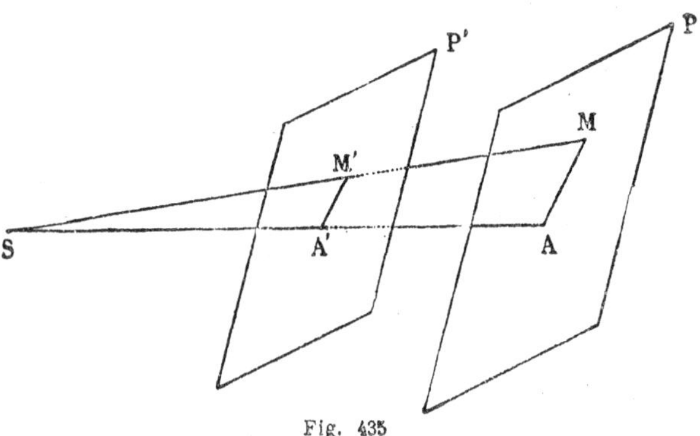

Fig. 435

logue (*fig.* 435); la droite A′M′ étant parallèle à la droite AM du plan P, est située dans le plan P′; donc le point M′ est situé dans le plan P′.

Réciproquement, tout point M′ du plan P′ est l'homothétique du point M où la droite SM′ coupe le plan P.

La figure homothétique du plan P est donc le plan P′.

677. **Corollaire I.** — *La figure homothétique d'un polygone plan est un polygone plan.*

Deux polygones plans homothétiques ont leurs côtés homologues parallèles et proportionnels, leurs angles homologues égaux. Ces polygones sont donc semblables, leur rapport de similitude est égal au rapport d'homothétie.

678. **Corollaire II.** — *La figure homothétique d'un cercle est un cercle.*

En effet, soit C un cercle, de centre O, situé dans un plan P (*fig.* 436); prenons l'homothétique O′ du point O et menons par le point O′ le plan P′ parallèle au plan P. Le cercle C étant dans le plan P, sa figure homothétique sera située dans le plan P′, homothétique du plan P. Si M est un point du cercle, M′ son homologue, le rapport $\frac{O'M'}{OM}$ est constant ; donc O'M' est constant ; le lieu du point M' est donc un cercle dont le centre est O'.

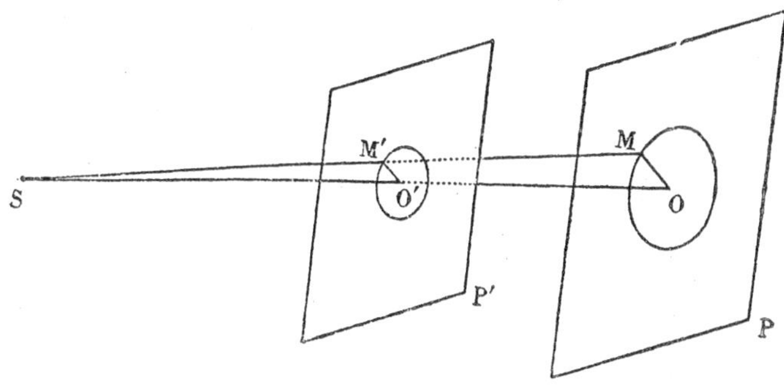

Fig. 436

679. Remarque. — La figure homothétique d'un demi-plan est un demi-plan parallèle. Deux demi-plans homothétiques sont dirigés dans le même sens si l'homothétie est directe ; en sens contraire si l'homothétie est inverse.

680. **Théorème.** — *La figure homothétique d'un angle dièdre est un angle dièdre égal.*

En effet, aux demi-plans qui forment le dièdre donné, correspondent deux demi-plans qui forment le dièdre homothétique. Les faces homologues des deux dièdres étant parallèles et de même sens ou parallèles et de sens inverse, les deux dièdres sont égaux.

Si l'homothétie est directe, les faces homologues sont parallèles et de même sens, les arêtes homologues ont même sens, donc les deux dièdres ont même sens.

Si l'homothétie est inverse, les faces homologues sont parallèles et de sens contraire, les arêtes sont dirigées en sens inverse, donc les dièdres sont de sens contraire.

681. **Théorème.** — *La figure homothétique d'un polyèdre est un un polyèdre.*

Cela résulte immédiatement du corollaire I. Dans deux polyèdres homothétiques :

1° Deux arêtes homologues sont parallèles; le rapport de ces arêtes est égal au rapport de similitude;

2° Deux angles plans homologues sont égaux;

3° Deux faces homologues sont semblables. Le rapport de similitude est le même que le rapport d'homothétie;

4° Deux angles dièdres homologues sont égaux. Ils sont de même sens si l'homothétie est directe, de sens contraire si l'homothétie est inverse.

682. **Théorème.** — *Deux systèmes correspondants de points sont homothétiques s'il existe deux points* O *et* O′ *tels que la droite qui joint le point* O *à un point quelconque du premier système et la droite qui joint le point* O′ *au point homologue du second système soient parallèles* (toujours de même sens ou toujours de sens contraire) *et dans un rapport donné k.*

Même démonstration qu'en géométrie plane (316).

683. **Théorème.** — *Deux figures homothétiques à une troisième sont homothétiques et les trois centres d'homothétie sont en ligne droite. Cette droite est appelée axe d'homothétie.*

Même démonstration qu'au numéro 317.

684. **Théorème.** — *Si quatre figures sont deux à deux homothétiques, les six centres d'homothétie de ces figures, prises deux à deux, sont dans un même plan. Ce plan est appelé le plan d'homothétie des quatre figures.*

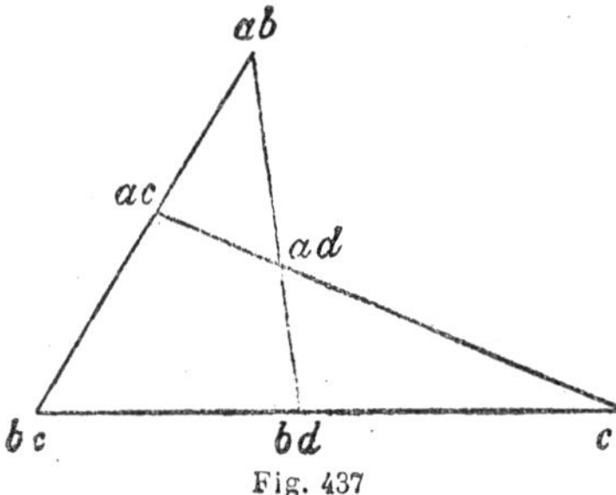

Fig. 437

Soient A, B, C, D quatre figures deux à deux homothétiques; désignons par *ab*, *ac*, *ad*, *bc*, *bd*, *cd* les centres d'homothétie des couples de figure (A, B), (A, C), (A, D), (B, C), (B, D), (C, D) (*fig.* 437).

Considérons le plan qui contient les trois points *ab*, *ac*, *ad*. Les figures A, B, C étant deux à deux homothétiques, leurs centres d'homothétie sont en ligne droite et par conséquent le point *bc* est sur la droite *ab*, *ac*; pour la même raison, les points *bd* et *cd* se trouvent respectivement sur les droites *ab*, *ad* et *ac*, *ad*. Enfin ces trois points *bc*, *bd*, *cd* sont aussi en ligne droite. Les six centres d'homothétie sont donc dans le plan *ab*, *ac*, *ad*; ils sont situés sur quatre droites qui sont les axes d'homothétie des figures prises trois à trois.

685. Remarque. — Au point de vue de la nature des six homothéties il y a quatre cas à distinguer :

1° Les trois homothéties (A, B), (A, C), (A, D) sont inverses : les homothéties (B, C), (B, D), (C, D) seront directes (318). Il y a un axe d'homothétie directe, la droite *bc*, *bd*, *cd*; les autres sont des axes d'homothétie inverse.

2° Deux des trois homothéties (A, B), (A, C), (A, D) sont inverses ; supposons que l'homothétie (A, B) soit directe et les deux autres inverses. Les homothéties (B, C) et (B, D) sont inverses; l'homothétie (C, D) est directe. Les quatre axes d'homothétie sont des axes d'homothétie inverse.

3° Une seule des trois homothéties (A, B), (A, C), (A, D) est inverse; par exemple l'homothétie (A, B). Les homothéties (B, C), (B, D) sont inverses; l'homothétie (C, D) directe. Ce cas ne diffère du premier que par un échange des lettres.

4° Les trois homothéties (A, B), (A, C), (A, D) sont directes; il en sera de même des homothéties (B, C), (B, D), (C, D); les quatre axes sont des axes d'homothétie directe.

En résumé, il peut y avoir 0, 1, ou 4 axes d'homothétie directe.

686. Polyèdres semblables. — Un polyèdre P′ est dit *semblable* à un polyèdre P, si le polyèdre P′ est égal à un polyèdre P″ homothétique au polyèdre P ; le rapport d'homothétie des polyèdres P″ et P s'appelle le *rapport de similitude* des polyèdres semblables P′ et P.

Si les polyèdres P″ et P sont directement homothétiques, on dit que les polyèdres P′ et P sont *directement semblables*; dans le cas contraire les polyèdres P′ et P sont *inversement semblables*.

Des propriétés de l'homothétie on déduit les propriétés suivantes de la similitude :

Dans les deux polyèdres semblables P′ et P :

1° Le rapport de deux arêtes homologues est égal au rapport de similitude;

2° Deux angles plans homologues sont égaux;

3° Deux faces homologues sont des polygones semblables;

4° Deux angles dièdres homologues sont égaux. Ils sont de même sens si la similitude est directe, de sens contraire si la similitude est inverse.

687. Réciproquement, si deux polyèdres P′ et P possèdent les quatre propriétés précédentes, ils sont semblables. En effet, prenons un centre d'homothétie quelconque, un rapport d'homothétie égal au rapport des arêtes homologues; faisons une homothétie directe si les angles dièdres homologues de P′ et P ont même sens, inverse dans le cas contraire; soit alors P″ le polyèdre homothétique du polyèdre P; je dis que les polyèdres P″ et P′ sont égaux. En effet, dans ces polyèdres :

1° Deux faces homologues sont des polygones égaux;

2° Deux angles dièdres homologues sont égaux et de même sens.

Cela posé, faisons coïncider une face F'_1 du polyèdre P′ avec son homologue F''_1 du polyèdre P″. Soient A′B′, A″B″ des arêtes homologues de ces faces; F'_2 et F''_2 les faces homologues qui passent par ces arêtes. Les dièdres A′B′ et A″B″ étant égaux et de même sens, le demi-plan formé par le plan F'_2 viendra coïncider avec le demi-plan formé par la face F''_2. Ces deux faces égales ayant une arête homologue commune coïncideront. On voit que de proche en proche toutes les faces du polyèdre P′ viendront coïncider avec leurs homologues du polyèdre P″; donc les polyèdres P′ et P sont semblables.

688. **Remarque.** — Lorsque deux polyèdres P′ et P sont semblables, on peut étendre la notion de points homologues par rapport à ces polyèdres. Soient en effet M un point quelconque, M″ son homothétique dans l'homothétie (P, P″). Quand on fait coïncider le polyèdre P″ avec le polyèdre P′, le point M″ vient occuper la position M′. Nous dirons alors que le point M′ est, par rapport au polyèdre P′, l'homologue du point M par

rapport au polyèdre P. On définirait de même les droites homologues, les plans homologues, etc.

De cette définition on déduit immédiatement les propriétés suivantes :

Le rapport de deux segments homologues par rapport à deux polyèdres semblables est égal au rapport de similitude de ces polyèdres.

En particulier :

Dans deux tétraèdres semblables, le rapport de deux hauteurs homologues est égal au rapport de similitude des tétraèdres.

689. **Théorème.** — *Le rapport des volumes de deux pyramides semblables est égal au cube de leur rapport de similitude.*

Soient P′ et P deux pyramides semblables, V′ et V leurs volumes, B′ et B les aires des bases, H′ et H leurs hauteurs, k le rapport de similitude de ces deux pyramides. On aura

$$V' = \frac{1}{3} B'H',$$

$$V = \frac{1}{3} BH,$$

d'où

$$\frac{V'}{V} = \frac{B'}{B} \times \frac{H'}{H}.$$

Le rapport $\frac{B'}{B}$ est égal à k^2 (485); les hauteurs H′ et H étant des droites homologues, le rapport $\frac{H'}{H}$ est aussi égal à k; donc

$$\frac{V'}{V} = k^3.$$

690. **Théorème.** — *Le rapport des volumes de deux polyèdres convexes semblables est égal au cube de leur rapport de similitude.*

Plaçons les deux polyèdres de façon qu'ils soient homothétiques ; soient P′ et P ces deux polyèdres, k leur rapport de similitude. Prenons un point O à l'intérieur du polyèdre P ; nous pourrons décomposer le polyèdre P en pyramides qui ont pour sommet le point O et pour bases les faces du polyèdre P.

Soit O′ l'homothétique du point O ; décomposons le polyèdre

P′ en pyramides ayant pour sommet O′ et pour bases les faces de P′. On a ainsi décomposé les deux polyèdres en un même nombre de pyramides ; deux pyramides correspondantes étant homothétiques, sont semblables, et leur rapport de similitude est k.

Cela posé, soient

$$T_1, T_2, \ldots, T_p$$

les volumes des pyramides qui composent le polyèdre P ;

$$T'_1, T'_2, \ldots, T'_p$$

les volumes des pyramides correspondantes qui composent le polyèdre P′.

On aura

$$k^3 = \frac{T'_1}{T_1} = \frac{T'_2}{T_2} = \ldots = \frac{T'_p}{T_p};$$

donc

$$\frac{T'_1 + T'_2 + \ldots + T'_p}{T_1 + T_2 + \ldots + T_p} = k^3.$$

§ VIII.

Éléments de la théorie des vecteurs.

691. Un *vecteur* est défini par deux points qu'on distingue l'un de l'autre. Peu importe la façon d'établir cette distinction ; l'essentiel, c'est que les deux points ne jouent pas le même rôle dans la composition du vecteur.

Dans la pratique, on établit cette distinction en donnant à l'un des points le nom d'*origine* ou de *point d'application* et à l'autre le nom d'*extrémité*.

Ainsi pour définir un vecteur, il faut se donner son point origine et son point extrémité.

Deux vecteurs sont *identiques* quand ils ont même origine et même extrémité.

On représente ordinairement un vecteur par deux lettres ; la première est la lettre qui représente le point origine, la seconde celle qui représente le point extrémité.

Les vecteurs AB et BA ne sont pas identiques, car l'origine de l'un est l'extrémité de l'autre.

692. Il y a lieu de considérer dans un vecteur les éléments suivants : 1° *la droite qui lui sert de support*, c'est la droite qui passe par l'origine et l'extrémité ; 2° *sa longueur*, c'est la longueur de la portion de droite limitée à l'origine et à l'extrémité du vecteur ; 3° *son sens*, c'est le sens dans lequel se déplace sur la droite de support un mobile qui va de l'origine à l'extrémité du vecteur.

693. Deux vecteurs sont dits *équivalents* lorsqu'ils sont portés par la même droite, qu'ils ont même longueur et même sens.

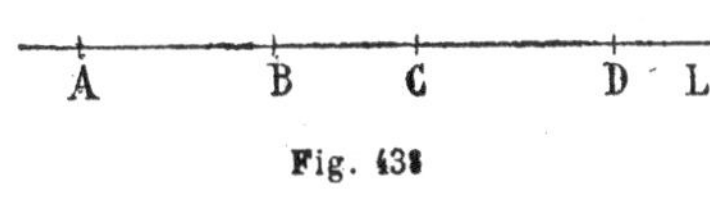

Fig. 438

Soient alors AB un vecteur (*fig.* 438), L la droite qui lui sert de support, C un point quelconque de la droite L ; prenons sur cette droite, dans le sens AB, une longueur CD égale à AB ; le vecteur CD ainsi construit sera équivalent au vecteur AB. Il est clair qu'on obtient ainsi tous les vecteurs équivalents au vecteur AB.

694. On dit que deux vecteurs ont même *grandeur géométrique* ou encore sont *équipollents* lorsqu'ils sont portés sur des droites parallèles, qu'ils ont même longueur et même sens.

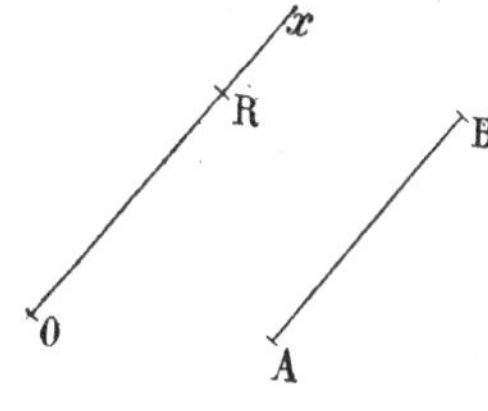

Fig. 439

Soient un vecteur AB (*fig.* 439), O un point quelconque ; menons par le point O une demi-droite Ox ayant même direction que AB, et prenons sur cette demi-droite une longueur OR égale à AB : les deux vecteurs OR et AB ont même grandeur géométrique. Il est clair qu'on obtient, par cette méthode, tous les vecteurs équipollents au vecteur AB.

695. **Axe orienté.** — Un point mobile sur une droite indéfinie $x'x$ (*fig.* 440) peut se mouvoir dans deux sens : le sens de x' vers x et le sens de x vers x' : nous choisirons l'un de ces sens, par exem-

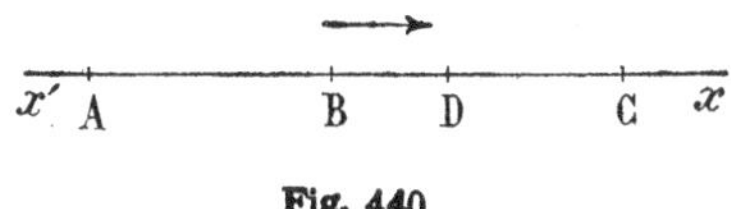

Fig. 440

ple le sens de x' vers x comme *sens positif;* l'autre sera le *sens négatif.*

Dans la figure 440 un mobile qui va de A en B se déplace dans le sens positif; le mobile qui va de C en D se déplace dans le sens négatif.

Une droite indéfinie sur laquelle on a fixé un sens positif est un *axe orienté.*

696. **Mesure algébrique d'un vecteur.** — Considérons un vecteur placé sur un axe orienté; à ce vecteur nous ferons correspondre un nombre algébrique ayant pour valeur absolue le nombre qui mesure la longueur du vecteur; ce nombre sera positif si le mobile qui va du point d'application du vecteur à son extrémité se déplace dans le sens positif, négatif dans le cas contraire.

Le nombre ainsi défini est la *mesure algébrique* du vecteur.

Dans la figure 440 le vecteur AB a pour mesure un nombre positif; au contraire, le vecteur CD a pour mesure un nombre négatif.

Il est clair que :

Pour que deux vecteurs soient équivalents, il faut et il suffit qu'ils aient la même mesure algébrique.

Nous désignerons par AB la mesure algébrique du vecteur AB.

697. **Définition.** — Étant donnés un axe orienté $x'x$ et un plan Q non parallèle à l'axe (*fig.* **441**), on appelle *projection* parallèlement au plan Q d'un point A sur l'axe le point a où le plan P mené par A parallèlement au plan Q coupe l'axe. Le plan P est le *plan projetant* le point A.

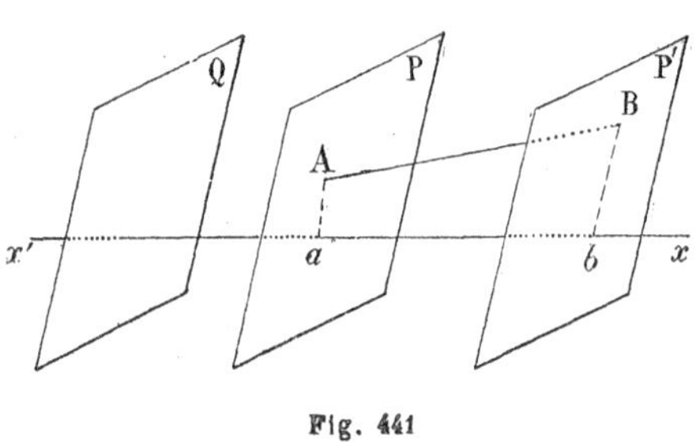

Fig. 441

Si le plan Q est perpendiculaire à l'axe, la projection est dite *orthogonale.*

698. **Projection d'un vecteur sur un axe.** — Soient AB un vecteur, a et b les projections de son origine et de son extrémité ; la projection du vecteur AB est par définition égale à la mesure algébrique(696)du vecteur ab.

Si l'on prend comme sens positif le sens $x'x$ (*fig.* 441), le vecteur représenté par AB dans la figure 441 a une projection positive, le vecteur BA une projection négative.

La projection d'un vecteur AB ne peut être nulle que dans les deux cas suivants : 1° les points A et B sont confondus (vecteur nul) ; 2° la droite AB est parallèle au plan projetant Q.

699. **Théorème des projections.** — Soit ABC ... KL une ligne brisée plane ou gauche ; imaginons un mobile partant de A et décrivant le périmètre de cette ligne : nous dirons que ce mobile décrit un contour polygonal ayant pour *origine* A et pour *extrémité* L. A chaque côté de cette ligne faisons correspondre un vecteur ayant pour origine et pour extrémité les sommets de ce côté et ayant pour sens le sens dans lequel le côté est décrit ; l'ensemble des vecteurs ainsi construits sont les *vecteurs qui forment les éléments du contour polygonal.*

Ces définitions subsistent si l'extrémité L du contour coïncide avec l'origine A, c'est-à-dire si le contour est un polygone.

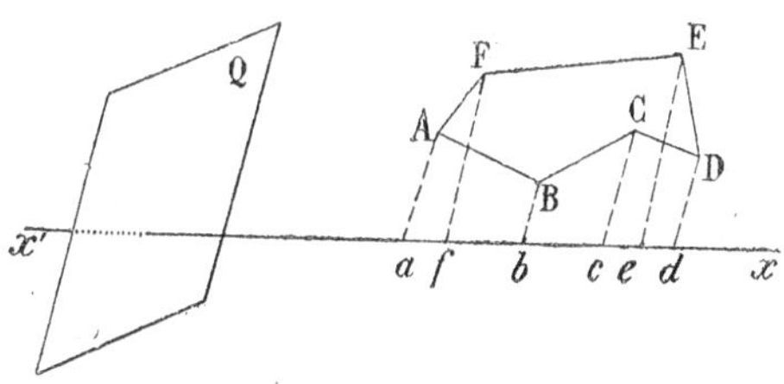

Fig. 442.

Cela posé, le théorème des projections peut être présenté sous les trois formes suivantes :

Théorème I. — *La somme des projections des vecteurs formant les éléments d'un polygone est nulle.*

Soient A, B, C, D, E, F, A les sommets d'un polygone (*fig.* 442); projetons ces sommets parallèlement au plan Q sur l'axe $x'x$; soient a, b, c, d, e, f, a les projections de ces sommets. On a (270)

$$ab + bc + cd + de + ef + fa = 0,$$

et par conséquent

$$\text{pr. AB} + \text{pr. BC} + \text{pr. CD} + \text{pr. DE} + \text{pr. EF} + \text{pr. FA} = 0.$$

C. q. f. d.

Théorème II. — *La somme des projections des vecteurs formant les éléments d'un contour polygonal est égale à la projection du vecteur qui a même origine et même extrémité que le contour.*

Soit le contour polygonal ABCDEF (*fig.* 442) qui a pour origine A et pour extrémité F ; projetons ses sommets sur l'axe $x'x$ parallèlement au plan Q et soient a, b, c, d, e, f les projections de ces sommets. On a (270)

$$af = ab + bc + cd + de + ef,$$

et par conséquent :

$$\text{pr. AF} = \text{pr. AB} + \text{pr. BC} + \text{pr. CD} + \text{pr. DE} + \text{pr. EF}.$$

C. q. f. d.

Théorème III. — *Si deux contours polygonaux ont même origine et même extrémité, les sommes des projections des vecteurs qui forment les éléments de chaque contour sont égales.*

En effet, chacune de ces sommes est égale (théorème II) à la projection du vecteur qui a même origine et même extrémité que chacun des contours.

700. **Théorème.** — *Lorsque deux vecteurs sont situés sur un même axe, le rapport de leurs projections est égal au rapport de leurs mesures algébriques.*

Soient AB et CD (*fig.* 443 et 444) deux vecteurs situés sur un même axe Δ ; projetons ces vecteurs parallèlement au plan Q sur un axe $x'x$; soient a, b, c, d les projections de A, B, C, D.

Si AB et CD ont même sens, il en est de même de ab et cd

(*fig.* 443). Si AB et CD sont de sens contraire, il en est de même de ab et cd (*fig.* 444); donc dans tous les cas les rapports $\frac{AB}{CD}$ et $\frac{ab}{cd}$ ont le même signe.

D'autre part, les droites Aa, Bb, Cc, Dd étant parallèles à un

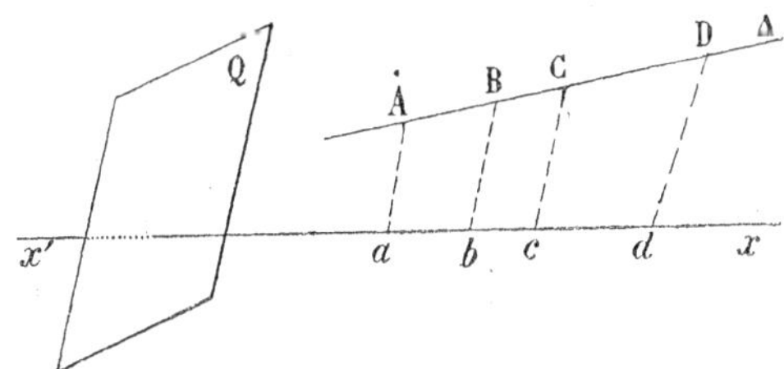

Fig. 443

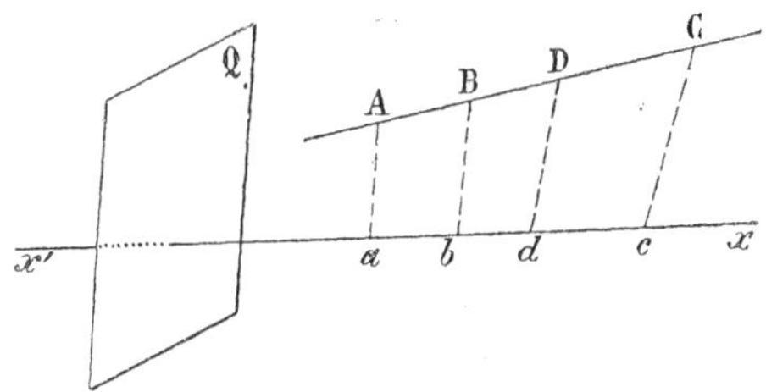

Fig. 444

même plan Q, les rapports $\frac{AB}{CD}$ et $\frac{ab}{cd}$ ont même valeur absolue. (531).

Ces deux rapports ayant même valeur absolue et même signe sont égaux et l'on a

$$\frac{ab}{cd} = \frac{AB}{CD}.$$

En particulier :

Les projections de deux vecteurs équivalents sont égales

701. Remarque. — *Les projections de deux vecteurs équipollents sont égales.*

En effet, soient AB et CD (*fig*. 445) deux vecteurs équipollents; les plans qui projettent les points C et D rencontrent la droite AB respectivement en C_1 et D_1 ; les deux droites CD et C_1D_1 sont égales, parallèles et de même sens; donc le vecteur C_1D_1 est équivalent au vecteur AB. La projection de AB est égale à celle de C_1D_1 (700) et par suite égale à celle de CD. C. q. f. d.

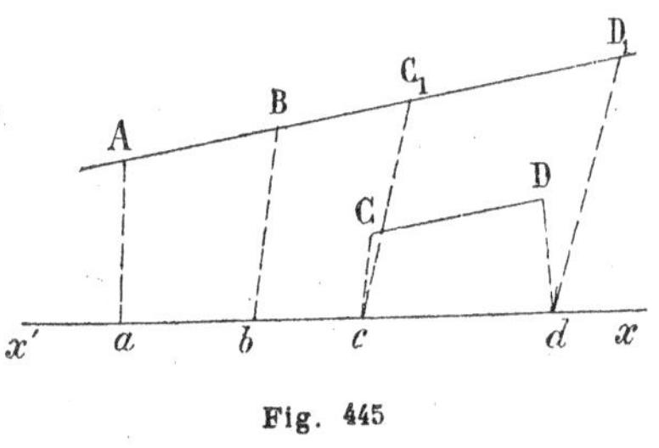

Fig. 445

702. **Théorème.** — *La projection d'un vecteur situé sur un axe* Δ *est égale au produit de la mesure algébrique du vecteur par la projection d'un vecteur égal à* +1 *situé sur l'axe* Δ.

En effet, soit AB (*fig*. 444) un vecteur situé sur l'axe Δ ; prenons sur cet axe un vecteur CD ayant pour mesure algébrique +1; soient *ab* et *cd* les projections de ces deux vecteurs. On aura (700)

$$\frac{ab}{cd} = \frac{AB}{CD};$$

en remarquant que CD = +1 on aura

$$ab = AB \times cd.$$

C. q. f. d.

703. Remarque. — Les projections de deux vecteurs équipollents étant égales, on peut, pour obtenir *cd*, prendre un point quelconque O sur l'axe de projection $x'x$, mener par O une demi-droite OL ayant même direction que l'axe Δ, prendre sur OL une longueur OP égale à l'unité ; le vecteur OP étant équipollent à CD, sa projection Op est égale à *cd*.

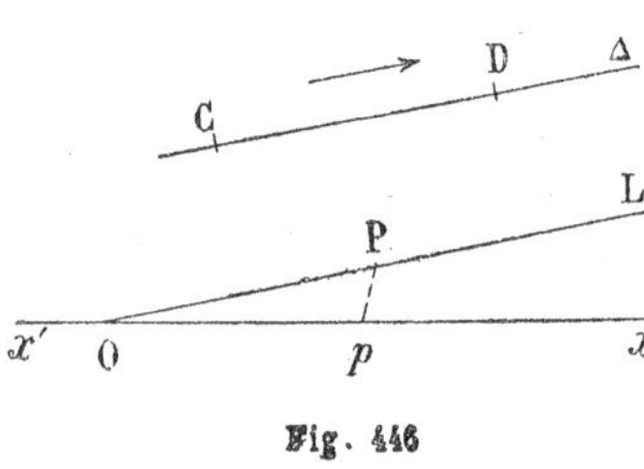

Fig. 446

Si, en particulier, la projection est orthogonale, Op est le cosinus de l'angle xOL, ou de l'angle que fait la direction positive de l'axe de projection $x'x$ avec la direction positive de l'axe Δ ; donc :

La projection orthogonale d'un vecteur sur un axe est égale au produit de la mesure algébrique du vecteur par le cosinus de l'angle que fait la direction positive de l'axe du vecteur avec la direction positive de l'axe de projection.

704. *Somme géométrique de deux vecteurs qui ont même origine.*

Soient OA et OB (*fig.* 447) deux vecteurs qui ont la même origine O ; construisons le parallélogramme OACB qui a pour côtés OA et OB. Le vecteur OC représenté par la diagonale OC de ce parallélogramme est, par définition, la *somme géométrique* ou la *résultante* des vecteurs OA et OB. On représente cette égalité géométrique par l'équation

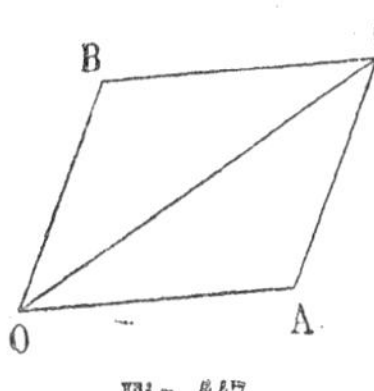

Fig. 447

$$(OC) = (OA) + (OB).$$

On met chaque vecteur entre parenthèses, afin de distinguer les sommes géométriques des sommes algébriques.

Les vecteurs OA et OB sont aussi appelés les *composantes* du vecteur OC.

705. Remarque I. — De la construction précédente résulte immédiatement la propriété suivante :

La somme géométrique de deux vecteurs ne dépend pas de l'ordre dans lequel on place ces vecteurs.

706. Remarque II. — Le vecteur AC (*fig.* 447) est équipollent au vecteur OB ; donc

Pour construire la résultante de deux vecteurs OA *et* OB, *on mène par l'extrémité* A *du premier vecteur un vecteur* AC *équipollent au second vecteur* OB ; *le vecteur* OC *est la résultante des vecteurs* OA *et* OB.

707. **Somme géométrique de vecteurs ayant même origine.** — Soient OA, OB, OC, ..., OL des vecteurs ayant même origine O (*fig.* 448).

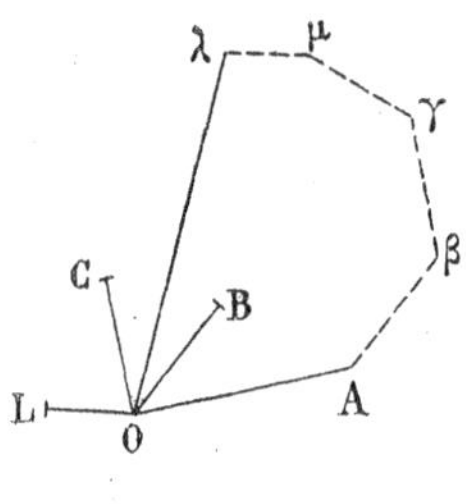

Fig. 448

Pour obtenir la *somme géométrique* ou la *résultante* de ces vecteurs, on fait la somme des deux premiers ; puis au vecteur ainsi obtenu on ajoute le troisième ; à la somme obtenue on ajoute le quatrième, et ainsi de suite jusqu'au dernier vecteur OL, en prenant toujours les vecteurs dans l'ordre où ils sont donnés.

Si OR est la somme géométrique des vecteurs OA, OB, ..., OL, on représente cette égalité géométrique par l'équation

$$(OR) = (OA) + (OB) + (OC) + \cdots + (OL).$$

On dit aussi que les vecteurs OA, OB, OC, ..., OL sont les *composantes* du vecteur OR.

708. Remarque. — Pour construire la résultante des vecteurs OA, OB, OC, ..., OL, on peut, d'après la remarque du n° 706, procéder ainsi : par l'extrémité A du premier vecteur on mène le vecteur Aβ équipollent au second vecteur OB; par le point β, le vecteur βγ équipollent au vecteur OC, etc., enfin un dernier vecteur μλ équipollent au dernier vecteur OL. La droite Oλ est la résultante des vecteurs OA, OB, OC, ..., OL. Le contour polygonal OAβγ ... λ est le contour qui correspond aux vecteurs OA, OB, OC, ..., OL.

709. Si le contour polygonal OAβγ...λ (*fig.* 448) qui correspond aux vecteurs OA, OB, OC, ..., OL se ferme, c'est-à-dire si le point λ vient en O, la résultante Oλ du système est nulle. On dit alors que le système de vecteurs est *équivalent à zéro*.

710. **Propriété de la résultante.** — La projection de la résultante Oλ (*fig.* 448) sur un axe est la somme des projections sur le même axe des vecteurs qui forment les éléments du contour

polygonal $OA\beta\gamma\ldots\lambda$ (693). Or ces vecteurs sont respectivement équipollents aux vecteurs donnés OA, OB, OC, ..., OL ; donc (701) :

La projection de la résultante sur un axe est égale à la somme des projections de ses composantes sur le même axe.

En particulier :

Si un système de vecteurs est équivalent à zéro, la somme des projections des vecteurs de ce système sur un axe quelconque est nulle.

711. Différence géométrique de deux vecteurs. — La différence géométrique de deux vecteurs OA et OB (*fig.* 449) est un vecteur OC tel que la somme géométrique de OB et OC soit égale à OA ; OA sera donc la diagonale du parallélogramme qui a pour côtés OB et OC et par suite OC est équipollent à BA.

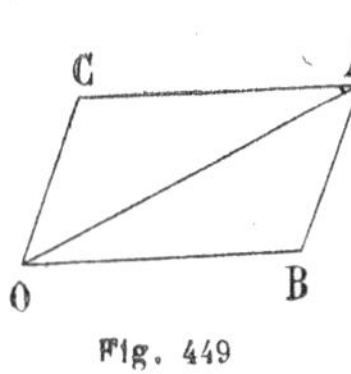

Fig. 449

On a donc le résultat suivant, qui prouve l'existence de cette différence géométrique et qui en donne la construction :

La différence géométrique de deux vecteurs OA *et* OB *est le vecteur* OC *équipollent au vecteur* BA.

La projection de OA sur un axe est la somme des projections de OB et de OC sur le même axe (710) ; donc :

La projection de la différence géométrique de deux vecteurs sur un axe est égale à la différence des projections de ces vecteurs sur le même axe.

On représente ce fait, que OC est la différence géométrique de OA et de OB, par l'équation

$$(OC) = (OA) - (OB).$$

712. Soit OA la somme géométrique des vecteurs OB et OC (*fig.* 449) ; désignons par A, B, C les longueurs de ces vecteurs ; par (A, B), (A, C), (B, C) les valeurs absolues des angles de OA avec OB, de OA avec OC, de OB avec OC. Dans le triangle

OBA les côtés ont pour longueur : OA = A, OB = B, BA = C; les angles ont pour grandeur : O = (A, B), A = (A, C), B = 2^d — (B, C). A toute relation entre les angles et les côtés d'un triangle (Voir *Trigonométrie* de M. Grévy) correspond une relation entre les six quantités A, B, C, (A, B), (A, C), (B, C). On a en particulier

$$A^2 = B^2 + C^2 + 2BC\cos(B, C),$$

$$\frac{A}{\sin(B, C)} = \frac{B}{\sin(A, C)} = \frac{C}{\sin(A, B)}.$$

713. **Décomposition d'un vecteur en deux autres.** — Soient un vecteur OA et deux droites $x'Ox$ et $y'Oy$ qui sont dans un même plan avec OA; on peut toujours, et d'une seule manière, décomposer OA en deux vecteurs portés sur ces droites : pour cela, par le point A on mène une parallèle à Oy; cette parallèle coupe Ox en B; de même la parallèle à Ox menée par A coupe Oy en C; la droite OA est la diagonale du parallélogramme qui a pour côtés OB et OC. Il est clair qu'il n'existe pas d'autre parallélogramme ayant ses côtés sur Ox et Oy et ayant pour diagonale OA.

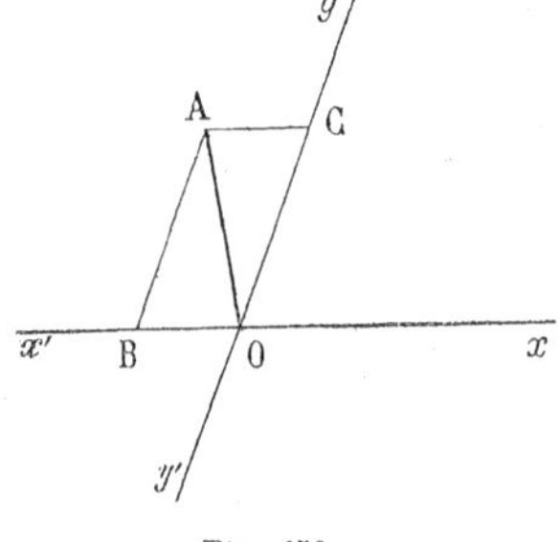

Fig. 450

Si les droites $x'x$, $y'y$ sont des axes orientés, les composantes OB, OC peuvent avoir des valeurs positives ou négatives. Ainsi dans le cas de la figure, OB est négatif et OC positif.

Les valeurs algébriques de ces composantes sont les *coordonnées* du point A ; la valeur algébrique de la composante OB portée sur $x'x$ est l'*abscisse* de ce point; la valeur algébrique de la composante OC portée sur $y'y$ en est l'*ordonnée*.

Il est clair qu'un point est défini quand on connaît son abscisse et son ordonnée.

714. **Somme géométrique de trois vecteurs.** — Soient OA,

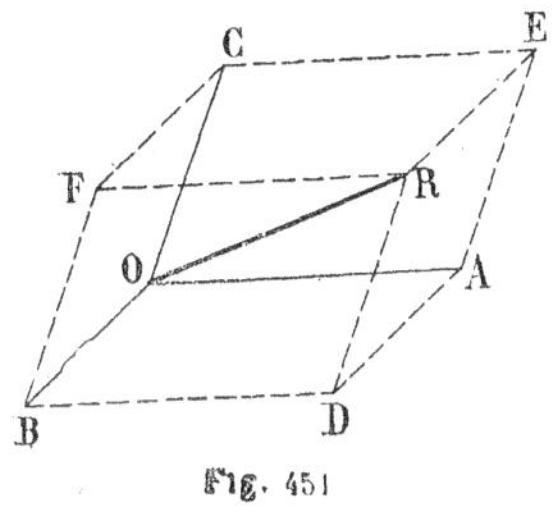

Fig. 451

OB, OC (*fig.* 451) trois vecteurs non situés dans un même plan. Pour effectuer la somme de ces trois vecteurs, je construis d'abord le parallélogramme OADB qui a pour côtés OA et OB; OD est la somme de OA et de OB; pour obtenir la résultante des trois vecteurs, il faut mener par le point D un vecteur DR équipollent à OC, la résultante cherchée est OR.

Or si par les points A, B, D on mène des vecteurs AE, BF, DR équipollents à OC, la figure OADBCERF ainsi obtenue est (614) le parallélépipède qui a pour arêtes OA, OB, OC; OR, est une diagonale de ce parallélépipède; donc:

La résultante de trois vecteurs OA, OB, OC, *non situés dans un même plan, est la diagonale* OR *du parallélépipède qui a pour arêtes* OA, OB, OC.

715. **Décomposition d'un vecteur en trois autres.** — Soient $x'Ox$, $y'Oy$, $z'Oz$ trois droites non situées dans un même plan (*fig.* 452), OA un vecteur quelconque ; on peut toujours et d'une

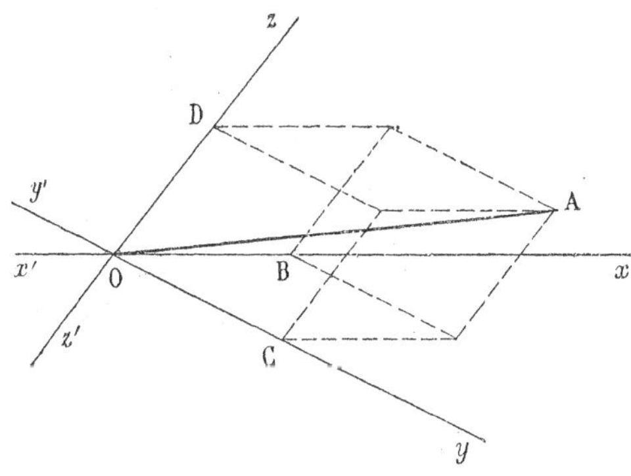

Fig. 452

seule manière, trouver trois vecteurs OB, OC, OD portés respectivement sur $x'x$, $y'y$, $z'z$ et ayant pour résultante OA.

En effet, les plans menés par A parallèlement aux plans yOz, zOx, xOy coupent respectivement $x'x$, $y'y$, $z'z$ aux points B, C, D; le parallélépipède qui a pour arêtes OB, OC, OD a pour diagonale OA ; donc :

$$(OA) = (OB) + (OC) + (OD).$$

Il est clair qu'il n'existe pas d'autre parallélépipède ayant pour diagonale OA et ayant ses arêtes sur $x'x$, $y'y$, $z'z$.

716. Remarque I. — Si les droites $x'x$, $y'y$, $z'z$ sont des axes orientés, les composantes OB, OC, OD ont des valeurs algébriques. Ces valeurs algébriques sont les *coordonnées* du point A. La valeur de la composante OB est l'*abscisse* ou l'x du point A ; celle de OC est l'*éloignement* ou l'y du point A ; enfin celle de OD est la *cote* ou le z du point A.

Il est clair qu'un point est défini si l'on connaît son abscisse, son éloignement et sa cote.

717. Remarque II. — La valeur algébrique de la composante OB est la projection du vecteur OA sur l'axe $x'x$, la projection étant supposée faite parallèlement au plan yOz. On peut faire des remarques analogues pour les composantes OC et OD.

Supposons donc qu'on fasse les projections sur l'axe $x'x$ parallèlement au plan yOz, sur l'axe $y'y$ parallèlement au plan zOx, sur l'axe $z'z$ parallèlement au plan xOy ; on peut alors énoncer les résultats suivants :

Deux vecteurs OA, OA′ *qui ont leurs projections respectivement égales sont identiques.*

En effet, ces deux vecteurs ont les mêmes composantes. On peut encore dire :

Un vecteur qui a pour origine O *est défini quand on connaît ses trois projections.*

Les projections de la résultante étant la somme algébrique des projections de même nom des composantes, on en conclut que :

La résultante de plusieurs vecteurs ne dépend pas de l'ordre dans lequel on compose ces vecteurs.

Un vecteur est déterminé quand on connaît son origine et ses trois projections.

En effet, soient MP un vecteur qui a pour origine M ; OP′ le vecteur équipollent qui a pour origine O. Les projections de MP et de OP′ sont les mêmes ; si donc on connaît les projections de MP, le vecteur OP′ sera déterminé et par suite le vecteur MP si M est donné.

Deux vecteurs qui ont leurs projections respectivement égales sont équipollents.

Pour qu'un vecteur soit nul, il faut et il suffit que ses trois projections soient nulles.

718. Supposons en particulier que le trièdre $Oxyz$ soit trirectangle ; les points B, C, D (*fig.* 452) sont les projections orthogonales du point A sur les axes $x'x$, $y'y$, $z'z$. Désignons par R la longueur OA et par X, Y, Z les valeurs algébriques des composantes OB, OC, OD. On aura (703)

$$(1)\quad \begin{cases} X = R\cos(Ox,\, OA) \\ Y = R\cos(Oy,\, OA) \\ Z = R\cos(Oz,\, OA). \end{cases}$$

La projection orthogonale de OA sur un axe quelconque Δ est la somme des projections de OB, OC, OD (710). On aura donc

$$\text{pr.}\,OA = \text{pr.}\,OB + \text{pr.}\,OC + \text{pr.}\,OD.$$

En désignant par (Ox, Δ) l'angle que fait la direction positive de Ox avec la direction positive de l'axe Δ, on aura

$$\text{pr.}\,OB = \text{val. alg. de } OB \times \cos(Ox, \Delta) = X\cos(Ox, \Delta).$$

Si, de même, (Oy, Δ) et (Oz, Δ) sont les angles que font les directions positives de $y'y$ et $z'z$ avec la direction positive de l'axe Δ, on aura

$$\text{pr.}\,OC = Y\cos(Oy, \Delta),$$
$$\text{pr.}\,OD = Z\cos(Oz, \Delta);$$

donc

$$(2)\quad \text{pr.}\,OA = X\cos(Ox, \Delta) + Y\cos(Oy, \Delta) + Z\cos(Oz, \Delta).$$

Projetons, en particulier, sur la direction OA ; la projection de OA est R. On aura donc

(3) $R = X \cos(Ox, OA) + Y \cos(Oy, OA) + Z \cos(Oz, OA).$

En tenant compte des formules (1) on trouve

$$1 = \cos^2(Ox, OA) + \cos^2(Oy, OA) + \cos^2(Oz, OA),$$
$$R^2 = X^2 + Y^2 + Z^2.$$

719. Détermination analytique de la résultante. — Soient P_1, P_2, ..., P_n des vecteurs qui ont pour origine O ; menons par O trois axes $x'x$, $y'y$, $z'z$ non situés dans un même plan ; désignons par X_1, Y_1, Z_1 les composantes de P_1 ; par X_2, Y_2, Z_2 celles de P_2, etc. ; par X_n, Y_n, Z_n celles de P_n.

Soit maintenant OR la résultante ; pour définir ce vecteur OR, il suffit de connaître ses trois composantes X, Y, Z. Si l'on remarque que les composantes d'un vecteur sont les projections (717) de ce vecteur sur les axes et si l'on applique la propriété de la résultante (710), on aura

$$X = X_1 + X_2 + \cdots + X_n,$$
$$Y = Y_1 + Y_2 + \cdots + Y_n,$$
$$Z = Z_1 + Z_2 + \cdots + Z_n.$$

En particulier, pour que les vecteurs $P_1, P_2 \ldots, P_n$, forment un système équivalent à zéro, il faut et il suffit que

$$X_1 + X_2 + \cdots + X_n = 0,$$
$$Y_1 + Y_2 + \cdots + Y_n = 0,$$
$$Z_1 + Z_2 + \cdots + Z_n = 0.$$

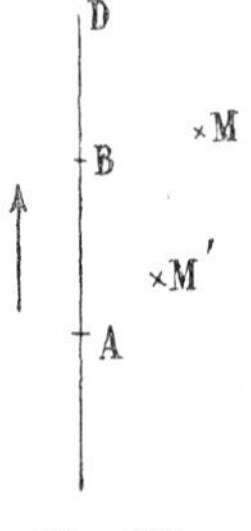

Fig. 453

720. Sens positif de rotation autour d'un axe. — Soient D un axe orienté, M un point qui se déplace et vient occuper la position M' (*fig.* 453) ; prenons sur D un vecteur AB de sens positif ; cela posé, si l'angle dièdre MABM' est de sens positif, nous dirons que le point M s'est *déplacé dans le sens positif autour de l'axe* D ; dans le cas contraire, qu'il s'est *déplacé dans le sens négatif autour de l'axe* D.

721. Remarque. — Si le point M′ est dans le plan ABM, le dièdre MABM′ est nul, le sens du déplacement du point M n'est plus défini.

722. **Sens relatif de deux vecteurs.** — Soient AB et CD (*fig.* 454) deux vecteurs, MN une droite rencontrant AB en M

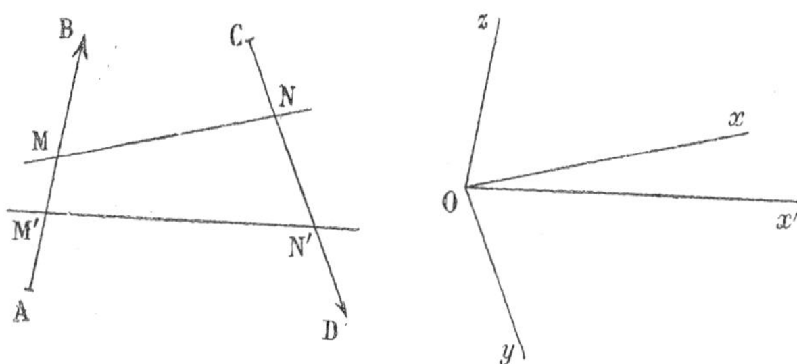

Fig. 454

et CD en N; par un point quelconque O, menons les demi-droites Ox, Oy, Oz ayant respectivement même direction que MN, CD et AB. Cela posé, si le trièdre $Oxyz$ est de sens positif (598), nous dirons que le vecteur CD est de *sens positif relativement au vecteur* AB; au contraire, si le trièdre $Oxyz$ est de sens négatif, le vecteur CD est de *sens négatif relativement au vecteur* AB.

Pour justifier cette définition, il faut montrer que le sens ainsi défini ne dépend pas de la position qu'occupe la sécante MN par rapport aux deux vecteurs, c'est-à-dire que si M′N′ est une autre sécante, Ox' la demie-droite qui a même direction que M′N′, les deux trièdres $Oxyz$ et $Ox'yz$ ont même sens. En effet, soit π le plan mené par AB parallèlement à la droite CD; ce plan est parallèle au plan yOz; les points N et N′ sont d'un même côté du plan π, par conséquent les demi-droites Ox et Ox' sont d'un même côté du plan yOz; donc les deux trièdres $Oxyz$ et $Ox'yz$ ont même sens.

723. Remarque I. — Si l'on permute les deux vecteurs AB et

CD, cela revient à remplacer respectivement AB, CD, MN par CD, AB, NM, c'est-à-dire à faire sur le trièdre $Oxyz$ les deux opérations suivantes : 1° permuter Oy et Oz; 2° changer le sens de Ox. Chacune de ces opérations change le sens du trièdre; par conséquent, après les deux opérations, le sens n'a pas changé ; donc :

Le sens relatif du vecteur CD *par rapport au vecteur* AB *est le même que le sens relatif de* AB *par rapport à* CD.

Ce sens commun est le *sens relatif* des deux vecteurs.

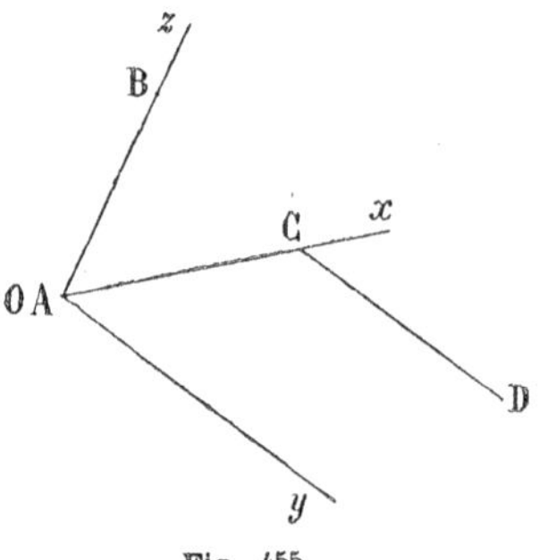

Fig. 455

724. Remarque II. — Dans la définition du sens relatif de deux vecteurs AB et CD prenons le point O en A, pour sécante MN la droite AC (*fig.* 455); le trièdre $Oxyz$ aura pour arête Ox la droite AC, pour arête Oy la demi-droite qui a même direction que CD, enfin pour arête Oz la droite AB; CD et Oy étant d'un même côté par rapport au plan xOz, les deux dièdres CABD et $xOzy$ ont même sens. Par suite, si le sens relatif des vecteurs est le sens positif, le dièdre CABD est de sens positif; il est de sens négatif dans le cas contraire; donc :

Le sens relatif de deux vecteurs AB *et* CD *est le même que le sens du déplacement de* C *à* D *par rapport à l'axe* AB.

725. Remarque III. — Soient un vecteur AB et deux vecteurs OM et OM' (*fig.* 456). Formons les trièdres qui définissent les sens de AB par rapport à OM et OM'. Les droites Oy et Oy' sont les mêmes puisqu'elles ont la direction de AB; on peut supposer que les droites Ox coïncident avec OA; les droites Oz de ces trièdres sont les droites OM et OM'; donc :

Si M *et* M' *sont d'un même côté du plan* OAB, *les vecteurs* OM *et* OM' *ont même sens par rapport au vecteur* AB; *si* M *et* M' *sont de part et d'autre du plan* OAB, *les vecteurs* OM *et* OM' *sont de sens contraires par rapport au vecteur* AB.

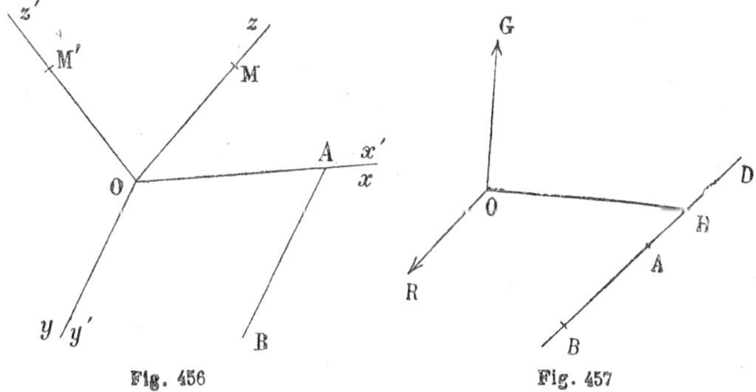

Fig. 456

Fig. 457

726. **Moment d'un vecteur par rapport à un point.** — Le *moment linéaire* d'un vecteur AB par rapport à un point O (*fig.* 457) est un vecteur OG perpendiculaire au plan OAB, dirigé dans un sens tel que le sens relatif des vecteurs AB et OG soit le sens positif, et égal en grandeur au produit de AB par la distance OH du point O à la droite AB.

Si l'on mène le vecteur OR équipollent au vecteur AB, le trièdre OHRG est un trièdre trirectangle de sens positif, et l'on a

$$\text{OG} = \text{OR} \times \text{OH}. \tag{1}$$

Il est clair que si l'on remplace le vecteur AB par un vecteur équivalent, OR et OG ne changent pas.

727. **Réciproque.** — *Si l'on se donne deux vecteurs rectangulaires,* OR *et* OG, *représentant le premier la grandeur géométrique d'un vecteur, le second son moment par rapport au point* O, *le vecteur est déterminé.* (Dans cet énoncé on ne considère pas comme distincts deux vecteurs équivalents.)

En effet, la droite OH (*fig.* 457) est perpendiculaire au plan ORG et le trièdre OHRG est de sens positif, ce qui détermine la direction OH ; l'équation (1) donne la longueur OH. Le point H étant connu, on mènera par ce point une droite D parallèle à OR ; sur cette droite on prendra une origine arbitraire A et à partir du point A, dans le même sens que OR, on portera une longueur AB égale à OR. Le vecteur AB ainsi construit a bien pour grandeur géométrique OR et pour moment par rapport au point O, OG.

Tous les vecteurs ainsi construits sont équivalents et ce sont évidemment les seuls qui aient OR pour grandeur géométrique et OG pour moment par rapport au point O.

728. Remarque. — Il résulte immédiatement de la définition du moment linéaire d'un vecteur AB par rapport à un point O que la grandeur géométrique de ce moment ne change pas si le point O se déplace sur une parallèle à la droite AB.

729. **Théorème.** — *Le moment d'un vecteur* AB (*fig.* 458) *par rapport à un point* I *est la somme géométrique de deux vecteurs : 1° Un vecteur équipollent au moment de* AB *par rapport à un*

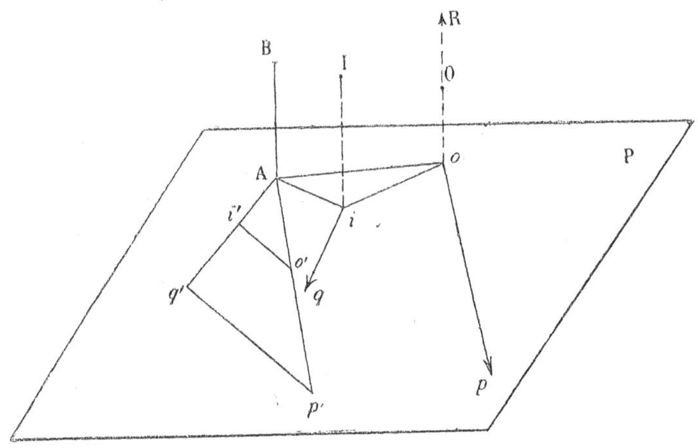

Fig. 458.

point quelconque O ; *2° Le moment de* OR *par rapport au point* I, OR *étant le vecteur de même grandeur géométrique que* AB.

Menons par le point A un plan P perpendiculaire au vecteur AB ; soient *o* et *i* les projections orthogonales des points O et I sur le plan P. D'après la remarque précédente, les moments du vecteur AB par rapport aux points O et I ont respectivement même grandeur géométrique que les moments par rapport aux points o et i; d'autre part, les moments de OR par rapport aux points i et I sont équipollents; il suffit donc de démontrer le théorème quand on place les points O et I respectivement en o et i.

Les moments op, iq du vecteur AB par rapport aux points o et i sont situés dans le plan P: les angles Aop et Aiq sont égaux à $+90°$ et l'on a

$$op = \mathrm{AB} \times \mathrm{A}o, \qquad iq = \mathrm{AB} \times \mathrm{A}i.$$

Menons par le point A les droites Ap', Aq', qui ont respectivement même grandeur géométrique que op et iq; si l'on fait tourner le triangle Aoi d'un angle égal à $+90°$ autour du point A, les points o et i viennent en o' et i', sur les droites Ap', Aq' et l'on a

$$\frac{\mathrm{A}p'}{\mathrm{A}o'} = \frac{\mathrm{A}q'}{\mathrm{A}i'} = \mathrm{AB}.$$

Les deux triangles A$p'q'$ et A$o'i'$ sont semblables; donc $p'q'$ est parallèle à $o'i'$, et par conséquent fait un angle égal à $+90°$ avec oi; de plus

$$p'q' = \mathrm{AB} \times o'i' = \mathrm{AB} \times oi.$$

$p'q'$ a donc même grandeur géométrique que le moment de OR par rapport au point i.

Cela posé, on a l'égalité géométrique

$$(\mathrm{A}q') = (\mathrm{A}p') + (p'q'),$$

c'est-à-dire

$$(iq) = (op) + (\mathrm{m^t.OR\ par\ rapport\ à\ } i).$$

C. q. f. d.

730. **Moment d'un vecteur par rapport à un axe.** — Soient D un axe orienté, AB un vecteur (*fig.* 459); prenons sur l'axe D un point quelconque O et soit OG le moment de AB par rapport au point O; *le moment du vecteur* AB *par rapport à l'axe* D *est égal, par définition, à la projection de* OG *sur l'axe* D.

Pour justifier cette définition, il faut montrer que cette projection ne change pas si le point O se déplace sur l'axe D.

Tout d'abord le signe de la projection ne change pas; prenons en effet, sur l'axe D, un segment OM ayant pour mesure algébrique $+1$; si le sens relatif de AB et OM est le sens positif, OM et OG sont d'un même côté du plan OAB (725) et par conséquent la projection de OG sur l'axe est positive ; on voit de même que si le sens relatif de OM et de AB est le sens négatif, la projection de OG sur l'axe est négative ; donc :

Le moment est positif ou négatif suivant que le déplacement de A *et* B *se fait dans le sens positif ou dans le sens négatif autour de l'axe.*

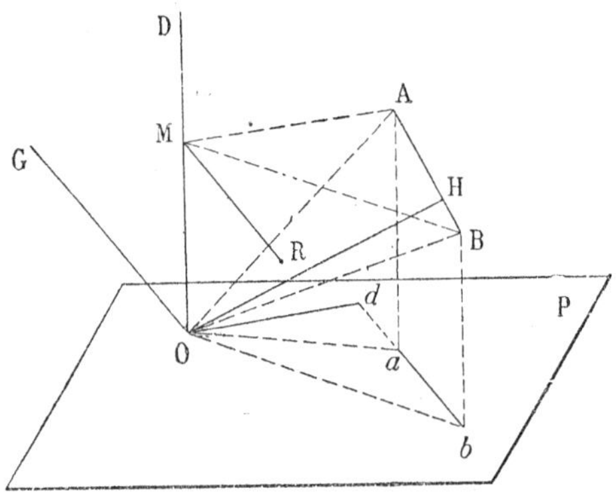

Fig. 459.

Le signe du moment ne dépend donc pas de la position du point O sur l'axe.

Nous allons montrer maintenant que la valeur absolue de cette projection ne change pas. Par le point O menons un plan P perpendiculaire à l'axe D; soient a et b les projections de A et B sur le plan P. On a

$$OG = AB \times OH = 2 \text{ surf. } OAB;$$

donc

$$\begin{aligned} \text{pr. } OG = OG \times \cos GOD &= 2 \text{ surf. } OAB \times \cos(P, OAB) \\ &= 2 \text{ surf. } Oab. \end{aligned}$$

Menons du point O la perpendiculaire Od sur ab; Od est égal (579) à la longueur d de la perpendiculaire commune à AB et à l'axe D; si maintenant φ est l'angle de AB avec l'axe D, on a

$$ab = AB \times \sin \varphi$$

et par conséquent

$$\text{pr. OG} = 2\ \text{surf. } Oab = ab \times d = \text{AB} \times d \times \sin \varphi.$$

Cette expression est bien indépendante de la position du point O sur l'axe D.

731. On peut donner une autre expression géométrique du moment d'un vecteur par rapport à un axe; abaissons en effet du point M la perpendiculaire MR sur le plan OAB. On a

$$\text{MR} = \cos \text{GOD},$$

et par conséquent

$$\text{pr. OG} = 2\ \text{surf. OAB} \times \text{MR} = 6\ \text{vol. OMAB};$$

donc:

Le moment d'un vecteur AB *par rapport à un axe* D *a pour valeur absolue* 6 *fois le volume du tétraèdre* OMAB, OM *étant un segment égal à l'unité pris sur l'axe.*

732. **Moment relatif de deux vecteurs.** — Soient AB et CD deux vecteurs (*fig.* 460); le *moment relatif du vecteur* CD *par rapport au vecteur* AB est égal, par définition, au produit de la longueur AB par le moment de CD par rapport à l'axe AB.

Le signe de ce moment relatif étant le même que celui du moment du vecteur CD par rapport à l'axe AB, on en conclut que le moment relatif sera positif ou négatif suivant que le sens relatif des vecteurs AB et CD (722) est le sens positif ou le sens négatif.

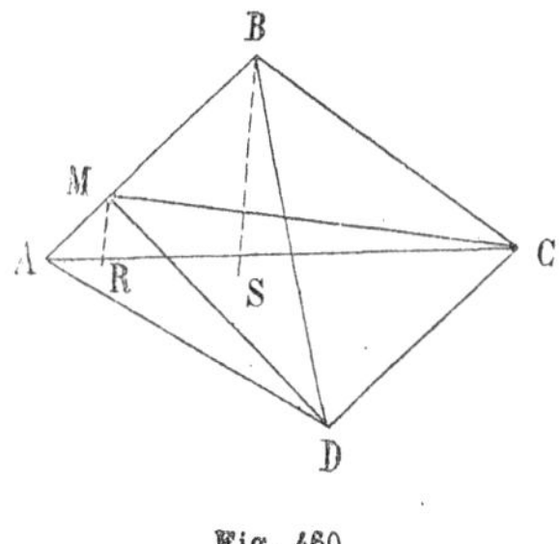

Fig. 460

Prenons sur AB un segment AM égal à l'unité. Abaissons des points M et B des perpendiculaires MR et BS sur le plan ACD. Le moment de CD par rapport à l'axe AB a une valeur absolue égale à six fois le volume du tétraèdre AMCD ; donc la valeur absolue du moment relatif de CD par rapport au vecteur AB est égale à

$$\text{AB} \times 6\ \text{vol. (AMCD)}.$$

Mais

$$\frac{\text{Vol. ABCD}}{\text{Vol. AMCD}} = \frac{\text{BS}}{\text{MR}} = \frac{\text{AB}}{\text{AM}} = \text{AB}.$$

Donc :

La valeur absolue du moment relatif du vecteur CD *par rapport au vecteur* AB *est égale à six fois le volume du tétraèdre* ABCD.

Il résulte de tout ce qui précède que le moment relatif du vecteur CD par rapport au vecteur AB est le même que le moment relatif du vecteur AB par rapport au vecteur CD.

Cette valeur commune est le *moment relatif* des deux vecteurs.

733. On peut donner une autre expression de la valeur absolue du moment relatif de deux vecteurs ; désignons par l et l' les longueurs des vecteurs AB et CD, par d la longueur de leur perpendiculaire commune, par φ l'angle de ces vecteurs. Le moment de CD par rapport à l'axe AB a (730) même valeur absolue que

$$l' \times d \times \sin \varphi$$

et par conséquent la valeur absolue du moment relatif des deux vecteurs est

$$l \times l' \times d \times \sin \varphi.$$

734. Parallélépipède construit sur deux vecteurs. — Soient AB et CD deux vecteurs ; menons par le point A le vecteur AE équipollent au vecteur CD et par le point C le vecteur CG équipollent au vecteur AB ; construisons le parallélogramme qui a pour côtés AB et AE (*fig.* 461) ; puis le parallélogramme qui a pour côtés CD et CG ; les sommets de ces parallélogrammes forment les sommets d'un parallélépipède AEFBGHDC qui est par définition le *parallélépipède construit sur les deux vecteurs.*

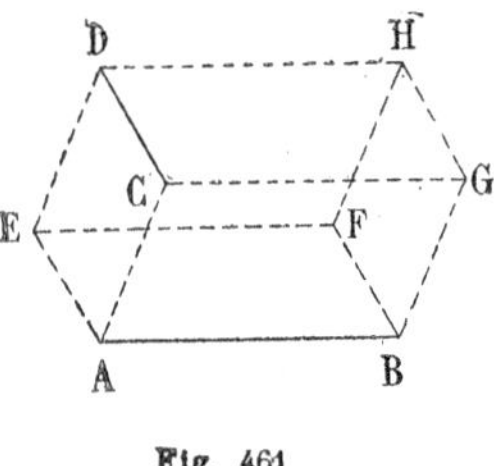

Fig. 461

Désignons encore par l et l' les longueurs des vecteurs AB, CD, par φ l'angle de ces vecteurs, par d la longueur de leur perpendiculaire commune.

L'aire du parallélogramme ABFE est égale à

$$AB \times AE \times \sin BAE = l \times l' \times \sin \varphi.$$

La distance des deux plans ABEF et CGHD est égale (580) à la longueur d de la perpendiculaire commune aux droites AB et CD. Par conséquent le volume du parallélépipède construit sur les deux vecteurs est égal à

$$l \times l' \times \sin \varphi \times d;$$

donc :

La valeur absolue du moment relatif de deux vecteurs est égale au volume du parallélépipède construit sur ces deux vecteurs.

735. **Signe du volume d'un tétraèdre.** — Dans la géométrie vectorielle, il s'introduit souvent les volumes de tétraèdres. Pour donner aux énoncés une forme générale, on est amené à affecter ce volume d'un signe. Pour fixer ce signe, il faut fixer l'ordre des sommets. Nous représenterons un tétraèdre par quatre lettres qui sont les lettres des sommets, en plaçant ces lettres dans l'ordre où sont placés les sommets. Cela posé, le volume du tétraèdre ABCD aura même signe que le sens relatif des vecteurs AB et CD.

On voit facilement que, si l'on permute deux sommets, on change le signe du volume.

Grâce à cette convention on peut énoncer le résultat suivant :

Le moment relatif de deux vecteurs AB *et* CD *est égal à six fois le volume du tétraèdre* ABCD.

736. Remarque. — Pour que le moment relatif de deux vecteurs AB et CD soit nul, il faut et il suffit que le volume du tétraèdre ABCD soit nul, c'est-à-dire que les deux vecteurs AB et CD soient situés dans un même plan.

737. **Théorème de Varignon.** — *Le moment de la résultante de deux vecteurs par rapport à un point est la somme géométrique des moments de ces vecteurs par rapport au même point.*

Pour faciliter la démonstration de ce théorème, nous établirons d'abord les deux lemmes suivants :

LEMME I. — *Si l'on décompose un vecteur* PA (*fig.*462) *en deux autres, l'un* Pa' *placé sur la droite* OP, *l'autre* Pa *perpendiculaire à la droite* OP, *les deux vecteurs* PA *et* Pa *ont même moment par rapport au point* O.

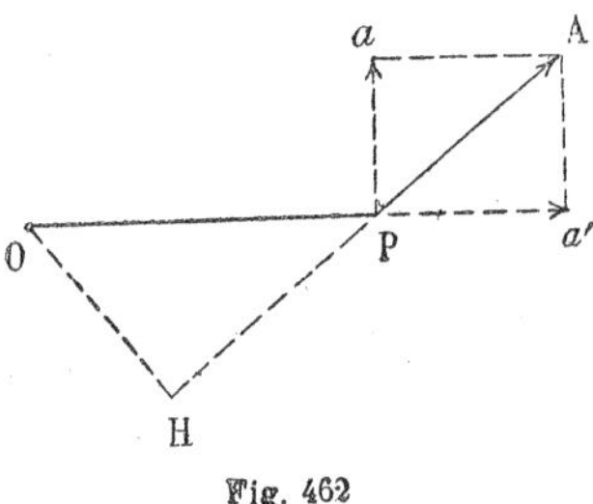

Fig. 462

Ces deux moments sont perpendiculaires au plan OPA et situés d'un même côté de ce plan; donc ils ont même sens. Il reste à montrer qu'ils ont même valeur absolue. Or

$$\text{m}^{\text{t}}\,\text{PA} = \text{PA} \times \text{OH},$$
$$\text{m}^{\text{t}}\,\text{P}a = \text{P}a \times \text{OP}.$$

Mais les deux triangles rectangles OPH et PAa sont semblables; donc :

$$\frac{\text{OH}}{\text{P}a} = \frac{\text{OP}}{\text{PA}}$$

et par conséquent

$$\text{PA} \times \text{OH} = \text{P}a \times \text{OP},$$

ce qui démontre le lemme.

LEMME II. — Soit PC la résultante de deux vecteurs PA et PB (*fig.*463). Si l'on décompose chacun de ces trois vecteurs en

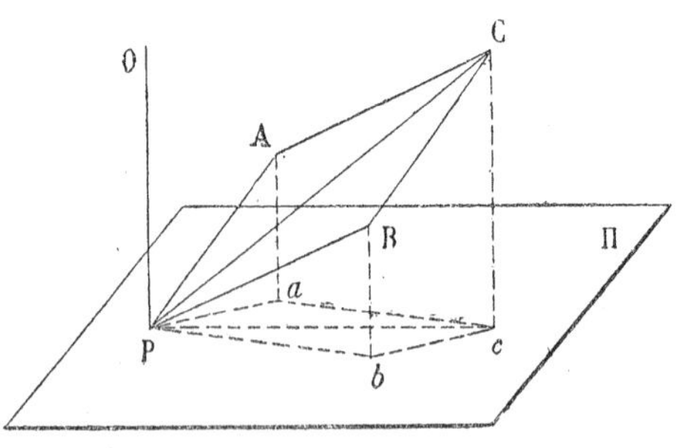

Fig. 463

deux autres, l'un dirigé suivant OP, l'autre normal à OP, les composantes normales à OP, Pa, Pb, Pc des vecteurs PA, PB, PC satisfont à l'égalité géométrique

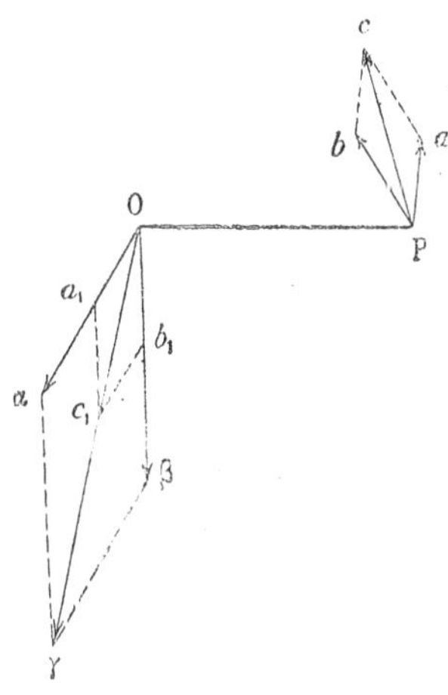

Fig. 464

$$(1) \quad (Pc) = (Pa) + (Pb).$$

Menons par le point P le plan π perpendiculaire à PO; les points a, b, c sont respectivement les projections de A, B, C sur le plan π. La figure PABC étant un parallélogramme, il en est de même de sa projection $Pabc$, ce qui démontre l'égalité (1).

Il résulte de ces deux lemmes que, pour établir l'égalité géométrique

$$(m^t\,PC) = (m^t\,PA) + (m^t\,PB),$$

il suffit d'établir que

$$(m^t\,Pc) = (m^t\,Pa) + (m^t\,Pb).$$

C'est cette dernière égalité que nous allons démontrer.

Soient $O\alpha$, $O\beta$, $O\gamma$ (*fig.* 464) les moments de Pa, Pb, Pc par rapport au point O. Prenons sur $O\alpha$, $O\beta$, $O\gamma$ des longueurs Oa_1, Ob_1, Oc_1 respectivement égales à Pa, Pb, Pc. Si l'on faisait tourner la figure $Pabc$ de $+90^o$ autour de OP, les vecteurs Pa, Pb, Pc deviendraient équipollents aux vecteurs Oa_1, Ob_1, Oc_1; il en résulte que les deux figures $Pabc$ et $Oa_1b_1c_1$ sont égales et par suite cette dernière est un parallélogramme.

Or on a

$$O\alpha = OP \times Pa, \qquad O\beta = OP \times Pb, \qquad O\gamma = OP \times Pc,$$

et par conséquent

$$\frac{O\alpha}{Oa_1} = \frac{O\beta}{Ob_1} = \frac{O\gamma}{Oc_1} = OP.$$

Les deux figures $Oa_1c_1b_1$ et $O\alpha\gamma\beta$ sont donc semblables; la première étant un parallélogramme, il en est de même de la seconde, et par suite

$$(O\gamma) = (O\alpha) + (O\beta).$$

C. q. f. d.

738. Théorème de Varignon. — CAS D'UN NOMBRE QUELCONQUE DE VECTEURS CONCOURANTS.

Le moment de la résultante de plusieurs vecteurs concourants par rapport à un point est la somme géométrique des moments de tous ces vecteurs par rapport au même point.

Le théorème est vrai dans le cas de deux vecteurs (737) ; pour établir qu'il existe dans le cas d'un nombre quelconque de vecteurs, il suffit de montrer que s'il est vrai pour $n-1$ vecteurs, il sera vrai pour n vecteurs.

Soient donc AP_1, $AP_2, \ldots, AP_n$ n vecteurs qui ont même origine; AQ la résultante de AP_1, $AP_2, \ldots, AP_{n-1}$; AR la résultante des n vecteurs. Prenons les moments par rapport à un point quelconque O; le théorème étant supposé vrai pour $n-1$ vecteurs, on aura

$$(\text{m}^t\, AQ) = (\text{m}^t\, AP_1) + (\text{m}^t\, AP_2) + \cdots + (\text{m}^t\, AP_{n-1}).$$

Mais AR est la résultante de AQ et de AP_n. On a donc

$$(\text{m}^t\, AR) = (\text{m}^t\, AQ) + (\text{m}^t\, AP_n),$$

donc

$$(\text{m}^t\, AR) = (\text{m}^t\, AP_1) + (\text{m}^t\, AP_2) + \cdots + (\text{m}^t\, AP_{n-1}) + (\text{m}^t\, AP_n).$$

C. q. f. d.

739. Théorème. — *Le moment de la résultante de plusieurs vecteurs concourants par rapport à un axe quelconque est la somme algébrique des moments de tous ces vecteurs par rapport au même axe.*

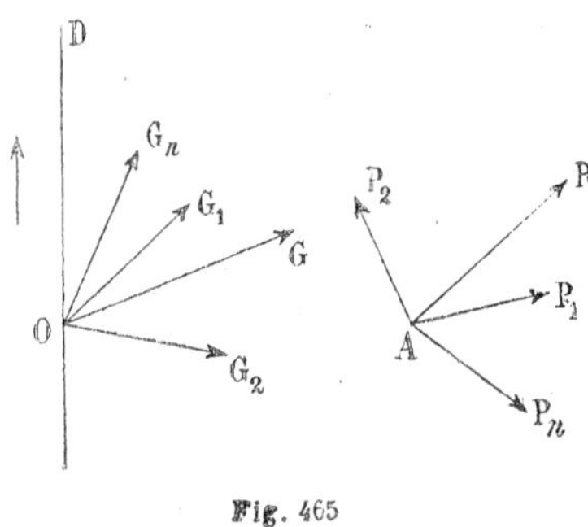

Fig. 465

Soient AR la résultante des vecteurs AP_1, $AP_2, \ldots$, AP_n, D un axe quelconque (*fig.* 465); prenons sur l'axe D un point quelconque O et soient OG_1, OG_2, ..., OG_n les moments des vecteurs AP_1, AP_2, ..., AP_n par rapport au point O; OG le moment de la résultante AR par rapport au même point.

D'après le théorème précédent on a l'égalité géométrique

$$(OG) = (OG_1) + (OG_2) + \cdots + (OG_n),$$

et par conséquent, en projetant sur l'axe D,

$$\text{pr. } OG = \text{pr. } OG_1 + \text{pr. } OG_2 + \cdots + \text{pr. } OG_n.$$

Mais (730) pr. de OG, pr. de OG_1, pr. OG_2, ..., pr. OG_n sont respectivement les moments de AR, de AP_1, de AP_2, ..., de AP_n par rapport à l'axe D. On a donc, en prenant tous les moments par rapport à l'axe D :

$$m^t AR = m^t AP_1 + m^t AP_2 + \cdots + m^t AP_n.$$

740. **Théorème.** — *Le moment relatif de la résultante de plusieurs vecteurs concourants et d'un vecteur quelconque* P *est égal à la somme algébrique des moments relatifs de tous ces vecteurs avec le vecteur* P.

Ce théorème se déduit immédiatement du précédent en remarquant que les moments relatifs par rapport à un vecteur sont proportionnels aux moments par rapport à l'axe qui supporte ce vecteur.

741. **Expression analytique des moments d'un vecteur par rapport aux axes de coordonnées.** — Considérons trois axes Ox, Oy, Oz formant un trièdre trirectangle de sens positif, et un vecteur AF appliqué au point A.

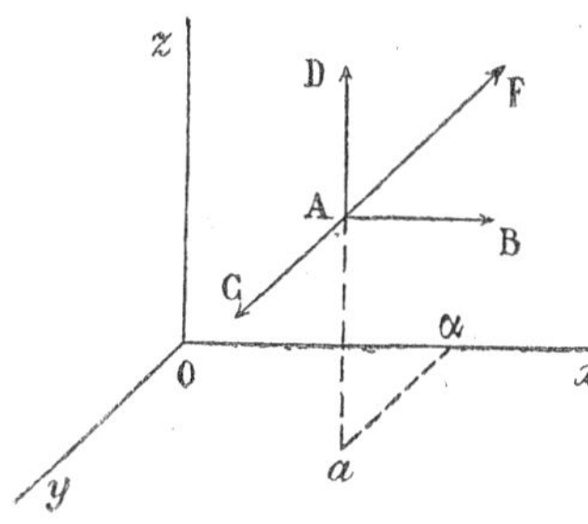

Fig. 466.

Désignons par X, Y, Z les projections de F sur les axes Ox, Oy, Oz, par x, y, z les coordonnées du point A ; nous allons calculer les moments L, M, N du vecteur F par rapport aux axes Ox, Oy, Oz.

Le vecteur F peut être décomposé en trois autres AB, AC, AD respectivement parallèles aux droites Ox, Oy, Oz. Par rapport à un axe quelconque, on a (739)

$$M^t F = M^t AB + M^t AC + M^t AD.$$

Prenons les moments par rapport à l'axe des x ; le moment de AB est nul ; évaluons le moment de AD ; la grandeur de AD est la valeur absolue de Z, la perpendiculaire commune ax aux droites AD et Ox est égale à la valeur absolue de y ; donc le moment a même valeur absolue que le produit $y\text{Z}$; d'autre part, si y et Z sont positifs, le sens de déplacement de A vers D autour de Ox est le sens positif ; le moment dans ce cas est donc positif, c'est-à-dire égal à $y\text{Z}$; si l'on change le signe de y ou de Z, on change le signe du moment ; par conséquent on a bien dans tous les cas

$$\text{M}^{\text{t}}\,\text{AD} = y\text{Z},$$

on voit de même que

$$\text{M}^{\text{t}}\,\text{AC} = -z\text{Y};$$

on aura donc

$$\text{L} = y\text{Z} - z\text{Y};$$

on trouve de même

$$\text{M} = z\text{X} - x\text{Z}, \qquad \text{N} = x\text{Y} - y\text{X}.$$

742. **Résultante générale d'un système de vecteurs.** — Soient $\text{P}_1, \text{P}_2, \ldots, \text{P}_n$ n vecteurs quelconques, O un point quelconque ; par le point O, menons les vecteurs $\text{OR}_1, \text{OR}_2, \ldots, \text{OR}_n$ qui ont respectivement même grandeur géométrique que les vecteurs $\text{P}_1, \text{P}_2, \ldots, \text{P}_n$; la résultante OR des vecteurs $\text{OR}_1, \text{OR}_2, \ldots, \text{OR}_n$ est la *résultante générale* du système de vecteurs.

En projetant sur un axe quelconque, on a

$$\begin{aligned}\text{pr. OR} &= \text{pr. OR}_1 + \text{pr. OR}_2 + \cdots + \text{pr. OR}_n\\ &= \text{pr. P}_1 + \text{pr. P}_2 + \cdots + \text{pr. P}_n;\end{aligned}$$

donc :

La projection de la résultante générale d'un système de vecteurs sur un axe est égale à la somme des projections de tous les vecteurs du système sur le même axe.

On voit que si l'on change le point O, la grandeur géométrique de la résultante générale ne change pas.

743. **Moment résultant par rapport à un point.** — Soient $\text{P}_1, \text{P}_2, \ldots, \text{P}_n$ n vecteurs quelconques, O un point quelconque ; menons les vecteurs $\text{OG}_1, \text{OG}_2, \ldots, \text{OG}_n$ qui représentent respec-

tivement les moments des vecteurs $P_1, P_2, \ldots, P_n$ par rapport au point O; la résultante OG des vecteurs $OG_1, OG_2, \ldots, OG_n$ est le *moment résultant* du système de vecteurs par rapport au point O.

En projetant sur un axe *passant par* O on a

$$\begin{aligned} \text{pr.}\, OG &= \text{pr.}\, OG_1 + \text{pr.}\, OG_2 + \cdots + \text{pr.}\, OG_n \\ &= \text{m}^t P_1 + \text{m}^t P_2 + \cdots + \text{m}^t P_n ; \end{aligned}$$

donc:

La projection du moment résultant d'un système de vecteurs par rapport au point O *sur un axe passant par* O *est égale à la somme des moments de tous les vecteurs du système par rapport à cet axe.*

744. Théorème. — *Soient* OR *la résultante générale* (*fig.* 467), OG *le moment résultant par rapport au point* O *d'un système de vecteurs ; le moment résultant* AH *de ce système par rapport à un point quelconque* A *est la somme géométrique de deux vecteurs : l'un* AG' *a même grandeur géométrique que* OG; *l'autre* AK *est le moment de* OR *par rapport au point* A.

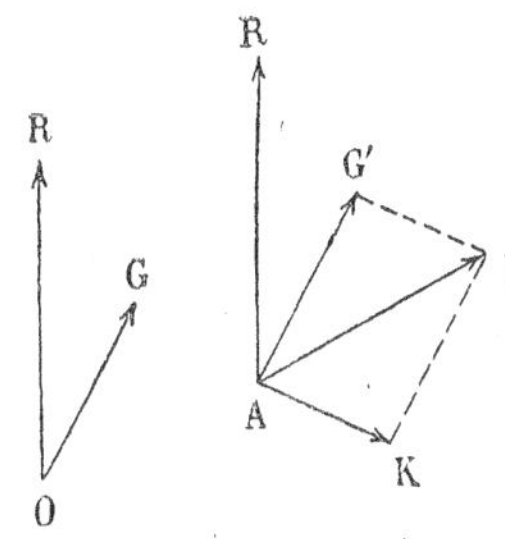

Fig. 467

Il en résulte qu'on aura l'égalité géométrique

$$(AH) = (OG) + (\text{m}^t\, OR \text{ par rapport à } A).$$

En effet, soient $OR_1, OR_2, \ldots, OR_n$ les vecteurs qui sont équipollents aux vecteurs $P_1, P_2, \ldots, P_n$ du système; $OG_1, OG_2, \ldots, OG_n$ les moments de $P_1, P_2, \ldots, P_n$ par rapport au point O; $AH_1, AH_2, \ldots, AH_n$ les moments de ces vecteurs par rapport au point A. On aura (729)

$$\begin{aligned} (AH_1) &= (OG_1) + (\text{m}^t\, OR_1), \\ (AH_2) &= (OG_2) + (\text{m}^t\, OR_2), \\ &\ldots\ldots\ldots \\ (AH_n) &= (OG_n) + (\text{m}^t\, OR_n), \end{aligned}$$

tous les moments qui figurent dans ces formules étant pris par rapport au point A. En ajoutant on aura

$$\begin{aligned}(AH) &= (AH_1) + (AH_2) + \cdots + (AH_n) \\ &= [(OG_1) + (OG_2) + \cdots + (OG_n)] \\ &\quad + [(m^t\, OR_1) + (m^t\, OR_2) + \cdots + (m^t\, OR_n)].\end{aligned}$$

La première somme est égale à OG; la seconde est égale (738) au moment de OR par rapport au point A ; ce qui démontre le théorème.

745. Remarque I. — Il résulte de ce théorème que si l'on connaît la résultante générale OR d'un système de vecteurs et son moment résultant OG par rapport au point O, on pourra obtenir son moment résultant par rapport à un point quelconque.

746. Remarque II. — Si le point A est placé sur OR, le moment de OR par rapport au point A est nul, OH et OG ont même grandeur géométrique ; donc :

Si un point se déplace sur une résultante générale, le moment résultant par rapport à ce point conserve la même grandeur géométrique.

747. Remarque III. — Si la résultante générale OR est nulle, AH et OG ont même grandeur géométrique; donc :

Si la résultante générale d'un système est nulle, le moment résultant du système a la même grandeur géométrique en tous les points de l'espace.

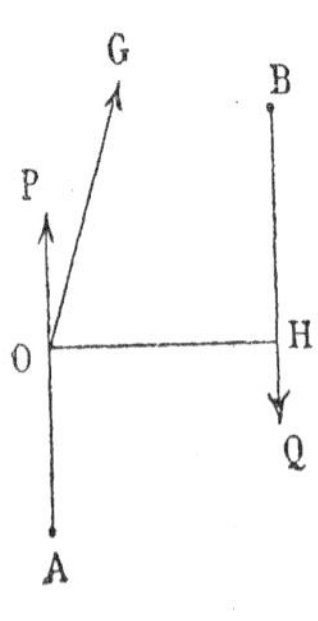

Fig. 468

748. Couple. — Un *couple* est un système de deux vecteurs égaux, situés sur des droites parallèles et dirigés en sens contraire.

Soient AP et BQ (*fig.* 468) les deux vecteurs d'un couple ; la distance OH de ces deux vecteurs est le *bras de levier* du couple.

749. Axe d'un couple. — Un couple forme évidemment un système dont la résultante générale est nulle; par suite le moment résultant de ce système est le même pour tous les points de l'espace (747).

Ce moment résultant est l'*axe* du couple. L'axe d'un couple est un vecteur défini par sa grandeur géométrique, mais non défini en position, car on peut lui donner une origine quelconque.

Pour obtenir la grandeur géométrique de cet axe, on peut prendre le moment résultant par rapport à un point particulier; prenons-le, par exemple, par rapport à un point O du vecteur OP (*fig.* 468); le moment du vecteur P est nul; le moment résultant est donc égal au moment du vecteur Q par rapport au point O.

L'axe OG du couple est donc perpendiculaire au plan O, Q, c'est-à-dire au plan du couple; il est dirigé dans un sens tel que le sens relatif de OG et OQ soit le sens positif; il est égal en grandeur au produit $BQ \times OH$, c'est-à-dire au produit de la longueur de chaque vecteur par le bras de levier du couple.

On peut remarquer que la grandeur de l'axe est égale à l'aire du parallélogramme qui a pour côtés opposés les deux vecteurs du couple.

§ IX.

Projections centrales.

750. **Définitions.** — Étant donnés un point fixe S (*fig.* 469) appelé *centre de projection* ou *point de vue* et un plan fixe P appelé *plan de projection* ou *plan du tableau*, la *projection centrale* ou la *perspective* d'un point quelconque M est la trace *m* de la droite SM sur le plan P. La droite SM s'appelle la *projetante* du point M.

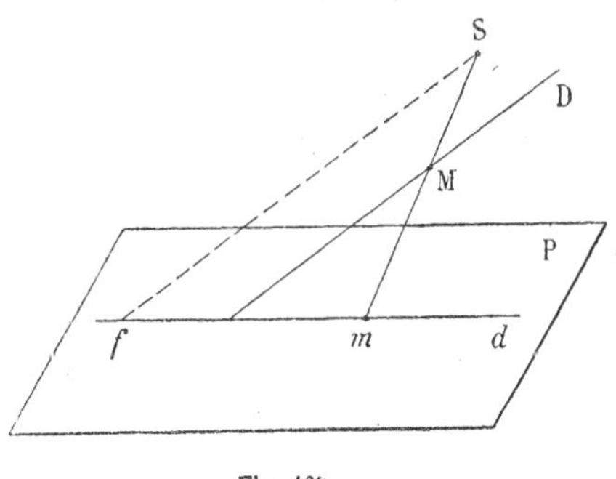

Fig. 469

Si le point M décrit une figure F, sa projection *m* décrit

une figure f; cette figure f est la *projection centrale* ou la *perspective* de la figure F.

Si le point M est situé dans le plan mené par S parallèlement au plan P, la droite SM est parallèle à ce plan, il n'y a plus de projection. Nous dirons que la projection du point M est *rejetée à l'infini.*

751. **Théorème.** — *La perspective d'une droite qui ne passe pas par le point de vue est une droite.*

En effet, soient D une droite qui ne passe pas par le point de vue S (*fig.* 469), Π le plan déterminé par la droite D et le point S; la projetante SM de tout point M de la droite D est située dans le plan Π, et par conséquent la trace m de cette droite est sur la droite d, intersection des plans P et Π.

Ce plan Π est le *plan projetant* la droite D.

752. Remarque I. — Si la droite D passe par le centre S, sa projection se réduit à un point, qui est la trace de la droite sur le plan de projection.

753. Remarque II. — Si la droite D est située dans le plan mené par S parallèlement au plan P, le plan projetant la droite est parallèle au plan de projection; il n'y a plus, à vraiment parler, de projection de la droite; on dit alors que cette projection *est rejetée à l'infini.*

754. **Projection d'une courbe.** — Soit C une courbe quelconque (*fig.* 470); si le point M décrit la courbe C, la projetante SM décrit un cône qui est le *cône projetant la courbe* C; la projection m de M décrit la courbe d'intersection de ce cône et du plan de projection.

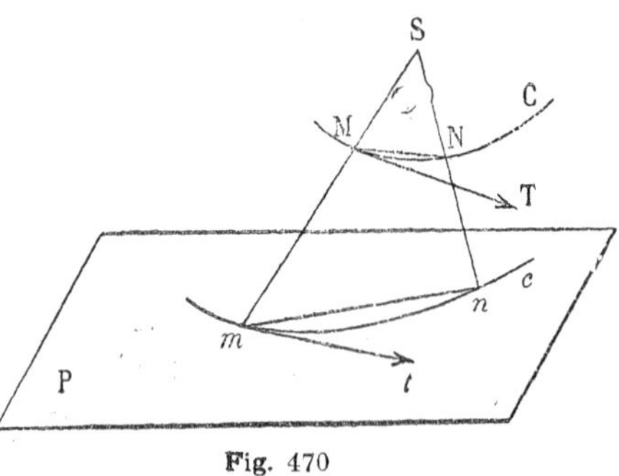

Fig. 470

Soient M et N deux points de la courbe C, m et n leurs projections ; la droite MN est projetée suivant la droite mn ; si N se rapproche indéfiniment de M, MN a pour position limite la tangente MT à la courbe C ; le point n se rapprochera aussi indéfiniment du point m, la droite mn aura pour position limite la tangente mt à la projection c ; mn étant toujours la projection de MN, mt sera la projection de MT. Donc :

Si une droite et une courbe sont tangentes en un point M, *leurs projections sont tangentes au point* m, *projection de* M.

Si deux courbes sont tangentes en un point M, *leurs projections sont tangentes au point* m, *projection de* M.

755. Supposons que le point M s'éloigne indéfiniment sur la droite D dans un sens ou dans l'autre ; la projetante SM a pour position limite la parallèle menée par S à la droite D ; la projection m de M a pour position limite la trace f (*fig.* 471) de cette parallèle. Ce point f s'appelle le *point de fuite* de la droite D. Tout se passe donc, *au point de vue des projections*, comme s'il existait un *point à l'infini* sur la droite D ; f est la projection de ce point à l'infini.

Deux droites parallèles ont même point de fuite. Un faisceau de droites parallèles entre elles se projettera suivant des droites qui concourent en leur point de fuite. Au point de vue projectif, ces droites se comportent comme des droites qui concourent en un même point ; on peut dire que ces droites ont un *point commun à l'infini*.

756. Remarque. — Si la droite D est parallèle au plan P, la droite Δ menée par S parallèlement à D est aussi parallèle au plan P ; le point de fuite f n'existe plus ; on dit qu'il est rejeté à l'infini. La projection d de D est parallèle à D, car le plan projetant Π contenant la droite D parallèle au plan P, coupe ce plan P suivant une parallèle à D (518).

Si l'on considère une série de droites parallèles à D, les projections de ces droites seront parallèles entre elles ; on peut encore dire que *ces projections concourent en un point à l'infini*.

757. Soient Q un plan non parallèle au plan de projection P (*fig.* 471), Q′ le plan mené par le centre S parallèlement au plan Q, L l'intersection de Q′ avec P; cette droite L est *la ligne de fuite* du plan Q.

Soit D une droite du plan Q; la droite δ menée par S parallèlement à D est située dans le plan Q′; par conséquent, la trace *f* de δ est située sur L. Donc :

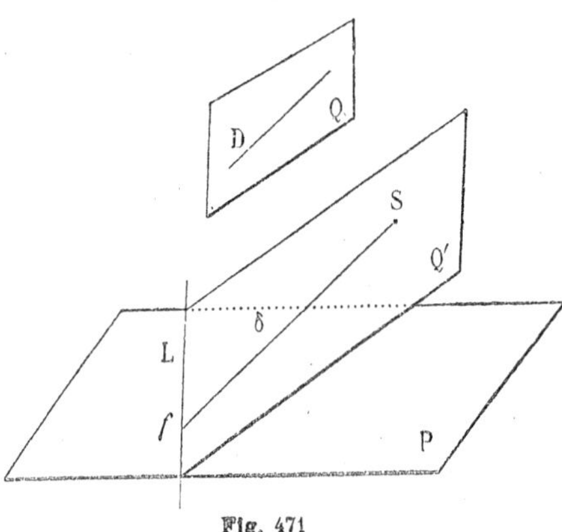

Fig. 471

Les points de fuite de toutes les droites d'un plan sont situés sur la ligne de fuite du plan;

ou encore :

Les points à l'infini sur toutes les droites d'un plan se projettent suivant la ligne de fuite du plan.

Au point de vue projectif, ces points possèdent la même propriété que des points situés en ligne droite. A ce point de vue, on peut dire que les points à l'infini d'un plan sont situés sur une droite qu'on appelle la *droite à l'infini* du plan.

Deux plans parallèles ont même ligne de fuite; leurs droites à l'infini ont toujours la même projection; on peut considérer ces droites comme confondues et dire :

Deux plans parallèles se coupent suivant une droite rejetée à l'infini.

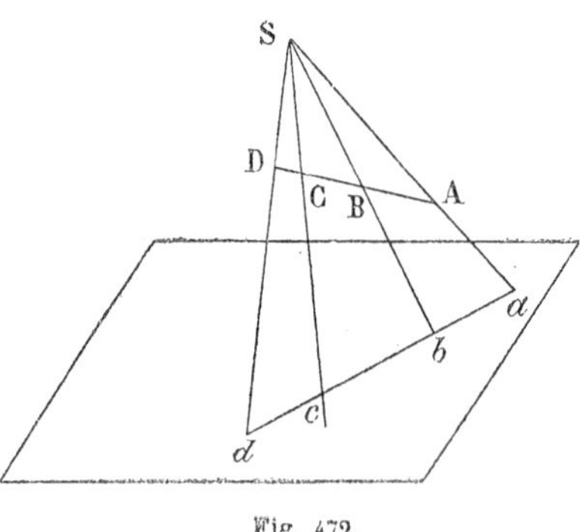

Fig. 472.

758. **Théorème.** — *Une division harmonique se projette suivant une division harmonique.*

En effet, soient A, B, C, D (*fig.* 472) quatre points formant une division harmonique, *a*, *b*, *c*, *d* les projections de ces points ; les projetantes SA, SB, SC, SD forment un faisceau harmonique ; par conséquent les quatre points *a*, *b*, *c*, *d* où les droites de ce faisceau sont coupées par la transversale *abcd* forment une division harmonique.

759. **Théorème.** — *Un faisceau harmonique se projette suivant un faisceau harmonique.*

En effet, soient OA, OB, OC, OD les quatre droites d'un faisceau harmonique ; A, B, C, D les traces de ces droites sur le plan du tableau (*fig.* 473), ces quatre points A, B, C, D sont sur la droite d'intersection du plan du faisceau avec le plan du tableau, le faisceau étant harmonique les quatre points A, B, C, D forment une division harmonique.

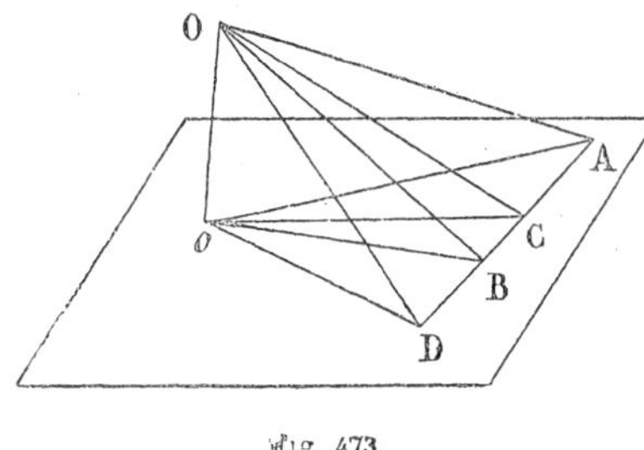

Fig. 473.

Cela posé, soit *o* la projection de O, les droites du faisceau se projettent suivant les droites *o*A, *o*B, *o*C, *o*D ; mais la division A, B, C, D étant harmonique, le faisceau de ces quatre droites est harmonique.

760. Remarque. — Les réciproques des deux théorèmes précédents sont exactes. On les énonce ainsi :

Si quatre points d'une droite se projettent suivant une division harmonique, les quatre points donnés forment aussi une division harmonique.

Si quatre droites d'un faisceau plan se projettent suivant un faisceau harmonique, les quatre droites données forment aussi un faisceau harmonique.

761. **Application.** — **Théorème de Pappus.** — (Voir l'énoncé n° 306 ; autre démonstration n° 306.)

Pour démontrer que la diagonale BD est divisée harmoniquement par les points H et K où elle rencontre les deux autres diagonales (*fig.* 474), je prends un centre de projection quelconque S et un plan de projection P parallèle au plan SEF. Les droites AB, CD se projettent suivant des droites parallèles à SF ; de même BC et AD se projettent suivant des droites parallèles à SE. La figure ABCD se projette donc suivant un parallélogramme *abcd*. Le point H se projette au point de rencontre *h* des diagonales, le point K en un point *k* rejeté à

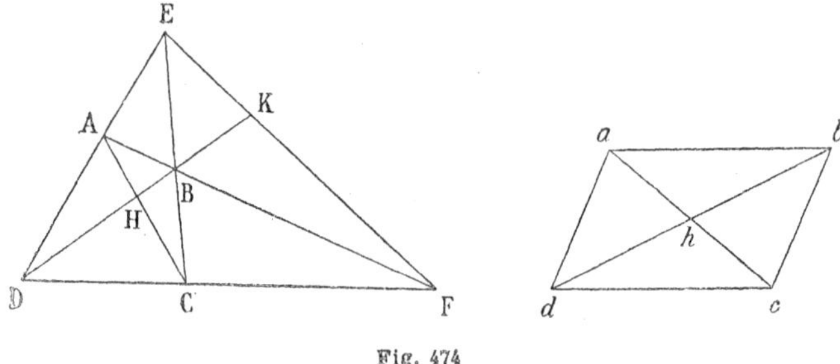

Fig. 474

l'infini sur *bd*. Les quatre points *b*, *d*, *h*, *k* forment donc une division harmonique ; donc (760), il en est de même des quatre points B, D, H, K.

EXERCICES SUR LE LIVRE VI

1. Conditions nécessaires et suffisantes pour que la droite qui joint les milieux de deux arêtes opposées d'un tétraèdre soit la perpendiculaire commune à ces arêtes.

2. Couper un prisme triangulaire par un plan tel que la section soit un triangle rectangle semblable à un triangle rectangle donné.

3. Etant données trois droites, situées d'une façon quelconque dans l'espace, construire un parallélépipède tel qu'il ait une arête sur chacune de ces droites.

4. On donne deux droites A et B non situées dans un même plan. On demande :

1° Le lieu des centres des parallélépipèdes qui ont une arête sur chacune de ces deux droites ;

2° Le lieu des centres des parallélépipèdes qui ont une arête sur chacune de ces deux droites, une arête parallèle à une droite donnée C et tels que les faces qui contiennent les arêtes A et B soient des losanges.

5. On coupe un cube par un plan perpendiculaire à une diagonale ; quelle est la nature de la section et comment varie l'aire de cette section quand le plan se déplace en restant perpendiculaire à la diagonale ?

6. Le volume d'un prisme triangulaire est égal au produit de l'aire d'une face latérale par la distance du plan de cette face à l'arête opposée.

7. Dans un tétraèdre, les droites qui joignent les milieux des arêtes opposées se coupent en leurs milieux.

8. Dans un tétraèdre, les droites qui joignent les sommets aux points de concours des médianes des faces opposées concourent en un même point.

9. Les six plans bissecteurs des six dièdres d'un tétraèdre concourent en un même point.

10. Dans un tétraèdre, les plans menés perpendiculairement aux arêtes en leurs milieux concourent en un même point.

11. Les perpendiculaires menées aux quatre faces d'un tétraèdre par les centres des cercles circonscrits à chacune de ces faces se coupent en un même point.

12. Si l'on coupe un tétraèdre par un plan parallèle à deux arêtes opposées, la section est un parallélogramme. Etudier la variation de l'aire de ce parallélogramme.

13. Le plan bissecteur d'un angle dièdre d'un tétraèdre partage l'arête opposée en parties proportionnelles aux aires des faces adjacentes du dièdre.

14. Si deux couples d'arêtes opposées d'un tétraèdre sont rectangulaires, il en est de même des arêtes du troisième couple. Dans un tel tétraèdre, les hauteurs et les perpendiculaires communes aux arêtes opposées se coupent en un même point.

15. Deux tétraèdres qui ont un dièdre égal et de même sens compris entre des faces égales sont égaux.

16. Construire les hauteurs d'un tétraèdre connaissant les six arêtes.

17. Calculer le volume d'un tétraèdre régulier (tétraèdre dont les quatre faces sont des triangles équilatéraux) connaissant son arête.

18. Une pyramide pentagonale régulière est telle que ses arêtes latérales sont égales au côté de la base. Calculer son volume en fonction de l'arête.

19. Les volumes de deux tétraèdres qui ont un angle trièdre égal sont entre eux comme les produits des arêtes issues des sommets de ces trièdres.

20. Étant données trois droites parallèles non situées dans un même plan, on prend sur la première une longueur AB, sur la seconde un point C, sur la troisième un point D. Démontrer que le volume du tétraèdre ABCD reste constant quand les points C et D se déplacent sur les parallèles.

21. On donne deux droites AB et CD non situées dans un même plan ; sur la première on porte une longueur MN, sur la deuxième une longueur PQ. Démontrer que le volume du tétraèdre MNPQ reste constant quand on déplace arbitrairement les segments MN et PQ sur les droites AB et CD.

22. Le plan mené par une arête d'un tétraèdre et le milieu de l'arête opposée partage ce tétraèdre en deux tétraèdres équivalents.

23. Soient ABCD un tétraèdre, a, b, c, d les hauteurs issues des sommets A, B, C, D, O un point intérieur au tétraèdre, α, β, γ, δ les distances du point O aux faces BCD, CDA, DAB, ABC. Démontrer la relation

$$\frac{\alpha}{a} + \frac{\beta}{b} + \frac{\gamma}{c} + \frac{\delta}{d} = 1.$$

Comment faut-il modifier cette relation si le point O est extérieur au tétraèdre ?

24. On prend un point O à l'intérieur d'un tétraèdre ABCD, et l'on prolonge les droites AO, BO, CO, DO jusqu'à leur rencontre avec les faces opposées en a, b, c, d. Démontrer la relation

$$\frac{Oa}{Aa} + \frac{Ob}{Bb} + \frac{Oc}{Cc} + \frac{Od}{Dd} = 1.$$

25. Calculer la somme des prismes inscrits dans une pyramide triangulaire, l'inscription étant effectuée comme au numéro 638. En déduire le volume de la pyramide.

26. Par chaque sommet d'un tétraèdre on mène un plan parallèle à la face opposée ; on forme ainsi un nouveau tétraèdre. Trouver les rapports des surfaces et des volumes des deux tétraèdres.

27. Étant donnés deux segments quelconques AB et CD, on considère les droites Δ, telles que si l'on prend sur une telle droite un segment quelconque PQ le rapport des volumes des tétraèdres ABPQ, CDPQ ait une valeur donnée.

Quel est le lieu formé par les droites Δ qui passent par un point fixe ?

Comment sont situées les droites Δ qui appartiennent à un plan donné ?

28. Dans un tronc de pyramide triangulaire à bases parallèles, les droites qui joignent les sommets d'une base aux milieux des côtés opposés de l'autre base se coupent en un même point.

29. Trouver l'expression du volume d'un tronc de pyramide à bases parallèles en le décomposant en troncs de pyramide triangulaires.

30. Les quatre diagonales d'un tronc de pyramide dont les bases sont des parallélogrammes se coupent en un même point.

31. On coupe un tronc de pyramide par un plan parallèle aux bases ; évaluer l'aire de la section connaissant les aires B et b des deux bases et le rapport m des distances du plan sécant aux deux plans de base.

32. Couper un tronc de pyramide à bases parallèles par un plan parallèle aux bases de telle sorte que les surfaces totales des deux troncs de pyramide obtenus soient égales.

33. Un tronc de pyramide régulier a pour bases des octogones réguliers dont les côtés sont a et b ; les arêtes latérales ont une longueur c. Calculer la surface totale et le volume de ce tronc de pyramide.

34. Etant donné un tronc de pyramide à bases triangulaires, mener, par une arête d'une base, un plan qui partage ce tronc en deux parties équivalentes.

35. Mener par une arête latérale d'un tronc de prisme triangulaire un plan qui partage son volume en deux parties équivalentes.

36. Le volume d'un tronc de prisme dont la section droite est un parallélogramme est égal au produit de l'aire de la section droite par le quart de la somme des arêtes latérales.

37. Un rectangle ABCD a pour dimensions $AB = a$, $BC = b$;

à une distance h du plan de ce rectangle on mène une droite EF de longueur l, parallèle au côté BC. Evaluer le volume du polyèdre ABCDEF.

38. Deux rectangles ABCD, A'B'C'D' ont leurs côtés homologues parallèles. On suppose $AB = a$, $BC = b$, $A'B' = a'$, $B'C' = b'$. La distance des plans des deux rectangles est h. — Calculer le volume du polyèdre ABCDA'B'C'D'.

39. Soient A et B deux droites, O un point équidistant de ces deux droites. Mener par le point O une droite Δ telle qu'on puisse amener la droite A en coïncidence avec la droite B par une rotation autour de la droite Δ. — Dans quel cas le problème est-il indéterminé ?

40. Soient A et B deux droites quelconques, a et b des points pris sur ces droites. Trouver une droite Δ telle que par une rotation autour de Δ, on puisse faire coïncider la droite A avec la droite B et que le point a vienne en b.

41. Déduire de l'exercice précédent le théorème suivant :

Si A et B sont deux droites quelconques, a et b des points donnés sur ces droites, on prend respectivement sur les deux droites des points variables α et β tels que les longueurs $a\alpha$ et $b\beta$ soient égales. Le plan perpendiculaire à la droite $\alpha\beta$ en son milieu passe par une droite fixe.

42. Soient A, B, C trois droites telles que les angles que fait la droite C avec les droites A et B soient égaux. Démontrer qu'on peut, par une rotation autour de la droite C, amener la droite A à être parallèle à la droite B.

43. Soient P et Q deux plans qui se coupent suivant une droite D ; F une figure quelconque, F' sa symétrique par rapport au plan P, F'' la figure symétrique de F' par rapport au plan Q. Montrer qu'on peut faire coïncider F avec F'' par une rotation autour de la droite D. — Quel est l'angle de rotation ?

44. Deux tétraèdres qui ont leurs arêtes homologues proportionnelles sont semblables.

45. Deux tétraèdres qui ont un dièdre égal compris entre des faces semblables sont semblables.

LIVRE VII

LES CORPS RONDS

§ I.

Cylindre.

762. **Définition.** — On appelle *surface de révolution* la surface engendrée par une courbe C en tournant autour d'un axe A. La courbe C est appelée *génératrice*, l'axe A, l'*axe de révolution*.

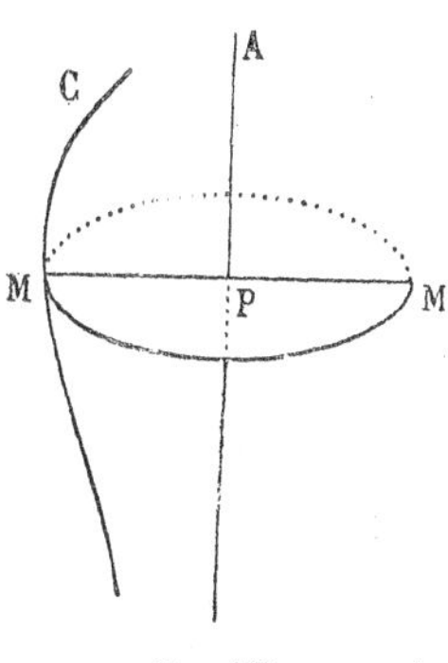

Fig. 475

Soient M (*fig.* 475) un point quelconque de la génératrice C; P le pied de la perpendiculaire abaissée du point M sur l'axe; en tournant autour de l'axe le point M engendre un cercle dont le plan est perpendiculaire à l'axe et dont le centre est le point P.

Tout plan perpendiculaire à l'axe coupe donc la surface suivant un ou plusieurs cercles qui ont leurs centres sur l'axe. Ces cercles sont les *parallèles* de la surface.

On appelle *plan méridien* de la surface tout plan mené par l'axe; l'intersection de la surface et d'un plan méridien est une *méridienne* de la surface.

On peut évidemment prendre pour génératrice de la surface une méridienne quelconque; par une rotation on pourra faire coïncider cette méridienne avec une autre; donc *toutes les méridiennes de la surface sont égales.*

763. **Surfaces cylindriques.** — On appelle *surface cylindrique* une surface engendrée par une droite qui se déplace en restant parallèle à une droite fixe et qui est assujettie à rencontrer une courbe fixe C. La courbe C est appelée la *directrice* de la surface, les droites qui engendrent la surface en sont les *génératrices*.

764. *Si un plan parallèle aux génératrices coupe une surface cylindrique, l'intersection se compose de génératrices de la surface.*

Soit P un plan parallèle aux génératrices; supposons que ce plan coupe la courbe directrice C aux points A_1, A_2, A_3, ... Les génératrices G_1, G_2, G_3, ... (*fig.* 476) de la surface qui passent par ces points sont situées dans le plan P.

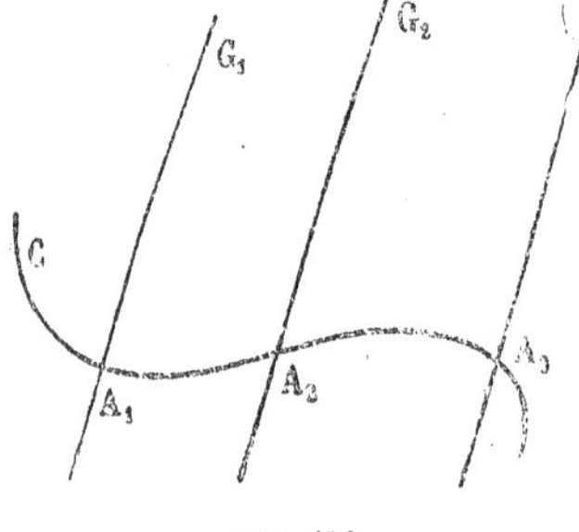

Fig. 476

Il n'y a pas d'autres points de la surface dans le plan P, car si M est un point commun à la surface et au plan P, la génératrice G de la surface qui passe par M sera située tout entière dans le plan P; elle doit en outre rencontrer la courbe C; elle coïncide donc avec l'une des génératrices G_1, G_2, G_3, ...

765. **Plan tangent à une surface cylindrique.** — Soient G une génératrice de la surface qui rencontre la courbe directrice en M, G′ une autre génératrice qui la rencontre en M′ (*fig.* 477); le plan P qui contient les deux génératrices G et G′ est le plan GMM′. Supposons que la génératrice G′ se rapproche indéfiniment de la génératrice G, le point M′ se rapprochera indéfiniment du point M sur la courbe C; la position limite de la droite MM′ est

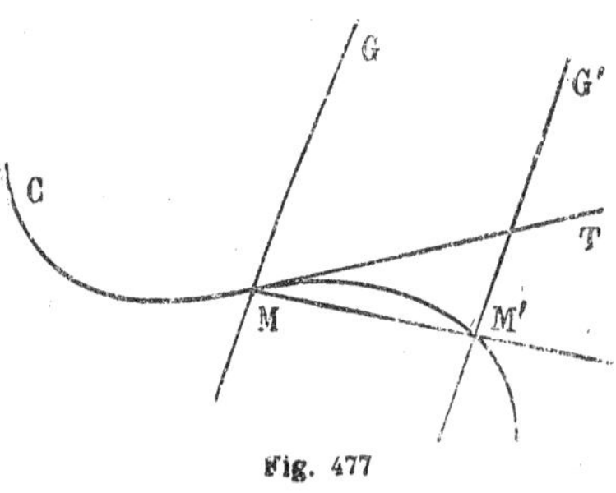

Fig. 477

la tangente MT à la courbe C, la position limite du plan des générατrices G, G′ est le plan GMT. Ce plan est le *plan tangent à la surface cylindrique le long de la génératrice* G.

On peut évidemment prendre pour courbe directrice une courbe quelconque tracée sur la surface cylindrique; on pourra faire avec cette courbe le raisonnement fait avec la courbe C. La position limite du plan G, G′ quand G′ se rapproche indéfiniment de G sera encore la même; donc :

Les tangentes à toutes les courbes de la surface cylindrique aux points où elles rencontrent une même génératrice G *sont situées dans le plan tangent à la surface le long de cette génératrice.*

766. **Théorème.** — *Les sections d'une surface cylindrique par deux plans parallèles sont des lignes égales.*

Nous supposons que les plans sécants ne sont pas parallèles aux génératrices. Ces plans sécants coupent alors toutes les génératrices.

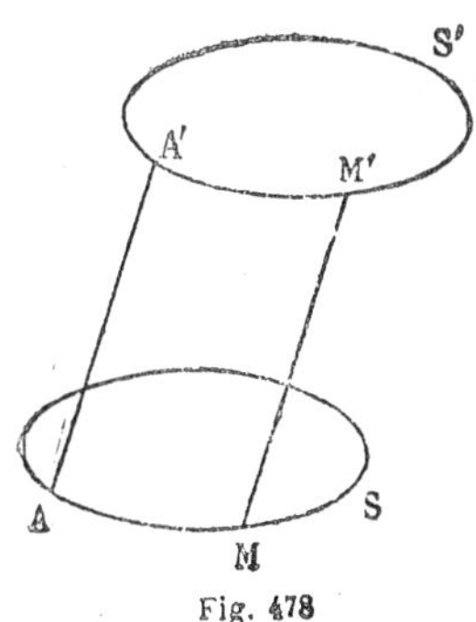

Fig. 478

Soient alors S et S′ les courbes d'intersection de la surface par deux plans parallèles P et P′, A un point de la courbe S; la génératrice menée par A rencontrera S′ en A′; soient alors M un point quelconque de S, M′ le point de S′ qui est sur la génératrice menée par M (*fig.* 478). Les deux segments AA′, MM′ sont égaux, parallèles et de même sens, comme portions de parallèles comprises entre plans parallèles. Il en résulte que la translation AA′ amènera M en M′ et par suite fera coïncider la courbe S avec la courbe S′.

767. Cylindre. — Le cylindre est la figure obtenue en coupant une surface cylindrique par deux plans parallèles, non parallèles aux génératrices de la surface. La portion de surface cylindrique comprise entre les deux plans parallèles est la *surface latérale* du cylindre. Les intersections de la surface cylindrique et des plans parallèles sont les *bases* du cylindre ; les deux bases sont égales.

La *surface totale* du cylindre comprend la surface latérale et les surfaces des bases.

La distance des plans de base est la *hauteur* du cylindre.

Un cylindre est *droit* ou *oblique* suivant que ses génératrices sont perpendiculaires ou obliques aux plans de base.

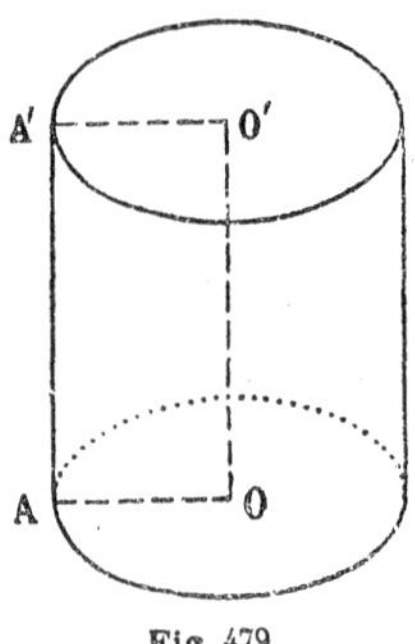

Fig. 479

Si la base d'un cylindre droit est un cercle, le cylindre est un *cylindre droit à bases circulaires*.

Un cylindre droit à bases circulaires peut être engendré par un rectangle AA'OO' (*fig.* 479) qui tourne autour d'un de ses côtés OO'. Dans ce mouvement le côté AA' du rectangle engendre la surface latérale du cylindre, les côtés OA, OA' engendrent les cercles de base. Pour cette raison, ce cylindre est appelé *cylindre de révolution*.

Le rayon des cercles de base est le rayon du cylindre.

768. **Définitions.** — Un prisme dont les arêtes ont même grandeur, même direction, même sens que les génératrices d'un cylindre est dit *inscrit* dans le cylindre si la base du prisme est un polygone inscrit dans la base du cylindre; il est dit *circonscrit* au cylindre si sa base est un polygone circonscrit à la base du cylindre.

769. **Définition.** — L'aire latérale d'un cylindre de révolution est la limite vers laquelle tend l'aire latérale d'un prisme régulier inscrit, quand le nombre des côtés du polygone de base du prisme augmente indéfiniment.

Le théorème suivant montre que cette limite existe et en donne l'expression.

770. **Théorème.** — *L'aire de la surface latérale d'un cylindre*

de révolution est égale au produit de sa circonférence de base par sa hauteur.

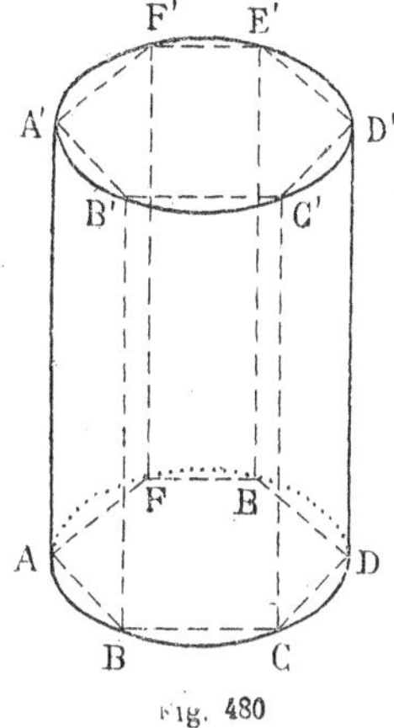

Fig. 480

Inscrivons dans le cylindre le prisme régulier

ABCDEFA'B'C'D'E'F'

(*fig.* 480). L'aire latérale de ce prisme est égale au produit du périmètre de sa base par sa hauteur. Si l'on double indéfiniment le nombre des côtés du polygone de base, le périmètre de la base a pour limite la longueur de la circonférence de base; la hauteur reste constamment égale à la hauteur du cylindre; donc l'aire latérale des prismes inscrits a une limite égale au produit de la circonférence de base par la hauteur.

Cette limite est, par définition, l'aire latérale du cylindre; donc le théorème est démontré.

771. **Remarque.** — Si l'on désigne par r le rayon d'un cylindre de révolution, par h sa hauteur, par s sa surface latérale, par S la surface totale, on aura

$$s = 2\pi rh,$$

$$S = 2\pi rh + 2\pi r^2 = 2\pi r(r + h).$$

772. **Théorème.** — *Le volume d'un cylindre à bases circulaires est égal au produit de l'aire de sa base par sa hauteur.*

Considérons un cylindre à bases circulaires dont l'aire de la base est $\mathcal{A}$ et la hauteur H. Dans l'une des bases inscrivons un polygone régulier ABC et considérons le prisme inscrit au cylindre ayant pour base le polygone régulier ABC (*fig.* 481). Le volume de ce prisme est

$$\text{aire ABC} \times \text{H}.$$

Si l'on double indéfiniment le nombre des côtés du polygone ABC, l'aire ABC a pour limite $\mathcal{A}$; donc les volumes des prismes inscrits au cylindre, dont les bases sont des polygones réguliers dont le nombre des côtés double indéfiniment, ont une limite égale à $\mathcal{B}$. H.

On démontrerait de même que les volumes des prismes cir-

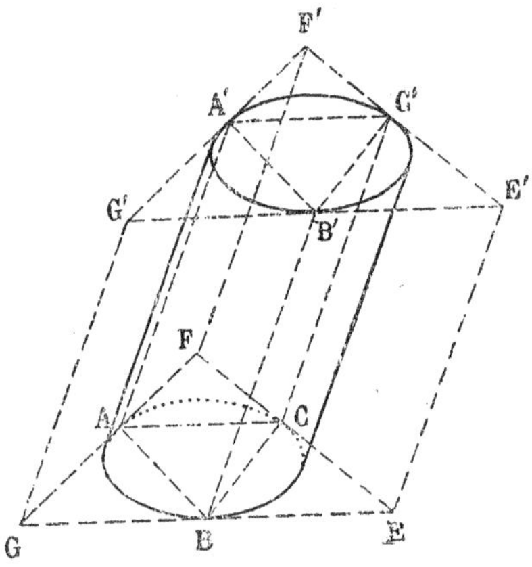

Fig. 481

conscrits dont les bases sont des polygones réguliers dont le nombre des côtés double indéfiniment, ont la même limite.

Cette limite commune est le volume du cylindre.

773. **Remarque.** — Si R est le rayon de la base du cylindre, H sa hauteur, V son volume on a

$$V = \pi R^2 H.$$

§ II.

Cône.

774. On appelle *surface conique* la surface engendrée par une droite qui passe par un point fixe S et qui est assujettie à rencontrer une courbe fixe C. Le point fixe S est le *sommet* de la surface; la courbe C est appelée *directrice*; les droites qui engendrent la surface en sont les *génératrices.*

775. **Théorème.** — *Si un plan passant par le sommet d'une surface conique coupe cette surface, l'intersection se compose de génératrices de la surface.*

Soit P un plan passant par le sommet S de la surface conique; supposons que ce plan coupe la directrice C aux points $A_1, A_2, \ldots$ (*fig.* 482); les génératrices $SA_1, SA_2, \ldots$ de la surface qui passent par ces points sont contenues dans le plan P.

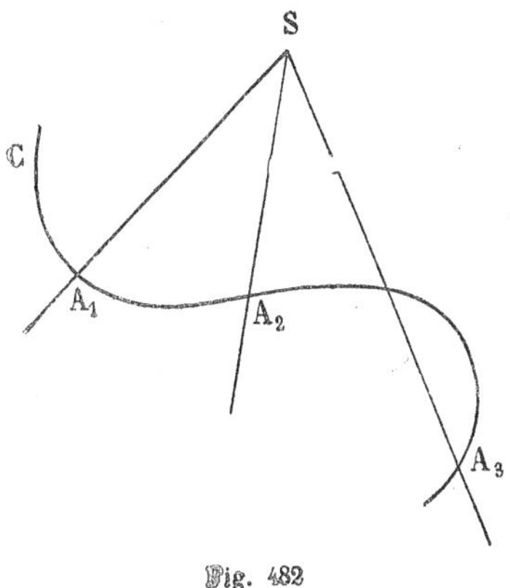

Fig. 482

Il n'existe pas d'autre point de la surface situé dans le plan P, car si M est un point commun à la surface et au plan, la génératrice SM de la surface est située dans le plan P et rencontre la courbe C; elle coïncide donc avec une des génératrices $SA_1, SA_2, \ldots$

776. **Plan tangent à une surface conique.** — Soient G une génératrice de la surface qui rencontre la directrice C au point M, G′ une autre génératrice qui rencontre la directrice en un point M′ (*fig.* 483); le plan P qui contient les deux génératrices G et G′ est le plan SMM′. Supposons que la génératrice G′ se rapproche indéfiniment de la génératrice G; le point M′ se déplacera sur la courbe C en se rapprochant indéfiniment du point M; la position limite de la droite MM′ est la tangente MT à la courbe C; la position limite du plan qui contient les génératrices G et G′ est le plan SMT. Ce plan est le *plan tangent à la surface conique le long de la génératrice* G.

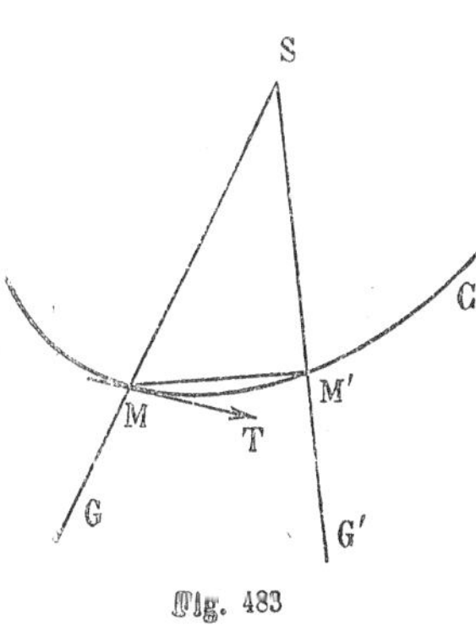

Fig. 483

On peut évidemment prendre pour courbe directrice une courbe quelconque tracée sur la surface conique; on pourra faire avec cette courbe le raisonnement que nous avons fait avec la courbe C. La position limite du plan G, G′ quand la génératrice G′ se rapproche indéfiniment de la génératrice G est toujours la même ; donc :

Les tangentes à toutes les courbes de la surface conique aux points où elles rencontrent une même génératrice G *sont situées dans le plan tangent à la surface le long de cette génératrice.*

777. Théorème. — *Les sections faites par deux plans parallèles dans une surface conique sont des courbes homothétiques, le sommet de la surface est le centre d'homothétie.*

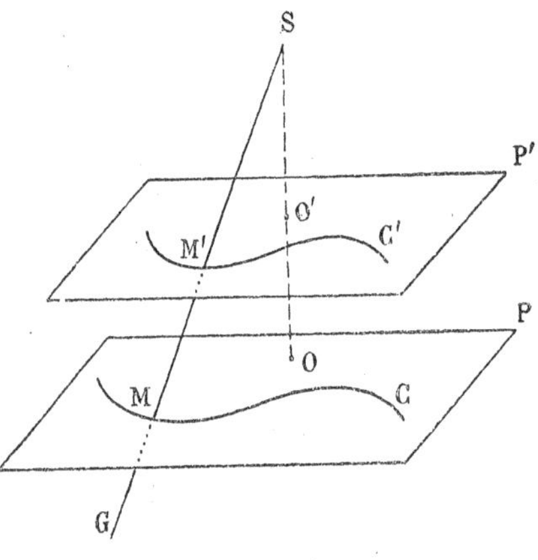

Fig. 484

Soient C et C′ les courbes d'intersection de la surface conique avec deux plans parallèles P et P′ (*fig.* 484) ; SO et SO′ les distances du sommet S à ces plans ; M et M′ les points où une génératrice G rencontre les deux courbes C et C′. On a

$$\frac{SM'}{SM} = \frac{SO'}{SO}.$$

Donc les courbes C et C′ sont homothétiques ; S est le centre d'homothétie ; $\frac{SO'}{SO}$ le rapport d'homothétie.

778. On appelle *cône* la figure obtenue en coupant une surface conique par un plan qui rencontre toutes les génératrices d'un même côté du sommet. Ce plan est le plan de base du cône. La *surface latérale* du cône est la portion de surface conique comprise entre le sommet et le plan de base.

La distance du sommet au plan de la base est la *hauteur* du cône.

Si la base d'un cône est un cercle, le cône est dit *circulaire*. Toutes les sections parallèles à la base sont des cercles, puisque ces sections sont homothétiques au cercle de base ; les centres de ces sections se trouvent sur la ligne qui joint le sommet au centre du cercle de base.

Si la base d'un cône est un cercle et si la droite qui joint le sommet au centre de la base est perpendiculaire au plan de la base, le cône est appelé *cône droit à base circulaire.*

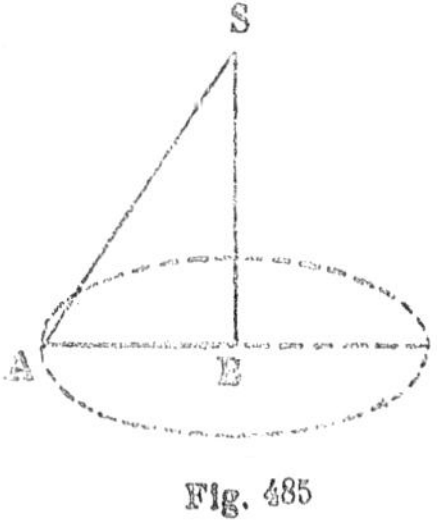

Fig. 485

Un cône droit à base circulaire peut être engendré par un triangle rectangle ASB (*fig.* 485) qui tourne autour d'un côté SB de l'angle droit. Dans ce mouvement de rotation, le sommet A décrit le cercle de base du cône; l'hypoténuse SA, la surface latérale du cône. Pour cette raison, le cône droit à base circulaire est aussi appelé *cône de révolution.*

Le rayon AB du cercle de base est le rayon du cône; toutes les génératrices ont une longueur égale à SA; cette longueur commune est l'*arête* du cône.

Un *tronc de cône* est la figure obtenue en coupant un cône par un plan parallèle à la base. Le plan de base du cône et le plan sécant sont les deux *plans de base* du tronc de cône. La distance de ces deux plans est la *hauteur* du tronc de cône.

Le *tronc de cône droit à bases circulaires* est obtenu en coupant un cône droit à base circulaire par un plan parallèle à la base.

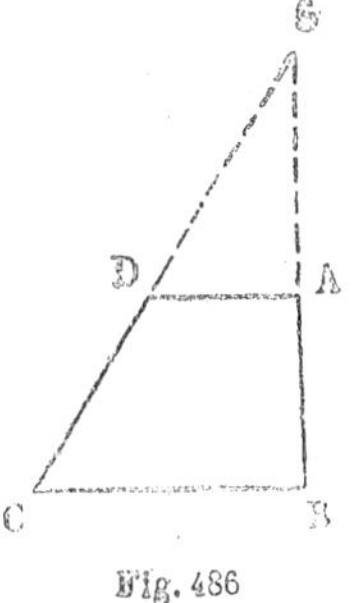

Fig. 486

Ce tronc de cône peut être obtenu en faisant tourner un trapèze birectangle ABCD (*fig.* 486) autour de sa hauteur AB. Dans ce mouvement de rotation, les sommets C et D décrivent les bases du tronc; la droite CD, la surface latérale du tronc; les rayons AD, BC des bases du tronc de cône sont les rayons du tronc de cône; toutes les génératrices du tronc de cône sont égales à CD; cette longueur commune des génératrices est l'*arête* du tronc de cône.

779. On dit qu'une pyramide est *inscrite* dans un cône, quand le sommet de la pyramide est le sommet du cône et que la base de la pyramide est un polygone inscrit dans la base du cône.

Si l'on coupe la pyramide inscrite et le cône par un plan parallèle à la base, on obtient un tronc de pyramide *inscrit* dans un tronc de cône.

En remplaçant le polygone inscrit dans la base du cône par un polygone circonscrit, on obtiendrait une pyramide *circonscrite* au cône et un tronc de pyramide circonscrit au tronc de cône.

780. **Définitions.**

L'aire latérale d'un cône droit, à base circulaire, est la limite vers laquelle tend l'aire de la surface latérale d'une pyramide régulière inscrite quand on double indéfiniment le nombre des côtés du polygone de base.

L'aire latérale d'un tronc de cône droit, à bases circulaires, est la limite vers laquelle tend l'aire latérale d'un tronc de pyramide régulier inscrit quand le nombre des côtés des polygones de base double indéfiniment.

Les deux théorèmes suivants montrent que ces limites existent et donnent leur expression.

781. **Théorème.** — *L'aire latérale d'un cône droit, à base circulaire, est égale au produit de la circonférence de base par la moitié de l'arête.*

Inscrivons dans la base du cône un polygone régulier ABCDE (*fig.* 487) et formons la pyramide régulière inscrite au cône, SABCDE; soient P le périmètre de la base ABCDE, SI l'apothème de la pyramide; l'aire latérale de cette pyramide est

$$P \times \frac{1}{2} SI.$$

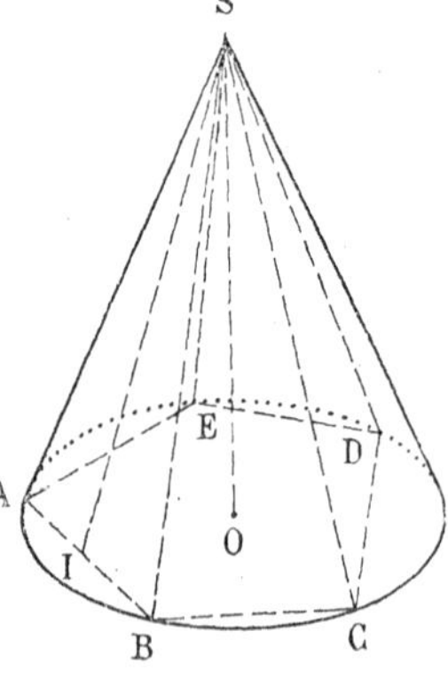

Fig. 487

Or si l'on double indéfiniment le nombre des côtés du polygone de base, le périmètre P tend vers une limite qui est la longueur de la circonférence de base du cône; l'apothème SI tend vers l'arête SA du cône; donc l'aire latérale de la pyramide régulière inscrite a une limite égale au produit de la circonférence de base du cône par la moitié de son arête; par définition cette limite est l'aire latérale du cône.

782. **Remarque.** — Soient R le rayon de base d'un cône, a son arête, s la surface latérale; on aura $s = \pi Ra$.

La surface totale S est

$$S = \pi Ra + \pi R^2 = \pi R(R + a).$$

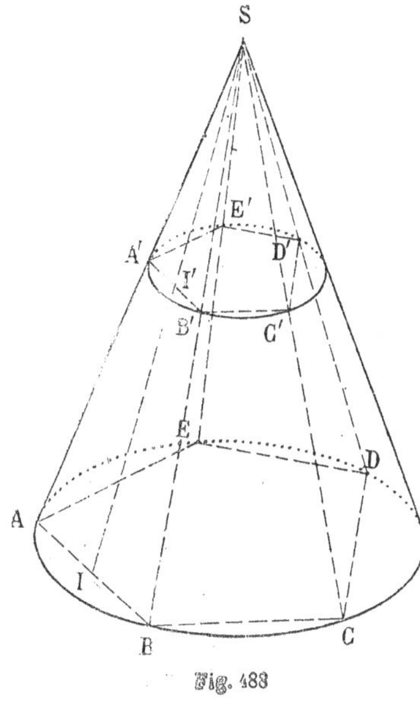

Fig. 488

783. **Théorème.** — *L'aire latérale d'un tronc de cône droit, à bases circulaires, est égale au produit de la demi-somme des circonférences des bases par l'arête.*

Inscrivons dans le tronc de cône un tronc de pyramide régulier ABCDEA'B'C'D'E' (*fig.* 488); soient P et P' les périmètres des bases du tronc de pyramide, II' son apothème. L'aire latérale du tronc est

$$\frac{1}{2}(P + P') \times II'.$$

Or si l'on double indéfiniment le nombre des côtés des polygones de bases, P et P' tendent respectivement vers les circonférences de bases; l'apothème II' a pour limite l'arête AA' du tronc de cône; donc l'aire latérale du tronc de pyramide a une limite égale au produit de la demi-somme des circonférences de bases du tronc de cône par son arête. Cette limite est par définition l'aire latérale du tronc de cône.

784. **Remarque I.** — Désignons par R et R' les rayons du tronc de cône, par a son arête; sa surface latérale s est

$$s = \pi(R + R')a,$$

et sa surface totale S est

$$S = \pi(R + R')a + \pi R^2 + \pi R'^2.$$

785. **Remarque II.** — Si l'on coupe un tronc de cône ABCD (*fig.* 489) par un plan MN équidistant des bases, le rayon MN de la section est la demi-somme des rayons BC, AD du tronc la section équidistante des bases est une circonférence égale à la demi-somme des circonférences de bases ; donc :

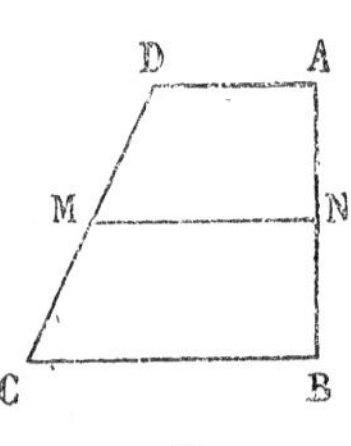

Fig. 489

L'aire latérale d'un tronc de cône est égale au produit de la circonférence d'une section équidistante des bases par l'arête du tronc.

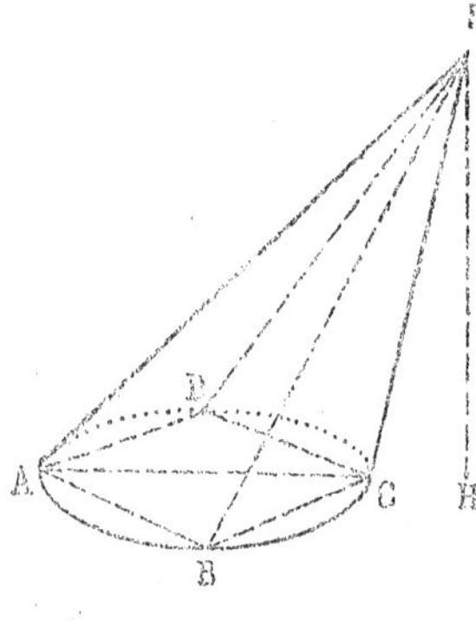

Fig. 490

786. **Théorème.** — *Le volume d'un cône circulaire est égal au produit de l'aire de sa base par le tiers de sa hauteur.*

Inscrivons dans la base du cône un polygone régulier ABCD et formons la pyramide inscrite SABCD (*fig.* 490). La hauteur SH de cette pyramide est la hauteur du cône ; le volume de cette pyramide est

$$\text{aire ABCD} \times \frac{1}{3}\,\text{SH}.$$

Or, si l'on double indéfiniment le nombre des côtés du polygone de base, l'aire du polygone de base a pour limite l'aire du cercle, donc le volume des pyramides inscrites a une limite égale au produit de l'aire de la base du cône par le tiers de sa hauteur.

Le volume des pyramides circonscrites a la même limite.

Cette limite commune est le volume du cône.

787. **Remarque.** — Si l'on désigne par R le rayon d'un cône, par H sa hauteur, par V son volume, on a

$$V = \frac{1}{3}\pi R^2 H.$$

788. **Théorème.** — *Le volume d'un tronc de cône, à bases circulaires, est la somme des volumes des trois cônes qui ont pour hauteur commune la hauteur du tronc et pour bases, les deux*

bases du tronc et une moyenne géométrique entre ces deux bases.

Inscrivons dans l'une des bases un polygone régulier ABCD, et formons le tronc de pyramide inscrit

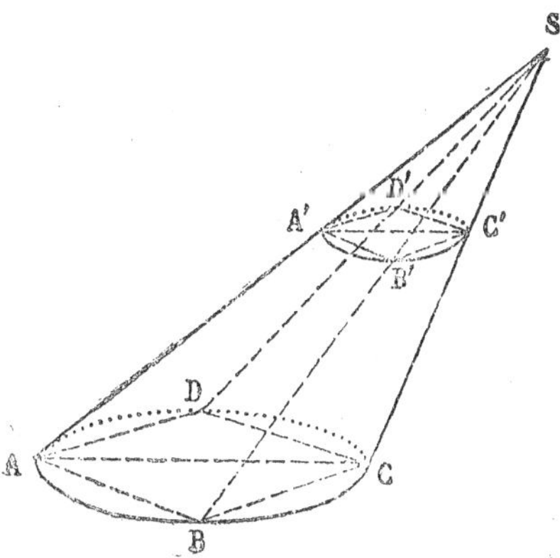

Fig. 491

ABCDA'B'C'D'

(*fig.* 491); soient b, b' les aires des bases de ce tronc de pyramide, h sa hauteur, qui est celle du tronc de cône; son volume est

$$\frac{1}{3}\,h(b + b' + \sqrt{bb'}).$$

Si l'on double indéfiniment le nombre des côtés des polygones de bases, b et b' tendent respectivement vers les aires B et B' des cercles de base du tronc de cône. Le volume des troncs de pyramide inscrits a donc une limite égale à

$$\frac{1}{3}\,h(B + B' + \sqrt{BB'}).$$

Les troncs de pyramide circonscrits ont la même limite. Cette limite commune est le volume du tronc de cône.

789. **Remarque.** — Si l'on désigne par R, R' les rayons des bases du tronc, par H sa hauteur, par V son volume, on a

$$V = \frac{\pi H}{3}(R^2 + R'^2 + RR').$$

§ III.

Sphère. — Sections planes. — Plan tangent.

790. **Définitions.** — On appelle *surface sphérique* la surface formée par l'ensemble des points qui sont à une même distance d'un point appelé *centre*.

Toute droite allant du centre à un point de la surface est un *rayon*; tous les rayons sont égaux. Un *diamètre* est une droite passant par le centre et limitée aux points où elle rencontre la surface sphérique.

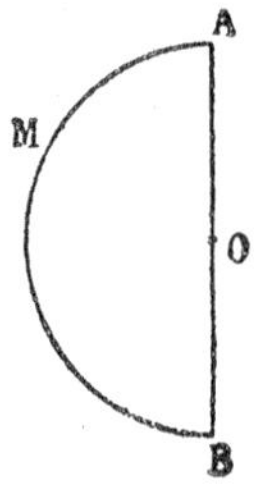

La surface sphérique peut être engendrée par une demi-circonférence AMB qui tourne autour de son diamètre AB (*fig.* 492).

Un point est *intérieur* à la surface sphérique si sa distance au centre est plus petite que le rayon; *extérieur*, si sa distance au centre est plus grande que le rayon.

Fig. 492

La *sphère* est formée par l'ensemble des points intérieurs à la surface sphérique. La sphère est un corps limité par la surface sphérique.

On confond souvent dans le discours les mots sphère et surface sphérique.

791. **Intersection d'une sphère et d'un plan.** — Considérons une sphère de centre O et un plan P; abaissons du centre la perpendiculaire OH sur le plan P. Nous distinguerons trois cas :

1° La distance OH est plus grande que le rayon (*fig.* 493).

La distance du point H au centre, et *a fortiori* celle d'un point quelconque du plan, est plus grande que le rayon; tous les points du plan sont extérieurs à la sphère.

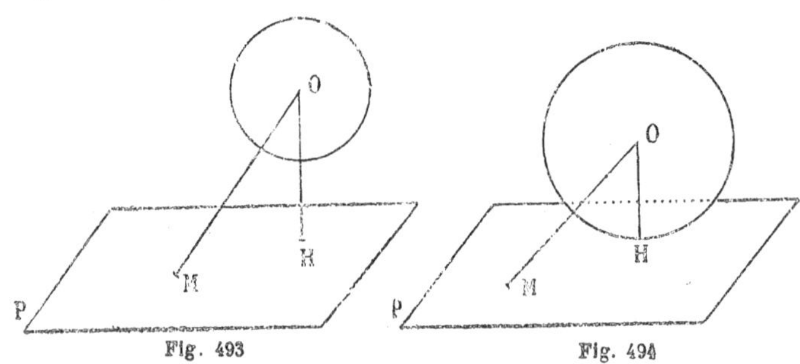

Fig. 493 Fig. 494

2° La distance OH est égale au rayon (*fig.* 494).

Le point H appartient à la sphère; tout autre point M du plan est extérieur à la sphère, car la distance OM est plus grande que OH, c'est-à-dire plus grande que le rayon. La sphère et le plan n'ont qu'un seul point commun, le point H.

3° **La distance OH est plus petite que le rayon** (*fig.* 495).

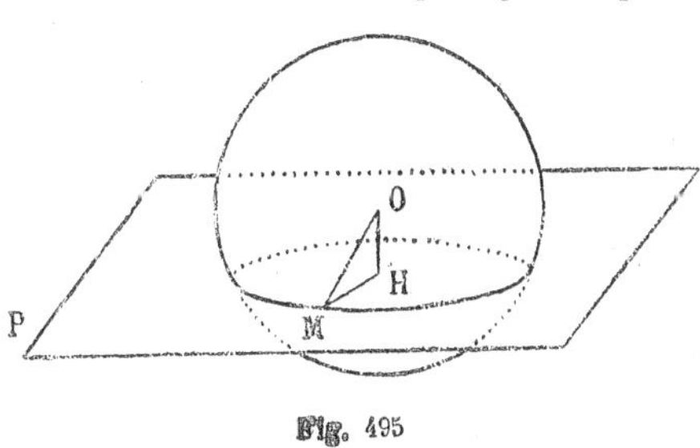

Fig. 495

Le point H est intérieur à la sphère; si par le point H on mène une demi-droite quelconque dans le plan P, elle rencontrera la sphère en un point M; le lieu de ce point M, quand la demi-droite tourne autour du point H, dans le plan P, est l'intersection de la sphère et du plan. Or dans le triangle rectangle OHM, le côté OH est fixe, le côté OM reste constamment égal au rayon, donc HM reste constant; la section est donc un cercle qui a pour centre H et pour rayon M.

792. **Remarque.** — Soient R le rayon de la sphère, d la distance OH du centre au plan sécant, r le rayon HM de la section. On a

$$r^2 = R^2 - d^2.$$

Si $d = 0$, c'est-à-dire si le plan sécant passe par le centre de la sphère, $r = R$; le rayon de la section est égal au rayon de la sphère. On dit alors que la section est un *grand cercle*.

Si d n'est pas nul, c'est-à-dire si le plan sécant ne passe pas par le centre de la sphère, r est inférieur à R ; on dit que la section est un *petit cercle*.

793. **Intersection d'une droite et d'une sphère.** — Soit D une droite quelconque ; menons un plan par le centre et la droite D, ce plan coupe la sphère suivant un grand cercle ; les points communs à la droite et à la sphère sont les mêmes que les points communs à la droite et au grand cercle ; donc il y a lieu de distinguer trois cas (nos 144, 145).

1° Si la distance du centre à la droite D est plus grande que le rayon, la droite D ne rencontre pas la sphère. Tous les points de la droite sont extérieurs à la sphère.

2° La distance du centre à la droite D est égale au rayon. Le pied de la perpendiculaire menée du centre sur la droite appartient à la sphère; tous les autres points de la droite sont extérieurs à la sphère.

3° La distance du centre à la droite D est plus petite que le rayon. La droite D coupe la sphère en deux points.

794. *Par trois points* A, B, C *pris sur une sphère, on peut faire passer un cercle et un seul.*

En effet, ces trois points ne sont pas en ligne droite, ils déterminent un plan ; ce plan coupe la sphère suivant un cercle qui passe par les trois points A, B, C.

795. *Par deux points,* A *et* B, *pris sur une sphère on peut faire passer un grand cercle, et, en général, on n'en peut faire passer qu'un seul.*

En effet, les points A et B et le centre O déterminent en général un plan qui coupe la sphère suivant un grand cercle passant par les points A et B.

Si les points A et B sont situés aux extrémités d'un diamètre de la sphère, tout plan mené par la droite AB passe par le centre de la sphère et par conséquent coupe la sphère suivant un grand cercle.

796. *Deux grands cercles se coupent en deux points diamétralement opposés.*

En effet, les plans de ces cercles passant par le centre, se coupent suivant un diamètre.

797. **Définition.** — On appelle *pôle* d'un cercle d'une sphère, une extrémité du diamètre de la sphère perpendiculaire au plan du cercle.

Tout cercle de la sphère a deux pôles.

Tous les cercles qui ont mêmes pôles sont situés dans des plans parallèles.

798. **Théorème.** — *Le pôle d'un cercle de la sphère est équidistant de tous les points du cercle.*

Fig. 496

En effet, la droite PI qui joint le pôle P d'un cercle à son centre I (*fig.* 496) est perpendiculaire au plan du cercle. Il en résulte que les droites qui joignent le point P aux divers points du cercle sont égales, comme obliques qui s'écartent également du pied de la perpendiculaire.

799. **Remarque I.** — Les arcs de grand cercle PM, qui joignent le pôle aux divers points du cercle, sont égaux, puisqu'ils sont sous-tendus par des cordes égales.

800. **Remarque II.** — Le théorème précédent permet de tracer des circonférences sur une sphère comme on les trace sur le plan. On emploie, à cet effet, un *compas à branches courbes*, afin de ne pas être gêné par la convexité de la sphère. On place la pointe sèche du compas au point choisi comme pôle; l'autre pointe décrit un cercle.

801. **Problème.** — *Trouver le rayon d'une sphère solide.*

D'un point P, pris pour pôle, avec une ouverture de compas arbitraire, on trace un cercle I sur la sphère (*fig.* 497). On

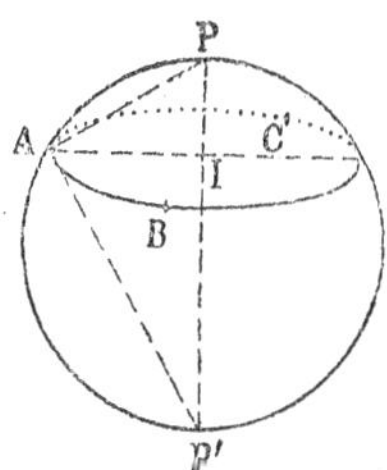

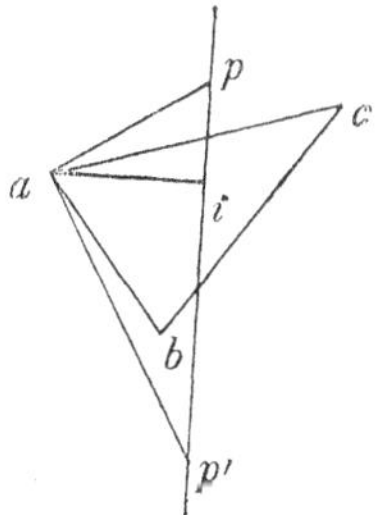

Fig. 497

marque sur ce cercle trois points A, B, C. On relève avec le compas les trois longueurs AB, BC, CA. On construit alors, sur une feuille de papier, un triangle *abc* ayant pour côtés ces trois longueurs. On détermine le centre *i* du cercle circonscrit au triangle ABC ; la droite *ia* est égale au rayon AI du cercle tracé sur la sphère. Du point *a*, avec une ouverture de compas égale à celle qui a servi à tracer le cercle de la sphère, on décrit un arc de cercle, qui rencontre en *p* la perpendiculaire à la droite *ai*. Les deux triangles rectangles IAP et *iap* sont égaux. On mène ensuite la perpendiculaire *ap'* à la droite *ap* ; le triangle rectangle *pap'* est égal au triangle PAP', et par conséquent *pp'* est le diamètre de la sphère.

802. Tangente à la sphère. — On dit qu'une droite est *tangente* à une sphère lorsqu'elle n'a qu'un point commun avec cette sphère. Ce point commun est le *point de contact* de la tangente.

De la discussion du n° 793 résultent les deux propositions suivantes :

Toute droite menée par l'extrémité d'un rayon perpendiculairement à ce rayon est tangente à la sphère.

Toute tangente à la sphère est perpendiculaire au rayon qui passe par son point de contact.

803. **Remarque.** — *Toute tangente à une courbe tracée sur une sphère est tangente à cette sphère.*

En effet, soit MT une tangente à une courbe C tracée sur la sphère (*fig.* 498). La droite MT est la position limite d'une sécante MM' à la courbe C, lorsque le point M' se rapproche indéfiniment du point M. Le triangle MOM' étant isocèle, l'angle OMM' est égal à $1^{dr} - \frac{\widehat{MOM'}}{2}$; l'angle OMT, qui est la limite de l'angle OMM', est donc droit, et par conséquent la droite MT est tangente à la sphère.

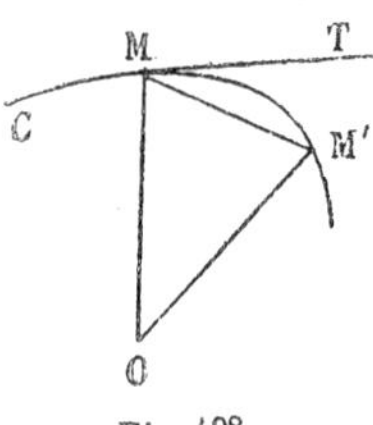

Fig. 498

804. Plan tangent à la sphère. — Un plan est *tangent* à une sphère lorsqu'il n'a qu'un point commun avec cette sphère. Ce point commun est le *point de contact* du plan tangent et de la sphère.

De la discussion du n° 791 résultent les deux propositions suivantes :

Tout plan mené à l'extrémité d'un rayon perpendiculairement à ce rayon est tangent à la sphère.

Tout plan tangent à la sphère est perpendiculaire au rayon qui passe par son point de contact.

805. **Remarque.** — Le plan tangent à une sphère en un point M de cette sphère étant perpendiculaire au rayon OM, contient toutes les tangentes à la sphère au point M. Il contient aussi les tangentes en M à toutes les courbes de la sphère qui passent par le point M.

806. **Théorème.** — *Le lieu des tangentes menées à une sphère par un point extérieur est un cône de révolution.*

Par le centre O de la sphère et le point extérieur A menons un plan P. Il coupe la sphère suivant un grand cercle BMCM' (*fig.* 499). Les tangentes menées par le point A à la sphère, dans le plan P, sont évidemment tangentes au cercle BMCM' ; soit AM l'une de ces tangentes. Si on fait tourner la figure autour de la droite AO, le demi-cercle BMC engendre la surface de la sphère, la droite AM engendre un cône qui est le lieu des tangentes à la sphère issues du point A. Le point M engendre un cercle ; en chaque point de ce cercle le cône et la sphère ont le même plan tangent.

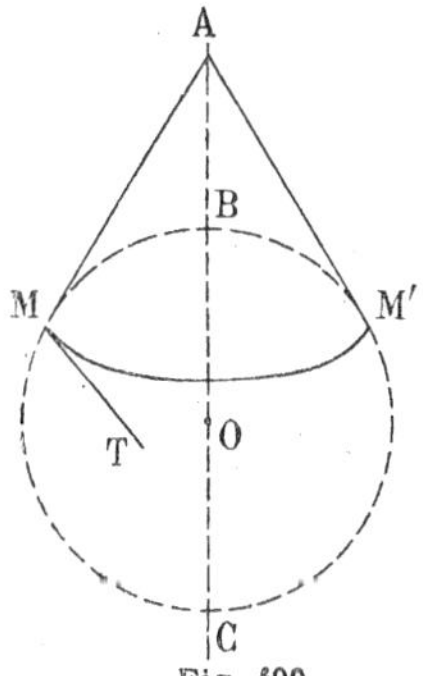

Fig. 499

En effet, le plan tangent au cône au point M contient la génératrice MA et la tangente MT au cercle décrit par M ; ces deux droites MA et MT sont aussi situées dans le plan tangent à la sphère ; donc les deux plans tangents coïncident.

On dit que le cône A est *circonscrit* à la sphère et que la sphère est *inscrite* au cône. Le cercle MM' commun à la sphère et au cône est le *cercle de contact* des deux surfaces.

807. **Corollaire.** — Par un point extérieur A on peut mener

une infinité de plans tangents à une sphère. Ces plans sont les plans tangents au cône qui a pour sommet le point A et qui est circonscrit à la sphère. Les points de contact de ces plans tangents sont situés sur le cercle de contact du cône et de la sphère.

808. Théorème. — *Le lieu des tangentes menées à une sphère parallèlement à une direction donnée est un cylindre de révolution.*

En effet, soit AB le diamètre de la sphère parallèle à la direction donnée ; menons un plan quelconque P par la droite AB; il coupe la sphère suivant un grand cercle ABMM' (*fig.* 500); soit MN une tangente à ce cercle parallèle à la droite AB. Si l'on fait tourner le plan P autour de la droite AB, le demi-cercle AMB engendre la sphère, la droite MN un cylindre qui est le lieu des tangentes à la sphère parallèles à la droite AB. Le point M engendre un grand cercle MHM'. En chaque point de ce cercle la sphère et le cylindre ont même plan tangent. On dit que le cylindre est *circonscrit* à la sphère et que la sphère est *inscrite* dans le cylindre. Le grand cercle MHM' est le *cercle de contact* des deux surfaces.

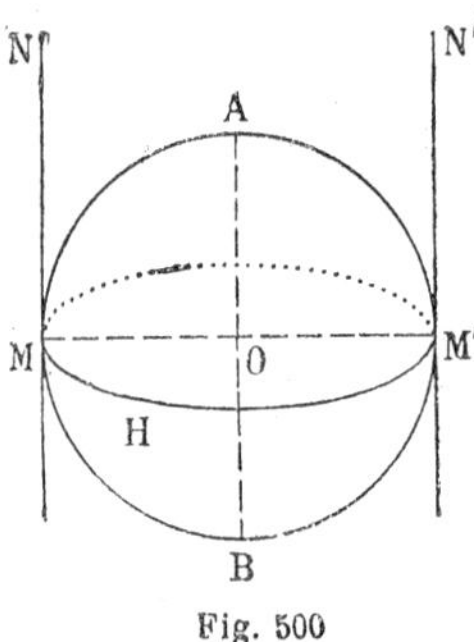

Fig. 500

809. Corollaire. — On peut mener à une sphère une infinité de plans tangents parallèles à une direction donnée; ces plans sont les plans tangents au cylindre circonscrit à la sphère et qui a ses génératrices parallèles à la direction donnée. Les points de contact sont situés sur le cercle de contact du cylindre et de la sphère.

§ IV.

Positions relatives de deux sphères.

810. Par la ligne qui joint les centres O, O' de deux sphères faisons passer un plan. Ce plan coupe chaque sphère suivant un

grand cercle. Ces deux cercles peuvent occuper cinq positions.

1° Les deux cercles sont extérieurs (*fig.* 501).

Tous les points de l'une des sphères sont extérieurs à l'autre ; les deux sphères sont *extérieures*.

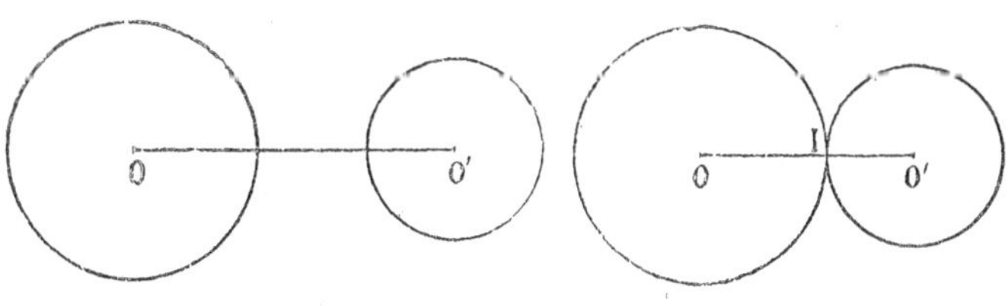

Fig. 501 Fig. 502

2° Les deux cercles sont tangents extérieurement (*fig.* 502).

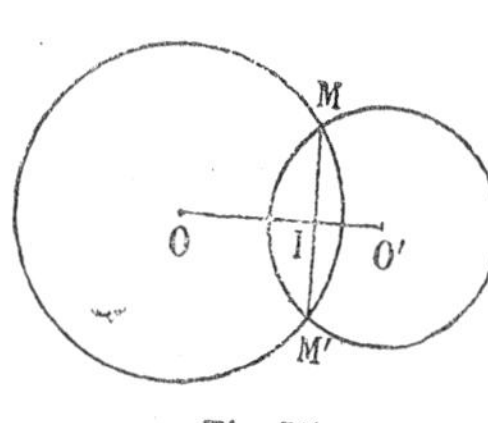

Fig. 503

Soit I le point de contact des deux cercles ; le point I est le seul point commun aux deux sphères. Au point I les deux sphères ont même plan tangent. On dit que les sphères sont *tangentes extérieurement*.

3° Les deux cercles O et O' se coupent (*fig.* 503).

Soient M et M' les points d'intersection des deux cercles. En tournant autour de OO', les cercles O et O' engendrent les deux sphères ; les points M et M' engendrent une même circonférence, qui est la ligne d'intersection des deux sphères. On dit que les sphères sont *sécantes* ; donc :

Si deux sphères sont sécantes, leur intersection est un cercle dont le plan est perpendiculaire à la ligne qui joint les centres de ces sphères et dont le centre se trouve sur cette même ligne.

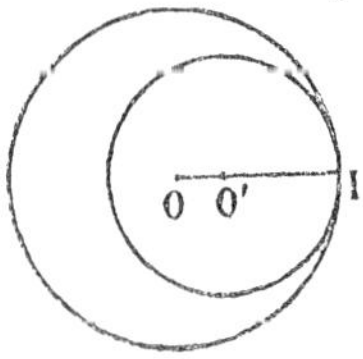

O O' I

Fig. 504

4° Les deux cercles O et O' sont tangents intérieurement (*fig.* 504).

Soit I le point de contact ; tous les points de la sphère O', sauf le point I, sont intérieurs à la sphère O. Au point commun I les deux sphères ont même plan tangent. On dit que les sphères sont *tangentes intérieurement.*

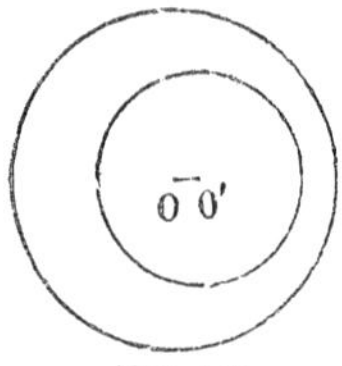

5° Le cercle O′ est intérieur au cercle O (*fig.* 505).

Tous les points de la sphère O′ seront intérieurs à la sphère O. La sphère O′ est dite *intérieure* à la sphère O.

Fig. 505

811. **Remarque.** — Soient d la distance OO′ des centres des deux sphères, R et R′ leurs rayons; supposons $R' \leqslant R$. On a les résultats suivants :

Les deux sphères sont :

extérieures si	$d > R + R'$;
tangentes extérieurement si	$d = R + R'$;
sécantes si	$R - R' < d < R + R'$;
tangentes intérieurement si	$d = R - R'$.

La sphère O′ est intérieure à la sphère O si $d < R - R'$.

§ V.

Sphères homothétiques.

812. **Théorème.** — *La figure homothétique d'une sphère est une sphère.*

Même démonstration que dans le cas du cercle (320).

813. **Théorème.** — *Deux sphères quelconques sont à la fois directement et inversement homothétiques.*

Même démonstration que dans le cas de deux cercles (321).

814. **Théorème.** — *Trois sphères prises deux à deux ont six centres de similitude : trois directs et trois inverses ; les trois centres de similitude directs sont en ligne droite ; deux centres de similitude inverses et le centre de similitude direct qui correspond au troisième centre de similitude inverse sont en ligne droite.*

Même démonstration qu'au numéro 324. Les trois sphères ont donc quatre axes de similitude ; l'*axe de similitude direct*, qui contient les trois centres de similitude directs, et trois axes *de similitude inverse*, qui contiennent chacun deux centres de similitude inverses et un centre de similitude direct.

815. Quatre sphères prises deux à deux ont douze centres d'homothétie, six directs et six inverses. En les prenant trois à trois, on trouve seize axes de similitude, quatre axes de similitude directe et douze de similitude inverse. Ces seize axes sont placés sur huit plans d'homothétie.

816. Théorème. — *Tout plan tangent commun à deux sphères passe par l'un des centres d'homothétie de ces sphères.*

En effet, soient P un plan tangent commun à deux sphères de centres O et O'; A et A' les points de contact. Les rayons OA, O'A' étant perpendiculaires au plan P, sont parallèles; par conséquent la droite AA' passe par l'un des centres de similitude; il en est de même du plan P qui contient la droite AA'.

Si les deux sphères sont d'un même côté du plan P, les rayons OA, O'A' sont de même sens, le plan P passe par le centre de similitude direct.

Si les deux sphères sont de part et d'autre du plan tangent, les rayons OA, O'A' sont de sens contraire; le plan tangent passe par le centre de similitude inverse.

817. Réciproque. — *Tout plan passant par un centre d'homothétie de deux sphères et tangent à l'une d'elles est tangent à l'autre.*

Soit P un plan passant par un centre de similitude S de deux sphères O et O' et tangent au point A à la sphère O. Je dis que le plan P est tangent à la sphère O'. En effet, le point A' homothétique du point A est situé sur le plan P, le rayon O'A' est parallèle au rayon OA perpendiculaire au plan P; par conséquent le rayon O'A' est perpendiculaire au plan P; donc le plan P est tangent à la sphère O'.

818. Soit S un centre de similitude de deux sphères O et O'; les plans tangents menés par S à la sphère O sont les mêmes que les plans tangents menés par S à la sphère O'. Les cônes circonscrits aux sphères O et O' ayant pour sommets le point S sont donc les mêmes. On obtient ainsi un cône circonscrit aux deux sphères.

Si les deux sphères sont extérieures, les deux centres de similitude sont extérieurs aux sphères, il y a deux cônes circonscrits communs.

Si les deux sphères sont tangentes extérieurement, le centre de similitude direct est extérieur aux deux sphères, le centre de similitude inverse est le point de contact des deux sphères. Il n'y a qu'un seul cône circonscrit commun, celui qui a pour sommet le centre de similitude direct; l'autre se réduit au plan tangent commun aux deux sphères.

Si les deux sphères sont sécantes, le centre de similitude direct est extérieur aux deux sphères ; le centre de similitude inverse est intérieur. Il n'y a qu'un cône circonscrit commun.

Si les deux sphères sont tangentes intérieurement, le centre de similitude direct est le point de contact ; le cône correspondant se réduit au plan tangent commun ; le centre de similitude inverse est intérieur aux deux sphères ; il n'y a pas de cône circonscrit correspondant.

Enfin si l'une des sphères est intérieure à l'autre, les deux centres de similitude sont à l'intérieur des deux sphères ; il n'y a pas de cône circonscrit commun.

819. **Théorème.** — *Tout plan tangent commun à trois sphères passe par l'un des axes de similitude de ces trois sphères.*

Soit P un plan tangent commun aux trois sphères O, O', O''. Deux cas peuvent se présenter :

1° Les trois sphères O, O', O'' sont d'un même côté du plan P. D'après le théorème précédent, le plan P passe par les centres de similitude directs des sphères O, O' ; O', O'' ; O'', O ; il contient donc l'axe de similitude direct des trois sphères O, O', O''.

2° Les trois sphères ne sont pas du même côté du plan P. Deux de ces sphères, O et O' par exemple, seront d'un côté du plan P, la troisième O'' de l'autre côté. Le plan P passera, d'après le théorème précédent, par le centre de similitude direct des sphères O, O' et par les centres de similitude inverses des sphères O, O'' ; O', O''. Il contient donc un axe de similitude inverse des trois sphères O, O', O''.

820. **Réciproque.** — *Tout plan passant par l'un des axes de similitude de trois sphères et qui est tangent à l'une d'elles, est tangent aux deux autres.*

Soit P un plan passant par un axe de similitude des trois sphères O, O', O'' et tangent à la sphère O. Ce plan contient un centre de similitude des sphères O et O'; donc il est tangent à la sphère O' (817). On voit de même qu'il est tangent à la sphère O''.

§ VI.

Plan radical de deux sphères. — Axe radical de trois sphères.

821. **Définition.** — Si d'un point P, on mène deux sécantes PAB, PCD (*fig.* 506) à une sphère, les deux produits $PA \times PB$ et $PC \times PD$ sont égaux, car les quatre points A, B, C, D sont situés sur un même cercle, qui est l'intersection de la sphère et du plan PABCD. Il en résulte que si la sécante PAB tourne autour du point P, le produit $PA \times PB$ reste fixe. Ce produit $PA \times PB$ est la puissance du point P par rapport à la sphère; la puissance sera positive si les segments PA, PB ont même sens, c'est-à-dire si le point P est extérieur à la sphère; elle sera négative dans le cas contraire.

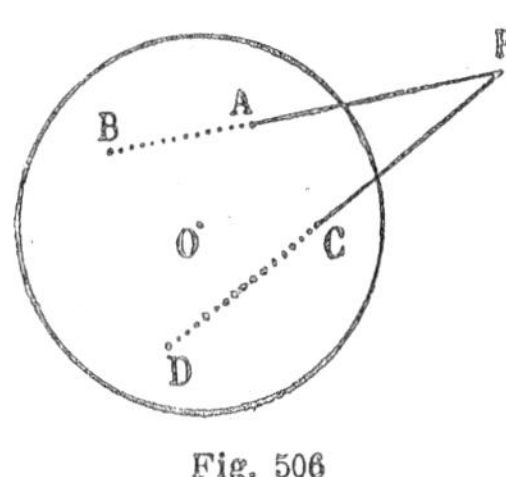

Fig. 506

Si l'on désigne par d la distance du point P au centre de la sphère, par R le rayon de cette sphère, la puissance du point P par rapport à la sphère est égale à $d^2 - R^2$.

822. **Théorème.** — *Le lieu des points qui ont même puissance par rapport à deux sphères est un plan perpendiculaire à la droite qui joint leurs centres. Ce plan s'appelle le plan radical des deux sphères.*

Soient O et O' deux sphères; par la ligne des centres OO'

menons un plan quelconque P; il coupe les sphères suivant deux grands cercles O et O′ (*fig.* 507). Les points du plan P qui ont même puissance par rapport aux deux sphères sont les mêmes que ceux qui ont même puissance par rapport aux cercles O et O′; ils sont donc situés sur l'axe radical D de ces deux cercles.

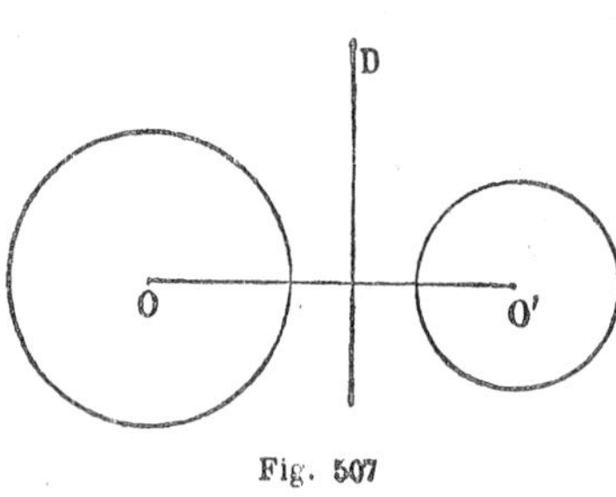

Fig. 507

Cela posé, si l'on fait tourner le plan P autour de la droite OO′, la droite D engendre un plan, perpendiculaire à la ligne OO′; ce plan est évidemment le lieu des points qui ont même puissance par rapport aux deux sphères.

823. Remarque. — Si deux sphères sont sécantes, leur plan radical est le plan qui contient leur cercle d'intersection.

824. **Théorème.** — *Si les centres de trois sphères ne sont pas situés en ligne droite, les plans radicaux de ces sphères, prises deux à deux, se coupent suivant une droite, perpendiculaire au plan qui passe par les centres des trois sphères. Cette droite est le lieu des points qui ont même puissance par rapport aux trois sphères. On l'appelle l'axe radical des trois sphères.*

Soient O, O′, O″ les centres des trois sphères (*fig.* 508). Menons le plan radical R′ des sphères O, O″ et le plan radical R″ des sphères O, O′. Ces plans, respectivement perpendiculaires aux droites OO″, OO′, ne sont pas parallèles; ils se coupent suivant une droite D perpendiculaire au plan OO′O″. Chaque point de la droite D a même puissance par rapport aux sphères O et O″ puisqu'il appartient au plan R′; il a aussi même puissance par rapport aux sphères O et O′ parce qu'il est situé dans le plan R″; par conséquent chaque point de la droite D a même puissance par rapport aux trois sphères O, O′, O″. Ces points

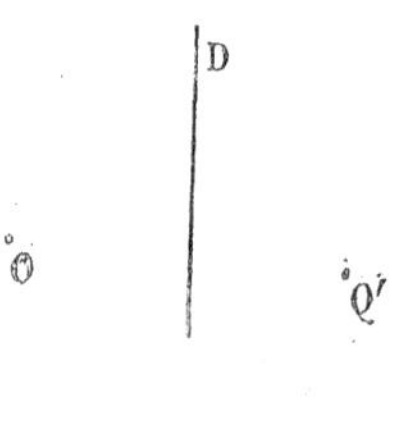

Fig. 508

ayant même puissance par rapport aux sphères O′ et O″, sont situés dans le plan radical R de ces sphères; par conséquent les trois plans radicaux R, R′, R″ se coupent suivant la droite D.

Réciproquement, tout point qui a même puissance par rapport aux trois sphères O, O′, O″ se trouve dans les plans radicaux R, R′, R″; donc il est situé sur la droite D.

825. Remarque. — Si les trois sphères ont deux points communs, leur axe radical est la droite qui joint ces deux points.

826. Théorème. — *Si les centres de quatre sphères ne sont pas situés dans un même plan, les plans radicaux de ces sphères, prises deux à deux, concourent en un même point. Ce point est le centre radical des quatre sphères.*

En effet, soient O, O′, O″, O‴ les centres de ces quatre sphères. Menons l'axe radical D des trois sphères O′, O″, O‴ (*fig.* 509) et le plan radical R des sphères O et O′; le plan R, perpendiculaire à la droite OO′, n'est pas perpendiculaire au plan O′O″O‴, et par conséquent le plan R n'est pas parallèle à la droite D; le plan R coupe donc la droite D en un point I. Ce point I a même puissance par rapport aux quatre sphères; donc le plan radical de deux quelconques de ces sphères passe par le point I.

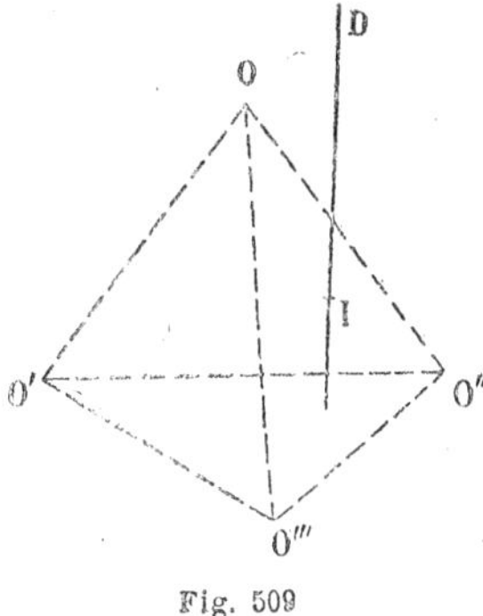

Fig. 509

Le point I est d'ailleurs le seul point qui a même puissance par rapport aux quatre sphères, car tout point qui a même puissance par rapport aux quatre sphères doit se trouver à la fois sur l'axe radical D et sur le plan radical R.

§ VII.

Triangles sphériques.

827. On appelle *angle de deux courbes*, en un point de leur intersection, l'angle formé par leurs tangentes en ce point. Si deux courbes ont plusieurs points communs, l'angle des deux

courbes, en ces divers points, n'est pas nécessairement le même.

L'angle de deux courbes tracées sur la sphère est égal à l'angle des plans menés par le centre de la sphère et les tangentes à ces courbes en leur point commun, car les tangentes étant perpendiculaires au rayon qui passe par le point commun, l'angle des deux tangentes est l'angle plan du dièdre formé par les deux plans considérés. En particulier, l'*angle de deux grands cercles est égal à l'angle dièdre formé par les plans de ces cercles.* Les angles formés par deux grands cercles, aux deux points d'intersection de ces cercles, sont les mêmes.

828. **Théorème.** — *L'angle de deux arcs de grands cercles a même mesure que l'arc de grand cercle décrit du sommet de l'angle pris pour pôle et compris entre les côtés de l'angle.*

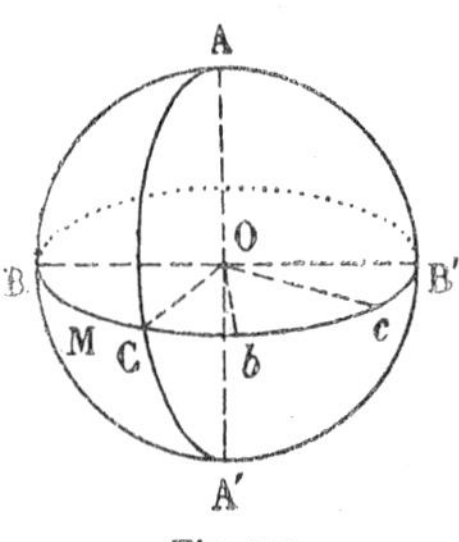

Fig. 510

Soient les deux demi-grands cercles ABA', ACA' (*fig.* 510); menons le grand cercle perpendiculaire au diamètre AA'; il coupe les côtés de l'angle aux points B et C. L'angle BOC est l'angle plan du dièdre formé par les plans des demi-cercles; BOC est donc l'angle des deux cercles ABA', ACA'; mais l'angle BOC a même mesure que l'arc BC; donc l'angle des deux demi-cercles a même mesure que l'arc BC.

829. **Remarque.** — Prenons sur le grand cercle BCB', et dans le même sens, des arcs Bb, Cc égaux à un quadrant, l'arc bc sera égal à l'arc BC; mais b et c sont les pôles des cercles ABA', ACA'; donc :

L'angle de deux grands cercles a même mesure que l'arc de grand cercle qui joint leurs pôles.

830. **Corollaire.** — *Pour que deux grands cercles soient perpendiculaires, il faut et il suffit que chacun d'eux renferme le pôle de l'autre.*

831. **Définition.** — On appelle *fuseau sphérique* la portion de la surface de la sphère engendrée par une demi-circonférence

en tournant d'un angle quelconque autour de son diamètre. L'angle dont a tourné le demi-cercle est l'angle du fuseau. Ainsi la figure ABCA'M (*fig.* 510) est un fuseau ; l'angle du fuseau est l'angle BOC ; il est égal à l'angle des deux demi-cercles qui le limitent.

832. **Définition.**— On appelle *triangle sphérique* la figure formée par trois arcs de grand cercle AB, BC, CA (*fig.* 511) moindres chacun qu'une demi-circonférence. Les points A, B, C sont les *sommets* du triangle sphérique; les arcs AB, BC, CA, respectivement moindres qu'une demi-circonférence, sont les *côtés*; les angles CAB, ABC, BCA qu'ils forment sont les *angles* du triangle. On désigne ordinairement par A, B, C les angles du triangle, par *a*, *b*, *c* les côtés opposés.

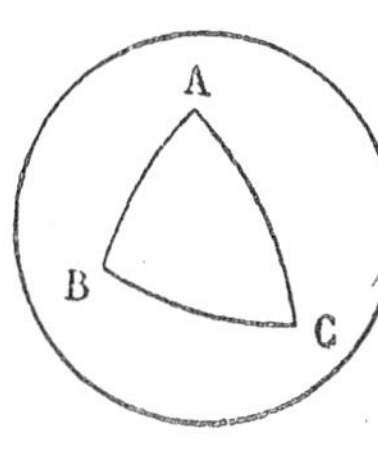

Fig. 511

Plus généralement, on appelle *polygone sphérique* une ligne fermée composée d'arcs de grands cercles. Les arcs de grand cercle qui composent cette ligne sont les *côtés* du polygone, leurs extrémités sont les *sommets*, les angles formés par deux côtés consécutifs sont les *angles* du polygone sphérique.

833. Un polygone sphérique est dit *convexe* lorsque chaque côté prolongé de façon à former un grand cercle complet laisse tout le polygone dans le même hémisphère.

Chaque côté d'un polygone convexe est moindre qu'une demi-circonférence de grand cercle.

En effet, soit ABCD un polygone sphérique dans lequel le côté AD par exemple est plus grand qu'une demi-circonférence de grand cercle (*fig.* 512); prenons sur ce côté un arc AI égal à une demi-circonférence; le côté AB prolongé passe par I. Les portions AI et ID sont donc dans des hémisphères différents par rapport au côté AB; donc le polygone n'est pas convexe.

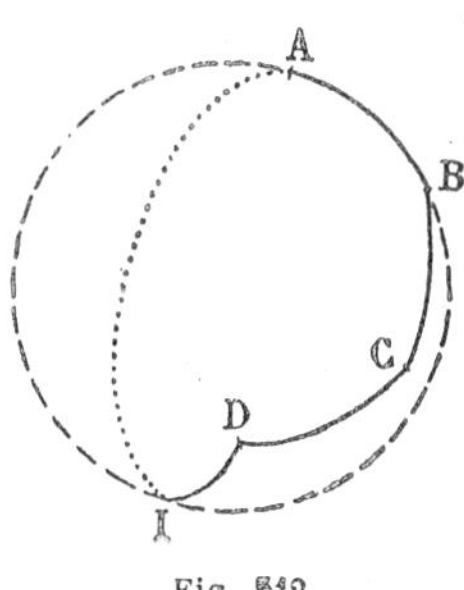

Fig. 512

834. *Un triangle sphérique est un polygone convexe.*

Soit un triangle sphérique ABC (*fig.* 513); prolongeons un côté quelconque du triangle, le côté AB par exemple; les points A′ et B′ où les grands cercles formés par les côtés AC, BC rencontrent le côté AB prolongé sont diamétralement opposés aux points A et B; par conséquent les côtés AC, BC, moindres chacun qu'une demi-circonférence, sont par rapport au grand cercle ABA′B′ dans le même hémisphère que le point C; donc le triangle est tout entier dans un même hémisphère par rapport à l'un quelconque de ses côtés.

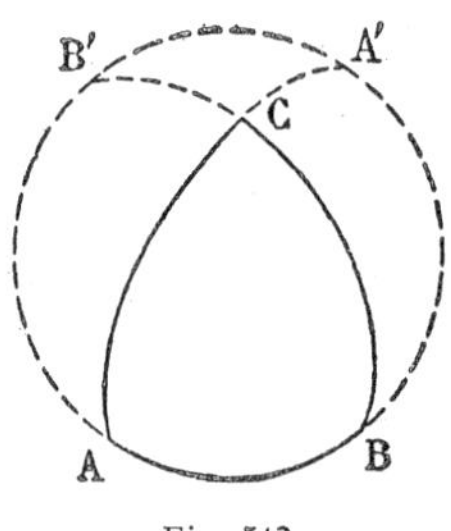

Fig. 513

835. En joignant les sommets A, B, C d'un triangle sphérique (*fig.* 514) au centre O de la sphère, on forme un angle trièdre OABC dont les faces ont la même mesure que les côtés correspondants du triangle; les angles dièdres du trièdre ont même mesure que les angles correspondants du triangle. Il en résulte que, *à chaque propriété des angles trièdres correspond une propriété analogue des triangles sphériques*, et pour énoncer cette propriété, il suffit de remplacer respectivement les mots *face* et *angle dièdre* par les mots *côté* et *angle*.

La même remarque s'étend à un polygone sphérique convexe et à l'angle polyèdre convexe obtenu en joignant ses sommets

au centre de la sphère.

836. Deux polygones sphériques sont dits *symétriques* lorsque leurs sommets homologues sont diamétralement opposés. Ainsi les triangles ABC, A′B′C′ (*fig.* 514) sont symétriques.

A deux polygones convexes symétriques correspondent deux polyèdres convexes symétriques; par conséquent :

Deux polygones convexes symétriques ont leurs éléments homologues égaux, mais ils ne sont jamais superposables.

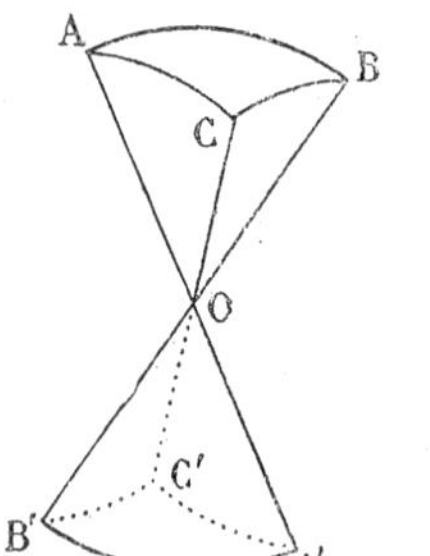

Fig. 514

837. Des propriétés connues des trièdres et des polyèdres convexes on déduit les propriétés suivantes des triangles sphériques et des polygones sphériques convexes :

Dans un polygone sphérique convexe, la somme des côtés est plus petite qu'une circonférence de grand cercle;

Dans un triangle sphérique un côté quelconque est plus petit que la somme des deux autres;

Dans un triangle sphérique chaque angle augmenté de deux droits est plus grand que la somme des deux autres;

Dans un triangle sphérique la somme des angles est plus grande que deux angles droits.

§ VIII.

Pôle et plan polaire par rapport à une sphère. Inversion.

838. Définitions. — Soient O le centre d'une sphère, R son rayon, P un point quelconque (*fig.* 515). Sur la droite OP prenons un point Q tel que le produit OP×OQ soit égal à R^2; par le point Q menons un plan D perpendiculaire à la droite OP. Le plan D ainsi construit est le *plan polaire* du point P par rapport à la sphère.

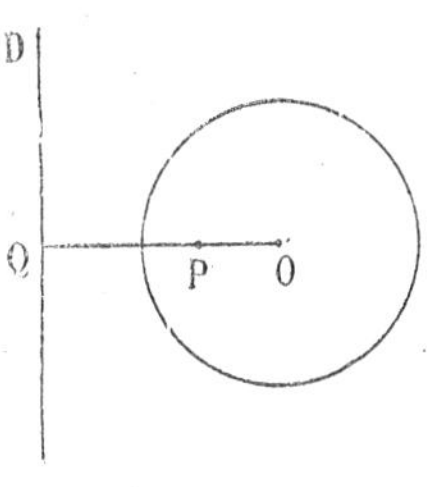

Fig. 515

Inversement, si D est un plan quelconque, abaissons du centre O de la sphère la perpendiculaire OQ sur ce plan; prenons sur OQ un point P tel que le produit OP×OQ soit égal à R^2. Le point P ainsi construit est le *pôle* du plan D par rapport à la sphère.

Si le point P est extérieur à la sphère, le point Q est à l'intérieur et le plan polaire coupe la sphère. Si le point P est sur la sphère, il en est de même du point Q; le plan polaire est tangent à la sphère. Si le point P est intérieur à la sphère, le point Q est extérieur ; le plan polaire ne coupe pas la sphère.

Quand le point P se rapproche du point O, le point Q s'en éloigne ; quand P vient en O, Q est rejeté à l'infini, le plan polaire est rejeté à l'infini.

836. Remarque. — Soit D le plan polaire du point P par rapport à une sphère de centre O. Si l'on coupe la figure par un plan quelconque mené par OP, la sphère est coupée suivant un grand cercle C et le plan D suivant une droite Δ ; la droite Δ sera(402) la polaire du point P par rapport au cercle C.

De cette remarque et des résultats établis (§ XI, Livre III) découlent les conclusions suivantes :

Le conjugué harmonique d'un point P *par rapport aux deux points où une sécante quelconque issue de* P *coupe une sphère est situé sur le plan polaire du point* P *par rapport à cette sphère.*

Si le point P *est extérieur à la sphère, le plan polaire du point* P *est le plan de contact du cône circonscrit à cette sphère qui a le point* P *pour sommet.*

Les plans polaires de tous les points d'un plan passent par le pôle de ce plan ; inversement, les pôles de tous les plans qui passent par un point sont situés sur le plan polaire de ce point.

Si un point B *est situé sur le plan polaire d'un point* A, *inversement, le point* A *est sur le plan polaire du point* B.

Deux points tels que le plan polaire de l'un passe par l'autre sont dits *conjugués* par rapport à la sphère.

Si un plan β *passe par le pôle d'un plan* α, *inversement, le plan* α *passe par le pôle du plan* β.

Deux plans tels que le pôle de l'un soit situé sur l'autre sont dits *conjugués* par rapport à la sphère.

840. Théorème. — *Les plans polaires de tous les points d'une droite* D *passent par une même droite* D' ; *les pôles de tous les plans passant par la droite* D *sont situés sur cette droite* D'.

En effet, soient P et Q deux plans menés par D, p et q leurs pôles, D' la droite pq, μ un point quelconque de la droite D. Le point μ étant situé dans le plan P, son plan polaire passera par p (839) ; on voit de même qu'il passe par q ; ce plan polaire contient donc la droite D'.

Soient maintenant M un plan passant par D, A et B deux points de cette droite. Le plan M contenant le point A, son pôle est situé sur le plan polaire a du point A; on voit de même qu'il est situé sur le plan polaire b du point B; mais les plans a et b passent par la droite D', donc le pôle du plan M est situé sur D'.

841. Droites réciproques. — Ces deux droites D et D' qui sont telles que le plan polaire d'un point de l'une passe par l'autre et que le pôle d'un plan passant par l'une est situé sur l'autre, sont appelées *droites réciproques* par rapport à la sphère.

On obtient la réciproque d'une droite D: 1° en menant la droite qui joint les pôles de deux plans quelconques passant par la droite D; 2° en prenant l'intersection des plans polaires de deux points quelconques de la droite D.

842. Soient D et D' deux droites réciproques, Π un plan mené par D qui coupe la sphère suivant un cercle C, A le point d'intersection du plan Π et de la droite D'. Le point A est le pôle de D par rapport au cercle C. En effet, la polaire de A par rapport à ce cercle doit se trouver à la fois dans le plan polaire de A par rapport à la sphère et dans le plan Π; c'est donc la droite D.

843. Position relative de deux droites réciproques. — Menons le plan qui passe par le centre de la sphère et la droite D (*fig.* 516); ce plan coupe la sphère suivant un grand cercle C; soit Q le pôle de D par rapport à ce grand cercle.

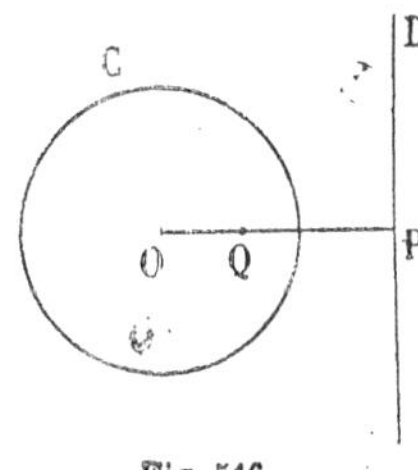

Fig. 516

Les plans polaires de tous les points de la droite D passent par Q et sont perpendiculaires au plan de la figure; la droite D' est la droite menée par Q perpendiculairement au plan de la figure. Donc :

Deux droites réciproques sont rectangulaires; leur perpendi-

culaire commune passe par le centre; le produit OP × OQ *des distances du centre aux deux droites est égal au carré du rayon.*

Il résulte de là que si la droite D est extérieure à la sphère, la droite D′ coupe cette sphère. Les plans tangents aux points d'intersection passeront par D, car le plan polaire d'un point d'intersection est le plan tangent en ce point.

844. **Inversion.** — Les définitions des figures inverses planes (409) s'appliquent, sans aucune modification, aux figures de l'espace.

845. Deux couples de points inverses, non situés sur un même rayon vecteur, appartiennent à un même cercle.

Les tangentes à des lignes inverses en des points correspondants sont les côtés d'un triangle isocèle ayant pour base le rayon vecteur. (Même démonstration qu'au nº **410.**)

846. **Corollaire.** — *L'angle de deux courbes qui se coupent en* A (*fig.* **517**) *est égal à l'angle de leurs inverses au point* A′ *inverse de* A.

En effet, soient AR, AS les tangentes aux deux courbes en A, A′R′, A′S′ les tangentes à leurs inverses en A′. Les deux angles RAS, R′A′S′ sont égaux, car leurs côtés correspondants sont symétriques par rapport au plan Π, mené perpendiculairement à AA′ en son milieu.

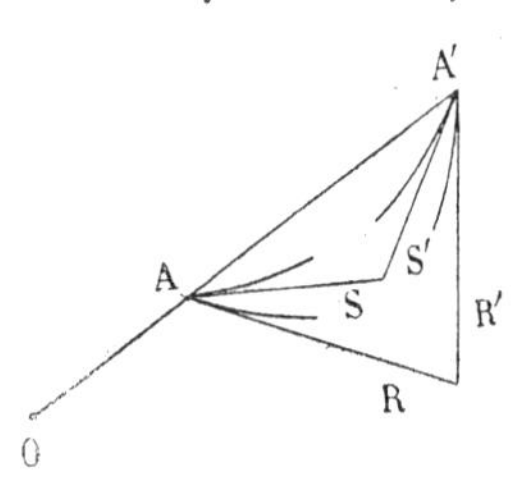

Fig. 517

847. *Le plan tangent à une surface en un point* A *et le plan tangent à la surface inverse au point correspondant* A′ *sont également inclinés sur le rayon vecteur* AA′.

En effet, traçons sur la première surface deux courbes passant par A; leurs inverses seront des courbes tracées sur la seconde surface et passant par A′. Soient AR et AS les tangentes aux deux premières courbes, A′R′ et A′S′ les tangentes à leurs inverses; le plan tangent à la première surface est le plan ARS; le plan tangent à la seconde est le plan A'R'S'. Ces deux plans sont symétriques par rapport au plan Π (846), par conséquent ils sont également inclinés sur la droite AA'.

848. Définitions. — L'angle d'une courbe et d'une surface en un point d'intersection A est l'angle que fait la tangente à la courbe avec le plan tangent à la surface en ce point.

L'angle de deux surfaces en un point commun A est l'angle que font les plans tangents aux surfaces en ce point.

849. Théorèmes. — *L'angle d'une courbe et d'une surface en un point commun* A *est égal à l'angle de leurs inverses au point correspondant* A'.

L'angle de deux surfaces en un point commun A *est égal à l'angle de leurs inverses au point correspondant* A'.

Il suffit de remarquer, comme au n° **846**, que les angles dont il s'agit de démontrer l'égalité sont symétriques par rapport au plan Π.

850. *Si* M' *et* N' *sont les inverses des points* M *et* N *par rapport à l'origine* O *et à la puissance d'inversion* λ, on a

$$M'N' = MN \times \frac{\lambda}{OM \times ON}.$$

Même démonstration qu'au n° **412**.

851. Théorème. — *Deux figures* F', F'', *inverses d'une figure* F *par rapport à la même origine* O, *sont homothétiques. Le centre de similitude est le point* O, *le rapport de similitude de* F' *à* F'' est $\frac{\lambda'}{\lambda''}$, λ' et λ'' *étant les puissances d'inversion qui correspondent aux figures* F' et F''.

Même démonstration qu'au n° 413.

852. Théorème. — *La figure inverse d'un plan est une sphère passant par l'origine.*

Nous laissons de côté le cas où le plan passe par l'origine, dans ce cas particulier la figure inverse est le plan lui-même.

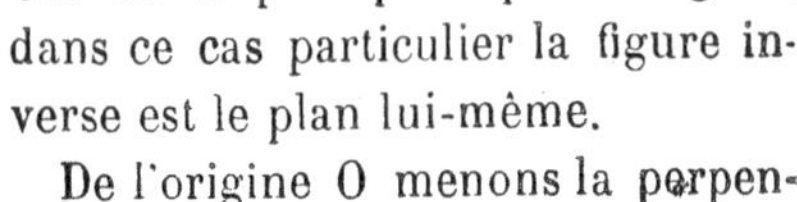

De l'origine O menons la perpendiculaire OP au plan (*fig.* 518); soit P′ l'inverse du point P. Si par la droite OP on mène un plan quelconque Π, il coupe le plan donné suivant une droite L dont l'inverse est (414) un cercle ayant pour diamètre OP′.

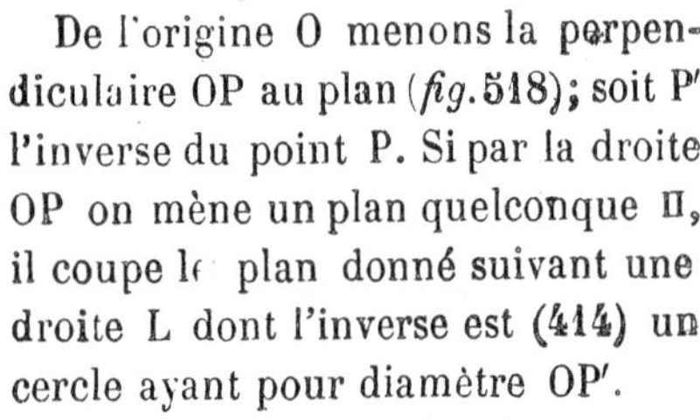

Fig. 518

En faisant tourner le plan Π autour de OP, ce cercle décrit la sphère qui a pour diamètre OP′; c'est la figure inverse du plan.

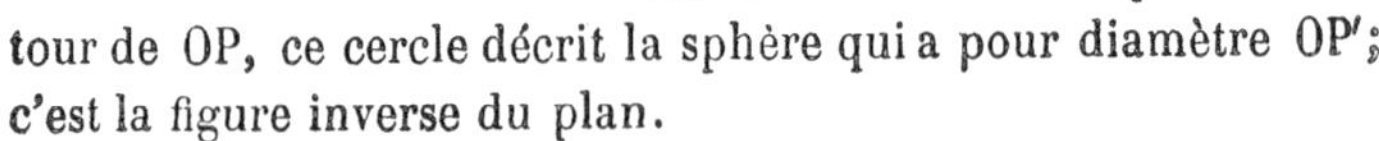

853. **Réciproque.** — *La figure inverse d'une sphère passant par l'origine est un plan.*

Soient OP′ le diamètre de la sphère qui passe par l'origine O (*fig.* 518), P l'inverse du point P′. Par la droite OP menons un plan quelconque Π; il coupe la sphère suivant un cercle dont l'inverse est (415) la droite PL perpendiculaire à la droite OP. Si le plan Π tourne autour de la droite OP, la droite OL décrit un plan perpendiculaire à OP; c'est la figure inverse de la sphère.

854. Remarque. — *Un plan et une sphère peuvent, en général, être considérés, de deux manières distinctes, comme des figures inverses.*

Même démonstration qu'au n° 416.

855. **Théorème.** — *La figure inverse d'une sphère qui ne passe pas par l'origine est une sphère.*

Même démonstration qu'au n° 417.

856. Remarque. — *Deux sphères quelconques peuvent, en général, être considérées de deux manières distinctes comme des figures inverses.*

Même démonstration qu'aux n°s 418 et 419.

857. Deux points qui se correspondent sur deux sphères considérées comme figures inverses sont dits *antihomologues*. Deux cordes sont *antihomologues* quand les extrémités de l'une sont les inverses des extrémités de l'autre.

En raisonnant comme au n° 420, on voit que :

Deux cercles antihomologues se coupent sur le plan radical ;

Les plans tangents aux sphères en des points antihomologues se coupent sur le plan radical.

858. **Théorème.** — *La figure inverse d'un cercle* C *par rapport à un centre* S, *non situé dans son plan, est un cercle* C'.

Le plan du cercle C' *est parallèle au plan tangent en* S *à la sphère* Σ *qui contient le cercle* C *et le point* S.

Le centre du cercle C' *est sur la droite qui joint le point* S *au pôle* G *du plan du cercle* C *par rapport à la sphère* Σ.

Prenons, comme plan de la figure (*fig.* 519), le plan mené par l'origine S et le centre du cercle C perpendiculairement au plan de ce cercle. Il coupe le cercle C suivant un diamètre AB ; le cercle circonscrit au triangle SAB est un grand cercle de la sphère Σ.

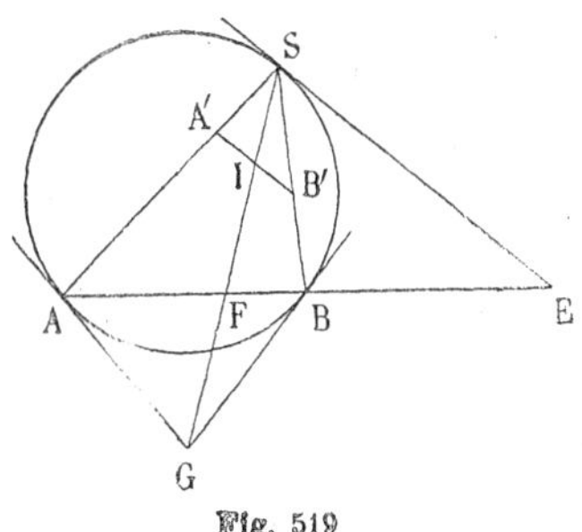

Fig. 519

Cela posé, le cercle C est l'intersection de la sphère Σ et du plan P qui contient ce cercle. La sphère Σ a pour inverse un plan P', et le plan P une sphère Σ' ; par suite, l'inverse du cercle C est l'intersection du plan P' et de la sphère Σ' ; c'est donc un cercle C'.

Le plan P' du cercle C' étant l'inverse de la sphère Σ, ce plan est parallèle au plan tangent en S à la sphère Σ.

Le plan P' est perpendiculaire au plan de la figure, sa trace est la droite A'B', A' et B' étant respectivement les inverses de A et B.

Le cercle C' a évidemment pour diamètre A'B' ; son centre est le milieu I de A'B'. Soient E le point où la tangente en S rencontre AB, G le point de rencontre des tangentes en A et B au cercle ABS. La droite SG est la polaire du point E ; si donc F est le point de rencontre des droites AB et SG, le point F sera le conjugué harmonique du point E par rapport au segment AB, ce qui revient à dire que les droites SE et SG sont conjuguées par rapport aux droites SA et SB ; la droite A'B' étant parallèle à la tangente SE, le milieu I de A'B' sera sur la droite SG. Le centre I du cercle C' est donc situé sur la droite qui joint l'origine S au pôle G du plan de C par rapport à la sphère Σ.

859. **Projections stéréographiques.** — Soient V un point fixe d'une sphère, appelé *point de vue*, P le plan mené par le centre perpendiculairement au diamètre OV, M un point quelconque de la sphère, *m* la trace de la droite VM sur le plan P ; *m* est la *projection stéréographique* (*fig.* 520) du point M. La projection stéréographique d'une figure tracée sur la sphère est formée par l'ensemble des projections stéréographiques des points de cette figure.

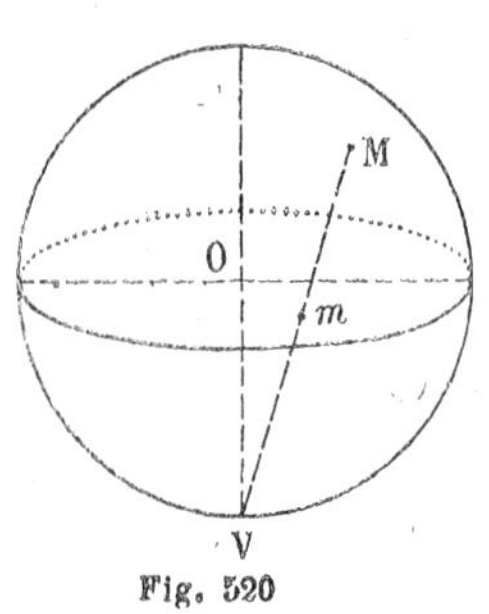

Fig. 520

Si l'on remarque que la sphère et le plan P sont deux figures inverses par rapport au point V, on voit que les projections stéréographiques possèdent les deux propriétés suivantes :

1° *L'angle de deux lignes tracées sur la sphère est égal à l'angle de leurs projections stéréographiques ;*

2° *La projection stéréographique d'un cercle est un cercle. Le centre de la projection est sur la droite qui joint le point de vue au pôle du plan du cercle donné par rapport à la sphère.*

§ IX.

Aire de la sphère.

860. **Théorème.** — *Une droite et un axe étant situés dans un même plan, l'axe ne traversant pas la droite, la surface engendrée par la droite en tournant autour de l'axe est égale au produit de*

la projection de la droite sur l'axe par la longueur de la circonférence qui a pour rayon la perpendiculaire élevée au milieu de la droite jusqu'à sa rencontre avec l'axe.

La droite AB peut occuper par rapport à l'axe xy trois positions : 1° elle est parallèle à l'axe (*fig.* 521) ; la surface décrite est celle d'un cylindre ; 2° elle est oblique à l'axe, le point A est placé sur l'axe (*fig.* 522) ; la surface décrite est celle d'un

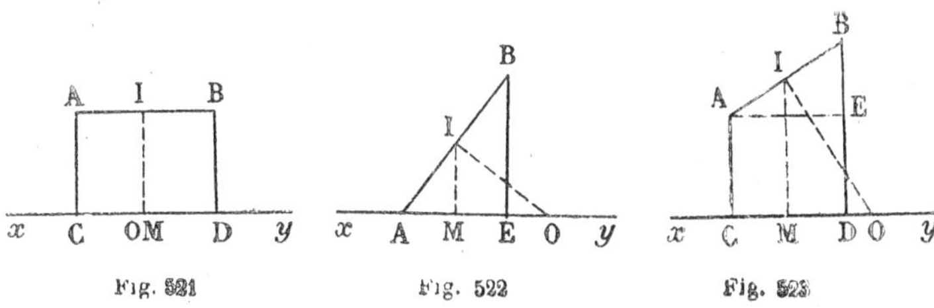

Fig. 521 Fig. 522 Fig. 523

cône ; 3° elle est oblique à l'axe, le point A étant hors de l'axe (*fig.* 523) ; la surface décrite est celle d'un tronc de cône.

Dans tous les cas menons du milieu I la perpendiculaire IM sur l'axe et élevons en I la perpendiculaire IO à la droite AB.

L'aire décrite est

$$2\pi \mathrm{IM} \times \mathrm{AB}.$$

Dans le premier cas, le théorème est démontré, car IM = IO et AB est égal à sa projection sur l'axe.

Dans les deux autres cas, menons par le point A une parallèle à l'axe jusqu'à sa rencontre en E avec la perpendiculaire menée du point B à l'axe.

Les deux triangles IMO et AEB sont semblables comme ayant leurs côtés homologues perpendiculaires.

On aura donc

$$\frac{\mathrm{IM}}{\mathrm{AE}} = \frac{\mathrm{IO}}{\mathrm{AB}},$$

ou

$$\mathrm{IM} \times \mathrm{AB} = \mathrm{AE} \times \mathrm{IO};$$

donc l'aire décrite est

$$2\pi \mathrm{IO} \times \mathrm{AE},$$

ce qui démontre le théorème, puisque AE est la projection de AB sur l'axe.

861. Théorème. — *L'aire engendrée par une ligne brisée régulière en tournant autour d'un diamètre qui ne la traverse pas, est égale au produit de la longueur de la circonférence inscrite dans la ligne brisée par la projection de cette ligne sur l'axe.*

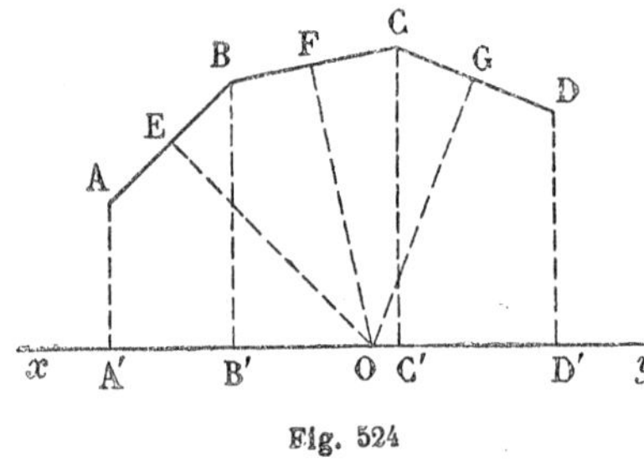

Fig. 524

Soit la ligne brisée régulière ABCD (*fig.* 524) qui tourne autour du diamètre xy; menons les apothèmes

$$OE = OF = OG$$

de cette ligne, et projetons en A', B', C', D' les sommets sur l'axe xy. D'après le théorème précédent, on a

$$\text{surf. eng. } AB = 2\pi OE \times A'B',$$
$$\text{surf. eng. } BC = 2\pi OE \times B'C',$$
$$\text{surf. eng. } CD = 2\pi OE \times C'D',$$

d'où, en ajoutant,

$$\text{surf. eng. } ABCD = 2\pi OE \times A'D'.$$

Or $2\pi OE$ est la longueur de la circonférence inscrite dans la ligne brisée; A'D' est la projection de la ligne brisée sur l'axe. Le théorème est démontré.

862. Définition. — On appelle *zone* la surface engendrée par un arc de cercle tournant autour d'un diamètre qui ne le traverse pas. Soit alors un arc de cercle CD tournant autour du diamètre AB (*fig.* 525). Dans le mouvement de rotation, le demi-cercle ACDB engendre une sphère; l'arc CD engendre une zone qui est une portion de cette sphère. Les points C et D engendrent des cercles dont les plans sont parallèles; ces cercles sont les *bases* de la zone; la distance des deux plans de base est la *hauteur* de la zone.

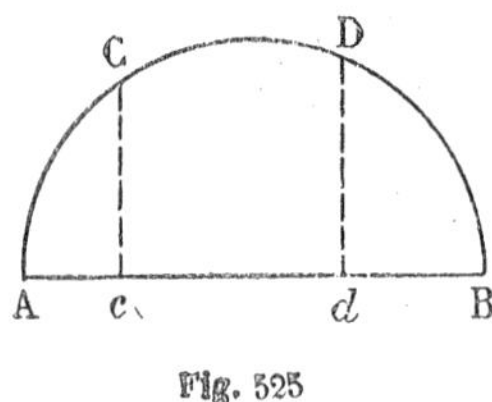

Fig. 525

On voit que la zone est la portion de la surface de la sphère comprise entre deux plans parallèles.

Si l'un de ces plans est tangent à la sphère, la zone n'a qu'une base; on l'appelle alors une *calotte sphérique*. Ainsi l'arc BD, en tournant autour du diamètre AB, engendre une calotte sphérique.

863. **Aire d'une zone.** — Par définition, l'aire de la zone engendrée par un arc de cercle CD en tournant autour d'un diamètre AB est la limite vers laquelle tend la surface engendrée par une ligne brisée régulière inscrite dans l'arc CD, en tournant autour du diamètre AB, quand on double indéfiniment le nombre des côtés de cette ligne brisée régulière.

Le théorème suivant montre que cette limite existe et en donne l'expression.

864. **Théorème.** — *L'aire d'une zone est égale au produit de la circonférence d'un grand cercle par sa hauteur.*

Soit la zone engendrée par l'arc CD en tournant autour du diamètre AB (*fig.* 526). Inscrivons dans l'arc CD une ligne brisée régulière CEFD. La surface engendrée par cette ligne est égale au produit de la circonférence inscrite $2\pi OI$ par la hauteur cd de la zone.

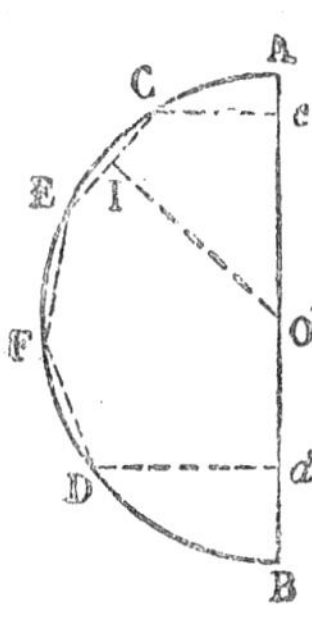

Fig. 526

Or si l'on double indéfiniment le nombre des côtés, la circonférence inscrite $2\pi OI$ a pour limite la circonférence d'un grand cercle; la projection cd de la ligne régulière sur l'axe reste fixe; donc l'aire engendrée a pour limite le produit d'une circonférence de grand cercle par la hauteur cd de la zone. Cette limite est par définition l'aire de la zone.

865. En appelant R le rayon de la sphère, h la hauteur de la zone, l'aire de la zone est

$$2\pi Rh.$$

866. **Théorème.** — *L'aire d'une sphère est égale au produit de la circonférence d'un grand cercle par le diamètre.*

En effet, la sphère est une zone dont la hauteur est égale au diamètre.

Si R est le rayon de la sphère, sa surface sera

$$2\pi R \times 2R = 4\pi R^2;$$

donc :

La surface d'une sphère est égale à quatre fois celle d'un grand cercle.

867. **Corollaire.** — *Les surfaces de deux sphères sont entre elles comme les carrés de leurs rayons.*

En effet, si S et S′ sont les surfaces de sphères de rayons R et R′, on a

$$S = 4\pi R^2,$$

$$S' = 4\pi R'^2,$$

d'où

$$\frac{S}{S'} = \frac{R^2}{R'^2}.$$

§ X.

Volume de la sphère.

868. **Théorème.** — *Le volume engendré par un triangle en tournant autour d'un axe, mené dans son plan, par un de ses sommets, extérieurement au triangle, est égal au produit de la surface engendrée par le côté opposé au sommet fixe, par le tiers de la hauteur correspondant à ce côté.*

Soit le triangle ABC qui tourne autour de l'axe xy mené dans son plan par le sommet A. Nous distinguerons trois cas :

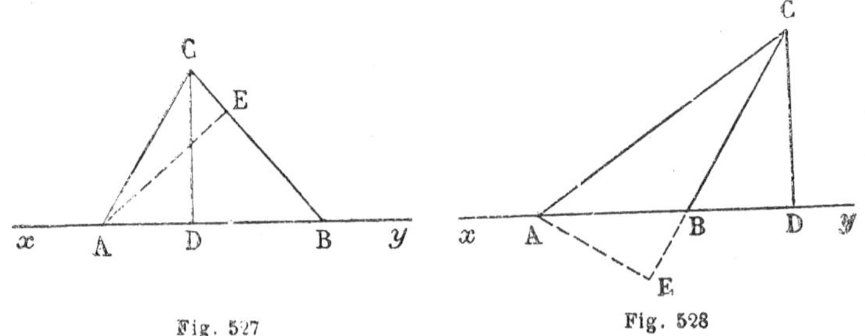

Fig. 527 Fig. 528

1° Un côté du triangle, le côté AB par exemple, est situé sur l'axe (*fig.* 527, 528).

Menons les hauteurs CD et AE du triangle. Si les angles A et B sont aigus, le volume engendré par le triangle ABC est la somme des cônes engendrés par les triangles rectangles ACD et BCD; si au contraire l'un des angles A ou B, B par exemple, est obtus, le volume engendré est la différence de ces deux cônes. Or,

$$\text{vol. ACD} = \frac{1}{3}\pi\overline{\text{CD}}^2 \times \text{AD},$$

$$\text{vol. BCD} = \frac{1}{3}\pi\overline{\text{CD}}^2 \times \text{BD}.$$

Dans le cas où l'angle B est aigu, on aura donc

$$\text{vol. ABC} = \frac{1}{3}\pi\overline{\text{CD}}^2(\text{AD} + \text{BD}) = \frac{1}{3}\pi\overline{\text{CD}}^2 \times \text{AB}.$$

Si l'angle B est obtus, on aura

$$\text{vol. ABC} = \frac{1}{3}\pi\overline{\text{CD}}^2(\text{AD} - \text{BD}) = \frac{1}{3}\pi\overline{\text{CD}}^2 \times \text{AB}.$$

Ainsi, dans tous les cas,

$$\text{vol. ABC} = \frac{1}{3}\pi\overline{\text{CD}}^2 \times \text{AB}.$$

Or les produits $\text{AB} \times \text{CD}$ et $\text{BC} \times \text{AE}$ sont égaux, comme représentant tous deux le double de la surface du triangle ABC. En remplaçant $\text{AB} \times \text{CD}$ par $\text{BC} \times \text{AE}$, on aura

$$\text{vol. ABC} = \frac{1}{3}\pi\text{CD} \times \text{BC} \times \text{AE}.$$

Mais la surface engendrée par le côté BC est celle d'un cône qui a pour rayon CD et pour arête BC; donc

$$\text{surf. BC} = \pi\text{CD} \times \text{BC};$$

donc

$$\text{vol. ABC} = \frac{1}{3}\,\text{surf. BC} \times \text{AE}.$$

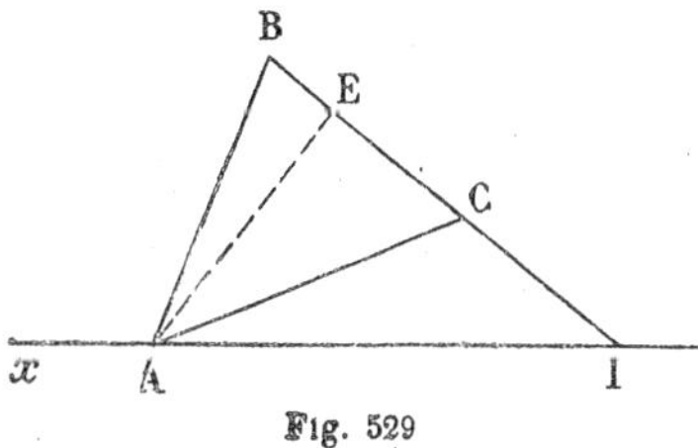

Fig. 529

2° Le côté BC prolongé rencontre l'axe xy en un point I (*fig* 529).

Le volume engendré par le triangle ABC est la différence des volumes engendrés par les triangles BAI et CAI. Or

$$\text{vol. BAI} = \frac{1}{3}\text{ surf. BI} \times \text{AE},$$

$$\text{vol. CAI} = \frac{1}{3}\text{ surf. CI} \times \text{AE};$$

donc

$$\text{vol. ABC} = \frac{1}{3}\text{ AE (surf. BI} - \text{surf. CI)} = \frac{1}{3}\text{ AE} \times \text{surf. BC}.$$

3° Le côté BC est parallèle à l'axe.

Menons la hauteur AE, et les perpendiculaires BF et CH à l'axe (*fig.* 530).

Le volume engendré par le triangle ABC est la somme ou la différence des volumes engendrés par les triangles AEC et AEB,

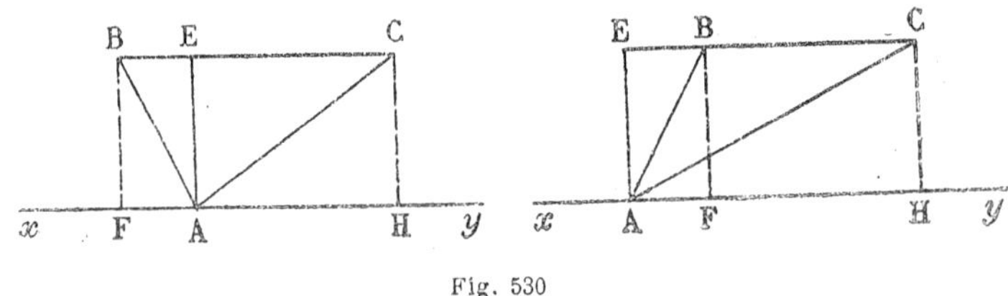

Fig. 530

selon que le point E tombe sur BC ou sur son prolongement.

Or,

$$\begin{aligned}\text{vol. AEC} &= \text{vol. AECH} - \text{vol. ACH}\\ &= \pi\overline{\text{AE}}^2 \times \text{CE} - \frac{1}{3}\pi\overline{\text{AE}}^2 \times \text{CE}\\ &= \frac{2}{3}\pi\overline{\text{AE}}^2 \times \text{CE}.\end{aligned}$$

On trouverait de même

$$\text{vol. AEB} = \frac{2}{3}\pi\overline{\text{AE}}^2 \times \text{BE}.$$

Si le point E est sur le côté BC, on aura

$$\text{vol. ABC} = \frac{2}{3}\pi\overline{\text{AE}}\text{ (CE} + \text{BE)} = \frac{2}{3}\pi\overline{\text{AE}}^2 \times \text{BC}.$$

Si le point E est sur le prolongement de BC, on aura

$$\text{vol. ABC} = \frac{2}{3}\pi\overline{\text{AE}}^2\text{(CE} - \text{BE)} = \frac{2}{3}\pi\overline{\text{AE}}^2 \times \text{BC}.$$

Donc dans tous les cas

$$\text{vol. ABC} = \frac{2}{3}\pi\overline{\text{AE}}^2 \times \text{BC}.$$

L'aire engendrée par le côté BC est celle d'un cylindre dont le rayon est AE et la hauteur BC ; par conséquent

$$\text{surf. BC} = 2\pi\text{AE} \times \text{BC};$$

donc

$$\text{Vol. ABC} = \text{surf. BC} \times \frac{1}{3}\text{AE}.$$

869. Théorème. — *Le volume engendré par un secteur polygonal régulier en tournant autour d'un diamètre qui ne le traverse pas, est égal au produit de la surface engendrée par la ligne polygonale régulière qui limite le secteur par le tiers de l'apothème.*

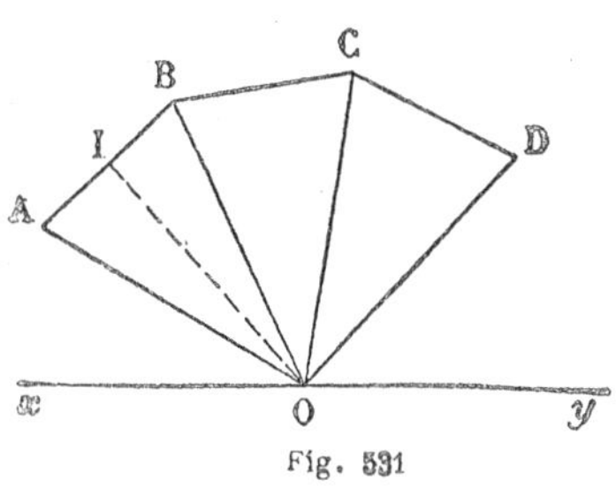

Fig. 531

Soit le secteur polygonal régulier OABCD (*fig.* 531). Décomposons ce secteur en triangles en joignant les sommets de la ligne régulière à son centre O. Tous les triangles ainsi formés ont pour hauteur, issue de O, l'apothème OI de la ligne régulière. Le volume engendré par le secteur est la somme des volumes engendrés par les triangles qui le constituent. Or :

$$\text{vol. AOB} = \frac{1}{3}\text{OI} \times \text{surf. AB},$$

$$\text{vol. BOC} = \frac{1}{3}\text{OI} \times \text{surf. BC},$$

$$\text{vol. COD} = \frac{1}{3}\text{OI} \times \text{surf. CD};$$

donc

$$\text{vol. OABCD} = \frac{1}{3}\text{OI} \times (\text{surf. AB} + \text{surf. BC} + \text{surf. CD})$$

$$= \frac{1}{3}\text{OI} \times \text{surf. ABCD}.$$

870. Définition. — On appelle *secteur sphérique* le volume

engendré par un secteur circulaire en tournant autour d'un diamètre qui ne le traverse pas.

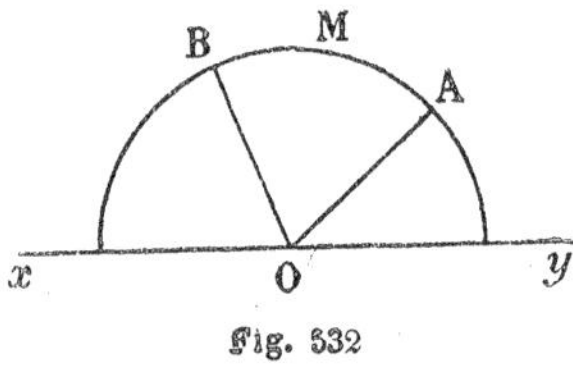

Fig. 532

Ainsi le secteur circulaire OAMB, en tournant autour du diamètre xy (*fig.* 532), engendre un secteur sphérique. Ce corps est limité par les cônes engendrés par les rayons OA, OB et par la zone engendrée par l'arc AMB. Cette zone est la *base* du secteur sphérique.

871. Théorème. — *Le volume d'un secteur sphérique est égal au produit de l'aire de la zone qui lui sert de base par le tiers du rayon de la sphère.*

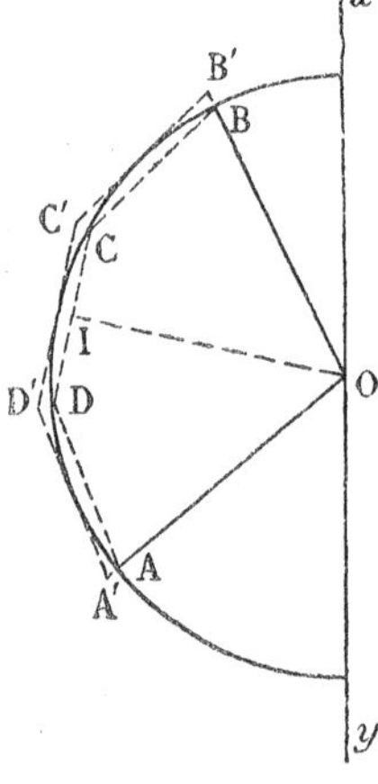

Fig. 533

Soit le secteur sphérique engendré par le secteur circulaire OAB (*fig.* 533). Inscrivons dans l'arc AB une ligne brisée régulière ADCB dont l'apothème est OI. Le volume engendré par le secteur OADCB est

$$\text{vol. OADCB} = \text{surf. ADCB} \times \frac{1}{3}\,\text{OI}.$$

Si l'on double indéfiniment le nombre des côtés de la ligne régulière inscrite, la surface engendrée par la ligne polygonale a pour limite l'aire de la zone AB ; l'apothème OI a pour limite le rayon R de la sphère ; donc le volume engendré par le secteur polygonal inscrit a pour mesure

$$\text{zone AB} \times \frac{R}{3}.$$

Par les milieux des arcs AD, DC, CB, menons des tangentes au cercle générateur ; nous formons ainsi un secteur polygonal OA'D'C'B' circonscrit au secteur circulaire. Le volume engendré par ce secteur polygonal est

$$\text{vol. OA'D'C'B'} = \frac{1}{3}\,\text{surf. A'D'C'B'} \times R.$$

Si l'on double indéfiniment le nombre des côtés de la ligne circonscrite, la surface engendrée par la ligne A'D'C'B' a pour limite l'aire de la zone AB ; donc le volume engendré par le secteur circonscrit est aussi

$$\text{zone AB} \times \frac{R}{3}.$$

Cette limite commune est le volume du secteur sphérique ; ce qui démontre le théorème.

872. **Remarque.** — En désignant par R le rayon de la sphère, par h la hauteur de la zone AB qui sert de base au secteur sphérique, on a

$$\text{zone AB} = 2\pi Rh,$$

et par conséquent

$$\text{vol. secteur sphérique} = 2\pi Rh \times \frac{R}{3} = \frac{2}{3}\pi h R^2.$$

873. **Théorème.** — *Le volume de la sphère est égal au produit de son aire par le tiers du rayon.*

En effet, la sphère peut être considérée comme un secteur sphérique engendré par un demi-cercle.

Si R est le rayon d'une sphère, D son diamètre, S sa surface, V son volume, on a

$$V = S \times \frac{R}{3} = \frac{4}{3}\pi R^3 = \frac{1}{6}\pi D^3.$$

874. **Corollaire.** — *Les volumes de deux sphères sont entre eux comme les cubes de leurs rayons.*

En effet, si R et R' sont les rayons de deux sphères, V et V' leurs volumes, on a

$$V = \frac{4}{3}\pi R^3,$$

$$V' = \frac{4}{3}\pi R'^3,$$

d'où

$$\frac{V}{V'} = \frac{R^3}{R'^3}.$$

875. **Théorème.** — *Le volume engendré par un segment de cercle en tournant autour d'un diamètre qui ne le traverse pas équivaut*

au sixième du volume du cylindre qui a pour rayon la corde du segment et pour hauteur la projection de cette corde sur l'axe.

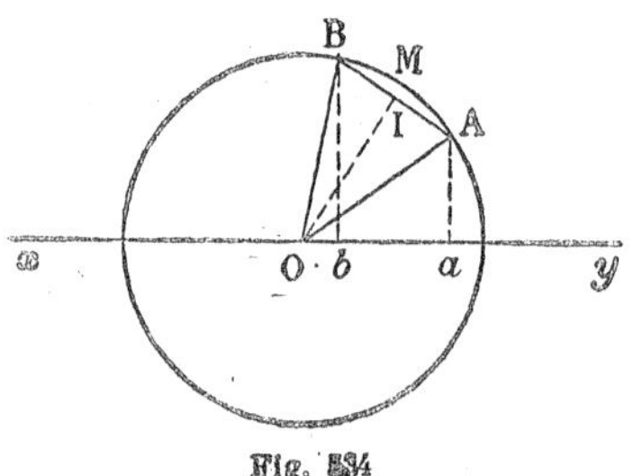

Fig. 534

En effet, le volume engendré par le segment de cercle AMB (*fig.* 534) en tournant autour du diamètre xy est la différence entre les volumes engendrés par le secteur circulaire OAMB et le triangle OAB. Or si l'on désigne par ab la projection de AB sur l'axe, par OI la perpendiculaire menée du centre sur la corde AB, on a

$$\text{vol. sect. OAMB} = \frac{2}{3}\pi R^2 \times ab,$$

$$\text{vol. triang. OAB} = \text{surf. AB} \times \frac{OI}{3}.$$

Mais (860)

$$\text{surf. AB} = 2\pi OI \times ab;$$

donc

$$\text{vol. triang. OAB} = \frac{2}{3}\pi \overline{OI}^2 \times ab,$$

et par conséquent

$$\text{vol. AMB} = \frac{2}{3}\pi ab(R^2 - \overline{OI}^2).$$

Or dans le triangle rectangle OAI, on a

$$R^2 - \overline{OI}^2 = \overline{AI}^2 = \frac{\overline{AB}^2}{4};$$

donc

$$\text{vol. AMB} = \frac{2}{3}\pi ab \times \frac{\overline{AB}^2}{4} = \frac{1}{6}\pi \overline{AB}^2 \times ab.$$

876. **Définition.** — On appelle *segment sphérique* la portion du volume de la sphère comprise entre deux plans sécants parallèles. Les cercles d'intersection de la sphère et de ces deux plans parallèles sont les *bases* du segment sphérique. La distance de ces deux bases est la *hauteur* du segment. Si l'un des plans

sécants est tangent à la sphère, le cercle correspondant se réduit à un point et l'on a un segment sphérique à *une base*.

877. Théorème. — *Le volume d'un segment sphérique équivaut au volume d'une sphère qui aurait pour diamètre la hauteur du segment, augmenté de la demi-somme des volumes de deux cylindres ayant pour hauteur commune la hauteur du segment et pour bases respectives les bases du segment.*

Soit PP′ le diamètre perpendiculaire aux bases du segment ; menons un plan quelconque par cette droite PP′, il coupe la sphère suivant un grand cercle et les bases du segment suivant des droites AA′, BB′, perpendiculaires à PP′ (*fig.* 535). Le segment sphérique est engendré en faisant tourner le trapèze mixtiligne $aAMBb$ autour de l'axe PP′. Ce volume est la somme des volumes engendrés par le segment de cercle AMB et par le trapèze $AabB$.

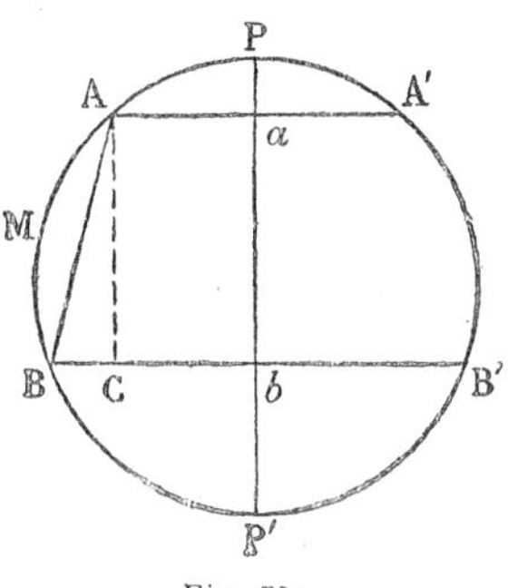

Fig. 535

Or on a

$$\text{vol. AMB} = \frac{1}{6}\pi\overline{AB}^2 \times ab.$$

Menons la perpendiculaire AC à Bb. Dans le triangle rectangle ABC, on a

$$\overline{AB}^2 = \overline{AC}^2 + \overline{BC}^2.$$

Mais

$$AC = ab, \qquad BC = Bb - Aa;$$

donc

$$\overline{AD}^2 = \overline{ab}^2 + \overline{Bb}^2 + \overline{Aa}^2 - 2Db \times Aa,$$

et par suite

$$(1)\quad \text{vol. AMB} = \frac{1}{6}\pi\overline{ab}^3 + \frac{1}{6}\pi ab\left[\overline{Aa}^2 + \overline{Bb}^2 - 2Aa.Bb\right].$$

D'autre part le volume engendré par le trapèze $AabB$ est celui d'un tronc de cône, et l'on a

$$\text{vol. } AabB = \frac{1}{3}\pi ab\left[\overline{Aa}^2 + \overline{Bb}^2 + Aa \times Bb\right]$$

ou

$$(2)\quad \text{vol. } AabB = \frac{1}{6}\pi ab\left[2\overline{Aa}^2 + 2\overline{Bb}^2 + 2Aa \times Bb\right].$$

Ajoutons les égalités (1) et (2) membre à membre ; on aura, en désignant par V le volume du segment sphérique,

$$V = \frac{1}{6}\pi\overline{ab}^3 + \frac{1}{2}\pi ab \times \overline{Aa}^2 + \frac{1}{2}\pi ab \times \overline{Bb}^2,$$

ce qui démontre le théorème.

878. **Remarque.** — Le théorème s'applique encore quand l'une des bases est réduite à un point; ainsi le volume du segment PAA' (*fig.* 535) est

$$V = \frac{1}{6}\pi\overline{Pa}^3 + \frac{1}{2}\pi Pa \times \overline{Aa}^2.$$

Désignons par h la hauteur Pa du segment, par R le rayon de la sphère ; on aura

$$V = \frac{1}{6}\pi h\left[h^2 + 3\overline{Aa}^2\right].$$

Mais

$$\overline{Aa}^2 = Pa \times P'a = h(2R - h),$$

et par suite

$$V = \frac{1}{6}\pi h[h^2 + 3h(2R - h)] = \frac{1}{3}\pi h^2[3R - h].$$

EXERCICES SUR LE LIVRE VII

1. Dans un triangle rectangle ABC l'hypoténuse BC est égale à a; l'angle B est de 36°. Calculer l'aire totale et le volume du cône engendré par le côté BC en tournant autour du côté AB.

2. On donne les rayons R, r et la hauteur h d'un tronc de cône de révolution. Calculer la différence entre le volume du tronc de

cône et celui d'un cylindre qui a pour hauteur la hauteur du tronc et pour base la section déterminée dans le tronc par un plan équidistant des deux bases.

3. Partager la surface latérale d'un tronc de cône en deux parties égales par un plan parallèle aux bases.

4. Couper un tronc de cône par un plan parallèle aux bases de telle sorte que les deux troncs de cône obtenus aient même surface totale.

5. Lieu des axes des cylindres de révolution qui ont une génératrice donnée et qui passent par un point donné.

6. Déterminer l'axe d'un cône de révolution connaissant trois de ses génératrices.

7. Construire l'axe d'un cône de révolution tangent aux trois faces d'un trièdre.

8. Autour d'un point O d'une sphère on fait tourner un trièdre trirectangle; les arêtes de ce trièdre coupent la sphère en trois points A, B, C. Démontrer que le plan ABC passe par un point fixe quand le trièdre trirectangle tourne autour du point O.

9. Lieu des centres des sections faites dans une sphère par des plans passant par une droite fixe ou par un point fixe.

10. Trouver le lieu des points de l'espace dont le rapport des distances à deux points fixes est constant.

11. Étant donnés trois points fixes A, B, C et trois nombres fixes α, β, γ, trouver le lieu des points M tels que

$$\frac{MA}{\alpha} = \frac{MB}{\beta} = \frac{MC}{\gamma}.$$

Discussion.

12. Lieu des points de l'espace dont la somme des carrés des distances à deux points fixes est constante.

13. Trouver le lieu des centres des sphères qui coupent deux sphères données suivant des grands cercles.

14. Condition pour que deux cercles appartiennent à une même sphère.

15. Construire une sphère passant par un cercle donné et tangente à un plan donné.

16. On considère toutes les sphères qui passent par deux points donnés et qui sont tangentes à un plan donné. Lieu des points de contact des sphères avec le plan donné.

17. L'aire d'une calotte sphérique est égale à l'aire d'un cercle de rayon égal à la corde de l'arc qui engendre la calotte sphérique.

18. On considère une sphère et un cylindre circonscrit à la sphère ; on mène deux plans parallèles au plan du cercle de contact. Démontrer que l'aire de la zone comprise entre ces deux plans est la même que celle de la surface du cylindre comprise entre ces mêmes plans.

19. Le côté d'un tétraèdre régulier étant a, calculer les volumes de la sphère inscrite et de la sphère circonscrite au tétraèdre.

20. En désignant par A, B, C les volumes engendrés par un triangle rectangle en tournant successivement autour de l'hypoténuse et des côtés de l'angle droit, démontrer la relation

$$\frac{1}{A^2} = \frac{1}{B^2} + \frac{1}{C^2}.$$

21. Les rapports des volumes engendrés par un parallélogramme en tournant successivement autour de deux côtés adjacents sont inversement proportionnels aux longueurs de ces côtés.

22. Le rapport du volume d'un cône circonscrit à une sphère au volume de cette sphère est égal au rapport de la surface totale du cône à la surface de la sphère.

23. Couper une sphère par un plan tel que l'aire de la section soit égale à la différence des zones que ce plan détermine.

24. Calculer en fonction du côté les aires et les volumes engendrés par un polygone régulier en tournant autour d'un côté. — Cas du triangle équilatéral, du carré, du pentagone, de l'hexagone, de l'octogone, du décagone.

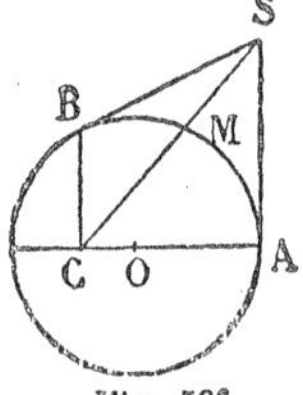

Fig. 536

25. Soient SA et SB deux tangentes menées d'un point S à un cercle O; BC la perpendiculaire abaissée du point B sur le diamètre OA (*fig.* 536). On fait tourner la figure autour du diamètre AO ; démontrer que le volume engendré par le triangle mixtiligne SAMB est égal au volume engendré par le triangle SAC.

26. Deux cercles O et O′ sont tangents au point I; on mène une tangente commune extérieure AA′. On demande d'évaluer le volume engendré par le triangle mixtiligne AIA′, formé par les arcs AI, A′I et la tangente AA′, en tournant autour de OO′.

27. Soit ABC un triangle équilatéral dont le côté est a; sur BC on construit, extérieurement au triangle, un carré BCDE. Évaluer le volume engendré par le pentagone ABEDC en tournant autour du côté DE.

LIVRE VIII

LES COURBES USUELLES

§ I.

Ellipse.

879. **Définition.** — On appelle *ellipse* le lieu des points d'un plan tels que la somme des distances de chacun d'eux à deux points fixes F et F′ soit constante et égale à une longueur donnée $2a$.

Les points fixes F et F′ sont les *foyers* de l'ellipse ; les droites FM, F′M qui joignent un point M de la courbe aux deux foyers sont les *rayons vecteurs* du point M.

Un point est dit *intérieur* à l'ellipse si la somme de ses distances aux deux foyers est plus petite que $2a$; il est dit *extérieur* à l'ellipse si cette somme est plus grande que $2a$.

880. **Tracé de l'ellipse d'un mouvement continu.** — Pour tracer une ellipse d'un mouvement continu, on prend un fil dont la longueur est égale à la somme $2a$ des rayons vecteurs, et l'on fixe les extrémités de ce fil aux foyers F et F′ ; on tend le fil avec la pointe d'un crayon, on fait glisser la pointe du crayon en maintenant le fil tendu. La pointe du crayon trace une courbe qui est une ellipse ayant pour foyers F et F′ ; la somme des rayons vecteurs est égale à la longueur $2a$ du fil.

881. **Tracé de l'ellipse par points.** — Soient F et F′ (*fig.* 537)

les foyers d'une ellipse, $2c$ la *distance focale* FF′, $2a$ la somme des rayons vecteurs. Du point F comme centre, avec un rayon arbitraire r, décrivons un cercle, puis du second foyer F′ comme centre décrivons un autre cercle, avec un rayon égal à $2a - r$. Les points communs à ces deux cercles appartiennent à l'ellipse. Cherchons quelle valeur il faut donner à r pour que ces deux cercles se coupent.

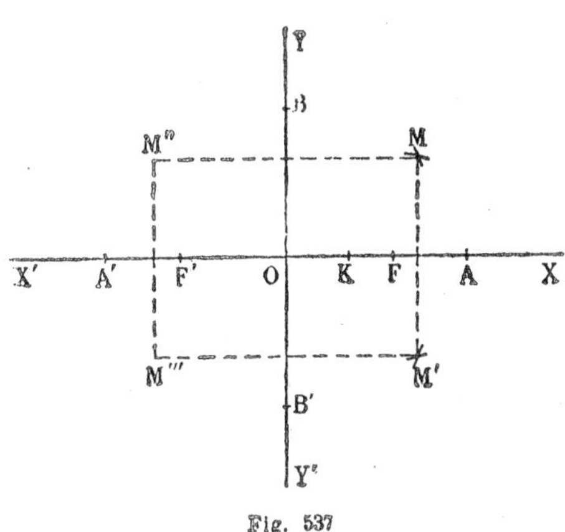

Fig. 537

La distance des centres $2c$ est plus petite que la somme des rayons $2a$; il suffit d'exprimer que cette distance des centres est plus grande que la différence des rayons ; or cette différence est $2a - 2r$ ou $2r - 2a$ suivant que r est le plus petit ou le plus grand des deux rayons. On doit donc avoir

$$2a - 2r \leqslant 2c \qquad \text{et} \qquad 2r - 2a \leqslant 2c,$$

ou
$$r \geqslant a - c \qquad \text{et} \qquad r \leqslant a + c,$$

ou encore
$$a - c \leqslant r \leqslant a + c.$$

Cela posé, prenons sur la droite FF′, de part et d'autre de son milieu O, des longueurs OA, OA′ égales à a; les distances AF, A′F′ sont égales à $a - c$; les distances AF′, A′F, à $a + c$. Soit K un point quelconque compris entre F et F′ ; la longueur AK sera comprise entre $a - c$ et $a + c$; on pourra prendre $r = \text{AK}$ et par conséquent $2a - r = \text{A'K}$; les cercles décrits de F et F′ comme centres avec les rayons AK, A′K déterminent deux points de l'ellipse.

882. **Théorème.** — *L'ellipse a pour centre le milieu* O *de la droite* FF′ *qui joint les foyers. Elle a pour axes : 1° la droite* AA′

qui passe par les foyers; 2° *la perpendiculaire* BB′ *menée à cette droite par le centre* O (*fig.* 538).

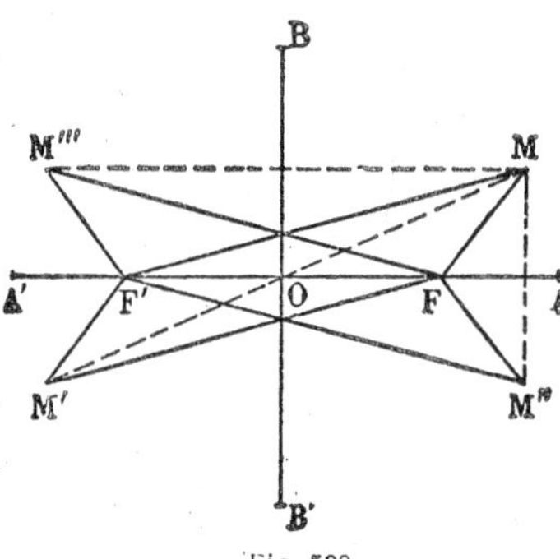

Fig. 538

En effet, soit M un point quelconque de l'ellipse; on a

$$MF + MF' = 2a.$$

Soit M′ le symétrique du point M par rapport au point O. La droite M′F′ est la symétrique de la droite MF par rapport au point O; donc $M'F' = MF$, et $M'F = MF'$ pour la même raison; par conséquent

$$M'F + M'F' = MF' + MF = 2a.$$

Le point M′ appartient à l'ellipse; donc le point O est centre de l'ellipse.

Soit M″ le symétrique du point M par rapport à la droite AA′. On aura

$$M''F = MF, \qquad M''F' = MF',$$

et, par suite,

$$M''F + M''F' = 2a.$$

Le point M″ est sur l'ellipse; donc la droite AA′ est un axe de l'ellipse.

Soit enfin M‴ le symétrique du point M par rapport à la droite BB′; comme les points F et F′ sont aussi symétriques par rapport à cette droite, on aura

$$M'''F' = MF, \qquad M'''F = MF',$$

et par suite

$$M'''F + M'''F' = 2a.$$

Le point M‴ appartient à l'ellipse; donc la droite BB′ est un axe de l'ellipse.

883. **Sommets.** — Les points de rencontre de l'ellipse avec ses axes sont appelés les *sommets*. L'ellipse a quatre sommets : deux, A et A′, sont situés sur l'axe FF′ (*fig.* 539) : les deux autres, B et B′, sur l'axe perpendiculaire.

Pour le sommet A, on a

$$AF + AF' = 2a$$

et par conséquent $AO = a$; de même $A'O = a$. L'axe AA' a donc une longueur égale à $2a$. Pour le sommet B, on a $FB = F'B = a$; si donc on désigne par b les longueurs égales OB, OB', on a dans le triangle rectangle OBF

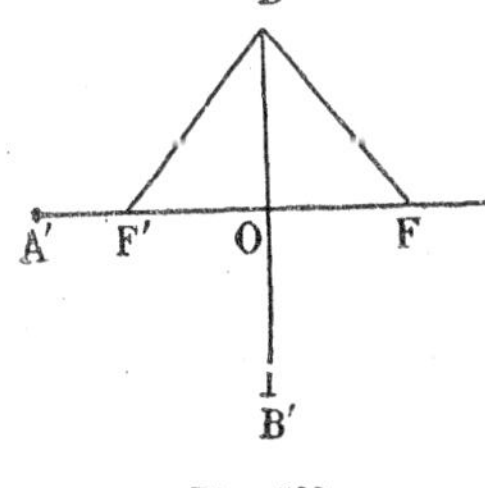

Fig. 539

$$b^2 = a^2 - c^2.$$

L'axe BB', égal à $2b$, est plus petit que l'axe AA'. Cet axe BB' est appelé le *petit axe* de l'ellipse; l'axe AA' est le *grand axe* de l'ellipse.

On appelle *excentricité* de l'ellipse le rapport $\frac{c}{a}$; ce rapport est toujours plus petit que 1.

884. Définitions. — On appelle *cercle directeur* d'une ellipse, un cercle de rayon $2a$ ayant pour centre l'un des foyers. L'ellipse a donc deux cercles directeurs, l'un ayant son centre au foyer F, l'autre au foyer F'.

On appelle *cercle principal* d'une ellipse le cercle qui a pour diamètre son grand axe AA'.

885. Remarque. — Le cercle (M) qui a pour centre un point M de l'ellipse et qui passe par le foyer F est tangent au cercle directeur F' (*fig.* 540). En effet, portons sur la droite F'M une longueur MD égale à MF; on aura

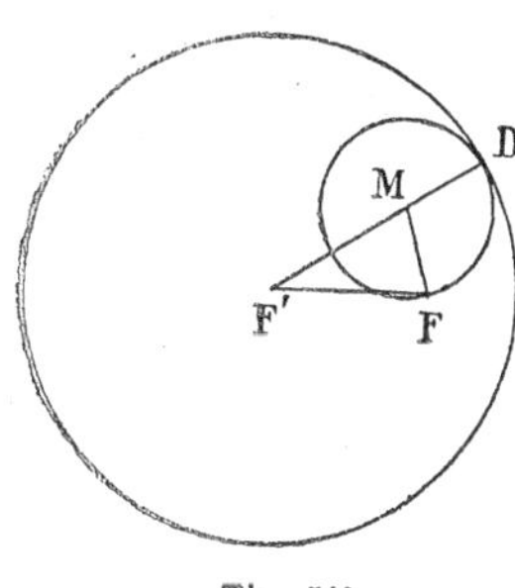

Fig. 540

$$F'D = F'M + MD = F'M + FM = 2a.$$

Le point D est sur le cercle (F'); les cercles (M) et (F') sont tangents au point D.

Réciproquement, tout cercle passant par F et tangent au cercle directeur F' a son centre sur l'ellipse. En effet soient M le centre d'un tel cercle, D le point de contact avec le cercle F', les trois points F', M, D sont en ligne droite ; donc

$$2a = F'D = F'M + MD = F'M + MF,$$

par conséquent, le point M est sur l'ellipse.

886. **Problème.** — *Trouver les points d'intersection d'une droite et d'une ellipse.*

Soit M un point commun à l'ellipse et à une droite donnée D (*fig.* 541) ; le cercle de centre F et de rayon MF est tangent au cercle directeur F' ; d'autre part, ce cercle passe par le symétrique φ du foyer F par rapport à la droite D ; on est donc ramené à mener par les deux points F et φ un cercle tangent au cercle F' ; le centre d'un tel cercle est un point d'intersection. De là la construction suivante :

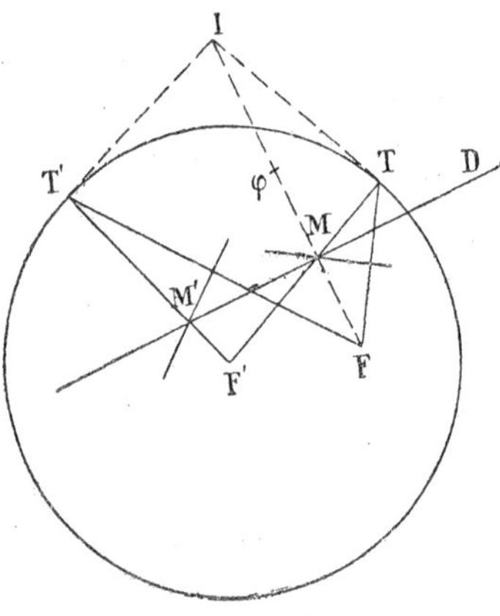

Fig. 541

On détermine (400) sur la droite Fφ un point I qui a même puissance par rapport au segment Fφ et par rapport au cercle F' ; les points de contact T et T' des cercles cherchés avec le cercle F' sont les points de contact des tangentes issues du point I au cercle F'.

Les centres des cercles, c'est-à-dire les points d'intersection demandés, peuvent s'obtenir par l'une ou l'autre des deux constructions suivantes :

1° Ils sont situés sur les rayons F'T, F'T' qui passent par les points de contact.

2° Ils sont situés sur les perpendiculaires menées aux segments FT, FT' en leurs milieux.

887. Discussion. — Nous distinguerons trois cas :

1° *Le point φ est extérieur au cercle* F'.

Le point F étant à l'intérieur de ce cercle, il n'existe pas de cercles tangents au cercle F' passant par F et φ ; la droite D ne rencontre pas l'ellipse. On dit que la droite D est *extérieure* à l'ellipse.

2° *Le point φ est sur le cercle* F'.

Le point I et, par conséquent, les points T et T' sont confondus avec le point φ. La droite D rencontre l'ellipse en un seul point situé sur le rayon F'φ. Nous dirons que la droite est *tangente* à l'ellipse.

3° *Le point φ est à l'intérieur du cercle* F'.

Il existe deux cercles passant par F et φ et tangents au cercle F' ; la droite D rencontre l'ellipse en deux points M et M'. On dit que la droite est *sécante* à l'ellipse.

888. **Autre définition de la tangente.** — Reprenons la définition générale de la tangente (n° 150). Imaginons que la sécante D tourne autour du point M de façon que M' se rapproche indéfiniment de M (*fig.* 541) ; le point T' se rapprochera indéfiniment de T, il en sera de même du point I et par conséquent du point φ. On retrouve donc la propriété de la tangente indiquée au numéro précédent.

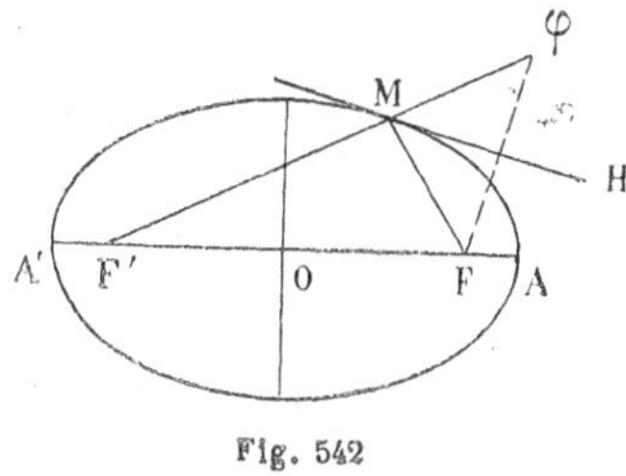

Fig. 542

889. **Théorème.** — *La tangente en un point d'une ellipse est bissectrice de l'angle formé par un des rayons vecteurs du point et le prolongement de l'autre.*

En effet, la tangente MH à l'ellipse au point M (*fig.* 542) étant perpendiculaire à la droite Fφ en son milieu, est bissectrice de l'angle FMφ formé par le rayon vecteur FM et le prolongement Mφ du rayon vecteur F'M.

890. **Corollaire.** — *La normale en un point d'une ellipse est*

bissectrice de l'angle formé par les deux rayons vecteurs de ce point.

891. **Théorème.** — *Le lieu des symétriques d'un foyer par rapport aux tangentes à l'ellipse est le cercle directeur qui a pour centre l'autre foyer.*

Cela résulte immédiatement de la définition de la tangente (887, 2°).

892. **Théorème.** — *Le lieu des projections d'un foyer sur les tangentes à l'ellipse est le cercle décrit sur le grand axe de l'ellipse comme diamètre. Ce cercle est appelé le cercle principal de l'ellipse.*

Soient D une droite quelconque, φ' le symétrique du foyer F' par rapport à cette droite, L la projection de F' sur D (*fig.* 543) ; menons la droite LO, qui passe par le centre O. LO est la moitié de $F\varphi'$; donc :

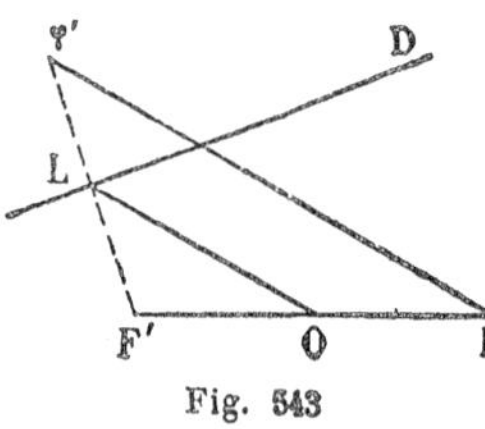

Fig. 543

Si la droite D est extérieure à l'ellipse, $F\varphi'$ est plus grand que $2a$, LO est plus grand que a, le point L est extérieur au cercle principal.

Si la droite D est tangente à l'ellipse, $F\varphi' = 2a$, $LO = a$, le point L est sur le cercle principal.

Si la droite D est sécante à l'ellipse, $F\varphi'$ est plus petit que $2a$, LO plus petit que a, le point L est à l'intérieur du cercle principal.

893. **Réciproque.** — *Si la projection d'un foyer sur une droite D est située sur le cercle principal, la droite D est tangente à l'ellipse.*

En effet, d'après ce qui précède, la droite D n'est ni extérieure, ni sécante à l'ellipse.

894. **Théorème.** — *Le produit des distances des foyers d'une ellipse à une tangente à l'ellipse est égal au carré de la moitié du petit axe.*

Soient FC et F'C' les perpendiculaires abaissées des foyers

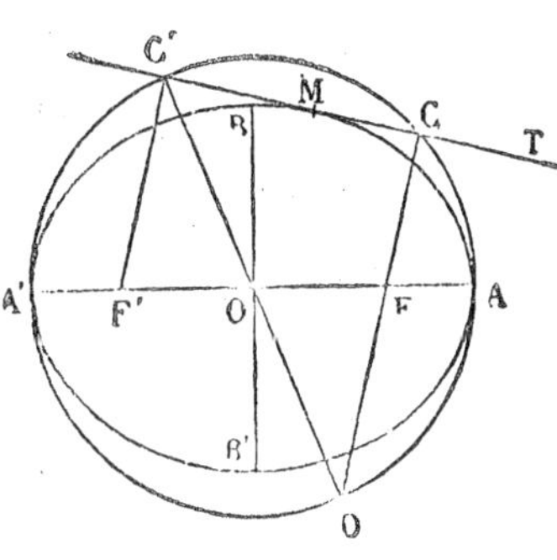

Fig. 544

F et F′ sur une tangente MT (*fig.* 544). Les pieds C et C′ de ces perpendiculaires sont sur le cercle principal de l'ellipse; prolongeons CF jusqu'à sa rencontre en D avec ce cercle: l'angle C′CD étant droit, C′D est un diamètre du cercle principal. Les deux triangles OC′F′ et ODF sont égaux comme ayant un angle égal compris entre deux côtés égaux, chacun à chacun; donc F′C′ = FD, et par conséquent

$$FC \times F'C' = FC \times FD = FA \times FA' = (a - c)(a + c) = b^2.$$

895. **Problème.** — *Mener la tangente à une ellipse en un point M de cette ligne* (*fig.* 545).

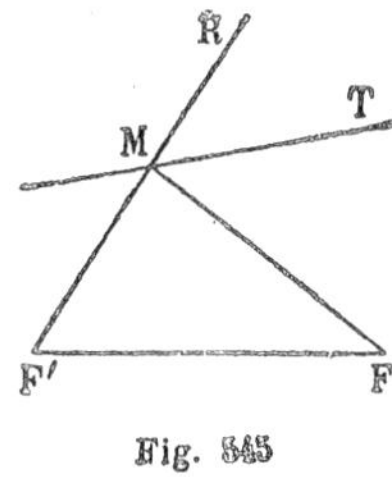

Fig. 545

On joint le point M aux foyers F et F′ et on mène la bissectrice MT de l'angle FMR formé par le rayon vecteur MF et le prolongement MR de l'autre rayon vecteur MF′.

896. **Problème.** — *Mener à une ellipse une tangente parallèle à une droite donnée.*

Le symétrique R du foyer F′ par rapport à une tangente cherchée se trouve d'une part sur le cercle directeur F, d'autre part sur la perpendiculaire RR′ menée du point F′ à la droite donnée D (*fig.* 546).

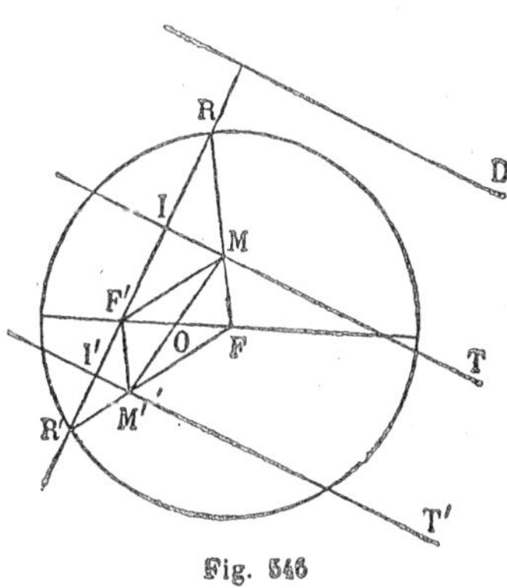

Fig. 546

Cette perpendiculaire rencontre toujours le cercle directeur F en deux points R et R′. Si par le milieu I de F′R on mène une perpendiculaire à la droite RR′, la droite ainsi menée est une tangente cherchée. On obtiendra une seconde tangente parallèle à la droite donnée en menant par le milieu I′ de F′R′ une perpendiculaire à la droite RR′. Le problème admet toujours deux solutions.

897. **Remarque.** — *Les points de contact de deux tangentes parallèles sont situés sur un même diamètre.*

En effet, les points de contact M et M′ des deux tangentes parallèles IT, I′T′ (*fig.* 546) se trouvent sur les droites FR, FR′. Les deux triangles RR′F et F′R′M′ étant isocèles, les côtés F′M′ et FR sont parallèles; il en est de même des droites F′M et FR′; la figure FMF′M′ est par conséquent un parallélogramme; donc la droite MM′ passe par le centre O de l'ellipse.

898. **Problème.** — *Mener une tangente à l'ellipse par un point extérieur à l'ellipse.*

Supposons le problème résolu et soit M le point de contact d'une tangente à l'ellipse menée par le point P (*fig.* 547).

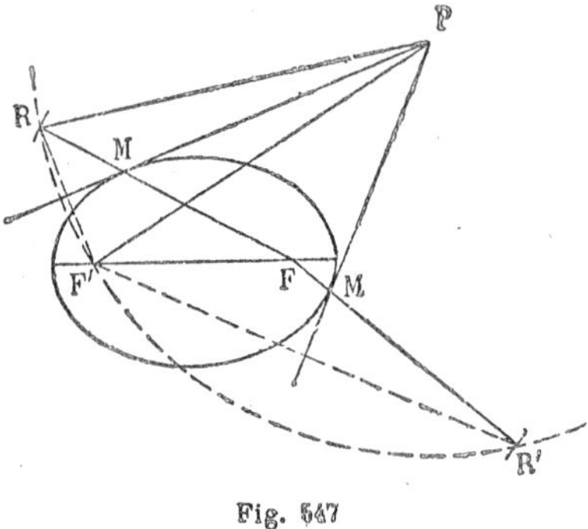

Fig. 547

Le symétrique R du foyer F′ par rapport à cette tangente se trouve sur le cercle directeur F ; d'autre part les longueurs PF′ et PR sont égales; le point R est donc sur le cercle décrit du point P comme centre avec PF′ pour rayon.

Traçons ce cercle; s'il coupe le cercle directeur F en deux points R et R′, les tangentes cherchées sont perpendiculaires aux droites F′R et F′R′. Les points de contact M et M′ sont situés sur les droites FR et FR′.

899. Discussion. — Pour que le problème soit possible, il faut et il suffit que le cercle décrit du point P comme centre avec PF′ comme rayon coupe le cercle directeur F, c'est-à-dire qu'on puisse construire un triangle avec les lignes PF, PF′ et $2a$. Cela exige que l'on ait les deux conditions

(1) $2a >$ valeur absolue de $(PF - PF')$,

(2) $2a < PF + PF'$.

La première condition est toujours remplie, car on a toujours

$$FF' \geqslant \text{val. abs. } (PF - PF'),$$

et comme $2a$ est plus grand que FF', on aura *a fortiori* $2a >$ val. abs. $(PF - PF')$.

La deuxième condition n'est remplie que dans le cas où le point P est extérieur à l'ellipse; donc :

Si le point P est extérieur à l'ellipse, les deux cercles se coupent en deux points, le problème admet deux solutions.

Si le point P est sur l'ellipse, les deux cercles sont tangents intérieurement; il n'y a qu'une solution, la tangente au point P à l'ellipse.

Si le point P est intérieur à l'ellipse, les deux cercles ne se coupent pas; le problème n'admet pas de solution.

900. Remarque. — Si par le point P on mène une droite située dans l'angle MPM', le symétrique du foyer F' par rapport à cette droite sera situé sur l'arc de cercle RF'R' et par conséquent à l'intérieur du cercle directeur F; cette droite sera donc sécante à l'ellipse. Au contraire les droites menées par P, extérieurement à l'angle MPM', sont extérieures à l'ellipse.

901. Théorème. — *Les tangentes* PM, PM' *menées d'un point extérieur* P *à une ellipse font des angles égaux avec les droites qui joignent le point* P *aux deux foyers; la droite qui va du point* P *à l'un des foyers est bissectrice de l'angle formé par les rayons vecteurs qui vont de ce foyer aux points de contact* M *et* M' *des tangentes issues de* P (*fig.* 548).

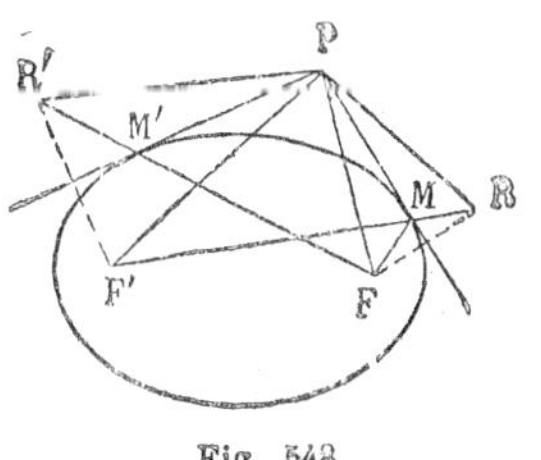

Fig. 548

Soient R le symétrique du foyer F par rapport à la tangente PM; R' le symétrique du foyer F' par rapport à la tangente PM'. Les deux triangles R'PF et F'PR sont égaux, comme ayant leurs trois côtés égaux chacun à chacun, savoir : $R'F = F'R = 2a$; $PR' = PF'$

comme droites symétriques ; PF = PR pour la même raison ; on en déduit que les angles R'PF et F'PR sont égaux ; si de ces angles égaux on retranche l'angle F'PF, on obtient les angles égaux F'PR' et FPR ; leurs moitiés M'PF' et MPF seront donc des angles égaux.

De l'égalité des triangles PR'F et PF'R on déduit l'égalité des angles PFR' et PRF' ; mais l'angle PRF' est égal à l'angle PFM qui est son symétrique par rapport à la droite PM ; donc les angles PFM et PFM' sont égaux et la droite FP est bissectrice de l'angle MFM'.

§ II.

Hyperbole.

902. **Définitions.** — On appelle *hyperbole* le lieu des points du plan tels que la différence des distances de chacun d'eux à deux points fixes F et F' de ce plan soit constante. Nous désignerons par $2a$ la valeur de cette constante.

Les points F et F' sont appelés les *foyers* de l'hyperbole ; la distance FF' est la distance focale, nous la désignerons par $2c$. Il est clair que le lieu ne peut exister que si c est plus grand que a.

Les droites MF, MF' qui vont d'un point M de la courbe aux foyers F et F' sont les *rayons vecteurs* de ce point.

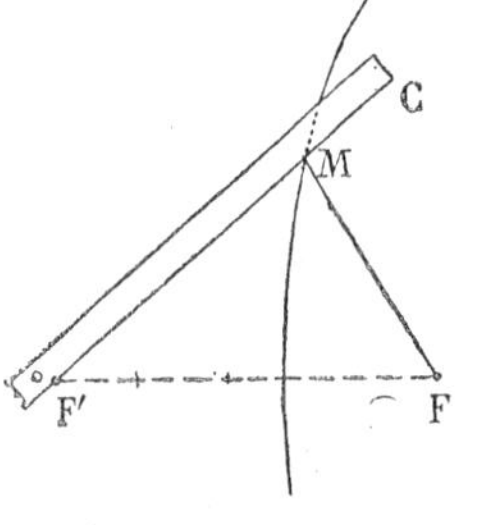

Fig. 549

903. **Tracé de l'hyperbole d'un mouvement continu.** — Pour tracer d'un mouvement continu un arc d'hyperbole, on fixe l'extrémité d'une règle en un foyer F' (*fig.* 549), on prend sur cette règle une longueur F'C, plus grande que $2a$, puis un fil dont la longueur est F'C — $2a$.

On fixe une extrémité du fil en C sur la règle et l'autre au foyer F. On fait tourner la règle autour du point F' et avec un crayon appuyé sur la règle on maintient le fil tendu ; la pointe M du crayon décrit un arc d'hyperbole. En effet, on a

$$F'M - FM = F'C - (FM + MC) = 2a.$$

904. **Tracé de l'hyperbole par points.** — Du point F' comme centre avec un rayon r supérieur à $2a$, traçons un cercle (*fig.* 550); décrivons un cercle du point F comme centre avec un rayon $r - 2a$; tout point d'intersection de ces deux cercles appartient évidemment à l'hyperbole. La distance des centres étant plus grande que la différence des rayons, il suffit, pour que les cercles se coupent, qu'elle soit plus petite que leur somme, c'est-à-dire que l'on ait

$$2c < r + r - 2a,$$

ou

$$r > a + c.$$

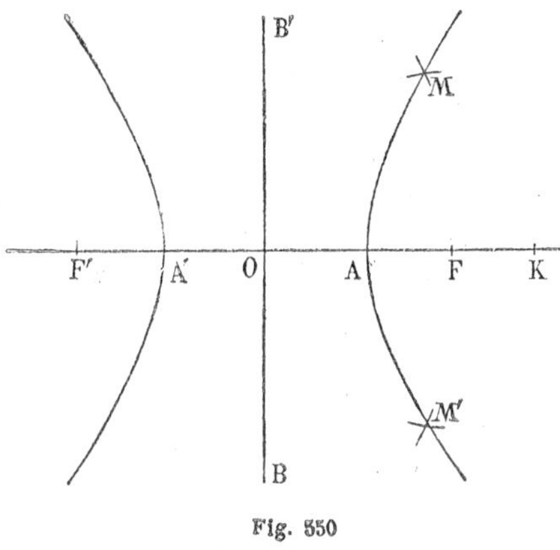

Fig. 550

Prenons alors, de part et d'autre du milieu O de la distance FF', deux points A et A' tels que OA = OA' = a; si un point K partant de A parcourt la demi-droite AF, les cercles décrits des points F et F' comme centres avec AK et A'K comme rayons se coupent en deux points M et M' symétriques par rapport à la droite AA'. En faisant ainsi varier le point K, on obtient les points du lieu qui sont plus près du foyer F que du foyer F'; ces points peuvent s'éloigner indéfiniment, ils forment ce qu'on appelle une *branche infinie* de courbe; nous l'appellerons la branche F.

Les points du lieu qui sont plus rapprochés du foyer F' que du foyer F forment une seconde branche infinie que nous appellerons la branche F'.

905. Une hyperbole partage les points du plan en trois régions :

1° Les points M pour lesquels la différence des distances MF, MF′ est plus petite que $2a$. Ces points sont dits *extérieurs* à la courbe ;

2° Les points M tels que

$$MF < MF' \qquad \text{et} \qquad MF' - MF > 2a ;$$

ces points sont dits *intérieurs* à la branche F ;

3° Les points M pour lesquels

$$MF' < MF \qquad \text{et} \qquad MF - MF' > 2a ;$$

ils sont dits *intérieurs* à la branche F′.

906. L'hyperbole admet pour axes la droite FF′ et la perpendiculaire BB′ menée au milieu O de cette droite (*fig.* 550) ; elle admet pour centre le point O.

Même démonstration qu'au n° (882).

Tous les points de l'axe BB′ sont équidistants des foyers F et F′ ; ces points sont extérieurs à l'hyperbole. Cet axe est l'axe *non transverse* de la courbe.

La droite FF′ rencontre la courbe aux points A et A′ ; ces points sont les *sommets* de la courbe ; cet axe est l'axe *transverse* de la courbe et sa longueur est AA′ ou $2a$.

On convient d'appeler longueur de l'axe non transverse une longueur $2b$ telle que

$$b = \sqrt{c^2 - a^2}.$$

Le rapport $\frac{c}{a}$ est l'*excentricité* de l'hyperbole ; ce rapport est plus grand que 1.

907. On appelle *cercle principal* d'une hyperbole le cercle qui a pour diamètre son axe transverse AA′.

On appelle *cercle directeur* d'une hyperbole un cercle de rayon $2a$ ayant pour centre un foyer. L'hyperbole admet donc deux cercles directeurs (F) et (F′), ayant respectivement pour centres les foyers F et F′.

908. Remarque. — Le cercle (M) qui a pour centre un point

M de la courbe et pour rayon MF (*fig.* 551 et 552) est tangent au cercle directeur (F′). Ces deux cercles sont tangents extérieurement si le point M est sur la branche F; le cercle (F′) est tangent à l'intérieur du cercle (M) si le point M est sur la branche F′.

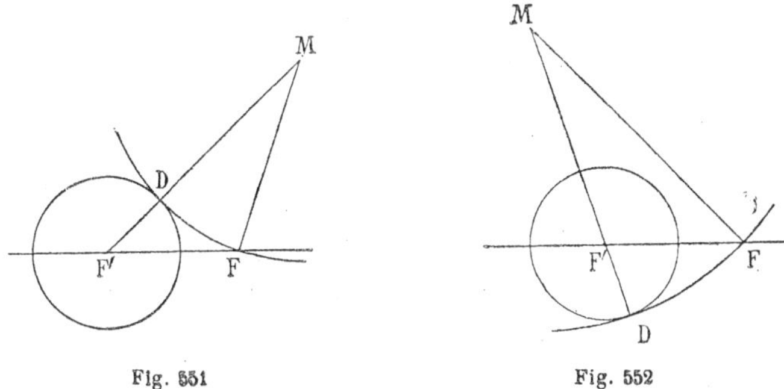

Fig. 551 Fig. 552

En effet, portons sur le rayon vecteur MF′ une longueur MD égale à MF.

Si le point M est sur la branche F, MF est plus petit que MF′ (*fig.* 551), le point D est entre M et F′ et l'on a

$$F'D = MF' - MF = 2a;$$

donc les deux cercles sont tangents extérieurement.

Si le point M est sur la branche F′, MF est plus grand que MF′ (*fig.* 552), le point D est sur le prolongement de MF′ et l'on a

$$F'D = MF - MF' = 2a.$$

Les deux cercles sont tangents, mais le cercle (F′) est à l'intérieur du cercle (M).

909. Problème. — *Trouver les points d'intersection d'une droite et d'une hyperbole.*

Soit M un point commun à l'hyperbole et à une droite donnée D (*fig.* 553). Le cercle de centre M et de rayon MF est tangent au cercle directeur F′; d'autre part, ce cercle passe par le symétrique φ du foyer F par rapport à la droite D; on est donc ramené à mener par les deux points F et φ un cercle tangent au cercle F′ ; le centre d'un tel cercle est un point d'intersection M. De là la construction suivante :

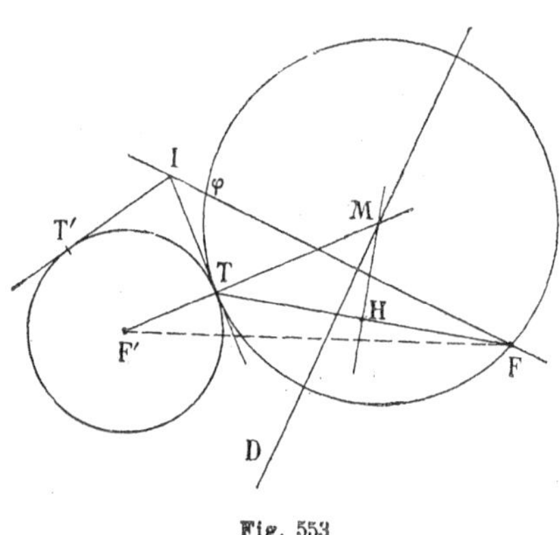

Fig. 553

On détermine (400) sur la droite Fφ un point I qui a même puissance par rapport au segment Fφ et par rapport au cercle F′ ; les points de contact T et T′ des cercles cherchés avec le cercle F′ sont les points de contact des tangentes issues du point I au cercle F′.

Les centres des cercles, c'est-à-dire les points d'intersection demandés, peuvent s'obtenir par l'une ou l'autre des deux constructions suivantes :

1° Ils sont situés sur les rayons F′T, F′T′ qui passent par les points de contact;

2° Ils sont situés sur les perpendiculaires menées aux segments FT et FT′ en leurs milieux H, H′.

La première construction n'est pas applicable si la droite D passe par le foyer F′, car alors les points T et T′ sont situés sur la droite D.

La deuxième construction n'est pas applicable si le point φ est sur le cercle F′, car alors les points T et T′ sont confondus avec φ et les perpendiculaires menées à FT et FT′ en leurs milieux coïncident avec la droite D elle-même.

La construction précédente est encore applicable si la droite D passe par le foyer F ; le point φ est en F ; la droite Fφ est la perpendiculaire menée en F à la droite D ; il faudra trouver sur cette perpendiculaire un point I tel que $\overline{IF}^2$ soit égal à la puissance du point I par rapport au cercle F′ ; la solution s'achèverait comme plus haut.

910. Discussion. — Nous distinguerons plusieurs cas :

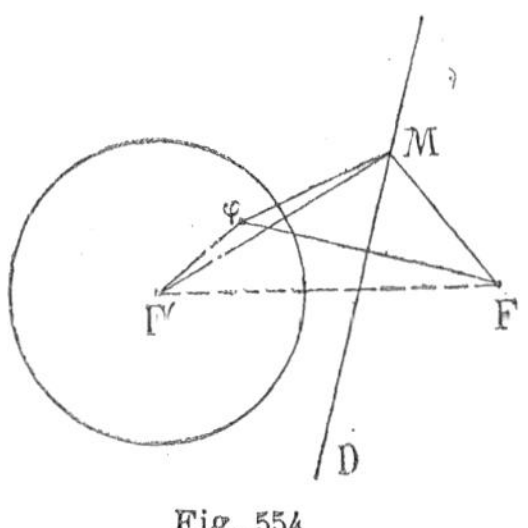

Fig. 554

1° *Le point* φ *est à l'intérieur du cercle* F′ (*fig.* 554).

Le point F étant extérieur à ce cercle, il n'existe pas de cercles tangents au cercle F′ passant par les points F et φ ; la droite D ne rencontre pas l'hyperbole.

Nous dirons dans ce cas que la droite D est *extérieure* à l'hyperbole. En particulier, si le point φ se confond avec le foyer F′, la droite D devient l'axe non transverse de l'hyperbole.

Pour discuter le cas où le point φ est extérieur au cercle F′, nous mènerons du foyer F les tangentes FH et FH′ au cercle F′. Nous considérerons les cas suivants :

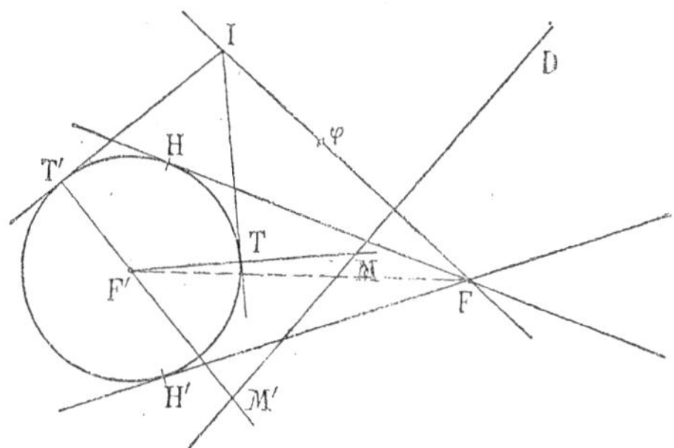

Fig. 555

2° *Le point* φ *n'est pas situé dans l'angle* HFH′ *ou dans son opposé par le sommet* (*fig.* 555), *autrement dit la droite indéfinie* Fφ *est extérieure au cercle* F′.

Le point I est extérieur au cercle F′ et les deux tangentes IT, IT′ au cercle F′ sont d'un même côté de la droite Fφ ; les contacts des deux cercles tangents sont de nature différente ; l'un des points d'intersection M sera sur la branche F, l'autre point

M′ sur la branche F′. Nous dirons dans ce cas que la droite D est *sécante aux deux branches* de l'hyperbole.

3° *Le point* φ *est dans l'angle* HFH′ *ou dans son opposé par le sommet, mais le segment* Fφ *ne rencontre pas le cercle* F′ (*fig.* 556, 557).

Dans ce cas, le point I est situé (400) dans la portion de la droite Fφ qui est comprise entre le segment Fφ et le segment

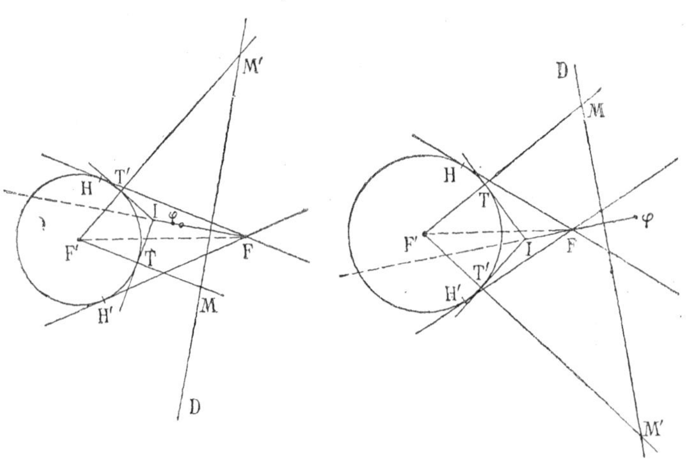

Fig. 556 Fig. 557

déterminé sur cette droite par le cercle F′ ; par conséquent, le segment Fφ est en dehors de l'angle TIT′, les deux contacts sont extérieurs; donc les deux points d'intersection M et M′ sont situés sur la branche F. Nous dirons dans ce cas que la droite D est *sécante à la branche* F. En particulier, si le point φ coïncide avec le foyer F, la droite D passe par ce foyer.

4° *Le point* φ *est dans l'angle* HFH′ *et le segment* Fφ *rencontre le cercle* F′ *en deux points* (*fig.* 558).

Dans ce cas, le point I est extérieur au segment Fφ (400) ; ce segment est situé à l'intérieur de l'angle TIT′ ; par conséquent, les contacts des deux cercles tangents sont des contacts intérieurs ; les deux points d'intersection M et M′ sont situés sur la branche F′. Nous dirons que la droite D est *sécante à la branche* F′. En particulier, si les points φ et F sont équidistants du

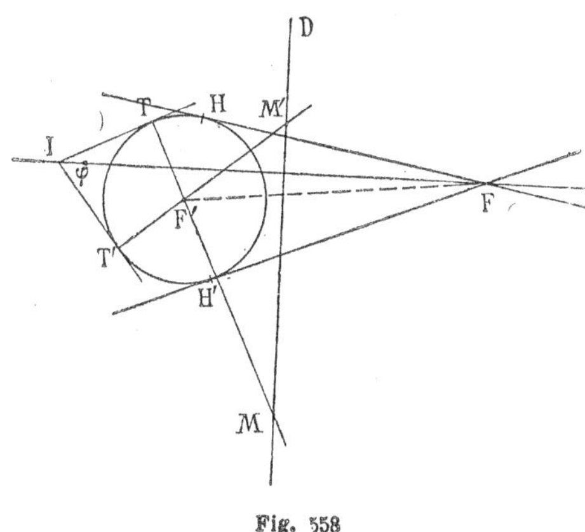

Fig. 558

foyer F′, le point I s'en va à l'infini, et la droite D passe par le foyer F′.

Il reste à voir ce qui se passe lorsque le point φ vient sur les frontières des régions que nous venons de délimiter. Nous avons donc à examiner les cas suivants :

5° *Le point* φ *est sur le cercle* F′ (*fig.* 559).

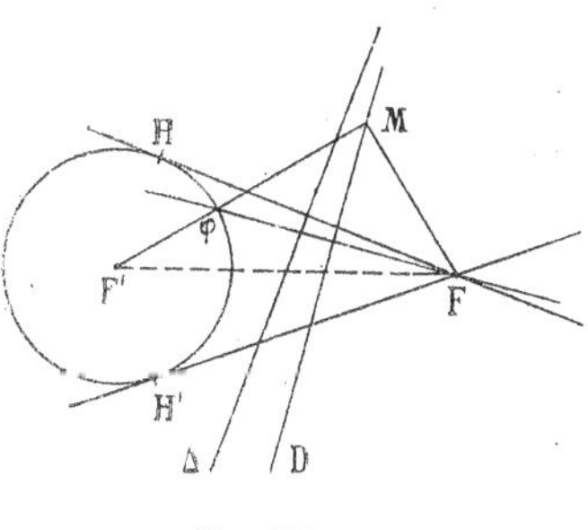

Fig. 559

Le point I, et par conséquent les deux points T et T′, sont confondus avec le point φ; les deux points d'intersection se trouvent au point de rencontre de la droite F′φ avec la droite D. Nous dirons, dans ce cas, que la droite D est *tangente* à l'hyperbole. Le point M est le *point de contact* de la tangente.

6° *Le point* φ *est sur l'un des côtés de l'angle* HFH′ (*fig.* 560). Le point I est sur la droite FφH ; l'un des points T et T′ est en H; au point T qui est en H correspond un point d'intersection M rejeté à l'infini ; au point T' correspond un point d'intersection M'. Nous dirons dans ce cas que la droite D est *parallèle à une asymptote.*

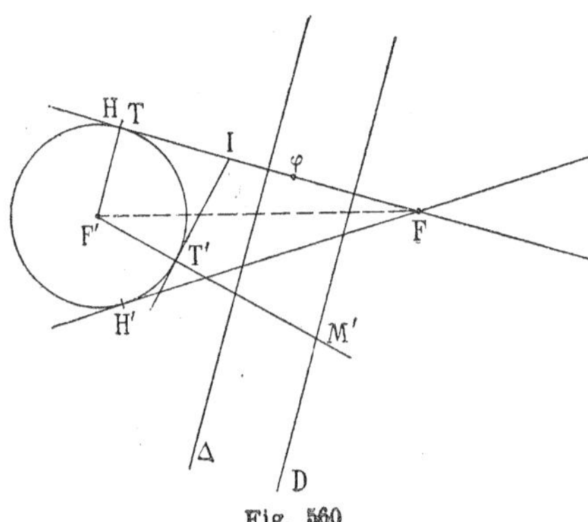

Fig. 560

7° Le point φ vient en l'un des points de contact H ou H', par exemple, au point H (fig. 560).

Le point I, et par suite les deux points T et T', sont confondus avec le point H ; les points d'intersection correspondants M et M' sont rejetés à l'infini sur la droite Δ perpendiculaire à FH en son milieu.

Nous dirons que la droite Δ est une *asymptote* de l'hyperbole.

On voit qu'il y a deux asymptotes correspondant aux positions H et H' du point φ.

Il faut remarquer que la droite D (6°) est parallèle à la droite Δ, ce qui justifie la dénomination de parallèle à une asymptote que nous lui avons donnée.

911. Positions relatives d'une droite et d'une hyperbole. — Ayant examiné toutes les positions possibles que peut prendre le point φ, il en résulte que nous avons examiné toutes les positions possibles que peut avoir une droite par rapport à une hyperbole. Donc :

Par rapport à une hyperbole, ayant pour foyers F et F', une droite peut occuper sept positions différentes :

1° La droite est *extérieure* à l'hyperbole ;

2° La droite est *sécante* aux deux branches de l'hyperbole ;

3° La droite est *sécante* à la branche F ;

4° La droite est *sécante* à la branche F' ;

5° La droite est *tangente* à l'hyperbole ;

6° La droite est *parallèle* à une asymptote ;
7° La droite est *asymptote* à l'hyperbole.

912. Théorème. — *Toute tangente à l'hyperbole est bissectrice de l'angle des rayons vecteurs qui passent par le point de contact.*

En effet, si D est une droite tangente en M (*fig.* 559) à l'hyperbole, le symétrique φ du foyer F par rapport à D est sur le cercle directeur F' et ce point φ est sur la droite F'M (910, 5°); le triangle MFφ est isocèle et la droite D est la bissectrice de l'angle FMF'.

Inversement, si par un point M de l'hyperbole on mène la bissectrice D de l'angle FMF', le symétrique φ de F par rapport à la droite D sera sur le cercle directeur F'; donc (910) la droite D est tangente à l'hyperbole.

On démontre facilement que cette tangente D est la limite d'une sécante MM' à l'hyperbole, quand le point M' se rapproche indéfiniment du point M.

En effet, à une sécante MM' correspondent sur le cercle F' deux points de contact T et T' placés sur les droites F'M, F'M'; si le point M' se rapproche indéfiniment du point M, le point T' se rapproche indéfiniment du point T (910, 3° et 4°); par conséquent, le point φ vient comme position limite sur le cercle F'. Donc la droite MM' a une position limite qui est la tangente en M à l'hyperbole.

913. Théorème. — *Le lieu des symétriques d'un foyer par rapport aux tangentes d'une hyperbole est le cercle directeur* (907) *qui a pour centre l'autre foyer.*

Cela résulte de la discussion du n° 910.

914. Théorème. — *Le lieu des projections d'un foyer sur les tangentes à l'hyperbole est le cercle principal.*

En effet, soient D une droite quelconque (*fig.* 561), φ le symétrique du foyer F par rapport à cette droite, L la projection de F sur la droite D. Traçons les droites F'φ et OL, OL sera la moitié du segment F'φ. Si la droite D est une tangente, le point φ est sur le cercle directeur F′ et $F'\varphi = 2a$ (910, 5°). Donc $OL = a$ et par conséquent le point L est sur le cercle principal.

Réciproquement, si le point L est sur le cercle principal, le

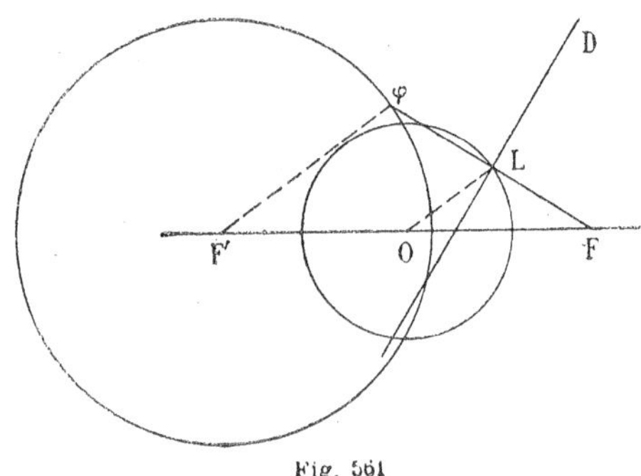

Fig. 561

point φ sera sur le cercle directeur F′ et la droite D sera tangente à l'hyperbole. Donc :

Si la projection d'un foyer sur une droite D est située sur le cercle principal, la droite D est tangente à l'hyperbole.

915. **Théorème.** — *Le produit des distances des foyers d'une hyperbole à une tangente à cette hyperbole est égal à b^2.*

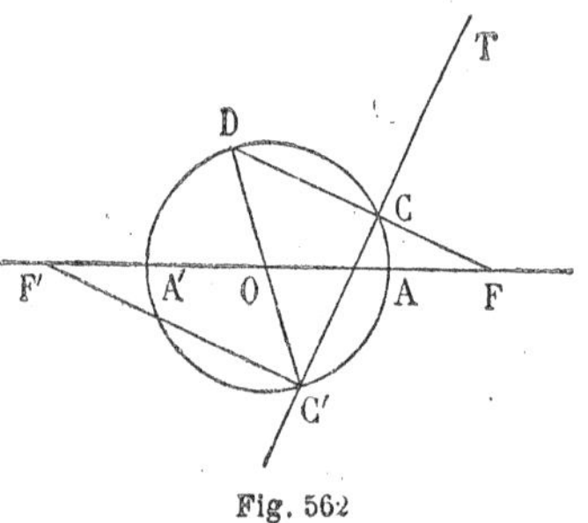

Fig. 562

Soit T une tangente à l'hyperbole ; les projections C et C′ des foyers F et F′ (*fig.* 562) sont sur le cercle principal (914). Prolongeons la droite FC jusqu'à sa rencontre en D avec ce cercle ; l'angle DCC′ étant droit, la droite DC′ passe par le centre O du cercle ; les deux triangles FOD et F′OC′ sont égaux, et par suite F′C′ est égal à FD. Donc :

$$FC \times F'C' = FC \times FD = \overline{FO}^2 - \overline{OA}^2 = c^2 - a^2 = b^2.$$

C. q f. d.

916. **Construction des asymptotes.** — Les asymptotes sont perpendiculaires aux droites FH, FH′ en leurs milieux (*fig.* 560).

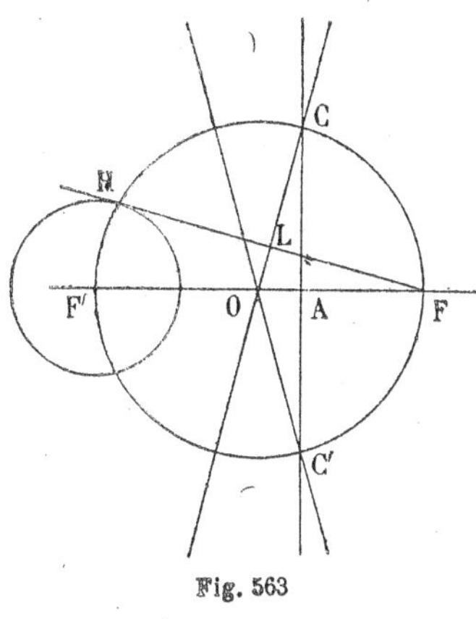

Fig. 563

Considérons l'asymptote perpendiculaire au milieu L de FH (*fig.* 563); elle passe par le centre O et cette asymptote rencontre la tangente en A au point C; les deux triangles rectangles OAC et OLF sont égaux, car $OL = \frac{F'H}{2} = OA$ et l'angle O est commun; il en résulte que $OC = OF$. D'où la construction suivante :

Du centre O avec un rayon égal à c on décrit un cercle qui coupe la tangente au sommet en deux points C et C′; les asymptotes sont les droites OC, OC′.

On peut remarquer que $AC = b$, car $OC = c$ et $OA = a$.

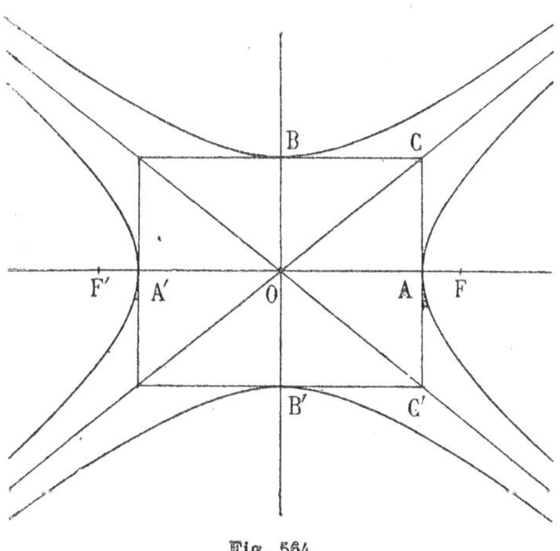

Fig. 564

917. **Hyperboles conjuguées.** — Prenons, sur l'axe non transverse d'une hyperbole H (*fig.* 564), deux points B et B′ tels que

$$OB = OB' = b,$$

et considérons l'hyperbole H_1 qui a pour sommets les points B et B' et pour distance focale $2c$. On voit que si l'on appliquait la même construction à l'hyperbole H_1, on retomberait sur l'hyperbole H; ces deux hyperboles H et H_1 sont dites *conjuguées*.

Ces deux hyperboles ont les mêmes asymptotes; ce sont les diagonales du rectangle obtenu en menant par les points B et B' des parallèles à l'axe AA' et par les points A et A' des parallèles à l'axe BB'.

918. **Propriétés d'une asymptote.** — Supposons que le point φ se rapproche indéfiniment du point H en restant sur la tangente FH au cercle directeur F' (*fig.* 560). La droite D se déplace parallèlement à elle-même et a pour position limite l'asymptote Δ. Le point I, et par suite le point T', se rapproche indéfiniment du point H, la droite F'T' a pour position limite F'H qui est parallèle à la droite D; il en résulte que le point d'intersection correspondant M' s'éloigne indéfiniment sur sa branche; la distance du point M' à l'asymptote Δ, qui est constamment égale à la moitié de φH, tend vers zéro. Donc:

Quand on s'éloigne indéfiniment sur une branche d'hyperbole, la distance du point mobile à une asymptote tend vers zéro.

On peut remarquer que le point φ peut se rapprocher du point H en restant soit sur le segment FH, soit sur son prolongement. Dans le premier cas, le point d'intersection correspondant M' s'éloigne indéfiniment sur la portion de la branche F qui est du même côté que le point H par rapport à l'axe FF'; dans le second cas, le point M' s'éloigne indéfiniment sur la portion de la branche (F') qui est du côté opposé à H par rapport à l'axe FF'.

Il y a donc, sur chaque branche, une partie qui se rapproche indéfiniment d'une asymptote.

Supposons au contraire que le point φ se rapproche indéfiniment du point H en restant sur le cercle directeur (F'); la droite correspondante D est tangente à l'hyperbole. Cette droite a évidemment pour position limite l'asymptote Δ (*fig.* 559), lorsque le point de contact M s'éloigne indéfiniment sur sa branche. Donc :

Quand un point s'éloigne indéfiniment sur une branche d'hyperbole, la tangente en ce point a pour position limite l'asymptote correspondante.

Propriété déjà remarquée plus haut (910, 7°).

919. **Mener une tangente à une hyperbole en un point M de cette courbe.** — On joint le point M aux foyers F et F' et on mène la bissectrice de l'angle FMF'; c'est la tangente demandée (912).

920. **Mener à une hyperbole une tangente parallèle à une droite donnée D** (*fig.* 565). — Le symétrique du foyer F par rapport à la tangente cherchée se trouve d'une part sur le cercle directeur F', d'autre part sur la perpendiculaire $F\varphi$ menée du foyer F à la droite D (912 et 913).

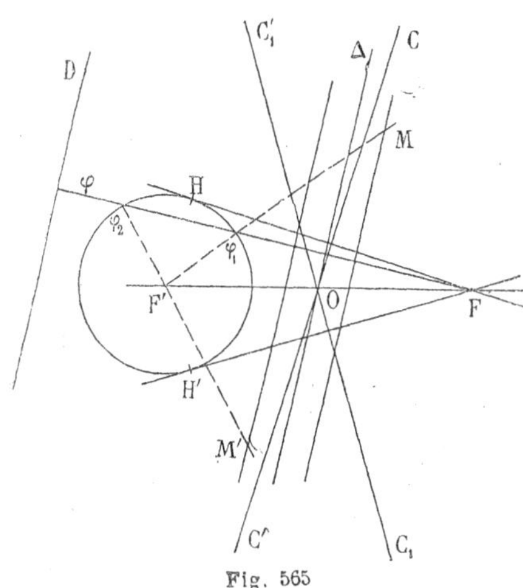

Fig. 565

Si cette perpendiculaire rencontre le cercle F' en deux points φ_1 et φ_2, le problème admettra deux solutions ; ce sont les parallèles à D menées par les milieux des segments $F\varphi_1$ et $F\varphi_2$. On démontrera dans ce cas, comme pour l'ellipse (897), que les deux points de contact M et M' sont les extrémités d'un même diamètre.

Si la perpendiculaire $F\varphi$ à la droite D ne rencontre pas le cercle F', le problème est impossible.

Menons alors les deux asymptotes COC' et $C_1OC'_1$, qui sont perpendiculaires aux milieux de FH, FH′ (**910**, 7°), et soit COC_1 l'angle de ces asymptotes qui a le point F à son intérieur, c'est-à-dire l'angle qui contient tous les points de la branche F ; menons par le centre la parallèle Δ à la droite donnée D.

Pour que le problème soit possible, il faut que la droite $F\varphi$ soit dans l'angle HFH′, et par suite la perpendiculaire Δ à $F\varphi$ est située dans l'angle COC_1 ou dans son opposé par le sommet ; autrement dit, la parallèle Δ à la droite D menée par le centre O doit tomber dans ceux des angles des asymptotes qui ne contiennent aucun point de la courbe.

921. Mener une tangente à l'hyperbole par un point P de son plan (*fig.* **566**). — La solution est la même que dans le cas de l'ellipse ; on cherche le symétrique du foyer F par rapport à la tangente cherchée. Ce symétrique se trouve d'une part sur le cercle directeur F′ et d'autre part sur le cercle qui a pour centre P et pour rayon PF.

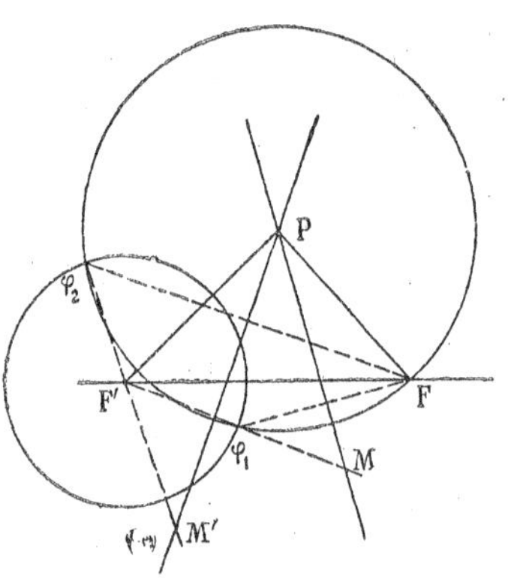

Fig. 566

Pour que ces deux cercles se coupent, il faut que l'on ait

(1) $\quad PF' < 2a + PF,$

avec

(2) $\quad PF' > 2a - PF \quad$ si $\quad PF < 2a,$

ou

(3) $\quad PF' > PF - 2a \quad$ si $\quad PF > 2a.$

La condition (2) est toujours vérifiée, car elle est équivalente à

$$PF + PF' > 2a.$$

Or le triangle PFF′ donne

$$PF + PF' > 2c > 2a.$$

Cela posé, si la distance PF′ est plus grande que la distance PF, la condition (3) est satisfaite et la condition (1) donne

$$PF' - PF < 2a.$$

Si au contraire la distance PF' est plus petite que la distance PF, la condition (1) est satisfaite et la condition (3) donne

$$PF - PF' < 2a.$$

Dans tous les cas, la valeur absolue de la différence PF — PF' doit être moindre que $2a$, c'est-à-dire que le point P doit être extérieur à l'hyperbole.

Il résulte de là que tout point d'une tangente, sauf le point de contact, est extérieur à l'hyperbole.

922. **Théorème.** — *Si d'un point* P *on mène les tangentes* PM, PM' *à une hyperbole : 1° les deux angles* MPM' *et* FPF' *ont les mêmes bissectrices ; 2° la droite* FP *est bissectrice de l'angle* MFM' (*fig.* 566).

Même démonstration que pour l'ellipse (n° 901). Il y a lieu de faire la remarque suivante :

Si les points de contact M et M' sont sur une même branche, la bissectrice intérieure de l'angle FPF' coïncide avec la bissectrice extérieure de l'angle MPM' ; la droite FP est la bissectrice intérieure de l'angle MFM'.

Si les points de contact M et M' sont sur des branches distinctes, les angles MPM' et FPF' ont la même bissectrice intérieure et la droite FP est la bissectrice extérieure de l'angle MFM'.

§ III.

Parabole.

923. **Définitions.** — On appelle *parabole* le lieu des points d'un plan équidistants d'un point fixe F appelé *foyer* et d'une droite fixe D appelée *directrice*.

Un point est *intérieur* à la parabole si sa distance au foyer est plus petite que sa distance à la directrice ; il est *extérieur* à la parabole si sa distance au foyer est plus grande que sa distance à la directrice.

Les points du plan qui sont de l'autre côté du foyer par rapport à la directrice sont plus près de la directrice que du foyer. Ces points sont donc extérieurs à la parabole.

923. Tracé d'un arc de parabole d'un mouvement continu. — Pour tracer un arc de parabole d'un mouvement continu, on prend une équerre *abc* (*fig.* 567) et un fil dont la longueur est égale à un côté *ac* de l'angle droit de l'équerre. On attache une extrémité du fil au foyer F et l'autre au sommet *c* de l'équerre ; on fait glisser le côté de l'angle droit *ab* de l'équerre sur la directrice D, et avec un crayon on tend le fil de façon qu'une portion *c*M soit appliquée contre le côté *ac*. La pointe M du crayon décrira un arc de parabole.

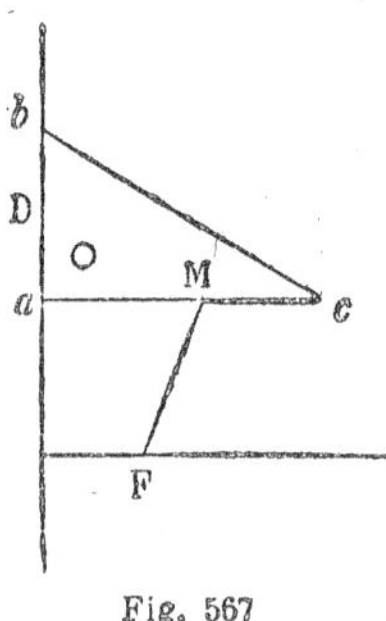

Fig. 567

En effet, de l'égalité

$$FM + MC = ac$$

on déduit

$$FM = aM.$$

925. Tracé de la parabole par points. — Premier procédé. — On cherche les points de la parabole qui se trouvent sur une perpendiculaire à la directrice; soit $x'Ax$ (*fig.* 568) une telle perpendiculaire; au milieu H de FA élevons une perpendiculaire à la droite FA; cette perpendiculaire rencontre la droite $x'Ax$ en un point M qui appartient à la parabole, car $MA = AF$. Ce point M partage la droite $x'Ax$ en deux demi-droites, l'une Mx' située du même côté que la directrice par rapport au point M, l'autre Mx située de l'autre côté. Tout point N de la demi-droite Mx est plus près du point F que du point A; il est donc intérieur à la

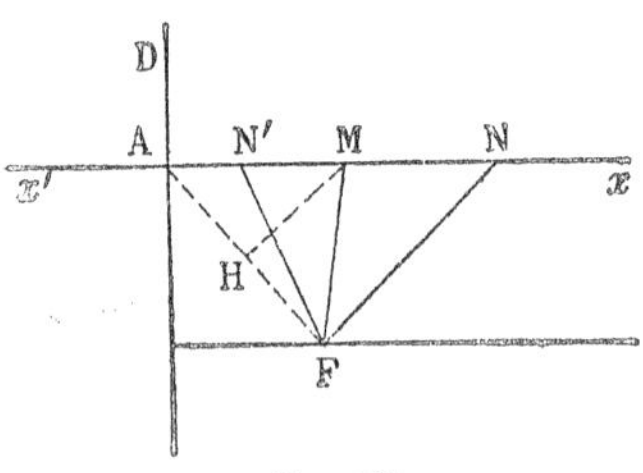

Fig. 568

parabole; au contraire tout point N' de la demi-droite Mx' est plus près du point A que du point F et par conséquent extérieur à la parabole.

926. **Deuxième procédé.** — On cherche les points de la parabole qui sont situés sur une parallèle à la directrice. Soit $y'Py$ cette parallèle (*fig.* 569); menons du foyer une perpendiculaire à la directrice; cette perpendiculaire coupe la directrice au point A et la parallèle au point P.

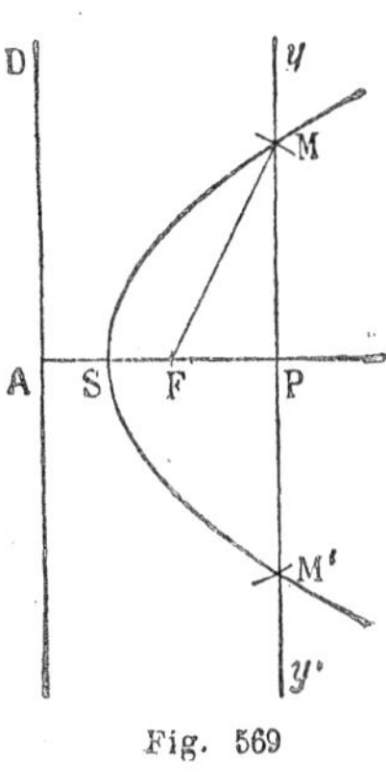

Fig. 569

Tous les points de la droite $y'Py$ sont à une distance de la directrice égale à AP; les points cherchés se trouvent donc à l'intersection de la droite $y'Py$ avec le cercle décrit du point F comme centre avec AP comme rayon; si ce cercle coupe la droite, on obtient deux points M et M' de la parabole qui sont symétriques par rapport à la droite FA.

Tout point de la droite $y'Py$ compris entre les points M et M' est plus près du foyer que de la directrice et par conséquent intérieur à la parabole; au contraire les points de la droite qui sont en dehors du segment MM' sont plus près de la directrice que du foyer et par conséquent extérieurs à la parabole.

Pour que la droite $y'Py$ coupe le cercle décrit du point F avec PA comme rayon, il faut et il suffit que FP soit plus petit que PA. Soit alors S le milieu de AF; le point P devra être du même côté que F par rapport au point S.

927. **Axe. — Sommet.** — La parabole a pour axe la perpendiculaire FA abaissée du foyer F sur la directrice D (*fig.* 569). En effet, nous venons de voir que les points de la parabole sont deux à deux symétriques par rapport à cette droite.

Le point S milieu de FA est le point commun à la parabole et à son axe. Ce point est le sommet de la parabole.

928. — **Remarque.** — Le cercle (M) qui a pour centre un

point M de la parabole et qui passe par le foyer est tangent à la directrice. (*fig* 570).

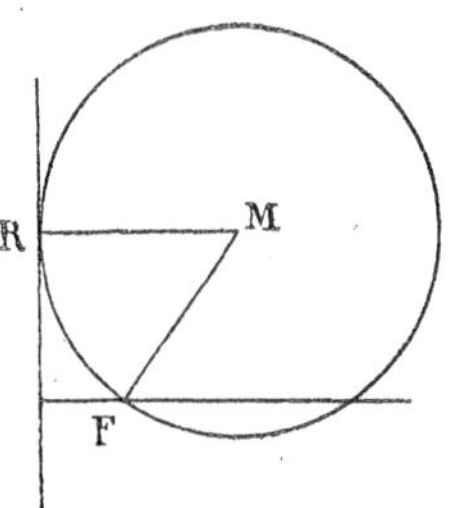

Fig. 570

En effet, abaissons de M la perpendiculaire MR à la directrice, puisque MR = MF, le cercle (M) est tangent en R à la directrice.

Réciproquement, le centre de tout cercle passant par le foyer et tangent à la directrice se trouve sur la parabole. En effet, soient M le centre d'un tel cercle, R son point de contact avec la directrice, MR est perpendiculaire à la directrice et égal au rayon MF ; donc le point M est sur la parabole.

929. **Problème.** — *Trouver les points d'intersection d'une droite et d'une parabole.*

Soit M un point commun à la parabole et à une droite donnée D. Le cercle de centre M et de rayon MF sera tangent à la directrice ; d'autre part ce cercle passe par le symétrique φ du foyer par rapport à la droite D ; on est donc ramené à mener par les deux points F et φ un cercle tangent à la directrice ; le centre d'un tel cercle est un point d'intersection. Ce problème a été résolu n° 398.

930. **Discussion.** — Nous distinguerons quatre cas :

1° *La droite* Fφ *est parallèle à la directrice.*

Il n'y a qu'un seul cercle tangent (398) ; dans ce cas la droite D est parallèle à l'axe ; nous avons vu directement (925) qu'il n'y a qu'un seul point d'intersection.

2° *Le point* φ *est de l'autre côté du point* F *par rapport à la directrice.*

Il n'y a pas de cercles tangents ; par conséquent la droite D ne coupe pas la parabole. On dit dans ce cas que la droite est *extérieure* à la parabole.

3° *Le point* φ *est du même côté que le point* F *par rapport à la directrice* (*fig.* 571).

Il y a dans ce cas deux cercles tangents qu'on obtient par la construction suivante : on prend le point d'intersection I de la droite Fφ avec la directrice ; on porte de part et d'autre du point I (398) des longueurs IR, IR′ égales à la moyenne proportionnelle entre IF et Iφ ; les points R et R′ sont les points de contact cherchés.

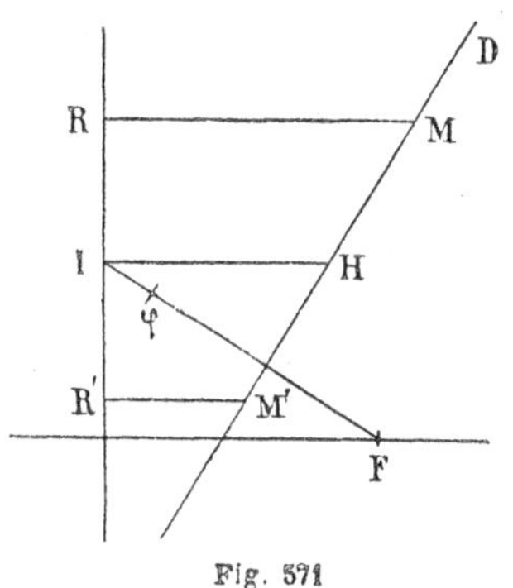

Fig. 571

Les centres des cercles, c'est-à-dire les points d'intersection demandés, peuvent s'obtenir par l'une ou l'autre des deux constructions suivantes :

1) Ils sont situés sur les perpendiculaires menées en R et en R′ à la directrice. On voit que le milieu des points d'intersection se trouve sur la perpendiculaire menée en I à la directrice.

2) Ils sont situés sur les perpendiculaires à FR et FR′ en leurs milieux.

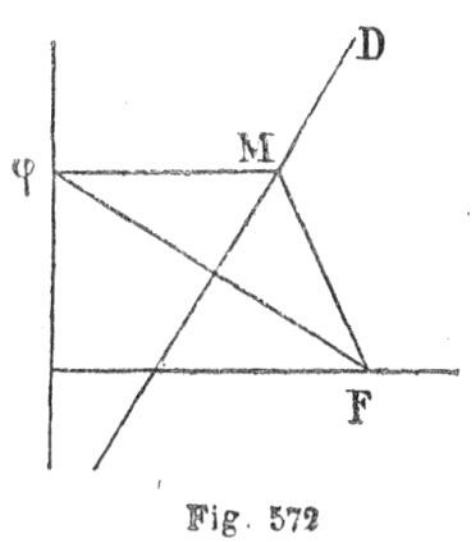

Fig. 572

On dit dans ce cas que la droite est *sécante* à la parabole.

4° *Le point* φ *se trouve sur la directrice* (*fig.* 572).

Il n'y a qu'un seul cercle tangent, ayant un point de contact en φ ; par conséquent la droite D coupe la parabole en un seul point M situé sur la perpendiculaire à la directrice au point φ.

On dit dans ce cas que la droite est *tangente* à la parabole.

931. **Tangente à la parabole.** — Soit M un point de la parabole, menons le rayon vecteur MF et la perpendiculaire MR à la directrice. Imaginons qu'une sécante D (*fig.* 571) tourne autour du point M de façon que son second point d'intersection M′ avec la parabole se rapproche indéfiniment du point M ; le point R′ aura pour position limite R, il en est de même des points I et φ ; par conséquent la droite D a pour position limite

la perpendiculaire menée de M à la droite FR. Cette limite est (150) la tangente en M à la parabole. On voit que cette nouvelle définition de la tangente conduit au même résultat que celle du numéro précédent.

932. **Théorème.** — *La tangente à la parabole est bissectrice de l'angle formé par le rayon vecteur du point de contact et la perpendiculaire menée de ce point sur la directrice.*

En effet, la tangente MD à la parabole au point M (*fig.* 572) étant perpendiculaire à la droite Fφ en son milieu est bissectrice de l'angle FMφ formé par le rayon vecteur du point de contact FM et la perpendiculaire Mφ menée de ce point sur la directrice.

933. **Corollaire I.** — *La normale en un point de la parabole est bissectrice de l'angle formé par le rayon vecteur qui va de ce point au foyer et la parallèle à l'axe menée par ce point à l'intérieur de la parabole.*

934. **Corollaire II.** — *La tangente au sommet est perpendiculaire à l'axe; la normale au sommet se confond avec l'axe.*

935. **Théorème.** — *Le lieu des symétriques du foyer par rapport aux tangentes d'une parabole est la directrice de la parabole.*

En effet, si une droite est tangente à la parabole, le symétrique φ du foyer par rapport à cette droite est sur la directrice (930, 4°); inversement, si le symétrique φ est sur la directrice, la droite est tangente.

936. **Théorème.** — *Le lieu des projections du foyer d'une parabole sur les tangentes à cette courbe est la tangente au sommet de la parabole.*

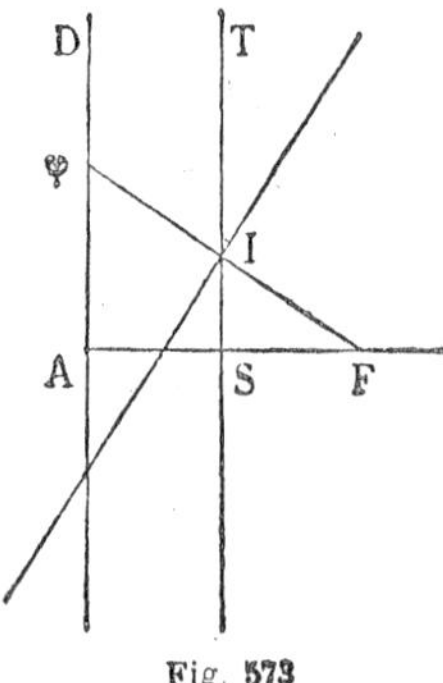

Fig. 573

En effet, si le symétrique φ du foyer par rapport à une droite est sur la directrice, la projection I du foyer sur cette droite sera le milieu de Fφ et se trouvera sur la tangente au sommet ST (*fig.* 573). Inversement, si la projection I tombe sur ST, le symétrique φ sera sur la directrice.

937. **Définitions.** — Soit M un point d'une parabole (*fig.* 574); menons la perpendiculaire MP à l'axe. La longueur MP est l'*ordonnée* du point M, la distance SP du sommet au point P est l'*abscisse* du point M.

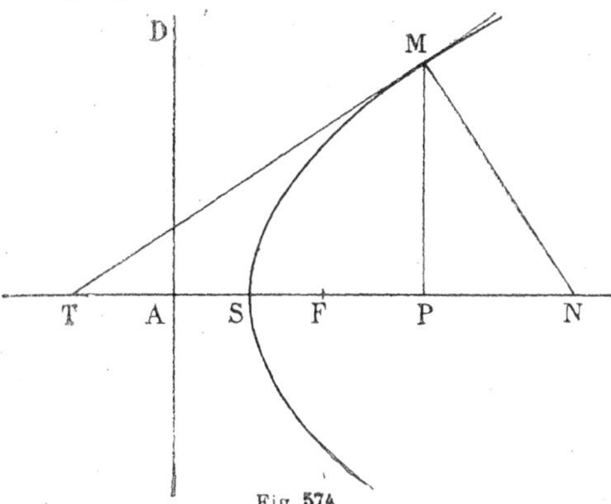

Fig. 574

Menons la tangente en M, qui rencontre l'axe au point T; la longueur MT est la *longueur de la tangente*, ou, plus simplement, la *tangente* du point M. La distance TP est la *sous-tangente*.

Menons la normale à la courbe au point M; elle rencontre l'axe au point N. La longueur MN est la *normale* du point M; la distance PN est la *sous-normale*.

La distance FA du foyer à la directrice est le *paramètre* de la parabole.

938. **Théorème.** — *La sous-normale à la parabole est égale au paramètre. La sous-tangente est le double de l'abscisse du point de contact.*

Soient R le symétrique du foyer par rapport à la tangente MT, MN la normale et MP l'ordonnée du point M (*fig.* 575). Les droites FR et MN, perpendiculaires toutes deux à la tangente MT, sont parallèles; donc la figure MRFN est un parallélogramme, et

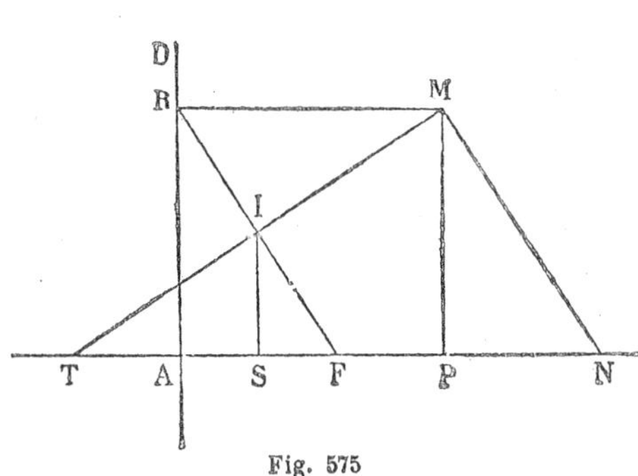

Fig. 575

par suite RF = MN. Les deux triangles rectangles RAF, MPN ont leurs hypoténuses RF et MN égales, ainsi que les côtés de l'angle droit RA et MP; ces triangles sont égaux, donc

$$PN = AF.$$

Soit I la projection du foyer sur la tangente MT; cette projection se fait sur la tangente au sommet; les droites SI, AR étant parallèles et S étant le milieu de FA, SI est la moitié de AR ou de son égal MP; MP étant parallèle à SI et égal au double de SI, TP sera le double de TS, et par conséquent le double de SP.

939. **Théorème.** — *Le carré de l'ordonnée est le double du produit de l'abscisse par le paramètre.*

En effet, dans le triangle rectangle TMN on a

$$\overline{PM}^2 = PN \times PT.$$

Mais PN est égal au paramètre FA; PT est le double de l'abscisse SP; donc

$$\overline{PM}^2 = 2SP \times FA.$$

Si l'on représente l'abscisse SP par x, l'ordonnée PM par y, le paramètre FA de la parabole par p, on a, pour tous les points de la parabole, l'équation

$$y^2 = 2px.$$

940. **Problème.** — *Mener une tangente à une parabole en un point* M *de cette courbe* (*fig.* 576).

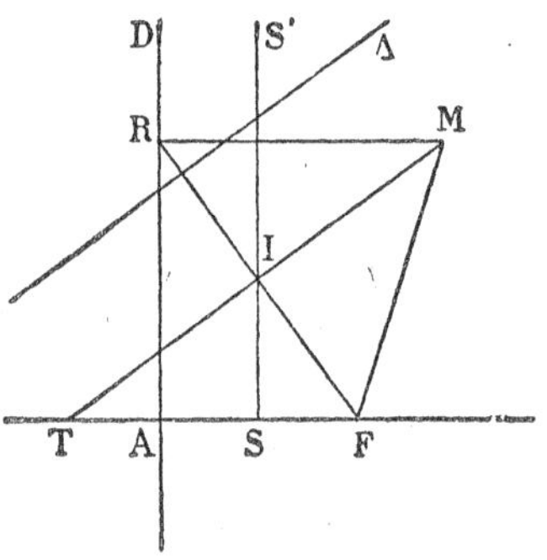

Fig. 576

On mène le rayon vecteur MF et la perpendiculaire MR à la directrice. La bissectrice MT de l'angle RMF est la tangente demandée.

941. **Problème.** — *Mener à une parabole une tangente parallèle à une droite donnée* Δ (*fig.* 576).

Le symétrique R du foyer par rapport à la tangente cherchée doit se trouver d'une part sur la directrice, d'autre part sur la perpendiculaire menée du foyer à la droite Δ ; il est donc à l'intersection de ces deux droites. On obtient la tangente demandée en menant une perpendiculaire à la droite RF en son milieu I. Le point de contact M est à l'intersection de la tangente et de la parallèle à l'axe menée par le point R.

Le problème admet donc une solution et une seule, sauf dans le cas où la droite Δ est parallèle à l'axe. Dans ce cas la perpendiculaire FR à la droite Δ est parallèle à la directrice.

942. Problème. — *Mener une tangente à la parabole par un point extérieur* P (*fig.* 577).

Le symétrique R du foyer par rapport à une tangente cherchée doit se trouver d'une part sur la directrice ; d'autre part, comme PR = PF, le point R doit se trouver aussi sur le cercle décrit du point P comme centre avec un rayon égal à PF.

Soit R un point d'intersection de ce cercle avec la directrice. La tangente correspondante sera la perpendiculaire menée du point P sur la droite RF ; cette perpendiculaire passe par le milieu de RF. Le point de contact de cette tangente est sur la parallèle à l'axe menée par le point R.

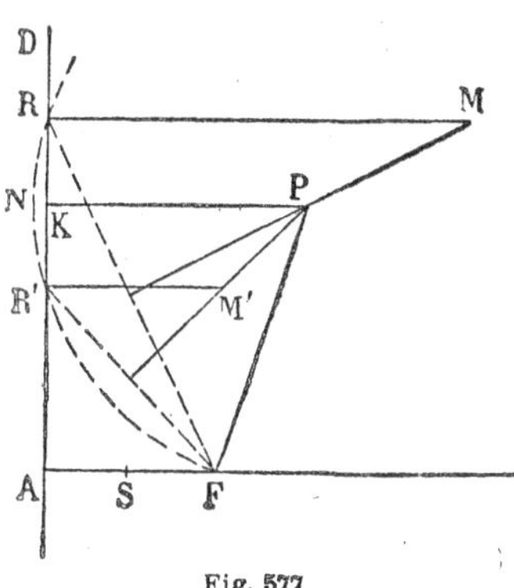

Fig. 577

Discussion. — Soit PK la perpendiculaire menée du point P sur la directrice. Si PK < PF, le cercle coupe la directrice en deux points R et R'. Il y a deux tangentes PM, PM' issues de P à la parabole ; quand PK est plus petit que PF, le point P est extérieur à la parabole. Ainsi d'un point extérieur à la parabole on peut mener deux tangentes à cette courbe.

Supposons maintenant PK = PF, c'est-à-dire plaçons le point P sur la parabole, le cercle devient tangent à la directrice ; il n'y a qu'une solution, la tangente à la parabole au point P.

Supposons maintenant PK > PF, c'est-à-dire plaçons le point P à l'intérieur de la parabole ; le cercle ne coupe pas la directrice, il n'y a pas de solution. Ce résultat était évident *a priori*, car nous savons que sur une tangente il n'y a pas de points intérieurs à la parabole.

943. **Remarque I.** — Supposons qu'une droite L tourne autour d'un point P extérieur à la parabole. Soient PM et PM' les deux tangentes issues du point P. Si la droite L est située dans l'angle MPM', le symétrique φ du foyer par rapport à cette droite est sur l'arc de cercle R'FR ; donc la droite L est sécante. Si au contraire la droite L n'est pas située dans l'angle MPM', le symétrique φ du foyer par rapport à cette droite est sur l'arc R'NR (*fig.* 577). La droite L est donc extérieure à la parabole.

944. **Remarque II.** — Les tangentes PM, PM' issues d'un point extérieur P sont respectivement perpendiculaires aux droites FR, FR'. Pour que ces tangentes soient rectangulaires, il faut et il suffit que l'angle RFR' soit droit, c'est-à-dire que RR' soit un diamètre du cercle RR'F (*fig.* 577), et par conséquent, il faut et il suffit que le point P soit placé sur la directrice. Donc :

Le lieu géométrique des points d'où l'on peut mener deux tangentes rectangulaires à une parabole est la directrice de cette parabole.

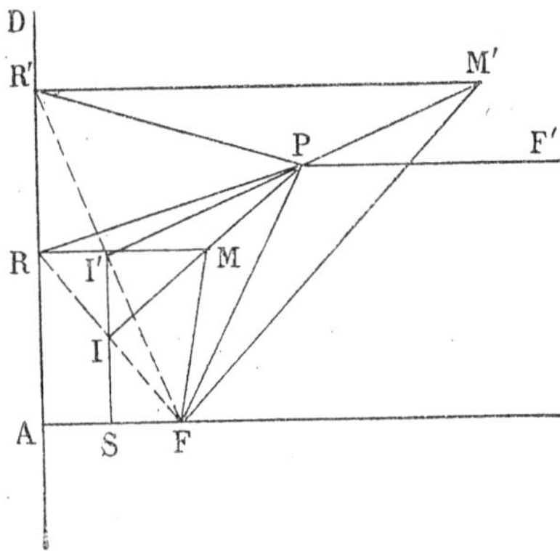

Fig. 577

945. **Théorème.** — 1° *Les tangentes* PM, PM' *menées d'un point* P *à une parabole font des angles égaux,* MPF, M'PF', *avec la droite* PF *qui joint le point* P *au foyer* F *et la droite* PF' *menée parallèlement à l'axe à l'intérieur de la parabole ;* 2° *La droite* FP *est bis-*

sectrice de l'angle MFM′ *formé par les rayons vecteurs des points de contact* M *et* M′ *(fig.* 578*).*

1° Soient I et I′ les projections du foyer sur les tangentes PM, PM′; ces points sont situés sur la tangente au sommet de la parabole; le quadrilatère PFII′ est inscriptible, puisque les angles PIF, PI′F sont droits; par conséquent les angles IPF et II′F sont égaux comme inscrits dans un même segment de cercle; d'ailleurs l'angle II′F est égal à l'angle F′PM′, parce que ces angles ont leurs côtés perpendiculaires; donc les angles MPF et M′PF′ sont égaux.

2° Soient R et R′ les symétriques du foyer par rapport aux tangentes PM et PM′. On sait que PF = PR = PR′. Les angles MFP et MRP sont égaux, puisque ces angles sont symétriques par rapport à la droite PM; de même les angles M′FP et M′R′P sont égaux. Or les angles PRM et PR′M′ sont égaux, car leurs compléments sont les angles à la base du triangle isocèle PRR′; donc les angles MFP et M′FP sont égaux et la droite FP est bissectrice de l'angle MFM′.

§ IV.

Directrices des coniques.

946. Théorème. — *Le lieu des points tels que le rapport des distances de chacun d'eux à un point fixe* F *et à une droite fixe* D *soit égal à une constante* e *est une ellipse, une parabole, une hyperbole suivant que* e *est inférieur, égal ou supérieur à* 1.

Le lieu admet le point fixe F *pour foyer. La droite* D *s'appelle la directrice correspondante.*

Si e est égal à 1, le lieu est une parabole ayant pour foyer F et pour directrice D (923). Laissons ce cas de côté.

Menons par le point F une droite FH perpendiculaire à la droite D ; sur cette droite il existe deux points A et A′ dont le rapport des distances aux points F et H est égal à e. Soient O le milieu du segment AA′, F′ le symétrique du point F par rapport au point O, OY la parallèle à la droite D menée par le point O (*fig.* 579, 580).

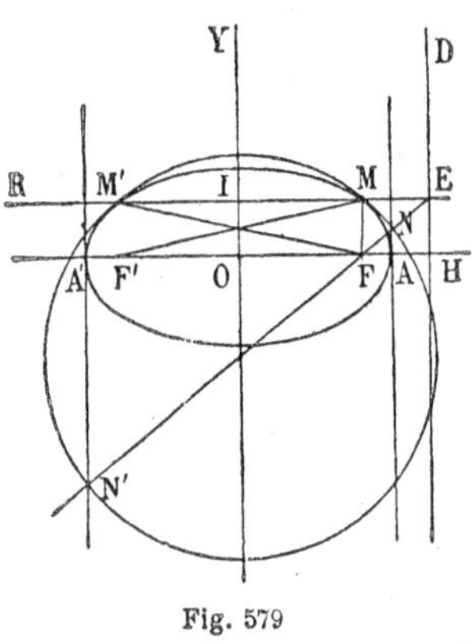

Fig. 579

Nous examinerons le cas où e est plus petit que 1 et ensuite le cas où e est plus grand que 1.

1° $e < 1$. *Le point* F *est placé entre* A et A′ (*fig.* 579).

Cherchons les points du lieu qui sont situés sur une droite ER perpendiculaire à la droite D ; si M est un de ces points, on aura

$$\frac{MF}{ME} = e.$$

Les points M qui satisfont à cette condition sont situés sur un cercle qui a pour diamètre NN′, N et N′ étant les points qui partagent le segment FE dans le rapport e ; ces points N et N′ sont donc situés sur les parallèles à la droite D menées par les points A et A′ ; ce cercle de diamètre NN′ a son centre sur OY ; les points cherchés étant à l'intersection de la droite ER et de ce cercle sont symétriques par rapport à l'axe OY. Soient M et M′ ces points ; on aura

$$e = \frac{MF}{ME} = \frac{M'F}{M'E} = \frac{MF + M'F}{ME + M'E}.$$

Mais, si I est le milieu du segment MM′, on a

$$ME + M'E = 2IE = 2OH,$$

et par conséquent,

$$MF + M'F = 2OH \times e.$$

Mais $M'F = MF'$; donc

$$MF + MF' = 2OH \times e.$$

La somme $MF + MF'$ restant constante, le lieu est une ellipse qui a pour foyers F et F'.

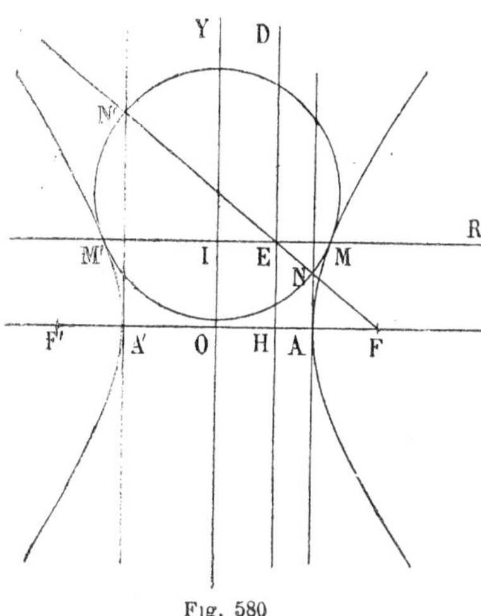

Fig. 580

2° $e > 1$. *Le point* H *est placé entre* A *et* A' (*fig.* 580).

Cherchons encore les points du lieu qui sont situés sur une perpendiculaire ER à la droite D ; si l'on désigne encore par N et N' les points de rencontre de la droite FE avec les parallèles menées par les points A et A' à D, les points cherchés sont à l'intersection de la droite ER avec le cercle qui a NN' pour diamètre ; ces deux points M et M' sont donc symétriques par rapport à l'axe OY. Désignons par M celui de ces points qui est le plus rapproché de F ; on aura

$$e = \frac{M'F}{M'E} = \frac{MF}{ME} = \frac{M'F - MF}{M'E - ME}.$$

Si l'on désigne par I le milieu du segment MM', on a

$$M'E - ME = 2IE = 2OH ;$$

donc

$$M'F - MF = e \times 2OH.$$

Mais $MF = M'F'$; on aura donc

$$M'F - M'F' = e \times 2OH.$$

Cette différence étant constante, les points M' et M sont sur une hyperbole qui a pour foyers F et F' ; le point M appartient à la branche F, le point M' à la branche F'.

947. Remarque I. — La démonstration qui précède prouve que

tout point du lieu est sur l'ellipse ou sur l'hyperbole ; il faut montrer qu'inversement tout point de l'ellipse ou de l'hyperbole appartient au lieu. Dans le cas de l'hyperbole, la démonstration est immédiate ; en effet, le point E (*fig.* 580) est intérieur au segment NN', par conséquent sur toute parallèle ER à la droite AA' il y a deux points M et M' du lieu. Il est clair que ces points décriront toute l'hyperbole.

Dans le cas de l'ellipse cherchons les points du lieu qui se trouvent sur une droite L parallèle à la directrice (*fig.* 581); soit I

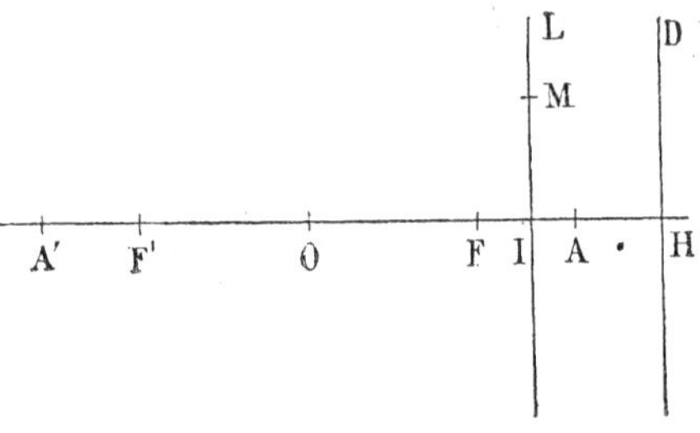

Fig. 581

le point de rencontre de L avec la droite AA', M un point du lieu qui se trouve sur la droite L. On devra avoir :

$$\frac{\mathrm{FM}}{\mathrm{IH}} = e.$$

Les points cherchés se trouvent donc à l'intersection de la droite L et du cercle qui a pour rayon $\mathrm{FM} = e \times \mathrm{IH}$. Pour que ces points existent, il faut que ce rayon soit plus grand que FI, c'est-à-dire que

$$\frac{\mathrm{FI}}{\mathrm{IH}} < e.$$

Or cela a lieu (267) si le point I est placé entre les sommets A et A' ; donc le lieu comprend toute l'ellipse.

948. Remarque II. — Nous allons montrer en outre que *toute ellipse ou toute hyperbole peut être obtenue de cette façon.*

Considérons d'abord une ellipse qui a pour foyers F, F' et pour sommets A, A' (*fig.* 582) ; soit H le conjugué harmonique du foyer F par rapport au grand axe AA' ; menons par le point H la droite D perpendiculaire à AA'. On aura

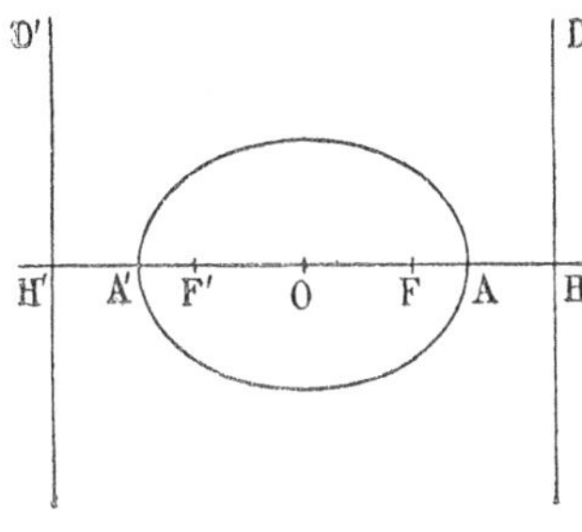

Fig. 582

$$\frac{AF}{AH} = \frac{A'F}{A'H}.$$

Soit e la valeur commune de ces rapports ; le lieu des points dont le rapport des distances de chacun d'eux au point F et à la droite D est égal à e sera une ellipse ayant pour sommets A, A' et pour foyers F, F' (946) ; cette ellipse coïncide avec l'ellipse donnée.

En appelant H' le conjugué harmonique du foyer F' par rapport au grand axe AA' et en menant la droite D' perpendiculaire à cet axe, on verrait de même que l'ellipse est le lieu des points tels que le rapport des distances de chacun d'eux au point F' et à la droite D' soit égal à e.

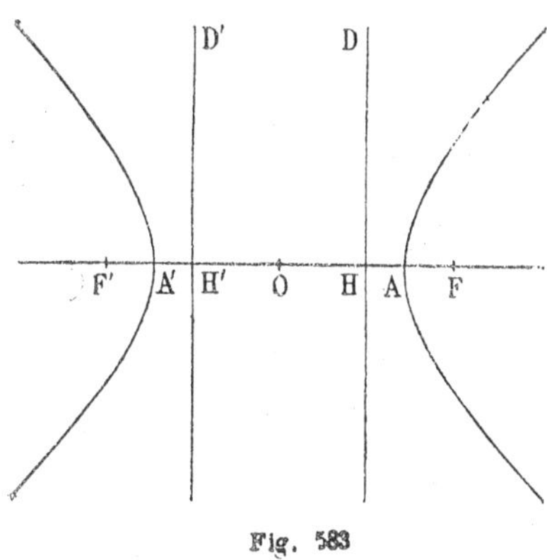

Fig. 583

L'ellipse admet donc deux directrices qui correspondent respectivement aux deux foyers.

Même démonstration dans le cas de l'hyperbole (*fig.* 583).

Dans l'un et l'autre cas, on a

$$OH = \frac{\overline{OA}^2}{OF} = \frac{a^2}{c},$$

$$AF = \begin{cases} a - c & \text{pour l'ellipse,} \\ c - a & \text{pour l'hyperbole;} \end{cases}$$

$$AH = \begin{cases} \dfrac{a^2}{c} - a = \dfrac{a}{c}(a - c) & \text{pour l'ellipse,} \\ a - \dfrac{a^2}{c} = \dfrac{a}{c}(c - a) & \text{pour l'hyperbole.} \end{cases}$$

Dans les deux cas, on a

$$\frac{AF}{AH} = \frac{c}{a}.$$

Le nombre e est égal à $\frac{c}{a}$, c'est-à-dire à la quantité que nous avons désignée sous le nom d'*excentricité*.

949. On voit que l'ellipse, la parabole et l'hyperbole sont trois variétés d'un même groupe de courbes, les courbes lieux des points tels que le rapport des distances de chacun d'eux à un point et à une droite fixes soit constant. Nous donnerons à ces courbes le nom de *coniques*.

950. Théorème. — *Si une sécante* MM' *à une conique rencontre en* K *la directrice* D *qui correspond au foyer* F (*fig.* 584), *la droite* FK *est l'une des deux bissectrices de l'angle des droites* FM, FM'.

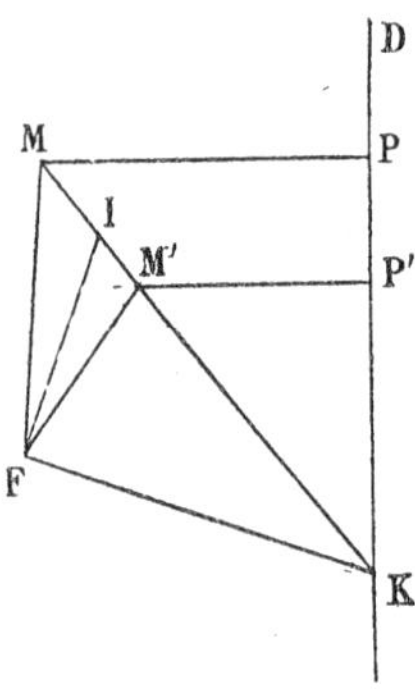

Fig. 584

Abaissons des points M et M' les perpendiculaires MP, M'P' sur la directrice D. On aura

$$\frac{MF}{MP} = \frac{M'F}{M'P'},$$

ou bien

$$\frac{MF}{M'F} = \frac{MP}{M'P'} = \frac{KM}{KM'}.$$

Cette relation prouve que la droite FK est une des bissectrices de l'angle MFM'.

Si la courbe est une ellipse, une parabole, ou encore si la courbe étant une hyperbole, les points M et M' appartiennent à une même branche, les points M et M' seront d'un même côté de la directrice D ; la droite FK est donc une bissectrice extérieure de l'angle MFM'.

Si au contraire, la courbe étant une hyperbole, les points M et M′ sont sur des branches différentes, ces points seront de part et d'autre de la directrice D ; la droite FK est alors bissectrice intérieure de l'angle MFM′.

951. **Corollaires.** — Supposons que le point M′ se rapproche indéfiniment du point M ; la droite MM′ a pour position limite la tangente MT en M. Menons la bissectrice intérieure FI de l'angle MFM′ (*fig.* 584) ; FK reste constamment perpendiculaire à FI ; mais la position limite de FI est FM. Donc :

La tangente en un point quelconque M *d'une conique rencontre la directrice qui correspond au foyer* F (*fig.* 585) *en un point* K *tel que la droite* FK *est perpendiculaire au rayon vecteur* FM.

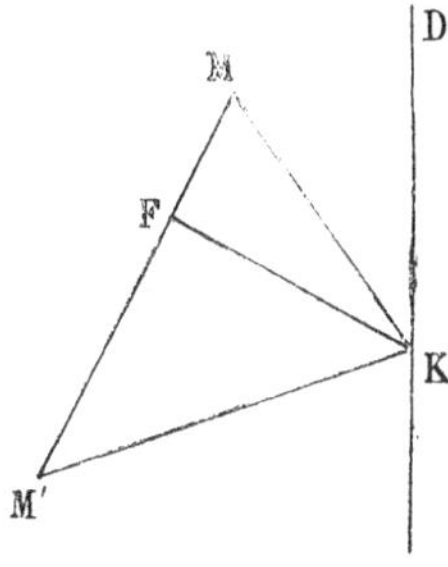

Fig. 585

Par le point K menons la seconde tangente KM′ ; la droite FK sera aussi perpendiculaire à la droite FM′ ; les trois points M, M′, F sont alors en ligne droite. Donc :

Si d'un point K *d'une directrice on mène les tangentes à une conique, la corde des contacts passe par le foyer correspondant* F *et est perpendiculaire à la droite* KF.

952. **Problème.** — *On considère toutes les coniques qui passent par deux points fixes* A *et* B *et qui ont une directrice fixe* D (*fig.* 586). *Lieu des foyers correspondants à cette directrice.*

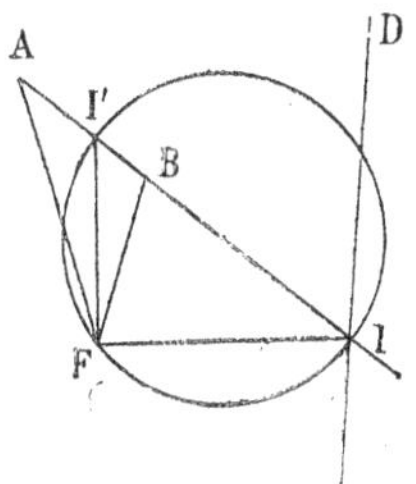

Fig. 586

Soient I le point de rencontre de la droite AB avec la directrice, I′ le conjugué harmonique du point I par rapport à A et B, F un point du lieu. On aura (950)

$$\frac{FA}{FB} = \frac{IA}{IB} = \text{const.}$$

Le lieu est donc le cercle qui a pour diamètre II′.

953. **Problème.** — *Construire une conique ayant un foyer*

donné F *et passant par trois points donnés* A, B, C (*fig.* 587).

Soient γ_1 et γ_2 les points où les deux bissectrices de l'angle AFB rencontrent la droite AB; soient de même β_1, β_2 les points de rencontre de la droite AC avec les deux bissectrices de l'angle AFC. La directrice D correspondant au foyer F doit passer (950) par l'un des points γ_1 ou γ_2 et l'un des points β_1 ou β_2; ce qui donne quatre positions possibles pour la droite D.

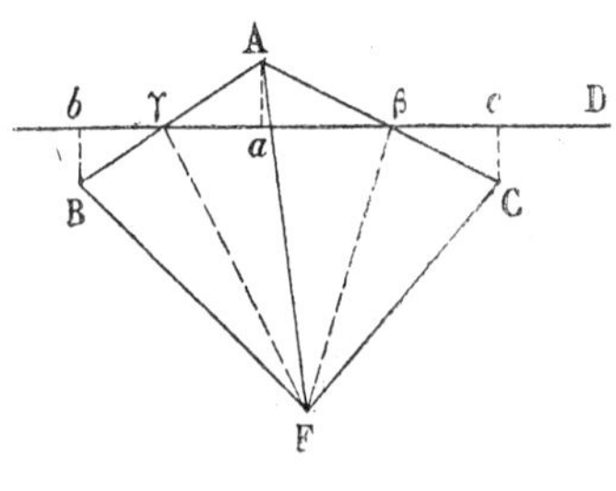

Fig. 587

Inversement, à chacune de ces positions correspond une solution. En effet, soient γ l'un des points γ_1 ou γ_2, β l'un des points β_1 ou β_2, D la droite $\beta\gamma$, Aa, Bb, Cc les perpendiculaires abaissées des points A, B, C sur la droite D. Je dis que la conique qui a pour foyer F, pour directrice D et pour excentricité $\frac{AF}{Aa}$ passe par les points A, B, C; elle passe évidemment par le point A à cause du choix de l'excentricité. On a ensuite

$$\frac{Aa}{Bb} = \frac{\gamma A}{\gamma B} = \frac{FA}{FB},$$

ou

$$\frac{FA}{Aa} = \frac{FB}{Bb},$$

ce qui montre que la conique passe par B. On voit de même qu'elle passe par C.

Si les points β et γ sont les pieds des bissectrices extérieures, les points A, B, C sont sur une même branche de la courbe; dans ce cas la conique peut être une ellipse, une parabole ou une hyperbole suivant la valeur du rapport $\frac{FA}{Aa}$. Pour toutes les autres combinaisons, les points A, B, C sont sur des branches différentes; les coniques correspondantes sont des hyperboles.

V.

Sections planes du cône de révolution.

954. **Définition.** — On appelle *cône de révolution* la surface engendrée par une droite ASA′ en tournant autour d'un axe DSD′ qui la rencontre en un point S (*fig.* 588). Cette droite DSD′, est l'*axe* du cône.

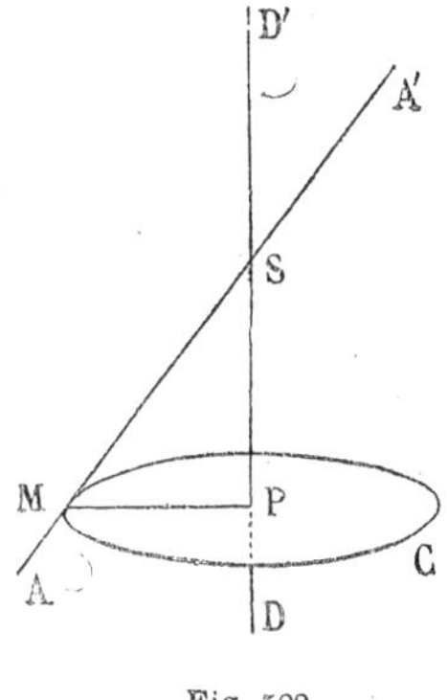

Fig. 588

Un point quelconque M de cette droite décrit un cercle C dont le plan est perpendiculaire à l'axe et dont le centre est sur l'axe ; la surface engendrée est donc le lieu des droites qui passent par le point S et qui s'appuient sur ce cercle, c'est donc bien une surface conique (774). Le point S est le *sommet* du cône ; l'angle aigu ASD que fait la génératrice avec l'axe est le demi-angle au sommet du cône.

Sur la droite indéfinie A′SA on peut prendre deux demi-droites SA, SA′ ayant pour origine le sommet S. Chacune de ces demi-droites engendre une portion de la surface conique à laquelle on donne le nom de *nappe*. Si un point M est sur la nappe engendrée par SA, l'angle MSD est aigu; si le point M est sur l'autre nappe, l'angle MSD est obtus.

955. **Théorème.** — *La section d'un cône de révolution par un plan qui ne passe pas par le sommet est une ellipse, une parabole ou une hyperbole* (Théorème de Dandelin).

Pour démontrer ce théorème, nous prendrons comme plan de

la figure le plan mené par l'axe du cône perpendiculairement au plan sécant ; ce plan coupe le cône suivant deux génératrices SU et SV et le plan suivant une droite L. Cela posé, nous considérerons trois cas :

1° *La droite* L *coupe les génératrices* SU *et* SV *en des points* A *et* A′ *situés sur une même nappe* (*fig*. 589).

Considérons les deux cercles O et O′ inscrits dans l'angle ASA′ et tangents au segment AA′ ; ces cercles O et O′ touchent respectivement SU en B et C, SV en B′ et C′, AA′ en F et F′. Si l'on fait tourner la figure autour de l'axe du cône, la droite SU engendre le cône, les points B, C des cercles BB′, CC′, les cercles O, O′ des sphères O, O′ ; le cône touche respectivement les sphères O, O′ suivant les cercles BB′, CC′ ; il faut remarquer que ces sphères O, O′ touchent respectivement le plan sécant en F, F′, car les rayons OF et O′F′ sont perpendiculaires au plan sécant.

Cela posé, soit M un point quelconque de l'intersection ; menons par le point M un plan perpendiculaire à l'axe ; il coupe le cône suivant un cercle HH′ et le plan sécant suivant une droite MP perpendiculaire au plan de la figure. Menons ensuite la génératrice SM du cône ; elle rencontre les cercles BB′ et CC′ en G et G′ ; les droites MG et MF sont tangentes à la sphère O, les droites MG′, MF′, à la sphère O′. Donc

$$MF = MG, \qquad MF' = MG' ;$$

d'où

$$MF + MF' = MG + MG' = GG' = BC.$$

Le lieu de M *est donc une ellipse ayant pour foyers* F *et* F′.

La courbe d'intersection passe évidemment par les points A et A′ ; donc A et A′ sont les sommets du grand axe.

On peut d'ailleurs vérifier directement que le grand axe AA′ est égal à BC. D'abord (224), AF = A′F′ ; on a ensuite

$$AB = AF, \qquad AC = AF',$$

d'où

$$BC = AF + AF' = AA'.$$

Remarque. — Soit D le point de rencontre des droites AA′

et BB′. Par le point D menons la droite DR perpendiculaire au plan de la figure ; la droite ainsi menée est l'intersection du

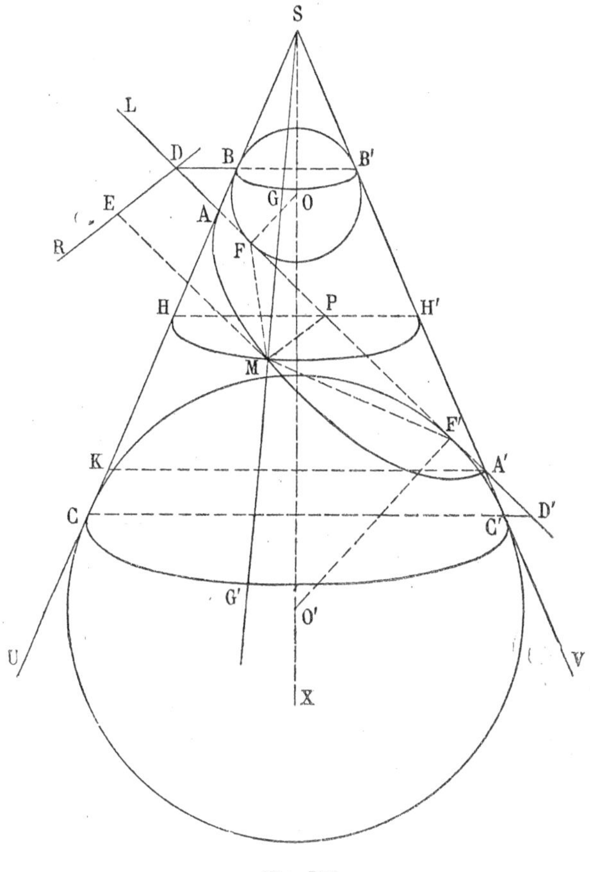

Fig. 539

plan sécant avec le plan du cercle BB′ ; je dis que cette droite est la directrice de l'ellipse qui correspond au foyer F. En effet, menons ME perpendiculaire à DR ; on aura ME = PD.

D'autre part, on a

$$MF = MG = HB.$$

Menons, dans le plan de la figure, A'K perpendiculaire à l'axe ; les triangles semblables AKA', AHP, ABD donnent

$$\frac{AK}{AA'} = \frac{AH}{AP} = \frac{AB}{AD} = \frac{AH + AB}{AP + AD} = \frac{BH}{PD} = \frac{MF}{ME}.$$

Le rapport $\frac{MF}{ME}$ étant constant, la droite DR est la directrice qui correspond au foyer F. L'excentricité de l'ellipse est $\frac{AK}{AA'}$; AK doit donc être égal à la distance focale FF' ; c'est ce qu'on peut vérifier directement. En effet

$$AC = AF',$$

$$KC = A'C' = A'F' = AF ;$$

d'où, en retranchant,

$$AK = AC - KC = AF' - AF = FF'.$$

2° *La droite* L *coupe les génératrices* SU *et* SV *en des points* A *et* A' *situés sur des nappes distinctes* (*fig.* 590).

Considérons encore les cercles O et O' inscrits dans les angles USV et U'SV' et tangents à la droite AA' ; ce sont les cercles exinscrits au triangle ASA' dans les angles A et A' ; ces cercles O et O' touchent respectivement AA' en F et F', SU en B et C, SV en B' et C'. Si l'on fait tourner la figure autour de l'axe du cône, les cercles O et O' engendrent des sphères tangentes en F et F' au plan sécant et tangentes au cône suivant les cercles BB' et CC'.

Soit M un point de l'intersection placé sur la nappe SU ; menons la génératrice SM, elle rencontre les cercles BB', CC' en G, G'. On voit comme dans le cas précédent que

$$MF = MG, \qquad MF' = MG' ;$$

d'où

$$MF' - MF = MG' - MG = GG' = BC.$$

Si le point d'intersection M était placé sur la nappe SU', on verrait de même que

$$MF - MF' = BC.$$

Le lieu du point M *est donc une hyperbole qui a pour foyers* F *et* F'.

Les points A et A' étant sur la courbe d'intersection sont les sommets de cette hyperbole.

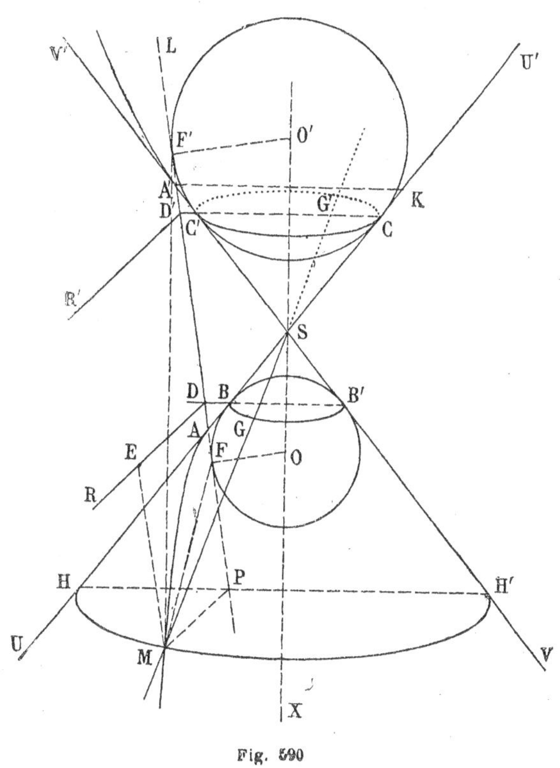

Fig. 590

On voit comme tout à l'heure que si la droite DR est l'intersection du plan du cercle BB' avec le plan sécant, ME la perpendiculaire abaissée d'un point M de la courbe d'intersection sur DR, A'K la perpendiculaire à l'axe, on a

$$\frac{MF}{ME} = \frac{AK}{AA'}.$$

La droite DR est donc la directrice correspondant au foyer F;

la directrice qui correspond au foyer F′ est la droite d'intersection D′R′ du plan du cercle CC′ avec le plan sécant.

On vérifie, comme dans le cas précédent, que

$$AK = FF'.$$

3° *La droite* L *est parallèle à l'une des génératrices* SU *ou* SV, *par exemple à* SV (*fig.* 591).

Considérons le cercle O inscrit dans l'angle USV et tangent à la droite L ; le centre O de ce cercle est à l'intersection de l'axe du cône et de la bissectrice de l'angle LAS ; ce cercle touche le

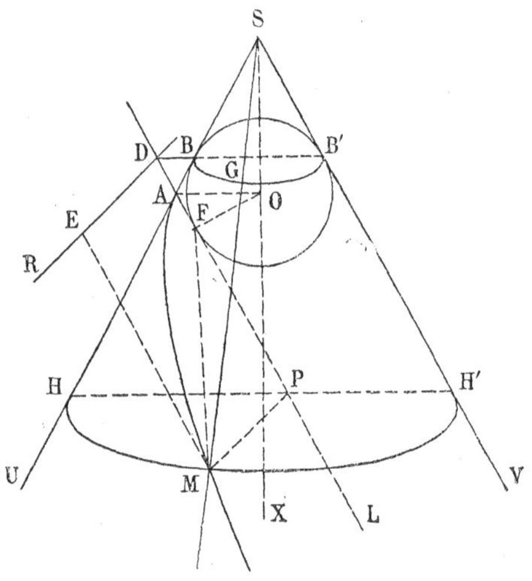

Fig. 591

droites L en F, SU en B et SV en B′. Si l'on fait tourner la figure autour de l'axe du cône, le cercle O engendre une sphère O tangente en F au plan sécant et tangente au cône le long du cercle BB′. Soient DR l'intersection du plan du cercle BB′ avec le plan sécant, M un point de l'intersection ; menons par le point M un plan perpendiculaire à l'axe du cône, il coupe le cône suivant un cercle HH′ et le plan sécant suivant une droite MP perpendiculaire au plan de la figure. On a encore $$MF = MG = HB = HA + AB.$$

Abaissons du point M la perpendiculaire ME sur DR; on aura

$$ME = PD = PA + AD.$$

Mais les triangles BAD et HAP sont isocèles et

$$PA = HA, \qquad AD = AB;$$

donc

$$MF = ME.$$

Le lieu du point M *est donc une parabole qui a pour foyer* F *et pour directrice* DR. *Le point* A *est le sommet de cette parabole.*

956. Remarque I. — Nous avons établi, dans le numéro précédent, que les points communs à un cône de révolution et à un plan sont situés sur une conique. Il importe d'établir que tout point de cette conique est situé sur le cône. Pour cela, menons un plan perpendiculaire à l'axe; il coupe le cône suivant un cercle C, dont tous les points appartiennent au cône. Supposons alors qu'un point M de la conique ne soit pas situé sur le cône; joignant le sommet S du cône au point M, la droite SM coupera le plan du cercle en un point m, non situé sur le cercle. Par le point m menons une sécante mpq au cercle; les droites Sp, Sq coupent le plan de la conique en des points P et Q qui, d'après le théorème direct, sont situés sur la conique. Mais les trois points M, P, Q sont en ligne droite; il existerait donc une droite coupant la conique en trois points, ce qui est impossible.

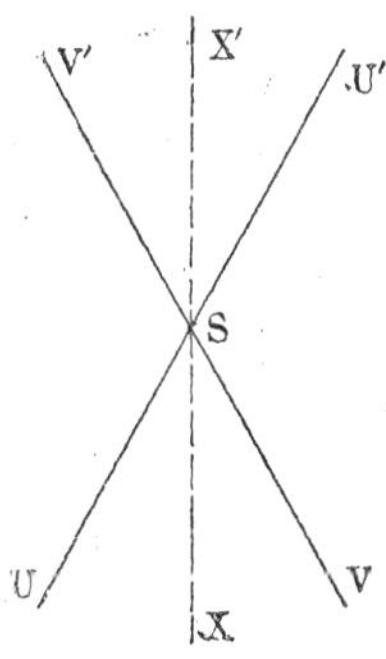

Fig. 592

957. Remarque II. — Coupons un cône par un plan passant par l'axe; l'intersection se compose de deux génératrices USU', VSV' (*fig.* 592).

Tous les points de la nappe SU se projettent sur le plan sécant à l'intérieur de l'angle USV; ceux de la nappe SU', à l'intérieur de l'angle U'SV'. Imaginons un plan sécant Π perpendiculaire au plan de la figure; par le sommet S menons le plan Π' parallèle à Π.

Dans le cas de la section elliptique, la trace du plan Π' est située dans les angles USV' et VSU'; tous les points d'une même nappe sont d'un même côté du plan Π'; il en résulte que le plan Π ne rencontre qu'une nappe du cône; chaque génératrice de cette nappe rencontre le plan Π.

Dans le cas de la section hyperbolique, la trace du plan Π' est à l'intérieur des angles USV et U'SV'; le plan Π' coupe donc le cône suivant deux génératrices, et le plan Π rencontre les deux nappes du cône.

Dans le cas de la section parabolique, la trace du plan Π' est l'une des génératrices SU ou SV; supposons que ce soit SV. Le plan Π' est le plan tangent au cône suivant la génératrice SV. Chacune des nappes du cône est encore d'un même côté du plan Π'; le plan Π ne rencontre encore qu'une seule nappe; toutes les génératrices de cette nappe (à l'exception des génératrices SV ou SV') rencontrent le plan Π.

958. **Problème.** — *Trouver le lieu des sommets des cônes de révolution qui contiennent une conique donnée.*

1° *La conique donnée est une ellipse.*

Nous savons déjà que le sommet S du cône doit se trouver dans le plan mené par le grand axe AA' (*fig.* 593) perpendiculairement au plan de l'ellipse et que le cercle O, inscrit dans le triangle SAA', touche le grand axe AA' en l'un des foyers; soient F le point de contact, B et C les points où ce cercle touche les génératrices SA et SA'. On a

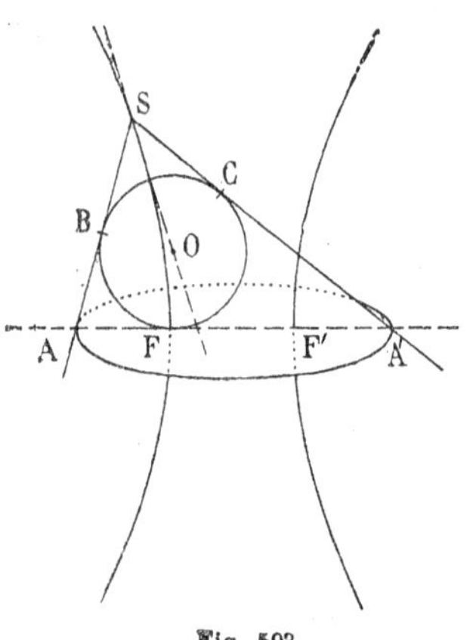

Fig. 593

$$SA' - SA = CA' - BA$$
$$= A'F - AF = FF'.$$

Le sommet S est donc sur l'hyperbole qui a pour foyers les points A, A' et pour sommets les points F, F'.

Réciproquement, si S est un point de cette hyperbole, le point de contact du cercle O inscrit dans le triangle ASA′ est, comme on le voit facilement, l'un des foyers F ou F′ ; par conséquent le cône de révolution dont l'angle au sommet est ASA′ est coupé par le plan de l'ellipse suivant l'ellipse donnée.

2° *La conique donnée est une hyperbole.*

Le sommet S doit se trouver dans le plan mené par l'axe transverse AA′ (*fig.* 594), perpendiculairement au plan de l'hyperbole, et le cercle O, exinscrit au triangle SAA′ à l'intérieur de l'angle A′, touche le côté AA′ au foyer F. On aura alors

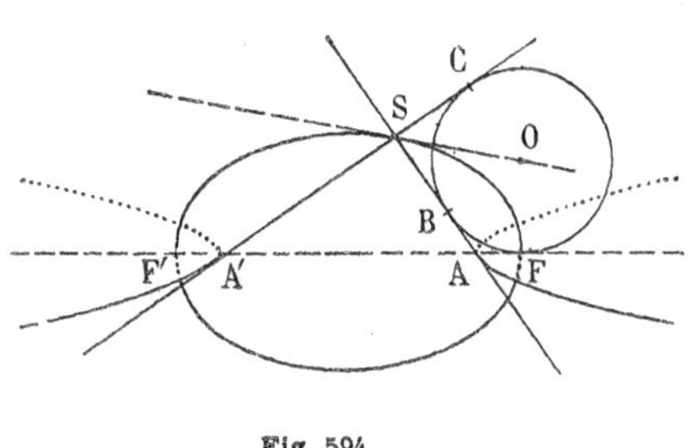

Fig. 594

$$SA = AB + SB, \qquad SA' = A'C - SC.$$

Mais

$$SB = SC, \qquad AB = AF, \qquad A'C = A'F ;$$

donc

$$SA + SA' = AF + A'F = FF'.$$

Le point S est donc situé sur une ellipse qui a pour foyers les points A, A′ et pour sommets les points F, F′.

On montre, comme dans le cas précédent, que tout point de cette ellipse est un point du lieu.

On dit qu'une ellipse et une hyperbole sont deux *coniques focales* lorsque leurs plans sont rectangulaires et que les foyers de chacune d'elles sont les sommets de l'autre. Ces deux coniques possèdent la propriété suivante : chacune d'elles est le lieu des sommets des cônes de révolution qui contiennent l'autre.

3° *La conique donnée est une parabole.*

Le sommet S doit se trouver dans le plan mené par l'axe AL

perpendiculairement au plan de la parabole (*fig.* 595). Ce plan, que nous prendrons comme plan de la figure, coupe le cône cherché suivant deux génératrices SU et SV, dont l'une SV est parallèle à l'axe AL de la parabole ; le cercle O inscrit dans l'angle USV touche l'axe AL au foyer F de la parabole (954). Soient B et C les points où ce cercle touche les génératrices SU et SV ; la droite FC sera un diamètre du cercle O.

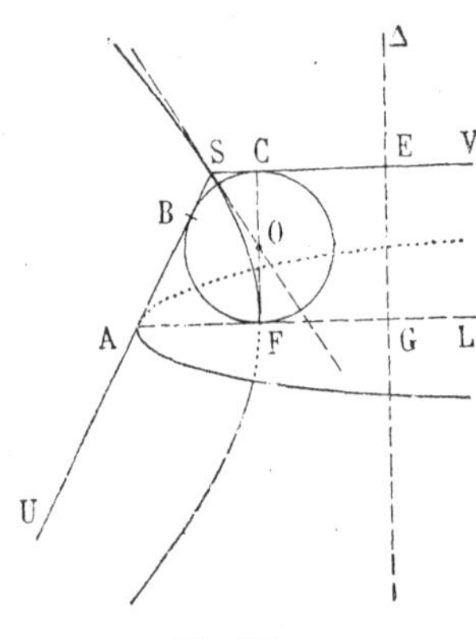

Fig. 595

Prenons sur l'axe AL un point G tel que FG = FA, et par le point G menons la droite Δ perpendiculaire à l'axe AL ; cette droite sera aussi perpendiculaire à la génératrice SV en un point E et l'on aura

$$BA = AF = FG = CE,$$
$$SB = SC.$$

Or

$$SA = SB + BA,$$
$$SE = SC + CE ;$$

donc

$$SA = SE.$$

Le point S est donc situé sur la parabole qui a pour foyer A et pour directrice Δ ; cette parabole a pour sommet le point F.

Inversement, soit S un point de cette parabole ; menons la droite AS et la perpendiculaire SE à la directrice. On voit facilement que le cercle inscrit dans l'angle ASE et tangent à l'axe AL touche cette droite au point F ; par conséquent, le cône dont l'angle au sommet est l'angle ASE est coupé par le plan de la parabole suivant la parabole donnée.

Deux paraboles sont dites *focales* lorsqu'elles sont situées dans des plans rectangulaires et que le foyer de chacune d'elles est le sommet de l'autre. Chacune de ces paraboles est le lieu des sommets des cônes de révolution qui contiennent l'autre.

959. Problème. — *Placer une conique donnée sur un cône de révolution donné.*

Nous supposerons le problème résolu et nous prendrons comme plan de la figure le plan mené par l'axe du cône perpendiculairement au plan de la section ; ce plan coupe le cône donné suivant deux génératrices USU′, VSV′ ; cela posé, nous distinguerons trois cas :

1° *La conique donnée est une ellipse* (*fig.* 596).

Les sommets A et A′ sont sur les génératrices SU et SV, et si A′K est la perpendiculaire à l'axe, on a (955) AK = FF′. Dans le triangle AA′K, on connaît le côté AK égal à la distance focale, le côté AA′ égal au grand axe, et l'angle AKA′ qui est le complément du demi-angle au sommet du cône; le côté AA′ étant plus grand que le côté AK, on pourra toujours (215) construire un triangle égal au triangle AA′K. Ce triangle étant construit, on mènera par le milieu O du côté A′K la perpendiculaire à A′K ; cette perpendiculaire rencontre le côté AK en un point S. Le cône qui a pour angle au sommet ASA′ est égal au cône donné ; il est coupé par le plan qui a pour trace AA′ suivant une ellipse égale à l'ellipse donnée. Donc :

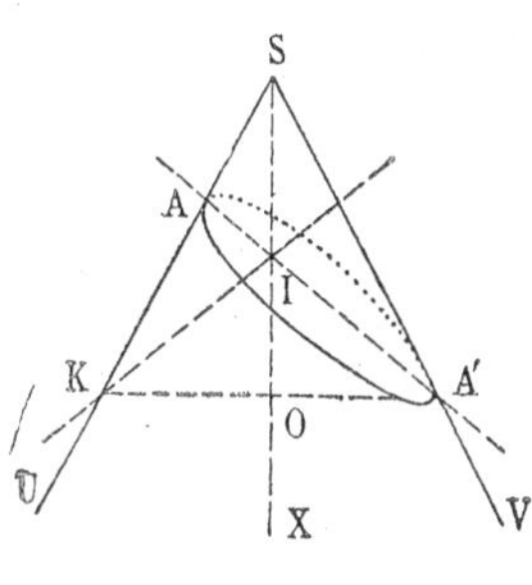

Fig. 596

On peut toujours placer une ellipse donnée sur un cône de révolution donné.

Avec les données de la question, le triangle AA′K est déterminé comme forme, donc le segment SI est invariable ; il en est de même de l'angle de l'axe AA′ avec SI. Donc :

Les plans qui coupent une nappe d'un cône suivant une ellipse égale à une ellipse donnée rencontrent l'axe du cône en un même point I ; *les grands axes de ces ellipses sont situés sur un cône de révolution qui a pour sommet* I *et pour axe l'axe du cône donné ; les plans des sections sont tangents au cône de sommet t* I.

2° *La conique donnée est une hyperbole* (*fig.* 597).

Menons encore la droite A'K perpendiculaire à l'axe. Tout revient encore à construire le triangle AA'K dans lequel

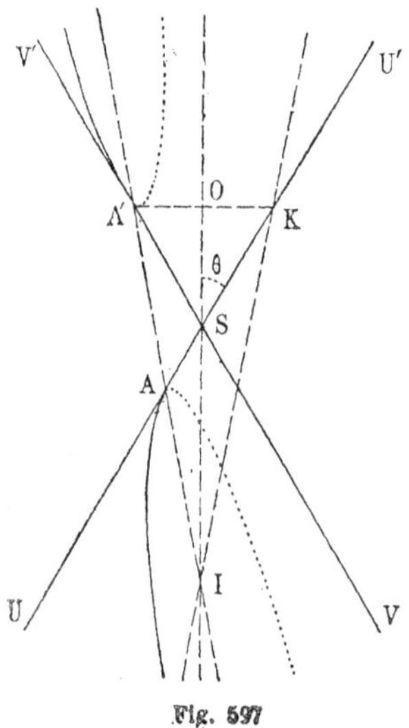

Fig. 597

$$AA' = 2a, \qquad AK = 2c,$$

$$\widehat{A'KA} = 1^{dr} - \theta,$$

θ étant le demi-angle au sommet du cône. Pour que cette construction soit possible, il faut que (215)

$$2a > 2c \cos\theta,$$

d'où $\cos\theta < \dfrac{a}{c}$.

D'autre part, si l'on désigne par α l'angle que fait une asymptote avec l'axe transverse, on a (916)

$$\cos\alpha = \frac{a}{c};$$

donc on doit avoir

$$\cos\theta < \cos\alpha,$$

ou $\alpha < \theta$, ou $2\alpha < 2\theta$.

Donc :

Pour qu'on puisse placer une hyperbole sur un cône de révolution donné, il faut et il suffit que l'angle des asymptotes dans lequel est placé la courbe soit plus petit que l'angle au sommet du cône.

Si cette condition est remplie, la construction du triangle A'AK admet deux solutions (215); il y correspondra donc deux valeurs pour le segment de l'axe SI compris entre S et le plan sécant, et deux valeurs correspondantes pour l'angle SIA. Donc :

Les plans qui coupent un cône suivant une hyperbole égale à une hyperbole donnée se partagent en deux séries; les plans d'une même série coupent l'axe du cône en un même point I *et ces plans enveloppent un cône de révolution* (T) *qui a pour sommet I et pour axe l'axe du cône; les axes transverses des hyperboles d'intersection sont sur les génératrices du cône* (T).

Il est clair qu'il faut joindre à ces deux séries celles qu'on en déduit par une symétrie de centre S.

3° *La conique donnée est une parabole* (*fig.* 598).

L'axe AL est parallèle à la génératrice SV; le cercle O inscrit dans l'angle USV est tangent à l'axe AL qu'il touche en F et à la génératrice SA en B. Dans le triangle rectangle ABO, on connaît l'angle BAO, qui est le complément du demi-angle au sommet du cône, et le côté AB = AF; on peut donc construire ce triangle. Ce triangle étant construit, on mènera en O une perpendiculaire à l'hypoténuse AO, qui rencontre en S le côté AB prolongé; le cône qui a pour axe SO et pour génératrice SA est coupé par le plan qui a pour trace AL suivant une parabole égale à la parabole donnée. Donc :

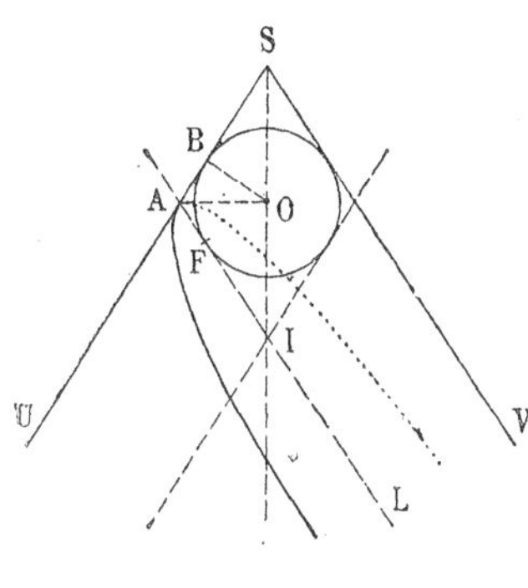

Fig. 598

On peut toujours placer une parabole donnée sur un cône de révolution donné.

Avec les données de la question, le triangle ABO est déterminé comme forme; il en résulte que le segment SI est déterminé; l'angle de la droite IA avec la droite SI est égal au demi-angle au sommet du cône. Donc:

Les plans qui coupent un cône de révolution suivant une parabole égale à une parabole donnée coupent l'axe en un même point I; *ils enveloppent un cône* (T) *ayant pour sommet* I *et pour axe l'axe du cône donné; les axes des paraboles d'intersection sont les génératrices du cône* (T).

Il est clair qu'il faut joindre à ce groupe de solutions celui qu'on en déduit par une symétrie de centre S.

960. **Sections planes d'un cylindre de révolution.** — Un cylindre de révolution peut être considéré comme la limite d'un cône de révolution dont le sommet s'éloigne indéfiniment; donc toute section plane de ce cylindre est une ellipse.

C'est ce qu'on montre facilement d'ailleurs par une démonstration directe, analogue à celle qui a été faite pour la section elliptique d'un cône.

Cette méthode directe montre que le petit axe de l'ellipse d'intersection est égal au diamètre du cylindre.

Enfin, on voit facilement que la condition nécessaire et suffisante pour qu'on puisse placer une ellipse donnée sur un cylindre de révolution donné est que le petit axe de l'ellipse soit égal au diamètre du cylindre.

§ VI.

Notions de géométrie analytique.

961. **Coordonnées d'un point.** — Considérons dans un plan deux axes orientés rectangulaires $x'Ox$, $y'Oy$ (*fig.* 599) et soit M un point quelconque du plan. On appelle *abscisse* ou x du point M la projection orthogonale OA du vecteur OM sur l'axe $x'x$; on appelle *ordonnée* ou y du point M la projection orthogonale OB du vecteur OM sur l'axe $y'y$; l'abscisse et l'ordonnée sont les deux coordonnées du point. Les droites $x'x$, $y'y$ sont les *axes de coordonnées*. Le point O est l'*origine*.

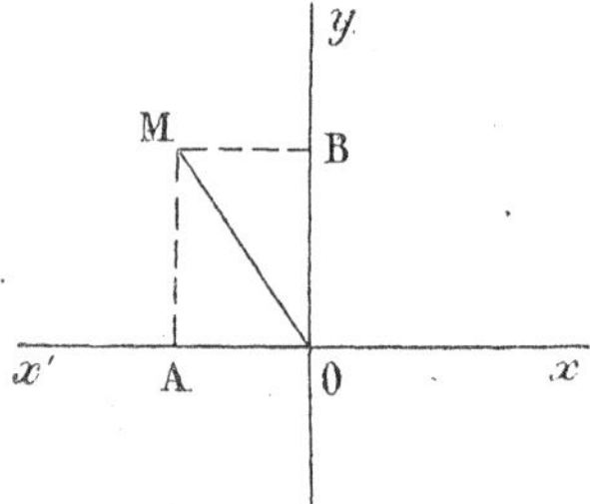

Fig. 599

On peut facilement construire un point quand on connaît ses deux coordonnées. En effet, connaissant l'abscisse on pourra construire le point A, puisque l'abscisse est égale à la valeur algébrique du segment OA; de même, la connaissance de l'ordonnée permet de construire le point B; le point cherché M est le quatrième sommet du rectangle qui a pour côtés OA et OB.

Si le point M est placé sur l'axe $x'x$ son ordonnée est nulle et réciproquement; de même si le point M est sur l'axe $y'y$ son abscisse est nulle et réciproquement.

En dehors de ces positions particulières le point, M peut occuper quatre positions : 1° le point M est dans l'angle xOy, et x et y sont positifs; 2° le point M est dans l'angle yOx', x est négatif et y positif; 3° le point M est dans l'angle $x'Oy'$, x et y sont tous deux négatifs; 4° le point D est dans l'angle $y'Ox$, x est positif et y négatif.

962. **Projection d'un vecteur sur les axes de coordonnées.** — Considérons un vecteur AB (*fig.* 600) dont l'origine A a pour coordonnées x_1 et y_1 et l'extrémité, x_2 et y_2. En projetant sur un axe quelconque, on a (699)

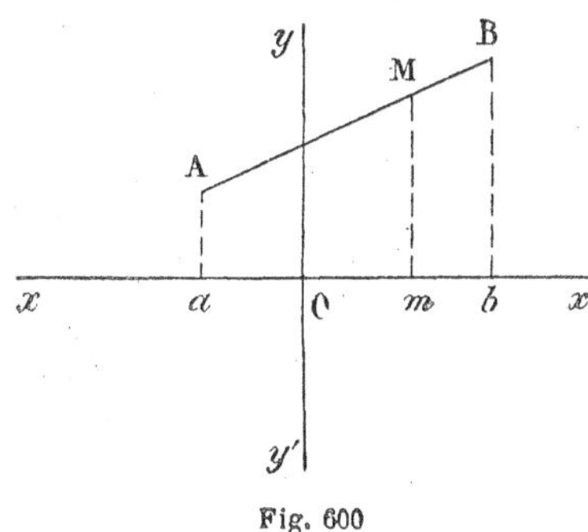

Fig. 600

$$\text{pr. OB} = \text{pr. OA} + \text{pr. AB},$$

ou

$$\text{pr. AB} = \text{pr. OB} - \text{pr. OA}.$$

Projetons, en particulier sur l'axe $x'x$, la projection de OB et par définition l'abscisse x_2 du point B, la projection de OA est égale à l'abscisse x du point A, par conséquent

$$\text{pr. AB} = x_2 - x_1\ ;$$

donc

La projection d'un vecteur sur l'axe $x'x$ est égale à la différence entre l'abscisse de son extrémité et l'abscisse de son origine.

De même

La projection d'un vecteur sur l'axe $y'y$ est égale à la différence entre l'ordonnée de son extrémité et l'ordonnée de son origine.

963. **Coordonnées du point qui divise un segment dans un**

rapport donné. — Soit M un point qui divise le vecteur AB dans le rapport λ, c'est-à-dire tel que

$$\frac{MA}{MB} = \lambda.$$

Nous allons chercher les coordonnées x et y de ce point M.

Projetons les points A, M, B sur $x'x$ en a, m, b (*fig.* 600); on aura (700)

$$\frac{ma}{mb} = \frac{MA}{MB},$$

donc

$$\frac{ma}{mb} = \lambda.$$

Or (271)

$$ma = 0a - 0m = x_1 - x,$$
$$mb = 0b - 0m = x_2 - x,$$

donc

$$\frac{x_1 - x}{x_2 - x} = \lambda,$$

d'où

$$x = \frac{x_1 - \lambda x_2}{1 - \lambda};$$

on trouve de même

$$y = \frac{y_1 - \lambda y_2}{1 - \lambda}.$$

En particulier, si le point M est le milieu de AB, λ est égal à -1; donc les coordonnées du milieu de AB sont

$$\frac{x_1 + x_2}{2} \quad \text{et} \quad \frac{y_1 + y_2}{2}.$$

964. Considérons deux systèmes d'axes de coordonnées $x'0x$, $y'0y$ et $x'_1 0_1 x_1$, $y'_1 0_1 y_1$ (*fig.* 601), tels que $x'_1 x_1$ et $x'x$ soient parallèles et de même sens, et qu'il en soit de même des axes $y'y$ et $y'_1 y_1$. Nous allons comparer les coordonnées d'un même point M par rapport à ces deux systèmes d'axes. Les coordonnées du point M dans le système $x'0x$, $y'0y$ seront désignées par x et y, dans le système $x'_1 0x_1$, $y'_1 0y_1$ par x_1, y_1; enfin les

coordonnées du point O_1 dans le système xOy seront désignées par a et b.

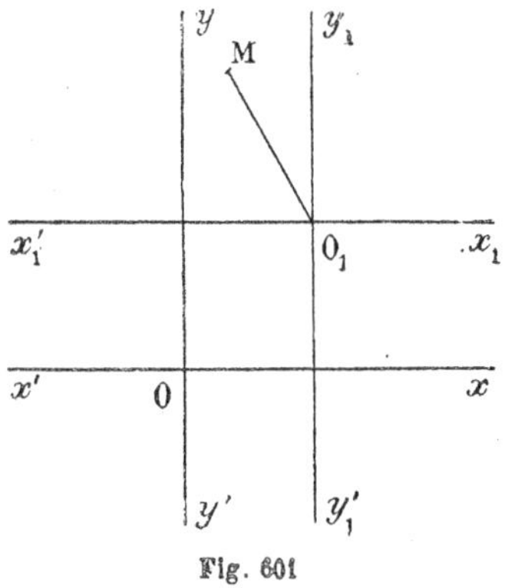

Fig. 601

Cela posé, si l'on projette sur un axe quelconque on a

$$\text{pr. OM} = \text{pr. OO}_1 + \text{pr. O}_1\text{M}.$$

Projetons en particulier sur l'axe des x, et remarquons que les projections d'un même segment sur les axes $x'x$ et x'_1x_1 sont égales. La projection de OM est x, celle de OO_1 est a, celle de O_1M est x_1 ; on a donc

$$x = a + x_1,$$

on trouve de même

$$y = b + y_1.$$

965. **Distance de deux points.** — Cherchons d'abord la distance d'un point M dont les coordonnées sont x et y à l'origine O (*fig.* 599). Dans le rectangle OABM on a

$$\overline{OM}^2 = \overline{OA}^2 + \overline{OB}^2.$$

Dans tous les cas, $\overline{OA}^2$ est égal à x^2 et $\overline{OB}^2$ à y^2, donc

$$\overline{OM}^2 = x^2 + y^2.$$

Cherchons maintenant la distance du point M à un point O_1 dont les coordonnées sont a et b (*fig.* 601).

Si l'on mène par O_1 des axes x'_1x_1 et y'_1y_1 parallèles aux axes de coordonnées et si l'on désigne par x_1 et y_1 les coordonnées du point M par rapport à ces axes, on aura d'après ce qui précède

$$\overline{O_1M}^2 = x_1^2 + y_1^2.$$

Mais les formules du numéro précédent donnent

$$x_1 = x - a, \qquad y_1 = y - b,$$

donc

$$\overline{O_1M}^2 = (x - a)^2 + (y - b)^2.$$

966. **Équation d'un lieu.** — On dit que l'équation

$$F(x, y) = 0$$

est l'équation d'un lieu géométrique si les deux conditions suivantes sont réalisées :

1° Les coordonnées x et y de tout point du lieu satisfont à cette équation.

2° Tout point dont les coordonnées x et y satisfont à cette équation appartient au lieu.

967. **Équation d'une droite parallèle à un axe de coordonnées.** — Soient D une droite parallèle à l'axe des y, A le point où cette droite coupe l'axe $x'x$, a l'abscisse du point A (*fig.* 602).

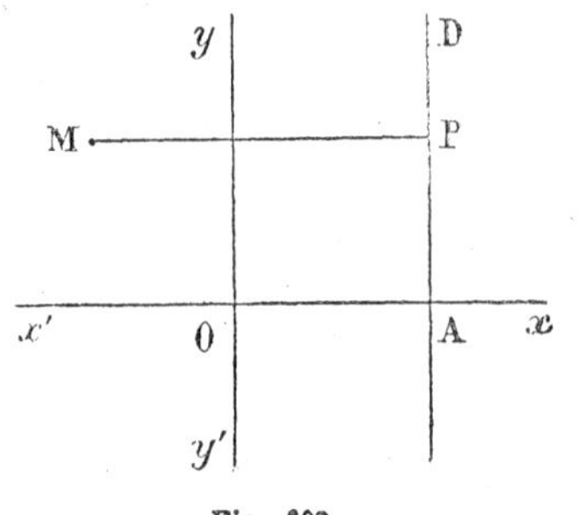

Fig. 602

L'abscisse de tout point de la droite D est a; réciproquement, tout point dont l'abscisse est a se trouve sur la droite D; donc l'équation de la droite D est

$$x - a = 0.$$

En particulier, l'équation de l'axe $y'y$ est

$$x = 0.$$

On voit de même que l'équation d'une droite parallèle à l'axe $x'x$ est

$$y - b = 0,$$

b étant l'ordonnée du point où cette droite coupe l'axe $y'y$.

En particulier, l'équation de l'axe $x'x$ est

$$y = 0.$$

968. **Distance d'un point à une droite parallèle à un axe de coordonnées.** — Soient D une droite parallèle à l'axe $y'y$ et dont l'équation est (967)

$$x - a = 0,$$

M un point qui a pour coordonnées x et y. Abaissons de M la perpendiculaire MP à la droite D; la projection du segment

PM sur l'axe des x est égale (962) à $x - a$, par conséquent la longueur PM est toujours égale à la valeur absolue de $x - a$, ou bien

$$\overline{PM}^2 = (x - a)^2.$$

969. **Équation d'une droite passant par l'origine.** — Soient D (*fig.* 603) une droite passant par l'origine, C un point de cette droite ayant pour coordonnées a et b, M un point quelconque de la droite ayant pour coordonnées x et y. Si l'on projette sur un axe quelconque, on a (700)

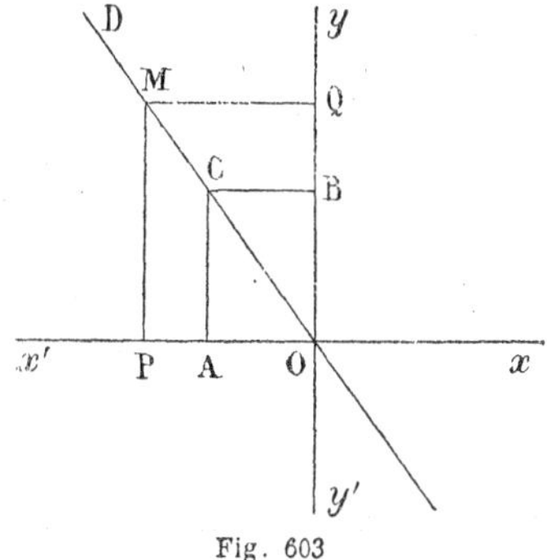

Fig. 603

$$\frac{\text{pr. OM}}{\text{pr. OC}} = \frac{\text{OM}}{\text{OC}}.$$

En projetant sur l'axe des x on aura

$$\frac{x}{a} = \frac{\text{OM}}{\text{OC}}.$$

En projetant ensuite sur l'axe des y on aura

$$\frac{y}{b} = \frac{\text{OM}}{\text{OC}};$$

donc les coordonnées de tout point de la droite satisfont à l'équation :

$$(1) \qquad \frac{x}{a} = \frac{y}{b}.$$

Réciproquement, tout point dont les coordonnées satisfont à l'équation (1) est sur la droite D. En effet, appelons λ la valeur commune des rapports (1) de sorte que le point que l'on considère a pour coordonnées λa, λb.

Cela posé, prenons sur la droite D un point M tel que le segment OM soit égal à λOC ; les coordonnées de ce point M seront λa et λb ; donc le point considéré coïncide avec M.

970. **Équation d'une droite quelconque.** — Soient D une droite quelconque, A et B des points arbitrairement choisis sur cette

droite, M un point quelconque de cette droite (*fig.* 604) ; soient (x_1,y_1), (x_2,y_2), (x,y) les coordonnées respectives des points A, B, M.

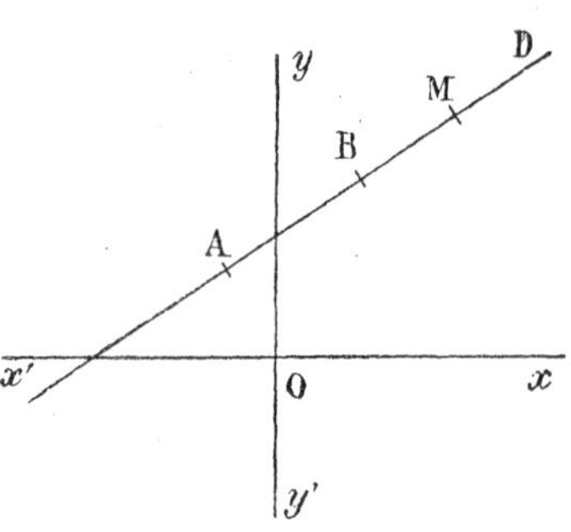

Fig 604

En projetant sur un axe quelconque on a (700)

$$\frac{\text{pr. AM}}{\text{pr. AB}} = \frac{\text{AM}}{\text{AB}}.$$

En projetant successivement sur les axes $x'x$ et $y'y$ on aura

$$\frac{\text{AM}}{\text{AB}} = \frac{x - x_1}{x_2 - x_1} = \frac{y - y_1}{y_2 - y_1};$$

donc, les coordonnées de tous les points de la droite satisfont à l'équation.

$$(2) \qquad \frac{x - x_1}{x_2 - x_1} = \frac{y - y_1}{y_2 - y_1}$$

On démontre, comme au numéro précédent, que tout point dont les coordonnées satisfont à cette équation est situé sur la droite.

971. **Remarque.** — L'équation (2) du numéro précédent est l'équation de la droite qui passe par deux points A et B donnés par leurs coordonnées.

972. **Coefficient angulaire d'une droite.** — Soient D une droite quelconque, AB, MN deux vecteurs placés sur cette droite (*fig.* 605). En projetant sur un axe quelconque on a (700).

$$\frac{\text{MN}}{\text{AB}} = \frac{\text{pr. MM}}{\text{pr. AB}}.$$

Projetons ces deux vecteurs successivement sur les axes $x'x$ et $y'y$ et désignons par pr_x la projection d'un vecteur sur l'axe des x, par pr_y sa projection sur l'axe des y ; on aura

$$\frac{\text{MN}}{\text{AB}} = \frac{\text{pr}_x\text{MN}}{\text{pr}_x\text{AB}} = \frac{\text{pr}_y\text{MN}}{\text{pr}_y\text{AB}},$$

d'où l'on déduit :

$$\frac{\mathrm{pr}_y\mathrm{AB}}{\mathrm{pr}_x\mathrm{AB}} = \frac{\mathrm{pr}_y\mathrm{MN}}{\mathrm{pr}_x\mathrm{MN}}.$$

Donc :

Étant donnée une droite D, *si l'on prend un vecteur quelconque sur cette droite, le rapport entre les projections de ce vecteur sur les axes des* y *et des* x *reste le même quel que soit le vecteur choisi sur la droite.*

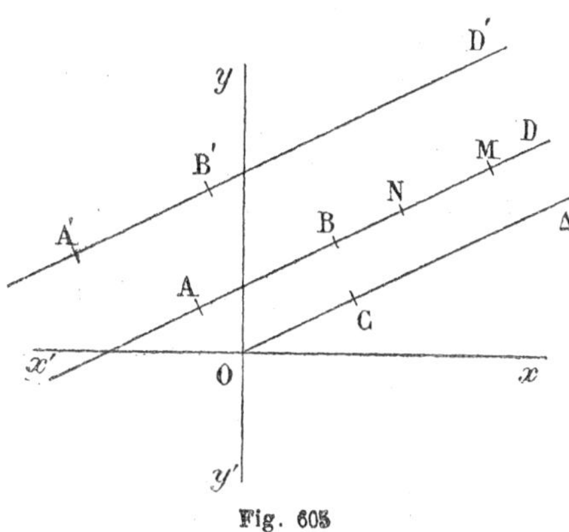

Fig. 605

Ce rapport qui ne dépend que de la droite donnée D est le *coefficient angulaire* de cette droite.

Si l'on désigne par (x_1, y_1), (x_2, y_2) les coordonnées de deux points quelconques A et B de la droite D, le coefficient angulaire m de cette droite est donné par la formule :

$$m = \frac{\mathrm{pr}_y\mathrm{AB}}{\mathrm{pr}_x\mathrm{AB}} = \frac{y_2 - y_1}{x_2 - x_1}.$$

973. **Théorème.** — *Deux droites parallèles ont le même coefficient angulaire.*

Soient D et D' (*fig.* 605) deux droites parallèles, nous pourrons prendre sur ces droites des segments équipollents (694) AB, A'B'. Les projections de ces segments sur un axe quelconque étant égales (701) les droites D et D' ont le même coefficient angulaire.

974. Menons par le point O une droite Δ (*fig.* 605) parallèle à la droite D ; considérons seulement la portion de cette droite qui est du même côté que Oy par rapport à l'axe $x'x$ et prenons sur cette demi-droite une longueur OC égale à l'unité.

Si l'on désigne par φ l'angle $x O \Delta$ (angle qui est compris entre 0 et 2 droits), les projections de OC sur les axes $x'x$ et $y'y$ sont respectivement (358) égales à $\cos \varphi$ et à $\sin \varphi$; par conséquent le coefficient angulaire m des droites Δ et D est :

$$m = \frac{\sin \varphi}{\cos \varphi} = \operatorname{tg} \varphi.$$

Il en résulte que le coefficient angulaire m est positif si l'angle $x O \Delta$ est aigu et négatif dans le cas contraire.

975. *Deux droites qui ont le même coefficient angulaire sont parallèles.*

En effet, pour ces deux droites l'angle φ est le même ; les deux droites sont donc toutes deux parallèles à une même droite $O\Delta$.

On peut remarquer que le coefficient angulaire d'une droite peut prendre une valeur quelconque positive ou négative, car $\operatorname{tg}\varphi$ peut varier de $-\infty$ à $+\infty$.

976. Problème. — *Trouver l'équation de la droite menée par un point A, ayant pour coordonnées (x_1, y_1), parallèlement à une droite donnée D ayant pour coefficient angulaire m (fig. 606).*

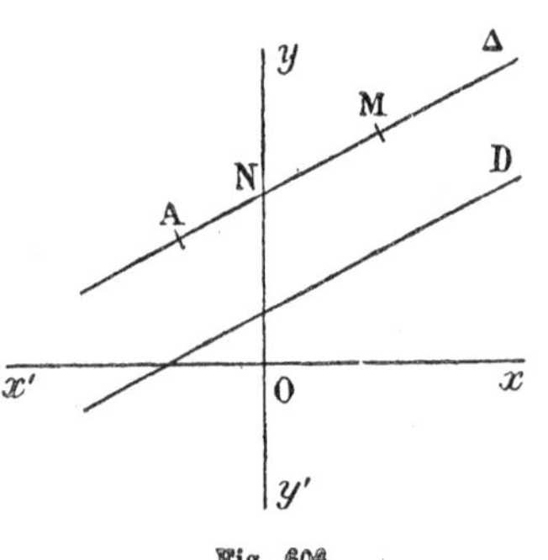

Fig. 606

Soient Δ cette parallèle, M un point quelconque de Δ; x et y les coordonnées du point M; le coefficient angulaire de Δ étant égal à m on aura (972)

$$\frac{y - y_1}{x - x_1} = m.$$

L'équation de la droite Δ est donc $y - y_1 = m(x - x_1)$.

977. Équation d'une droite dont on connaît le coefficient angulaire m et l'ordonnée à l'origine n.

Soient Δ une droite non parallèle à l'axe des y, N le point de rencontre de cette droite avec l'axe des $y'y$ (*fig.* 606) ; l'ordonnée du point N s'appelle *l'ordonnée à l'origine* de la droite Δ. Désignons par n cette ordonnée à l'origine; les coordonnées du point N sont 0 et n. Il en résulte que l'équation de la droite s'obtiendra en remplaçant dans l'équation du numéro précédent x_1 par 0 et y_1 par n. L'équation de la droite Δ est donc

$$y = mx + n.$$

Il est clair que, quels que soient m et n, il existe une droite Δ ayant pour coefficient angulaire m et pour ordonnée à l'origine n.

978. **Remarque.** — Il résulte de ce qui précède que l'équation d'une droite quelconque est du premier degré par rapport à x et à y, c'est-à-dire a la forme

$$Ax + By + C = 0.$$

Nous allons établir la réciproque.

979. **Théorème.** — *Toute équation du premier degré en x et y :*

$$(1) \qquad Ax + By + C = 0$$

représente une droite.

Nous distinguerons deux cas :

1° $B = 0$.

L'équation (1) devient.

$$Ax + C = 0,$$

ou

$$x + \frac{C}{A} = 0;$$

elle représente une droite parallèle à l'axe des y (967) coupant l'axe des x en un point dont l'abscisse est $-\dfrac{C}{A}$.

2° $B \neq 0$.

En résolvant l'équation (1) par rapport à y on trouve :

$$y = -\frac{A}{B}x - \frac{C}{B}.$$

C'est (977) l'équation d'une droite dont le coefficient angulaire m est égal à $-\frac{A}{B}$ et dont l'ordonnée à l'origine n est égale à $-\frac{C}{B}$.

980. Droites perpendiculaires. — Soient D et D′ deux droites ayant respectivement pour coefficients angulaires m et m'; cherchons la condition nécessaire et suffisante pour que ces deux droites soient perpendiculaires. Menons par l'origine des parallèles à ces droites et considérons les portions $O\Delta$, $O\Delta'$ de ces parallèles (*fig.* 607) qui sont du même côté que Oy par rapport à l'axe $x'x$; pour que les droites D et D′ soient rectangulaires, il faut et il suffit que l'angle $\Delta O\Delta'$ soit droit ; l'un des côtés de cet angle, par exemple $O\Delta$, sera dans l'angle xOy et l'autre $O\Delta'$ dans l'angle yOx'. Pour que l'angle $\Delta O\Delta'$ soit droit il faut et il suffit que les angles $xO\Delta$ et $\Delta'Ox'$ soient complémentaires; on aura donc

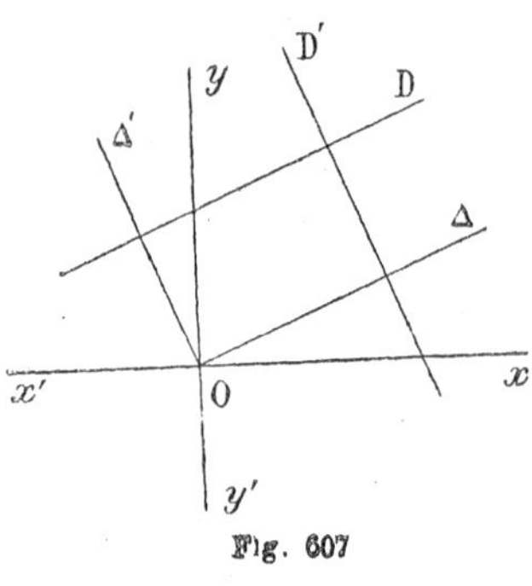

Fig. 607

$$\text{tg}\, xO\Delta \times \text{tg}\, \Delta'Ox' = 1 ;$$

mais :

$$\text{tg}\, xO\Delta = m,$$
$$\text{tg}\, \Delta'Ox' = -\text{tg}\, xO\Delta' = -m',$$

et par conséquent :

$$mm' = -1 ;$$

donc :

Pour que deux droites soient perpendiculaires il faut et il suffit que le produit de leurs coefficients angulaires soit égal à -1.

981. Équation d'un cercle. — Considérons d'abord un cercle de rayon R ayant pour centre l'origine (*fig.* 608).

Soient M un point de ce cercle, x et y les coordonnées du point M ; on aura

$$OM = R \quad \text{ou} \quad \overline{OM}^2 = R^2.$$

Mais on a (965)

$$\overline{OM}^2 = x^2 + y^2;$$

donc les coordonnées de tout point du cercle satisfont à l'équation

(1) $$x^2 + y^2 = R^2.$$

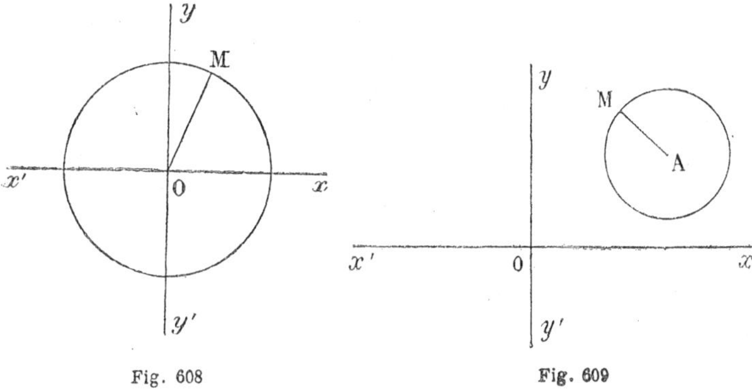

Fig. 608 Fig. 609

Réciproquement, tout point M dont les coordonnées x et y satisfont à l'équation (1) est sur le cercle; en effet, l'équation (1) étant satisfaite, on aura

$$\overline{OM}^2 = x^2 + y^2 = R^2;$$

donc le point M est sur le cercle.

Considérons maintenant un cercle de rayon R dont le centre A a pour coordonnées a et b (*fig.* 609); soient M un point de ce cercle, x et y les coordonnées de ce point; on aura,

$$AM = R \quad \text{ou} \quad \overline{AM}^2 = R^2.$$

Mais on a (965).

$$\overline{AM}^2 = (x - a)^2 + (y - b)^2,$$

donc, les coordonnées de tout point du cercle satisfont à l'équation

(2) $$(x - a)^2 + (y - b)^2 = R^2.$$

On démontre, comme dans le cas précédent, que tout point dont les coordonnées satisfont à l'équation (2) est situé sur le cercle.

982. Équation d'une ellipse rapportée à ses axes. — Considérons une ellipse dont le centre est le point O, le grand axe A'A, le petit axe B'B et les foyers les points F et F' (*fig.* 610); désignons par a et c les longueurs respectives de OA et de OF; prenons comme axe $x'x$ la droite A'A, comme axe $y'y$ la droite B'B (*fig.* 610).

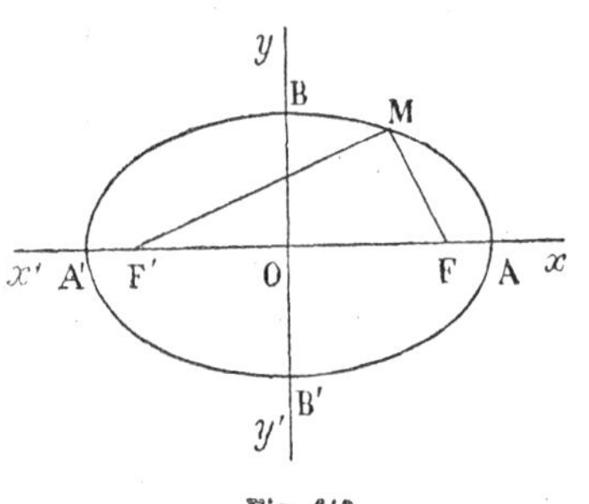

Fig. 610

Soient M un point de cette ellipse, x et y les coordonnées du point M. On aura, par la définition de l'ellipse,

$$FM + F'M = 2a.$$

Mais, les coordonnées du point F sont c et 0 ; celles du point F' $-c$ et 0, donc (965)

$$FM = \sqrt{(x-c)^2+y^2}, \qquad F'M = \sqrt{(x+c)^2+y^2};$$

par suite, pour tout point de l'ellipse on a

$$\sqrt{(x-c)^2+y^2} + \sqrt{(x+c)^2+y^2} = 2a,$$

d'où

$$\sqrt{(x+c)^2+y^2} = 2a - \sqrt{(x-c)^2+y^2}.$$

Élevons les deux membres de cette équation au carré, il vient

$$(x+c)^2+y^2 = 4a^2+(x-c)^2+y^2-4a\sqrt{(x-c)^2+y^2}$$

et en simplifiant

$$2cx = 4a^2 - 2cx - 4a\sqrt{(x-c)^2+y^2},$$

ou

$$4a^2 - 4cx = 4a\sqrt{(x-c)^2+y^2},$$

ou

$$a^2 - cx = a\sqrt{(x-c)^2+y^2}.$$

Élevons encore au carré les deux membres de cette équation, on trouve

$$(a^2-cx)^2 = a^2[(x-c)^2+y^2],$$

ou

$$a^4 - 2a^2cx + c^2x^2 = a^2x^2 - 2a^2cx + a^2c^2 + a^2y^2,$$

d'où en simplifiant

$$a^2y^2 + (a^2 - c^2)x^2 - a^2(a^2 - c^2) = 0$$

et, en posant

$$b^2 = a^2 - c^2,$$

on aura

$$a^2y^2 + b^2x^2 - a^2b^2 = 0,$$

ou encore, après avoir divisé par a^2b^2,

$$\frac{x^2}{a^2} + \frac{y^2}{b^2} - 1 = 0. \qquad (1)$$

983. **Remarque.** — La démonstration qui précède montre que les coordonnées de tout point de l'ellipse satisfont à l'équation (1). Il faut montrer que réciproquement tout point dont les coordonnées satisfont à l'équation (1) appartient à l'ellipse.

Pour cela, considérons tous les points dont les coordonnées satisfont à l'équation (1) et cherchons ceux de ces points qui sont situés sur une droite D parallèle à l'axe $y'y$; tous les points de cette droite D ont une même abscisse α. Les ordonnées des points cherchés sont données par l'équation

$$\frac{\alpha^2}{a^2} + \frac{y^2}{b^2} - 1 = 0,$$

ou

$$y^2 = \frac{b^2}{a^2}(a^2 - \alpha^2).$$

Si α est plus grand que a en valeur absolue, $a^2 - \alpha^2$ est négatif, il n'y a pas de points cherchés sur la droite D ; si α est compris entre $-a$ et $+a$, il y a deux des points considérés qui se trouvent sur la droite D. Or dans ce cas, la droite D coupe l'ellipse en deux points dont les coordonnées satisfont à l'équation (1) ; par conséquent, les deux points que nous trouvons sont situés sur l'ellipse ; donc, tous les points dont les coordonnées satisfont à l'équation (1) sont situés sur l'ellipse.

984. **Équation d'une hyperbole rapportée à ses axes.** — Considérons une hyperbole dont le centre est le point O, l'axe transverse AA' et les foyers les points F et F' (*fig.* 611) ; désignons par a et c les longueurs respectives de OA et OF ; pre-

nons comme axe $x'x$ l'axe transverse A'A, comme axe $y'y$ l'axe non-transverse de la courbe. Soient M un point de cette hyperbole, x et y les coordonnées du point M. On aura, pour tout point de la courbe,

$$F'M - FM = \pm 2a$$

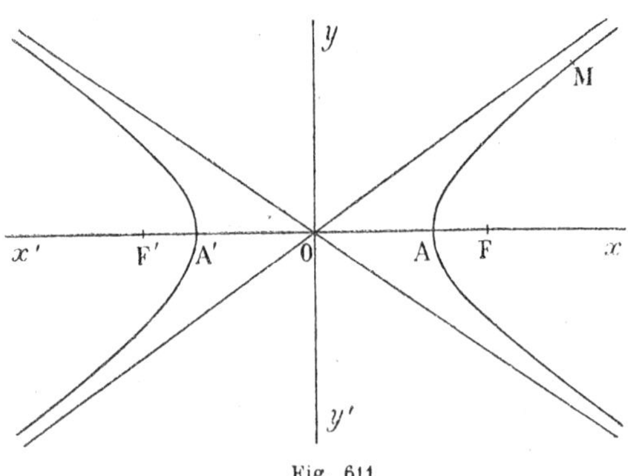

Fig. 611

où l'on doit prendre le signe + si le point M est sur la branche F et le signe — dans le cas contraire. Mais on a (965)

$$FM = \sqrt{(x-c)^2+y^2}, \qquad F'M = \sqrt{(x+c)^2+y^2};$$

donc, pour tout point de l'hyperbole, on a

$$\sqrt{(x+c)^2+y^2} - \sqrt{(x-c)^2+y^2} = \pm 2a,$$

d'où

$$\sqrt{(x+c)^2+y^2} = \sqrt{(x-c)^2+y^2} \pm 2a.$$

Élevons au carré les deux membres de cette équation, on aura

$$(x+c)^2+y^2 = (x-c)^2+y^2+4a^2 \pm 4a\sqrt{(x-c)^2+y^2}$$

et, en simplifiant,

$$2cx = 4a^2 - 2cx \pm 4a\sqrt{(x-c)^2+y^2}$$

ou

$$cx - a^2 = \pm a\sqrt{(x-c)^2+y^2};$$

en élevant au carré les deux membres de cette équation on a

$$(cx-a^2)^2 = a^2[(x-c)^2+y^2],$$

et en développant

$$a^4 - 2a^2cx + c^2x^2 = a^2[x^2 - 2cx + c^2 + y^2],$$

d'où

$$a^2y^2 + (a^2 - c^2)x^2 - a^2(a^2 - c^2) = 0.$$

En posant

$$b^2 = c^2 - a^2,$$

on aura

$$-a^2y^2 + b^2x^2 - a^2b^2 = 0$$

et après avoir divisé par a^2b^2

$$(1) \qquad \frac{x^2}{a^2} - \frac{y^2}{b^2} - 1 = 0.$$

On démontre comme dans le cas de l'ellipse (983) que tout point dont les coordonnées satisfont à l'équation (1) appartient à l'hyperbole.

985. **Équation d'une parabole rapportée à son axe et à sa tangente au sommet.** — Considérons une parabole qui a pour sommet O, pour foyer le point F et un paramètre égal à p. Prenons comme origine des axes de coordonnées le sommet O, comme axe Ox la demi-droite dirigée de O vers F, comme axe des y la tangente au sommet (*fig.* 612).

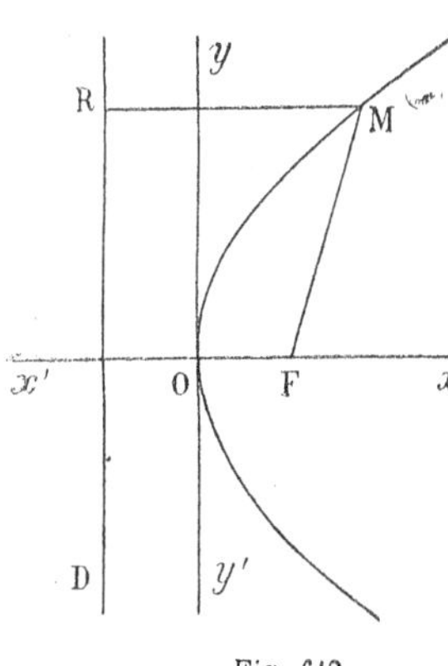

Fig. 612

Le foyer F a pour coordonnées $\frac{p}{2}$ et 0; la directrice D a pour équation

$$x + \frac{p}{2} = 0.$$

Cela posé, soit M un point de la parabole, x et y les coordonnées de ce point ; abaissons du point M la perpendiculaire MR sur la directrice. On aura

$$\text{MR} = \text{MF}.$$

Mais on a (968)

$$\overline{\text{MR}}^2 = \left(x + \frac{p}{2}\right)^2$$

et (965)

$$\overline{\text{MF}}^2 = \left(x - \frac{p}{2}\right)^2 + y^2.$$

Pour tout point de la parabole on a donc

$$\left(x+\frac{p}{2}\right)^2 = \left(x-\frac{p}{2}\right)^2 + y^2$$

et en simplifiant

$$(1) \qquad y^2 = 2px.$$

On démontre comme au n° 983 que tout point dont les coordonnées satisfont à l'équation (1) appartient à la parabole.

L'équation (1) est l'équation de la parabole. Cette équation a déjà été obtenue par une autre méthode (939).

§ VII.

Projection orthogonale d'un cercle

986. **Théorème.** — *La projection orthogonale d'un cercle est une ellipse.*

Les projections d'une même figure plane sur des plans parallèles étant égales (569), on peut toujours supposer que le plan de projection passe par le centre du cercle ; il coupe le cercle suivant un diamètre AA' (*fig.* 613) ; soit BB' le diamètre perpendiculaire à AA'; les points B et B' se projettent en b et b' et la droite bb' est perpendiculaire à AA'. Portons sur le diamètre AA' des longueurs OF et OF' égales à Bb.

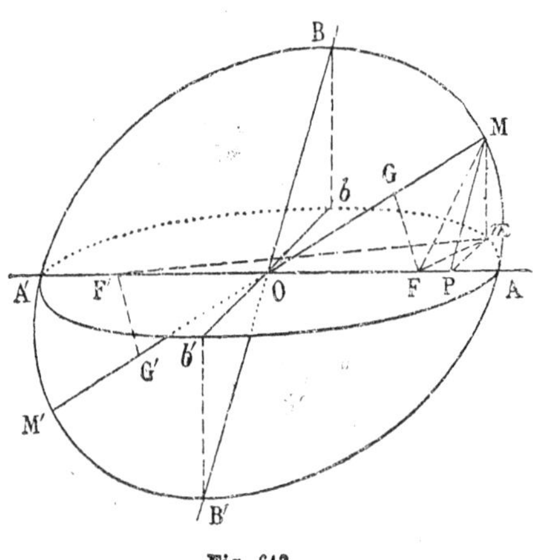

Fig. 613

Soient alors M un point quelconque du cercle, m sa projection sur le plan de projection, P le pied de la perpendiculaire abaissée de M sur le diamètre AA' ; Pm sera aussi perpendiculaire à AA', et les deux triangles semblables MPm et BOb donnent

$$(1) \qquad \frac{Mm}{Bb} = \frac{MP}{OB}.$$

Menons le diamètre MOM'; soient G et G' les projections de F et F' sur ce diamètre. Les triangles rectangles semblables OGF et OPM donnent

$$\frac{GF}{PM} = \frac{OF}{OM},$$

ou bien

$$(2) \qquad \frac{GF}{OF} = \frac{PM}{OM}.$$

Si nous comparons les relations (1) et (2) et si nous remarquons que $OF = Bb$ et $OM = OB$, nous en concluons que GF est égal à Mm.

Cela posé, les deux triangles rectangles MFm et FMG sont égaux comme ayant l'hypoténuse commune et les côtés Mm et FG égaux; donc

$$mF = MG.$$

On verrait de même que

$$mF' = MG';$$

donc

$$mF + mF' = MG + MG' = MM' = AA'.$$

Le lieu des points m est donc une ellipse qui a pour foyers les points F et F', les sommets du grand axe étant A et A'.

987. Remarque. — Le grand axe de la projection est égal au diamètre AA' du cercle, le petit axe est la droite bb'. Si donc on désigne par a le demi grand axe de l'ellipse, par b le demi petit axe, par V l'angle que fait le plan du cercle avec le plan de projection, on a

$$Ob = OB \times \cos V,$$

ou

$$b = a \times \cos V.$$

Dans le triangle rectangle MmP, on a aussi

$$mP = MP \cos V = MP \times \frac{b}{a}.$$

Supposons le cercle rabattu sur le plan de l'ellipse (*fig.* 614), il se rabat suivant le cercle principal de l'ellipse. A chaque point M du cercle, on fait correspondre un point m de l'ellipse situé sur la perpendiculaire MP au diamètre AA' et tel que

$$Pm = PM \times \frac{b}{a}.$$

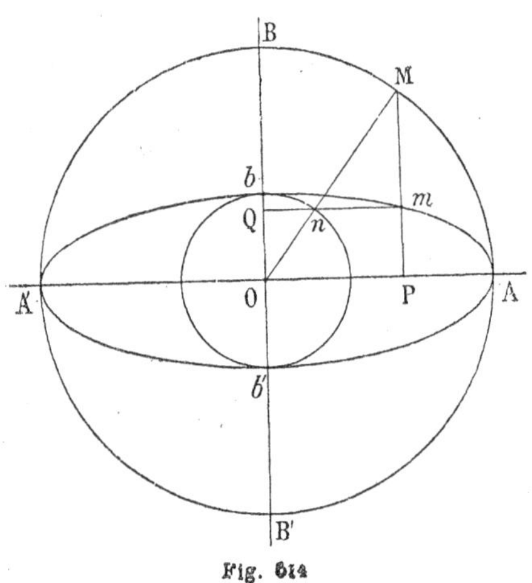

Fig. 614

On obtient donc l'ellipse en réduisant les ordonnées du cercle, perpendiculaires à un même diamètre, dans le rapport $\frac{b}{a}$.

Considérons maintenant le cercle qui a bb' pour diamètre; un rayon issu du centre O rencontre ce cercle en n et le cercle de diamètre AA' en M; menons par n la parallèle au grand axe et par le point M la parallèle au petit axe, ces deux droites se coupent sur l'ellipse. En effet, si m est leur point d'intersection (*fig.* 614), on a

$$\frac{Pm}{PM} = \frac{On}{OM} = \frac{b}{a},$$

ce qui montre que m est sur l'ellipse.

Soit alors Q le point où la droite mn rencontre le petit axe bb'. On a

$$\frac{Qm}{Qn} = \frac{OM}{On} = \frac{a}{b}.$$

On en déduit que l'ellipse s'obtient en dilatant dans le rapport de $\frac{a}{b}$ les perpendiculaires menées des points du cercle (bb') sur le petit axe bb'.

988. Équation de la projection d'une courbe plane. — Considérons une courbe plane située dans un plan Q et la projection de cette courbe plane sur un plan P (*fig.* 615).

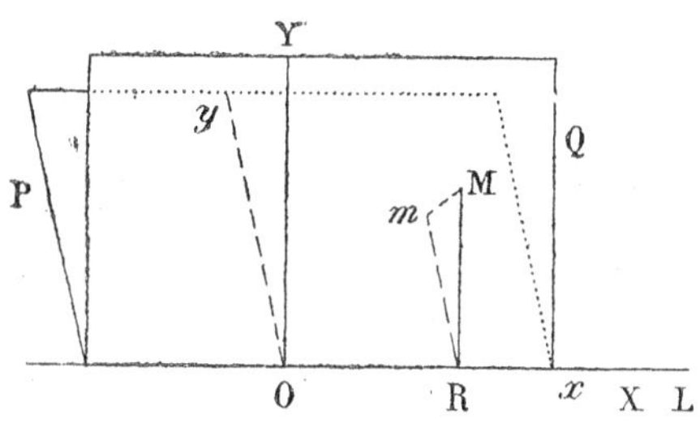

Fig. 615

Soient L la droite d'intersection des plans P et Q, O un point quelconque de cette droite.

Prenons dans le plan Q deux axes de coordonnées OX, OY ; l'axe OX étant dirigé suivant OL et l'axe OY perpendiculaire à OL.

Dans le plan P prenons deux axes de coordonnées Ox, Oy ; l'axe Ox étant dirigé suivant OX, et l'axe Oy étant la projection de OY ; Oy sera perpendiculaire à Ox (545).

Soit alors M un point du plan Q ; abaissons de M la perpendiculaire MR sur OX ; les coordonnées X et Y du point M sont :

$$X = OR, \qquad Y = RM.$$

Désignons par m la projection de M sur le plan P ; mR est perpendiculaire à Ox ; les coordonnées x et y du point m sont donc :

$$x = OR, \qquad y = Rm.$$

Si l'on désigne par V l'angle des plans P et Q on a :

$$Rm = RM \times \cos V.$$

Donc, entre les coordonnées X et Y du point M et les coordonnées x et y de sa projection m existent les relations :

$$x = X, \qquad y = Y \cos V.$$

Si donc le point M décrit une courbe dont l'équation est

$$F(X, Y) = 0,$$

l'équation de la courbe décrite par le point m sera :

$$F\left(x, \frac{y}{\cos V}\right) = 0.$$

Supposons, en particulier, que le point M décrive un cercle

de centre O et de rayon R on aura

$$X^2 + Y = R^2$$

et, par conséquent, l'équation de la courbe décrite par le point m sera

$$x^2 + \frac{y^2}{\cos^2 V} = R^2.$$

En posant $a = R$, $b = R \cos V$, on trouve

$$\frac{x^2}{a^2} + \frac{y^2}{b^2} = 1.$$

On démontre ainsi, par la géométrie analytique, que la projection d'un cercle est une ellipse.

989. Soient N_1 un point quelconque du plan du cercle (*fig.* 616), n sa projection sur un plan passant par le diamètre AA′, N_1P la perpendiculaire abaissée du point N_1 sur le diamètre AA′. Faisons tourner le plan du cercle autour de la droite AA′ de façon à l'amener sur le plan de l'ellipse ; le point N_1 vient sur la perpendiculaire Pn à AA′ en un point N tel que $PN = PN_1$. Mais

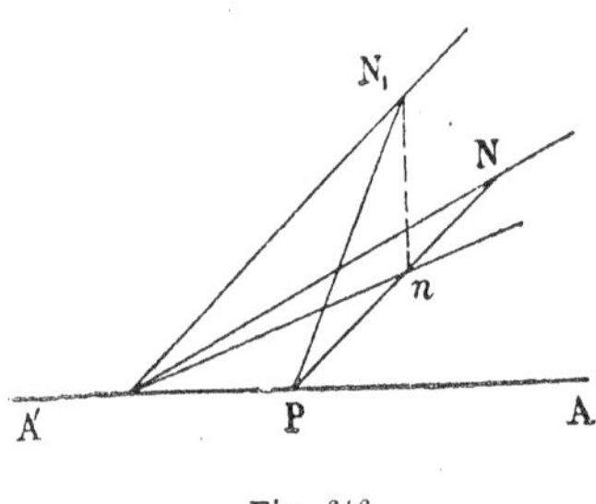

Fig. 616

$$Pn = PN_1 \times \cos V;$$

donc

$$Pn = PN \times \frac{b}{a}.$$

A chaque point n on fait donc correspondre un point N ; les deux points correspondants n et N sont sur une même perpendiculaire à AA′ et le rapport des distances des points n et N à cette droite est égal à $\frac{b}{a}$; inversement, à chaque point N on fait correspondre un point n.

Les points de la droite AA′ sont les seuls qui coïncident avec leurs correspondants.

Si le point N décrit une droite D, son correspondant n décrira aussi une droite d ; en effet, la droite D est le rabattement d'une droite D_1 du plan du cercle ; quand le point N décrit une droite D, le point N_1 (*fig.* 616) décrira aussi une droite D_1, et par conséquent le point n décrira la projection de cette droite D_1 sur le plan de l'ellipse, c'est-à-dire une droite d.

A chaque droite D on fait correspondre une droite d et inversement ; les deux droites correspondantes D et d se coupent sur la droite AA′ ou bien sont parallèles à cette droite.

A deux droites parallèles D et D′ correspondent deux droites parallèles d et d', et inversement.

Aux points d'intersection d'une droite D et du cercle principal correspondent les points d'intersection de la droite d et de l'ellipse.

Si la droite D est tangente au cercle principal, la droite correspondante d est tangente à l'ellipse.

Toutes ces propriétés permettent de ramener les constructions à faire sur l'ellipse à des constructions à faire sur le cercle principal.

Pour pouvoir faire ce passage, il suffit de résoudre le problème suivant.

990. Problème. — *Construire le point* N *qui correspond à un point* n *et inversement* (*fig.* 617).

Soient AA′ et bb' les axes de l'ellipse ; prenons sur le petit axe OB = OB′ = OA. Pour construire le point N qui correspond à un point n, on joint le point n au point b ; la droite ainsi menée rencontre le grand axe en T ; le point cherché N est à l'intersection de la droite BT et de l'ordonnée Pn du point n.

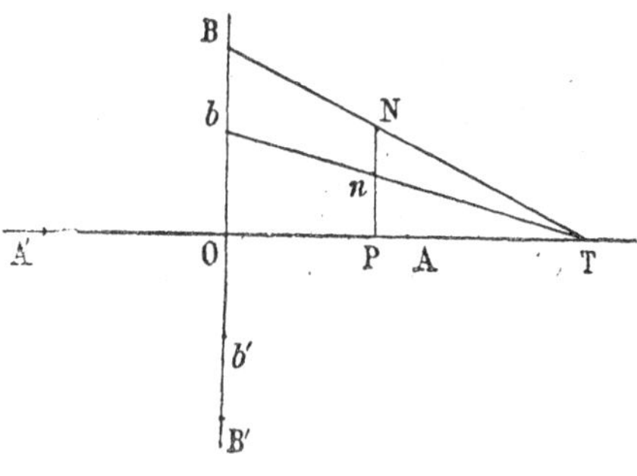

Fig. 617

Pour construire n connaissant N, on trace la droite BN qui coupe le grand axe en T ; n est à l'intersection de la droite Tb et de l'ordonnée PN du point N.

991. **Aire de l'ellipse.** — En considérant l'ellipse comme la projection orthogonale d'un cercle et en appliquant le théorème du n° 583, on aura, en désignant par V l'angle que fait le plan du cercle avec le plan de l'ellipse,

$$\text{aire ellipse} = \text{aire cercle} \times \cos V.$$

Mais

$$\text{aire cercle} = \pi a^2$$

et

$$\cos V = \frac{b}{a};$$

donc

$$\text{aire ellipse} = \pi ab.$$

EXERCICES SUR LE LIVRE VIII

Construire une ellipse connaissant :

1. Les foyers et un point ;
2. Les foyers et une tangente ;
3. Un foyer et trois tangentes (condition de possibilité) ;
4. Les sommets de l'un des axes et un point ;
5. Les sommets de l'un des axes et une tangente.

Construire une parabole connaissant :

6. Le foyer et deux points ;
7. Le foyer et deux tangentes ;
8. Le foyer, une tangente et un point ;
9. La directrice et deux points ;
10. La directrice et deux tangentes ;
11. La directrice, une tangente et un point.

12. Lieu géométrique des foyers des ellipses qui ont un foyer fixe et passent par deux points fixes.

13. Lieu géométrique des centres et des foyers des ellipses qui ont un foyer fixe et deux tangentes fixes.

14. Lieu géométrique des foyers des ellipses qui ont un foyer fixe, passent par un point fixe et sont tangentes à une droite fixe.

15. Lieu géométrique des foyers des paraboles qui ont une directrice fixe et passent par un point fixe.

16. Lieux géométriques des foyers et des sommets des paraboles qui ont une directrice fixe et une tangente fixe.

17. Lieu géométrique des foyers des paraboles qui ont une tangente au sommet fixe et qui passent par un point fixe.

18. Lieu géométrique des centres des cercles tangents à deux cercles donnés.

19. Lieu géométrique des centres des cercles tangents à un cercle donné et à une droite donnée.

20. Lieu géométrique des foyers des paraboles tangentes à trois droites données. Démontrer que les directrices de ces paraboles passent par le point de rencontre des hauteurs du triangle formé par les trois droites.

21. Lieu géométrique des foyers des paraboles ayant deux tangentes données, le point de contact avec l'une d'elles étant donné.

22. Construire une parabole tangente à quatre droites données.

23. Tout point d'un cercle directeur d'une ellipse est un sommet d'un triangle inscrit dans ce cercle directeur et circonscrit à l'ellipse.

24. Soient M et M′ les points de contact des tangentes menées d'un point P à une parabole, I le milieu de MM′ ; la droite PI est parallèle à l'axe et rencontre la parabole au milieu de PI.

25. Etant donnés un cercle et un point P intérieur à ce cercle, autour du point P on fait tourner un angle droit dont les côtés rencontrent le cercle en M et M′. Démontrer que la droite MM′ reste tangente à une ellipse quand l'angle droit tourne autour du point P.

26. La portion d'une tangente mobile comprise entre deux tangentes fixes à une ellipse est vue d'un foyer sous un angle constant.

27. Soient P et P′ les points d'intersection d'une tangente quel-

conque à une ellipse avec les tangentes aux sommets A et A' du grand axe. Démontrer que le cercle décrit sur PP' comme diamètre passe par les foyers de l'ellipse. — Démontrer que le produit $AP \times A'P'$ est égal à b^2.

28. Lieu des sommets des angles droits circonscrits à une ellipse.

29. Les axes de deux paraboles sont placés sur une même droite. Construire leurs points d'intersection. — Discussion.

TABLE DES MATIÈRES

INTRODUCTION

LIVRE III

LIVRE IV

LIVRE V

LIVRE VI

LIVRE VII

LIVRE VIII

PARIS-LILLE. — IMP. A. TAFFIN-LEFORT. — 162-10-22.

LA DISSERTATION PHILOSOPHIQUE AU BACCALAURÉAT, par J. Leblond, professeur agrégé de philosophie :

I. — (*Série philosophie*), à l'usage des *classes de Philosophie A et B*. — Vol. 22/14cm, broché . . . . 11 fr. 90

II. — (*Série Mathématiques*), à l'usage des *classes de Mathématiques A et B*. — Vol. 22/14cm, broché. . . . . 7 fr. 50

LA COMPOSITION FRANÇAISE AU BACCALAURÉAT, *à l'usage des élèves de Seconde et Première A, B, C, D*, par Max Jasinski, docteur ès lettres, professeur agrégé au lycée de Caen. — Vol. 22/14cm de 250 pages. 8 fr. 75

DE LA MÉTHODE LITTÉRAIRE : *Journal d'un Professeur dans une classe de Première*, par J. Bezard, professeur au lycée Hoche. — Vol. 18/12cm de 746 pages, 3e édition. . . . . 12 fr. »

LA COMPOSITION ALLEMANDE AU BACCALAURÉAT et dans les divers examens et concours, par H. Massoul, ancien lecteur à l'Université de Gœttingue, professeur au lycée Louis-le-Grand. — Volume 22/14cm, 3e édition . . . . 7 fr. 50

NEUE DEUTSCHE GRAMMATIK (*classes de 4e à 1re*), par H. Massoul. — Vol. 20/13cm, cartonné toile. . . . . 8 fr. 15

THE NEW ENGLISH GRAMMAR (*classes de 4e à 1re*), par J.-R. Lugné-Philipon, professeur au collège Rollin. — Vol. 20/13cm, 4e édition, cartonné toile. . . . . 8 fr. 15

THÈME ALLEMAND (LE) *aux examens et concours*, par E.-B. Lang, professeur agrégé au lycée Janson et à l'Ecole spéciale militaire de Saint-Cyr. — 2 vol. 22/14cm. Textes. . . . . 8 fr. 75
Traductions . . . . 4 fr. 40

VERSION ALLEMANDE (LA) *aux examens et concours*, par E.-B. Lang. — 2 vol. 22/14cm. 2e édition. — Textes . . . . 8 fr. 75
Traductions . . . . 4 fr. 40

THÈME ANGLAIS (LE), par B.-H. Gausseron. — 2 vol. . 13 fr. 15

VERSION ANGLAISE (LA), par B.-H. Gausseron. — 2 vol. . 13 fr. 15

Dictionnaires autorisés pour le Baccalauréat, le Brevet supérieur et les autres Examens et Concours

CHAMBERS'S Twentieth Century Dictionary *of the English language*. — Vol. de 1216 pages, illustré, format 21/14cm, cartonné toile. . 25 fr. »

CHAMBERS'S Etymological Dictionary *of the English language*. — Vol. de 685 pages à deux colonnes, format 19/13cm, relié toile souple. 12 fr. »

SYSTÈME LÉGAL M. T. S. *Nouvelles unités commerciales et industrielles* (loi du 2 avril 1919), avec des notes explicatives, par M. J. Frécaut, professeur honoraire à l'école J.-B. Say. — Vol. 18/12cm. . . 4 fr. »

PROBLÈMES DE BACCALAURÉAT

I. *Mathématiques*, par H. Vuibert. — 9e édition renfermant 681 problèmes d'arithmétique, algèbre, géométrie, trigonométrie, géométrie descriptive, mécanique, cosmographie, avec les solutions. — Un vol. 22/14cm, de 528 pages en petit texte . . . . 15 fr. »

II. *Physique et Chimie*, par Emile Bouant, 9e édition. — Un vol. 22/14cm avec les solutions. . . . . 8 fr. 75

LE PROBLÈME DE PHYSIQUE ÉLÉMENTAIRE (*Principes et Exemples de solutions*), par A. Maillard. — Trois volumes 22/14cm :

Tome I : à l'usage des élèves de Seconde C et D . . . 5 fr. 65

Tome II : à l'usage des élèves de Première C et D et candidats à la Première partie du Baccalauréat (*Latin-Sciences* et *Sciences-Langues*) 8 fr. 75

Tome III : à l'usage des élèves de Mathématiques et des candidats à la Seconde partie du Baccalauréat (*Mathématiques*). . . . 7 fr. 50

LE PROBLÈME DE CHIMIE ÉLÉMENTAIRE à l'usage des candidats à la Seconde partie du Baccalauréat (*Mathématiques*), par A. Maillard. — Vol. 22/14cm, 4e édition . . . . 6 fr. 25

PROBLÈMES DE MÉCANIQUE, à l'usage des élèves de Mathématiques et des candidats au Baccalauréat, par T. Caronnet. — Vol. 22/14cm contenant 332 problèmes dont 297 résolus et 222 figures, 3e édit. 15 fr. »

PROBLÈMES D'ALGÈBRE ET EXPOSÉ DES PRINCIPALES THÉORIES, par E. Humbert, ancien élève de l'École normale supérieure, agrégé des sciences mathématiques, professeur au lycée Louis-le-Grand. — Vol. 22/14cm de 450 pages . . . . 15 fr. »

PROBLÈMES DE TRIGONOMÉTRIE, par E. Humbert. — Vol. 22/14cm . . . . 10 fr. »

PROBLÈMES ET ÉPURES DE GÉOMÉTRIE DESCRIPTIVE, à l'usage des candidats au Baccalauréat et aux Écoles, par P. Mineur, professeur au lycée Rollin. — Vol. 22/14cm. . . . . 8 fr. 75

RELATION ENTRE LES ÉLÉMENTS D'UN TRIANGLE. Recueil de 273 formules relatives au triangle, avec leurs démonstrations. — Vol. 22/14cm, 3e édition. . . . . 3 fr. 50

APPROXIMATIONS DANS LES MESURES PHYSIQUES *et dans les calculs numériques qui s'y rattachent*, par E. Colardeau. — Volume 22/14cm, 2e édition . . . . 12 fr. 50